KB090803

현대 생산자동화와 CIM

Mikell P. Groover 지음

한영근, 김기범, 김종화, 박강, 서윤호, 신동목, 정봉주 옮김

Σ 시그마프레스

현대 생산자동화와 CIM, 제4판

발행일 | 2016년 2월 29일 1쇄 발행
　　　　　 2018년 7월　5일 2쇄 발행

저자 | Mikell P. Groover
역자 | 한영근, 김기범, 김종화, 박강, 서윤호, 신동목, 정봉주
발행인 | 강학경
발행처 | (주)시그마프레스
디자인 | 송현주
편집 | 문수진

등록번호 | 제10-2642호
주소 | 서울특별시 영등포구 양평로 22길 21 선유도코오롱디지털타워 A401~403호
전자우편 | sigma@spress.co.kr
홈페이지 | http://www.sigmapress.co.kr
전화 | (02)323-4845, (02)2062-5184~8
팩스 | (02)323-4197

ISBN | 978-89-6866-691-9

Automation, Production Systems, and Computer-Integrated Manufacturing, 4th Edition

＊책값은 뒤표지에 있습니다.
＊이 도서의 국립중앙도서관 출판예정도서목록(CIP)은 서지정보유통지원시스템 홈페이지 (http://seoji.nl.go.kr)와 국가자료공동목록시스템(http://www.nl.go.kr/kolisnet)에서 이용하실 수 있습니다.(CIP제어번호 : CIP2016004502)

역자 서문

● ● ●

최근 전 세계에서 겪고 있는 침체된 경제 분위기 속에서도, 희망적인 미래를 예측할 수 있는 국가들은 공통적으로 각종 제조업이 발달한 나라들이라고 할 수 있습니다. 성공적인 제조업을 위해서는 제품의 개발과정에서부터 설계, 제조, 관리, 판매, 출하, 폐기 등의 전 제품생명주기에 걸쳐 이들 업무와 기능을 시스템적으로 조직하여 통합관리하는 생산시스템 기술이 적용되어야 합니다. 생산성 증대, 품질 향상, 납기 단축, 유연성 등의 현대적인 생산의 목표를 달성하기 위해 적용되기 시작한 기술은 크게 보아 자동화기술과 컴퓨터기술(정보기술)로 대표됩니다. 특히 급속히 발전하고 있는 정보통신기술과 융·복합기술이 생산시스템에 응용될 수 있는 가능성은 크게 열려 있습니다.

이 책은 생산시스템 분야의 대가인 M. P. Groover 교수의 저서인 *Automation, Production Systems, and Computer-Integrated Manufacturing* 제4판의 역서입니다. 제목에서 알 수 있듯이 생산시스템의 주제를 주로 자동화와 컴퓨터 통합생산의 개념을 가지고 다루고 있습니다. 저자의 서문에서 밝혔듯이 Groover 교수는 1980년대 초부터 생산시스템을 총체적으로 다루는 교재를 개발하여 발간해 왔고, 대부분 1980년대에 대학을 다닌 역자들도 이 교재를 가지고 생산시스템과 자동화에 대한 기초를 쌓을 수 있었습니다.

시중에는 Automation, CAD/CAM, Manufacturing Systems 혹은 Computer-Integrated Manufacturing이라는 주제를 다루는 책들이 많이 출판되어 있습니다. 이런 책들의 원조 격인 Groover 교수의 저서에 익숙해 있었던 역자들이 2001년을 맞이하여 새롭게 출판된 개정판을 접하게 되었습니다. 검토 결과 Groover 교수의 생산에 대한 체계적인 식견을 기초로, 독자로 하여금 생산시스템의 개념을 확고히 정립할 수 있게 도움을 줄 책의 구성에 대해 놀라지 않을 수 없었습니다. 또한 유사한 주제를 다루는 다른 어떤 책보다도 최신의 이론과 기술이 내용에 많이 추가되었습니다. 이런 장점이 동기가 되어서 대작이라고 할 수 있는 원서를 국내 독자들이 보다 쉽게 활용하는 데 도움을 주고자 2002년에 제2판을 최초 번역한 후 2008년 출판된 제3판을 개정 번역하였고, 이번에 2015년 제4판의 개정 부분을 번역하게 되었습니다.

이 책은 주로 기계공학 관련 학부(과)나 산업공학 관련 학부(과)에서 생산자동화, 공장자동화, 생산시스템, CIM 등과 유사한 제목을 가진 과목의 교재로 적합하다고 생각합니다. 저자가 밝혔듯이 이들 전공의 학부 고학년이나 대학원 수준의 강의용으로 사용될 수 있습니다. 또한 생산의 개념을 알기 원하는 다른 전공자들에게도 참고 서적이 될 수 있을 것입니다. 다른 한편으로는 최신 생산시스템 기술을 접하고자 하는 현장 기술자나 관리자에게도 좋은 참고 서적이 될 수 있습니다.

최대한 원저자가 의도한 바를 살리면서 국내 현실에 적합하게, 그리고 독자가 이해하기 쉽도록 번역하려고 노력하였지만, 역자진의 부족한 지식과 부주의로 오역된 부분이 발견되면 독자들께서 지적해주시면 이를 추후 반영하겠습니다.

마지막으로 이 책이 출판되도록 지원해주신 (주)시스마프레스의 임직원들에게 감사드립니다.

2016년 2월
역자 일동

저자 서문

● ● ●

이 책은 긴 역사를 가지고 있다. 1980년에 *Automation, Production Systems, and Computer-Aided Manufacturing*이라는 제목으로 처음 출간되었는데, 자동흐름라인, 조립라인 밸런싱, NC, CAD/CAM, 자동제어이론, 공정제어, 생산계획, 그룹테크놀로지(GT), 유연생산시스템(FMS) 등의 주제가 포함되었다. 1986년의 개정판 제목은 *Automation, Production Systems, and Computer-Integrated Manufacturing*으로 약간 바뀌었는데, 산업용 로봇, PLC, 자동조립시스템, 자재취급과 보관, 자동인식기술, 제조현장 통제, 미래의 자동화 공장 등의 주제가 추가되었다. 2001년에 나온 위 제목 그대로의 두 번째 판은 자동제어이론의 상당 부분을 줄인 것 외에 대부분의 내용은 유지되었다. 그러나 책의 체제가 실질적으로 재편되었고, 최신 기술을 반영하여 많은 장을 새롭게 집필하였다. 세 번째 판은 2008년에 발간되었고, RFID, 6시그마, 린생산, 전사적 자원관리(ERP) 등 새롭게 출현한 기술들을 포함시켜 내용이 확장되었다.

이번 제4판의 주목적도 지난 판들과 동일하다. 즉 생산시스템에 관한 최근의 지식을 제공하고, 생산시스템의 자동화와 전산화를 어떻게 이루는지, 그리고 생산시스템의 수행도를 수학적으로 어떻게 분석할지를 알려주는 것이 목적이다. 이 책은 주로 산업공학, 기계공학, 생산공학 관련 전공의 학부 고학년 또는 대학원 과정에 있는 공과대학 학생들을 대상으로 하는 교과서로 설계되었다. 수식, 예제, 도표, 수리적 연습문제 등을 갖추고 있어서 공학용 교재의 성격을 가지고 있다고 할 수 있다. 또한 현대적인 생산시스템 지식과 자동화 기술을 습득하기를 원하는 실무 엔지니어나 관리자도 이 책을 유용하게 사용할 것으로 생각한다. 이번 판에 수정되거나 추가된 주요 내용은 다음과 같다.

- 제3장의 많은 수식들을 보다 견실하게 수정함
- 제6장에서는 리니어모터에 대한 설명과 회전운동을 직선운동으로 변환하는 메커니즘에 대한 설명, 그리고 이들과 관련된 그림을 추가함
- 제7장은 CAD/CAM 기술의 최신 동향을 추가함
- 제8장에서 현재 거의 사용하지 않는 두 가지 로봇 형상 유형을 제거하고, 최신 로봇 형상을 추가함

- 제9장은 PLC(programmable automation controller)에 대한 설명을 추가함
- 제10장에서 AGV 기술에 관련된 절을 수정함
- 제11장에서 자동창고시스템의 내용을 수정함
- 제12장에서 RFID에 대해 더 상세히 기술함
- 제14장에 CNC 머시닝센터 및 관련 공작기계에 대한 설명을 확장함
- 제18장은 서술 체제를 변경함
- 제19장에 대량맞춤 생산, 가변구조형 생산, 민첩 생산에 대한 내용을 추가함
- 제22장의 머신비전에 대한 절에서 최신의 카메라기술을 설명함
- 제23장에 CAD의 최신 기술을 반영함
- 제25장의 ERP에 대한 설명을 보강함

요약 차례

차례

제1부 생산의 개요

제2부 자동화와 제어기술

제3부 자재취급과 식별기술

제4부 제조시스템

제5부 품질관리시스템

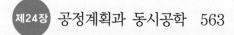

제6부 제조지원시스템

Automation, Production Systems, and Computer-Integrated Manufacturing

서론

제조(manufacturing)의 어원은 라틴어 manus(손)와 factus(만들다)로, 직역하게 되면 손으로 만들다라는 의미가 된다. 이것이 이 단어가 영어권에 처음 도입된 1567년경의 제조가 수행되던 방식을 말해주는데, 그 당시의 상품들은 대개 수작업으로 만들어졌다. 이 방식은 작은 작업장에서 수행되는 수공업(handicraft)이라는 것으로서 현대의 기준으로 보면 비교적 단순한 상품을 만드는 것이었다. 이후로 세월이 지나면서 공장들이 발전하고 노동자 수가 늘어나면서 작업이 수작업이 아닌 기계를 사용하는 형태로 변화되었다. 제품은 더욱더 복잡해졌고, 이에 따라 공정의 복잡성도 증가하였으며, 작업자들은 각자의 직무에 특화되었다. 즉 제품의 전체 제작과정을 개인이 전부 수행하기보다는 전체 작업 중 일부만 책임을 지도록 바뀌어 갔다. 더욱 진보된 계획이 요구되었고, 공장 내의 작업 흐름을 통제하기 위해서 공정 간의 강한 협조가 필요했다. 서서히, 하지만 뚜렷하게 생산시스템은 진화해 왔다.

현대의 생산 문제를 다루는 데 있어서 시스템적으로 접근하는 것이 필요하다. 이 책은 생산시스템에 관한 전반적인 내용을 다루며, 또한 생산시스템의 자동화와 컴퓨터 이용에 대해서도 설명한다.

1.1 생산시스템

생산시스템(production system)은 기업의 제조공정을 성공적으로 수행하기 위해 구성된 사람, 장비, 절차 및 방법의 집합을 일컫는다. 생산시스템은 그림 1.1에 나타낸 것 같이 크게 보아 2개의 영역으로 구분할 수 있다.

1. **설비** : 생산시스템의 물리적인 설비는 장비들과 이들이 배치된 방식, 그리고 장비들이 들어가 있는 공장을 포함한다.
2. **제조지원시스템** : 자재주문, 공장 내 자재운반, 품질관리 등의 업무를 수행하는 데 발생하는 기술적 문제 또는 물류 문제를 해결하거나 생산을 관리하기 위하여 기업에서 수행하는 제반 절차를 의미한다. 제품설계와 각종 비즈니스 기능들도 제조지원시스템에 포함된다.

현대의 제조공정에서 생산시스템이 부분적으로 자동화 또는 전산화되었어도 생산시스템에는 인간이 포함되며 동시에 인간은 생산시스템의 가동을 책임지고 있다. 일반적으로 현장 근로자(블루칼라 근로자)는 설비의 운용을 맡고, 전문 관리직 직원(화이트칼라 근로자)은 제조지원시스템을 책임지고 있다.

1.1.1 설비

생산시스템에서 **설비**(facility)란 공장, 생산기계, 공구, 자재취급장비, 검사장비, 제조공정을 제어하

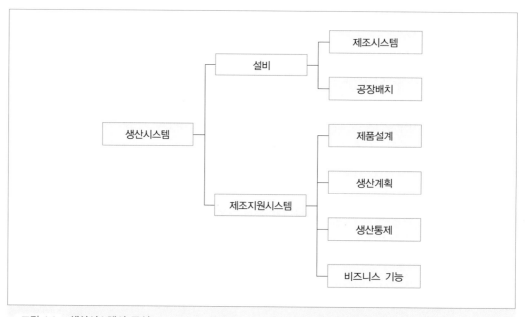

그림 1.1　생산시스템의 구성

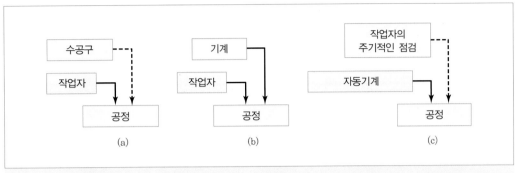

그림 1.2 제조시스템의 유형 : (a) 수작업시스템, (b) 작업자-기계시스템, (c) 완전자동시스템

는 컴퓨터 시스템으로 구성된다. 또한 설비에는 공장 내에서 장비가 물리적으로 배치되는 방법인 **공장배치**(plant layout)까지도 포함된다. 일반적으로 장비는 어떤 논리에 의하여 하나의 그룹으로 묶이게 되고, 이 장비 그룹과 장비를 운용하는 작업자를 포함하여 **제조시스템**(manufacturing system)이라 한다. 제조시스템은 단일 생산기계와 그 기계에 할당된 작업자로 구성된 개별 작업 셀(cell)일 수 있으나, 일반적으로 제조시스템은 생산라인과 같이 여러 기계와 작업자로 구성된 생산단위를 의미한다. 제조시스템은 만들어질 부품 및 조립품과 직접적이고 물리적인 접촉을 하게 되며, 제조시스템이 수행하는 공정에 인간이 개입하는 수준에 따라 그림 1.2와 같이 다음 세 가지 유형으로 구분된다.

수작업시스템 기계 없이 수공구를 사용하여 하나 이상의 작업을 수행하는 1명 또는 그 이상의 작업자로 구성된 시스템이다. 여기서는 자재운반도 수작업으로 수행된다. 인간의 힘과 기술로 조작되는 수공구를 사용할 때, 공작물을 고정하여 위치를 잡아 주는 고정구도 사용될 수 있다. 수공구를 사용하는 수작업시스템의 예는 다음과 같다.

- 밀링가공을 마친 부품의 모서리를 줄을 사용하여 둥글게 다듬는 작업자
- 축지름을 측정하기 위하여 마이크로미터를 사용하는 품질검사자
- 카트를 사용하여 박스를 창고로 운반하는 작업자
- 각자의 수공구를 가지고 기계부품들을 하나로 결합하는 조립 작업팀

작업자-기계시스템 작업자가 동력으로 구동되는 기계(예 : 공작기계)를 조작하는 것으로 제조시스템에서 가장 널리 사용되는 형태이다. 작업자와 기계들은 표 1.1에 나타낸 각자의 강점과 특성을 십분 활용할 수 있도록 결합된다. 작업자-기계시스템의 예는 다음과 같다.

- 주문받은 부품을 가공하기 위하여 공작기계를 조작하는 작업자
- 아크용접 작업 셀에서 용접로봇과 협업하는 보조 작업자
- 열간 압연기를 조작하는 작업반

| 표 1.1 | 인간과 기계의 상대적 강점과 특성

인간	기계
예상하지 못한 자극을 감지	반복 작업을 일관성 있게 수행
문제에 대한 새 해법을 개발	대량의 데이터를 저장
난해한 문제에 대처	메모리로부터 데이터를 신뢰성 높게 추출
변화에 적응	동시에 여러 작업을 수행
관찰을 통한 일반화 능력	큰 동력의 발생
경험에 의한 학습	단순 계산을 신속히 수행
불완전한 데이터에 기초한 어려운 의사결정	일상적인 의사결정을 신속히 수행

● 동력 컨베이어에 의해 작업물이 이송되고, 각 작업장에서 전동공구로 조립 작업을 수행하는 작업자들로 구성된 조립라인

자동시스템 작업자의 직접적인 개입 없이 기계에 의해서 공정이 수행되는 시스템을 말한다. 제어 시스템과 이를 구동하는 프로그램을 사용하여 자동화가 이루어진다. 작업자-기계시스템에서도 어느 정도의 자동화가 이루어진 경우가 있기 때문에, 작업자-기계시스템과 자동시스템의 분명한 구분이 어려운 경우도 있다.

자동화의 두 수준인 반자동화와 완전자동화를 비교해보자. **반자동기계**(semiautomated machine)는 작업사이클의 일부는 프로그램 제어에 의해 수행하고, 사이클의 나머지 부분(예 : 부품 장착 및 탈착)은 작업자가 수행하는 형태이다. **완전자동기계**(fully automated machine)는 장시간 동안 인간의 감독 없이도 운전될 수 있다는 차이점을 갖는다. 여기서 장시간의 의미는 한 작업사이클보다 긴 기간인데, 작업자는 각 작업사이클 도중에 기계에 가 볼 필요는 없고, 수십 사이클 또는 수백 사이클마다 한 번씩 들러 보기만 해도 된다. 이러한 형태의 시스템은 플라스틱 사출성형 공장에서 볼 수 있는데, 사출기가 자동으로 작동되면서 부품을 배출하고 작업자는 완성품을 주기적으로 수거하기만 하면 된다. 그림 1.2(c)는 완전자동화를 보여주고, 반자동화는 그림 1.2(b)에 가깝다.

어떤 완전자동공정에서는 1명 이상의 작업자가 지속적으로 공정을 감시하면서 의도된 바대로 수행되는지 여부를 확인하는 것이 필요하다. 이러한 자동공정의 예로는 복잡한 화학공정, 원유정제 공장, 원자력발전소 등을 들 수 있다. 작업자들은 능동적으로 공정에 참여하지는 않지만, 가끔 장비를 조정하고, 주기적인 유지보수 기능을 수행하며, 오류가 발생할 경우 조치를 취하는 일을 한다.

1.1.2 제조지원시스템

생산설비를 효율적으로 운영하기 위해서 기업은 공정과 장비를 설계하고, 생산을 계획하고 통제하며, 요구되는 제품의 품질을 만족시키도록 스스로를 조직화하여야 한다. 이러한 기능은 기업의 생산공정을 관리하는 사람과 제반 절차, 즉 제조지원시스템에 의해 완수될 수 있다. 제조지원시스템

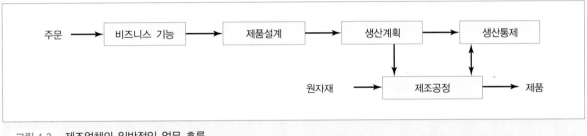

그림 1.3 제조업체의 일반적인 업무 흐름

은 제품과 직접적으로 접촉하지는 않지만 전체 공정을 통하여 생산의 진행을 계획하고 조정한다.

제조지원은 그림 1.3에 나타낸 것과 같은 일련의 활동을 포함한다. 이 네 가지 기능은 (1) 비즈니스 기능, (2) 제품설계, (3) 생산계획, (4) 생산통제인데, 많은 정보의 흐름과 데이터의 처리가 발생한다.

비즈니스 기능　비즈니스 기능은 고객과 소통하기 위한 가장 주요한 수단이므로, 정보처리 사이클은 비즈니스 기능으로 시작하여 비즈니스 기능으로 끝난다. 이 범주에 속하는 것으로는 판매 및 영업, 수요예측, 주문처리, 원가회계, 수금 등을 들 수 있다.

고객의 제품 생산 주문이 판매 및 영업 부서를 통하여 회사로 들어온다. 제품 주문의 유형은 다음과 같다―(1) 고객이 원하는 사양에 따라 제작하는 한 제품의 주문, (2) 생산자가 독점적으로 만들 수 있는 고유의 제품을 하나 또는 그 이상 구입하기 위한 주문, (3) 미래 수요 예측에 기초한 기업의 내부 주문.

제품설계　고객의 설계에 따라 제품이 생산되는 경우, 고객이 제품설계안을 제공하기 때문에 생산자 측의 설계 부서는 개입하지 않는다. 반면에 고객의 요구사양만이 주어지는 경우 생산자 측의 설계부서가 그 제품의 설계를 책임지게 된다.

회사 고유의 개발 제품인 경우 생산자는 그 제품의 개발과 설계를 전적으로 책임지게 된다. 새로운 제품의 설계가 시작되는 곳은 그림 1.3의 정보 흐름에 나타나 있듯이 판매와 영업 부서가 된다. 또한 제품설계를 수행하는 부서는 연구 및 개발, 설계 엔지니어링, 제도, 시제품(prototype) 제작 등의 기능도 함께 포함할 수 있다.

생산계획　제품설계의 정보 및 문서는 생산계획 기능으로 전달된다. 생산계획의 정보처리 업무로는 공정계획, 일정계획, 자재소요계획, 능력계획 등을 포함한다.

공정계획(process planning)은 제품 생산에 필요한 각각의 가공 및 조립공정과 그 순서를 결정한다. 제품의 생산이 결정되면 **주생산계획**(master production schedule, MPS)이 수립되는데, 이는 제품의 인도 시점과 생산량을 기록한 생산품목의 리스트이다. 이 계획을 기반으로 제품을 구성하는 각각의 부품과 반조립품의 생산계획이 작성된다. 원자재는 구매하거나 창고에서 출고하고, 구매품은 공급자에게 주문하여야 하며, 이와 같이 모든 품목이 면밀히 계획되어 필요할 때 이용할 수 있어야 한다. 이러한 계획을 세우는 모든 업무를 **자재소요계획**(material requirements planning)이라 한다. 주일정계획 결과는 공장의 기계 수와 인력에 따른 월간 생산능력을 초과할 수 없다. **능력계획**(capacity planning)은 기업의 인력과 기계의 자원 수준을 결정하고, 생산계획이 달성 가능성 있는지 체크하는 것이다.

생산통제　생산통제는 생산계획에 나타난 제품을 생산하기 위하여 공정을 실질적으로 관리하고 통제하는 기능이다. 그림 1.3을 보면 정보가 계획 기능에서 통제 기능으로 흐르며, 또한 생산통제와 공장운영 사이를 교대로 흐를 수 있다. 생산통제에 포함되는 것으로는 제조현장통제, 재고관리, 품질관리 등의 기능이 있다.

　　제조현장통제(shop floor control)는 가공, 조립, 이동, 검사와 같이 생산이 진행되며 일어나는 제반 과정을 모니터링하는 문제를 다룬다. 현장에서 처리되고 있는 공작물은 재공재고로 취급된다는 측면에서 제조현장통제는 재고관리와도 관계가 있고, 어느 정도 겹치는 내용을 지니고 있다. **재고관리**(inventory control)는 재고가 너무 적어 발생할 수 있는 기회비용과 재고를 보유해야 하는 재고비용 사이에 적절한 균형을 맞추려는 것이다. 이 분야에서는 적정 주문량 결정이나 재주문 시점 결정 등과 같은 문제를 다룬다. **품질관리**(quality control)는 제품설계자에 의해 명시된 표준과, 제품과 구성부품의 품질을 일치하게 하기 위한 제반 업무를 포함한다. 이를 달성하기 위해 제품 생산 중에 여러 번 품질검사를 실시한다. 또한 외부 공급자로부터 원자재 및 구매품이 입고될 때 품질검사를 실시하며, 완성품에 대한 최종검사와 성능 테스트는 기능적인 품질과 외관을 보증하기 위하여 시행된다. 품질관리는 공정의 문제에 대처하기 위하여 데이터 수집과 문제 해결 접근법을 포함하기도 한다. 이러한 접근법의 예가 통계적 공정관리(SPC)와 6시그마이다.

1.2　생산시스템의 자동화

생산시스템 중 어떤 부분은 쉽게 자동화할 수 있는 반면, 수작업으로 운용될 수밖에 없는 부분도 있다. 생산시스템에서의 자동화 대상은 (1) 현장 내 제조시스템의 자동화, (2) 제조지원시스템의 정보화 두 가지 영역으로 구분된다. 현대 생산시스템에서 이 두 영역은 어느 정도 중복되는 경향이 있다. 그 이유는 현장의 자동제조시스템이 컴퓨터에 의해 운영되며, 이것은 제조지원시스템과 경영정보시스템에 연결되어 있고, 이 두 정보시스템은 공장 및 기업 수준에서의 운영을 담당한다. 컴퓨터 통합생산이라는 용어는 컴퓨터가 광범위하게 사용되는 생산시스템을 표현하기 위해 사용된다. 자동화의 두 가지 범주를 그림 1.4에 표현하였으며, 이는 그림 1.1이 확장된 것이다.

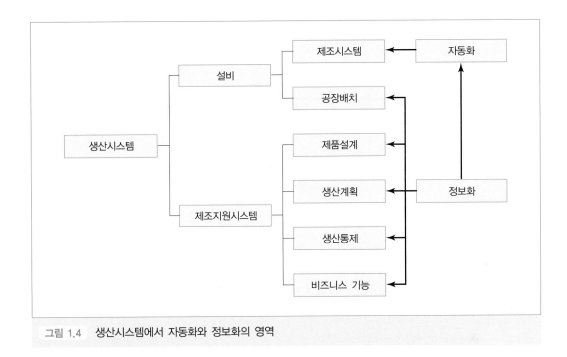

그림 1.4 생산시스템에서 자동화와 정보화의 영역

1.2.1 자동제조시스템

자동제조시스템은 물리적인 제품을 제조하기 위해 현장 내에서 운용되며 가공, 조립, 검사 혹은 자재취급 등의 공정을 단독으로 또는 조합으로 수행하는 시스템이다. 자동화는 유사한 수작업공정에 비해 사람의 역할 수준이 감소하였음을 뜻하는 용어로 사용된다. 고수준의 자동시스템에서는 사람의 참여가 전혀 없을 수도 있다. 자동제조시스템의 예는 다음과 같다.

- 부품 가공용 자동 공작기계
- 연속적인 가공공정을 수행하는 트랜스퍼 라인
- 자동조립시스템
- 가공 및 조립공정을 수행하기 위해 산업용 로봇을 사용하는 제조시스템
- 제조공정과 통합된 자동자재취급 및 창고시스템
- 품질관리를 위한 자동검사시스템

자동제조시스템은 다음과 같은 세 가지 기본 유형, 즉 (1) 고정자동화, (2) 프로그램 이용 자동화, (3) 유연자동화로 구분될 수 있다. 이것들은 일반적으로 완전자동방식으로 운영되는데, 프로그램 이용 자동화에서는 반자동방식이 흔하게 나타난다. 생산량과 제품다양성에 대한 세 가지 자동화의 상대적인 위치가 그림 1.5에 나타나 있다.

고정자동화 고정자동화(fixed automation)란 가공 또는 조립 작업의 순서가 장비 배열에 의해 고

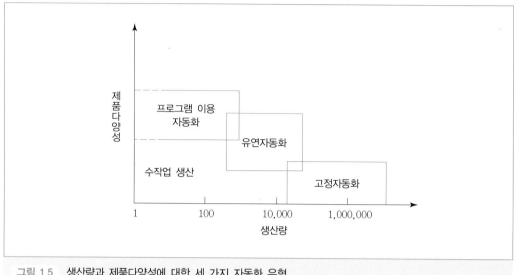

그림 1.5 생산량과 제품다양성에 대한 세 가지 자동화 유형

정된 시스템을 의미한다. 각각의 공정은 단순한 선형 또는 회전형 동작, 또는 이들의 단순 조합을 포함하는 수준으로서, 크게 복잡하지는 않다. 예를 들면 회전 주축의 이송 운동이 해당된다. 이러한 공정을 여러 개 통합하여 하나의 장비로 구현한다면 시스템은 복잡해진다. 고정자동화의 전형적인 속성은 다음과 같다.

- 특별히 주문제작되는 장비로 인한 높은 초기 투자비
- 높은 생산율
- 다양한 제품을 취급하기 어려운 비유연성

고정자동화는 대량의 제품을 고속으로 생산할 때 그 경제적 타당성을 얻을 수 있다. 장비에 대한 높은 초기 투자비용은 수많은 제품에 나누어질 것이기 때문에, 다른 생산 방식과 비교해 제품한 단위당 생산비용은 월등히 낮아진다. 고정자동화의 예로는 가공용 트랜스퍼 라인과 자동조립기계 등이 포함된다.

프로그램 이용 자동화 **프로그램 이용 자동화**(programmable automation)에서 생산장비는 서로 다른 제품 유형을 취급하기 위하여 공정순서를 변경할 수 있도록 설계된다. 공정순서가 프로그램으로 표현될 수 있는데, 이는 코드화된 명령을 나열한 것이기 때문에 시스템에 의해 읽고 해석될 수 있다. 새로운 공작물을 가공하기 위하여 새로운 프로그램을 준비하고 장비에 입력시켜야 한다. 프로그램 이용 자동화의 특징은 다음과 같다.

- 범용장비로 인한 높은 투자비
- 고정자동화보다 낮은 생산율

- 다양하게 변하는 제품 조합을 다룰 수 있는 유연성
- 뱃치생산에 가장 적합한 방식

프로그램 이용 자동생산시스템은 소량과 중량생산에 적합한 시스템이다. 부품 혹은 제품은 뱃치(batch) 단위로 생산된다. 다른 제품의 새로운 뱃치를 생산하기 위해 새로운 제품을 처리할 수 있는 일련의 기계 명령어로 시스템을 재프로그래밍하여야 한다. 또한 가공을 위한 물리적인 준비가 완료되어야 한다. 공구가 준비되고, 고정구는 기계 테이블에 장착되어야 하며, 필요한 기계 설정값이 입력되어야 한다. 이러한 변경 절차를 완료하는 데는 시간이 소요된다. 결과적으로 제품의 생산사이클에는 준비와 재프로그래밍 시간이 포함된다. 프로그램 가능 자동시스템에는 수치제어(NC) 공작기계, 산업용 로봇, PLC 등이 포함된다.

유연자동화   유연자동화(flexible automation)는 프로그램 이용 자동화의 확장된 형태이다. 유연자동시스템은 어떤 부품생산에서 다른 부품으로의 작업전환을 위한 낭비시간 없이 다양한 부품을 생산할 수 있다. 시스템의 재프로그래밍이나 공구, 고정구 및 기계설정 등의 물리적인 준비를 위한 시간의 낭비가 없다. 결과적으로, 시스템은 다양한 부품 조합을 유연한 일정으로 생산할 수 있으며, 시스템에서 가공되는 부품 간의 차이점을 별로 중요하지 않게 다루면서 부품 종류가 바뀔 때마다 변경할 사항을 최소화할 수 있다. 유연자동화의 특징은 다음과 같이 요약할 수 있다.

- 특별히 주문제작되는 시스템으로 인한 높은 투자비
- 다양한 제품 조합에 대한 연속생산
- 중간 정도의 생산율
- 제품설계 변화를 처리할 수 있는 유연성

유연자동화의 예로는 자동가공 작업을 수행하는 유연생산시스템(FMS)을 들 수 있다.

1.2.2 전산화된 제조지원시스템

제조지원시스템의 자동화 목표는 제품설계, 생산계획 및 통제, 그리고 기업의 비즈니스 기능에서 수작업 또는 사무적인 노력을 절감하는 것이다. 거의 모든 현대의 제조지원시스템은 컴퓨터 시스템으로 구현된다. 뿐만 아니라 컴퓨터 기술은 공장 내 제조시스템의 자동화를 구현하는 데 이용된다. **컴퓨터 통합생산**(computer-integrated manufacturing, CIM)이란 제품설계, 생산계획, 공정관리, 그리고 제조업에 필요한 다양한 비즈니스 관련 기능을 수행하기 위해 컴퓨터 시스템을 이용하는 것을 말한다. 본래 CIM은 기업의 모든 기능을 하나의 시스템으로 운영하기 위해 기능을 통합하려는 시도에서 구축되기 시작하였다. 다른 용어들이 CIM 시스템의 특정 기능을 별도로 나타내는 데 이용된다. 예를 들어 **컴퓨터 이용설계**(computer-aided design, CAD)란 제품설계를 지원하기 위해 컴퓨터 시스템을 이용하는 것을 말하며, **컴퓨터 이용제조**(computer-aided manufacturing, CAM)란 공정계획과 NC 파트 프로그래밍과 같은 제조 엔지니어링과 관련된 기능을 수행하기 위해 컴퓨터 시스템을 이용하는 것을 말한다. CAD와 CAM 모두를 수행하는 시스템, 즉 CAD/CAM이란 의미는 하나의 시스템으로 이 둘의 기능을 통합하는 것을 의미한다.

CIM은 제품을 성공적으로 생산하기 위해 필요한 데이터와 지식을 제공해주는 정보처리 활동을 포함한다. 이러한 정보처리 활동은 앞서 제시한 네 가지 기본 제조지원 기능의 구현을 위해 수행된다―(1) 비즈니스 기능, (2) 제품설계, (3) 생산계획, (4) 생산통제. 이들 기능은 제품과 직접 접촉하지는 않지만 물리적인 생산 활동을 지원하는 업무사이클을 이루게 된다.

1.2.3 자동화의 목적

생산자동화와 컴퓨터 통합생산시스템의 구축을 위한 과제를 수행하는 데는 기업 나름대로의 다양한 이유가 있는데, 다음과 같이 정리할 수 있다.

1. **노동생산성의 향상** : 제조공정의 자동화는 보통 생산율과 노동생산성을 향상시킨다. 이는 노동력 투입에 대한 시간당 산출량이 많아짐을 의미한다.

2. **인건비의 절감** : 인건비의 증가 추세는 전 세계적으로 산업계가 당면한 문제이며, 앞으로도 이 추세는 계속될 것이다. 따라서 수작업공정을 대체하여 자동화하는 것은 자동화 투자에 대한 경제적 타당성의 근거가 되며, 생산원가를 절감하기 위해 기계가 점점 사람을 대신하게 된다.

3. **노동력 부족의 해소** : 대부분의 선진국에서는 노동력이 부족하며, 이러한 현상은 노동력을 대체하는 자동화공정의 개발을 촉진한다.

4. **천편일률적이고 사무적인 업무의 제거** : 판에 박히고, 지루하며, 피로하고, 귀찮은 작업을 자동화하는 것은 사회적 가치가 있다고 판단된다. 그런 업무를 자동화하는 것은 작업조건을 개선하려는 목적에서 이루어진다.

5. **작업안전성 향상** : 공정을 자동화하여 인간의 역할을 적극적인 공정 개입으로부터 관리 감독으로 전환함으로써 작업이 보다 안전해질 수 있다. 작업자의 안전과 정신적 안정을 증진하는 것이 자동화를 추진하는 하나의 요인이 된다.

6. **제품 품질의 향상** : 자동화를 통해 수작업보다 높은 생산율을 얻을 수 있을 뿐만 아니라, 품질에 있어서 높은 균일성과 적합성을 가진 제조공정이 가능해진다. 불량률의 감소는 자동화의 가장 큰 이점 중 하나이다.

7. **제조 리드타임의 감소** : 자동화는 고객의 주문과 제품 인도 사이의 시간을 줄이는 데 도움을 주며, 제조회사의 경쟁력을 향상시킨다. 뿐만 아니라 제조 리드타임을 줄임으로써 재공재고를 줄일 수 있다.

8. **수작업으로 불가능한 작업 수행** : 정밀하고, 소형이며, 형상이 복잡하기 때문에 수작업으로는 수행될 수 없는 공정들이 있다. 이러한 공정의 예로는 반도체생산, CAD 모델에 기초한 급속조형 (rapid prototyping, RP)공정, 수학적으로 정의된 복잡한 곡면의 CNC 가공 등이 포함된다. 컴퓨터 제어 시스템 없이는 이러한 공정들을 수행할 수 없다.

9. **자동화를 하지 않음으로써 발생할 높은 비용의 회피** : 자동화의 이점은 품질의 개선, 판매 증가, 개선된 노사관계와 개선된 기업 이미지와 같이 예상치 못했던 방법으로도 나타난다. 자동화를 게을리한 기업에서는 고객, 직원, 일반 대중에 대한 경쟁력이 약화되는 결과가 나타날 수도 있다.

1.3 생산시스템에 필요한 인력

현대적인 첨단생산시스템에서도 인력이 필요한 곳이 있을까? 답은 '있다'이다. 높은 수준의 자동생산시스템에서도 인간은 제조의 필수적인 구성요소다. 미래에는 사람들이 제조공정에 직접 참여하지는 않더라도, 사람들이 공장을 운영하고 유지하는 것은 여전히 필요할 것이다. 앞서 설명했던 설비와 제조지원의 구분에 의거하여 노동력을 다음과 같이 두 부분으로 나누어보기로 한다─(1) 공정에서의 인력, (2) 제조지원시스템에서의 인력.

1.3.1 공정에서의 인력

생산에 있어서 인력을 대체할 자동기계가 계속 증가할 것이라는 장기적인 추세를 부정할 사람은 없을 것이다. 이 추세는 신기술을 적용함에 따라 가능할 수 있지만, 신기술에 수반되는 경제적인 부담이 아직 노동력을 활용하는 이유가 되고 있다.

현재 세계적으로 가장 뚜렷하게 나타나고 있는 경제적인 현실은 임금이 너무 낮아서 원가절감을 목표로 하는 자동화 시도가 불필요한 나라가 있다는 것이다. 임금 문제 외에 자동화가 아닌 다른 이유로 노동력을 활용하는 경우가 있다. 인간은 일부 상황과 어떤 직무에서는 기계보다 우수한 이점을 지니고 있다(표 1.1). 노동력이 자동화보다 선호되는 몇 가지 상황은 다음과 같다.

- **자동화하기에는 기술적으로 곤란한 작업** : 어떤 작업은 기술적 혹은 경제적으로 자동화하기에는 너무 어려울 수 있다. 어려운 이유로는 (1) 작업장소에 물리적으로 접근하기 어려운 문제, (2) 작업 중 요구되는 조정행위, (3) 손재주의 필요, (4) 눈과 손의 협조가 필요한 것 등이 있다. 이러한 예로는 사람이 직접 다듬질 작업을 하고, 품질 평가의 판단이 필요한 검사를 하고, 유연하거나 잘 깨지기 쉬운 부품을 취급하는 조립라인을 들 수 있다.
- **짧은 제품수명주기** : 만일 어떤 제품이 단기간의 수요를 맞추기 위해 설계되었거나, 비교적 짧은 기간 동안 시장에 존재할 것이 예상될 경우 자동화를 하는 것보다 노동력을 이용한 제조방법이 더 빠르게 제품을 출시할 수 있는 방안이 된다. 수작업 생산을 위한 공구류 준비 시간과 비용이 자동생산을 위한 준비보다 훨씬 덜 들 수 있다.
- **고객주문제품** : 고객이 고유한 특징을 가진 초유의 제품을 원할 경우, 다양성과 적응성을 감안하면 사람에 의한 생산이 더 적합하다고 할 수 있다. 어떤 자동기계보다도 인간이 더 유연

하다.

- **수요의 변동** : 제품 수요의 변화는 필연적으로 생산량의 변화를 일으킨다. 이러한 변화는 생산 수단으로 인력이 사용되었을 때 더 쉽게 실현될 수 있다. 자동생산시스템은 투자로 인한 고정비를 포함한다. 생산량이 줄었을 때 고정비는 줄어든 생산품에 분배되어 결국 제품의 단위원가 증가를 불러온다. 또한 자동시스템은 생산 능력의 최대한계를 가지고 있어 능력 이상으로 생산량을 늘리는 것이 불가능하다. 반대로 노동력이라는 것은 수요에 맞추어 줄이거나 늘리기가 쉽고, 여기에 따르는 원가도 고정된 것이 아니라 고용 수준에 따라 변동될 수 있다.

- **제품 실패의 위험 감소** : 신제품을 시장에 출시한 회사는 그 제품의 최종 성공이 어떤 수준인지 알 수 없다. 일부 제품은 긴 수명주기를 가질 수 있지만, 어떤 것은 금방 사장될 수 있다. 자동화에 투자했다가 예상보다 제품수명이 짧아질 때 접할 위험성을 최소화하기 위해서는 제품이 출시될 때 일단 노동력을 사용하는 것이 방법이 될 수 있다. 1.4.3절에서 신제품을 출시할 때 적합한 자동화 전략에 대해 설명하고 있다.

- **자본의 부족** : 자동화에 투자하기에는 자본이 부족할 경우 할 수 없이 노동력을 활용하는 경우가 있다.

1.3.2 제조지원시스템에서의 인력

제조지원시스템에서는 많은 일상의 수작업 또는 사무 업무가 컴퓨터를 통해 자동화될 수 있다. 자재소요계획(MRP)과 같은 생산계획 활동은 컴퓨터에 의해 더 효과적으로 수행될 수 있다. MRP에서는 최종 제품의 주생산계획에 기초하여 구성부품과 원자재의 주문량과 주문 시점을 결정하게 된다. 이런 업무는 방대한 데이터 처리를 필요로 하여 컴퓨터의 도움을 받아 수행하는 것이 바람직하다. 그러나 MRP 소프트웨어의 출력물을 해석하고 실천하는 것은 여전히 사람의 몫이다.

현대적인 생산시스템에서 거의 모든 제조지원 활동을 컴퓨터가 수행하고 있다. 제품설계에 CAD 시스템이 사용되지만 창의적인 발상을 위해서는 설계자가 여전히 필요하다. CAD는 설계자의 창의적 재능을 도와주는 도구에 불과할 뿐이다. 컴퓨터를 이용한 공정계획시스템은 제조 엔지니어가 제조방법과 경로를 쉽게 계획할 수 있게 도와준다. 이상 언급한 제조지원 기능 예에서 인간은 필수적인 요소이며, 컴퓨터 지원시스템은 생산성과 품질을 높여 주는 도구라고 할 수 있다.

제조지원시스템의 자동화 수준이 높아진다고 해도 여전히 인간의 역할은 중요하다. 표 1.1에 의하면 의사결정, 학습, 해석, 평가, 운영 등의 기능에 인간이 기계보다 더 적합하다고 할 수 있다. 자동화가 되었어도 다음과 같은 작업은 사람이 수행해야 한다.

- **장비의 유지보수** : 숙련된 기술자가 공장의 자동시스템이 고장 났을 때 시스템을 수리하고 복구하기 위해 필요하다. 신뢰성을 향상시키기 위해 예방보전 프로그램이 활용된다.

- **프로그래밍과 컴퓨터 운용** : 지속적으로 소프트웨어를 업그레이드하고, 새로운 버전의 소프트웨어를 설치하고, 프로그램을 실행시켜야 하는 인력이 필요하다. 미래에는 인공지능기술에 의해

공정계획업무, NC 프로그래밍, 로봇 프로그래밍 등의 자동화 수준이 매우 높아질 것으로 예상되지만, 결국 인공지능 프로그램은 인간에 의해 개발되고 운영되어야 한다.

- **엔지니어링 작업** : 컴퓨터로 자동화되고 통합된 공장을 구축하였다고 해도 그것으로 끝나지 않고, 생산기계를 업그레이드하고, 공구류를 설계하며, 기술적인 문제를 풀고, 지속적인 개선 프로젝트를 수행해야 할 필요가 계속 발생한다. 이러한 활동에는 엔지니어의 역량이 요구된다.
- **공장관리** : 공장을 운영하고 공정을 책임지는 전문적인 매니저와 엔지니어 스태프가 필요하다. 전통적으로는 개인의 기술이 중요했지만, 앞으로 매니저의 관리기술도 강조될 것이 예상된다.

1.4 자동화 원칙과 전략

앞서 우리는 주어진 생산 상황에 따라 자동화가 항상 최선의 답이 될 수 없음을 알았다. 자동화 기술을 적용하기 위해서는 신중함과 주의가 요구된다. 이 절에서는 자동화 프로젝트를 다루기 위한 세 가지 접근법을 소개한다—(1) USA 원칙, (2) 자동화와 공정 개선의 10대 전략, (3) 자동화 구현 단계.

1.4.1 USA 원칙

USA 원칙은 자동화와 공정 개선 프로젝트에 대한 상식적인 접근법이다. 유사한 접근 방법들이 제조와 자동화 관련 문헌에 제시되었지만 USA라는 제목이 가장 적절한 표현일 것이다. USA의 의미는 다음과 같다.

1. 기존 공정을 이해하라(understand the existing process).
2. 공정을 단순화하라(simplify the process).
3. 공정을 자동화하라(automate the process).

USA 원칙은 APICS[1]의 한 논문에 서술되어 있다[5]. 이 논문은 원래 전사적 자원관리(enterprise resource planning, ERP, 25.7절)의 구현에 관한 내용이지만, 여기서 소개된 USA 접근법은 상당히 일반적인 방법이어서 대부분의 자동화 프로젝트에도 활용이 가능하다. USA 접근법에 제시된 절차를 각 단계별로 적용하다 보면, 공정의 단순화만으로도 충분하고 공정의 자동화는 꼭 필요한 것이 아닌 경우도 있을 것이다.

기존 공정을 이해하라 USA 접근법의 첫 번째 단계의 목적은 현재 공정의 상세한 모든 것을 정확히 파악하는 것이다. 입력은 무엇인가? 출력은 무엇인가? 입력과 출력 사이의 어떤 작업에서 무슨 일이 일어나는가? 해당 공정의 기능은 무엇인가? 제품에 부가가치가 어떻게 부여되는가? 생산 순서

---

1) APICS : American Production and Inventory Control Society.

에서 전후 공정은 무엇이고, 현 공정과 어떤 관련이 있는가?

방법연구에 이용되는 작업공정도(operation process chart)와 흐름공정도(flow process chart)와 같은 도표는 위와 같은 고려사항을 검토하는 데 매우 유용하다[3]. 이러한 도표 도구를 기존 공정에 적용하여 공정의 장단점을 찾고 분석할 수 있는 공정 모델을 구축할 수 있다. 즉 도표기술을 통하여 공정의 단계 수, 검사 횟수와 위치, 작업단위에서 이동 또는 지연의 횟수, 저장에 소요되는 시간 등을 확인할 수 있다.

공정의 수학적 모델은 입력 파라미터와 출력변수 사이의 관계를 표현하는 데 유용하다. 무엇이 중요한 출력변수인가? 원자재 특성, 공정의 설정, 작업 조건, 그리고 환경 조건과 같은 입력 파라미터가 공정에 투입됨으로써 출력변수에 어떠한 영향을 끼치는가? 피드백 목적으로 측정되어야 하는 출력변수를 정하여 자동 공정관리를 위한 알고리즘을 구축하는 것은 중요한 일이다.

공정을 단순화하라　기존 공정이 파악되면 단순화할 수 있는 방법을 모색하게 된다. 이것은 기존 공정에 대한 체크리스트 작성으로부터 시작될 수 있다. 이 단계 혹은 이 이동의 목적은 무엇인가? 이 단계가 필요한가? 이 단계는 삭제될 수 있는가? 이 단계는 가장 적합한 기술을 적용하고 있는가? 이 단계를 어떻게 단순화할 수 있는가? 기능의 손상 없이 이 공정의 불필요한 단계들을 제거할 수 있는가?

자동화와 공정 개선의 10대 전략(1.4.2절)은 공정을 단순화하기 위해 활용될 수 있다. 단계가 결합될 수 있는가? 여러 단계가 동시에 수행될 수 있는가? 단계가 수작업 생산라인으로 통합될 수 있는가?

공정을 자동화하라　공정을 단순화했으면, 다음 단계는 자동화를 고려하는 것이다. 가능한 자동화의 형태는 다음 절에서 논의할 열 가지 전략의 조합으로 나타난다. 자동화 구현 단계(1.4.3절)는 아직 검증이 안 된 신제품에 대해서는 단계적으로 적용할 수 있다.

1.4.2 자동화와 공정 개선의 10대 전략

자동화 프로젝트의 첫 번째 단계는 USA 원칙을 따르는 것이다. 앞서 제시되었듯이 공정이 단순화되고 나면, 자동화는 불필요하거나 경제적 타당성을 얻기 어려울 수도 있다.

만약 자동화가 생산성, 품질 또는 다른 성능의 개선을 위해 가능한 답으로 결정되면, 다음의 10대 전략은 이 개선을 모색하기 위한 지침이 된다. 이 10대 전략은 M.P. Groover의 첫 번째 저서[2]에서 처음으로 제시되었는데, 1980년대와 마찬가지로 지금도 유용하게 사용된다.

1. **공정 전문화** : 하나의 공정을 가장 효율적으로 수행하도록 설계된 전용 장비를 사용하는 전략이다. 이것은 노동생산성을 향상시키기 위한 직무 특화 개념과 유사하다.

---

2) M.P. Groover, *Automation, Production Systems, and Computer-Aided Manufacturing*, Prentice Hall, Englewood Cliffs, New Jersey, 1980.

2. **공정결합** : 보통 생산은 순차적인 공정을 통하여 이루어진다. 복잡한 부품은 10개 또는 100개 이상의 공정 단계가 필요할 수도 있다. 공정결합 전략은 부품이 거쳐야 하는 생산기계 또는 작업장의 수를 줄이는 것을 의미하며, 이것은 하나의 기계에서 하나 이상의 공정을 수행하여 필요한 장비의 수를 줄임으로써 달성된다. 기계의 가동에는 언제나 준비가 필요하기 때문에 공정결합을 통하여 셋업시간이 줄어든다. 또한 자재취급시간, 비작업시간, 대기시간, 제조 리드타임 모두가 줄어들 수 있다.

3. **동시공정** : 이것은 공정결합 전략의 확장으로서 하나의 작업장에서 결합된 공정을 동시에 수행하는 것이다. 결과적으로 둘 또는 그 이상의 가공 또는 조립 작업이 하나의 공작물에서 동시에 수행되기 때문에 총공정시간을 줄일 수 있다.

4. **공정통합** : 공정통합은 작업장 사이의 공작물 이동을 위한 자동 운반장치를 이용하여, 여러 작업장을 하나의 메커니즘으로 통합하는 것이다. 결과적으로 이 전략은 부품이 거쳐야 될 분리된 작업장의 수를 줄여줄 수 있다. 하나 이상의 작업장에서 다수의 공작물이 동시에 가공되기 때문에 시스템의 전반적인 산출량이 증가한다.

5. **유연성 향상** : 이 전략은 동일한 장비에서 다양한 부품 및 제품 제조를 가능하게 하여 개별생산(job shop) 및 중량생산에서 장비의 가동률을 극대화하는 것이다. 이 전략은 유연자동화 개념과 관련이 있다(1.2.1절). 이 전략의 주요 목적은 기계 셋업시간과 프로그래밍 시간을 줄임으로써 제조 리드타임과 재공재고 수준을 최소화하기 위함이다.

6. **자재운반과 보관의 개선** : 자동 자재운반 및 보관시스템을 사용함으로써 비생산시간을 획기적으로 줄일 수 있다. 이 전략을 통하여 재공재고와 제조 리드타임을 줄일 수 있다.

7. **온라인 검사** : 전통적으로 공작물의 품질검사는 공정의 완료 후에 수행하는데, 이 방식은 검사를 받을 시점이면 불량품이 이미 여러 공정을 통과하였다는 것을 의미한다. 각 제조공정에 검사공정을 결합한다면, 불량품이 만들어지는 공정에서 그 결함의 수정이 가능해진다. 이 전략은 설계 시 의도된 사양과 품질을 일치시켜서 폐기량을 줄일 수 있다.

8. **공정관리 및 최적화** : 이 전략은 개별 공정과 이에 관련된 장비를 보다 효율적으로 가동하기 위한 여러 가지 관리 방법을 포함한다. 이에 의해 개별 공정시간의 절감과 제품 품질의 향상을 기대할 수 있다.

9. **공장운영관리** : 8번의 공정관리는 개별 제조공정의 관리가 주요 관심이라면, 이 전략은 공장 수준의 관리와 관련이 있다. 공장의 총체적인 작업을 보다 효과적으로 관리, 조정하기 위함이다. 공장운영관리 전략을 구현하기 위해서는 공장 내에 수준 높은 컴퓨터 네트워크의 구축이 전제되어야 한다.

10. **컴퓨터 통합생산(CIM)** : 1번부터 9번까지의 전략을 한 단계 높이기 위해 공장운영에 공학적 설계와 비즈니스 기능을 통합할 필요가 있다. CIM은 컴퓨터 프로그램, 데이터베이스, 컴퓨터 네트워크 등을 전사적으로 활용하는 것을 포함한다.

이상의 10대 전략은 자동화와 단순화를 통한 생산시스템의 향상 가능성을 타진하는 점검항목으로 사용될 수 있으며, 상호 배타적으로 적용되어서는 그 효과를 기대하기 어렵다. 대부분의 경우 하나의 개선 프로젝트에서 여러 전략이 동시에 구현되어야 한다.

1.4.3 자동화 구현 단계

시장의 경쟁이 치열해짐에 따라 기업은 가능한 가장 빠른 시간 내에 신제품을 개발, 출시할 필요가 있다. 앞서 언급한 것과 같이 이러한 목적을 달성하기 위한 가장 쉽고 비용이 적게 드는 방법은 독립적으로 운영되는 작업 라인을 가진 수작업 생산 방법을 설계하는 것이다. 수작업을 위한 공구는 빠르고 적은 비용으로 제작할 수 있다. 만약 필요한 제품 수요를 채우기 위해 하나 이상의 작업장이 요구된다면, 수작업 셀의 경우 필요한 만큼 증식이 가능하다. 만약에 제품이 성공적이어서 큰 미래 수요가 예상된다면 생산을 자동화하는 것은 의미 있는 일이 된다. 자동화 개선은 단계별로 수행된다. 대부분의 기업은 나름대로의 자동화 구현 단계를 가지고 있는데, 이는 신제품 수요 증가에 맞추어 제조시스템을 발전시키려는 계획이라 할 수 있다. 일반적인 자동화 구현 단계는 다음과 같다.

단계 1 : 독립적인 단일작업장 수작업 셀을 이용하는 **수작업 생산**. 앞서 언급했듯이 초기 설치 시간과 비용이 적게 든다는 이유로 신제품을 시장에 소개하는 시기의 생산에 적용된다.

단계 2 : 독립적이고 단일작업장 자동화 셀을 이용하는 **자동화 생산**. 수요가 증가함에 따라 자동화의 당위성이 나타나게 되고, 단일작업장은 노동 절감과 생산율의 증가를 위해 자동화된다. 작업물은 작업장 사이를 여전히 인력에 의해 움직인다.

단계 3 : 다수작업장 자동화시스템을 이용하는 **자동화 통합생산**(연속작업이 가능하고 작업물의 자동화된 운반이 가능). 제품이 몇 년 동안 대량으로 생산될 것이라고 예측되면, 단일작업장 자동화 셀을 통합하여 노동 절감과 생산율 증가를 더욱 기대할 수 있다.

이 단계가 그림 1.6에 나타나 있다. 세부적인 자동화 구현 단계는 그들이 생산할 제품의 유형과 그들이 수행하는 제조공정에 따라 기업마다 다양할 수 있지만, 효과적으로 관리되는 제조업체들은 공통적으로 위의 자동화 구현 단계와 유사한 전략을 가지고 있다. 이와 같은 전략의 이점은 다음과 같다.

- 수동 작업장을 기초로 하는 제조 셀은 가장 쉽게 설계 및 설치될 수 있기 때문에 가장 짧은 시간 내에 신제품을 만들 수 있다.
- 제품의 수요 증가, 제품의 설계변경 발생, 자동생산시스템에 대한 정밀한 설계를 위한 시간 허용 등에 따라 자동화가 계획에 의해 점진적으로 도입될 수 있다.
- 제품의 예측수요가 맞지 않을 위험이 언제나 존재하기 때문에, 시작부터 과도한 수준으로 자동화하는 과실을 피할 수 있다.

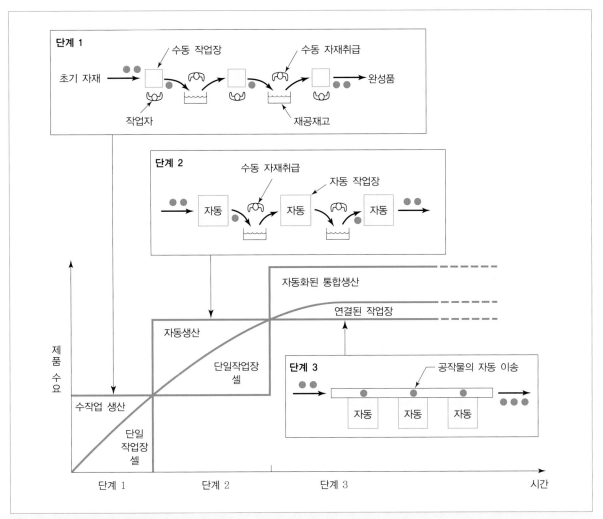

그림 1.6 일반적인 자동화 구현 단계. 단계 1 : 독립적 단일작업장으로 이루어진 수작업 생산. 단계 2 : 작업장 간 수동 자재취급을 갖는 자동 작업장. 단계 3 : 작업장 간 자동 자재취급을 갖는 자동화된 통합생산. 주) 자동 = 자동 작업장

1.5 이 책의 구성

이 장은 생산시스템의 소개와 자동화와 CIM이 생산시스템에 어떻게 이용되는지를 다루었고 또한 생산시스템이 고도로 자동화되어도 여전히 사람이 필요함을 설명하였다. 나머지 25개의 장은 그림 1.7과 같이 6개 부분으로 구성을 하였다.

제1부는 생산의 개요를 설명하는 2개의 장으로 구성된다. 제2장에서는 제조공정과 자재취급, 그리고 생산현장에서 수행되는 기타 활동들을 소개한다. 제3장에서는 제조공정의 몇 가지 주제와 파라미터에 대한 독자들의 이해를 높이고 그들의 계량적 본질을 강조하기 위해 수학적인 모델들을

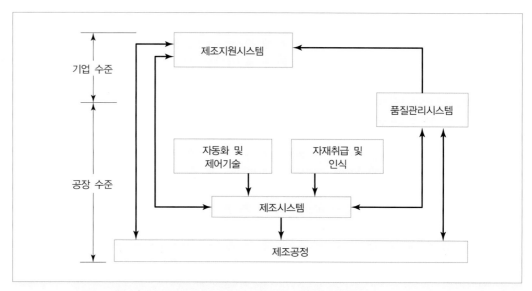

그림 1.7 생산시스템에 관련된 여섯 가지 기술적 주제이자 이 책의 6개 부

전개한다.

제2부에는 자동화 기술과 관련된 6개의 장이 포함된다. 제1장에서는 자동화의 일반사항을 다루지만, 제2부에서는 기술적으로 보다 상세한 부분들을 설명한다. 자동화가 제어 시스템에 깊이 의존하기 때문에 제2부를 '자동화와 제어기술'이라고 제목을 지었다. 이들 기술에는 수치제어(NC), 산업용 로봇, PLC 등이 포함된다.

제3부는 공장과 창고에서 기본적으로 이용되는 자재취급과 인식기술을 설명한다. 이 기술에는 자재를 운반하고 보관하기 위한 장비, 자재관리의 목적을 위해 자재를 자동으로 인식하기 위한 기술이 포함된다.

제4부는 자동화 기술과 자재취급이 통합된 제조시스템에 대해 기술한다. 이 제조시스템의 일부는 고도로 자동화되었지만 다른 부분들은 수작업에 의존하고 있다. 제4부에는 단일작업 셀, 생산라인, 조립시스템, 셀형 생산, 그룹테크놀로지, 그리고 유연생산시스템과 같은 주제를 포함하고 있다.

품질관리에 대한 중요성은 현대의 생산시스템에서 간과할 수 없다. 제5부에서는 통계적 공정관리와 검사를 다루는 주제를 포함하며, 머신비전과 3차원 측정기와 같은 중요한 검사기술들을 설명한다. 그림 1.7에 제시된 것과 같이 품질관리시스템에서는 설비와 제조지원시스템 모두의 구성요소들을 포함한다. 품질관리는 기업 수준의 기능이지만, 이를 위한 기기와 절차는 현장에서 운영된다.

마지막으로 제6부는 생산시스템에서의 나머지 제조지원 기능을 설명한다. 제품설계와 이것이 CAD 시스템에 의해 어떻게 지원되는지를 하나의 장에 기술하였다. 나머지 장에서는 공정계획, 동시공학, 제조감안설계, 자재소요계획(MRP), 제조자원계획(MRP II) 그리고 전사적 자원관리(ERP)와 같은 주제를 다룬다. 현대의 제조업체들이 그들의 사업을 발전시키기 위해 시도하는 방법인 JIT 방식과 린생산을 하나의 장으로 구성하여 결말을 지었다.

참고문헌

[1] BLACK, J. T., *The Design of the Factory with a Future,* McGraw-Hill, Inc., New York, NY, 1991.

[2] GROOVER, M. P., *Fundamentals of Modern Manufacturing: Materials, Processes, and Systems,* 5th ed., John Wiley & Sons, Inc., Hoboken, NJ, 2013.

[3] GROOVER, M. P., *Work Systems and the Methods, Measurement, and Management of Work,* Pearson/ Prentice Hall, Upper Saddle River, NJ, 2007.

[4] HARRINGTON, J., *Computer Integrated Manufacturing,* Industrial Press, Inc., NY, 1973.

[5] KAPP, K. M., "The USA Principle", *APICS — The Performance Advantage,* June 1997, pp. 62-66.

[6] SPANGLER, T., R. MAHAJAN, S. PUCKETT, and D. STAKEM, "Manual Labor — Advantages, When and Where?" *MSE 427 Term Paper, Lehigh University,* 1998.

복습문제

1.1 생산시스템이란 무엇인가?

1.2 생산시스템의 두 가지 영역에 대해 간단히 설명하라.

1.3 제조시스템이란 무엇이며 생산시스템과의 차이점은 무엇인가?

1.4 제조시스템은 작업자의 참여도에 따라 세 가지로 구분되는데 이들은 무엇인가?

1.5 제조지원시스템에 속하는 네 가지 기능은 무엇인가?

1.6 고정자동화란 무엇이며, 이것의 특징은 어떠한 것이 있는가?

1.7 프로그램 이용 자동화란 무엇이며, 이것의 특징은 어떠한 것이 있는가?

1.8 유연자동화란 무엇이며, 이것의 특징은 어떠한 것이 있는가?

1.9 컴퓨터 통합생산(CIM)이란 무엇인가?

1.10 제조업체가 자동화를 추진하는 목적에는 어떠한 것이 있는가?

1.11 자동화하기 어려워 수작업이 훨씬 좋은 상황에는 어떠한 것이 있는가?

1.12 고도로 자동화된 공정에서도 인력은 필요할 수 있다. 이러한 공정의 유형을 설명하라.

1.13 USA 원칙에서 각 알파벳의 의미는 무엇인가?

1.14 자동화와 공정 개선의 10대 전략을 열거하라.

1.15 자동화 구현 단계를 설명하라.

PART

1

생산의 개요

Automation, Production Systems, and Computer-Integrated Manufacturing

제조공정

제조(manufacturing)란 부품 또는 제품을 만들기 위해 주어진 원자재의 기하학적 형상, 속성 및 외관을 변형시키기 위해 물리적이거나 화학적인 공정을 적용하는 것이라고 정의할 수 있다. 또한 제조는 조립품을 만들기 위해 여러 개의 부품을 결합하는 공정도 포함한다. 그림 2.1(a)와 같이 제조공정을 수행하기 위해서는 기계, 공구, 동력, 작업자의 조화가 있어야 한다. 제조는 언제나 공정 순서에 따라 진행되고, 일련의 각 공정을 거쳐감에 따라 원자재가 최종 제품 상태로 변해 간다.

경제적인 관점에서 본다면 제조란 그림 2.1(b)와 같이 하나 이상의 가공 또는 조립공정을 통해 원자재가 점차 가치 있는 대상으로 변환되는 것이다. 중요한 점은 원자재의 형태 또는 속성을 변화시키거나 유사하게 변환된 다른 자재를 결합함으로써 원자재에 가치가 더해진다는 것이다. 적용되는 일련의 제조공정을 통하여 자재가 보다 가치 있는 제품으로 변화되어 간다. 철광석이 강철로 변환될 때, 모래가 유리로 변환될 때, 원유가 플라스틱으로 정제될 때 가치가 증가하는 것이다. 그리고 다시 플라스틱이 복잡한 기하학적 형상을 갖는 값비싼 의자로 만들어지면 보다 더 가치 있는 것으로 되는 것이다.

제조의 역사는 제조공정 개발의 역사와, 이 공정을 활용하고 적용하기 위한 생산시스템 진화의 역사를 포함하는데(역사적 고찰 2.1 참조), 이 책에서의 주요 관심은 후자에 있다.

제조의 역사

제조의 역사는 2개의 관련 주제를 포함한다—(1) 물건을 만들기 위한 재료와 공정의 발견과 발명, (2) 생산시스템의 개발. 목공, 토기의 성형 및 소결, 석재의 연마 및 다듬질, 직조, 염색 등 기초공정의 역사는 선사시대(B.C. 8000~3000년)까지 거슬러 올라간다. 야금과 금속가공 역시 선사시대 동안에 지중해 연안 메소포타미아와 그 인근 지방에서 시작되어 유럽과 아시아 지역으로 퍼져 나갔고 그 지역에서 독자적으로 개발되기도 하였다. 자연 상태의 비교적 순도가 높은 금은 초기 인류에 의하여 발견되었으며, 망치질을 이용하여 어떤 원하는 형태로 만들게 되었다. 동은 아마 광석에서 추출된 최초의 금속이었을 것이고, 동 추출을 위하여 용해공정을 이용하였다. 동은 두드려서 형상을 만들 때 가공경화가 발생하므로 주조공정이 주로 이용되었다. 이 시대에 사용된 다른 금속으로는 은과 주석이 있다. 동과 주석의 합금, 즉 청동은 여러 면에서 동보다 뛰어난 금속재료임이 알려졌고(단조와 주조가 모두 사용 가능), 이 시기를 청동기시대라 부른다(B.C. 3500~1500년).

철 역시 청동기시대에 처음으로 주조되었다. 운석으로부터 철을 채취할 수도 있었고, 철광석 또한 채굴되었다. 철광석으로부터 철을 추출하기 위한 온도는 동을 제련하기 위한 온도보다 훨씬 높기 때문에 노의 사용이 더 어렵고, 철에 대한 다른 가공방법도 같은 이유로 쉽지 않다. 옛날 대장장이는 어떤 철(약간의 탄소를 포함하고 있는 것)이 가열된 후 급속히 냉각될 때 매우 강하게 된다는 사실을 알게 되었다. 이것은 칼이나 무기의 예리한 날의 연마를 가능하게 하였으나, 동시에 이러한 금속은 잘 깨졌다. 낮은 온도에서 철을 다시 가열하면 철의 인성이 증가하는데 이런 것은 철의 열처리 기법에 관한 것이다. 철의 우수한 특성 때문에 여러 응용 분야(예 : 무기, 농기구, 기계)에서 청동을 앞서게 되었다. 따라서 철을 사용한 시기를 철기시대라 부르게 되었다(약 B.C. 1000년경부터). 이 시대는 훨씬 더 지속되었고 철의 수요가 계속 증가하여 현대적인 제철기술이 개발된 19세기까지 오게

된다.

초기 농기구나 무기는 오늘날 알려진 제조 형태보다는 수작업으로 제작되었다. 고대 로마에 무기, 도자기, 유리 제품과 기타 제품을 만드는 공장이 있었으나 그 제작은 수공업 방식으로 이루어졌다. 산업혁명(약 1760~1830년)이 이루어지고 나서야 물건을 만드는 시스템에 변화가 일어나기 시작하였다. 이 시기는 경제기반이 농업과 수공업 중심에서 산업과 제조업 중심으로 이동하기 시작한 시기였고 그 변화는 영국에서 시작되었다. 일련의 중요한 기계가 발명되었고, 증기기관이 수력, 풍력, 가축을 대신하였다. 초기의 이러한 발전은 영국 경제가 다른 나라에 비교하여 현저한 장점을 갖게 하였으나, 결국 산업혁명은 유럽의 다른 나라와 미국으로 퍼져 나가게 되었다. 산업혁명은 다음과 같은 면에서 제조의 발전에 공헌하였다—(1) 새로운 형태의 동력 발전 기술인 Watt의 증기기관, (2) 1775년 John Wilkinson의 보링기 발명으로부터 시작된 공작기계의 발명, (3) 직물산업 생산성의 혁신적인 향상을 이루게 한 다축 방적기, 동력 직조기 및 기타 직조기, (4) 대규모 작업자를 작업 전문화에 따라 조직하는 공장시스템.

일반적으로 Wilkinson의 보링기는 공작기계기술의 시초로 알려졌는데, 이것의 동력은 수차에서 얻었다. 1775~1850년 사이에 보링, 선삭, 드릴링, 밀링, 셰이핑, 플레이닝 등의 전통적인 절삭공정을 위한 공작기계가 개발되었다. 증기기관의 사용이 점차 확산됨에 따라 이러한 공작기계의 동력원이 되었다. 대부분의 개별 공정의 사용이 공작기계의 발명보다 여러 세기 앞서 간다는 사실은 매우 주목할 만하다. 예를 들어 (나무의) 구멍 뚫기, 톱질, 선삭은 고대에서부터 시작되었다.

고대부터 배, 무기, 도구, 농기구, 기계류, 마차, 가구, 의류 등을 만들기 위하여 조립 방식이 사용되었는데 이용된 조립공정은 실이나 로프를 이용한 묶음, 리벳 또는 못 결합, 납땜 등이다. 기원경에 단조용접과 접착제결합

(계속)

등의 방법이 개발되었다. 오늘날 보편적으로 사용하는 조립방법인 나사, 볼트, 너트를 이용하는 체결법은 공작기계의 개발을 요구했고, 특히 Maudsley의 스크루 선반(1800년)을 통해 나사산을 정교하게 만들 수 있었다. 1900년대에 이르러 **용접공정**이 조립 기법으로 개발되기 시작하였다.

영국이 산업혁명의 선두로 자리매김한 반면, 미국에서는 조립기술에 관련된 중요한 개념인 **호환 가능 부품** 제조 방법이 정립되었다. 비록 그 개념의 중요성은 다른 사람들에 의하여 부각되었지만[3], Eli Whitney(1765~1825)는 부품 호환성 개념의 정립에 큰 역할을 하였다. 1797년에 Whitney는 미국 정부와 10,000개의 소총생산 공급계약을 체결하였다. 그 당시에 총을 만드는 전통적인 방식은 특정 총에 대한 각각의 부품을 고객의 주문에 따라 만들어, 손으로 맞춰 가는 것이었기 때문에 제작에 매우 긴 시간이 필요하였다. Whitney는 각 부품의 치수조정이 필요 없이 부품들을 조립할 수 있을 정도로 정밀하게 만들 수 있다고 믿었다. 코네티컷 공장에서의 수년간에 걸친 개발 끝에 1801년 워싱턴에서 그 소총의 주문 담당 관리에게 그 원리를 설명하였다. Thomas Jefferson을 포함한 정부 관리들 앞에서 그는 10개 소총의 부품을 꺼내, 임의로 부품을 선택하여 총을 조립하였다. 줄질이나 추가적인 조정 작업이 필요없었으며, 모든 소총은 완벽하게 동작되었다. 이러한 성공 뒤에는 그의 공장에서 개발된 특수한 기계장비, 고정구, 게이지 등이 있었다. 호환 가능 부품이 실용화되기까지는 수년간의 개발과 개선 과정이 필요하였지만, 이것은 제조 방법의 일대 혁신을 가져오게 되었다. 그것은 조립제품 대량생산의 선행 조건이 되는 것이다.

1800년대 중·후반 철도와 증기선, 기타 기계의 사용이 점차 증가함에 따라 철과 금속에 대한 사용도 증가하게 되었다. 이러한 수요를 충족시키기 위해 새로운 철 생산 방식이 개발되었고 또한 이 시기에 재봉틀, 자전거, 자동차와 같은 소비자 제품이 발명/개발되었다. 이러한 제품의 대량 수요를 맞추기 위하여 효율적인 생산 방식이 필요하게 되었다. 역사학자들은 이 시기를 (1) 대량생산, (2) 조립라인, (3) 과학적 관리운동, (4) 공장의 전기 동력화 등의 특징을 갖는 **제2의 산업혁명**이라 부르기도 한다.

대량생산은 미국에서 개발된 생산 방식이다. 대량생산이 가능케 되었던 동기는 그 당시 형성된 미국의 대량 소비시장이다. 1900년도 미국 인구는 7,600만 명이었으며, 1920년까지 1억 600만 명으로 증가하였다. 서유럽 국가들을 합친 것보다 많은 인구는 많은 제품 수요를 발생시켰고, 대량생산은 이러한 제품의 공급을 가능케 하였다. 대량생산의 중요한 기술 중 하나는 Henry Ford(1863~1947)가 하이랜드 파크 공장(역사적 고찰 15.1 참조)에서 1913년경 고안한 **조립라인**에 관한 기술이다. 조립라인은 복잡한 제품의 대량생산을 가능케 하였다. 조립라인 방식을 이용하여 Ford는 1916년 500달러 이하로 T 모델 자동차를 생산할 수 있었으며, 이 덕분에 많은 미국 사람들이 차를 가질 수 있게 되었다.

증가하는 공장 작업자의 활동을 계획하고 통제하려는 필요에 의하여 1800년대 후반 미국에서 **과학적 관리운동**이 시작되었다. 이 운동은 Frederick W. Taylor(1856~1915), Frank Gilbreath(1868~1924)와 그의 부인 Lilian(1878~1972) 등에 의하여 주창되었다. 과학적 관리운동은 (1) 주어진 업무 수행에 가장 적합한 방식을 찾기 위한 **동작연구**, (2) 업무의 작업표준을 설정하는 **시간 연구**, (3) **표준의 활용**, (4) **성과급** 혹은 유사 인센티브 제도, (5) 자료수집, 기록관리, 원가회계 등을 포함한다.

1881년 뉴욕 시에 처음 건설된 발전소로부터 **전기동력화**가 시작되었으며, 곧바로 전기모터는 공장의 기계를 돌리기 위한 동력원으로 사용되기 시작하였다. 이것은 기계에 동력을 공급하기 위해 오버헤드 벨트가 필요하던 증기기관보다 훨씬 편리한 동력 공급원이 되었다. 1920년까지 전기는 미국 공장에서 증기를 대신해 주요 동력 공급원으로 자리 잡게 되었고, 전기동력화는 제조공정과 생산시스템에 영향을 끼친 여러 새로운 발명을 가능케 하였다. 20세기는 그 이전의 전 기간을 합친 것보다도 더 많은 기술적인 진보를 이룬 시기였다. 결과적으로 이러한 개발의 많은 부분이 생산자동화를 가능하게 하였다.

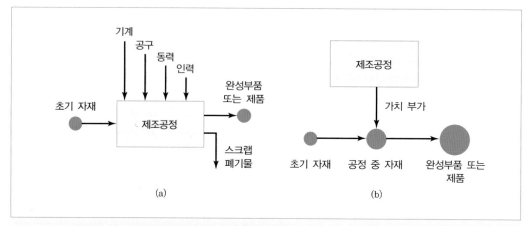

그림 2.1 제조의 정의 : (a) 기술적 측면, (b) 경제적 측면

2.1 제조업과 제품

제조는 고객에게 제품을 판매하는 기업에 의해 수행되는 하나의 중요한 상업적 활동이다. 제조의 유형은 만들고자 하는 제품의 종류에 따라 결정된다. 먼저 제조업에 대해 알아본 후 제품에 대하여 다루기로 한다.

제조업 산업은 제품 또는 서비스를 생산하거나 공급하는 기업 및 조직으로 이루어지며 1차, 2차, 3차 산업으로 구분된다. **1차 산업**(primary industry)은 농업 또는 광업과 같이 천연자원을 경작하고 개발하며, **2차 산업**(secondary industry)은 1차 산업의 산출물을 제품 또는 공산품으로 변환하는 것이다. 제조가 이 영역에서의 중요한 활동이지만, 2차 산업에는 건설과 에너지 산업도 포함된다. **3차 산업**(teritary industry)은 경제계 전반의 서비스 산업을 포함한다.

이 책에서는 제조기업들로 구성되는 2차 산업을 주로 다룬다. 제조업은 이산형(discrete) 제품 산업과 장치(process)산업으로 구분될 수 있다. 이산형 제품산업에는 자동차, 항공기, 가전제품, 컴퓨터, 기계 그리고 이들 제품을 조립하기 위해 필요한 부품을 만드는 기업이 포함되며, 장치산업에는 화학, 제약, 석유, 기초 금속, 음식, 음료, 전력산업 등이 포함된다. 제조되는 제품의 유형에 따른 국제표준산업분류(International Standard Industrial Classification, ISIC)가 표 2.1에 나열되어 있다. 일반적으로 장치산업은 ISIC 코드 31~37 사이에, 이산형 제품산업은 ISIC 코드 38~39 사이에 포함된다. 한편 장치산업에 의해 만들어지는 대부분의 제품들도 최종적으로 소비자에게는 이산형 제품으로 팔린다는 점을 인지해야 한다. 예를 들어 음료는 병 또는 캔으로, 약은 알약 또는 캡슐로서 판매되는 것이다.

장치산업과 이산형 제품산업에서의 생산공정은 연속생산과 뱃치생산으로 구분되며 그림 2.2에 이 차이점이 설명되어 있다.

| 표 2.1 | 제조업에 대한 국제표준산업분류(ISIC)

코드기본	코드제품
31	음식, 음료(주류와 비주류), 담배
32	직물, 의복, 가죽제품, 모피제품
33	목재와 목재제품(예 : 가구), 코르크 제품
34	종이, 종이제품, 인쇄, 출판, 제본
35	화학, 석탄, 석유, 플라스틱, 고무, 이런 재료로 만들어진 제품, 제약
36	세라믹(유리 포함), 비금속 광물제품(예 : 시멘트)
37	기초금속(예 : 강철, 알루미늄 등)
38	가공금속제품, 기계류, 장비(예 : 항공기, 사진기, 컴퓨터 및 기타 사무기기, 기계류, 차량, 공구, TV)
39	기타 제조제품(예 : 보석, 악기, 스포츠용품, 완구)

　　연속생산(continuous production)에서는 제품의 생산을 위한 전용 장비가 설치되어 사용되며, 산출물이 연속적으로 생산된다. 장치산업에서 연속생산은 그림 2.2(a)에 제시된 것과 같이 산출물의 생성이 공정의 중단 없이 자재의 연속적인 공급에 의해 수행되는 것을 의미한다. 처리되는 자재의 형태는 액체, 가스, 동력 또는 이와 유사한 물리적 상태를 갖는다. 이산형 제조산업에서 연속생산은 장비가 특정 제품 또는 부품 가공을 위하여 100%의 가동률을 갖고 제품 교체를 위한 정지가 없는 것을 의미한다. 그림 2.2(b)에서와 같이 입력과 출력량이 셀 수 있는 단위로 확인될 수 있다.

　　뱃치생산(batch production)은 자재가 제한된 수량(즉 한 묶음)으로 가공 또는 처리되는 것이다. 자재의 한정된 수량을 장치 및 이산형 제조산업 모두에서 뱃치라 부른다. 뱃치생산은 뱃치 사이에 생산 중단이 있기 때문에 비연속적이라고 할 수 있다. 뱃치생산을 하는 이유는 (1) 한 번에 한정된 수량의 자재만을 수용할 수 있는 공정특성이 있거나(예를 들어 자재의 양이 공정 중 사용되

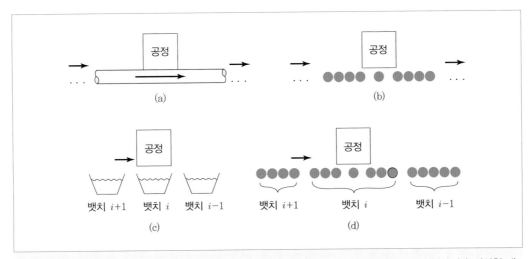

그림 2.2　장치산업과 이산형 제품산업에서의 연속생산과 뱃치생산 : (a) 장치산업에서 연속생산, (b) 이산형 제품산업에서 연속생산, (c) 장치산업에서 뱃치생산, (d) 이산형 제품산업에서 뱃치생산

는 용기의 크기에 의해 제한될 경우), (2) 각 뱃치에서 만들어질 부품 또는 제품이 달라서 각 부품별로 작업 방법, 공구, 장비의 변화가 필요하거나, (3) 장비의 생산 속도가 제품 수요 속도보다 빨라서 다수의 부품 또는 제품이 한 장비를 공유하는 것이 유리하기 때문이다. 장치산업과 이산형 제품산업 사이의 뱃치생산 차이점은 그림 2.2(c)와 (d)에 표현되어 있다. 장치산업에서의 뱃치생산은 일반적으로 초기 자재가 액체 또는 벌크 형태인 것을 의미하고, 이들이 하나의 단위로서 함께 처리된다. 반면에 이산형 제품산업에서 하나의 뱃치는 처리 단위의 일정 수량을 의미한다. 하나의 뱃치에서 부품의 수는 적게는 하나부터 많게는 수천 개까지 다양하다.

제품 표 2.1에 나타난 것과 같이 2차 산업에 음식, 음료, 직물, 목재, 제지, 출판, 화학, 기초 금속 (ISIC 코드 31~37)이 포함된다. 이 책은 이산형 제품(ISIC 코드 38~39)을 생산하는 산업을 주로 다룬다. 이산형 제품과 연속제품은 상호 연관이 있기 때문에, 이 책에서 논의되는 많은 개념과 시스템은 공정산업에도 활용이 가능하다. 그러나 이 책에서는 주로 너트 및 볼트로부터 자동차, 항공기, 컴퓨터까지의 범위에 해당하는 이산형 하드웨어의 생산을 다룰 것이다. 표 2.2는 이 책에서 다루는 생산시스템을 통해 제조될 수 있는 제품과 그 산업을 나열하고 있다.

표 2.2에 나열된 제품은 소비재와 자본재로 나눌 수 있다. 소비재는 자동차, 개인용 컴퓨터, TV, 타이어, 장난감, 테니스 라켓과 같이 고객에 의해 직접적으로 구매되는 제품을 말하며, 자본재는 상품을 생산하고 서비스를 제공하는 다른 기업에 의해 구매되는 제품을 말한다. 자본재의 예에는 상용 항공기, 메인프레임 컴퓨터, 공작기계, 철도장비, 건설기계 등이 포함된다.

최종 제품을 만드는 기업에 판매하기 위한 자재, 부품, 공급품을 생산하는 기업도 존재한다. 이런 품목에는 강판, 기계가공부품, 플라스틱 성형과 압출제품, 절삭공구, 금형(dies), 주형(mold), 윤활유 등이 포함된다. 그러므로 제조업은 다양한 영역을 갖는 복잡한 구조와 최종 고객과는 무관한 중간 공급자 층으로 구성이 된다.

| 표 2.2 | 이 책에서 다루는 생산시스템에서 생산되는 제품과 관련된 제조산업

산업	전형적인 제품
항공	상용 및 군용 항공기
자동차	승용차, 트럭, 버스, 오토바이
컴퓨터	메인프레임, 개인용 컴퓨터
가전	대형 및 소형 가전제품
전자	TV, 스마트폰, 오디오
장비	산업기계, 철도장비
금속가공	기계부품, 공구, 판재
유리, 도자기	유리제품, 세라믹 공구, 도자기
중공업	공작기계, 건설장비
플라스틱(성형)	사출품, 압출품
타이어, 고무	타이어, 신발바닥, 테니스공

2.2 제조공정

원자재를 최종 제품으로 변환하기 위해 공장에서 수행되어야 하는 기본적인 활동들이 있다. 이산형 제품을 생산하는 공장으로 범위를 국한한다면, 이러한 공장활동에는 (1) 가공과 조립공정, (2) 자재취급, (3) 검사와 시험, (4) 조정과 통제가 있다.

앞의 세 번째 활동까지는 생산 중에 제품과 물리적으로 접촉하는 활동이다. 가공과 조립공정은 공작물의 형상, 특성, 외관을 변화시키며, 제품에 가치를 부가하는 공정이다. 공작물은 제조 순서에 따라 하나의 공정에서 다음 공정으로 이동이 되며, 품질을 보증하기 위해 검사와 시험을 거친다.

2.2.1 가공공정과 조립공정

제조공정은 (1) 가공공정과 (2) 조립공정의 두 가지 기본 유형으로 구분할 수 있다. **가공공정**(processing operation)이란 재료를 원하는 최종 부품 또는 제품에 가장 근접하도록 하나의 상태에서 보다 진척된 상태로 변환하는 것을 말한다. 원자재의 형상, 특성, 외관을 변경함으로써 가치가 커진다. 일반적으로 가공공정은 이산형 부품을 대상으로 수행되는데, 어떤 공정은 조립된 품목에 적용될 수도 있다. 예를 들어 조립된 자동차 본체에 페인트를 입히는 도장공정이 이에 속한다. **조립공정**(assembly operation)이란 새로운 개체를 생성하기 위해 2개 이상의 부품을 결합하는 것을 말하며, 이러한 개체를 조립품, 반조립품 등으로 부른다.

가공공정　가공공정은 공작물의 형상, 물리적인 특성 또는 외관을 변형해 원자재에 가치를 부여해 가는 과정이다. 사용되는 에너지는 기계, 열, 전기, 화학 에너지로 구분되며, 이 에너지는 적절한 방법으로 기계와 공구에 적용된다. 인간의 에너지도 필요한 것이지만, 작업자의 주된 임무는 일반적으로 기계를 조작하고, 공정을 감독하거나, 각 공정에서 부품을 장착 또는 탈착하는 일에 국한된다. 그림 2.1(a)에 가공공정의 일반적인 모델을 도시하였다. 자재가 공정에 투입되고, 자재를 변환하기 위해 에너지, 기계, 공구가 적용된 후 완성된 가공품이 공정에서 나오게 된다. 이 모델에 제시한 것과 같이, 대부분의 제조공정에서는 공정의 자연적인 부산물(절삭가공 시의 칩)이나 불량으로 인한 폐기물의 형태로 부산물과 스크랩이 발생한다. 제조의 중요한 목표 중 하나는 이러한 낭비를 최소화하는 것이다.

원자재를 최종 제품으로 변환하기 위해서는 일반적으로 하나 이상의 가공공정이 필요하다. 공정 수행은 설계 사양에서 정의된 기하학적인 형상과 조건을 가장 효율적으로 달성하기 위한 순서에 따라 이루어진다.

가공공정은 (1) 성형공정, (2) 성질향상공정, (3) 표면처리공정과 같은 세 가지 범주로 구분된다. **성형공정**(shaping operation)이란 공작물의 기하학적 형상을 변화시키기 위하여 기계적 에너지, 열 에너지 또는 다른 형태의 에너지를 사용하는 것이며 이러한 공정을 분류하기 위해서는 다양한 방법이 존재한다. 이 책에서 사용된 방법은 원자재의 초기 상태에 기초한 분류법으로 다음과 같은 네 가지로 분류한다.

1. **고형화 공정** : 이 영역에서 중요한 공정은 주조(금속의 경우)와 몰딩(플라스틱과 유리의 경우) 이다. 이때 초기 자재는 가열된 액체 또는 반유동체인데, 이를 주형 속에 붓거나 압력을 가해 넣고 냉각시켜 주형의 내부와 동일한 고체 형상을 만들게 된다.

2. **분말공정** : 초기 재료는 분말이다. 일반적인 기술은 분말이 금형 공동(cavity)의 형상을 갖도록 하기 위해 금형 내의 분말을 높은 압력으로 압축하는 것이다. 그러나 압축된 상태는 강도가 충분하지 못하므로 강도를 증가시키기 위해 용융점 아래의 온도에서 소결(sinter)시켜 분말들 이 서로 압착하게 만든다. 금속(분말야금)과 세라믹에 분말공정을 적용할 수 있다.

3. **변형공정** : 대부분의 경우, 변형공정의 초기 자재는 항복강도 이상의 응력을 가함으로써 영구 변형이 일어나는 금속이다. 연성을 높이기 위해 변형 이전에 금속을 가열하기도 한다. 변형공 정에는 단조, 압출, 압연 등과 드로잉, 굽힘 등과 같은 판재가공이 포함된다.

4. **재료제거공정** : 초기 자재는 고체(일반적으로 금속)인데, 불필요한 부분을 초기 자재에서 제거 함으로써 최종 제품이 원하는 형상을 갖도록 하는 것이다. 이 영역에서 가장 중요한 것은 공작 물보다 단단하고 강한 공구를 사용하는 선삭, 밀링, 드릴링과 같은 절삭가공이다. 연마재 휠이 재료를 제거하는 데 이용되는 연삭도 이 영역에 속한다. 전통적인 절삭과 연삭공구를 사용하 지 않는 특수 가공이 있는데, 이들은 레이저, 전자빔, 화학적 부식, 전기적 방전 또는 전기화학 적인 에너지를 이용한다.

성질향상공정(property-enhancing operation)은 공작물의 기계적 또는 물리적 성질을 향상시키 기 위해 적용된다. 가장 중요한 성질향상공정에는 금속과 유리의 강도 혹은 인성을 증가시키기 위하여 이용하는 열처리를 들 수 있다. 앞서 언급한 분말금속과 세라믹에 대한 소결공정도 분말 압축품을 강하게 하는 열처리공정에 속한다. 성질향상공정은 열처리 시 금속부품의 변형 또는 소 결 시 세라믹 제품의 수축과 같은 의도적이 아닌 경우를 제외하고는 공작물의 형상을 변화시키지 않는 것이 일반적이다.

표면처리공정(surface processing operation)에는 (1) 세척, (2) 표면처리, (3) 코팅 및 박막적층 공정 등이 포함된다. 세척은 표면의 먼지, 기름기 및 기타 오염 물질을 제거하기 위한 화학적이거 나 기계적인 공정을 포함한다. 표면처리에는 쇼트 피닝(shot peening)과 샌드 블라스팅(sand blasting)과 같은 기계적인 공정과 확산이나 이온 주입과 같은 물리적인 공정이 포함된다. 코팅 및 박막적층공정은 공작물의 표면에 코팅재를 입히는 공정이다. 일반적인 코팅공정에는 전기도금, 알 루미늄 산화피막, 유기재료 코팅(흔히 착색 또는 페인팅이라고 부른다) 등이 포함된다. 박막적층공 정에는 다양한 물질의 극도로 얇은 막을 형성하기 위한 물리적인 기상적층(vapor deposition)과 화학적 기상적층이 포함된다. 여러 가지 표면처리공정이 반도체 물질을 집적회로(integrated circuit) 위에 가공하기 위하여 개발되어 왔다. 이러한 공정에는 물리적·화학적 기상적층 및 산화가 포함되는데, 이런 공정은 미세회로를 만들기 위하여 실리콘 웨이퍼상의 매우 좁은 영역에 적용되는 것이다.

조립공정 조립은 2개 이상의 부품을 결합하여 하나의 새로운 개체를 형성하는 공정이다. 조립품의 구성요소들이 조립될 때 결합의 영구성 또는 반영구성을 고려해야 한다. 영구적인 결합공정에는 용접, 납땜, 접착제 접합 등이 포함된다. 기계적 조립은 둘 이상의 부품을 체결 결합하는 것이며, 이 조립은 편리하게 분해할 수 있는 장점이 있다. 나사 체결(즉 스크루, 볼트, 너트)은 전통적인 기계적 조립 방법이다. 기타 기계적 조립기술로는 리벳, 프레스 결합 및 팽창 결합을 포함하는 영구적인 체결이 있다. 일부 특수 조립 방법이 전자제품의 조립에 이용될 수 있다. 예를 들어 납땜 (soldering)은 전자제품 조립에 널리 이용된다. 현대의 전자제품에 사용되는 복잡한 회로를 생산하기 위해 인쇄회로기판(PCB)에 부품(예 : IC 패키지)을 납땜하는 기술이 전자제품 조립에 속한다.

2.2.2 기타 공정

공장에서 수행되는 기타 활동에는 자재취급 및 보관, 검사 및 시험, 조정 및 통제가 포함된다.

자재취급 및 보관 가공 및 조립공정 사이에서 자재를 이동시키고 보관하는 수단은 제품 생산에 필수적이며, 대부분의 공장에서 자재가 실제 가공되는 시간보다 이동 및 보관 시간이 훨씬 긴 것이 일반적이다. 어떤 경우에는 공장 인건비의 대부분이 자재취급 및 이동 그리고 저장하기 위한 활동에 소요될 수도 있다. 이러한 기능을 효과적으로 수행하는 것이 공장의 효율적인 운영을 위해 매우 중요하다. 이 책의 제3부에서 자재취급 및 보관기술을 다룰 것이다.

　　E. Merchant는 절삭가공을 주로 하는 뱃치생산 또는 개별생산(job shop) 공장에서 가공에 드는 시간보다 대기와 이동에 훨씬 더 많은 시간을 소비한다는 점을 발견했다[4]. 그의 결론을 그림 2.3

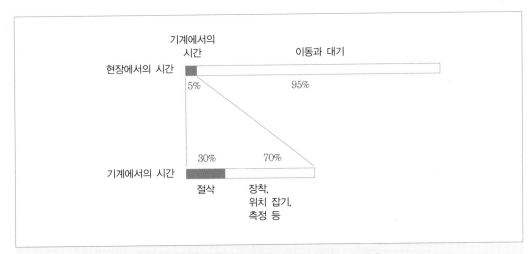

그림 2.3　뱃치 방식 절삭가공 현장에서 하나의 부품 가공에 소요되는 시간[4]

에 나타내었다. 제조시간의 95% 정도가 이동 또는 대기(또는 임시 저장) 시간으로 소비된다. 단지 5%만이 가공에 소요되는데, 이 5%의 기계 시간 중에서 30% 미만(전체 제조시간의 1.5%)이 실제 절삭가공을 수행하는 시간이고, 나머지 70%(전체 제조시간의 3.5%)는 장착, 탈착, 부품취급과 위치 잡기, 공구위치 잡기, 측정 등 가공에 직접 사용되지 않는 시간에 소요되고 있다. 이 시간 비율은 일반 공장에서의 자재취급 및 보관의 중요성에 대한 근거를 제공하고 있다.

검사 및 시험　검사 및 시험은 품질관리 활동에 속한다. 검사의 목적은 생산된 부품이 그 제품의 설계 표준 및 사양과 일치하는지를 판단하기 위함이다. 예를 들어 검사는 기계부품의 실제 치수가 그 부품의 도면상에 명시된 공차 내에 있는지를 판정하는 것이다. 일반적으로 시험은 개별 부품보다는 최종 제품의 기능적 사양과 관련이 있다. 예를 들어 제품의 최종 시험은 그 제품이 설계자가 지정한 방법대로 작동되는지를 확인하기 위한 것이다. 이 책의 제5부에서 검사 및 시험 기능을 다룰 것이다.

조정 및 통제　조정 및 통제에는 공장 전체의 활동을 관리하는 것뿐만 아니라 개별적인 가공과 조립공정의 관리도 포함된다. 공정 수준의 제어는 공정의 입력 또는 기타 파라미터를 적절히 조절하여 어떤 수행 목표를 달성하기 위한 것이며 이 책의 제2부에서 논의된다.

공장 수준의 통제는 작업자의 효율적 활용, 장비의 유지보수, 공장 내의 자재 이동, 재고관리, 일정계획에 맞는 고품질의 제품 출하, 최소 비용의 공장 운영 등을 포함한다. 이 기능은 공장 내에서의 물리적 공정과 원활한 생산 활동을 위한 정보처리 활동을 동시에 만족시키기 위한 것이다. 공장과 기업 수준의 통제 기능은 제5부와 제6부에서 다룬다.

2.3　생산량과 설비배치

제조기업은 공장에 부여한 특정 임무를 가장 효율적으로 수행할 수 있도록 설비를 배치하고 조직화한다. 주어진 세소 유형에 대해 구축할 수 있는 가장 최선의 생산설비 유형이 전해 내려오고 있다. 물론 제조 유형을 결정하는 데 가장 중요한 요인 중 하나는 생산제품의 유형이다. 이 책에서는 이산형 부품 및 제품의 생산을 주로 다룰 것이다.

이산형 제품의 경우 생산량이 설비와 제조 방식의 선택에 매우 큰 영향을 미친다. **생산량** (production quantity)이란 공장에서 연간 생산되는 부품이나 제품의 개수를 의미한다. 연간 부품 혹은 제품 생산량은 다음 세 가지 범주로 나눌 수 있다.

1. **소량생산** : 연간 1부터 100단위까지의 생산량
2. **중량생산** : 연간 100부터 10,000단위까지의 생산량
3. **대량생산** : 연간 10,000에서 100만 단위까지의 생산량

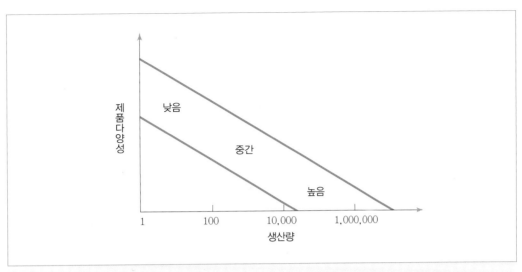

그림 2.4 제품다양성과 생산량 간의 관계

위 세 가지 범주의 경계 결정은 저자의 다소 임의적인 결정에 의한 것이며, 대상 제품의 유형에 따라 이 경계는 변경될 수 있다.

어떤 공장은 다양한 종류의 제품을 소량 또는 중량생산하며, 어떤 공장은 오직 한 가지 제품을 대량생산할 수도 있다. 생산량과 구별하여 제품의 다양성을 하나의 변수로 다루는 것은 의미 있는 일이다. **제품의 다양성**(product variety)은 한 공장에서 생산되는 상이한 제품설계 또는 제품 유형을 일컫는다. 상이한 제품은 다른 형상, 크기, 스타일을 갖고 있으며, 서로 다른 기능을 수행하고, 때로는 다른 시장을 대상으로 하며, 구성부품의 수가 다른 것 등을 의미한다.

제품다양성과 생산량은 서로 반비례 관계가 존재한다. 제품다양성이 높을 때 그 제품의 생산량은 낮은 경향이 있으며, 그 반대의 경우도 마찬가지다. 이러한 관계를 그림 2.4에 나타내었는데, 제조업체들은 그 생산량과 제품다양성을 그림 2.4에 보이는 대각선 띠 내의 어떤 위치에 고정하여 전문화하려는 경향을 갖고 있다. 비록 제품의 다양성을 정량적 변수(기업에서 생산되는 제품 유형의 수)로 정의하였다 하더라도, 설계가 얼마나 다른지에 대한 상세 내역은 단순히 제품유형의 수만으로는 알 수 없기 때문에, 생산량보다는 그 정량적 변수가 훨씬 부정확하다고 할 수 있다. 예를 들어 자동차와 에어컨의 차이는 에어컨과 열펌프와의 차이보다 훨씬 크다. 제품이 다르더라도 그 차이의 정도는 작을 수도 또는 클 수도 있다는 것이다. 자동차산업이 이러한 점을 잘 설명할 수 있는 예가 될 수 있다. 미국의 자동차 회사에서는 동일한 조립 공장에서, 스타일과 설계 속성은 거의 비슷하지만 서로 다른 이름을 갖고 있는 두세 종류의 자동차를 생산하는 경우가 종종 있다. 같은 회사의 다른 공장에서는 대형 트럭을 생산하기도 한다. 제품다양성의 상이함을 설명하기 위하여 '경다양성(hard)'과 '연다양성(soft)'이라는 개념을 도입하자. **제품의 경다양성**(hard product variety)이란 제품이 근본적으로 다른 경우를 말한다. 조립제품의 경우 경다양성은 제품 간에 부품 공유율이 낮은 것으로 특징지어지며, 많은 경우에는 공유부품이 전혀 없다. 자동차와 트럭 간의 차이는 경다양성으로 분류될 수 있다. **제품의 연다양성**(soft product variety)이란 동일한 조립라인에서 생산되는 다른 자동차 모델과 같이 제품 간에 차이가 적을 때 적용된다. 조립제품 사이에 부품 공유율이 높기 때문에 다양성이 연하다고 할 수 있다. 다른 제품 범주의 제품 간 제품다양성은 경한 반면, 동일 제품 범주 내 상이한 모델 사이의 다양성은 연한 경향이 있다.

2.3.1 소량생산

연간 1~100단위 제품을 생산하기 위한 생산설비의 유형은 소량의 전문화된 주문제품들을 만드는 **개별생산**(job shop)이다. 이러한 제품의 예로는 우주캡슐, 비행기, 특수 전용 기계 등이 있으며, 전형적으로 복잡하다는 특징이 있다. 그런 제품을 구성하는 부품의 가공도 개별생산의 범주에 포함된다. 이러한 품목에 대한 고객의 주문은 한정적이어서 반복 주문이 발생하지 않는 경우가 많다. 개별생산의 설비는 범용이며 작업자의 기술 수준은 높은 편이다.

개별생산은 다양한 부품과 제품(경다양성)을 취급할 수 있도록 유연성을 최대화하는 방향으로 설계되어야 한다. 만약 제품이 크고 무거워 공장 내에서 자유로운 이동이 불가능한 경우에는 한 지점에서 최종 조립까지의 모든 작업을 수행한다. 일반적인 제품가공 및 조립과 같이 가공품이 기계 사이를 이동하는 것이 아니라, 가공품은 일정 위치에 고정되어 있고 작업자와 가공장비 등이 가공품의 위치로 이동하는 것이다. 이러한 경우에 적합한 설비배치를 **고정위치 배치**(fixed-position layout)라 하고, 이것을 그림 2.5(a)에 나타내었다. 이와 같은 제품의 예로는 선박, 항공기, 기관차 그리고 대형 기계 등을 들 수 있다. 실제 생산 현장에서 이들 제품은 큰 모듈로 나누어 가공/조립된 후, 대형 크레인을 이용하여 최종 조립 지점에서 완제품으로 조립되는 일반적인 방식을 따른다.

대형 제품을 구성하는 개개 부품은 기계 및 장비들이 **공정별 배치**(process layout)를 갖는 공장에서 생산되는데, 이때 공정별 배치란 기능 또는 유형에 따라 기계장비를 그룹화하는 설비배치 방식이다. 그림 2.5(b)에 나타나 있듯이 장비를 선반, 밀링 등의 유형에 따라 각각의 작업 부서에 배치시키는 방식이다. 서로 다른 작업순서가 요구되는 이종 부품들은 각 작업에 필요한 순서대로 각 작업 부서를 방문한다. 공정별 배치는 매우 유연한 배치 형태이므로, 서로 상이한 부품으로 구성되어 다양한 공정순서를 갖고 있는 경우도 공정별 배치에서는 작업이 가능하다. 공정별 배치의 단점으로는 부품 제조 방식과 기계들의 효율성은 낮게 설계되었다는 점과 작업장 사이의 부품 이동을 위하여 자재취급 활동이 많이 필요하고, 재공재고 수준이 높다는 것이다.

2.3.2 중량생산

중량 범위(연간 100~10,000단위)의 생산은 제품다양성에 따라 두 가지 유형으로 분류된다. 경다양성의 경우 전통적인 접근 방법은 **뱃치생산**(batch production)이다. 뱃치생산에서는 한 제품에 대해 묶음(batch) 단위를 만들어 생산기계가 하나의 뱃치를 완료한 다음에 다음 제품 뱃치를 제조하기 위해 전환된다. 각 제품의 주문은 반복되는 경향이 있다. 장비의 생산율은 단일 제품의 수요율보다 크기 때문에 동일한 장비가 다수의 제품 제조에 활용될 수 있다. 제품 전환을 위하여 시간이 소요되며, 이 시간을 **셋업시간**(setup time) 또는 **작업전환시간**(changeover time)이라 부른다. 작업전환시간에는 공구 교체 시간, 준비시간 그리고 기계를 재프로그램하기 위한 시간 등이 포함되며, 이 시간은 생산에 직접 소요되는 것이 아니라 낭비되는 시간이기 때문에 이것이 뱃치생산의 단점으로 지적된다. 뱃치생산은 계획생산(make-to-stock) 유형에 해당되는데, 여기서는 뱃치 수요에 의해 점차 소진되어 가는 재고 수준을 채우기 위해 품목들이 제조된다. 설비배치는 그림 2.5(b)에 나타난 공정별 배치가 일반적으로 이용된다.

연다양성의 경우 중량생산의 또 다른 한 가지 접근 방법은 셀형 생산(cellular manufacturing)이다. 이 경우 제품 제조에 많은 전환시간이 필요치 않다. 유사한 제품 혹은 부품그룹이 전환시간의 낭비 없이 동일한 장비에서 생산될 수 있도록 장비를 배치할 수도 있다. 다수의 기계 혹은 작업장으로 구성된 각 셀은 한정된 종류의 부품을 생산하도록 설계된다. 즉 셀이란 그룹테크놀로지의 원리에 따라 유사한 부품 및 제품을 생산하기 위해 전문화된 것으로 볼 수 있다(제18장). 이와 같은 셀 생산에 적합한 배치 형태는 그림 2.5(c)에 나타나 있는 **셀 배치**(cellular layout)이다.

2.3.3 대량생산

대량생산(연간 10,000~100만 단위 이상)은 제품의 수요가 매우 높고, 생산을 위하여 전용 설비를 사용하는 경우이다. 대량생산은 다음과 같은 두 가지 유형으로 대별될 수 있다―(1) 다량생산과 (2) 흐름라인 생산.

다량생산(quantity production)은 단일 장비에서 단일 부품을 대량으로 생산한다. 다량생산은 표준장비(예 : 프레스)에 전용공구(예 : 금형과 자재취급 장치)를 장착하여 결과적으로는 전용장비를 사용한 것과 같은 효과를 노리는 생산 방식이다. 다량생산에는 그림 2.5(b)의 공정별 배치가 이용된다.

흐름라인 생산(flow line production)은 순차적으로 배열된 다수의 작업장을 포함하며, 공작물은 배치된 순서에 따라 이동하며 최종 제품으로 완성된다. 작업장은 전용공구를 장착한 기계와 작업자로 구성되며, 특히 효율을 극대화하는 목표로 설계되어야 한다. 이러한 배치를 **제품별 배치**(product layout)라 하며, 이때 작업장은 그림 2.5(d)에 나타낸 것과 같이 하나의 라인 형상으로 배치된다. 공작물의 운반에는 동력 컨베이어가 이용되는 것이 일반적이며, 각 작업장에서는 제품 1단위를 완성하는 데 필요한 작업량 중 일부만을 수행한다.

흐름라인 생산의 예로는 자동차와 가전제품의 생산을 위한 조립라인을 들 수 있다. 흐름라인 생산의 경우 오직 동일한 한 가지 제품만을 생산하는 라인을 **단일 모델 생산라인**(single-model production line)이라 한다. 반면에 시장에서 제품을 성공시키기 위해서 다양한 모델을 소개하는 것이 종종 필요하다. 그래야만 고객이 취향에 맞는 스타일과 옵션을 선택할 수 있기 때문이다. 생산의 관점에서 보면 모델의 다양성은 제품의 연다양성을 의미한다. **혼합 모델 생산라인**(mixed-model production line) 또는 혼류생산라인은 연다양성을 가진 제품을 생산하는 공장에 잘 적용된

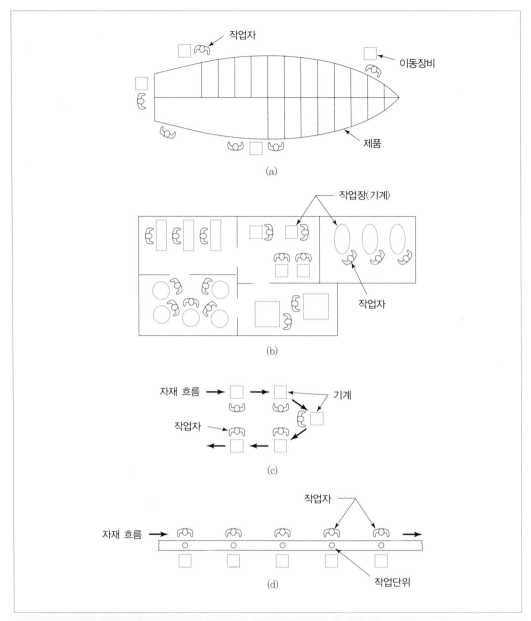

그림 2.5 설비배치 유형 : (a) 고정위치 배치, (b) 공정별 배치, (c) 셀 배치, (d) 제품별 배치

다. 자동차 조립라인은 좋은 예가 될 수 있다. 동일한 기본 설계를 가지면서도 옵션 및 외관에 있어서는 차이가 있는, 다양한 모델의 자동차 생산이 가능하다. 다른 예로는 각종 가전제품의 조립 라인을 들 수 있다.

생산설비에 대한 내용이 그림 2.6에 요약되어 있는데, 이 그림은 설비 유형과 배치 형태를 추가하여 그림 2.4를 상세히 한 것이다. 그림과 같이 상이한 설비 유형 사이에 중복 영역도 존재할

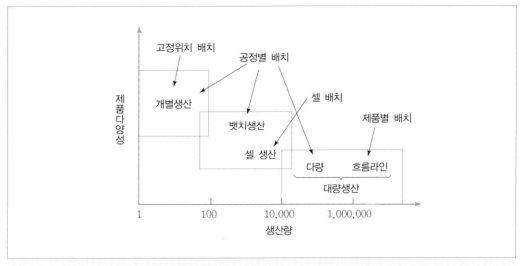

그림 2.6 다른 수준의 생산량과 제품의 다양성에 적용되는 설비와 배치 형태

수 있다. 또한 앞 장의 그림 1.5와 비교해보면, 각 배치 유형에 대응하는 자동화 유형이 있음을 알 수 있다.

2.4 제품과 생산의 관계

기업은 만들 특정 제품의 기능에 따라 그 제조공정과 생산시스템을 구성한다. 제품이 제조되는 방법은 제품 파라미터에 의해 영향을 받게 된다. 네 가지 제품 파라미터는 (1) 생산량, (2) 제품다양성, (3) 조립품의 복잡성, (4) 개별 부품의 복잡성이다.

2.4.1 생산량과 제품다양성

생산량과 제품다양성에 대해서는 2.3절에서 이미 검토한 바 있다. 그 관계를 수리적으로 설명하기 위해 몇 가지 중요한 기호를 정의하자. 우선 Q=생산량, 그리고 P=제품의 다양성이라고 정의하고, 제품다양성과 생산량과의 관계를 PQ 관계라 하자.

　Q는 공장에서 연간 생산되는 부품 또는 단위제품의 개수를 의미한다. 여기에서는 공장에서 생산되는 전체 제품 종류와 그 생산량에 대하여 다룰 것이므로, 첨자 j를 이용하여 각 부품 또는 제품의 유형을 구별하기로 하자. Q_j=제품 j의 연간 생산량, Q_f=공장에서 생산되는 모든 부품/제품의 총량이라고 하면, 그 관계는 다음과 같다.

$$Q_f = \sum_{j=1}^{P} Q_j \tag{2.1}$$

여기서 $P=$부품/제품 종류의 전체 개수이고, j는 제품 종류를 구별하기 위한 첨자이며, 이때 $j=1, 2, ..., P$이다.

P는 공장에서 생산되는 상이한 제품의 유형을 의미하며, 이것은 셀 수 있는 파라미터지만 제품 사이의 차이점은 다소 분간이 어려울 수도 있음을 논하였다. 2.3절에서 제품다양성을 경다양성과 연다양성으로 구분하였다. 경다양성은 제품이 본질적으로 상이한 경우를 말하며, 연다양성은 제품 간에 차이점이 미세한 경우를 말한다. 따라서 파라미터 P를 두 가지로 구분하여 P_1과 P_2라 부르자. P_1은 공장에서 생산되는 상이한 제품의 수, P_2는 하나의 제품에 대한 모델 수를 말한다. 따라서 P_1은 제품 경다양성을, P_2는 제품 연다양성을 의미하는 것이다. 제품 모델의 총수는 다음과 같다.

$$P=\sum_{j=1}^{P_1} P_{2j} \tag{2.2}$$

예제 2.1 제품 유형과 제품 모델

광학제품 중에서 사진기와 프로젝터만을 전문으로 생산하는 어떤 회사가 있다. 따라서 이 회사의 $P_1=2$이다. 사진기는 15개의 상이한 모델, 프로젝터는 5개의 모델을 제공한다. 그러므로 사진기의 $P_2=15$, 프로젝터의 $P_2=5$이다. 식 (2.2)에 의해 제공되는 제품 모델의 총수는 다음과 같다.

$$P=\sum_{j=1}^{2} P_{2j}=15+5=20$$

2.4.2 제품복잡성과 부품복잡성

제품복잡성은 까다로운 주제이다. 정성적이고 정량적인 상황 모두 고려해야 하나 여기서는 정량적인 경우만을 다루기로 하자. 조립제품에 대한 제품복잡성을 표현하는 하나의 기준은 구성품의 개수이다. 즉 부품이 많으면 많을수록 그 제품은 더 복잡한 것이다. 다양한 조립제품의 구성품 수를 비교함으로써 쉽게 설명된다. 표 2.3은 보다 많은 구성품을 갖는 제품이 훨씬 더 복잡한 경향이 있다는 것을 잘 설명해 주고 있다.

부품복잡성을 측정하는 한 가지 방법은 그 부품을 생산하기 위해 필요한 가공 단계의 수를 측정하는 것이다. IC 부품은 기술적으로는 하나의 실리콘 칩에 불과하지만, 그것을 제조하는 데 100개 이상의 가공 단계가 필요하다. IC 부품은 한 변의 길이가 12mm, 두께가 0.5mm 정도의 부품인데, 0.8mm 두께의 스테인리스 강판에서 한 번에 찍어내는 지름 12mm인 원형 와셔보다 훨씬 더 복잡하다고 할 수 있다. 표 2.4에 각 부품의 가공에 필요한 일반적인 가공공정 수를 나열하였다.

지금부터 구성품의 개수로 정의한 조립제품의 복잡성에 대하여 살펴보기로 하자. 제품복잡성을 정의하기 위하여 $n_p=$제품 1단위당 부품의 개수를 사용한다. 각 부품의 가공복잡성은 그것을

| 표 2.3 | 조립품의 구성부품 수([1], [3])

제품(생산 연대)	대략적 부품 개수
샤프 펜슬(현대)	10
볼 베어링(현대)	20
소총(1800년)	50
재봉틀(1875년)	150
자전거 체인	300
자전거(현대)	750
초기 자동차(1910년)	2,000
자동차(현대)	20,000
항공기(1930년)	100,000
항공기(현대)	4,000,000

| 표 2.4 | 부품 가공에 필요한 공정 수

부품	대략적인 공정 수	적용 공정
플라스틱 몰딩 제품	1	사출성형
와셔(스테인리스 강판)	1	스탬핑
와셔(도금 강판)	2	스탬핑, 전기도금
단조 부품	3	가열, 단조, 트리밍
펌프 축	10	절삭
코팅된 카바이드 절삭공구	15	압축, 소결, 코팅, 연삭
펌프 하우징	20	주조, 절삭
V-6 엔진 블록	50	주조, 절삭
IC 칩	수백	포토리소그래피, 다양한 열 또는 화학공정

가공하는 데 필요한 공정의 수로 정의하고, n_o =부품을 가공하기 위한 공정 수 또는 가공 단계의 개수라 하자. n_p와 n_o를 기초로 하여 생산 공장의 세 가지 유형을 정의할 수 있는데, 이는 부품제조 공장, 조립 공장, 수직통합 공장이며 그림 2.7에 나타내었다.

생산 공장의 활동 수준을 표현하기 위해 파라미터 P, Q, n_p, n_o 사이의 간단한 관계를 만들어 보자. 여기서는 P_1과 P_2 사이의 구별을 무시할 것이다. 공장에서 생산되는 제품의 총합은 식 (2.1) 에 표현된 것과 같이 개별 제품 생산량의 총합이다. 모든 제품이 조립품이고 이들 제품의 모든 구성부품이 한 공장에서 생산된다고 가정한다면, 그 공장에서 연간 생산되는 부품의 총개수는 다음 과 같다.

$$n_{pf} = \sum_{j=1}^{P} Q_j n_{pj} \tag{2.3}$$

여기서 n_{pf} =공장에서 생산되는 부품의 총수량(개/년), Q_j =제품 유형 j의 연간 생산량(제품 수/ 년), 그리고 n_{pj} =제품 j의 부품 개수(개/제품)이다.

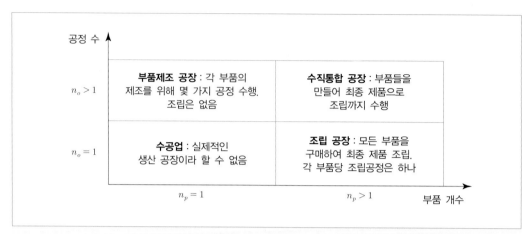

그림 2.7　**부품 개수 n_p(조립제품)와 공정 수 n_o(제조부품)에 의한 생산 공장의 유형 구분**

마지막으로 모든 부품이 한 공장에서 생산된다면, 그 공장에서 수행되는 가공공정의 총합은 다음과 같다.

$$n_{of} = \sum_{j=1}^{P} Q_j \sum_{k=1}^{n_{pj}} n_{ojk} \qquad (2.4)$$

여기서 n_{of} =공장에서 수행되는 제조공정의 총합(공정 수/년), 그리고 n_{ojk} =제품 j의 부품 k를 가공하기 위한 가공공정의 수, n_{pj} =제품 j의 부품 수이다. n_{of}는 공장 내의 전체 활동 수준을 표현하는 측정치로도 사용될 수 있다.

식 (2.1), (2.3), (2.4)로 표현되는 수학적 모델을 단순개념화하기 위하여 P, Q, n_p, n_o 각각의 평균치가 사용될 수 있다. 이 경우에 공장에서 생산되는 제품의 총합은 다음과 같이 정의될 수 있다.

$$Q_f = PQ \qquad (2.5)$$

여기서 p =제품 종류의 수, Q_f =공장에서 만드는 제품의 총합이고, 평균 Q값은 다음과 같다.

$$Q = \frac{\sum_{j=1}^{P} Q_j}{P} \qquad (2.6)$$

공장에서 생산되는 부품의 총합은 다음과 같다.

$$n_{pf} = PQn_p \qquad (2.7)$$

여기서 평균값 n_p는 다음과 같이 구한다.

$$n_p = \frac{\sum_{j=1}^{P} Q_j n_{pj}}{PQ} \tag{2.8}$$

공장에서 수행되는 제조공정의 총합은 다음과 같다.

$$n_{of} = PQn_p n_o \tag{2.9}$$

여기서 n_o는 다음과 같이 구한다.

$$n_o = \frac{\sum_{j=1}^{P} Q_j \sum_{k=1}^{n_{pj}} n_{ojk}}{PQn_{pf}} \tag{2.10}$$

각 파라미터의 평균치를 사용하는 단순화된 식을 사용하여 다음 예제를 풀어보자.

예제 2.2 **제조공정과 생산시스템 문제**

어떤 기업이 새로운 제품을 설계하고, 이 제품을 생산하기 위한 새로운 공장을 세울 계획을 갖고 있다고 하자. 새로운 제품은 100가지 유형으로 구성되며, 각 제품 유형에 대해 연간 10,000단위를 생산하려고 한다. 각각의 제품은 평균 1,000개의 부품을 갖고 있고, 각 부품은 평균 10단계의 가공을 거친다. 모든 부품은 이 공장에서 만들어지고, 각각의 가공공정은 평균 1분 정도 소요되며, 연간 작업 일수가 250일이라면 (a) 제품의 개수, (b) 부품의 개수, (c) 연간 필요한 제조공정의 수, (d) 이 공장에 필요한 작업자의 수는 얼마인가?

풀이 (a) 생산될 총단위제품의 개수는 식 (2.5)에 의해 구한다.

$$Q = PQ = 100 \times 10,000 = 1,000,000\,개/년$$

(b) 제조될 부품의 총개수는 식 (2.6)에 의해 구한다.

$$n_{pf} = PQn_p = 1,000,000 \times 1,000 = 1,000,000,000\,개/년$$

(c) 제조공정의 수는 식 (2.7)에 의해 구한다.

$$n_{of} = PQn_p n_o = 1,000,000,000 \times 10 = 10,000,000,000\,공정$$

(d) 필요한 작업자 수를 예측하기 위해 먼저 모든 공정을 수행하기 위한 총시간을 계산한다. 만약 각 공정에 1분(1/60시간)이 소요된다면

$$총공정시간 = 10,000,000,000 \times 1/60 = 166,666,667\,시간$$

이 되며, 만약 각 작업자가 연간 2,000시간(40시간/주 × 50주/년) 일한다면, 필요한 작업자의 수는 다음과 같다.

$$w = \frac{166,666,667}{2,000} = 83,333\text{명}$$

참고문헌

[1] BLACK, J. T., *The Design of the Factory with a Future,* McGraw-Hill, Inc., New York, NY, 1991.

[2] GROOVER, M. P., *Fundamentals of Modern Manufacturing: Materials, Processes, and Systems,* 5th ed., John Wiley & Sons, Inc., Hoboken, NJ, 2013.

[3] HOUNSHELL, D. A., *From the American System to Mass Production, 1800-1932,* The Johns Hopkins University Press, Baltimore, MD, 1984.

[4] MERCHANT, M. E., "The Inexorable Push for Automated Production," *Production Engineering,* January 1977, pp. 45-46.

[5] SKINNER, W., "The Focused Factory," *Harvard Business Review,* May-June 1974, pp. 113-121.

복습문제

2.1 제조의 정의를 내려라.

2.2 산업을 세 가지 유형으로 분류하라.

2.3 소비재와 자본재의 차이점은 무엇인가?

2.4 가공공정와 조립공정의 차이점은 무엇인가?

2.5 성형공정을 초기 원자재의 상태에 따라 네 가지로 분류하라.

2.6 영구적인 결합 방법에는 어떠한 공정이 있는가?

2.7 경다양성과 연다양성의 차이점은 무엇인가?

2.8 개별생산이 수행되는 생산 방식은 어떠한 것이 있는가?

2.9 흐름라인 생산은 다음의 어떤 설비배치에 적용되는가?

    (a) 셀 배치 (b) 고정위치 배치 (c) 공정별 배치 (d) 제품별 배치

2.10 단일모델 생산라인과 혼합모델 생산라인의 차이점은 무엇인가?

연습문제

2.1 어떤 공장에서 A, B, C 세 종류의 제품을 생산하는데 A는 3모델, B는 5모델, C는 7모델이 있다. 연평균 생산량은 A, B, C 각각 400, 800, 500개다. 이 공장의 (a) P, (b) Q_f를 각각 결정하라.

2.2 문제 2.1의 A제품의 세 모델이 각각 46개의 부품으로 구성되며, 각 부품 생산에 필요한 평균

공정 수가 3.5이다. (a) 생산되는 부품 수의 총합, (b) 연간 수행되는 공정 수의 총합을 구하라.

2.3 A(연간 3,600개 생산, 47개 부품으로 구성)와 B(연간 2,500개 생산, 52개 부품으로 구성) 두 종류 제품을 생산하는 기업이 있다. A의 구성부품 중 40%는 내부에서 제조하고, 나머지 60% 는 외부에서 구매한다. B의 구성부품 중 내부 제조는 30%, 구매품은 70%이다. 이 두 제품을 함께 생산하는 경우 (a) 이 공장에서 제조하는 부품 수의 총합, (b) 구매하는 부품 수의 총합은 얼마인가?

2.4 X와 Y 두 모델이 있는 제품을 고려하자. X는 a, b, c, d의 4개 부품으로 구성되는데, 이들 부품 제조를 위해 필요한 공정의 수는 각각 2, 3, 4, 5이다. Y는 e, f, g의 3개 부품으로 구성되고, 이들 부품의 제조공정 수는 각각 6, 7, 8이다. X의 연간 수량은 1,000개, Y의 연간 수량은 1,500개일 때, X와 Y를 합친 (a) 부품 수의 총합, (b) 공정 수의 총합을 구하라.

2.5 ABC사는 새로운 제품군을 계획하고 있으며, 그 제품에 필요한 부품을 제조하는 공장을 건설하려 한다. 제품군은 서로 다른 8개 모델로 구성되어 있다. 각 모델의 연간 생산량은 900개이며, 각각은 180개의 구성품으로 이루어져 있다. 부품의 전 생산공정은 한 공장에서 이루어진다. 각 부품의 생산을 위해서는 평균 6개의 단위공정이 필요하며, 각 단위공정에는 1분 정도가 소요된다(준비시간과 자재취급시간을 포함하여). 모든 생산공정은 작업장에서 이루어지며, 각 작업장은 각각 하나의 기계와 작업자로 이루어져 있다. 하루 1교대(1년 2,000시간)로 작업할 때 (a) 부품 수, (b) 필요한 생산공정 수, (c) 공장에 필요한 작업자 수를 결정하라.

2.6 XYZ사는 새로운 제품군을 계획하고 있으며, 이를 위한 부품을 생산하고 최종 제품을 조립하는 새로운 공장을 건설하려 한다. 제품군은 서로 다른 10개 모델로 구성된다. 각 모델의 연간 생산량은 1,000개 정도로 예측하며, 각각은 300개의 부품으로 이루어져 있는데, 이들 부품의 65%는 구매품이다(나머지는 자체 제조). 각 부품의 생산을 위해서는 평균 8개의 단위공정이 필요하며, 각 단위공정에는 30초 정도가 소요된다(셋업시간과 자재취급시간을 포함하여). 최종 제품조립에는 48분 정도가 소요된다. 모든 부품가공공정은 한 기계와 작업자 1명이 배치된 작업 셀에서 이루어지며, 제품조립은 1명의 작업자가 배치된 각 단일작업장에서 이루어진다. 만약 각 작업 셀과 각 작업장이 25m²를 차지하고 여유 공간으로서 총면적의 45%가 추가되어야 하며, 하루 1교대(1년 2,000시간)로 작업한다면, (a) 필요한 부품가공공정 및 조립공정 수, (b) 공장에 필요한 작업자 수, (c) 필요한 공장 면적을 결정하라.

2.7 문제 2.6의 공장에서 부품가공공정이 하루 2교대(4,000시간/년)로 작업할 때 질문 (a), (b), (c)에 대하여 답하라(조립공정은 그대로 1교대).

생산 모델과 계량적 지표

성공적인 제조업체는 운영관리를 위한 다양한 계량적 도구를 사용하고 있다. 계량적인 방법을 통해 계속되는 기간(월 또는 년)의 수행도를 추적할 수 있고, 신기술이나 시스템의 장점을 평가해볼 수 있으며, 수행도와 관련된 문제들을 인식할 수 있고, 대안들을 비교한 후 가장 좋은 결정을 내릴 수 있다. 생산에 있어서 계량적인 접근 방법은 (1) 생산수행도 평가, (2) 제조비용의 두 영역으로 구분된다. 이 장에서는 각 계량적 지표들을 정의하고 이들의 계산 방법을 알아본다.

3.1 생산수행도와 계량지표

이 절에서는 생산수행도를 평가하는 몇 가지 지표를 소개한다. 논리적 출발점은 각 단위 공정에 대한 사이클 시간이 되어야 할 것이고, 이것으로부터 해당 공정의 생산율이 유도된다. 각 단위 공정의 지표들이 모이면 전체 공장 수준의 수행도를 평가할 수 있다.

3.1.1 사이클 시간과 생산율

제2장에서 서술한 바와 같이, 생산은 일련의 단위 공정들이 순차적으로 수행되면서 이루어진다. 단위 공정은 일반적으로 생산기계에 의해 수행되는데, 이 기계들을 작업자가 전 시간에 걸쳐 조작 또는 감시한다. 자동기계의 경우는 주기적으로 조작 또는 감시한다. 흐름라인 생산 방식에서는 단

위 공정들이 한 라인을 구성하는 각 작업장들에서 수행된다.

공정사이클 시간 각 단위 공정에서 공정사이클 시간 T_c는 하나의 작업단위가 가공 또는 조립되는 시간으로 정의할 수 있다. 즉 하나의 단위 가공품이 가공(또는 조립)을 시작할 때부터 다음 단위가 시작될 때까지의 시간 간격을 말하는데, 여기에는 가공시간만이 포함되는 것은 아니다. 절삭가공과 같은 공정에서 T_c는 (1) 실제 가공시간, (2) 공작물 취급시간, (3) 공작물당 공구 취급시간으로 구성된다. 이는 다음과 같은 식으로 표현할 수 있다.

$$T_c = T_o + T_h + T_t \tag{3.1}$$

여기서 T_c =공정사이클 시간(분/개), T_o =실제 가공 또는 조립시간(분/개), T_h =공작물 취급시간(분/개), 그리고 T_t =공구 취급시간(분/개)이다. 공구 취급시간은 공구가 마모되었을 때 공구 교환에 소모되는 시간, 한 공구에서 다음 공구로 교체하는 데 걸리는 시간, 공구 인덱싱 시간, 다음으로 진행하기 위한 공구위치 보정 시간 등으로 구성된다. 이 공구 취급은 모든 공정사이클에서 발생하는 것은 아니므로, 공작물당 평균시간을 얻기 위해 공구 취급시간 사이의 공작물 수로 나누어져야 한다.

각 시간 항목 T_o, T_h, T_t를 이산형 제품 이외의 다른 제품 유형의 생산에 적용하기 위해 새롭게 정의하면 공작물이 실제로 처리되는 시간(T_o), 공작물 취급에 소요되는 시간(T_h), 그리고 공구 조정이나 변경에 소요되는 시간(T_t)이다. 따라서 식 (3.1)을 제조 유형에 관계없이 제조의 처리시간을 표현할 수 있도록 일반화할 수 있다.

생산율 단위 공정에 대한 생산율(production rate)이란 보통 시간당 완료되는 작업물 단위(개/시간)로 표현된다. 개별생산(job shop), 뱃치생산, 대량생산의 세 가지 유형의 사이클 시간에 기초하여 생산율을 결정하는 방법을 생각해보자. 그림 3.1에 다양한 생산 공정 유형을 나타내었다.

개별생산의 생산량은 낮은 편이다($1 \leq Q \leq 100$). $Q = 1$일 때 공작물 단위당 생산 시간은 셋업시간과 사이클 시간의 합이 된다.

$$T_p = T_{su} + T_c \tag{3.2}$$

여기서 T_p =평균 생산시간(분/개), T_{su} =각 공작물을 위해 기계를 준비하는 데 소요되는 셋업시간(분/개), T_c =식 (3.1)의 공정사이클 시간이다. 단위 공정의 생산율은 생산 시간의 역수로서 간단히 계산되는데, 보통 시간당 값으로 표현한다.

$$R_p = \frac{60}{T_p} \tag{3.3}$$

여기서 R_p =생산율(개/시간)이고 상수 60이 분 단위를 시간 단위로 변환해준다. 생산량이 1보다 큰 개별생산에 대한 분석은 다음의 뱃치생산과 동일하다.

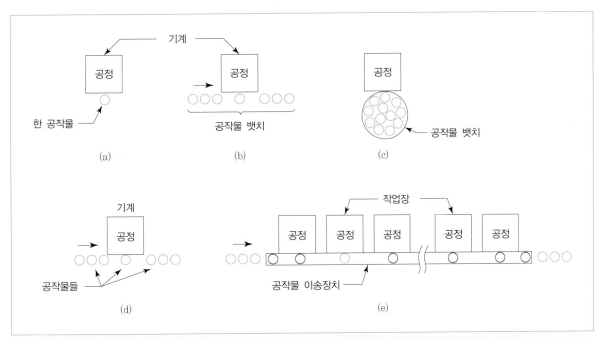

그림 3.1 생산공정의 유형 : (a) 개별생산(생산량 $Q=1$), (b) 순차적 뱃치생산, (c) 동시적 뱃치생산, (d) 대량생산(다량형), (e) 대량생산(흐름라인형)

2.1절에서 설명했듯이 일반적인 뱃치생산은 동일한 작업물을 한 번에 하나씩 처리하는 것으로, 이러한 것을 순차적 뱃치처리라고 부른다. 절삭가공, 판재가공, 플라스틱 사출성형 등에서 이러한 예를 찾을 수 있다. 그런데 어떤 경우에는 모든 작업물을 동시에 처리하기도 하는데, 이 경우를 동시적 뱃치처리라 하고, 열처리나 전기도금이 이 방식의 예가 된다.

순차적 뱃치생산에서 Q개로 이루어진 한 뱃치를 처리하기 위한 시간은 셋업시간과 가공시간의 합계이다. 즉

$$T_b = T_{su} + QT_c \tag{3.4a}$$

여기서 T_b =뱃치처리시간(분/뱃치), T_{su} =그 뱃치를 위해 기계를 준비하는 데 소요되는 셋업시간(분/뱃치), Q=뱃치 수량(개/뱃치), T_c =단위 공작물당 사이클 시간(분/사이클)이다. 하나의 사이클마다 한 단위가 완성된다면, T_c는 분/개의 단위를 가질 것이다. 각 사이클마다 여러 단위가 완성된다면, 식 (3.4)는 적절히 수정되어야 한다. 그러한 상황의 예로서, 플라스틱 사출금형에 2개의 공동이 있어 사이클당 사출품이 2개씩 만들어지는 경우를 들 수 있다.

동시적 뱃치생산에서 Q개로 이루어진 한 뱃치를 처리하는 데 걸리는 시간은 셋업시간과 가공시간의 합이 되는데, 이 가공시간은 뱃치 내의 모든 공작물을 한꺼번에 가공하면서 걸리는 시간이다. 즉

$$T_b = T_{su} + T_c \tag{3.4b}$$

여기서 T_b =뱃치처리시간(분/뱃치), T_{su} =셋업시간(분/뱃치), T_c =뱃치당 사이클 시간(분/사이클)이다.

공작물 단위당 평균 생산시간 T_p를 계산하려면 식 (3.4a) 혹은 식 (3.4b)의 뱃치처리시간을 뱃치 수량으로 나눈다.

$$T_p = \frac{T_b}{Q} \tag{3.5}$$

생산율은 식 (3.3)으로 계산한다.

다량형 대량생산에서는 생산이 정상 궤도에 올라가면 생산율이 기계의 사이클률(공정 사이클 시간의 역수)과 같아질 것이고, 셋업시간의 효과는 미미해질 것이다. 즉 Q가 매우 커짐에 따라 $(T_{su}/Q) \rightarrow 0$으로 수렴되므로

$$R_p \rightarrow R_c = \frac{60}{T_c} \tag{3.6}$$

여기서 R_c =기계의 공정사이클률(개/시간), T_c =공정사이클 시간(분/개)이다.

흐름라인형 대량생산에서도 역시 셋업시간을 무시하여 생산율을 사이클률로 근사화할 수 있다. 그러나 흐름라인상의 작업장 간 상호 의존성으로 인하여 흐름라인의 동작은 복잡해진다. 복잡성 중 한 가지는 전체 작업을 라인상의 각 작업장에 균등하게 배분하는 것이 불가능하다는 점이다. 결국 가장 긴 공정시간을 갖는 작업장이 전체 라인의 속도를 결정짓게 된다. **병목 작업장**이라는 용어가 이 상황에 적용된다. 또한 사이클 시간에는 공작물을 한 작업장에서 다른 작업장으로 이동시키는 데 걸리는 시간이 포함된다. 대부분의 흐름라인에서는 라인상의 모든 공작물이 동기적으로 움직여 간다. 이러한 점을 고려한다면, 흐름라인의 사이클 시간은 가장 긴 가공(또는 조립)시간에 각 작업장 간 이송시간을 합한 시간이고, 식으로 표현하면 다음과 같다.

$$T_c = \text{Max } T_o + T_r \tag{3.7}$$

여기서 T_c =흐름라인의 사이클 시간(분/사이클), Max T_o =병목 공정의 공정시간(분/사이클), T_r =작업장 간 이송시간(분/사이클)이다. T_r은 식 (3.1)의 T_h와 유사한 것이다. 공구 취급시간 T_t는 유지보수 기능으로서 소요되는 것이므로, 사이클 시간의 계산에는 포함시키지 않는다. 이론적으로, 생산율은 T_c의 역수로 계산된다.

$$R_c = \frac{60}{T_c} \tag{3.8}$$

여기서 R_c =이론적 혹은 이상적 생산율인데 정확히는 사이클률을 의미(사이클/시간)하고, T_c =식 (3.7)의 사이클 시간이다.

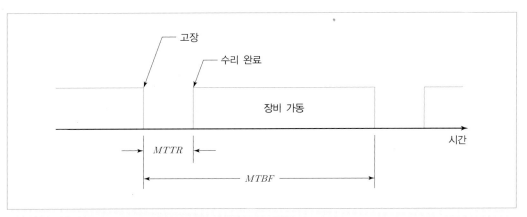

그림 3.2 *MTBF*와 *MTTR*의 시간 예시

장비의 신뢰성 장비의 신뢰도 문제로 인해 낭비되는 생산시간이 생산율의 저하를 초래한다. 신뢰성 평가의 목적으로 가장 유용한 척도는 **가용률**(availability)인데, 계획된 생산시간 대비 장비가 가동 가능한(고장 없이) 시간의 비율을 의미한다. 자동화된 장비에 특히 적합한 척도라 할 수 있다.

가용률은 또한 **고장 간 평균가동시간**(mean time between failure, MTBF)과 **평균수리시간**(mean time to repair, MTTR)의 두 가지 변수를 이용해서도 정의할 수 있다. 그림 3.2에 나타내었듯이 *MTBF*는 한 번의 고장과 다음 번 고장 사이에 장비가 가동되는 평균시간을 의미하며, *MTTR*은 장비를 수리하는 데 필요한 평균시간을 의미한다. 수식으로 표현하자면,

$$A = \frac{MTBF - MTTR}{MTBF} \tag{3.9}$$

여기서 A=가용률(%)이다. *MTTR*은 수리 착수 전의 대기시간도 포함한다. 새로운 장비(장비 보정이 필요)거나 오래된 장비일수록 가용률이 낮아지는 경향이 있다.

가용률을 고려한다면, 어떤 장비의 실질적 평균 생산율은 앞에서 구한 생산율 R_p에 가용률을 곱한 값이 될 것이다(셋업시간 또한 가용률의 영향을 받는다고 가정).

신뢰성 문제는 특히 자동생산라인의 운영에 있어서 중요하다. 그 이유는 자동라인상의 작업장들 간의 상호 의존성이 높아서, 한 작업장이 고장 나면 전체 라인이 정지되기 때문이다. 실제 평균 생산율 R_p는 식 (3.8)의 이상적인 R_c보다 상당히 작은 값으로 나타난다.

3.1.2 생산능력과 가동률

생산능력(production capacity)이란 이상적인 공정 조건하에서 생산설비(또는 생산라인)가 생산할 수 있는 최대 산출률로 정의된다. 생산설비란 일반적으로 공장을 의미하기 때문에, 생산능력을 측정하기 위하여 **공장능력**(plant capacity)이 종종 이용되기도 한다. 앞서 언급한 것과 같이 이상적인 공정 조건은 공장이 가동하는 일일 교대 수, 주간(또는 월간) 가동 일수, 고용 수준 등이다.

일주일당 공장 가동시간은 공장능력을 정의하는 중요한 단위이다. 온도 상승에 따라 반응하는 연속 화학생산에서 생산설비는 대부분 주간 7일, 일일 24시간 가동(주당 168시간)되는 반면, 자동차 조립 공장에서 공장능력은 1교대 또는 2교대, 주간 5일 정도로 정의된다. 일반 제조업에서 공장능력을 주간 7일, 일일 24시간으로 정의하는 경향이 있다. 이 경우 만약 공장이 최대 가용시간 이하로 가동된다면, 그것은 최대 가용능력 이하로 운용된다는 의미를 갖는다.

공장능력의 결정　공장능력의 정량적 지표는 앞서 개발된 생산율 모델을 기초로 유도된다. PC를 주어진 설비의 생산능력이고, 능력척도를 기간(주, 월, 년)당 생산되는 제품의 수라 하자. 가장 간단한 경우는 공장 내 n개의 생산기계가 있는데 기계는 시간당 R_p개를 생산하는 능력을 갖고 있다. 공장의 주당 생산능력을 계산하면 다음과 같다.

$$PC = nH_{pc}R_p \tag{3.10}$$

여기서 PC=설비의 생산능력(개/기간), n=기계 대수, H_{pc}=생산능력 측정 대상기간(시간)이다. 식 (3.10)은 H_{pc}로 정의된 전체 기간 동안 모든 기계를 지속적으로 운전한다는 것을 가정하고 있다.

예제 3.1　**생산능력**

가공 부서에는 총 5대의 기계가 있으며, 모두 동일한 부품생산에 이용되고 있다. 이 부서는 하루 2회의 교대로 운영되며, 교대당 작업시간은 8시간이고, 주 5일 연간 50주 근무한다. 각 기계의 평균 생산율은 15개/시간이다. 이 선반 부서의 주간 생산능력을 결정하라.

풀이　식 (3.10)으로부터

$$PC = 5(80)(15) = 6,000개/주$$

서로 다른 유형의 기계가 서로 다른 제품을 다양한 생산율을 가지고 생산하는 다량형 대량생산의 경우에는 다음 식으로 생산능력을 계산한다.

$$PC = H_{pc}\sum_{i=1}^{n} R_{pi} \tag{3.11}$$

여기서 n=기계 대수, R_{pi}=기계 i의 시간당 생산율이며 모든 기계가 H_{pc} 기간 동안 계속 가동한다고 가정한다.

개별생산과 뱃치생산의 경우, 각 기계는 하나 이상의 뱃치를 생산하는 데 사용될 수 있고, 각 뱃치는 유형 j의 부품 집합이다. f_{ij}를 기계 i가 부품 j를 가공하는 데 소요되는 시간의 비율이라고 하자. 정상적인 운전 상태하에서 각 기계 i에 대해 다음 조건이 만족된다.

$$0 \leq \sum_{j} f_{ij} \leq 1 \quad \text{단, 모든 } i\text{에 대하여 } 0 \leq f_{ij} \leq 1 \tag{3.12}$$

식 (3.12)의 하한값은 기계가 한 주 동안 계속 정지되어 있는 경우이다. 0과 1 사이의 값을 가진다는 것은 정지된 적이 있음을 의미한다. 상한값 1은 한 주 동안 가동률 100%로 운영되었음을 의미한다. 만일 상한값을 초과한다면($\sum f_{ij} > 1$), 이것은 공장능력에서 정의된 H_{pc}를 넘어선 시간까지의 초과운전에 기계가 사용되었다고 할 수 있다.

공장의 산출량은 부품(또는 제품) j의 생산을 위해 필요한 공정 수의 영향을 받는다. 즉 공장의 생산율은 부품 j의 생산에 참여한 각 기계의 생산율을 그 부품 생산을 위한 공정 수 n_{oj}로 나누어서 구할 수 있다. 한 공장의 최종 평균 생산율은 다음 식으로 계산된다.

$$R_{pph} = \sum_{i=1}^{n} \sum_{j} f_{ij} R_{pij} / n_{oj} \tag{3.13}$$

여기서 R_{pph}=공장의 평균 생산율(개/시간), R_{pij}=부품 j 가공 시 기계 i의 생산율(개/시간), n_{oj}=부품 j 생산에 필요한 공정 수이다. 개별 R_{pij}는 식 (3.3)과 식 (3.5)를 통해 결정할 수 있다.

$$T_{pij} = \frac{60}{T_{pij}} \quad \text{단, } T_{pij} = \frac{T_{suij} + Q_j T_{cij}}{Q_j}$$

여기서 T_{pij}=기계 i에서 부품 j의 평균 생산시간(분/개), T_{suij}=기계 i에서 부품 j를 위한 셋업 시간(분/뱃치), Q_j=부품 j의 뱃치 수량(개/뱃치)이다.

살펴보고 싶은 기간(주, 월, 년)에 대한 공장의 산출량은 식 (3.13)에 주어진 평균 생산율을 가지고 얻을 수 있다. 예를 들어 주당 생산율은 다음 식으로 계산된다.

$$R_{ppw} = H_{pw} R_{pph} \tag{3.14}$$

여기서 R_{ppw}=공장의 주당 생산율(개/주), R_{pph}=공장의 평균 생산율(개/시간), H_{pw}=주당 작업시간이다.

대부분의 제조는 뱃치 단위로 수행되며, 또한 대부분의 제품들은 다수의 기계를 거치며 여러 공정 단계를 밟아 만들어진다. 흐름라인 생산에서 병목작업장이 있는 것처럼, 어떤 공장의 생산 산출량이 어떤 특정 기계들에 의해 좌우된다는 것도 당연한 일이다. 이러한 기계들이 공장능력을 결정하게 된다. 이 기계들이 100%의 가동률로 운전되는 데 반해, 다른 기계들은 낮은 가동률을 갖는다. 이 결과로 공장의 평균 장비 가동률은 100% 미만이 되겠지만, 이러한 병목공정들의 제한 때문에 최대 능력으로 가동되고 있는 것이다. 이 경우라면 주당 생산능력이 식 (3.14)로 계산되고, 결국 $PC = R_{ppw}$가 된다.

3.1.3 제조 리드타임과 재공재고

현대의 치열한 경영환경에서 고객으로부터 받은 주문을 가능한 가장 짧은 시간에 고객에게 전달하는 제조기업의 능력은 중요한 요소이다. 이와 같이 주문받은 시간부터 제품이 고객에게 전달될 때까지의 시간을 제조 리드타임(manufacturing lead time, MLT) 혹은 총제조시간이라 부른다. 좀 더 명확하게 제조 리드타임은 어떤 부품이나 제품에 요구되는 처리를 공장에서 수행하는 데 필요한 총시간이라고 정의된다.

일반적인 제조는 일련의 가공 및 조립공정으로 구성되며, 공정 간에는 자재취급, 저장, 검사 및 기타 제조에 직접 참여하지 않는 활동들로 이루어진다. 따라서 제조활동은 크게 공정요소와 비공정요소의 두 가지 범주로 나눌 수 있다. 공정활동은 공작물이 생산기계에서 필요한 공정을 수행하는 것을 말하며, 비공정활동에는 공작물이 가공에 직접 참여하지 않을 때의 자재취급, 일시적인 저장, 검사, 대기 등의 요소가 포함된다. T_c =주어진 기계나 작업장의 공정사이클 시간, T_{no} =동일한 기계에 관련된 비공정시간이라 하자. 또한 공작물이 완전하게 가공되기 위하여 거쳐야 하는 개별 공정 또는 기계의 수를 n_o라 하자. 만약 뱃치생산을 가정한다면 그 뱃치에 Q개의 단위부품이 존재한다. 또한 특정 부품을 각 생산기계에서 가공하기 위해서는 준비시간이 필요하며, 이 필요한 셋업시간을 T_{su}라 하자. 이 조건이 주어지면 제조 리드타임을 다음과 같이 정의할 수 있다.

$$MLT_j = \sum_{i=1}^{n_{oj}} (T_{suij} + Q_j T_{cij} + T_{noij}) \tag{3.15}$$

여기서 MLT_j =부품 또는 제품 j를 위한 제조 리드타임(분), T_{suij} =공정 i를 위한 준비시간(분), Q_j =뱃치로 처리되는 부품 또는 제품 j의 수량(개), T_{cij} =부품 또는 제품 j를 위한 공정 i의 공정사이클 시간(분), T_{noij} =공정 i와 관련된 비공정시간(분)이며, i는 가공순서를 의미한다. $i=1, 2, ..., n_{oj}$이다. 제조를 시작하기 전에 원자재 저장에 소비된 시간은 MLT 식에 포함되지 않았다.

이 모델을 좀 더 간명하게 일반화하기 위하여 모든 준비시간, 공정사이클 시간, 비공정시간이 n_o 기계에 대하여 동일하다고 가정하자. 또한 공장에서 처리되는 모든 부품 및 제품의 뱃치 수량과 거쳐야 하는 기계의 수도 동일하다고 가정하자. 이 단순화를 통하여 식 (3.15)는 다음과 같이 된다.

$$MLT = n_o (T_{su} + Q T_c + T_{no}) \tag{3.16}$$

여기서 MLT =하나의 부품 또는 제품에 대한 제조 리드타임(분)이다.

실제 뱃치생산 공장에서 이 식의 항 n_o, Q, T_{su}, T_c, T_{no}는 제품과 공정에 따라 다르다. 이 차이를 수용하기 위하여 각 항에 다양한 가중값을 부여하여 그 평균값을 할당함으로써 MLT를 계산할 수 있다.

예제 3.2 제조 리드타임

100개 단위로 뱃치생산되는 어떤 제품이 있다. 한 뱃치의 부품을 완전히 가공하기 위하여 5개의 공정을 거쳐야 한다. 평균 셋업시간은 뱃치당 3시간, 평균 공정시간은 6분/개이며, 자재취급, 대기, 검사 등을 처리하는 평균 비공정시간은 각 공정당 7.5시간이 소요된다. 한 뱃치를 완전하게 생산하는 데 필요한 제조 리드타임을 결정하라. 공장은 하루 8시간 주 5일 근무한다.

▌풀이 제조 리드타임은 식 (3.16)을 통하여 계산된다.

$$MLT_j = 5\{3 + 100(6.0/60) + 7.5\} = 102.5\text{시간}$$

102.5시간은 하루 8시간으로 계산하여 12.81일에 해당된다.

식 (3.19)는 파라미터값을 조정하여 개별생산과 대량생산에 적용할 수 있다. 뱃치의 크기가 하나인($Q=1$) 개별생산에서는 식 (3.16)이 다음과 같이 된다.

$$MLT = n_o(T_{su} + T_c + T_{no}) \tag{3.17}$$

대량생산에 대해서는 식 (3.16)의 Q가 매우 크기 때문에 다른 항을 지배하게 된다. 많은 양의 부품이 단일 기계($n_o = 1$)에서 만들어지는 대량생산 유형의 경우, 사전에 준비가 끝나고 제조가 시작된 후의 MLT는 기계의 공정사이클 시간으로 단순하게 계산된다.

흐름라인 대량생산의 경우에는 전체 생산라인의 준비를 사전에 끝내고, 가공 단계 사이의 비공정시간이 공정 간 부품 이동시간 T_r이 된다. 이 경우 각각의 단위부품을 처리할 수 있도록 모든 작업장이 통합되어 있다면, 모든 공정을 처리하는 데 걸리는 시간은 부품이 라인상의 모든 작업장을 통과하는 데 소요되는 시간에 라인 투입 전 또는 완성 후 대기장소에서 소모되는 비공정시간의 합과 같다. 가장 긴 공정시간이 소요되는 작업장이 전체 라인의 속도를 정한다.

$$MLT = n_o(T_r + \text{Max } T_o) + T_{no} = n_o T_c + T_{no} \tag{3.18}$$

여기서 MLT=라인상에서 단위부품의 완성시간(분), n_o=라인상의 공정 수, T_r=이동시간(분), Max T_o=병목공정에서의 공정시간(분), T_c=라인의 사이클 시간(분/개). $T_c = T_r + \text{Max } T_o$가 된다. 작업장의 수가 공정 수와 동일하기 때문에($n = n_o$), 식 (3.18)은 다음과 같이 변경될 수 있다.

$$MLT = n(T_r + \text{Max } T_o) + T_{no} = n T_c + T_{no} \tag{3.19}$$

이 식의 기호는 앞에서 정의된 것과 같은 의미이며, 단지 공정 수 n_o를 작업장 또는 기계의 수를 표시하는 n으로 대신하였다.

재공재고(work-in-process, WIP) 혹은 재공품은 현재 가공 중이거나 공정 사이에 존재하거나, 현재 공장 내에 있는 부품 또는 제품의 수를 의미한다. 즉 WIP는 원자재로부터 완제품으로 변환되는 상태에 있는 재고를 말한다. 재공재고의 수는 Little의 공식에 기초한 다음 식을 이용하여 근사적으로 계산할 수 있다.

$$WIP = R_{pph}(MLT) \tag{3.20}$$

여기서 WIP=재공재고(개), R_{pph}=시간당 공장 생산율(개/시간), MLT=제조 리드타임(시간)이다. 식 (3.20)에서 WIP 수준은 공장 내 부품의 통과 비율에 대해 공장에 부품이 머무르는 시간을 곱한 것으로 나타난다.

재공재고는 모든 공정이 완료될 때까지 회수할 수 없는 기업의 투자액과 같다. 대부분의 제조업체에서 부품이 공장 내에서 처리되는 시간이 너무 길기 때문에 재공재고의 수가 많아지며, 이는 주요 비용요소로 작용하게 된다.

예제 3.3 | 재공재고

예제 3.2의 뱃치생산을 고려하자. 이 공장에는 100% 가동(셋업시간과 운전시간)되는 20대의 생산기계가 주당 40시간 운영된다. (a) 주당 공장의 생산율, (b) 재공재고를 계산하라.

▌풀이 (a) 제품에 대한 생산율은 식 (3.4)와 (3.5)로 계산된다. 우선

$$T_p = \frac{3.0(60)+100(6.0)}{100} = 7.8 \, \text{분}$$

각 기계의 시간당 평균 생산율 $R_p = 60/7.8 = 7.69$개/시간이다. 공장의 주당 생산율은 위의 기계당 생산율을 사용하고 식 (3.13)에 의하여

$$R_{pph} = n\left(\frac{R_p}{n_o}\right) = 20\left(\frac{7.69}{5}\right) = 30.77 \, \text{개/시간}$$

$$R_{ppw} = 40(30.77) = 1,231 \, \text{개/주}$$

(b) $U = 100\% = 1.0$, $WIP = R_{pph}(MLT) = 30.77(102.5) = 3,154$개

3.2 제조비용

자동화와 생산시스템 중에서의 선택은 일반적으로 여러 대안의 상대적 비용을 고려하여 결정한다. 이 절에서는 자동화 및 생산시스템 비용과 비용요소를 어떻게 검토하는지 알아보기로 한다.

3.2.1 고정비와 변동비

제조비용은 크게 (1) 고정비와 (2) 변동비로 나눌 수 있다. **고정비**(fixed cost)는 모든 생산품에 변함 없이 남아 있는 비용요소이다. 예를 들어 공장건물, 생산장비, 보험료, 재산세 등의 비용을 포함한 다. 연간 총비용으로 모든 고정비를 표현할 수 있다. 보험과 세금 같은 비용은 자연스럽게 연간비 용으로 계산된다. 건물 및 장비 같은 자본 투자도 이자율을 고려하여 연간비용으로 변환이 가능 하다.

변동비(variable cost)는 생산량에 비례하여 변한다. 생산량이 증가하면 변동비는 증가한다. 예 를 들어 직접노동비, 원자재비와 기계 가동을 위한 전력비 등이 포함된다. 이상적으로 변동비는 생산량 수준에 정비례한다. 고정비와 변동비를 합하여 다음과 같은 비용 방정식을 얻을 수 있다.

$$TC = FC + VC(Q) \tag{3.21}$$

여기서 TC=연간 총비용(원/년), FC=연간 고정비(원/년), VC=변동비(원/개), Q=연간 생산량 (개/년)이다.

자동과 수작업 생산을 비교하면, 그림 3.3에 나타낸 바와 같이 일반적으로 자동생산의 고정비 가 수작업 생산보다 상대적으로 높은 경향이 있는 반면, 자동생산의 변동비는 수작업 생산보다 상대적으로 낮은 경향이 있다. 결론적으로 수작업 생산은 생산량이 적은 경우에, 자동생산은 생산 량이 많은 경우에 각각 비용 면에서 이점이 있다. 이러한 사실은 1.3.1절에서 설명한 특정한 상황 에서 노동력을 사용하는 것이 적합한 경우와 관련이 있다.

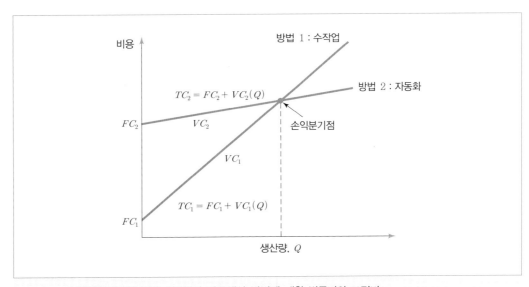

그림 3.3 생산량의 함수로서 수작업과 자동생산 방법에 대한 변동비와 고정비

예제 3.4 **수작업 생산과 자동화 생산의 비교**

어떤 제품을 시간당 15달러를 받는 작업자가 수작업으로 시간당 10개씩 생산할 수 있다. 수작업의 고정비는 연간 5,000달러이다. 자동화된 생산 방식으로는 시간당 25개를 생산하며, 고정비는 연간 55,000달러, 변동비는 시간당 4.50달러이다. 이 두 방법에 대한 손익분기점, 즉 두 방법의 연간 총비용이 같아지는 연간 생산량을 결정하라. 재료비는 무시한다.

풀이 수작업의 변동비 : $VC = (\$15.00/시간)/(10개/시간) = \$1.50/개$

수작업의 연간 총비용 : $TC_m = 5,000 + 1.50\,Q$

자동화의 변동비 : $VC = (\$4.50/시간)(25개/시간) = \$0.18/개$

자동화의 연간 총비용 : $TC_a = 55,000 + 0.18\,Q$

$TC_m = TC_a$에서 손익분기점 발생하므로

$$5,000 + 1.50\,Q = 55,000 + 0.18\,Q$$

$$1.50\,Q - 0.18\,Q = 1.32\,Q = 55,000 - 5,000 = 50,000$$

$$1.32\,Q = 50,000 \quad Q = 50,000/1.32 = 37,879개$$

3.2.2 직접노동비, 자재비, 간접비

제조비용의 분류 방법으로 고정비와 변동비 이외의 것을 살펴보자. 또 다른 방법으로는 비용요소를 (1) 직접노동비, (2) 재료비, (3) 간접비로 구분하는 것이다. **직접노동비**(direct labor cost)는 기본급 및 생산장비를 운용하고 가공과 조립공정을 담당하는 작업자에게 지불한 시간급 임금의 합이다. **재료비**(material cost)는 제품을 만드는 데 사용된 원자재의 비용이다. 판금 공장의 경우 원자재는 강판이고, 강판을 만드는 압연 공장에서의 원자재는 연속주조공정에서 만들어진 슬랩이다. 조립제품의 경우 원자재는 공급사에서 생산한 부품이 될 수 있다. 그러므로 '원자재'의 정의는 기업에 따라 다르다. 어떤 기업의 최종 제품이 다른 기업에서는 원자재로 쓰일 수 있는 것이다. 고정비와 변동비의 관점에서 직접노동비와 재료비는 변동비로 간주되어야 한다.

　　간접비(overhead cost)는 제조기업의 운영에 관련되어 발생하는 모든 부수 비용들로 (1) 공장간접비와 (2) 기업간접비로 나눌 수 있다. **공장간접비**(factory overhead)는 직접노동비와 재료비 이외에 공장을 운영하는 데 필요한 제반 비용을 말한다. 공장간접비에 속한 일반적인 비용요소를 표 3.1에 요약하였다. 비록 표의 비용항목 중 일부가 생산량에 따라 변할 수 있지만, 일반적으로 공장간접비는 고정비로 간주된다. **기업간접비**(corporate overhead)는 생산활동과 별개로 기업을 경영하는 데 소요되는 비용이다. 표 3.2에 전형적인 기업간접비를 나열하였다.

　　J. Black은 제조와 기업비용의 각 항목에 대한 비율을 제시하였는데 이것이 그림 3.4에 나타나 있다[1]. 이 그림의 정보로부터 몇 가지 중요한 사실을 관찰할 수 있다. 첫째, 총제조비용은 제품 판매가격에 약 40% 정도 포함된다. 기업간접비와 총제조비용은 거의 동일하다. 둘째, 원자재와

| 표 3.1 | 전형적인 공장간접비 요소

공장 감독	자재운반 및 보관	기계가동 에너지
라인 반장	선적 및 입하	공장 감가상각
유지보수반	세금	장비 감가상각
보관 서비스	보험	복리후생
경비요원	냉난방	급여아웃소싱
공구관리	조명	사무지원

| 표 3.2 | 전형적인 기업간접비 요소

기업 경영진	연구개발	조명
판매 및 마케팅	기타 보조인력	보험
회계 부서	세금	복리후생
재정 부서	사무실 공간비용	
법률자문	경비요원	
엔지니어링	냉난방	

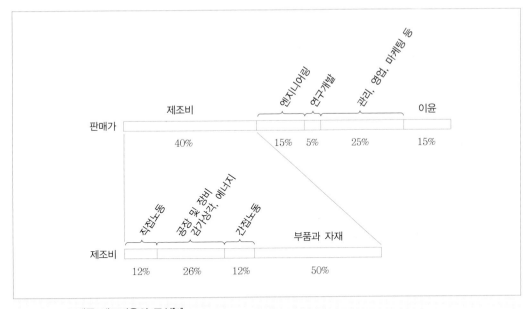

그림 3.4 　제품 제조비용의 구성[1]

부품비용은 총제조비용의 50%로 큰 부분을 차지하고 있음을 알 수 있다. 셋째, 직접노동비는 총제조비용 중에서 상대적으로 작은 부분을 차지하고 있다. 즉 총제조비용의 12%, 그리고 최종 제품 판매가격의 5% 정도이다.

간접비는 직접노동비, 재료비, 직접노동시간, 공간비용 등을 포함한 많은 요인에 따라 결정된다. 일반적으로 직접노동비가 사용되는데, 간접비용의 결정과 제품의 판매가격 계산에 어떻게 이용되는지를 설명하기 위해 다음에서 이용하고자 한다.

단순화된 간접비 결정 절차는 다음과 같다. 최근에는 비용을 (1) 직접노동비, (2) 자재비, (3) 공장간접비, (4) 기업간접비와 같은 4개의 범주로 구분하는 분류법이 사용되고 있다. 이러한 분류의 목적은 차기연도에 제품 및 공정에 연관된 직접노동비의 함수로 간접비를 그 제품과 공정에 분배하기 위한 **간접비율**(overhead rate 혹은 burden rate)을 결정하는 것이다. 이 절에서는 공장간접비와 기업간접비로 구분하여 간접비율을 계산한다. **공장간접비율**(factory overhead rate)은 공장간접비를 직접노동비로 나누어 구한다. 즉

$$FOHR = \frac{FOHC}{DLC} \tag{3.22}$$

여기서 $FOHR$＝공장간접비율, $FOHC$＝연간 공장간접비(annual factory overhead cost, 원/년), DLC＝연간 직접노동비(원/년)이다.

기업간접비율(corporate overhead rate)은 기업간접비에 대한 직접노동비의 비율이다.

$$COHR = \frac{COHC}{DLC} \tag{3.23}$$

여기서 $COHR$＝기업간접비율, $COHC$＝연간 기업간접비(annual corporate overhead cost, 원/년), DLC＝연간 직접노동비(원/년)이다. 만약 재료비가 간접비 할당의 기준으로 이용이 된다면 재료비가 위 두 식의 분모로 대치될 것이다. (1) 간접비율의 결정 방법과 (2) 제조비용을 추정하고 판매가격을 결정하는 데 간접비의 이용 방법을 다음 예제를 통하여 알아보기로 하자.

예제 3.5 간접비율 결정

어떤 제조업체에서 지난해 동안 사용한 개략적인 비용항목과 금액이 아래 표와 같다고 가정하자. 이 기업은 2개의 공장과 본사를 운영하고 있다. (a) 각 공장에 대한 공장간접비율, (b) 기업간접비율을 결정하라. 구해진 비율은 다음 언도에 기업에서 이용할 것이다.

지출 항목	공장 1($)	공장 2($)	본사($)	합계($)
직접노동비	800,000	400,000		1,200,000
재료비	2,500,000	1,500,000		4,000,000
공장 지출	2,000,000	1,100,000		3,100,000
기업 지출			7,200,000	7,200,000
합계	5,300,000	3,000,000	7,200,000	15,500,000

▌풀이 (a) 공장간접비율은 각 공장에 따라 결정되어야 한다. 공장 1에 대해서

$$FOHR_1 = \frac{\$2,000,000}{\$800,000} = 2.5 = 250\%$$

공장 2에 대해서

$$FOHR_2 = \frac{\$1,100,000}{\$400,000} = 2.7 = 275\%$$

이다.

(b) 기업간접비율은 두 공장의 총노동비를 기초로 한다.

$$COHR = \frac{\$7,200,000}{\$1,200,000} = 6.0 = 600\%$$

예제 3.6 **제조비용 추정과 판매가격 결정**

예제 3.5의 공장 1은 고객주문부품 50개를 생산하고 있다. 원자재와 공구는 고객이 제공한다. 셋업시간과 기타 직접노동시간을 포함한 전체 처리시간은 100시간이다. 직접노동비는 시간당 15달러이고, 공장간접비율은 250%이며, 기업간접비율은 600%일 때 (a) 비용을 계산하고, (b) 회사가 10%의 이익을 얻기 위해 고객에게 요구할 가격을 계산하라.

▌풀이 (a) 50개 부품 생산에 소요된 직접노동비는 (100hr)($15.00/hr)=$1,500이다.

직접노동비의 250%로 할당된 공장간접비는 ($1,500)(2.50)=$3,750이다.

직접노동비의 600%로 할당된 기업간접비는 ($1,500)(6.00)=$9,000이다.

따라서 기업간접비를 포함한 총비용은 $5,250+$9,000=$14,250이다.

(b) 예를 들어 기업이 10%의 이익을 얻으려 한다면 고객으로부터 (1.10)($14,250)=$15,675달러를 제품가격으로 받아야 한다.

참고문헌

[1] BLACK, J. T., *The Design of the Factory with a Future*, McGraw-Hill, Inc., New York, NY, 1991.

[2] BLANK, L. T., and A. J. TARQUIN *Engineering Economy*, 7th ed., McGraw-Hill, New York, 2011.

[3] GROOVER, M. P., *Fundamentals of Modern Manufacturing: Materials, Processes, and Systems*, 5th ed., John Wiley & Sons, Inc., Hoboken, NJ, 2013.

[4] GROOVER, M. P., *Work System and the Methods, Measurement, and Management of Work*, Pearson Prentice Hall, Upper Saddle River, NJ, 2007.

복습문제

3.1 제조공정에서 사이클 시간이란 무엇인가?

3.2 생산능력이란 무엇인가?

3.3 병목작업장이란 무엇인가?

3.4 가동률의 정의를 내려라.

3.5 가용률의 정의를 내려라.

3.6 제조 리드타임이란 무엇인가?

3.7 재공재고란 무엇인가?

3.8 생산에서 고정비와 변동비는 어떤 차이가 있는가?

3.9 공장간접비의 예를 들라.

3.10 기업간접비의 예를 들라.

연습문제

사이클 시간과 생산율

3.1 어떤 부품 200개로 한 뱃치가 구성되어, 반자동화기계에서 가공이 된다. 뱃치 셋업에 55분이 소요되고, 작업자가 각 사이클마다 부품을 장착/탈착하는 데 0.44분이 소요된다. 기계가공시간은 2.86분/사이클이고 공구취급시간은 무시한다. 각 사이클마다 하나의 부품이 생산된다면, (a) 평균 사이클 시간, (b) 뱃치 완료 시간, (c) 평균 생산율을 구하라.

3.2 어떤 뱃치 공정의 셋업시간은 1.5시간, 뱃치 크기는 80개이다. 부품취급시간을 포함한 사이클 시간은 30초, 가공시간은 1.37분이고, 각 사이클당 하나의 부품이 완성된다. 공구 교환은 10개 부품이 완료될 때마다 이루어지고, 교환 시 2분이 소요된다. (a) 평균 사이클 시간, (b) 뱃치 완료 시간, (c) 평균 생산율을 구하라.

3.3 어떤 흐름라인 생산공정은 8개의 수작업장으로 구성되어, 작업장 간에 동기화되고 자동화된 형태로 이동한다. 이동시간은 15초이다. 8개 작업장에서의 수작업 가공시간은 각각 40초, 52초, 43초, 48초, 30초 57초, 53초, 49초이다. (a) 이 라인의 사이클 시간, (b) 공작물 1개가 8개 작업장을 거치며 가공되는 시간, (c) 평균 생산율, (d) 10,000개 생산에 필요한 시간을 구하라.

공장능력과 가동률

3.4 어떤 대량생산 공장은 6대 기계를 보유하고, 1일 8시간 1교대, 주당 5일, 연간 50주 운영된다. 이 6대의 기계는 동일한 제품을 시간당 12개씩 생산한다. (a) 이 공장의 연간 생산능력을 계산

하라. (b) 만일 이 공장이 하루 3교대, 주당 7일, 연간 52주 운영된다면 연간 생산능력이 몇 % 증가하겠는가?

3.5 어떤 제품이 16시간/일, 5일/주, 50주/년으로 운영되는 전용기계에서 연간 100만 개 생산되고 있다. (a) 만약 부품/개 생산을 위한 기계의 사이클 시간이 1.2분이라면, 이 수요를 만족시키기 위해 몇 대의 기계가 필요한가? 가동률과 가용률은 100%이고, 셋업시간은 무시한다. (b) 가용률은 90%로 잡고, 필요 기계 대수를 다시 계산하라.

3.6 10대의 자동공작기계가 있는 공장이 있다. 각 공작기계의 셋업시간은 평균 5시간이고, 이 공장 내 처리되는 뱃치의 평균 크기는 100개이다. 평균 공정시간은 9분이다. 1명의 작업자가 하나 또는 2대의 기계를 조작하고, 결국 5명의 작업자가 10대의 기계를 책임진다. 기계를 조작하는 인력 외에 셋업만을 담당하는 셋업 작업자가 2명 있는데, 이들은 한 교대기간 동안 계속 일을 한다. 이 공장은 1일 1교대 8시간, 주 5일 근무한다. 가용률은 100%이다. 생산관리 담당자는 이 공장의 용량이 주당 2,000개가 될 것을 요구하고 있다. 그러나 실제 산출은 단지 1,600개/주만 나온다. 문제는 무엇인지, 그리고 해법을 설명하라.

제조 리드타임과 재공재고

3.7 뱃치생산 공장 내의 6대 기계를 거쳐 생산되는 한 뱃치를 생각하자. 각 기계에서의 셋업시간과 공정시간은 다음 표와 같다. 뱃치 크기가 100개이고, 평균 비공정시간은 기계당 12시간이다. (a) 제조 리드타임, (b) 공정 3의 시간당 생산율을 구하라.

기계(공정)	1	2	3	4	5	6
셋업시간(시간)	4	2	8	3	3	4
공정시간(분)	5.0	3.5	6.2	1.9	4.1	2.5

3.8 앞 문제에서 생산되는 부품이 흐름라인에서 대량으로 생산되고, 기계 간 부품 이송은 자동장치에 의해 이루어진다고 가정하자. 기계 간 이송시간은 15초이고, 전체 라인을 셋업하는 데 150시간이 소요된다. 각 기계에서의 공정시간은 앞 문제의 표와 동일하다. (a) 라인에서 나오는 부품의 제조 리드타임, (b) 공정 3의 시간당 생산율, (c) 전체 라인의 이론적인 생산율, (d) 셋업이 완료된 후 10,000개 부품을 생산하는 데 걸리는 시간을 구하라.

3.9 어떤 공장에서 주당 35종류의 뱃치를 생산한다. 이 공장의 생산수행도를 평가해보기 위해 5종류의 부품이 샘플로 선택되었다. 공장 내 어떤 기계든지 모든 뱃치를 처리할 수 있다. 뱃치 수량, 공정 단계 수, 셋업시간, 부품의 사이클 시간은 다음 표에 나타내었다. 공정마다 뱃치당 평균 비공정시간은 11.5시간이고, 이 공장은 주당 40시간 운영된다. 이 샘플을 가지고 공장의 다음 수행도를 결정하라─(a) 평균적 부품에 대한 제조 리드타임, (b) 모든 기계가 100% 가동률로 운전될 경우 공장능력, (c) 재공재고량.

부품 j	Q_j	n_{oj}	T_{suij}(시간)	T_{cij}(분)	T_{no}(시간)
A	100	6	5.0	9.3	11.5
B	240	3	3.8	8.4	11.5
C	85	4	4.0	12.0	11.5
D	250	8	6.1	5.7	11.5
E	140	7	3.5	3.2	11.5

3.10 세 종류 부품 뱃치에 대한 생산 데이터는 다음 표와 같다. 생산율(R_p)은 시간당 부품 수이고, 가동률 분할비율(f)은 주당 40시간 동안 각 부품을 위해 기계가 활용되는 시간의 비율이다. 부품들은 동일한 순서로 기계들을 지나지는 않는다. (a) 주당 생산율, (b) 작업부하, (c) 이 기계 세트의 평균 가동률을 구하라.

부품	기계 1		기계 2		기계 3		기계 4	
	R_{p1}	f_1	R_{p2}	f_2	R_{p3}	f_3	R_{p4}	f_4
A	15	0.3	22.5	0.2	30	0.15	7.5	0.6
B	10	0.5	12.5	0.4	8	0.625		
C	30	0.2	15	0.4			20	0.3

제조비용

3.11 이론적으로 어떤 생산 공장에 대해서도 최적 산출량 수준을 정할 수 있다. 어떤 생산 공장의 연간 고정비 $FC = \$2,000,000$이고, 변동비 VC는 함수 $VC = \$12 + \$0.005Q$에 의하여 연간 생산량 Q에 관계되어 있다. 총연간비용은 $TC = FC + VC \times Q$에 의하여 구할 수 있다. 하나의 생산 단위에 대한 단위 판매가격은 $P = \$250$이다. (a) $UC = TC/Q$일 때 단위비용 UC를 최소화하는 생산량 Q를 결정하고, 공장이 이 양을 생산할 때 얻을 수 있는 수익을 계산하라. (b) 이 공장이 연간 수익을 최대화할 수 있는 생산량 Q를 구하고, 이때 얻을 수 있는 연간 수익을 계산하라.

3.12 어떤 제조회사의 최근 몇 년간 비용분석을 하였으며, 그 결과는 아래 표에 요약되어 있다. 그 회사는 2개의 제조 공장과 하나의 본사로 이루어져 있다. (a) 각 공장의 공장간접비율과 (b) 기업간접비율을 계산하라. 이 비율은 다음 해의 비용을 예측하기 위해 사용될 것이다.

비용 범주	공장 1($)	공장 2($)	본사($)
직접노동비	1,000,000	1,750,000	
자재비	3,500,000	4,000,000	
공장 경비	1,300,000	2,300,000	
회사 경비			5,000,000

3.13 고객이 80개 부품의 가공가격 견적을 요청했다. 가공 소재가 되는 주물 원자재 가격은 개당 17.00달러이다. 자동기계에서의 평균 가공시간은 13.8분이고, 이 기계의 가동비용은 시간당 66달러이다. 이 비용에는 간접비가 포함되어 있지 않다. 공구비용은 부품당 0.35달러이고, 공장간접비율은 128%, 기업간접비율은 230%이다. 이 비율들은 시간과 공구비용에만 적용되고, 원자재비용에는 적용되는 않는다. 견적을 위해 15%의 이윤을 적용하면, 견적가는 얼마가 될 것인가?

PART

2

자동화와
제어기술

Automation, Production Systems, and Computer-Integrated Manufacturing

자동화의 기초

● ● ●

자동화(automation)는 사람의 개입 없이 이루어지는 공정 또는 절차를 구축하기 위한 제반 기술이다. 이는 프로그램 명령에 따라 임무를 수행하는 제어 시스템과 프로그램을 결합하여 구현될 수 있다. 자동화에는 공정 자체를 가동시키고, 프로그램과 제어 시스템을 동작시키기 위한 동력을 필요로 한다. 자동화는 다양한 영역에서 응용할 수 있지만 가장 많이 적용하는 분야는 제조업이다. 오토메이션이라는 용어가 포드자동차 공장(역사적 고찰 4.1)에 설치되었던 다양한 종류의 자동이송장치와 부품공급 메커니즘 등을 표현하기 위해서 1946년 그 회사의 기술자들에 의하여 만들어졌다는 역사적 사실로 미루어볼 때, 이 용어는 생산 분야에서 탄생했음을 알 수 있다.

제2부에서는 제조공정의 자동화를 위하여 개발된 기술이 소개된다. 생산시스템에서 자동화 및 제어기술의 위치를 그림 4.1에 표현하였다. 이 장에서는 자동화에 대한 다음과 같은 개요를 다룰 것이다—자동시스템은 어떤 요소로 구성되어 있는가? 기본 요소 이외에 어떤 특징이 있는가? 기업의 어떤 수준에 자동화 기술을 적용할 수 있는가? 다음 2개의 장에서는 산업용 제어 시스템과 이 제어 시스템의 하드웨어 요소에 대하여 논의할 것이며, 이 2개의 장은 제2부의 나머지 장들에 소개되는 기술의 기초가 된다.

자동화의 역사

자동화의 역사는 고대와 중세까지 바퀴(약 B.C. 3200년), 레버, 윈치(약 B.C. 600년), 캠(1000년), 스크루(1405년)와 기어 등 기초적인 기계요소의 개발로부터 시작된다고 할 수 있다. 이 기초적인 기구는 계속 발전하여 수차, 풍차(약 650년), 증기기관(1765년)을 발명 및 개발하는 데 이용되었다. 이러한 기계에서 나오는 동력을 이용하여 제분 공장(약 B.C. 85년), 직조기계(1733년), 공작기계(1775년)와 증기선(1787년), 기관차(1803년)와 같은 다양한 종류의 기계를 만들 수 있게 되었다. 동력과 그것을 생성시켜 공정에 전달하는 것이 자동시스템의 세 가지 기본 요소 중 하나이다.

James Watt와 그의 동료인 Matthew Boulton에 의해 1765년에 발명된 증기기관은 그 후 몇 번의 설계 개선이 이루어졌다. 그중 하나는 엔진의 스로틀을 제어하기 위한 피드백을 제공하는 조속기(flying-ball governor, 1785년경)였다. 이것은 회전축과 축에 부착된 레버의 끝에 있는 볼로 구성되었고, 레버는 스로틀 밸브에 연결되어 있다. 회전축의 속도가 증가함에 따라 볼에 원심력이 붙어 바깥쪽으로 움직이며, 이 힘에 의하여 레버가 밸브를 닫고 기관속도는 느려진다. 회전속도가 감소함에 따라 볼과 레버는 이완되어 밸브가 다시 열리게 된다. 조속기의 피드백 제어는 제어 시스템의 한 가지 유형이며, 제어 시스템은 자동시스템의 두 번째 기본 요소이다.

자동시스템의 세 번째 기본요소는 시스템이나 기계의 동작을 가능하게 하는 명령 프로그램이다. 기계 프로그래밍의 초기 예 중 하나는 1800년경에 발명된 자카드 직조기에서 찾을 수 있는데, 이 직조기는 천을 짜기 위한 기계이다. 천의 직조 패턴은 금속 천공판으로 된 명령 프로그램에 의해 결정된다. 철판 구멍의 패턴은 직조기의 왕복운동과 천의 직조 패턴을 결정하게 된다. 구멍의 패턴을 바꿈에 따라 다양한 무늬의 천을 생산할 수 있다. 따라서 자카드 직조기는 프로그램이 가능한 최초의 기계 중 하나이다.

비록 오늘날의 표준으로 본다면 원시적이기는 하지만, 1800년 초에 자동시스템의 세 가지 기본 요소(동력원, 제어 시스템, 프로그램)를 갖춘 기계가 개발된 것이다. 완전 자동생산시스템이 일반적인 것이 된 오늘날까지 오랜 시간 동안 수많은 발전, 새로운 발명 및 개발이 있었다. 이 발명과 발전의 중요한 예로는 호환 가능 부품(1800년경, 역사적 고찰 1.1), 전기충전(1881년에 시작), 이동조립라인(1913년, 역사적 고찰 15.1), 대량생산을 위한 기계적 이송장치(1924년, 역사적 고찰 16.1), 제어 시스템의 수학적 이론(1930년대와 1940년대), 하버드 대학교의 전기기계 컴퓨터 MARK I(1944년) 등을 포함한다. 이러한 발명과 발전은 대부분 제2차 세계대전 말기에 실현되었다.

1945년 이후 많은 발명과 개발은 자동화 기술의 발전에 큰 기여를 하였다. Del Harder는 약 1946년경 포드자동차회사의 생산라인에 설치된 많은 자동화 장비를 지칭하기 위하여 **오토메이션**(automation)이란 용어를 만들었다. 1946년에 전자식 디지털 컴퓨터가 미국 펜실베이니아대학교에서 최초로 개발되었다. John Parsons와 Frank Stulen이 제안한 개념에 기초하여 미국 MIT에서 1952년에 최초로 수치제어 공작기계를 개발하였고(역사적 고찰 7.1), 1960년 후반부터 1970년대 초반까지 디지털 컴퓨터를 공작기계에 연결, 부착했다. George Devol은 1954년 최초의 산업용 로봇을 설계하여 1961년에 특허를 얻었다(역사적 고찰 8.1). 1961년 상업용 로봇이 다이캐스팅 공정의 부품 탈착 작업에 최초로 설치, 사용되었다. 다양한 부품의 가공공정을 가능하게 하는 유연생산시스템(flexible manufacturing system, FMS)은 1960년대 후반 미국의 잉거솔랜드사에 최초로 구축되었다(역사적 고찰 19.1). 1969년경 최초로 프로그램 가능한 범용 논리제어기인 PLC가 소개되었다(역사적 고찰 9.1). 비록 1975년경 비슷한 제품이 소개되기는 하였지만, 1978년에 처음으로 상업용 개인컴퓨터(PC)가 애플 컴퓨터사에 의하여 소개되었다.

(계속)

컴퓨터 기술의 발전은 트랜지스터(1948년), 하드 디스크(1956년), 집적회로(integrated circuit, 1960년), 마이크로프로세서(1971년), RAM 메모리(1984년), 메가바이트 용량의 메모리 칩(1990년경)과 펜티엄 마이크로프로세서(1993년) 등의 전자공학기술의 급속한 발전으로 가능하게 되었다. 자동화와 관련된 소프트웨어 기술은 FORTRAN 언어(1955년), 수치제어 공작기계를 위한 APT 언어(1961년), UNIX 시스템(1969년), 로봇 프로그래밍을 위한 VAL 언어(1979년), 마이크로소프트 윈도우즈(1985년), JAVA 프로그래밍 언어(1995년) 등의 개발을 통하여 발전하였으며, 이 분야의 진보와 발전은 계속되고 있다.

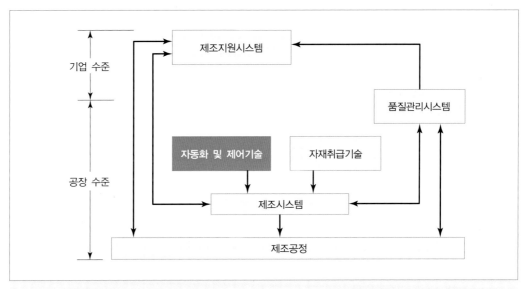

그림 4.1 생산시스템에서 자동화와 제어기술

4.1 자동시스템의 기본 요소

앞서 언급하였듯이 자동시스템은 세 가지 기본요소로 구성된다—(1) 공정 수행 및 시스템 가동을 위한 동력, (2) 공정을 지시하는 명령 프로그램, (3) 명령을 수행시키는 제어 시스템. 그림 4.2에 이 요소 간의 관계를 나타내었다.

4.1.1 자동화 공정을 위한 동력

자동시스템은 어떤 공정을 자동으로 수행하는 데 이용되며, 동력은 제어 시스템과 공정의 구동을 위하여 필요하다. 가장 많이 사용되는 자동시스템의 동력원은 전기이며, 전기를 자동화 또는 비자동화 공정에 사용하면 다음과 같은 이점이 있다.

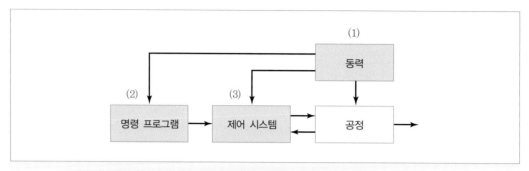

그림 4.2 **자동시스템의 요소 : (1) 동력, (2) 명령 프로그램, (3) 제어 시스템**

- 전기는 비교적 싼 가격에 쉽게 이용이 가능하다.
- 전기는 기계, 열, 빛, 음향, 유압, 공압 등 다른 에너지로 쉽게 바꿀 수 있다.
- 작은 수준의 전력은 신호 전송, 정보처리, 데이터 저장, 통신과 같은 기능에 활용될 수 있다.
- 전력 공급이 불가능한 장소에서는 배터리에 전력을 저장하여 사용할 수 있다.

공정을 위한 동력   생산에서 **공정**이란 주로 공작물에 적용되는 제조공정을 일컫는다. 표 4.1에 일반적인 제조공정에 필요한 '동력 형태'와 공정 절차가 함께 나열되어 있다. 공장에서 동력은 대부분 이러한 종류의 공정에 의하여 소비된다. 앞서 언급했듯이 각 공정을 위한 동력원은 대부분 전기로부터 변환된 것이다.

동력은 제조공정 자체를 가동시키는 것 외에 다음과 같은 자재취급 기능의 수행에 필요하다.

- **공작물의 장착/탈착** : 표 4.1에 요약한 모든 공정은 이산적 부품의 가공에 필요한 것이다. 이러한 부품은 공정 수행을 위한 적당한 위치로 이동되어 자세를 잡아야 하며, 이러한 이동과 자세 잡기 기능을 수행하기 위해서는 동력이 필요하다. 공정이 끝나면 공작물은 기계로부터 제거된다.
- **공정 간의 부품 운반** : 공작물이 공정 사이를 이동하는 일에 동력이 필요하다. 부품 운반 기능에 관련된 자재취급기술에 대해서는 제10장에서 자세히 다룰 것이다.

자동화를 위한 동력   제조공정의 수행을 위해 필요한 기본적인 동력 이외에 자동화에 필요한 추가적인 동력 공급이 요구된다. 추가적인 동력은 다음 기능에 사용된다.

- **제어기** : 현대의 산업제어기에는 디지털 컴퓨터가 이용되며, 이는 명령 프로그램을 읽고, 필요한 계산을 하며, 액추에이터에 적당한 명령을 전달, 수행하기 위하여 동력이 필요하다.
- **제어신호 수행에 필요한 동력** : 제어기로부터 온 명령은 액추에이터라 불리는 스위치 또는 모터 같은 전기기계장치에 의해 수행된다(6.2절). 일반적으로 명령은 저전압 제어신호에 의하여 전달되므로, 액추에이터가 명령을 수행하기 위해서는 높은 전력을 필요로 하기 때문에 저전압 제어신호는 증폭되어야 한다.

| 표 4.1 | 일반적인 제조공정과 필요한 동력

공정	동력 형태	동력이 사용되는 작업 내용
주조	열	주형에 주입하기 전에 금속을 용융해야 한다.
방전가공(EDM)	전기	전극과 공작물 사이의 방전을 통하여 금속을 제거한다. 전기가 방전될 때 국지적인 고온이 발생하며, 이 열로 인하여 금속이 용융되는 것이다.
단조	기계적	금속 공작물이 금형에 의하여 변형된다. 일반적으로 공작물은 변형에 앞서 가열되어야 하므로 열 에너지 또한 필요하다.
열처리	열	금속조직의 변화를 위해 용융점보다 낮은 온도까지 가열된다.
사출성형	기계적, 열	높은 소성을 유지할 때까지 고분자의 온도를 높이는 데 열에너지가 사용되고, 사출금형에 주입하기 위해 기계적인 힘이 사용된다.
레이저 절단	열, 빛	용융과 기화에 의하여 재료를 절단하기 위해 고도로 집중된 빛이 이용된다.
절삭가공	기계적	금속의 절삭은 공구와 공작물 사이의 상대 운동에 의하여 이루어진다.
박판 펀칭 및 블랭킹	기계적	기계적 힘이 금속판의 전단을 위해 이용된다.
용접	열(간혹 기계적)	대부분의 용접공정은 2개 이상 부품의 접촉면이 융해되고 접합되게 하기 위하여 열을 사용한다. 일부 용접공정은 표면에 기계적인 압력을 적용하기도 한다.

● **데이터 수집과 정보처리** : 대부분의 제어 시스템에서 데이터는 공정으로부터 수집되어 제어 알고리즘을 위한 입력으로 사용된다. 추가적으로 공정은 수행성능 또는 품질 수준에 대한 기록을 유지하는 것이 요구된다. 이러한 데이터 수집과 기록유지 기능을 수행하기 위해서는 비록 적은 양이더라도 전력이 필요하다.

4.1.2 명령 프로그램

자동공정의 동작은 명령 프로그램(program of instruction)에 의해 정의된다. 대량, 중량, 소량 중 어떠한 생산의 유형이든지, 부품이나 제품을 제조공정에서 만들기 위해서는 그 부품형이나 제품형 고유의 제조 과정이 필요하다. 새로운 부품은 하나의 공정사이클 동안에 완성된다. 작업사이클의 세부공정 단계는 작업사이클 프로그램에 나타나 있다. 작업사이클 프로그램을 수치제어(NC)에서는 **파트 프로그램**(part program)이라 부른다(제7장). 그 외에 적용되는 공정제어 방식에 따라 이 명령 프로그램을 각기 다른 이름으로 부른다.

작업사이클 프로그램 가장 간단한 자동화 공정의 경우 작업사이클은 기본적인 1단계 작업으로 구성되어 있으며, 이는 하나의 공정 파라미터가 어떤 주어진 값이 되도록 만드는 것을 의미한다.

예를 들어 가열 노의 온도를 어떤 특정 온도로 유지하며 이루어지는 열처리공정을 생각해 보자(공작물을 노에 넣고 빼는 작업은 수동으로 이루어지기 때문에 자동공정의 사이클로 생각하지 않는다). 이 경우에 프로그램 작성이란 단순하게 노 온도 다이얼을 세팅하는 행위라 할 수 있다. 이러한 유형의 프로그램을 **설정치 제어**(set-point control)라고 부르는데, 설정치란 공정 파라미터값 또는 제어할 공정변수의 목표값(이 예에서는 노의 온도)을 말한다. **공정 파라미터**(process parameter)는 공정의 입력값(이 예에서는 온도 다이얼 세팅)이고, **공정변수**(process variable)는 공정에서 나오는 출력값(이 예에서는 노의 실제 온도)을 의미한다. 프로그램을 변경하기 위해서, 작업자는 단순히 온도 다이얼 세팅만 바꾸면 된다. 위의 간단한 예를 더 확장하여, 공정 파라미터가 2개 이상인 1단계 공정도 생각할 수 있다. 예를 들어 노의 온도와 동시에 노의 공기를 제어하는 경우를 들 수 있다. 공정의 동적 거동을 고려할 때, 공정변수값이 항상 공정 파라미터값과 일치하는 것은 아니다. 예를 들어 온도 세팅을 갑자기 증가시키면, 노의 온도가 그 새로운 온도값에 도달하기까지 시간이 지체될 것이다.

일반적인 실제 작업사이클 프로그램은 위의 열처리 노 예보다는 훨씬 더 복잡하다. 다음은 작업사이클 프로그램의 다섯 가지 유형인데, 복잡성이 증가하는 순서대로 나열되었다.

- 설정치 제어 : 작업사이클 동안 공정 파라미터가 일정(열처리 노의 예)
- 논리 제어 : 공정 파라미터값이 공정 내 다른 공정변수값에 종속(9.1.1절에 자세히 설명)
- 순차 제어 : 공정 파라미터값이 시간의 함수로서 변화. 공정 파라미터값이 이산적(계단적인 값으로 변화) 혹은 연속적(9.1.2절에서 자세히 설명)
- 대화형 프로그램 : 작업사이클 동안 작업자와 제어 시스템 간에 상호작용이 발생
- 지능형 프로그램 : 인간의 지능(논리, 의사결정, 추론, 학습)에 어느 정도 가까운 제어 시스템이 구동(4.2절에서 설명)

대부분의 공정에서 하나의 작업사이클 내에 여러 단계가 있는 경우를 발견할 수 있다. 기계부품의 가공공정은 대개가 다단계에 속하는데, 전형적인 단계는 (1) 가공기계에 공작물 장착, (2) 가공, (3) 가공기계로부터 공작물의 탈착이다. 각 단계가 수행되는 도중에 하나 이상의 공정 파라미터를 변화시키는 행위가 발생한다.

예제 4.1   **자동선삭공정**

원뿔형으로 부품을 가공하는 자동선삭공정을 고려하자. 시스템은 자동화되어 있고, 공작물의 장착/탈착을 위해 로봇이 사용된다고 가정하자. 작업사이클은 다음과 같다―(1) 공작물의 장착, (2) 가공에 앞서 절삭공구 위치 잡기, (3) 선삭, (4) 선삭 후 공구를 안전위치로 이동, (5) 완성품 탈착. 이 선삭공정의 각 단계마다 필요한 작업과 공정 파라미터를 기술하라.

▌**풀이**   단계 (1)의 단위작업은 로봇이 공작물을 집어서, 선반 척에 공작물을 위치시키고, 로봇팔을 안전위

치로 복구시켜 가공이 끝나기를 기다리는 것이다. 이 단위작업의 공정 파라미터는 로봇팔의 좌표값(연속적으로 바뀜), 그립퍼의 개폐, 척의 개폐이다.

단계 (2)의 단위작업은 '준비' 위치로 절삭공구를 이동시키는 것이다. 이 활동과 관련된 공정 파라미터는 절삭공구의 x와 z축의 위치이다.

단계 (3)은 선삭공정이다. 이 작업에는 동시에 세 가지 공정 파라미터의 조정이 필요하며, 이는 공작물의 회전속도(rev/min), 공구의 이송량(feed, mm/rev), 회전축과 절삭공구 사이의 거리이다. 원뿔 모양을 가공하기 위하여 회전축과 절삭공구 사이의 거리는 공작물의 회전에 따라 연속적인 일정 비율로 바뀌어야 한다. 일정한 표면 거칠기를 내기 위하여 표면속도(m/min)를 일정하게 유지하여야 하는데, 이를 위해 회전속도가 연속적으로 조정되어야 하며, 표면의 이송 자국을 균일하게 유지하기 위하여 이송속도값을 일정한 값으로 유지하여야 한다.

단계 (4)와 (5)는 각각 단계 (2)와 (1)의 역이고, 공정 파라미터는 동일하다.

일반적인 제조공정은 앞의 선삭 예보다 더 복잡한 다단계로 구성될 수 있다. 이러한 공정의 예로는 자동 나사가공 기계, 박판 스탬핑, 플라스틱 사출성형, 다이캐스팅 등이 있다. 이러한 공정의 도입 초기에는 리밋 스위치, 타이머, 캠, 릴레이 등과 같은 하드웨어 요소를 이용하여 작업사이클을 제어하였다. 실제로 이러한 하드웨어 요소와 그것들의 배열이 공정사이클의 작업순서를 직접적으로 제어하는 프로그램의 역할을 수행한다. 비록 이러한 장치들이 순서제어 기능은 수행할 수 있지만 다음과 같은 단점이 있다—(1) 이것들을 이용하여 라인을 설계하고 설치하는 데 상당한 시간이 필요하다. (2) 프로그램의 작은 변경도 쉽지 않고 시간이 소모된다. (3) 물리적 프로그램이므로 컴퓨터의 데이터 처리와 통신과는 호환성이 전혀 없다.

자동화된 시스템에 사용되는 현대의 제어기는 디지털 컴퓨터를 이용한다. 캠, 타이머, 릴레이와 기타 하드웨어 장치로 과거의 프로그램이 만들어졌다면, 컴퓨터로 제어되는 장비를 위한 프로그램은 소프트웨어 형태로 컴퓨터 메모리 혹은 기타 저장기기에 저장된다. 디지털 컴퓨터를 공정제어기로 사용함으로써 과거의 장비설계에서는 불가능하였던 제어 프로그램의 개선 또는 발전이 가능하였다. 이러한 것은 앞에 설명한 하드웨어 장치로는 거의 불가능한 것이다.

프로그래밍된 작업사이클에서의 의사결정 앞서 논의된 자동 작업사이클의 두 가지 속성은 (1) 작업 단계의 수와 순서, (2) 각 단계에 따른 공정 파라미터의 변경이다. 각각의 작업사이클은 동일한 단계와 공정 파라미터로 이루어지며, 동일한 명령 프로그램이 반복된다. 실제로 많은 자동화 공정은 각 작업사이클에서의 변경에 대처하기 위해 프로그램 수행 도중 의사결정을 내려야 할 필요가 있다. 많은 경우에 변경 발생은 사이클의 일상적인 요소이고, 변화에 대응하기 위한 방법이 정규 파트 프로그램에 포함된다. 이러한 경우는 다음과 같다.

● **작업자와의 상호작용** : 자동시스템의 명령 프로그램이 인간의 간섭 없이 수행될 수 있도록 작성

되었다 할지라도, 필요한 기능 수행을 위해 제어기는 작업자로부터의 입력 정보를 필요로 한다. 예를 들면 자동조각작업에서 작업자는 공작물(예 : 액자, 트로피, 벨트 버클)에 문자가 새겨지도록 문자를 입력해야 하는 경우이다. 한 번 문자가 입력되면 시스템에 의해 조각작업이 자동적으로 수행된다. 일상에서의 작업자 상호작용의 예는 현금자동인출기를 사용하는 은행 고객을 들 수 있다.

- **다양한 부품형 또는 제품형을 가공하는 시스템** : 이런 경우 자동시스템은 부품이나 제품 스타일별로 다른 작업사이클이 수행되도록 프로그래밍되어야 한다. 예를 들면 차체에 점용접 작업을 수행하는 산업용 로봇이 있는 자동차 조립공장의 자동화된 조립라인에서 2 door 또는 4 door 승용차와 같이 동일 차종에 서로 다른 차체를 조립하도록 설계되는 경우가 있다. 이 경우 차체가 용접라인 작업장에 들어가면 센서는 그 차체의 스타일을 확인하고, 로봇은 그 스타일에 맞는 일련의 용접작업을 수행한다.

- **원소재 간의 편차** : 일반적으로 제조공정에서 원소재들의 일관성이 없는 경우가 많다. 주조부품을 원소재로 이용하는 기계가공이 좋은 예이다. 주조부품을 가공하여 규정치수로 만들기 위해서는 추가적인 절삭작업이 필요한 경우가 있다. 필요에 따라 추가작업을 허용할 수 있도록 파트 프로그램을 작성하여야 한다.

위의 예에서 살펴본 변경의 예는 정상적인 작업사이클 프로그램에서 수정이 가능한 것들이다. 센서나 작업자의 입력에 따라 적당한 서브루틴을 수행할 수 있도록 작성된 프로그램도 있다. 그 외에 작업사이클에서 갑작스러운 장비 고장과 같은 돌발 상황을 예상할 수도 있다. 이러한 경우에 대비하여 정상 사이클을 멈추고 돌발 상황에 대처하기 위한 절차를 마련하여야 한다. 4.2절에서 이러한 것에 대해 설명할 것이다.

4.1.3 제어 시스템

자동시스템의 제어기는 명령 프로그램을 실행한다. 제어 시스템은 어떤 제조공정을 수행함으로써 그 공정에 정의된 기능을 성취할 수 있게 한다. 여기서는 제어 시스템에 대한 간략한 소개만 하고, 중요한 제어기술에 대해서는 다음 장에서 더 자세하게 설명할 것이다.

자동시스템은 개루프 또는 폐루프 제어를 사용한다. 피드백 제어라고도 불리는 **폐루프 제어 시스템**(closed loop control system)은 출력변수를 입력 파라미터와 비교하여, 출력이 입력에 맞춰질 수 있도록 하는 것이다. 그림 4.3에 나타난 것과 같이 폐루프 제어 시스템은 6개의 기본적인 요소로 구성된다—(1) 입력 파라미터, (2) 프로세스, (3) 출력변수, (4) 피드백 센서, (5) 제어기, (6) 액추에이터. 설정값(set point)으로도 불리는 입력 파라미터는 원하는 출력값을 나타낸다. 가정의 온도제어 시스템에서 설정값은 희망 온도이며, 프로세스는 제어되는 기능 또는 공정을 말한다. 출력변수는 루프를 통해 제어된다. 이 책에서 프로세스란 일반적으로 제조공정을, 출력변수는 온도, 힘, 유량과 같이 공정에서의 주요 성능 측정치인 공정변수를 의미한다. 센서는 출력변수를 측정하

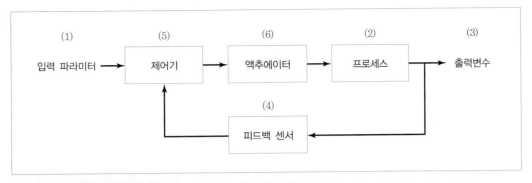

그림 4.3　폐루프 제어 시스템

그림 4.4　개루프 제어 시스템

여 입력과 비교함으로써 폐루프 제어가 되게 하며, 폐루프 제어 시스템의 피드백 기능을 담당한다. 제어기는 입력과 출력을 비교하고, 그 차이를 줄이기 위해 프로세스를 적절히 조절한다. 조절은 전기모터나 유량밸브와 같이 물리적인 제어 기능을 수행하는 하드웨어 장치인 액추에이터를 사용하여 이루어진다.

　　개루프 제어 시스템(open-loop control system)은 그림 4.4처럼 피드백 루프가 없이 동작한다. 이 경우 출력변수를 측정하지 않은 채 제어가 이루어진다. 따라서 실제 출력이 처음 의도된 설정값에 얼마나 근접해 있는지가 비교되지 않는다. 공정변수에 대한 액추에이터 효과를 정확히 나타내주는 수학적 모델을 제어기가 필요로 한다. 개루프 시스템에서는 공정 중 액추에이터에 예상치 못한 상황이 발생할 위험이 있다는 단점이 있다. 반면에 개루프 시스템의 이점은 일반적으로 폐루프 시스템보다 더 간단하고 저렴하다는 것이다. 개루프 시스템은 보통 다음과 같은 상황에 적합하다―(1) 제어 시스템에 의하여 수행되는 동작이 간단하다. (2) 작동이 매우 신뢰할 만하다. (3) 액추에이터에 역으로 작용하는 힘이 작동에 영향을 끼치지 않을 만큼 작다. 만약 이러한 특성을 보이지 않는 상황에서는 폐루프 제어 시스템이 더 적합하다.

　　위치제어 시스템의 경우에 폐루프 시스템과 개루프 시스템의 차이를 생각해보자. 위치제어 시스템은 제조공정에서 공구나 작업위치에 대한 상대적인 위치에 공작물을 위치시키는 데 일반적으로 이용된다. 그림 4.5는 폐루프 위치제어 시스템을 설명하고 있다. 공정 중 위치제어 시스템은 직교좌표계의 좌표값에 의해 정의된 특정 위치로 작업 테이블을 이동시키라는 명령을 받는다. 대부분의 위치제어 시스템은 각 축마다 하나씩의 제어 시스템을 갖는 최소한 2개의 축(예 : x-y 테이블)을 가지나, 그림에서는 편의상 하나만을 나타내고 있다. 이송나사(leadscrew)에 연결되는 DC

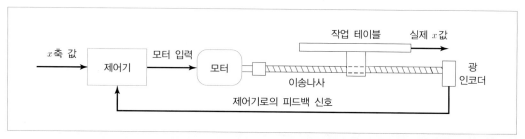

그림 4.5   DC 서보모터로 구동되는 이송나사에 의한 1축 위치제어 시스템

서보모터가 각 축에 공통적인 액추에이터로 사용된다. 제어기는 좌표값(예 : x값)을 의미하는 신호를 이송나사 구동모터에 보내고, 모터의 회전운동은 작업 테이블을 이동시키기 위한 직선운동으로 변환된다. x축의 원하는 지점 가까이 테이블이 움직일수록 실제 x좌표와 입력한 x값의 차이는 줄어든다. 실제 x좌표는 피드백 센서(예 : 광인코더)에 의해 측정된다. 테이블의 실제 위치가 입력 위치값과 일치할 때까지 제어기는 모터를 계속해서 구동시킨다.

개루프 시스템인 경우 위치제어 시스템에는 피드백 루프가 없고, DC 서보모터 대신 스테핑 모터가 사용되는 것을 제외하고는 앞과 비슷하다. 스테핑 모터는 제어기로부터 받은 펄스의 양만큼 정확히 회전되도록 설계되었다. 모터 축은 이송나사에 연결되어 있고, 이송나사는 작업 테이블을 직선으로 움직이기 때문에, 각 펄스는 테이블을 일정량의 직선위치만큼 변화시킨다. 원하는 거리만큼 테이블을 움직이기 위해서는 그 거리에 해당하는 펄스의 수를 모터로 전송해야 한다.

4.2   발전된 자동화 기능

작업사이클 프로그램을 실행하는 것 외에, 자동시스템은 특정 대상에 국한되지 않는 여러 기능을 수행한다. 일반적으로 그 기능은 장비의 성능과 안전을 높이는 것과 관련 있는 것들이다. 발전된 자동화 기능으로는 다음과 같은 것을 들 수 있다   (1) 안전 모니터링, (2) 유지보수와 진단, (3) 에러 감지와 복구.

진보된 자동화 기능은 명령 프로그램에 포함된 특별 서브루틴에 의해서 가능하다. 이들 중에는 단지 정보만을 제공하고 제어 시스템에 의한 실제적인 동작은 포함하지 않는 경우가 있다. 이런 경우의 예로 예방적으로 유지보수해야 할 목록을 알려주는 기능을 들 수 있다. 이 유지보수 목록으로부터 제안된 유지보수 작업은 시스템 자체가 아니라 작업자 또는 시스템 관리자에 의해서 이루어진다. 그렇지 않은 경우, 가능한 액추에이터를 사용하여 제어 시스템에 의해 물리적으로 수행된다. 간단한 예로, 자동시스템에서 작업자가 위험에 처했을 경우 경고음을 내는 안전 모니터링 시스템이 있다.

4.2.1 안전 모니터링

제조공정을 자동화하는 중요한 이유 중 하나는 작업자를 위험한 작업환경에서 보호할 수 있기 때문이다. 작업자에 의해 수작업으로 수행될 때 잠재적인 위험을 가지고 있는 작업을 수행하기 위해 자동시스템이 설치되는 경우가 있다. 자동화되었어도 여전히 시스템 관리자의 정기적 점검이 필요하다. 따라서 자동시스템은 작업자의 안전한 작업을 보장하기 위한 방향으로 설계되어야 하며 어떠한 경우에도 시스템 자체를 파괴해서는 안 된다. 자동시스템이 안전 모니터링(safety monitoring) 기능을 갖추어야 하는 두 가지 이유는 (1) 시스템 근처의 작업자를 보호하고, (2) 시스템과 관련된 장비를 보호하기 위해서이다.

안전 모니터링은 제조공정 주위의 보호벽 같은 전통적인 안전 기준이나, 비상정지 버튼과 같이 작업자가 이용할 수 있는 수동장치보다 수준이 높은 기능이다. 자동시스템에서 안전 모니터링은 시스템의 동작을 추적 감시하거나, 현재 위험하거나 잠재적으로 위험한 상태와 상황을 확인하기 위하여 센서를 사용하는 것을 포함한다. 안전 모니터링 시스템은 안전하지 못한 상태에 대해 적절한 방법으로 대처하도록 프로그래밍되어 있다. 다양한 위험에 대한 가능한 대처 방법으로는 다음과 같은 것이 있다.

- 자동화된 시스템의 완전 정지
- 경보 울림
- 공정속도 줄이기
- 안전 저해 상황으로부터 회복하기 위한 교정 행위

마지막 방법이 가장 복잡한 기술이며, 일부 지능형 기계가 가지고 있는 방법이다. 이 마지막 대처방안은 안전 문제에만 국한되지 않고 뒤에 언급할 에러 감지 및 복구 영역에 속한다.

4.2.2 유지보수 및 진단

현대의 자동생산시스템은 점점 더 복잡하고 정교해지므로 그것을 보수하고 수리하기 위한 문제 역시 점점 복잡해지고 있다. 유지보수 및 진단(maintenance and repair diagnostics)이란 자동시스템이 잠재적인 또는 실제 발생하는 고장의 원인을 탐지하는 것을 도와줄 수 있는 능력을 말한다. 다음은 현대의 유지보수 및 진단 시스템의 전형적인 세 가지 운영 형태이다.

1. **상태 모니터링** : 상태 모니터링 모드에서는 정상 운영 중 진단 서브시스템이 시스템의 주요 센서나 파라미터의 상태를 모니터링하고 기록한다. 진단 서브시스템은 이러한 값들을 디스플레이할 수 있고, 현재 시스템 상태를 판단할 수 있는 정보를 제공한다.
2. **고장 진단** : 고장 진단 모드는 시스템 동작에서의 오류 또는 고장이 발생하면 호출된다. 그 목적은 기록된 변수값을 해석하여 현재 상태를 감지하고, 시스템 고장이 발생했을 때 기록된 값을 분석하여 고장의 원인을 찾아낸다.

3. **수리절차 안내** : 세 번째 모드는 수리를 위하여 필요한 단계를 수리 요원에게 안내하는 역할을 한다. 안내 시스템의 개발을 위하여 종종 전문가 시스템이 사용된다. 이 전문가 시스템에는 수리 전문가들의 경험과 판단을 컴퓨터가 인식할 수 있는 방식으로 프로그래밍하여 인공지능 기법을 이용, 이 경험 또는 지식을 활용하는 방법이다.

상태 모니터링은 기계진단(machine diagnostics) 분야에서 (1) 현재의 고장을 진단하기 위한 정보 제공, (2) 미래의 고장 또는 이상을 예측할 수 있는 데이터를 제공하는 두 가지 중요한 기능이 있다. 장비의 고장이 발생했을 때, 수리 요원이 그 원인을 발견하고 올바른 수리 단계를 찾아내는 것은 쉽지 않은 일이다. 때로는 시스템을 고장 나게 한 그 사건 이전으로 시스템을 다시 복구하는 것이 도움이 될 수 있다. 컴퓨터는 변수를 모니터링 혹은 기록할 수 있게 프로그래밍되어 있고, 고장을 유도하게 된 시점에서의 변수값으로부터 고장의 원인을 추론할 수 있게 해 준다. 이러한 진단 방법은 수리 요원이 필요한 수리와 부품 교체를 할 수 있게 도와줄 것이다.

상태 모니터링의 두 번째 기능은 고장 가능성을 탐지하여, 실제 고장이 발생하여 시스템이 이상 상태에 이르기 전에 적시에 부품교체 혹은 필요한 조치를 취하는 것이다. 이러한 부품교체 및 예비조치는 작업이 없는 밤 시간을 이용할 수 있기 때문에, 정규 작업시간에서의 손실이 없을 수 있다.

4.2.3 에러 감지 및 복구

자동시스템을 운영하다 보면 하드웨어적인 고장이나 돌발 사건이 발생할 수 있다. 이러한 사건이 발생하면 문제가 해소되고 정상작업으로 복구될 때까지는 작업지연과 생산차질의 대가를 치러야 한다. 전통적으로 장비가 고장나면 작업자가 유지보수 진단 매뉴얼에 따라 수리하였다. 그러나 제조시스템 제어에 컴퓨터의 사용이 증가함에 따라, 그 제어 컴퓨터를 이용하여 고장을 진단하거나 고장 난 시스템을 복구하기 위해 자동으로 필요한 조치를 취하는 경향이 보편적이다. **에러 감지 및 복구**(error detection and recovery)란 컴퓨터를 이용하여 이러한 기능을 수행하는 것을 일컫는다.

에러 감지 에러 감지 단계에서는 자동시스템의 사용 가능한 센서 시스템을 이용하여 오차나 고장이 일어났을 때를 인식하고, 센서신호를 정확하게 해석하여 에러를 분류하는 것이다. 에러 감지 서브시스템을 설계하기 위해서는 시스템 운용 중에 일어날 수 있는 가능한 모든 에러의 분류로부터 시작한다. 제조공정에서 에러는 응용 분야에 따라 다르게 나타나며 에러를 감지하기 위해서는 미리 그것을 예상하여 그 에러를 감지할 수 있는 센서를 선택하여야 한다.

생산시스템의 운영을 분석하기 위하여 가능한 에러는 일반적으로 3개의 범주로 분류될 수 있다—(1) 랜덤 에러(random error), (2) 시스템 에러(systematic error), (3) 이탈(aberration). 랜덤 에러는 공정의 정규 확률적인 특성으로 말미암아 일어난다. 즉 공정이 통계적 관리하에 있을 때 이 에러가 발생한다(20.4절). 생산공정이 통계적 관리하에 있어도 부품 치수에서의 큰 차이는 그 이후의 공정에서 문제를 야기할 수 있다. 부품별로 이 차이를 감지함으로써 이후 작업을 수정하여 문제를 막을 수 있다. 시스템 에러는 사람에 의해 만들어진 원인, 즉 원자재 특성의 변경이나 장비 설정의 드리프트 현상 등에 의하여 발생하는 것이다. 이러한 에러로 인해 제품이 설계치로부터 벗어나게 되기 때문에 품질 면에서 수용할 수 없는 것이 된다. 세 번째 유형의 에러인 이탈은 장비의 오작동이나 사람의 실수로부터 기인한다. 장비 오작동의 예로는 핀의 파손, 유압라인의 파열, 압력 용기의 파열, 절삭공구의 파단 등을 포함한다. 사람의 실수로는 제어 프로그램에서의 오류, 부적절한 고정구 준비, 부적합한 원자재 사용 등을 들 수 있다.

예제 4.2 **자동가공 셀에서의 에러 감지**

공작기계, 부품 대기장소, 기계와 대기장소 사이에 부품의 장착/탈착을 위한 로봇으로 구성되어 있는 자동화 셀을 고려하자. 이 시스템에 영향을 미칠 수 있는 가능한 에러는 (1) 기계와 공정, (2) 절삭공구, (3) 고정구, (4) 부품 대기장소, (5) 장착/탈착 로봇에서 나타날 수 있다. 이 다섯 가지 범주에 포함될 수 있는 가능한 에러(이탈과 고장) 목록을 작성하라.

풀이 표 4.2에 가공 셀에서 발생할 수 있는 에러의 목록을 나타내었다.

| 표 4.2 | 자동가공 셀의 에러 감지 유형

	가능한 에러
기계와 공정	동력 손실, 과부하, 열변형, 절삭 온도 과열, 진동, 절삭유 소진, 칩 엉김, 파트 프로그램 오류, 부품 결함
절삭공구	공구 파손, 공구 마모, 진동, 공구 부재, 잘못된 공구
고정구	고정구에 부품 부재, 클램프 미작동, 가공 중 부품 탈착, 가공 중 부품 변형, 부품 파손, 칩으로 인한 위치 부정확
부품 대기장소	부품 부재, 잘못된 부품, 정상보다 크거나 작은 부품
장착/탈착 로봇	부품 잡지 못함, 부품 떨어뜨림, 집을 부품 부재

에러 복구 에러 복구란 에러를 극복하여 시스템을 정상 가동시키기 위해 필요한 수정동작을 적용하는 것이다. 에러 복구 시스템의 설계에 있어서 중요한 점은 공정 중 발생 가능한 다양한 종류의 에러를 보상하거나 수정할 수 있는 절차를 고안하는 것이다. 일반적으로 복구 전략과 절차는 각각의 오류 상황에 따라 특수하게 설계되어야 한다. 에러 복구 전략은 다음과 같이 분류할 수 있다.

1. **현재 작업사이클의 끝에서 조정** : 현재 작업사이클이 끝나면, 파트 프로그램은 감지된 에러에 대하여 설계된 수정동작 서브루틴으로 분기하여 그것을 수행하면서 에러를 수정한 다음에 작업사이클로 되돌아온다. 이러한 에러 복구 방법은 에러 수정의 긴급성이 낮거나 공정 중의 랜덤 에러에 대해 적용된다.

2. **현재 사이클 동안 조정** : 일반적으로 이 방법은 앞의 방법보다 긴급성이 높을 때 사용한다. 이 경우 감지된 에러에 대한 수정이나 보상 동작은 에러가 탐지된 후 가장 빠른 시간에 이루어진다. 그러나 작업사이클 동안 계획된 수정동작을 수행할 수 있어야 한다.

3. **수정동작을 호출하기 위하여 공정 정지** : 이탈이나 고장으로 인하여 작업사이클을 일시 정지시키고 수정동작을 수행한다. 에러 복구 시스템이 사람의 도움 없이 자동적으로 에러를 복구할 수 있는 성능을 갖추고 있어야 하며, 수정동작 후 정상 작업사이클이 계속된다.

4. **공정 정지 후 도움 요청** : 공정을 정지시킬 필요가 있는 공정상의 에러는 자동 복구 절차에 의하여 해결할 수 없다. 이러한 상황은 (1) 자동화 셀이 문제를 수정할 수 없거나, (2) 그 에러가 미리 정의된 에러 목록에 포함되어 있지 않기 때문에 발생한다. 어떤 경우든 문제를 해결하기 위해서는 사람의 도움이 필요하고, 그 후 시스템을 자동 모드로 회복시킨다.

에러 감지 및 복구는 인터럽트 시스템(5.3.2절)을 필요로 한다. 공정 중 에러를 감지하였을 때 적합한 복구 서브루틴으로 분기하기 위해 현재 프로그램 실행을 일시 중지(interrupt)하여야 한다. 이것은 현재 사이클의 끝(위의 1의 경우)에, 또는 에러 발생 즉시(2, 3, 4의 경우) 실시해야 한다. 복구 절차가 완료되면 정상 동작으로 되돌아간다.

예제 4.3 **자동가공 셀에서의 에러 복구**

예제 4.2의 자동가공 셀에 대하여 시스템이 에러에 대해 취할 수 있는 가능한 수정동작의 목록을 작성하라.

풀이 표 4.3에 가능한 수정동작의 목록을 나열하였다.

| 표 4.3 | 자동가공 셀에서의 에러 복구

감지된 에러	가능한 수정동작
공작기계의 열변형에 따른 부품 지수의 편차	파트 프로그램의 수정을 위해 좌푯값을 조정한다(수정동작 범주 1).
로봇이 부품을 떨어뜨림	다른 부품을 집는다(수정동작 범주 2).
부품의 치수가 큼	파트 프로그램에 사전 절삭을 추가한다(수정동작 범주 2).
소음(공구 진동)	공명 주파수를 바꾸기 위해 절삭속도를 변경한다(수정동작 범주 2).
절삭 시 고온 발생	절삭속도를 줄인다(수정동작 범주 2).
절삭공구 파손	절삭공구를 바꾼다(수정동작 범주 3).
부품 대기장소의 부품 소진	부품을 채우기 위해 작업자를 부른다(수정동작 범주 4).
칩으로 인한 가공 방해	칩의 제거를 위해 작업자를 부른다(수정동작 범주 4).

4.3 자동화 계층

자동시스템의 개념은 공장운영상의 여러 수준에 적용될 수 있다. 일반적으로 자동화라는 용어를 개별 생산기계에 적용하여 생각할 수 있다. 그러나 생산기계 자체는 자동화된 하부 시스템으로 구성되어 있다. 예를 들어 제7장에서 논하게 될 수치제어(NC)는 중요한 자동화 기술 중 하나인데, 현대의 NC 공작기계는 하나의 독립적인 자동시스템이지만 여러 개의 제어 시스템으로 이루어져 있으며, 모든 NC 기계는 적어도 2개에서부터 5개까지의 운동 축을 가지고 있다. 각 축은 4.1.3절에서 설명한 위치제어 시스템과 같은 것으로서, 결과적으로 그 자체로 자동시스템이 된다. 이와 유사하게 NC 기계도 상위 제조시스템의 일부분이 될 수 있으며, 상위 시스템은 그 자체로 자동시스템일 수 있다. 예를 들어 2~3대의 공작기계가 컴퓨터 제어에 따라 운영되는 자재취급시스템에 의하여 연결될 수 있다. 또한 공작기계는 컴퓨터로부터 지시(예 : 부품 가공 프로그램)를 받게 된다. 따라서 이 시스템은 세 단계의 자동화와 제어 계층(위치제어 시스템 레벨, 공작기계 레벨, 제조시스템 레벨)을 포함하게 된다. 다음에 생산자동화의 5개 레벨에 대해 설명하고자 한다. 그림 4.6에 그 계층구조를 나타내었다.

1. **기기 레벨** : 이것은 자동화 체계에서 가장 낮은 레벨이고, 액추에이터, 센서, 기타 하드웨어 요소를 포함한다. 기기들은 기계의 개별적인 제어루프에 결합되어 동작한다. 예로 CNC 기계의 한 운동 축이나 산업용 로봇의 하나의 관절을 위한 피드백 제어루프를 들 수 있다.

2. **기계 레벨** : 기기 레벨의 하드웨어가 개별 기계로 결합된 것이다. 예로는 CNC 공작기계와 이와 유사한 제조장비, 산업용 로봇, 동력 컨베이어, 무인운반차량(automated guided vehicle, AGV)을 들 수 있다. 이 레벨에서의 제어 기능은 정확한 순서에 따라 명령 프로그램에서의 각 단계를 수행하는 것과, 각 단계가 올바르게 수행되는지를 확인하는 것을 포함한다.

3. **셀 또는 시스템 레벨** : 이 레벨은 공장 레벨의 제어 시스템으로부터 명령을 받아 임무를 수행하는 제조 셀이나 제조시스템 수준을 의미한다. 제조 셀이나 시스템은 자재취급시스템에 의하여 연결되고 지원되는 기계와 작업장의 집합으로서 생산라인과 같은 것이 이 레벨에 포함된다. 이 레벨의 중요한 기능은 부품 배분, 장비에 부품 장착, 장비와 자재취급시스템 간의 협조, 검사 데이터의 수집 및 평가 등을 포함한다.

4. **공장 레벨** : 이 레벨은 생산시스템 레벨을 의미한다. 이 레벨에서는 기업정보시스템으로부터 지시를 받고, 그것을 생산에 반영하기 위해 운영계획을 수립한다. 다음과 같은 기능이 포함된다—주문처리, 공정계획, 재고관리, 구매, 자재소요계획, 제조현장통제, 품질관리.

5. **기업 레벨** : 이것은 기업정보시스템을 의미하는 최상위 레벨이다. 여기에서는 회사 경영에 필요한 모든 기능에 관여한다—마케팅과 판매, 회계, 설계, 연구/개발, 총괄계획, 주 생산일정계획.

제6장에서 레벨 1의 자동화 기술(제어 시스템을 구성하는 장치)에 대하여 논하기는 하지만,

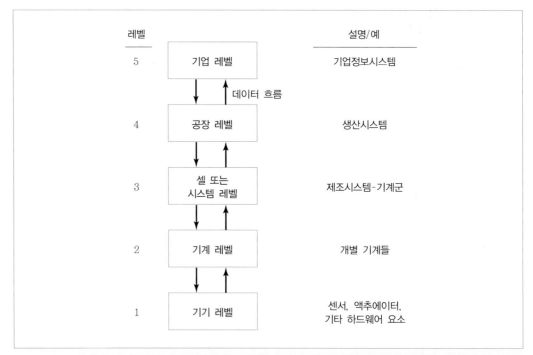

그림 4.6 생산에서 자동화 및 제어의 5레벨

이 책의 대부분은 레벨 2인 기계 레벨에 관한 내용을 다루고 있다. 레벨 2 기술은 PLC와 디지털 컴퓨터 제어기와 같은 제어기, NC 장비, 산업용 로봇을 포함한다. 자재취급장비 중 일부는 그 자체로 복잡한 자동시스템이지만, 제3부에서 논의될 자재취급장비는 레벨 2의 기술에 속한다. 레벨 2의 자동화와 제어 문제는 장비와 물리적 공정의 기본적인 동작에 관한 것이다.

제어기, 기계, 자재취급장비는 제4부에서 논의될 레벨 3의 제조 셀, 생산라인, 이와 유사한 시스템 속에서 통합된다. 이 책에서는 **제조시스템**(manufacturing system)을 어떤 제품의 조립이나 부품군의 가공과 같은 특정한 임무를 위하여 설계된 일련의 장비들의 통합된 집합으로 정의한다. 높은 수준의 자농제조시스템은 어떤 일정한 기간 동안 사람의 참여 없이 그 임무를 수행할 수 있지만 대부분의 제조시스템은 시스템의 중요한 구성요소로 작업자를 포함한다. 예로, 컨베이어 라인의 조립공 또는 가공 셀의 부품 장착/탈착을 담당하는 사람을 들 수 있다. 이로부터 알 수 있듯이, 어떤 제조시스템은 완전 자동이고 어떤 것은 완전 수동식일 수 있으며 시스템의 자동화 정도는 이 사이에 무수히 존재할 수 있는 것이다.

공장에서 제조시스템은 생산시스템이라 불리는 상위 시스템의 구성요소이다. **생산시스템**(production system)은 사람, 장비, 재료, 공정이 결합되는 절차로 정의될 수 있다. 생산시스템은 레벨 4 공장 레벨에 속하며, 제조시스템은 레벨 3에 속한다. 생산시스템은 공장의 기계와 작업장뿐만 아니라 그 장비들이 작동되게 하는 지원 절차까지도 포함한다. 이러한 절차로는 생산관리, 재고관리, 자재소요계획, 제조현장통제와 품질관리를 포함하는데, 공장 레벨에서뿐만 아니라 기업 레벨

(레벨 5)에서 구현될 수 있다. 이러한 시스템은 제5부와 제6부에서 논의될 것이다.

참고문헌

[1] BOUCHER, T. O., *Computer Automation in Manufacturing*, Chapman & Hall, London, UK, 1996.

[2] GROOVER, M. P., "Automation," *Encyclopaedia Britannica, Macropaedia*, 15th ed., Chicago, IL, 1992. Vol. 14, pp. 548-557.

[3] GROOVER, M. P., "Automation," *Handbook of Design, Manufacturing, and Automation*, R. C. Dorf and A. Kusiak(eds.), John Wiley & Sons, Inc., NY, 1994, pp. 3-21.

[4] GROOVER, M. P., "Industrial Control Systems," *Maynard's Industrial Engineering Handbook*, 5th ed., K. Zandin (ed.), McGraw-Hill Book Company, NY, 2001.

[5] PLATT, R., *Smithsonian Visual Timeline of Inventions*, Dorling Kindersley Ltd., London, UK, 1994.

[6] "The Power of Invention," *Newsweek Special Issue*, Winter 1997-98, pp. 6-79.

[7] www.wikipedia.org/wiki/Automation

복습문제

4.1 자동화의 정의는 무엇인가?

4.2 자동시스템의 세 기본 요소는 무엇인가?

4.3 공정 파라미터와 공정변수의 차이점은 무엇인가?

4.4 작업사이클 프로그램의 다섯 유형에 대해 간단히 설명하라.

4.5 프로그래밍된 작업사이클에서 의사결정이 필요한 경우에는 어떠한 것이 있는가?

4.6 폐루프 제어 시스템과 개루프 제어 시스템의 차이점은 무엇인가?

4.7 자동시스템의 안전 모니터링이란 무엇인가?

4.8 자동시스템의 에러 감지 및 복구란 무엇인가?

4.9 에러 복구를 위해 가능한 네 가지 전략을 적어라.

4.10 자동화 계층의 다섯 레벨을 적어라.

산업용 제어 시스템

제어 시스템은 자동화의 기본 3요소 중 하나이다(4.1절). 이 장에서는 산업용 제어 시스템, 특히 제조과정에서 제어 기능을 구현하기 위해 컴퓨터가 어떻게 사용되는지를 고찰한다. 여기서 **산업용 제어 시스템**(industrial control system)은 단위공정과 이를 수행하는 장비들을 자동으로 조종하는 것뿐만 아니라, 이들 단위공정들이 생산시스템 내에서 통합되어 조화를 이루도록 하는 것으로 정의된다. 단위공정이란 일반적으로 제조공정을 의미하는데, 자재취급장비와 기타 산업용 장비들도 포함한다.

5.1   공정산업과 이산제조산업

산업은 제2장에서 설명한 바대로 장치산업(process industries)과 이산제조산업(discrete manufacturing industries)으로 나눌 수 있다. 장치산업의 경우 액체, 가스, 분말 등의 소재를 대상으로 분량 기준으로 공정을 수행한다. 반면에 이산제조산업은 개별 부품 및 제품을 대상으로 수량 기준으로 공정이 이루어진다. 각각의 산업 형태에서 단위공정의 예를 표 5.1에 나타내었다.

| 표 5.1 | 장치산업과 이산제조산업에서의 대표적 단위공정

장치산업의 대표적 단위공정	이산제조산업에서의 대표적 단위공정
화학반응	주조
분쇄	단조
표면 침투(예 : CVD)	압출
증류	절삭
혼합	플라스틱 사출성형
분리	박판 스탬핑

5.1.1 자동화 계층

두 산업에서의 자동화 계층을 표 5.2에 비교하였다. 하층과 중간 레벨에서 큰 차이가 있음을 알수 있다. 기기 레벨에서 보면 공정과 장비가 다름으로 인하여 센서와 액추에이터의 종류가 다름을볼 수 있다. 장치산업의 경우 기기들은 화학, 온도, 또는 기타 공정거동을 제어루프에 사용하는반면, 이산제조공정의 경우 기기는 장비들의 기계적인 동작을 제어한다.

그 위 레벨의 경우 장치산업에서는 단위공정들이 제어되는 반면, 이산제조산업에서는 기계들이 제어된다. 레벨 3에서는 연관된 단위조작을 제어하는 것과 연관된 장비를 제어하는 차이로 나타난다. 그 위 레벨인 기업 및 공장 수준에서는 제품과 공정이 차이가 있을 뿐 제어 문제는 동일하다.

5.1.2 변수와 파라미터

장치산업과 이산제조산업 사이에는 단위공정을 특징짓는 변수와 파라미터에서도 차이가 난다.4.1.2절에서 공정의 출력은 변수로, 입력은 파라미터로 정의한 바 있다. 장치산업에서는 파라미터와 변수는 연속적(continuous)이며, 이산제조산업에서는 흔히 이산값(discrete)을 갖게 된다. 그림5.1을 보면서 그 차이점을 살펴보기로 한다.

연속변수(continuous variable)(또는 연속 파라미터)는 적어도 공정 중에는 갑자기 멈추지 않는성질을 가지며, **아날로그**(analog)값을 갖는 것으로 생각할 수 있다. 즉 일정 범위 내에서 어떠한

| 표 5.2 | 장치산업과 이산제조산업에서의 자동화 계층

레벨	장치산업	이산제조산업
5	기업 : MIS, 전략계획, 기업경영	기업 : MIS, 전략계획, 기업경영
4	공장 : 일정계획, 자재 추적, 장비 모니터링	공장 : 일정계획, 재공품 추적, 기계 가동률
3	감독제어 : 전체 공정을 구성하는 단위조작의 제어 및 연계	셀 또는 시스템 : 가공기계, 자재취급장비, 보조 장비 제어 및 통제
2	조정제어 : 단위조작 제어	기계 : 부품 및 제품 생산을 위한 생산기계 및 작업장
1	기기 : 단위공정 제어계를 구성하는 센서 및 액추에이터	기기 : 기계동작 제어를 위한 센서 및 액추에이터

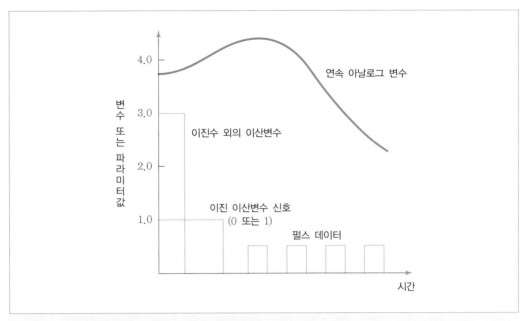

그림 5.1 생산공정에서의 연속/이산변수 및 파라미터

값이든 가질 수 있다. 장치산업과 이산제조산업에서 생산공정은 연속변수로 특징지어진다. 힘, 온도, 유량, 압력, 속도 등이 그 예이다. 이 변수들은 물리적으로 제한된 일정 범위 내의 모든 값을 가질 수 있다.

　　이산변수(discrete variable)(또는 이산 파라미터)는 주어진 범위 내에서 정해진 값만을 가질 수 있다. 가장 흔한 이산변수는 **2진**(binary) 변수, 즉 On/Off, 개/폐 등 두 가지 값만을 갖는다. 생산공정에서의 이산변수 및 파라미터의 예를 들면, 리밋 스위치의 개/폐, 모터의 On/Off, 공작물의 유무 등을 들 수 있다. 모든 이산변수(파라미터)가 이진값만을 갖는 것은 아니며, 어떤 이산변수는 2개 이상의 유한한 값을 가질 수 있다. 생산공정에서 일간 생산개수, 디지털 속도계가 나타내는 출력값 등을 그 예로 들 수 있다. 특별한 경우의 이산변수로는 펄스 데이터(pulse data)를 들 수 있는데, 펄스 데이터는 생산수량을 세는 데 사용된다. 예를 들어 컨베이어에 의해 이송되는 부품의 개수를 세기 위하여 광센서를 이용, 각 제품당 펄스 하나씩을 생성시킨다. 펄스열을 파라미터로 사용하는 예로는 스테핑 모터 제어기를 들 수 있다.

5.2 연속제어와 이산제어

　　장치산업에서 사용되는 산업용 제어 시스템은 연속변수 및 연속 파라미터의 제어를 중요하게 여기는 반면, 낱낱의 부품 및 제품을 생산하는 이산제조산업에서는 이산변수 및 이산 파라미터를 강조

| 표 5.3 | 연속제어와 이산제어의 비교

비교요소	장치산업에서의 연속제어	이산제조산업에서의 이산제어
제품 측정치	무게, 부피	부품 개수, 제품 개수
제품 품질 기준	일관성, 농도, 불순물 유무, 사양 충실도	치수, 표면 거칠기, 외관 무결함, 제품 내구성
변수 및 파라미터	온도, 유량, 압력	위치, 속도, 가속도, 힘
센서	유량계, 온도계, 압력 센서	리밋 스위치, 센서, 스트레인게이지, 압전 센서
액추에이터	밸브, 히터, 펌프	스위치, 모터, 실린더
공정시간 상수	초, 분, 시간	초 이하

하게 된다. 생산공정에 두 종류의 변수 및 파라미터들이 있는 것과 마찬가지로 (1) 연속변수 및 연속 파라미터를 대상으로 하는 **연속제어**(continuous control)와, (2) 주로 이진수로 나타나는 변수 및 파라미터를 대상으로 하는 **이산제어**(discrete control)가 있다. 표 5.3에는 연속제어와 이산제어의 차이점이 기술되어 있다.

실제로 장치산업과 이산제조산업의 대부분 공정들에는 연속 및 이산변수와 파라미터가 공존한다. 결과적으로 대부분의 산업용 제어기들은 두 종류의 신호와 데이터들을 받아 동작하고 전달하도록 설계되어 있다. 제6장에서는 산업용 제어계에서의 각종 신호와 데이터에 대해서 알아보고, 디지털 컴퓨터 제어기에서 사용되기 위해 데이터가 어떻게 변환되는지 알아본다.

문제를 더욱 복잡하게 하는 것은 1960년대 이후로 연속공정제어에서 디지털 컴퓨터가 아날로그 제어기를 대체하면서 연속변수들도 더 이상 연속된 값으로 측정되지 않는다는 것이다. 대신에 일정 주기로 연속변수를 측정한 샘플 데이터를 사용함으로써, 실제의 연속제어 시스템을 근사적으로 표현하는 샘플 정보기반 이산제어 시스템이 되었다. 마찬가지로 공정에 투입되는 제어신호도 아날로그 제어기에서 출력되던 연속된 값을 갖는 제어신호를 모사하는 계단신호 형상이다.

5.2.1 연속제어 시스템

연속제어의 일반적인 목적은 피드백 제어(4.1.3절)와 마찬가지로 출력변수가 원하는 값을 유지하도록 히는 것이다. 그러나 대부분의 실제 연속공정들은 여러 개의 독립적인 피드백 제어루프로 구성되어 있으며, 출력변수를 원하는 값으로 유지하기 위해서는 각 루프를 각각, 그리고 통합적으로 제어하여야 한다. 연속공정에는 다음과 같은 것이 있다.

- 온도, 압력, 입력유량에 영향을 받는 화학반응 출력 제어. 모든 변수와 파라미터들이 연속적이다.
- 복잡한 곡면을 가공하는 윤곽 밀링가공에서 공작물의 공구에 대한 상대위치 제어. 공작물의 위치는 x, y, z좌표로 정의된다. 공작물이 움직이면서 변하는 x, y, z좌표는 연속적이다.

연속공정제어 시스템에서 제어목표를 달성하기 위한 방법은 여러 가지가 있다. 다음에 대표적인 것들을 설명한다.

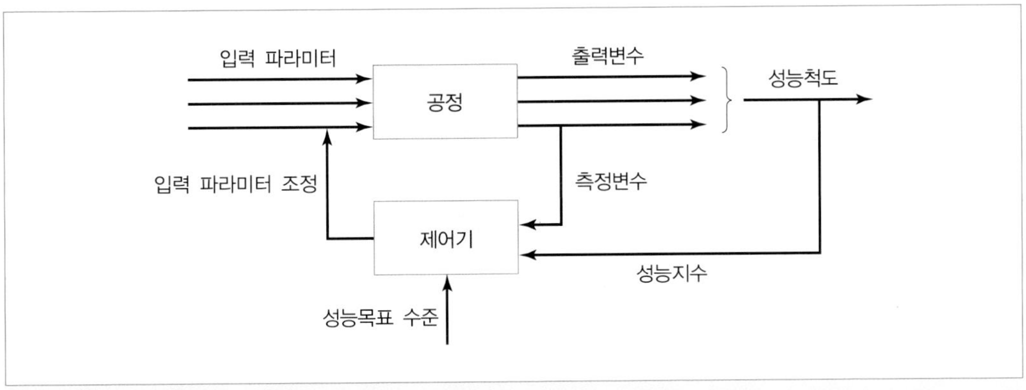

입력 파라미터
공정
출력변수
성능척도
입력 파라미터 조정
측정변수
제어기
성능지수
성능목표 수준

그림 5.2 조정제어

조정제어 조정제어(regulatory control)의 목적은 공정의 성능을 일정 수준 이내로 유지하는 것으로 성능 항목이 품질의 척도를 나타내는 경우에 적합하다. 많은 경우, 성능을 표시하는 **성능지수**는 여러 출력변수들로부터 계산된다. 이를 제외하면 한 공정에 대한 조정제어는 그림 5.2에 나타난 바와 같이 단일루프 피드백 제어 개념과 유사하다.

순방향제어 순방향제어(feedforward control)의 개념은 외란(외부교란)을 사전에 예측하여 그 예상되는 영향에 대하여 보정하는 것을 말한다. 그림 5.3에 나타난 대로 외란을 사전에 감지하여 그에 따라 입력 파라미터들을 수정함으로써 외란의 영향을 상쇄한다. 이상적으로는 외란의 영향을 완전 상쇄할 수 있으나 피드백 측정, 액추에이터 동작, 제어 알고리즘의 부정확성으로 인하여 완전한 상쇄는 불가능하다. 따라서 순방향제어는 그림과 같이 피드백 제어루프와 함께 구현된다. 조정제어와 순방향제어는 이산제조산업보다는 장치산업에 더 많이 사용된다.

외란
입력 파라미터
공정
출력변수
성능척도
입력 파라미터 조정
측정변수
순방향제어 요소
제어기
성능지수
성능목표 수준

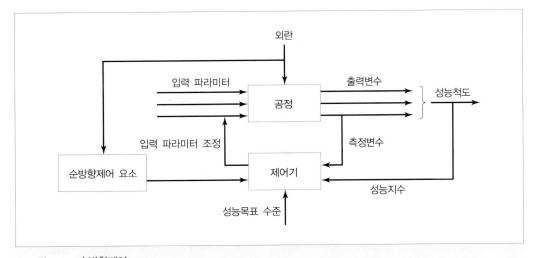

그림 5.3 순방향제어

기타 특수한 방법   기타 방법으로는 현재 제어이론 및 컴퓨터 과학에서 많이 연구되는 최신 방법들이 있으며, 기계학습, 신경망, 인공지능 방법들이 그 예이다.

5.2.2 이산제어 시스템

이산제어의 경우 시스템의 파라미터와 변수들은 이산적인 시간에 따라 변화한다. 그 변화는 주로 이진(On/Off)으로 표현되는 이산변수 및 파라미터들로 나타난다. 변경 내용은 작업사이클 프로그램(4.1.2절)과 같은 명령 프로그램에 의하여 사전에 정의되어 있어, 시스템의 상태가 변했을 때나 정해진 시간이 경과한 후 시스템 변수를 변경시킨다. 이들 두 경우는 (1) 사건기반 변화, (2) 시간기반 변화로 구별할 수 있다[2].

사건기반 변화(event-driven change)의 경우 시스템 상태를 변화시키는 사건이 발생한 경우 제어동작이 발생한다. 제어동작은 어떤 작업을 시작 또는 종료, 모터를 기동 또는 정지, 밸브를 열거나 닫는 등의 동작을 하게 된다. 예를 들면

- 로봇이 부품을 고정구에 장착하면, 리밋 스위치가 부품을 감지한다. 이 부품 감지는 시스템의 상태를 변화시키는 사건이 되면, 그 다음 사건기반 제어기에 의하여 가공사이클이 시작된다.
- 플라스틱 사출성형기에서 호퍼 내의 플라스틱 소재가 일정 수준 이하로 내려가 저수준 감지 스위치에서 감지가 되면, 새로이 소재가 유입되도록 밸브를 열어 소재가 유입된다. 소재가 일정 수준 이상 쌓이면, 고수준 스위치에서 감지가 되며 따라서 밸브를 잠그고 소재 유입을 막는다.
- 컨베이어로 이송되는 부품 개수를 세는 광센서 시스템은 부품이 광센서를 지나칠 때마다 카운터를 작동시키는 사건이 발생한다.

시간기반 변화(time-driven change)는 특정 시점 또는 일정 시간 경과 후 제어동작을 발생시킨다. 마찬가지로 제어동작은 어떤 것을 시작 또는 정지시키며, 제어동작 발생 시점이 중요하다. 예를 들면

- 공장에서 교대별 작업시간, 휴식시간의 시작과 종료를 정확히 하기 위하여 '공장시계'를 설정한 뒤 이에 따라 벨을 울린다.
- 열처리 공정은 일정 시간 동안 지속되어야 한다. 자동 열처리기의 경우 열처리 사이클은 로봇 등을 이용한 부품의 가열로에 자동 투입, 그리고 일정 시간 열처리 후 추출로 구성된다.
- 세탁기의 경우, 세탁조가 일정한 양만큼 차면 교반사이클이 일정 시간 계속된다. 설정된 시간이 경과하면, 타이머에 의해 교반이 멈추고 탈수가 시작된다(교반사이클과 달리 세탁조를 물로 채우는 것은 사건기반 제어다. 물은 수위감지 센서가 작동할 때까지 유입되며, 이때 감지 센서는 유입조절 밸브를 닫게 된다).

시간기반 변화는 **논리제어**(logic control), 시간기반 변화는 **순차제어**(sequence control)와 관련이 있다. 이들은 제9장에서 자세히 다룬다.

이산제어는 장치산업뿐 아니라 이산제조산업에서도 많이 쓰인다. 이산제조에서는 컨베이어 및 기타 자재취급장비(제10장), 자동창고(제11장), 독립 생산기계(제14장), 트랜스퍼 라인(제16장), 자동 조립시스템(제17장), 유연생산시스템(제19장) 등의 제어에 사용된다. 이들 시스템들은 이송 동작, 작업장 간 부품 운반, 온라인 부품검사 등에 대하여 정의된 일련의 시작/정지 동작으로 제어 된다.

5.3 컴퓨터 이용 공정제어

디지털 컴퓨터를 이용한 공정제어는 1950년대 후반 연속공정산업에서 시작되었다(역사적 고찰 5.1). 그 이전에는 연속공정제어에 아날로그 컴퓨터가 사용되었으며, 이산제어에는 릴레이 시스템 이 사용되었다. 공정제어에 사용할 수 있는 당시의 컴퓨터로는 덩치가 크고 고가인 대형 컴퓨터만 존재했다. 1960년대 들어 공정제어 분야에서 디지털 컴퓨터가 아날로그 컴퓨터를 대체하기 시작했 으며, 1970년대 들어 PLC(Programmable Logic Controller)가 이산제어에서 릴레이를 대체하기 시 작했다. 1960년대와 1970년대의 컴퓨터 기술은 마이크로프로세서의 발달을 가져왔다. 오늘날 실질 적으로 모든 공정이 마이크로컴퓨터 기술에 기반을 둔 디지털 컴퓨터에 의해 제어된다.

이 절에서는 산업용 제어기에 사용되기 위해 컴퓨터에 필요한 조건을 살펴보기로 한다. 이를 충족시키기 위하여 컴퓨터에 도입된 기능들을 살펴보고, 제어용 컴퓨터에 의해 수행되는 기능들의 계층구조를 살펴본다.

5.3.1 제어의 요구 조건

연속제어, 이산제어, 또는 두 가지가 혼합된 제어, 어느 경우든 거의 모든 공정제어에 공통적인 기본 요구사항이 있다. 일반적으로 이들은 공정과의 실시간 통신이 필수적이다. **실시간 제어기**(real -time controller)는 공정의 성능이 떨어지지 않을 만큼 짧은 시간 안에 공정에 응답할 수 있다. 컴퓨터를 이용한 제어기가 실시간으로 동작할 수 있는지를 결정하는 요소로는 (1) 제어기 CPU 및 인터페이스 속도, (2) 제어기의 운영체제, (3) 응용 프로그램의 설계, (4) 제어기가 응답해야 할 입력 및 출력 사건 수 등을 들 수 있다. 실시간 제어기는 일반적으로 **동시 다중 업무처리**(multi-tasking), 즉 여러 업무를 서로 간에 간섭 없이 동시에 수행하여야 한다.

실시간 제어기가 갖추어야 할 기본 요구사항은 다음 두 가지가 있다.

1. **공정에서 발생한 인터럽트** : 제어기는 공정에서 발생하는 신호에 응답할 수 있어야 한다. 신호 의 중요도에 따라 현재 진행 중인 프로그램을 중단하고 우선순위가 높은 일을 수행할 수도 있다. 공정에서 발생하는 인터럽트는 흔히 비정상적인 작동 상태에서 호출되며 이를 바로잡기 위한 조작이 신속히 이루어져야 한다.

컴퓨터에 의한 공정제어[1], [7]

디지털 컴퓨터에 의한 산업용 공정제어는 1950년대 후반에서 1960년대 초의 장치산업으로 거슬러 올라간다. 이들 정유, 화학산업들은 여러 공정변수와 관련 제어루프로 특징지어지는 대용량의 연속공정을 사용한다. 이들은 전통적으로 아날로그 장치에 의하여 제어되어 왔으며 대부분의 경우 각 제어루프들은 독립적이며 자체 운전 조건이 정해져 있었다. 중앙제어실에서 작업자들은 각 공정의 운전 조건들을 안정성과 경제성을 고려하여 조정하면서 공정 간의 연동을 추구하였다. 전체 제어루프에 쓰이는 아날로그 장치들은 고가이고, 중앙제어실에서 작업자들에 의해 이루어지는 공정 간의 연동은 최적과는 거리가 멀었다. 1950년대 디지털 컴퓨터가 상업적으로 발달되면서 일부 아날로그 장치들을 컴퓨터로 대체할 수 있는 길이 열렸다.

디지털 컴퓨터를 공정제어에 처음 사용한 것은 1950년대 후반 미국 텍사스 주 포트 아서의 Texaco 정유공장이다. 1956년 컴퓨터 회사인 TRW사가 Texaco사에 제안하여 정유 공장의 고분자화 공장에서 가능성을 타진하기 위한 연구가 수행되었다. 컴퓨터 제어 시스템은 1959년 3월에 적용이 시작되었다. 제어기는 26개의 흐름, 72가지 온도, 3개의 압력, 3개의 혼합물을 대상으로 하였다. 이후 공정업체들은 컴퓨터를 자동화의 수단으로, 컴퓨터 업체들은 공정제어를 컴퓨터의 잠재적 시장으로 인식하게 되었다.

1950년대 후반에 사용된 컴퓨터는 신뢰성 면에서 문제가 있어 컴퓨터에 의한 장비 정지시간을 최소화하기 위해 대부분의 경우, 컴퓨터는 작업자들을 위하여 명령어를 출력하거나 아날로그 장치의 운전 조건을 조정하는 데 쓰였다. 후자는 운전 조건 제어로 불린다. 1961년 3월까지 37개의 컴퓨터를 이용한 공정제어 시스템이 설치되어 많은 경험이 축적되었다. 현재의 프로그램을 중단하고 공정의 요청사항을 우선 처리하는 **인터럽트 기능**(interrupt function)(5.3.2절)이 이 기간 동안 개발되었다.

일부 아날로그 장치가 컴퓨터로 대체된 **직접 방식 디지털 컴퓨터 제어**(direct digital control, DDC)는 1962년 처음 영국 잉글랜드의 Imperial Chemical Industries에서 설치되었다. 여기에는 224개의 공정변수들이 측정되었으며 129개의 액추에이터(밸브)가 제어되었다. 당시 직접 방식 디지털 컴퓨터 제어의 장점으로는 (1) 대형 시스템에서 아날로그 장치를 제거함으로써 발생하는 비용절감, (2) 단순화된 작업자 패널, (3) 재프로그래밍에 의한 유연성 등으로 인식되었다.

컴퓨터 기술의 발달로 1960년대 후반 들어 **미니컴퓨터**가 개발되었다. 컴퓨터를 이용한 공정제어는 소형이면서 저가인 컴퓨터로 그 정당성이 입증되었고, 1970년대 초반 마이크로컴퓨터의 발달은 이러한 경향을 이어갔다. 저가의 컴퓨터 제어기로 생긴 큰 시장은 저가의 제어용 하드웨어 및 인터페이스용 장치의 출현을 가능케 하였다.

이때까지 대부분의 컴퓨터 제어 시스템 개발은 이산부품 및 제품 제조산업보다는 장치산업으로 편향되어 있었다. 아날로그 장치들이 장치산업에서 쓰인 것처럼 이산생산에서는 자동화에 필요한 On/Off 동작을 위하여 릴레이들이 사용되었다. 1970년대 초 이산공정을 제어하기 위한 PLC(programmable logic controller)가 개발되었다(역사적 고찰 9.1). 또한 그 전에 개발된 NC 공작기계(역사적 고찰 7.1), 산업용 로봇(역사적 고찰 8.1) 등도 디지털 컴퓨터를 이용하여 제어기를 설계하기 시작하였다.

저가의 컴퓨터와 PLC이 출현으로 네트워크로 연결된 다수의 컴퓨터로 제어되는 시스템이 늘어나게 되었다. 이러한 제어 시스템은 **분산제어**(distributed control)로 불리며 1975년 Honeywell 사가 첫 상품을 출시하였다. 1990년대 들어서 개인용 컴퓨터(personal computer, PC)가 공장 수준에서 사용되게 되었으며, 일부는 일정계획과 엔지니어링 데이터를 현장 작업자에 전달하기도 하며, PLC로 제어되는 공정에 대한 작업자 인터페이스로 사용되기도 한다. 오늘날 많은 PC들이 생산공정을 직접 제어하는 용도로 사용되고 있다.

2. **타이머에서 발생한 인터럽트** : 제어기는 정해진 시점에 특정 동작을 취할 필요가 있다. 타이머에서 발생한 인터럽트는 대단히 짧은 시간(예 : $100\mu s$)에서 수 분에 이르는 정해진 주기마다 발생되거나 여러 개의 개별 시점마다 발생된다. 공정제어에서 대표적인 타이머 인터럽트로는 (1) 일정 시간 간격마다 센서값을 측정, (2) 작업사이클 중간 정해진 시간에 스위치, 모터 등의 장치를 on/off, (3) 가동시간 중 일정 간격으로 작업자 콘솔에 실적 데이터를 출력, (4) 정해진 시점마다 공정변수들의 최적값을 재계산하는 일을 들 수 있다.

이들 두 가지 요구사항은 이산제어 시스템에서 언급한 두 가지 변화, 즉 (1) 사건기반 변화, (2) 시간기반 변화와 관련된다.

이들 기본 요구사항 이외에 제어용 컴퓨터는 다른 종류의 인터럽트와 사건을 다루어야 한다.

3. **공정에 명령 전송** : 공정으로부터 신호를 받는 것 이외에 컴퓨터는 잘못된 공정을 수정하기 위해서 공정에 제어신호를 보낼 수 있어야 한다. 이들 신호들은 하드웨어를 기동시킬 수도 있고, 제어루프의 작동조건을 변경시킬 수도 있다.

4. **시스템 및 프로그램에서 발생한 사건** : 사무용 혹은 공학용 컴퓨터 시스템과 유사한 컴퓨터 시스템 자체에 관련된 사건을 말한다. 시스템에서 발생한 사건은 네트워크로 연결된 컴퓨터 및 주변기기와의 통신에서 볼 수 있는데, 이러한 복수의 컴퓨터로 이루어진 네트워크의 경우 전체 시스템 제어를 위해서는 피드백신호, 제어신호, 그리고 기타 데이터들이 컴퓨터 간에 양방향으로 교환되어야 한다. 프로그램에서 발생한 사건은 공정과 무관한, 즉 화면이나 프린터에 보고서를 출력하는 경우이다.

5. **작업자에서 발생한 사건** : 제어용 컴퓨터는 작업자로부터 입력을 받을 수 있어야 한다. 작업자에서 발생한 사건으로는 (1) 새로운 프로그램의 입력, (2) 기존 프로그램 수정, (3) 고객정보, 주문번호, 또는 후속 생산개시명령 입력, (4) 공정 데이터 요청, (5) 비상정지 등이 있다.

5.3.2 컴퓨터 이용 제어의 기능

위에 언급한 요구사항들은 제어기가 공정 및 작업자와 실시간으로 상호작용을 하게 하는 일정 기능들을 이용하여 만족시킬 수 있다. 이들 기능들은 (1) 폴링, (2) 인터록, (3) 인터럽트 시스템, (4) 예외처리 등이 있다.

폴링(또는 데이터 샘플링)　컴퓨터를 이용한 공정제어에서 폴링(polling)은 시스템의 상태를 파악하기 위하여 정기적으로 관련 데이터를 수집하는 것을 의미한다. 데이터가 연속적인 아날로그 신호인 경우 샘플링은 연속적인 아날로그 신호를 일정 시간마다 수집한 신호값 열로 대체함을 의미한다. 이산 데이터의 경우―이진 데이터는 물론이고―데이터가 가질 수 있는 값이 제한적이라는 점을 제외하면 동일한 의미를 가질 수 있다. 제6장에서는 연속 데이터와 이산 데이터를 컴퓨터와 주고받는 기술에 대하여 알아본다.

어떤 시스템의 폴링 절차는 먼저 이전 폴링 시점 이후 데이터가 변했는지 여부를 알아보고, 데이터가 변한 경우에만 데이터를 수집한다. 이는 사이클 시간을 단축시킬 수 있다.

인터록 인터록(interlock)은 둘 이상의 장치가 연동될 때 장치 사이에 간섭이 일어나지 않도록 하는 안전장치이다. 공정제어의 경우 인터록은 한 작업 셀 내에서 작업 간에 선행작업이 완료된 것이 확인된 다음 작업이 시작되도록 하여 작업 간의 순서를 지정한다.

제어기를 기준으로 입출력을 정의할 때 입력 인터록과 출력 인터록이 있다. **입력 인터록**(input interlock)은 외부장치(리밋 스위치, 센서, 또는 생산장비)에서 발생하여 제어기로 보내지는 신호를 의미하며, 다음과 같은 기능 중 하나를 위하여 사용될 수 있다.

1. 작업사이클 실행 : 예를 들어 생산장비가 제어기에 부품에 대한 공정을 완료했음을 보고한다. 이 신호는 입력 인터록이 되어 제어기가 작업사이클의 다음 단계, 즉 부품 탈착을 시작할 수 있게 한다.
2. 작업사이클 중단 : 예를 들어 부품을 기계로부터 탈착 중 로봇이 부품을 떨어뜨린 경우 로봇 그립퍼에 장치된 센서가 제어기에 인터록 신호를 보내 문제가 해결될 때까지 정상적인 작업사이클을 중단시켜야 함을 알린다.

출력 인터록(output interlock)은 제어기에서 외부장치로 보내지는 신호이다. 이것은 작업 셀 내의 장치의 동작을 각각 제어하고 타 장치들과의 공조를 위하여 사용된다. 예를 들어 부품의 장착이 완료된 경우 생산장비에 자동사이클을 시작하도록 인터록 신호를 보낼 수 있다.

인터럽트 시스템 인터록과 깊은 관계가 있는 것으로 인터럽트 시스템이 있다. 입력 인터록에서 암시한 대로 더욱 긴급한 상황을 처리하기 위하여 공정이나 작업자가 통상적인 제어동작을 중지시켜야 할 경우가 있다. 모든 컴퓨터 시스템은 인터럽트가 가능하며 다른 수단이 없으면 전원을 차단하는 방법도 있다. 공정제어의 경우보다 복잡한 인터럽트 시스템이 필요하다. **인터럽트 시스템**(interrupt system)은 입력신호가 현 실행 프로그램보다 높은 우선권을 갖는 사건이 발생했음을 알릴 때 이를 처리하기 위하여 현 프로그램을 잠시 중단할 수 있는 제어 기능을 말한다. 인터럽트 신호가 들어오면 컴퓨터 시스템은 해당 인터럽트를 처리하기 위하여 사전 정의된 서브루틴으로 이동한다. 중단된 프로그램 상태는 기억되었다가 인터럽트 처리 서브루틴이 끝나면 실행이 재개된다.

인터럽트 조건은 내부와 외부 조건으로 나뉜다. 내부 인터럽트는 컴퓨터 시스템이 자체적으로 발생시킨다. 예로는 공정에 연결된 센서로부터 데이터를 폴링하기 위한, 또는 일정 시점마다 공정에 명령을 보내기 위한 시간기반 사건들이 포함된다. 시스템 및 프로그램에서 발생한 인터럽트도 시스템 내부에서 신호가 생성되므로 내부 인터럽트로 분류된다. 외부 인터럽트는 컴퓨터 외부에서 신호가 발생하는데, 공정에서 발생한 인터럽트와 작업자 입력이 있다.

공정제어에서는 중요도가 높은(우선권이 앞선) 프로그램이 중요도가 낮은(우선권이 뒤진) 프

| 표 5.4 | 인터럽트 시스템에서 우선순위 레벨

우선순위 레벨	컴퓨터 기능
1 (최하위)	대부분의 작업자 입력
2	시스템 및 프로그램 인터럽트
3	시간 인터럽트
4	공정에 대한 명령
5	공정 인터럽트
6 (최상위)	비상정지(작업자 입력)

로그램보다 먼저 수행되도록 하기 위하여 인터럽트 시스템이 필요하다. 시스템 설계자는 각 제어 행위에 어떤 수준의 우선권을 줄지 정해야 한다. 우선권이 앞선 프로그램은 우선권이 낮은 프로그램을 인터럽트할 수 있다. 공정제어 기능 간 우선권 설정의 예를 표 5.4에 제시하였다. 제어 상황에 따라 우선권 레벨 수는 적거나 많을 수 있다. 예를 들어 일부 공정 인터럽트는 다른 인터럽트보다 더 중요할 수 있으며 일부 인터럽트는 다른 인터럽트와 선행 관계가 있을 수 있고, 표에 제시한 여섯 레벨보다 많은 레벨을 가질 수 있다.

여러 레벨에 걸친 우선권을 지원하기 위하여 인터럽트 시스템은 1개 이상의 인터럽트 레벨을 가질 수 있다. **단층 인터럽트 시스템**(single-level interrupt system)은 정상 모드와 인터럽트 모드의 두 가지 모드를 갖는다. 정상 모드는 인터럽트되나 인터럽트 모드는 인터럽트되지 않는다. 이 경우 복수의 인터럽트는 선착순으로 처리됨을 의미하며 이는 중요한 인터럽트가 덜 중요한 인터럽트가 처리되는 동안 기다려야 되는 잠재적으로 위험한 상황이 발생할 수 있다. **다층 인터럽트 시스템** (multilevel interrupt system)에서는 정상 모드와 한 계층 이상의 인터럽트 계층으로 구성된다. 정상 모드는 어느 인터럽트로도 인터럽트되지만 인터럽트 간은 인터럽트 계층에 정의된 우선순위에 따라 인터럽트가 가능하다. 예제 5.1은 단층 인터럽트 시스템과 다층 인터럽트 시스템의 차이를 예시한다.

예제 5.1 **단층 대 다층 인터럽트**

세 가지 다른 우선순위를 갖는 작업에 대한 인터럽트가 각자의 해당 업무 우선순위와 반대로 도착하였다. 우선순위가 가장 낮은 업무 1이 가장 먼저 도착하고, 잠시 후 우선순위가 높은 업무 2가 도착하였고, 세 번째로 최상위의 우선권을 갖는 업무 3이 도착하였다. (a) 단층 인터럽트 시스템인 경우와, (b) 다층 인터럽트 시스템인 경우 제어용 컴퓨터는 어떻게 작업을 처리하는가?

▌풀이   두 경우에 있어서 처리 방법은 그림 5.4에 나타나 있다.

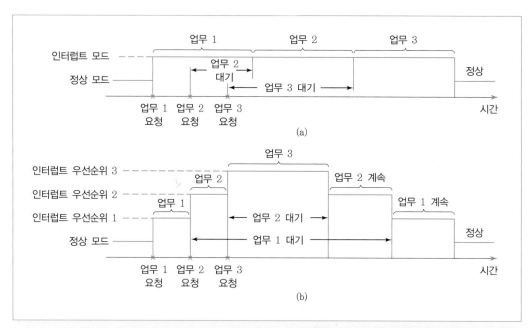

그림 5.4 예제 5.1의 3개의 다른 우선순위를 갖는 인터럽트에 대한 응답. (a) 단층 인터럽트 시스템, (b) 다층 인터럽트 시스템. 업무 3이 최상위 우선권, 업무 1이 최하위의 우선권을 갖는 경우 업무는 1, 2, 3의 순서로 인터럽트 요청이 발생한다. (a)에서 업무 3은 업무 1, 2가 완료될 때까지 기다려야 한다. (b)에서 업무 3은 업무 1을 중지시켰던 업무 2를 중지시키고 먼저 수행된다.

예외처리 공정제어에서 예외란 공정 또는 제어 시스템이 정상 상황이 아니거나 바람직하지 않은 상황을 의미한다. 예외처리는 공정제어에서 필수적인 기능으로 일반적으로 제어 알고리즘의 많은 부분을 차지하고 있다. 예외처리는 정상적인 폴링과정 또는 인터럽트 시스템에 의하여 호출될 수 있다. 예외처리를 필요로 하는 사건으로는 다음과 같은 것들이 있다.

- 제품 품질 문제
- 공정변수의 정상적인 범위 이탈
- 공정을 계속하기 위하여 필요한 원자재 또는 공급품의 부족
- 화재와 같은 위험 상황
- 제어기의 오동작

효과 면에서 보면 예외처리는 4.2.3절의 발전된 자동화 기능에서 다루는 에러 감지 및 복구의 한 형태가 된다.

5.3.3 컴퓨터 이용 공정제어의 유형

공정제어용으로 컴퓨터를 사용하는 방법은 여러 가지가 있다. 첫째, 그림 5.5에 예시한 대로 공정감시와 공정제어를 구별할 수 있다. 공정감시는 공정에서 데이터를 수집하는 데 그치나 공정제어

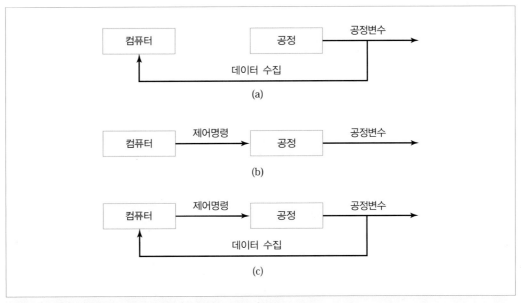

그림 5.5 (a) 공정감시, (b) 개루프 공정제어, (c) 폐루프 공정제어

는 공정을 조정한다. 일부 공정제어 시스템에서는 제어용 컴퓨터가 공정 데이터를 전혀 피드백하지 않는 제어동작도 있는데 이것은 개루프 제어다. 그러나 대부분의 경우 제어명령이 제대로 수행되었는지 확인하기 위하여 피드백이나 인터록을 필요로 하는 폐루프 제어가 사용된다.

컴퓨터 이용 공정감시 컴퓨터가 공정과 연결될 수 있는 한 방법으로 공정과 장비를 관찰하고, 작업 중의 데이터를 수집 기록하기 위하여 컴퓨터를 이용한다. 컴퓨터가 공정을 직접 제어하지 않으며, 작업자가 수집된 데이터를 이용하여 공정을 관리하고 조작한다. 수집되는 데이터는 다음의 세 가지 유형으로 나눌 수 있다.

1. **공정 데이터** : 이것은 공정 성능을 나타내는 입력 파라미터와 출력변수값을 측정한 것이다. 측정치에 문제가 있으면 작업자가 이를 바로잡기 위한 조치를 취한다.
2. **장비 데이터** : 작업 셀 내의 장비 상태를 나타낸다. 이것은 장비의 가동률 감시, 공구교환 계획, 장비고장 방지, 장비오작동 진단, 계획에 의한 예방보수 등에 사용된다.
3. **제품 데이터** : 정부는 몇몇 제조업에 대하여 제품에 대한 제조정보를 수집해서 보관하는 것을 의무화하고 있다. 제약회사 및 의료용품 제조회사들이 대표적인 예이다. 컴퓨터를 이용한 감시는 이를 만족시키기 가장 손쉬운 수단이다. 회사의 자체적인 목적을 위해 제품 데이터를 수집할 수도 있다.

데이터를 작업장으로부터 모으는 방법에는 여러 가지가 있다. 작업 데이터는 공장에 설치된 수동 단말기에 작업자가 입력할 수도 있고, 리밋 스위치, 센서 시스템, 바코드 판독기, 또는 기타 장치를 이용하여 자동으로 수집할 수도 있다.

직접 디지털 제어 직접 디지털 제어(direct digital control, DDC)는 재래의 아날로그 제어 방식에서 일부 요소들이 디지털 컴퓨터로 대체된 시스템이다. 아날로그 부품들에 의한 연속적인 방법 대신, 시분할(time-sharing) 방식의 주기적 데이터 수집에 기반을 둔 디지털 컴퓨터가 공정조정을 수행한다. 직접 디지털 제어 방식에서는 컴퓨터가 입력 파라미터의 바람직한 값과 작업 조건을 계산하고, 이 값을 공정과 직접 연결하여 적용한다.

　직접 디지털 제어와 아날로그 제어의 차이는 그림 5.6과 5.7에서 볼 수 있다. 첫 번째 그림은 일반적인 아날로그 제어루프를 보여준다. 전체 공정은 여러 개의 제어루프를 가질 수 있으나 여기서는 하나만 보여준다. 통상적으로 센서와 트랜스듀서, 출력장치(이러한 장치는 제어루프 내에 포함되지 않을 수도 있다), 루프의 설정치를 입력하는 방법(그림에서는 작업자가 조건을 결정함을 나타내기 위하여 다이얼로 표시하였다), 설정치와 출력을 비교하기 위한 비교장치, 아날로그 제어기, 증폭기, 공정 입력 파라미터를 결정하기 위한 액추에이터 등으로 구성된다.

　그림 5.7에 표시한 직접 디지털 제어 방식에서는 증폭기, 액추에이터, 그리고 많은 경우 센서 및 트랜스듀서까지의 일부 요소들은 아날로그 제어기와 동일하다. 주 교체 대상은 아날로그 제어기, 기록 및 출력장치, 설정치 입력 다이얼, 비교장치 등이다. 새로운 요소로는 디지털 제어기, 아날로그/디지털(A/D) 및 디지털/아날로그(D/A) 변환기, 한 컴퓨터로 여러 제어루프의 데이터를 공유하기 위한 멀티플렉서(multiplexer) 등이 있다. 직접제어 방식은 처음에는 아날로그 컴퓨터보다 동일한 작업을 더 효과적으로 수행할 수 있는 방안으로 기대되었다. 그러나 디지털 컴퓨터가 아날로그 장치를 모방하는 방식은 컴퓨터를 이용한 제어기술 분야에서 과도기적 방법이었고, 여기에 다음과 같은 제어용 컴퓨터의 잠재능력이 추가되었다.

● 전통적인 아날로그 제어기보다 풍부한 제어 옵션 : 디지털 컴퓨터를 이용한 제어 방식은 종래의

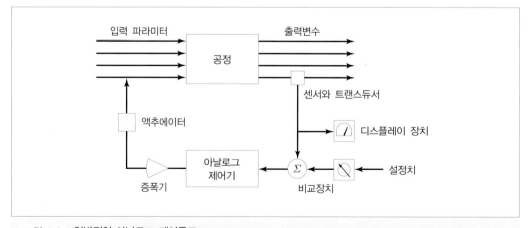

그림 5.6　일반적인 아날로그 제어루프

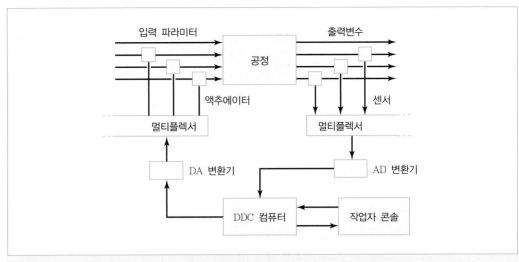

그림 5.7 직접 디지털 제어(DDC) 시스템의 구성요소

아날로그 제어 방식에서 많이 쓰이는 비례-적분-미분(PID) 제어보다 복잡한 제어 알고리즘을 구현할 수 있다. 예를 들면 On/Off 제어 또는 비선형성 제어함수가 제어루프에서 구현될 수 있다.

- **다수의 루프를 통합하고 최적화** : 여러 제어루프에서 피드백된 측정 결과를 통합하여 전체 시스템의 성능을 최적화하는 대책을 실행한다.
- **제어 프로그램의 편집** : 디지털 컴퓨터를 이용하면 필요시 제어용 컴퓨터 프로그램을 다시 작성함으로써 손쉽게 제어 알고리즘을 바꿀 수 있다. 아날로그 제어 방식에서는 제어 프로그램을 바꾸려면 하드웨어 교체를 수반할 가능성이 높은데 이는 비용을 발생시키는 번거로운 일이 될 것이다.

CNC와 로봇 컴퓨터 수치제어(computer numerical control, CNC)는 산업용 컴퓨터 제어의 한 형태이다. 각 단계의 세부사항과 순서를 명시한 명령 프로그램의 내용에 따라 가공장비의 동작을 컴퓨터가 명령한다. CNC의 특징은 대상물(가공부품)에 대한 공구의 상대위치를 제어하는 점이다. 부품의 형상을 만들기 위해 절삭공구가 지나갈 경로를 계산해야 한다. 따라서 CNC는 작업순서 제어뿐 아니라 기하학적 연산도 수행하여야 한다. 생산자동화와 산업용 제어에서의 중요성을 고려하여 제7장에서 CNC에 대하여 따로 설명한다.

CNC와 연관이 깊은 것으로 산업용 로봇이 있다. 매니퓰레이터(로봇 팔) 관절은 작업사이클 동안 팔 끝이 정해진 점들을 지나도록 제어된다. CNC와 마찬가지로 작업사이클 동안 제어기는 운동보간, 피드백 제어 및 기타 기능들을 수행하기 위해 계산을 수행하여야 한다. 또한 로봇 작업 셀은 일반적으로 주변의 다른 장비들과의 공조가 이루어져야 하는데, 공조는 인터록을 이용하여 구현된다. 산업용 로봇은 제8장에서 다룬다.

PLC   PLC(programmable logic controller)는 1970년 당시 이산제조산업의 이산제어에 사용되던 전자기계식 릴레이의 개선된 형태로 소개되었다. 컴퓨터의 발달로 PLC는 혁명적 발전을 해 왔으며, 현재의 PLC는 1970년대의 제어기보다 훨씬 많은 일을 수행할 수 있다. 현대의 PLC는 기계 및 공정을 제어하기 위한 논리, 순서, 시간(타이밍), 계수(카운팅), 기타 수학적 제어함수를 실행하는 명령을 프로그램 가능한 메모리에 저장, 실행하는 마이크로프로세서 기반의 제어기로 정의된다. 오늘날의 PLC는 공정산업과 이산제조산업에서 연속 및 이산제어용으로 공히 사용된다. 제9장에서는 PLC와 이들이 적용되는 제어 유형에 대해 알아본다.

감시제어 데이터 수집   감시제어(supervisory control)는 주로 장치산업에서 사용되는 용어인데, 이산제조산업의 셀 레벨 또는 시스템 레벨에서도 동일하게 적용될 수 있다. 감시제어는 CNC와 PLC나 기타 자동장비들의 제어(표 5.2의 레벨 2)보다 더 높은 레벨의 제어로서, 레벨 3 또는 4에 해당된다. 감시제어와 공정 수준의 제어 관계를 그림 5.8에 나타내었다.

감시제어 데이터 수집(supervisory control and data acquisition, SCADA)은 분산되어 있는 여러 장소의 공정으로부터 데이터를 수집하며 동작하는 제어 시스템을 의미한다. 장치산업에서의 SCADA는 공정의 경제적 목표(수율, 생산율, 비용, 품질 등)를 달성하기 위해 통합된 몇 가지 단위 공정의 행위를 조절하는 시스템을 의미한다. 이산제조산업에서의 SCADA는 제조 셀 또는 제조시스템을 구성하며 연동되는 장비들(예를 들면 자재취급시스템과 연결되어 있는 가공기계 그룹)의 행동을 지시하고 조종하는 역할을 한다. 이때도 경제적 측면이 고려되는데, 최적 운전조건을 결정하여 제조비용을 최소화하거나, 효율적 일정계획에 의한 기계 가동률의 최대화 등이 예가 된다.

분산제어 시스템   마이크로프로세서의 발달로 공정제어 부하를 분산하기 위하여 여러 마이크로컴퓨터를 연결하는 것이 현실성을 갖게 되었다. 이러한 구조를 분산제어 시스템(distributed control

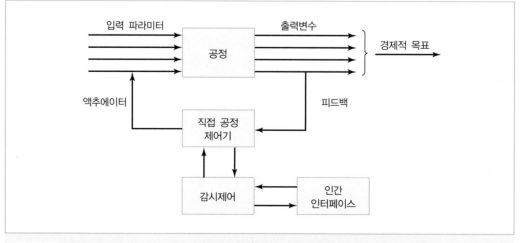

그림 5.8   공정 레벨의 제어 시스템에 적용되는 감시제어

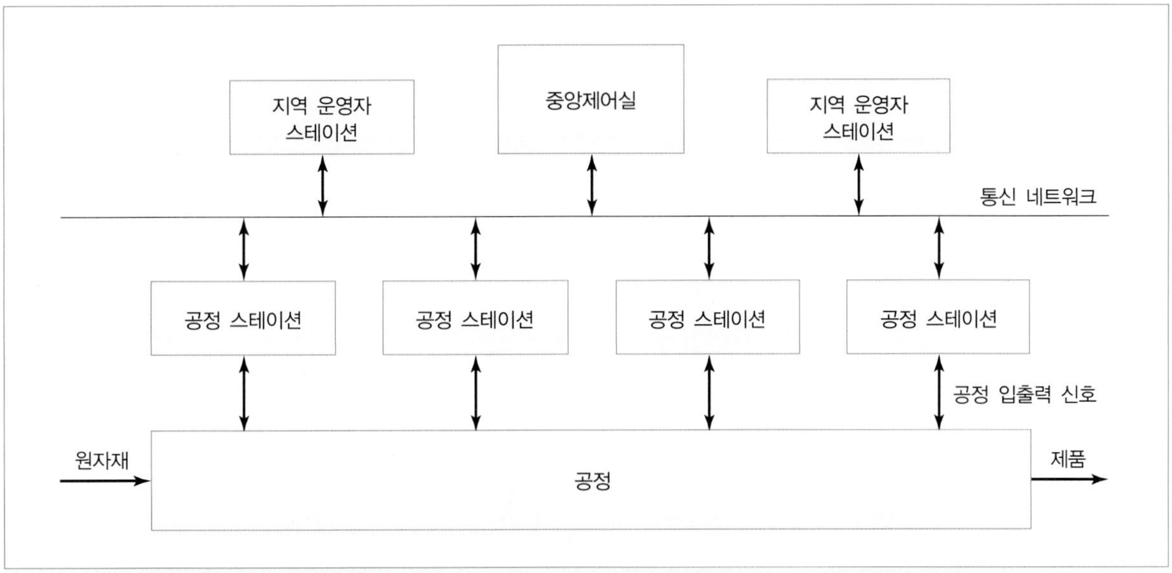

그림 5.9 분산제어 시스템

system, DCS)이라 부르며 다음과 같은 요소와 특징을 갖는다.

- 개별 루프와 공정장치를 제어하기 위하여 공장에 여러 대의 **공정 스테이션**이 있다.
- **중앙제어실**에는 운영자 스테이션이 있어서 공장의 감독제어가 이루어진다.
- **지역 운영자 스테이션**은 공정 전체에 퍼져 있다. 이는 DCS에 대체 여유를 제공한다. 중앙제어실이 고장 나면 지역 운영자 스테이션이 그 기능을 맡는다. 한 지역 운영자 스테이션에 문제가 생기면 다른 지역 운영자 스테이션이 고장 난 운영자 스테이션의 기능을 수행한다.
- 모든 공정 스테이션 및 운영자 스테이션은 **통신 네트워크**를 통해 상호작용한다.

그림 5.9는 통상적인 분산제어 시스템 구성을 보여준다. DCS의 이점으로는 다음과 같은 것이 있다—(1) DCS는 주어진 상황에 맞게 가장 기본적인 구조로 시작해서 향후 개선 및 확장이 용이하다. (2) 여러 대의 컴퓨터로 구성되어 동시 다중 업무처리(multitasking)가 가능하다. (3) 여러 대의 컴퓨터로 구성되어 대체 여유가 있다. (4) 중앙제어 방식과 비교할 때 제어용 배선이 감소된다. (5) 네트워크는 기업 전체에 걸쳐 정보를 제공하여 보다 효율적인 공장 및 공정관리를 가능케 한다.

DCS의 개발은 1970년 전후에 시작되었고, 첫 번째 적용 분야는 공정산업에서였다. 이산제조산업에서는 비슷한 시기에 PLC가 소개되었다. 분산제어의 개념은 PLC에도 동일하게 적용된다. 즉 각각의 장비를 제어하는 PLC들이 공장에 분산되어 통신 네트워크로 연결된다. DCS와 PLC에 이어 등장한 PC는 매년 생산능력의 발전과 가격의 저하가 이루어지면서 공정제어에 PC기반 분산제어 시스템의 도입을 촉발하였다.

공정제어용 PC　오늘날 PC는 컴퓨터 시장을 지배하고 있어 생산과 서비스 부문 구별 없이 업무 수행의 표준도구로 정착하였다. 따라서 공정제어 부문에서 PC의 사용 증가는 당연한 일이다. 공정 제어에서의 두 가지 응용 분야는 기본적으로 (1) 작업자 인터페이스, (2) 직접 제어로 나눌 수 있다. 응용 분야에 상관없이 PC는 네트워크를 통하여 다른 PC와 연결되어 분산제어 시스템으로 구축되기 쉽다.

작업자 인터페이스용으로 사용될 경우 PC는 공정과 직접 연결된 하나 이상의 PLC나 다른 기기들(예 : 마이크로컴퓨터)과 인터페이스된다. PC는 1980년대 초반 이후 작업자 인터페이스용으로 사용되었다. 작업자 인터페이스용 PC는 공정감시 및 감독제어용 역할을 할 수 있으나 공정을 직접 제어하지는 못한다. 작업자 인터페이스용으로 PC를 사용할 경우의 장점으로는 (1) 사용자 편의 환경을 제공하고, (2) PC는 PC의 전통적인 기능인 연산과 데이터 처리를 그대로 수행할 수 있으며, (3) PLC 등 공정을 직접 제어하는 장치들이 PC와 분리되어 PC의 고장이 공정을 중단시키지 않으며, (4) PLC 제어 소프트웨어와 공정연결 배선을 건드리지 않고 PC를 쉽게 신형 고급사양으로 대체 가능하다는 것이다.

직접 제어는 PC가 공정에 직접 연결되어 공정을 실시간으로 제어함을 의미한다. 전통적인 개념에서는 PC를 직접 공정에 연결하는 것을 위험하게 여겼다. 만약 컴퓨터가 고장이 나면 제어되지 않는 공정은 불량품을 생산하거나 위험을 초래할지 모른다. 다른 요소로는 PC의 운영체제나 소프트웨어는 연산 및 데이터 처리를 위한 업무용으로 설계되어 공정제어에 부적절할 수 있다. PC는 실시간 공정제어에서 요구하는 외부공정과의 인터페이스를 고려하여 설계된 것이 아니며, 주로 사무실 환경에서 사용되도록 설계되어 공장의 열악한 환경에는 부적합하다.

최근의 PC 기술 발달은 이러한 우려를 불식시키고 있다. 1990년 초반부터 공정의 직접 제어용으로 PC의 사용이 급속히 늘어 가고 있는데, 이러한 경향의 배경이 되는 요소로는 다음과 같은 것이 있다.

- PC의 대중화
- PC의 고성능화
- 제어 시스템 설계에 개방형 개념 확산에 따른 호환성 증대
- 실시간 제어, 다중처리, 네트워킹이 가능한 운영체제(OS)의 발전

기업 차원에서의 공장 데이터 통합　최근의 PC기반 분산제어 분야의 발전은 그림 5.10에 나타난 바와 같이 공장 작업정보의 기업 차원의 통합이다. 이것은 현대의 정보관리 및 작업자 역할 강화 추세와 괘를 같이 한다. 이 개념은 기업관리조직의 계층 축소 및 영업, 일정계획, 생산 부문에서 최전방 작업자들의 책임을 강화하는 것을 가정한다. 최근의 운영체계는 여러 내장된 옵션 기능이 있어서, 공장 내 산업제어 시스템을 기업 차원의 비즈니스 시스템에 연결해주고 다양한 소프트웨어 간 데이터의 교환을 지원해줄 수 있다. 예를 들어 공장에서 수집된 데이터를 스프레드시트와 같은 분석 소프트웨어에서 활용할 수 있다. **전사적 자원관리**(ERP)라는 용어는 공장 데이터뿐만 아니라

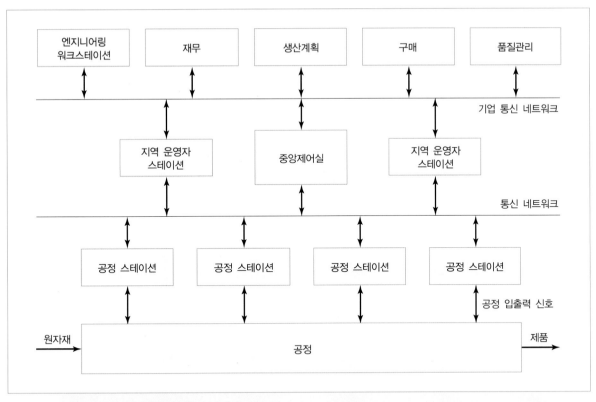

그림 5.10 기업 차원의 PC기반 분산제어 시스템

회사의 비즈니스 기능을 수행하는 데 필요한 다른 데이터의 전사적 통합을 이룩해주는 소프트웨어 시스템을 말한다. ERP의 핵심은 회사의 어느 곳에서도 접근이 가능한 단일 중앙 데이터베이스라고 할 수 있다. ERP에 대한 상세한 사항은 제25장에서 설명한다.

다음은 공정 데이터를 기업 전체에 활용함으로써 가능한 기능의 예이다.

1. 관리자는 현장 작업에 대하여 보다 직접적으로 접근할 수 있다.
2. 생산계획자는 미래의 주문에 대한 일정계획 작성 시 시간 및 생산율에 대한 최신 데이터를 활용할 수 있다.
3. 영업사원은 공장의 생산제품 현황으로부터 정확한 납기를 제시할 수 있다.
4. 주문 담당자는 문의하는 고객들에게 그들이 낸 주문의 현재 진행 상태를 알려줄 수 있다.
5. 품질관리자는 과거 주문에 대한 품질정보 이력으로부터 현 주문에서 발생할 또는 잠재적인 품질 문제를 예측할 수 있다.
6. 원가관리자는 가장 최근의 생산비용 정보를 활용할 수 있다.
7. 생산인력들은 부품과 제품의 상세 설계정보를 참조하여 이에 대한 명확한 이해를 통해 업무 효율을 올릴 수 있다.

참고문헌

[1] ASTROM, K. J., and WITTENMARK, B., *Computer-Controlled Systems—Theory and Design,* 3rd ed., Dover Publishing, Mineola, New York, NY, 2011.

[2] BATESON, R. N., *Introduction to Control System Technology,* 7th ed., Prentice Hall, Upper Saddle River, NJ, 2002.

[3] BOUCHER, T. O., *Computer Automation in Manufacturing,* Chapman & Hall, LONDON, UK, 1996.

[4] CAWLFIELD, D., "PC-Based Direct Control Flattens Control Hierarchy, Opens Information Flow," *Instrumentation & Control Systems,* September 1997, pp.61-67.

[5] GROOVER, M. P., "Industrial Control Systems," *Maynard's Industrial Engineering Handbook,* 5th ed., K. Zandin (ed.), McGraw-Hill Book Company, New York, NY, 2001.

[6] HIRSH, D., "Acquiring and Sharing Data Seamlessly," *Instrumentation and Control Systems,* October 1997, pp. 25-35.

[7] OLSSON, G., and G. PIANI, *Computer Systems for Automation and Control,* Prentice Hall, LONDON, UK, 1992.

[8] PLATT, G., *Process Control : A Primer for the Nonspecialist and the Newcomer,* 2nd ed., Instrument Society of America, Research Triangle Park, NC, 1998.

[9] RULLAN, A., "Programmable Logic Controllers versus Personal Computers for Process Control," *Computers and Industrial Engineering,* Vol. 33, Nos. 1-2, 1997, pp. 421-424.

[10] STENERSON, J., *Fundamentals of Programmable Logic Controllers, Sensors, and Communications,* 3rd ed., Pearson/Prentice Hall, Upper Saddle River, NJ, 2004.

[11] www.optp22.com/site/fd_whatisapac.aspx

[12] www.wikipedia.org/wiki/Distributed_Control_System

[13] www.wikipedia.org/wiki/Industrial_Control_System

[14] www.wikipedia.org/wiki/Programmable_Logic_Controller

[15] www.wikipedia.org/wiki/Remote_Terminal_Unit

[16] www.wikipedia.org/wiki/SCADA

복습문제

5.1 산업용 제어 시스템을 정의하라.

5.2 연속변수와 이산변수의 차이는 무엇인가?

5.3 이산변수의 기본 세 유형을 설명하라.

5.4 연속제어 시스템과 이산제어 시스템의 차이점은 무엇인가?

5.5 사건기반 변화와 시간기반 변화의 차이점은 무엇인가?

5.6 실시간 제어를 수행하기 위하여 제어기가 갖추어야 할 두 가지 기본 요구사항은 무엇인가?

5.7 컴퓨터 이용 공정제어에서 폴링이란 무엇인가?

5.8 인터록이란 무엇이며 산업용 제어 시스템에서 인터록의 두 가지 유형은 무엇인가?

5.9 인터럽트 시스템이란 무엇인가?

5.10 컴퓨터 이용 공정감시란 무엇인가?

5.11 직접 디지털 제어에 대해 설명하라.

5.12 분산제어 시스템에 대해 설명하라.

5.13 PLC란 무엇인가?

5.14 SCADA는 무엇의 약자이며, 이것의 기능은 무엇인가?

CHAPTER 06

자동화와 공정제어를 위한 하드웨어 구성요소

● ● ● ●

자동화와 공정제어를 구현하기 위하여 컴퓨터는 데이터를 수집하고 제조공정을 작동시키기 위해 필요한 신호를 보내야 한다. 5.1.2절에서 살펴보았듯이 공정변수와 파라미터들은 연속적 또는 이산적인 것으로 분류할 수 있다. 몇몇 공정 데이터는 연속(아날로그)적인 성격을 갖는 반면, 디지털 컴퓨터는 디지털(이진) 정보만을 다루게 된다. 컴퓨터를 이용한 공정제어를 위하여 이러한 차이는 조정되어야 한다. 이 장에서는 이러한 컴퓨터-공정 인터페이스를 위해 필요한 구성요소에 대하여 살펴보기로 한다. 구성요소로는

1. 연속 또는 이산 공정변수를 측정하기 위한 센서
2. 연속 또는 이산 공정 파라미터로 가동하기 위한 액추에이터
3. 연속 아날로그 신호를 디지털 데이터로 만들기 위한 변환기
4. 디지털 데이터를 아날로그 신호로 만들기 위한 변환기
5. 이산 데이터의 입출력기

공정제어 시스템의 구성을 보여주는 그림 6.1에 컴퓨터와 다섯 구성요소가 어떻게 인터페이스 되어 있는지 나타나 있다.

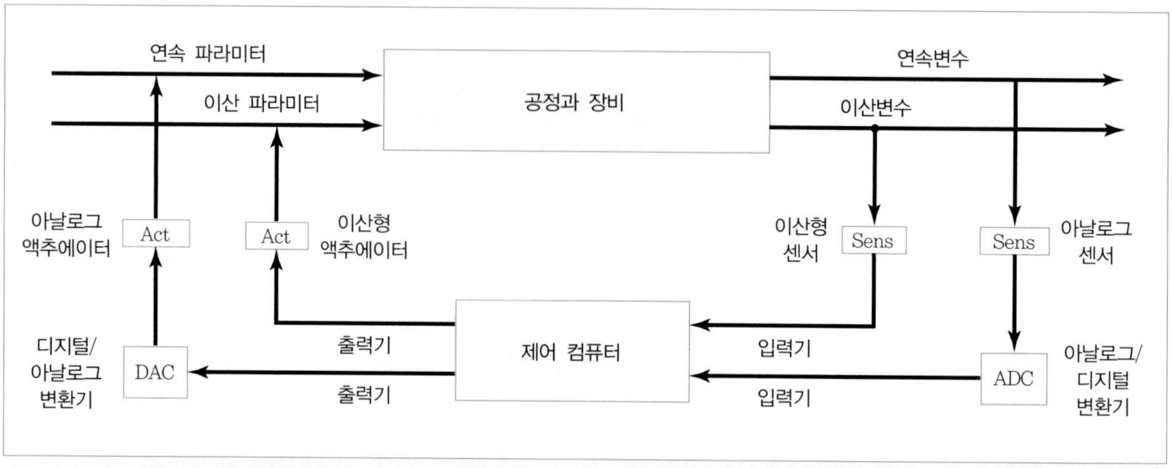

그림 6.1 컴퓨터 공정제어 시스템

6.1 센서

제조공정의 피드백 제어를 위한 데이터 수집을 위하여 다양한 종류의 측정기기들이 사용된다. **센서**(sensor)는 어떤 형태의 물리적인 변수를 주어진 목적에 맞추어 더 유용하도록 다른 형태의 물리적인 변수로 변환하여 주는 일종의 **트랜스듀서**(transducer)이다. 일반적으로 센서는 온도, 힘, 압력, 변위와 같은 자극이나 변수를 측정할 목적으로 전압과 같은 더 편리한 형태로 바꾸어 주며, 변환 과정에서 변수의 정량화가 이루어져서 자극이 하나의 수치로 해석되게 된다. 정량화된 신호는 측정된 변수의 값으로 해석될 수 있다.

센서는 다양한 방식으로 분류할 수 있는데, 가장 적절한 방법은 표 6.1과 같이 측정하고자 하는 자극 또는 물리적 변수의 영역에 따라 분류하는 것이다. 각 영역 내에서도 측정할 수 있는 다수의 변수가 존재하는데, 표 안의 변수들은 산업공정에서 볼 수 있는 일반적인 것들이다.

제5장에서의 공정변수 분류와 같이 센서도 아날로그 센서와 이산 센서로 분류할 수 있다. **아날로그 센서**(analog sensor)는 전압과 같은 연속적인 아날로그 신호를 생성한다. 이러한 아날로그 센

| 표 6.1 | 자극의 영역으로 분류한 물리적 변수

자극 영역	물리적 변수의 예
기계적	위치(직선변위, 각도변위), 속도, 가속도, 힘, 토크, 압력, 응력, 변형률, 질량, 밀도
전기적	전압, 전류, 충전, 저항, 전도성, 정전용량
열	온도, 열, 열전달, 열전도성, 비열
광/방사선	방사선 유형(예 : 감마선, X선, 가시광선), 광도, 파장
자성	자기장, 자속, 자기전도, 도자율
화학적	구성성분, 농도, pH 수준, 독성 함유량, 오염도

서의 예로는 서모커플, 스트레인게이지, 포텐시오미터 등을 들 수 있다. 아날로그 센서에서 나온 출력신호가 아날로그-디지털 변환기에 의해서 디지털 신호로 변환되어야만 디지털 컴퓨터에서 사용할 수 있다(6.3절).

이산 센서(discrete sensor)는 단지 어떤 일정한 값들로만 나타나는 출력을 생성한다. 이산 센서는 종종 2진 기기와 디지털 기기로 나눌 수 있다. **2진 센서**(binary sensor)는 On/Off 신호를 생성하는데, 일반적으로 정상열림상태로부터 닫힘 접촉을 하는 형태로 동작한다(리밋 스위치). 다른 2진 센서로는 광센서와 근접 스위치가 있다. **디지털 센서**(digital sensor)는 병렬 상태 비트 집합(예 : 광센서 배열) 또는 연속적인 펄스의 계수(예 : 광인코더) 형태의 디지털 출력신호를 생성한다. 두 경우 모두 측정된 양이 디지털 신호로 표현된다. 디지털 센서는 단독 측정장치로 사용될 때 신호의 판독이 용이하고, 디지털 컴퓨터와의 데이터 호환성 때문에 그 사용이 증가하는 추세에 있다. 산업용 제어 시스템에 사용되는 센서를 표 6.2에 요약하였다.

센서 기술에 있어서 최근의 중요한 경향은 매우 작은 센서의 개발이다. **마이크로센서**는 1미크론(10^{-6}m) 수준의 치수라는 의미를 갖는데, 반도체와 유사한 공정기술을 사용하여 실리콘으로 보통 만들어진다.

센서에 대해 **전달함수**(transfer function)를 정의할 수 있는데, 이는 물리적 자극의 값과 이 자극에 대응하여 센서가 생성하는 신호값 간의 관계라고 할 수 있다. 즉 자극은 입력이 되고 생성되는 신호는 출력이 된다. 전달함수는 다음과 같은 식으로 표현될 수 있다.

$$S = f(s) \tag{6.1}$$

여기서 S는 출력신호(일반적으로 전압), s는 자극, $f(s)$는 이 둘 간의 함수관계이다.

리밋 스위치 같은 2진 센서들은 다음과 같이 정의되는 2진 함수관계를 갖는다.

$$S = 1 \quad s > 0, \quad S = 0 \quad s \le 0 \tag{6.2}$$

이상적인 아날로그 센서는 다음과 같은 단순 비례 관계를 가져야 한다.

$$S = C + ms \tag{6.3}$$

여기서 C는 자극값이 없을 때의 출력값이고, m은 s와 S 간의 비례상수이다. m은 센서의 민감도(sensitivity)인데, 센서의 출력 또는 응답이 자극에 의해 반응하는 정도를 알려주는 척도이다.

센서를 사용하기 전에 전달함수 또는 전달함수의 역함수를 결정하기 위하여 보정(calibration) 절차가 필수적으로 요구된다. 이 역함수는 출력 S를 측정변수 s로 변환하는 함수를 의미하는데, 이것이 있다면 사용자는 출력신호를 가지고 측정 대상의 입력값을 추정할 수 있다. 얼마나 쉽게 보정을 할 수 있는지는 측정기 선택의 중요한 기준이 된다. 공정제어에 사용되는 측정기에 요구되는 특성을 표 6.3에 요약하였다. 이러한 모든 특성에서 완벽한 점수를 받을 수 있는 측정기는 거의 없다. 따라서 제어 시스템 엔지니어는 주어진 응용 분야에 가장 적합한 센서가 무엇인지를 선택하기 위하여 가장 중요한 특성이 어떤 것인지를 판단해야 한다.

| 표 6.2 | 자동화에 사용되는 센서와 측정기기

측정기	설명
가속도계	진동과 충격을 측정하는 아날로그 기기. 정전용량, 압전 등 다양한 물리현상을 응용.
전류계	전류의 세기를 측정하는 아날로그 기기.
바이메탈 스위치	온도의 변화에 따른 전기적 접촉을 개폐하는 데 사용하기 위해 바이메탈 코일을 사용하는 2진 스위치.
바이메탈 온도계	온도 변화에 반응하여 그 형상이 변하는 바이메탈을 사용하는 아날로그 온도 측정기.
동력계	힘, 동력 또는 토크를 측정하는 아날로그 기기. 스트레인게이지, 압전 등 다양한 물리현상을 응용.
부유 트랜스듀서	레버 팔에 붙어 있는 부표. 레버의 지렛대 움직임 현상을 이용하여 용기의 액체 수위의 측정(아날로그 기기) 또는 접촉 스위치의 작동(2진 기기).
유량 센서	지름이 다른 2개의 파이프에서의 압력 차이를 이용하여 유체 흐름량의 아날로그 측정.
유량 스위치	리밋 스위치와 유사하나 물체 접촉이 아닌 압력의 증가에 의하여 동작하는 2진 스위치.
LVDT	주 코일과 자화 코어에 의하여 분리되는 2개의 2차 코일로 구성된 아날로그 위치 센서. 주 코일에 전류가 통하면, 2차 코일의 유도전압은 코어 위치에 따른 함수. 힘과 압력 측정에도 사용 가능.
리밋 스위치	레버 또는 누름버튼이 전기 접촉을 개폐하는 2진 접촉 센서.
마노미터	가스나 액체의 압력을 측정하는 아날로그 기기. 알려진 압력과 모르는 압력의 비교를 기본으로 함. 바로미터는 마노미터의 특별한 형태로 기압을 측정하는 데 사용.
저항계	전기저항을 측정하는 데 사용.
광인코더	광센서와 광원을 분리하는 슬롯 디스크로 구성되어 위치와 속도를 측정하는 데 사용되는 디지털 기기. 디스크가 회전함에 따라 광센서는 펄스열의 형태로 슬롯을 통해 빛을 감지하며, 펄스의 수와 빈도는 디스크에 연결되어 있는 회전축의 위치와 속도에 각각 비례함. 회전뿐만 아니라 직선 이동의 측정을 위하여 사용.
광센서	발광부와 광선의 차단을 감지하는 수광부로 구성되어 있는 2진 비접촉식 센서(스위치). 2개의 일반적인 형태는 (1) 어떤 물체가 발광부와 수광부 사이의 빛을 가로막고 있는 투과형, (2) 발광부와 수광부가 같은 편에 위치하여 물체가 빛의 반사를 방해하지 않으면 반사경에 빛이 반사되어 탐지하는 역반사형.
광센서 배열	일련의 광센서로 구성된 디지털 센서. 배열은 빛 또는 빛 이외의 어떤 것의 통과를 방해하는 물체의 높이 또는 크기를 측정하기 위하여 설계.
광도계	조도 또는 빛의 강도를 측정하는 아날로그 센서.
압전 트랜스듀서	변형될 때 전하가 발생하는 물질(예 : quartz)의 압전현상에 기초한 아날로그 기기. 변형에 비례하는 전하량을 측정하여 힘, 압력, 가속을 측정.
포텐시오미터	저항과 접촉 슬라이더로 구성된 아날로그 위치 센서. 슬라이더 위치가 저항값을 결정. 직선 및 회전 위치 측정에 모두 사용 가능.
근접 스위치	접근하는 물체가 전자기장에서의 변화를 유도할 때 가동되는 2진 비접촉 센서. (1) 유도형 (inductive)과 (2) 용량형(capacitive) 2개의 형식이 있음.
파이로미터	가시선과 적외선 영역에서의 전자기장 방사량을 감지하는 아날로그 온도 측정기.
저항-온도 감지기	온도의 증가에 따른 금속 전기저항의 증가 원리를 응용한 아날로그 온도 측정기.
스트레인 게이지	힘, 토크, 또는 압력을 측정하는 데 널리 사용되는 아날로그 센서. 전도체의 변형(늘어남 또는 줄어듦)에 따른 전기저항의 변화를 측정.

| 표 6.2 | (계속)

측정기	설명
타코미터	회전속도에 비례하여 전압을 생성하는 DC 발전기로 구성된 아날로그 기기.
촉각 센서	두 물체 사이의 물리적인 접촉을 알려주는 측정기기. 전기적인 접촉(전도물질의)이나 압전효과와 같은 물리적 기기를 응용.
서미스터	온도의 증가에 따른 반도체 전기저항의 감소에 기초한 아날로그 온도 측정기.
열전쌍 온도계 (서모커플)	열전현상에 기초한 아날로그 온도 측정기로 서로 다른 금속선의 연결부에서 연결부위 온도에 따른 소량의 전압이 발생.
초음파 센서	고주파 음향의 방출과 반사 사이의 시간 간격을 측정하여 거리를 측정하거나 단순히 물체의 존재를 확인하는 데 사용.

| 표 6.3 | 자동시스템에 사용되는 측정기의 요구 특성

요구 특성	정의 및 설명
고정확도	측정치는 실제값으로부터의 미소한 시스템적인 에러만 포함.
고정밀도	측정치에서의 랜덤 변화 또는 노이즈가 낮음.
넓은 사용 범위	측정되는 물리적 변수값의 넓은 범위 내에서 고정밀도와 고정확성을 유지.
빠른 응답속도	측정되는 물리적 변수값의 변화에 신속하게 대응(이상적으로 시간지연 없음).
보정 용이성	보정이 빠르고 용이.
최소 드리프트	드리프트란 시간이 지남에 따라 점차 정확성을 잃어 가는 것을 의미. 드리프트가 크면 잦은 재보정이 필요.
고신뢰성	사용기간 중 잦은 고장이나 오작동이 있어서는 안 됨. 제조시스템의 매우 열악한 환경 내에서 성능을 유지.
저비용	구입(제작) 및 설치비는 센서를 통해 얻을 수 있는 데이터의 가치에 비교하여 상대적으로 낮아야 함.

6.2 액추에이터

산업제어 시스템에서 **액추에이터**(actuator)는 제어기의 명령신호를 위치나 속도와 같은 물리적 파라미터의 변화로 바꾸어 주는 하드웨어 장치이다. 액추에이터는 전류와 같은 하나의 물리량을 전기모터의 회전속도와 같은 다른 형태의 물리량으로 변환하는 일종의 변환기이다. 제어기는 주로 미약한 명령신호를 발생시키기 때문에 액추에이터를 가동시키기 위해 필요한 강도로 올려주는 증폭기를 포함하는 경우가 많다.

사용되는 증폭기의 유형에 따라 액추에이터는 (1) 전기, (2) 유압, (3) 공압 세 가지로 분류된다. 전기 액추에이터는 가장 일반적인 것으로 AC 또는 DC 모터, 스테핑 모터, 솔레노이드 등을 포함하며, 직선형(출력이 직선변위)과 회전형(출력이 회전각도)으로 나눌 수 있다. 유압 액추에이터는 제어기의 명령신호를 증폭하기 위해 작동유의 압력을 이용한다. 유압 액추에이터로도 직선과 회전운동이 모두 가능한데, 큰 힘을 필요로 하는 경우에 주로 사용된다. 공압 액추에이터는 구동력을 얻기 위하여 압축공기를 사용하며, 다른 액추에이터와 같이 직선과 회전운동 모두 가능하다. 공기압력으로 발생시키는 구동력 수준은 낮은 편이기 때문에, 유압 액추에이터에 비해서 상대적으로 낮은 힘은 필요로 하는 응용 분야에 활용된다.

6.2.1 전기모터

전기모터는 전기적 동력을 기계적 동력으로 변환하여 준다. 대부분의 전기모터는 회전형이며, 이에 대한 구조를 그림 6.2에 나타내었다. 현재 선형 모터도 점점 사용 범위가 넓어지고 있다. 모터는 고정자와 회전자라는 2개의 기본 구성품으로 구성된다. **고정자**(stator)는 링 형태의 정지된 부품이고, **회전자**(rotor)는 고정자의 내부에서 회전하는 원통형 부품으로 외부에서 일을 하는 기계부품과 축으로 연결된다. 모터에 공급되는 전류가 연속적으로 자기장을 전환 유도하며, 이에 따라 고정자의 극성과 항상 반대가 되도록 회전자의 극이 위치하려는 시도가 결국 회전력을 만들어낸다. 매우 다양한 종류의 모터가 있지만, 가장 간단하고 보편적인 분류는 직류(DC) 모터와 교류(AC) 모터의 구분이다. 여기서는 자동화에 많이 사용되는 스테핑 모터를 추가하여 좀 더 상세히 알아보기로 한다.

DC 모터   직류 전류와 전압에 의해 구동되는 모터를 말한다. **정류자**(commutator)라는 회전 스위칭 장치에 의해 연속적으로 자기장을 전환하는 것이 가능하다. 정류자는 회전자와 함께 회전하면서 고정자 조립품의 일부인 브러시(brush)를 통해 전류를 공급받는다. 고정자와 회전자 간의 상대

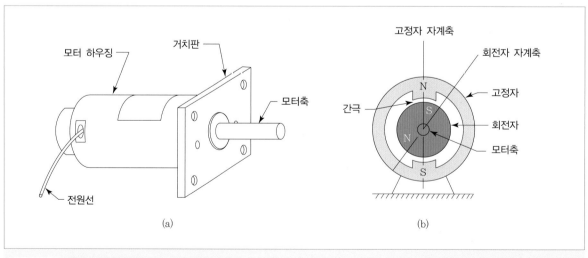

그림 6.2   회전 전기모터의 구조 : (a) 일반적 구조, (b) 동작

적 극성을 연속적으로 바꾸어 줌에 따라 회전자를 연속적으로 회전시킬 수 있는 토크가 발생한다. 전통적인 DC 모터에서는 이러한 정류자를 사용하는 것이 일반화되어 있지만, 정류자와 브러시 간의 물리적인 접촉으로 인해 불꽃, 마모, 유지보수 등의 문제점을 안고 있다. 이런 이유로 브러시리스(brushless) DC 모터가 개발되었는데, 이것은 정류자와 브러시 대신에 전자회로를 사용함으로써 회전자의 회전관성을 줄여 더 높은 회전속도를 얻을 수 있는 장점이 있다.

DC 모터는 두 가지 이유로 널리 사용되는데, 그 첫 번째는 전원으로서 직류의 편의성이다. 예를 들어, 자동차 배터리는 직류를 공급하기 때문에 자동차의 모터는 DC 모터를 사용한다. 두 번째 이유는 AC 모터에 비해 회전력-속도의 관계가 더 우수하다는 점이다.

DC 서보모터는 기계장치나 자동화 시스템에서 흔히 접할 수 있다. 서보(servo)라는 의미는 속도제어를 위해 피드백 루프가 사용된다는 것이다. DC 서보모터에서 고정자는 2개의 영구자석으로 이루어졌으며, 회전자(또는 전기자)는 3개의 철심 주변을 구리선으로 감은 형태를 지니고 있다. 입력전류가 정류자를 통해 이 구리선으로 들어가면 자기장이 발생하고, 이것이 고정자의 자기장과 반응하여 회전자를 구동시키는 회전력이 발생한다.

AC 모터 DC 모터가 우수한 기능을 가지고 있지만 다음과 같은 두 가지 큰 단점도 있다—(1) 정류자와 브러시가 유지보수 문제를 야기한다. (2) 대다수 산업현장의 전원은 직류가 아닌 교류이다. DC 모터를 구동하기 위해 교류를 사용하려면 직류로 전환해 주는 정류기가 추가로 필요하기 때문에 현장에서는 AC 모터가 많이 사용된다. AC 모터는 브러시가 없으며 보편적인 전원을 사용한다는 장점을 가지고 있다.

AC 모터는 고정자 내에서 회전하는 자기장을 발생시켜서 동작되는데, 회전자의 속도도 자기장의 회전속도와 일치한다. 여기서 회전속도는 입력 전원의 주파수에 의존한다. AC 모터는 유도 모터와 동기 모터의 두 가지로 구분된다. AC 모터는 입력 전원의 주파수에 비례하는 일정 속도로 운전될 수 있기 때문에 고정된 속도가 필요한 경우 흔히 사용된다. 그러나 이 특징은 빈번한 가동과 정지가 일어나 속도 변화가 수시로 일어나는 자동화 분야에서는 단점이 된다. 이 속도 문제는 모터에 공급되는 AC 전원의 주파수를 변화시켜 주는 주파수 조정기기(인버터)를 사용하여 해결할 수 있다. 전자소자 분야가 발전함에 따라 AC 모터의 속도제어기술도 향상되어 DC 모터가 차지했던 응용 분야에서 점점 경쟁력을 더해 가고 있다.

스테핑 모터 스텝 모터 또는 스테퍼 모터라고도 불리는 이 모터는 이산적인 각도변위(각도 스텝)의 형태로 회전을 만들어낸다. 각 각도 스텝은 이산적인 전기펄스에 의해 진행된다. 전체 회전은 모터가 받는 펄스 수에 의해 조절되고, 회전속도는 펄스의 주파수에 의해 제어된다.

스테핑 모터는 회전력이 비교적 낮아도 되는 개루프 제어 시스템에 주로 적용된다. 공작기계와 기타 생산기계, 산업용 로봇, x-y 플로터, 의료장비, 과학기기, 컴퓨터 주변장치 등에 많이 사용된다.

회전을 직선운동으로 변환   앞에서 설명한 모터들은 회전운동과 회전력을 발생시키는데, 실제로는 직선운동과 힘을 요구하는 경우도 많다. 따라서 모터에서 얻은 회전운동을 직선운동으로 변환하는 그림 6.3과 같은 방법들이 사용된다.

- 이송나사 및 볼나사 : 축방향으로 나사산이 형성되어 있는 이송나사 혹은 볼나사에 모터축을 연결시킨다. 나사축이 회전함에 따라 내부에 나사산이 있는 너트가 직선으로 움직인다. 이 방식은 공작기계, 산업용 로봇과 자동화장치에 많이 이용된다.
- 풀리시스템 : 벨트, 체인 등의 루프가 감겨 있는 구동휠에 모터축을 연결하고 모터를 구동시키면 풀리휠 사이에서 직선운동이 발생한다. 이 방식은 벨트 컨베이어, 체인 컨베이어, 호이스트와 같은 자재이송장치에서 주로 이용된다.
- 랙과 피니언 : 모터축과 연결된 피니언 기어가 랙(직선 톱니 기어)과 만나서, 피니언의 회전운동이 랙의 직선운동으로 변환된다.

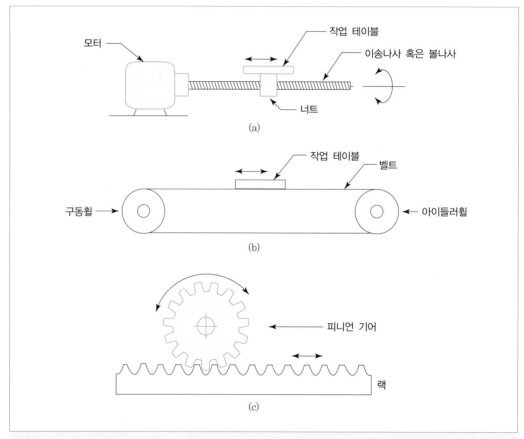

그림 6.3   회전운동을 직선운동으로 변환하는 메커니즘 : (a) 이송나사 혹은 볼나사, (b) 풀리시스템, (C) 랙과 피니언

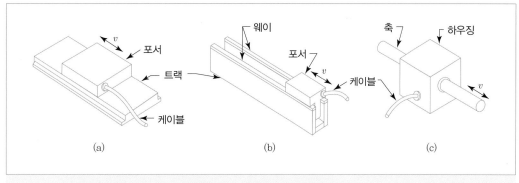

그림 6.4   리니어모터의 유형 : (a) 평면형, (b) U채널형, (C) 원통형

리니어모터   리니어모터는 직선운동을 바로 일으킬 수 있어서, 앞의 회전-직선 변환 기능이 필요 없는 모터를 말한다. 일반 모터의 링형 고정자와 원통형 회전자가 직선화된 점 외에는 일반 모터와 리니어모터의 기본 동작은 유사하다. 회전자 역할을 하는 **포서**(forcer)는 절연재 케이스 속에 코일이 감겨 있는 구조를 가진다. 고정자에 해당하는 직선 트랙은 몇 개의 자석으로 이루어져서 포서를 구동시키는 자계를 형성한다. 트랙상의 포서의 위치와 속도를 감지하기 위해 리니어 인코더가 사용된다.

리니어모터는 그림 6.4와 같이 세 가지 유형이 있다[13]. 평면형은 평편한 트랙을 따라 포서가 이동한다. U채널형은 2개의 평행한 레일과 베이스에 의해 형성되는 U자형 단면 트랙을 가진다. 원통형은, 자석이 들어 있는 하우징(트랙의 역할) 내부를 원형축 포서가 직선으로 운동한다.

리니어모터는 기계부품조립, 전자부품조립, 측정기, 레이저장치 등에 사용된다. 일반적인 회전 모터와 직선운동변환장치를 대체할 액추에이터로 사용되는데, 정확도, 반복도, 속도, 가속도, 설치의 용이성 등의 측면에서 더 우수한 성능을 기대할 수 있다[14].

6.2.2 기타 액추에이터

모터 외의 전기 액추에이터   여기서는 솔레노이드와 릴레이 두 가지에 대해서 설명한다. **솔레노이드**(solenoid)는 일종의 전자석으로 그림 6.5와 같이 고정된 코일 내부의 직선으로 움직이는 플런저로 구성되어 있다. 코일에 전류가 흐르면 자력이 발생하여 플런저를 코일 속으로 끌어들이고, 전류가 끊기면 스프링에 의해 플런저가 이전 위치로 돌아간다. 이러한 솔레노이드는 화학공정설비의 유량 시스템 밸브의 개폐에 흔히 사용된다.

릴레이(relay)는 솔레노이드를 이용하여 전기 접점을 열고 닫는 일종의 스위치라고 할 수 있다. 즉 고정된 코일에 전류가 흐르면 자기장이 발생해 금속 접점을 당길 수 있다. 릴레이를 사용하는 이유는 비교적 낮은 수준의 전류를 사용하여, 높은 전류 또는 전압의 주전원을 열고 닫는 작동을 할 수 있기 때문이다. 따라서 높은 전력을 필요로 하는 장비를 멀리 떨어진 장소에서 on/off할 수 있는 안전한 방법이라 할 수 있다.

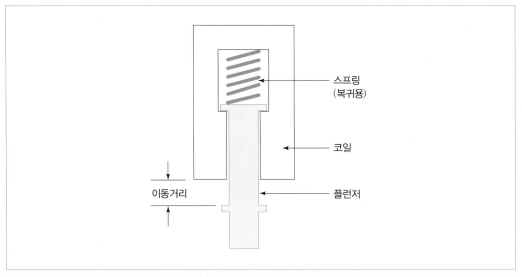

그림 6.5 솔레노이드의 구조

유압 및 공압 액추에이터 압축된 기름을 사용하는 것이 유압(hydraulic)이고, 압축된 공기를 사용하는 것이 공압(pneumatic)이다. 작동원리는 유사하나 기름과 공기의 유체 특성이 다르기 때문에 두 액추에이터의 특성과 효과는 표 6.4에서 보듯이 차이가 있다.

유·공압시스템에서는 직선형과 회전형 액추에이터가 모두 사용되며, 그림 6.6에 나타낸 실린더가 대표적인 직선운동 기기이다. 실린더의 외형은 원통형이고, 내부의 피스톤이 유체 압력을 받아 이동을 한다. 유압과 공압의 작동원리는 동일할지라도 공압실린더의 경우 공기의 압축성 때문

| 표 6.4 | 유압과 공압 시스템의 비

시스템 특성	유압	공압
사용 유체	압축 기름	압축 공기
압축성	비압축성	압축성
압력 수준	20 MPa (3,000 lb/in^2)	0.7 MPa (100 lb/in^2)
발생 작용력 수준	높음	낮음
발생 속도 수준	낮음	높음
속도제어	정확한 제어가 가능	정확한 제어가 곤란
유체의 누출 문제	있음. 안전 및 환경 문제 발생 가능성	없음. 공기의 누출은 큰 문제가 안 됨
상대적인 기기 비용	높음 (5~10배 수준)	낮음
기기 구성 부품	구성 부품에 높은 정확도와 우수한 표면이 요구됨	누출 문제가 없어 정확도가 높은 부품은 필요없고 O-링이 주로 사용됨
자동화 응용 영역	큰 힘과 정확한 제어가 요구되는 경우에 적합	적은 비용으로 빠른 동작이 요구되는 경우에 적합

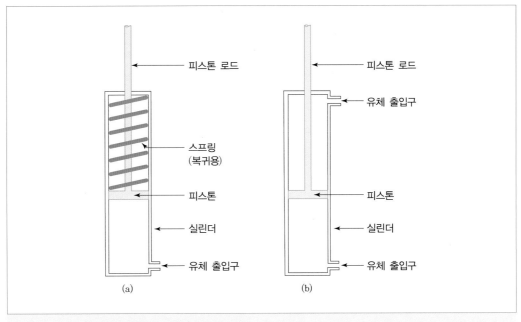

그림 6.6 실린더와 피스톤 : (a) 단동식, (b) 복동식

에 속도와 힘을 예측하기가 더 힘들다. 유압의 경우 기름이 비압축성이어서 피스톤의 속도와 힘이 식 (6.4)와 같이 실린더 내부의 유량과 압력에 각각 의존한다.

$$v = Q/A \tag{6.4}$$

$$F = pA \tag{6.5}$$

v는 피스톤의 속도(m/sec), Q는 유량(m³/sec), A는 실린더의 작용 단면적(m²), F는 작용력(N), p는 유체압력(N/m²)이다. 그림 6.6(b)의 복동식 실린더에서는 피스톤 로드로 인해 작용단면적이 두 방향에서 서로 다름을 알 수 있다. 따라서 피스톤이 후진할 때가 전진할 때보다 속도는 약간 빠르고 힘은 약간 적다고 할 수 있다.

유체에 의해 회전력을 얻기 위해 알려진 몇 가지 메커니즘이 있는데, 그중 피스톤, 베인(풍차 날개), 터빈 블레이드 등이 대표적이다. 유압 모터는 큰 토크를 발생시킬 수 있고, 공압 모터는 고속 회전이 가능하다.

6.3 아날로그-디지털 변환

공정에서 생성되는 연속적인 아날로그 신호는 컴퓨터에서 사용되기 위하여 디지털 신호로 변환되어야 하며, 또한 컴퓨터에서 생성되는 디지털 데이터가 아날로그 액추에이터에 의해 사용되기 위해

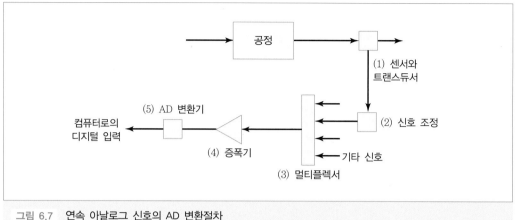

그림 6.7 연속 아날로그 신호의 AD 변환절차

서는 아날로그 신호로 변환되어야 한다. 이 절에서는 아날로그-디지털 변환(analog-to-digital converter, ADC)에 대하여 다룰 것이며, 디지털-아날로그 변환(digital-to-analog converter, DAC)은 다음 절에서 다루기로 한다.

공정으로부터의 아날로그 신호를 디지털 신호로 변환하기 위한 절차는 다음과 같은 순서와 그림 6.7에 나타나 있는 하드웨어 장치가 필요하다.

1. 센서와 트랜스듀서 : 아날로그 신호를 생성하는 측정기.
2. 신호 조정 : 트랜스듀서로부터의 연속 아날로그 신호는 더 적합한 형태의 신호로 조정하는 것이 필요하다. 일반적인 신호 조정 단계는 다음과 같다—(1) 랜덤한 잡음을 제거하기 위한 필터링, (2) 하나의 신호 형태를 다른 형태로 변환(예 : 전류를 전압으로 변환).
3. 멀티플렉서 : 멀티플렉서는 공정에서 오는 각각의 입력 채널에 연결되어 있는 스위칭 장치이며, 입력 채널 간의 ADC 시분할(time-sharing)을 위하여 이용된다. 멀티플렉서가 없다면 각 입력 채널에 독자적인 ADC를 설치해야 하는데, 이는 많은 입력 채널을 갖고 있는 대단위 응용에서는 비용이 많이 드는 단점이 있다. 일반적으로 공정변수값은 주기적으로 샘플링되어도 무리가 없기 때문에 멀티플렉서의 사용이 비용 면에서 유리하다.
4. 증폭기 : 증폭기는 ADC의 가용 범위에 일치하도록 입력신호를 확대 또는 축소시키는 역할을 한다.
5. 아날로그-디지털 변환기 : ADC는 입력 아날로그 신호를 디지털 신호로 변환한다.

변환 과정에서 중요한 ADC의 동작을 알아보자. 아날로그-디지털 변환은 (1) 샘플링, (2) 정량화, (3) 인코딩의 3단계로 진행된다. 샘플링은 그림 6.8과 같이 연속적인 신호를 시간 주기에 따라 연속적인 이산 아날로그 신호로 바꿔 준다. 정량화에서는 각 이산 아날로그 신호를 사전에 정의된 범위 레벨 중 하나의 값에 할당한다. 범위 레벨이란 ADC에서 사용 가능한 전압 범위의 이산값을 의미한다. 인코딩(encoding) 단계에서는 정량화 단계에서 얻어진 이산값을 디지털 코드로 변환하

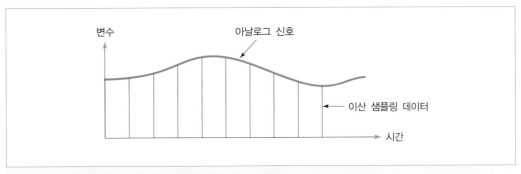

그림 6.8   ADC에 의해 아날로그 신호를 일련의 이산 샘플링 데이터로 변환

며, 이 디지털 코드의 2진 수열로서의 범위 레벨을 표현한다.

주어진 응용 분야에서 ADC를 선택하기 위해서는 다음과 같은 요소를 고려하여야 한다ㅡ(1) 샘플링 주기, (2) 변환시간, (3) 분해능, (4) 변환방법.

샘플링 주기는 연속적인 아날로그 신호가 샘플로 채취되는 시간 간격을 말한다. 샘플링 주기가 낮을수록 아날로그 신호에 더 가까운 연속적인 웨이브 형상을 얻을 수 있다.

ADC의 분해능(resolution)은 아날로그 신호가 평가되는 정밀도를 말한다. 신호는 2진수 형태로 표현되기 때문에 정밀도는 ADC와 컴퓨터의 정량화 레벨의 수, 결국 비트 수에 의해 결정된다. 정량화 레벨의 수는 다음 식 (6.6)으로 표현된다.

$$N_q = 2^n \tag{6.6}$$

여기서 N_q는 정량화 레벨의 수, n은 비트 수이다. 분해능은 다음 식 (6.7)에 의하여 결정된다.

$$R_{ADC} = \frac{\text{Range}}{N_q - 1} = \frac{\text{Range}}{2^n - 1} \tag{6.7}$$

여기서, R_{ADC} = ADC의 분해능, 혹은 **정량화 레벨의 간격**, Range = ADC의 가용 범위, 주로 0~10V(입력신호는 이 범위에 맞게 확대 또는 축소되어야 함)이다.

정량화된 디지털값은 아날로그 신호의 실제값과 다를 수 있기 때문에 정량화는 오차를 유발할 수 있다. 아날로그 신호의 실제값이 2개의 인접한 정량화 레벨의 중간에 있을 때 최대 가능한 오차가 발생할 수 있다. 이 경우 오차는 정량화 레벨 간격의 반이다. 이러한 추론에 의하여 정량화 오차는 다음과 같이 정의될 수 있다.

$$\text{정량화 오차} = \pm \frac{1}{2} R_{ADC} \tag{6.8}$$

아날로그 신호를 해당 디지털 신호로 인코딩하는 다양한 변환방법이 존재하는데, 여기서는 연속근사법이라 불리는 가장 일반적인 기법에 대하여 다루기로 한다. 이 방법에 따르면 알려진 연속적인 비교전압값과 값을 모르는 입력신호와 연속적으로 비교한다. 첫 번째 비교전압은 ADC

전 가용 범위의 반이고, 각각의 비교전압은 이전 전압값의 반으로 한다.

입력전압과 비교전압을 비교하여 입력이 비교값보다 크면 '1', 입력값이 비교값보다 작으면 '0'을 할당한다. 입력신호의 정량화된 값은 각 비트값과 해당 비트 비교전압의 곱을 하여 이들의 합으로 계산할 수 있다. 다음 예제를 통해 자세히 살펴보기로 한다.

예제 6.1 아날로그-디지털 변환의 연속근사법

입력신호가 6.8V라고 가정한다. ADC의 전체 가용 범위가 10V이고, 6비트의 레지스터를 사용할 때 이 입력신호를 연속근사법을 이용하여 인코딩하라.

풀이 6.8V의 신호를 인코딩하는 절차는 아래 그림 6.9에 표현되어 있다. 첫째 시도에서 6.8V는 ADC의 전체 가용 범위의 반인 5V와 비교된다. 6.8V는 5V보다 크므로 첫 번째 비트는 1이 된다. 입력전압 6.8V와 첫 번째 비교값인 5V와의 차 1.8V(=6.8V−5V)를 두 번째 비교값인 2.5V와 비교하여 두 번째 비교값이 더 크므로 두 번째 비트는 0이 된다. 세 번째 비교값은 1.25V이고, 1.25는 1.8보다 작으므로 세 번째 비트는 1이 된다. 나머지 비트도 동일하게 그 값이 할당되었고, 최종 정량화 값은 6.718V가 된다.

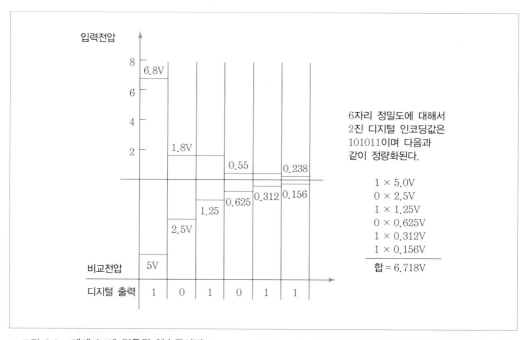

그림 6.9 예제 6.1에 적용된 연속근사법

6.4 디지털-아날로그 변환

디지털-아날로그 변환기(digital-to-analog converter, DAC)의 수행절차는 ADC 절차의 역순이다. DAC는 컴퓨터의 디지털 출력을 아날로그 액추에이터 및 기타 아날로그 기기를 작동시키기 위하여 연속적인 신호로 변환해야 한다. DAC는 다음과 같은 2단계로 이루어진다─(1) 컴퓨터의 디지털 출력을 이산적 시점에서 일련의 아날로그값으로 변환하는 디코딩, (2) 앞의 (1)의 출력을 샘플 간격 동안 아날로그 액추에이터를 작동시키는 데 사용되는 연속적인 신호로 변환하는 데이터 홀딩.

디코딩(decoding)은 컴퓨터의 디지털값을 기준전원을 조종하는 2진 레지스터로 이전시킴으로써 수행된다. 레지스터의 각 비트는 앞 비트 전압의 반을 조종하기 때문에 출력전압 수준은 레지스터의 비트 상태에 의하여 결정된다. 그러므로 출력전압은 다음 식에 의하여 구한다.

$$E_o = E_{\text{ref}}\left\{0.5B_1 + 0.25B_2 + 0.125B_3 + ... + (2^n)^{-1}B_n\right\} \tag{6.9}$$

여기서 E_o =디코딩의 출력전압(V), E_{ref} =기준전원(V), B_1, B_2, B_3, ..., B_n =레지스터 비트열의 상태, 즉 0 또는 1, n =2진 레지스터의 비트 수이다.

데이터 홀딩(data holding) 단계의 목적은 그림 6.10에 묘사되어 있듯이 이산 데이터 열을 통해 형성되는 궤적을 근사화하는 것이다. 데이터 홀딩 기기는 샘플링 간격 동안의 전압출력을 결정하는 데 이용되는 외삽(extrapolation) 계산의 차수에 따라 분류된다. 가장 일반적인 외삽법은 그림 6.8(a)에 나타낸 각 샘플 간격 사이의 출력전압이 연속적인 계단신호가 되는 **영차홀드**(zero-order hold)이다. 샘플 간격 동안의 전압함수는 일정하며, 다음 식과 같다.

$$E(t) = E_o \tag{6.10}$$

단, $E(t)$ =샘플 간격의 시간 t의 함수로서의 전압(V), E_o =식 (6.9)에 따른 디코딩의 출력전압이다.

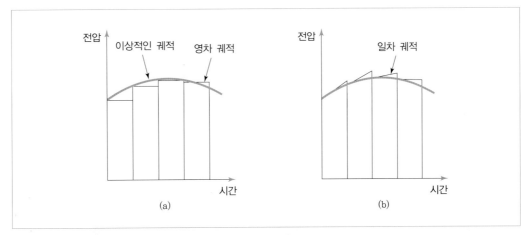

그림 6.10 (a) 영차홀드와 (b) 일차홀드를 이용한 데이터 홀딩

일차홀드는 영차홀드보다 덜 일반적이나 샘플 데이터값을 더 좋게 근사화할 수 있다. 일차홀드에서 샘플링 간격 동안의 전압함수 $E(t)$는 인접한 2개의 E_o값에 의하여 결정되는 기울기 상수가 되며, 이는 다음과 같이 표현된다.

$$E(t) = E_o + \alpha t \tag{6.11}$$

단, $\alpha = E(t)$의 변화율, $E_o =$ 최초 샘플링 간격에서 식 (6.9)를 통해 구해진 출력전압(V), $t =$ 시간(초)이다. α는 각 샘플 간격에 대하여 다음 식 (6.12)로부터 계산된다.

$$\alpha = \frac{E_o - E_o(-\tau)}{\tau} \tag{6.12}$$

여기서 $E_o =$ 최초 샘플링 간격에서 식 (6.9)를 통해 구해진 출력전압(V), $\tau =$ 샘플 사이의 시간 간격(초), $E_o(-\tau) =$ 식 (6.9)를 이용해 이전 샘플로부터 구해진 E_o값(만큼 거꾸로 돌아감)이다. 그림 6.10(b)에 일차홀드의 결과를 도시하였다.

예제 6.2 **디지털-아날로그 변환의 영차 및 일차 데이터 홀드**

기준전압 100V를 사용하며 6비트의 정밀도를 갖고 있는 디지털-아날로그 컨버터를 가정하라. 0.5초 간격으로 다음과 같은 3개의 샘플이 2진 레지스터에 저장되어 있다.

샘플 번호	2진 데이터
1	101000
2	101010
3	101101

이러한 상황에서 (a) 3개 샘플의 디코더 출력값, (b) 영차 데이터 홀드, (c) 일차 데이터 홀드에 대한 2, 3번째 샘플 시간 사이의 전압을 결정하라.

풀이 (a) 각 샘플에 대한 디코더 출력값은 식 (6.9)에 의하여 다음과 같이 계산된다.

샘플 시간 1

$$E_o = 100\{0.5(1) + 0.25(0) + 0.125(1) + 0.0625(0) + 0.03125(0) + 0.015625(0)\} = 62.50V$$

샘플 시간 2

$$E_o = 100\{0.5(1) + 0.25(0) + 0.125(1) + 0.0625(0) + 0.03125(1) + 0.015625(0)\} = 65.63V$$

샘플 시간 3

$$E_o = 100\{0.5(1) + 0.25(0) + 0.125(1) + 0.0625(1) + 0.03125(0) + 0.015625(1)\} = 70.31V$$

(b) 2, 3번째 샘플 사이의 영차홀드는 식 (6.10)에 의하여 상수전압 $E(t) = 65.63V$이다.

(c) 일차홀드의 결과는 그림 6.9와 같이 점진적인 상승전압이다. 기울기 α는 식 (6.12)에 의하여

계산된다.

$$\alpha = \frac{65.63 - 62.5}{0.5} = 6.25$$

그리고 식 (6.11)로부터 2, 3번째 샘플 사이의 전압함수는 다음과 같다.

$$E(t) = 65.63 + 6.25t$$

이러한 값과 함수를 그림 6.11에 도시하였다. 샘플 시간 3에서 일차홀드에 의한 E_0값이 영차홀드에서보다 더 정확한 것을 주목하라.

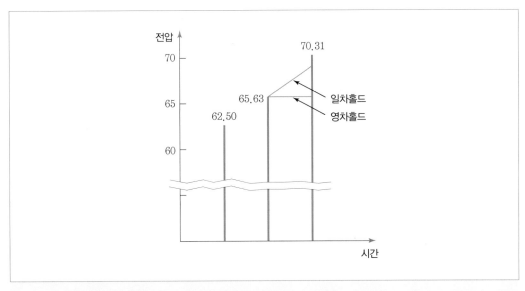

그림 6.11 예제 6.2의 풀이

6.5 이산 데이터 입출력장치

이산 데이터는 아날로그-디지털 변환 과정이 필요 없이 디지털 컴퓨터에 의하여 처리가 가능하다. 앞서 언급하였듯이 이산 데이터를 (a) 2진 데이터, (b) 2진 이외의 이산 데이터와 (c) 펄스 데이터로 구분할 수 있다.

6.5.1 접촉 입출력 인터페이스

접촉 인터페이스는 입력과 출력의 두 가지 유형이 있는데, 이때 입출력의 기준점은 컴퓨터이다. 이러한 인터페이스는 공정으로부터 컴퓨터로 데이터를 읽어들이기도 하고, 또는 컴퓨터에 의하여 생성된 2진 데이터를 공정에 보내기도 한다.

접촉 입력 인터페이스(contact input interface)는 외부 공정으로부터 2진 데이터를 컴퓨터로 읽어들이는 장치이다. 이것은 일련의 단순 접촉장치로 구성되어 있는데, 이는 장치의 On/Off 상태를 통하여 공정의 2진 장치 상태를 나타낸다. 이러한 장치의 예로 리밋 스위치(접촉 또는 비접촉), 밸브(열림 또는 닫힘), 또는 모터 누름버튼(on 또는 off) 등을 들 수 있다. 컴퓨터는 메모리에 저장된 변수값을 업데이트하기 위하여 실제 접촉 상태를 주기적으로 점검하여야 한다.

접촉 출력 인터페이스(contact output interface)는 컴퓨터로부터 공정에 On/Off 신호를 보내는 장치이다. 접촉 위치는 On/Off의 두 가지 상태 중 하나로 설정된다. 공정 상태가 변함에 따라 컴퓨터가 변화를 지시할 때까지 이 값의 상태는 그대로 유지된다. 컴퓨터 공정제어에서 접촉 출력장치로는 경보장치, 제어 패널의 표시등, 솔레노이드, 고정속도 모터 등이 있다. 컴퓨터는 이러한 접촉 출력 인터페이스를 통해 작업사이클에서의 On/Off 순서를 제어하게 된다.

6.5.2 펄스 계수기와 생성기

이산 데이터는 펄스열의 형태로도 존재할 수 있다. 이러한 데이터는 광인코더와 같은 디지털 변환기에 의해서 생성된다. 펄스 데이터는 스테핑 모터와 같은 장치를 제어하는 데 사용될 수도 있다.

펄스 계수기(pulse counter)는 일련의 펄스(그림 5.1에서와 같이 펄스열이라 불림)를 디지털값으로 변환시켜 주는 장치이다. 이 값은 입력 채널을 통하여 컴퓨터에 입력된다. 이것은 **플립플롭**이라 불리는 순차논리 게이트를 이용하여 구축될 수 있다. 이 순차논리 게이트는 일정 용량의 메모리를 갖고 있는 전자회로이며 계수 절차의 결과를 저장하는 데 사용된다.

펄스 카운터는 계수 또는 측정 분야의 응용에 사용될 수 있다. 계수 응용에 사용되는 펄스 카운터는 광센서를 이용하여 컨베이어 위에서 빠르게 이동하는 물체의 수를 계수하는 데 사용된다. 측정 분야 응용에서 펄스 카운터는 축의 회전속도를 측정하는 데 사용될 수 있다. 즉 축에 광인코더를 부착해 매 회전마다 일정 수의 전기적 신호를 발생시켜, 일정 시간대에 발생한 신호를 펄스 카운터가 계수하여 이 수를 경과 시간과 인코더 1회전당 펄스 수로 나눔으로써 회전속도를 측정할 수 있다.

펄스 생성기(pulse generator)는 전기신호를 발생시키는 장치로, 그 발생 수와 빈도는 컴퓨터에 의하여 지정되는 것이다. 펄스열의 빈도 또는 펄스율은 스테핑 모터의 회전속도를 제어하는 데 사용될 수 있다. 펄스 생성은 펄스 전기적 접촉을 반복 개폐함으로써 이루어지며, 결과적으로 이산 전기 펄스열을 생성하게 된다. 제어되는 기기에 맞추어 전압 수준과 펄스 발생빈도가 설정된다.

참고문헌

[1] ASTROM, K. J., and WITTENMARK, B., *Computer-Controlled Systems—Theory and Design*, 3rd ed., Dover Publishing, Mineola, NY, 2011.

[2] BATESON, R. N., *Introduction to Control System Technology,* 7th ed., Prentice Hall, Upper Saddle River, NJ, 2002.

[3] BEATY, H. W., and J. L. KIRTLEY, Jr., *Electric Motor Handbook,* McGraw-Hill Book Company, NY, 1998.

[4] BOUCHER, T. O., *Computer Automation in Manufacturing,* Chapman & Hall, London, UK, 1996.

[5] DOEBLIN, E. O., *Measurement Systems: Applications and Design,* 4th ed., McGraw-Hill, Inc., NY, 1990.

[6] FRADEN, J., *Hnadbook of Modern Sensors,* 3rd ed., Springer-Verlag, NY, 2003.

[7] GROOVER, J. W., *Microsensors: Principles and Applications,* John Wiley & Sons, NY, 1994.

[8] GARDNER, M. P., M. WEISS, R. N. NAGEL, N. G. ODREY, and S. B. MORRIS, *Industrial Automation and Robotics,* McGraw-Hill (Primus Custom Publishing), NY, 1998.

[9] OLSSON, G., and G. PIANI, *Computer Systems for Automation and Control,* Prentice Hall, London, UK, 1992.

[10] PESSEN, D. W., *Industrial Automation: Circuit Design and Components,* John Wiley & Sons, NY, 1989.

[11] RIZZONI, G., *Principles and Applications of Electrical Engineering,* 5th ed., McGraw-Hill, NY, 2007.

[12] STENERSON, J., *Fundamentals of Programmable Logic Controllers, Sensors, and Communications,* 3rd ed., Pearson/Prentice Hall, Upper Saddle River, NJ, 2004.

[13] www.aerotech.com/media/117516/Linear-motors-application-en.pdf

[14] www.baldor.com/products/linear_motors.asp

[15] www.wikipedia.org/wiki/Electric_motor

[16] www.wikipedia.org/wiki/Induction_motor

[17] www.wikipedia.org/wiki/Linear_actuator

[18] www.wikipedia.org/wiki/Linear_encoder

[19] www.wikipedia.org/wiki/Rotary_encoder

[20] www.wikipedia.org/wiki/Synchronous_motor

복습문제

6.1 센서의 정의를 내려라.

6.2 아날로그 센서와 이산 센서의 차이는 무엇인가?

6.3 센서의 전달함수란 무엇인가?

6.4 액추에이터의 정의를 내려라.

6.5 액추에이터를 구동력에 따라 세 가지 영역으로 구분하라.

6.6 전기모터에서 가장 중요한 두 구성품의 이름을 적어라.

6.7 DC 모터에서 정류자의 역할은 무엇인가?

6.8 DC 모터가 AC 모터에 비해 상대적으로 갖고 있는 단점은 무엇인가?

6.9 스테핑 모터의 작동이 일반 모터와 기본적으로 다른 점은 무엇인가?

6.10 솔레노이드란 무엇인가?

6.11 회전운동을 직선운동으로 변환하는 방식 세 가지를 설명하라.

6.12 리니어모터란 무엇인가?

6.13 유압 액추에이터와 공압 액추에이터의 차이점은 무엇인가?

6.14 아날로그-디지털 변환 과정의 세 단계를 열거하라.

6.15 ADC의 분해능이란 무엇인가?

6.16 디지털-아날로그 변환 과정의 두 단계를 간단히 설명하라.

6.17 접촉 입력 인터페이스와 접촉 출력 인터페이스의 차이점은 무엇인가?

6.18 펄스 카운터란 무엇인가?

연습문제

6.1 보정 과정을 통해 어떤 서모커플이 0℃에서 0mV 전압을 출력하도록 세팅되었다. 20℃에서 1.02mV, 500℃에서 27.39mV가 출력되었고, 0~500℃ 사이에 선형성이 존재한다. (a) 이 센서의 전달함수, (b) 24.0mV의 전압출력에 해당하는 온도를 구하라.

6.2 3.6°의 각도 스텝을 갖는 스테핑 모터가 있다. (a) 이 모터를 5회전시키려면 입력으로 몇 개의 펄스를 보내야 하는가? (b) 이 모터가 180rpm(회전/분)의 속도로 회전하기 위해서는 펄스 주파수가 얼마가 되어야 하는가?

6.3 스프링으로 복귀하는 어떤 단동식 유압 실린더의 내부 지름은 95mm이다. 압축기는 2.5MPa의 기름압력과 100,000mm³/sec의 유량을 공급하고 있다. (a) 피스톤의 최고 속도, (b) 외부에 작용하는 최대 힘을 구하라.

6.4 안지름이 80mm이고 피스톤 로드의 지름이 15mm인 복동식 유압 실린더가 있다. 작동유의 압력은 4.0MPa이고, 유량은 125,000mm³/sec이다. (a) 피스톤이 전진할 때의 최고 속도와 최대 작동력, (b) 피스톤이 후퇴할 때의 최고 속도와 최대 작동력 각각을 구하라.

6.5 연속적인 전압신호가 아날로그-디지털 변환기를 이용하여 디지털 신호로 변환된다. 최대 전압 범위가 ±30V이고, ADC는 12비트의 용량을 갖고 있을 때 이 ADC의 (a) 정량화 레벨의 수, (b) 분해능, (c) 각 정량화 레벨 간격과 정량화 오차를 구하라.

6.6 0~115V 범위의 전압신호가 ADC에 의하여 변환될 때 (a) 최대 ±5V, (b) 최대 ±1V, (c) 최대 ±0.1V의 정량화 오차를 갖기 위한 최소 비트 수를 구하라.

6.7 DC 120V의 기준전압을 사용하고 8비트 정밀도를 가진 ADC가 있다. 2진 레지스터에 저장된 어떤 샘플의 값이 01010101이었다. 출력신호를 발생시키기 위하여 영차홀드를 사용할 때 이 출력신호의 전압을 구하라.

6.8 기준전압으로 80V를 사용하고, 6비트 정밀도를 갖고 있는 어떤 ADC에서 1초 간격으로 4개의 샘플이 채취되었으며, 그 값은 100000, 011111, 011101과 011010이었다. (a) 영차홀드와 (b) 일차홀드를 이용하여 3번째와 4번째 샘플 시간 사이에서 시간함수로서의 전압식을 구하라.

컴퓨터 수치제어(CNC)

● ● ●

수치제어(numerical control, NC)는 문자와 숫자로 이루어진 프로그램에 의하여 공작기계나 기타 장비의 동작들을 제어하는 프로그램 기반 자동화 기술이다. 숫자와 문자는 기계 작동에 필요한 명령과 공구와 공작물 간의 상대위치를 나타낸다. 현 작업이 끝나면 새로운 작업을 위해 프로그램이 교체될 수 있다. 프로그램 교체 기능이 있어서 NC는 중·소량 생산에 적합하다고 할 수 있다. 장비를 기계적으로 수정하기보다는 프로그램을 다시 작성하는 것이 더 쉬운 일이다.

    NC 기술은 광범위하게 사용될 수 있다. 적용 분야는 크게 (1) 드릴링, 밀링, 선삭, 기타 금속가공을 위한 공작기계, (2) 조립, 제도, 검사 등 비가공기 분야로 나눌 수 있다. 공통점은 공구와 공작물의 상대위치를 제어한다는 점이다. NC 개념의 출현은 1940년대 후반으로 거슬러 올라간다. 최초의 NC 기계는 1952년에 출현하였다(역사적 고찰 7.1).

최초의 NC 기계들 [1], [4], [7], [9]

NC의 발달에는 미 공군과 초기 항공산업의 역할이 컸다. 최초의 NC 개발은 미국 미시간 주 트래버스 시 소재 파슨스사(Parsons Corporation)의 John Parsons와 그의 직원이었던 Frank Stulen에 의해 이루어졌다. 1940년대 미 공군 하청업자였던 Parsons는 펀치 카드에 저장된 좌표값을 이용하여 항공기 날개의 곡면형상을 정의하고 가공하기 위한 실험을 하였다. 그는 수치정보가 펀치카드에 저장되는 점에 착안하여 그의 시스템을 카드 자동화(cardamatic) 밀링머신으로 이름 지었다. 개발 후 그 개념은 1948년 라이트 패터슨 공군기지에서 발표되었다. 1949년 7월 Parsons는 MIT의 서보기구 실험실과 다음과 같은 내용으로 하청 계약을 체결하였다—(1) 공작기계 제어에 대한 시스템공학 연구 수행, (2) 카드 자동화 원리에 기반을 둔 공작기계 시제품 제작. 이 연구는 1951년 4월 MIT가 미 공군과 직접 계약을 맺을 때까지 지속되었다.

프로젝트 초기에 펀치카드로는 제어기와 가공기 사이에 원하는 데이터 처리속도를 낼 수 없음이 명확해지자 천공된 종이 테이프나 자기 테이프가 대안으로 제안되었다. 이것을 비롯하여 공작기계 제어 시스템과 관련된 기타 세부사항들은 1950년 6월에 정해졌다. 수치제어라는 말은 1951년 3월 채택되었는데, 그 이름은 Parsons가 당시 프로젝트에 참여하고 있던 MIT 사람들을 대상으로 공모한 이름에 기초한다. 최초의 NC 기계는 미 공군이 유휴장비 중에서 기증한 신시네티 밀링머신 회사의 수직형 Hydro-Tel 밀링머신(24×60인치 크기의 재래식 카피 밀링기)을 수정하는 방법으로 제작되었다. 제어기는 292개의 진공관으로 구성된 아날로그 및 디지털 소자로 만들어졌으며 공작기계 본체보다도 더 넓은 공간을 차지하였다. 실험용 기계는 천공 테이프에 이진법으로 기록된 좌표를 따라 3축 동시제어를 성공적으로 수행하였다. 이 실험기계는 1952년 3월까지 작동하였다.

공작기계시스템에 대한 특허는 1952년 8월 수치제어 서보시스템(Numerical Control Servo System)이라는 이름으로 출원되어 1962년 12월 등록되었다. 등록된 발명자는 Jay Forrester, William Pease, James McDonough, Alfred Susskind로 전원 서보기구 실험실 소속인원들로 구성되었다. 흥미 있는 사실은 Parsons와 Stulen도 1952년 5월에 특허를 출원하여 1958년 1월에 등록되었는데, 특허 제목은 공작기계 위치제어용 모터제어 기구(Motor Controlled Apparatus for Positioning Machine Tool)로 펀치카드를 사용하는 것과 전기식이 아닌 기계식 제어기에 대한 것이다. 생각해보면 MIT의 연구가 그 후의 NC 기술을 발전시킨 것은 명확하다. 반면에 현재까지 알려진 것으로는 Parsons-Stulen의 방식으로 만들어진 상업용 공작기계는 없다.

1952년 3월 NC가 가동되자 그 성능과 경제성을 연구하기 위하여 전 미국 항공기 제작사들로부터 시험용 부품들을 모았다. NC의 몇몇 잠재적 장점은 이들 시험용 부품들로부터 분명해졌다. 정밀도, 반복성, 가공사이클에서 비절삭 시간 감소, 복잡한 형상가공 등이 NC의 명확한 장점으로 부각되었다. 단, 파트 프로그래밍은 새로운 기술이 필요한 어려운 분야로 여겨졌다. 1952년 가을에 공작기계업체(실제 지속적으로 신기술을 발전시켜 제품화할 당사자), 비행기 제작사(NC의 예상 주고객), 기타 관심 있는 관계자들 앞에서 발표회를 가졌다.

발표회 직후 공작기계업체들의 반응은 조심스러운 낙관 전망에서부터 즉각적인 비관에 이르기까지 엇갈렸다 [9, p. 61]. 대부분의 업체들은 진공관에 의존히는 시스템에 불안해하였는데, 그 당시에는 진공관이 가까운 미래에 트랜지스터와 집적회로로 바뀔 것을 몰랐던 것이다. 그들은 공장의 기술자들이 기계를 관리할 수 있을지에 대하여 불안해하였으며, NC의 개념을 의심하였다. 이러한 반응을 예측하고 미 공군은 (1) 산업체에 정보 확산, (2) 경제성 분석의 두 가지 과제를 추가적으로 지원하였다. 산업체에 정보를 확산하기 위하여 서보 연구실 인력들이 공작기계업체를 방문하였고, 업체 관계자들이 실험

(계속)

실을 방문하여 시제품 동작을 관람하였다. 경제성 연구는 NC 공작기계의 경우 대량생산에만 적합한 디트로이트 형태의 전용기 라인과 달리 소/중량생산에 적합함을 명확히 보여주었다.

이 연구에 관심을 표한 곳은 위스콘신 주 폰드두락에 위치한 Gidding & Lewis 공작기계 회사였다. 1953년 4월 MIT와 Gidding & Lewis 사이에 NC 기술을 발전시키기 위한 협약이 맺어졌다. 이 협정에 의하여 1차 시제품에 비하여 크게 향상된 2차 시제품이 개발되었다. 이로부터 기계제어 유닛에 대한 특허 1건과 NC 프로그램을 저장하는 천공 테이프를 준비하는 장비에 대한 특허 1건이 도출되었다.

1956년 미 공군은 NC 공작기계 개발을 위하여 몇 개 기업을 지원하기로 결정하였다. 이들 장비들은 1958~1960년 사이 여러 항공기 제작사에 배치되어 가동에 돌입했다. NC의 장점은 곧 명확해져서 항공기 제조업체들은 새 기계를 주문하기 시작했다. 어떤 경우는 자체적으로 제작을 시도하였으며, 이것은 그간 NC 기술을 포용하지 않았던 많은 공작기계업체들을 자극하였다. 컴퓨터 기술의 발달은 NC 개발에 또 다른 자극 요인으로 작용하였다.

파트 프로그래밍의 중요성은 처음부터 명확하였다. 미 공군은 NC 기술을 발전시키고 적용을 장려하기 위하여 MIT에 NC 기계제어용 파트 프로그래밍 언어개발 연구를 지원하였고, 이 연구로부터 1958년에는 APT 언어가 개발되었다.

7.1 NC 기술의 기초

NC 기술을 소개하기 위하여 먼저 NC 시스템의 기본 구성요소를 정의한다. 그다음 일반적으로 보통 사용되는 NC 좌표계와 NC의 운동제어 방식에 대해 설명한다.

7.1.1 NC 시스템의 기본 요소

NC 시스템은 (1) 명령 프로그램, (2) 기계제어 유닛, (3) 공정장비의 3개 기본 요소로 이루어져 있다. 세 요소 간의 일반적인 관계는 그림 7.1에 나타나 있다.

명령 프로그램은 공정장비의 동작을 지시하는 단계별 상세 명령이다. 공작기계에서는 이 프로그램을 **파트 프로그램**(part program)이라 부르며 이를 준비하는 사람은 **파트 프로그래머**라 한다. 이 경우 개별 명령은 공작물이 고정된 작업 테이블에 대한 절삭공구의 상대위치를 의미한다. 추가적

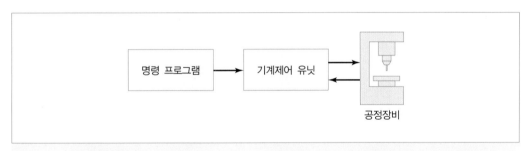

그림 7.1 NC 시스템의 기본 요소

으로 스핀들(주축) 회전속도, 이송속도, 사용될 공구, 기타 기능 등도 명령에 포함된다. 프로그램은 기계제어 유닛에서 읽힐 수 있는 매체에 기록된다. 표준 양식에 따라 명령이 기록된 1인치 폭의 천공 테이프가 매체로서 오랫동안 사용되었다. 현재 테이프들은 대부분 자기 테이프, 디스켓, 메모리카드, 컴퓨터 통신을 이용한 전송 방식 등 다른 매체로 대체되었다.

현대의 NC에서 **기계제어 유닛**(machine control unit, MCU)은 마이크로컴퓨터와 관련 하드웨어로 구성되어 프로그램을 저장하고, 하나하나의 명령을 해석하여 기계 동작을 제어하는 역할을 한다. MCU의 관련 하드웨어로는 장비 인터페이스 요소와 피드백 제어요소가 있다. 또한 프로그램을 읽어 저장하기 위한 입력장치들도 있다. 입력장치들은 천공 테이프 판독기, 자기 테이프 판독기, 플로피 드라이브 등으로 데이터 기록 매체에 따라 달라진다. MCU는 또한 NC 파트 프로그램을 MCU에 적합한 형식으로 바꾸어 주기 위한 제어 시스템 소프트웨어, 계산 알고리즘, 데이터 변환 소프트웨어 등을 내장하고 있다. MCU는 하나의 컴퓨터이므로 기존의 전자회로에 의한 재래식 NC와 구별하여 **컴퓨터 수치제어**(computer numerical control, CNC)라는 용어가 사용되고 있다. 오늘날에는 거의 모든 MCU가 컴퓨터 기술에 기반한 것이므로 NC라 하면 CNC를 가리킨다.

세 번째 요소는 공정을 수행하는 **공정장비**인데, 이것이 소재를 완성품으로 바꾼다. 공정은 파트 프로그램이 지정하는 바에 따라 MCU가 주관한다. NC의 대표적인 예인 절삭가공의 경우, 공정 장비는 작업 테이블과 스핀들, 이들을 움직이기 위한 모터 및 제어부로 이루어진다.

7.1.2 NC 좌표계

NC 기계를 프로그래밍하려면 먼저 공구와 공작물 간의 상대적인 위치를 지정하기 위한 표준 좌표계가 정의되어야 한다. NC에서 사용되는 좌표계로는 평판 및 각주 형상물을 위한 좌표계와 회전 형상물을 위한 좌표계가 있다. 두 경우 모두 직교(cartesian) 좌표계에 기반을 두고 있다.

평판 및 각주 형상물을 위한 좌표계는 그림 7.2(a)와 같이 x, y, z 3개의 선형 직교좌표와 a, b, c 세 축의 회전좌표로 구성된다. 대부분의 경우 x, y축은 공작물이 장착된 테이블의 이동과 위치 결정에 사용되며 z축은 공구의 수직 방향 이동을 정의하기 위하여 사용된다. 이러한 위치 결정 방법은 드릴링이나 판재의 펀치작업 등 간단한 NC 작업에 적합하다. 이들을 위한 공정 프로그램은 일련의 x, y좌표 지정으로 충분하다.

a, b, c 회전축은 각각 x, y, z축을 중심으로 하는 회전각도를 나타내며, 회전 방향을 지정하기 위하여 **오른손 법칙**이 사용된다. 회전축은 공작물의 여러 가공면을 가공에 적합한 방향으로 설정하거나, 공구 또는 작업대가 공작물에 대하여 일정한 각도를 갖도록 사용된다. 이들 추가 축은 복잡한 형상의 부품을 가공할 수 있게 한다. 회전축을 갖는 공작기계는 일반적으로 3개의 선형 축에 더하여 1, 2개의 회전축을 가지고 있어 4축 또는 5축 기계가 된다. 대부분의 NC 기계들은 6축 전체를 필요로 하지는 않는다.

회전형 공작물에 대한 좌표계가 그림 7.2(b)에 나타나 있다. 이들 좌표계는 NC 선반이나 터닝 센터에 적용된다. y축을 설정해도 회전하는 공작물에 의해 결국 x축과 동일해지므로 일반적으로

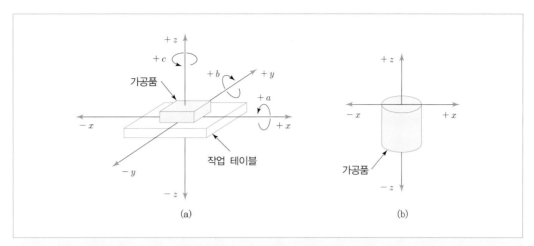

그림 7.2 NC 좌표계 : (a) 평판 및 각주 형상용 (b) 회전 형상용(대부분의 선반에서 z축은 그림처럼 수직이 아니라 수평 방향임)

y축은 사용되지 않는다. 회전하는 공작물에 대한 절삭공구의 상대적 위치경로는 $x-z$ 평면에서 정의된다. 여기서 x축은 반지름 방향의 위치를 표시하며, z축은 공작물 회전축과 일치한다.

파트 프로그래머는 좌표계 원점의 위치를 결정해야 한다. 흔히 프로그램 편의성을 고려하여 원점이 설정된다. 예를 들어 공작물의 꼭짓점에 위치시킬 수 있다. 만약 부품이 대칭성을 갖고 있다면, 원점은 대칭 중심에 위치시킬 수 있다. 작업을 시작하기 전 작업자는 수동으로 공구를 작업 테이블상에서 정확히 위치시킬 수 있는 **목표점**(target point)에 위치시킨다. 목표점은 파트 프로그래머들이 좌표계 원점으로 미리 지정한 점이다. 공구가 목표점에 정확히 위치하면, 작업자는 MCU에게 향후 공구 이동의 원점으로 이 점의 위치를 알려준다.

7.1.3 운동제어 시스템

일부 NC는 공작물상에 분포된 점에서 공정이 이루어지며(예 : 드릴링, 점용접), 다른 NC들은 공구의 이동 중에 가공이 이루어진다(예 : 선삭, 연속 아크용접). 공구는 직선, 원호, 또는 그 밖의 곡선을 따라 움직이게 되며, 이 움직임은 아래 설명할 운동제어 시스템으로 이루어진다.

점간 제어와 연속경로 제어　NC와 로봇(제8장)의 운동제어는 (1) 점간 제어, (2) 연속경로 제어로 구분된다. **점간**(point-to-point) **제어** 또는 위치 결정 시스템은 프로그래밍된 위치로 작업 테이블을 이동시키되 거쳐 가는 경로는 제어하지 않는다. 정해진 위치에 다다르면 정해진 작업, 예를 들어 드릴링이나 펀칭 등의 작업을 한다. 따라서 프로그램은 그림 7.3에 나타난 바와 같이 공정이 수행될 위치를 나타내는 일련의 점들로 이루어진다.

연속경로(continuous path) **제어**는 일반적으로 2개 이상의 축을 연속적으로 동시 제어할 수 있는 시스템을 일컫는다. 이 경우 공구는 공작물이 이동 중에 가공을 하기 때문에 경사면, 2차원

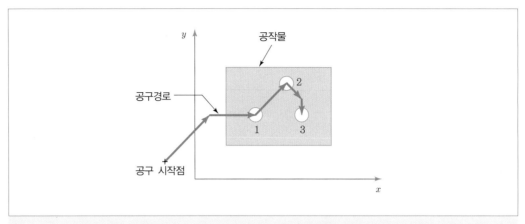

그림 7.3 NC 점간 (위치) 제어, 각 위치에서 테이블은 드릴 구멍가공 공정을 위하여 정지

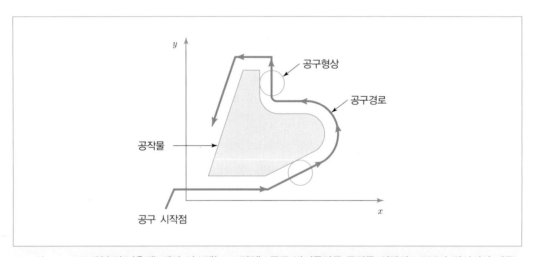

그림 7.4 NC 연속경로(윤곽) 제어 시스템(x-y 평면), 공구 반지름만큼 공작물 외곽면으로부터 떨어져서 가공

곡선, 3차원 곡면을 생성할 수 있다. 이러한 제어방법은 대부분의 선반가공이나 밀링가공에서 요구된다. 연속경로 제어를 예시하기 위하여 그림 7.4에는 2차원 윤곽 밀링가공을 보이고 있다. 연속경로 제어에서 이동 방향이 하나의 제어축으로 국한될 경우 이를 직선가공 NC라 부른다. 가공 중 2축 이상이 동시에 제어될 경우 윤곽(contouring)제어라고 한다.

보간법   윤곽제어에서 중요한 개념은 보간(interpolation)이다. 윤곽제어 형태의 NC 시스템에서 생성하는 경로는 흔히 원호 및 기타 부드러운 비선형 형상이다. 몇몇 형상은 수학적으로 간단히 나타낼 수 있으나(예 : 원점을 중심으로 하는 반지름 R인 원의 경우 $x^2 + y^2 = R^2$), 근사 표현 이외에는 수학적으로 표현이 불가능한 형상도 있다. 이러한 형상을 생성하는 데 있어 근본적인 문제는 형상은 연속적인 데 반하여 NC는 디지털이라는 사실이다. 원호를 가공하려면 원호는 선분으로 근

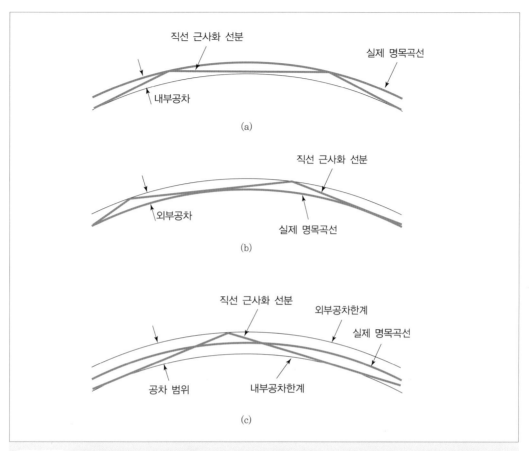

그림 7.5　NC에서 곡선을 일련의 선분으로 근사화하는 모습. 정확도는 명목(원하는) 곡선과 NC에 의해 가공되는 선분과의 최대 차이(공차)로 제어된다. (a) 공차가 명목곡선 안에서 정의, (b) 공차가 명목곡선 밖에서 정의, (c) 공차가 명목곡선 안팎에서 정의

사시켜야 한다. 공구는 각각의 선분을 연속적으로 가공하여 가공 결과가 원하는 형상에 근접되도록 한다. 원하는 형상면과 실제 가공 형상면 사이의 최대 오차는 그림 7.5와 같이 각 선분의 길이를 조정함으로써 제어할 수 있다.

프로그래머가 모든 선분의 양 끝점을 모두 지정해야 한다면 이는 매우 힘든 일일 뿐 아니라 오류를 범할 가능성도 매우 크다. 또한 파트 프로그램은 엄청난 길이가 될 것이다. 이를 해결하기 위하여 수학적으로 표현된 형상이나 근사화된 형상을 생성하기 위한 보간 프로그램이 개발되어 중간점들을 계산하여 준다.

윤곽제어에서 부드러운 곡면을 생성하는 데 발생하는 여러 문제를 해결하기 위하여 많은 보간 방법이 개발되었다. 그것들은 (1) 직선 보간법, (2) 원호 보간법, (3) 나선형 보간법, (4) 포물선 보간법, (5) 3차 보간법 등이다. 이를 이용하여 프로그래머는 직선 및 곡선경로를 소수의 파라미터로 표현할 수 있다. 표 7.1에 각각의 방법을 간략히 소개하고 있다.

| 표 7.1 | 연속경로 제어를 위한 NC 보간법

직선 보간법 가장 기본적인 보간법으로 직선경로를 생성할 때 사용된다. 프로그래머는 시점과 종점을 지정하고 직선 이동에 적용될 이송률을 정한다. 보간기는 지정된 이송률을 달성하기 위하여 각 축(2 또는 3축)의 개별 이송률을 계산한다.

원호 보간법 이 방법은 프로그래머가 다음 정보들을 제공함으로써 원호를 프로그래밍할 수 있게 한다― (1) 시점 좌표, (2) 종점 좌표, (3) 원의 중심 또는 반지름, (4) 원호 회전 방향. 생성된 공구경로는 일련의 보간된 선분들이다(그림 7.5 참조). 부드러운 원호를 생성하기 위하여 공구는 각각의 선분을 따라 가공이 이루어진다.

나선형 보간법 이 방법은 두 축에 대한 원호 보간법과 제3축의 직선 이동을 결합한 방법이다. 이 방법으로 3차원 나선을 정의할 수 있다. 적용 분야로는 공작물 내부의 직선 또는 테이퍼형 대형 나사산 가공을 들 수 있다.

포물선 및 3차 보간법 이 방법은 자유곡선을 표현하기 위하여 고차의 근사식을 이용한다. 계산량이 많아 성능 좋은 컴퓨터를 필요로 하며 직선 보간이나 원호 보간보다 흔치 않다. 항공기 제작업체나 자동차업체에서 직선 보간이나 원호 보간으로 표현이 어려운 곡면 근사용으로 사용된다.

MCU 내의 보간 모듈이 계산을 수행하고 그 경로를 따라 공구를 이동시킨다. CNC 시스템에서 보간은 소프트웨어적으로 이루어진다. 대부분의 현대 CNC 시스템은 직선과 원호 보간 모듈을 기본으로 장착하며 나선형 보간은 선택사양으로 제공된다. 포물선 보간과 3차 보간법은 흔치 않으며 복잡한 형상을 가공할 필요가 있는 가공에서만 필요로 한다.

절대형과 증분형 위치 결정 운동제어의 다른 관점은 목표 위치가 좌표계 원점을 기준으로 설정되는지 이전 점을 기준으로 설정되는지 여부이다. 이 두 경우는 각각 절대형과 증분형 위치 결정으로 불린다. 절대형 위치 결정에서 공구위치는 항상 좌표계 원점을 기준으로 설정되고, 증분형 위치 결정에서 다음 위치는 현재 위치를 기준으로 설정된다. 차이점은 그림 7.6에 나타나 있다.

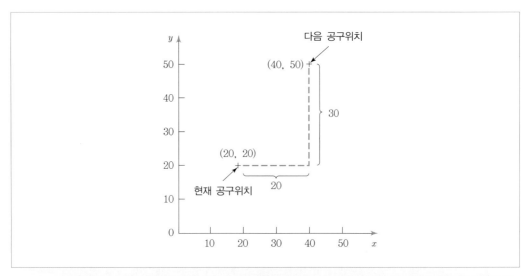

그림 7.6 절대위치와 증분위치. 공구대가 현재 (20, 20) 위치에서 (40, 50) 위치로 이동하려 한다. 절대위치 이동의 경우 $x = 40$, $y = 50$으로 이동이 명시되지만 증분위치 이동의 경우 $x = 20$, $y = 30$으로 명시된다.

7.2 컴퓨터와 NC

NC가 1952년 처음 소개된 이후 디지털 컴퓨터에도 많은 발전이 있었다. 크기와 가격은 줄어든 반면 계산능력은 급신장하였다. 따라서 NC에 이들 발전된 기술을 도입하는 것은 자연스러운 일이 되었으며, 이는 1960년대 대형 컴퓨터, 1970년대 미니컴퓨터, 1980년대 마이크로컴퓨터의 도입으로 이어졌다. 오늘날 NC는 CNC를 말한다. **컴퓨터 수치제어**(computer numerical control, CNC)의 MCU로 일반 NC처럼 전자회로로 구성된 전용 제어기가 아닌 전용 마이크로컴퓨터를 사용한다. 최근의 CNC를 위한 컴퓨터 제어기는 고속의 프로세서와 대용량의 메모리, 플래시 메모리, 향상된 서보장치, 버스 구조 등을 갖추고 있다[12]. 일부 제어기는 CNC 모드에서 다수의 장비를 제어할 능력도 갖추고 있다(7.3절).

7.2.1 CNC의 기능

CNC 시스템은 기존의 NC보다 많은 기능을 갖고 있다. 아래 예시된 것들은 대부분 CNC MCU의 기본 사양에 포함되며 나머지는 선택 사양으로 제공된다.

- **하나 이상의 파트 프로그램 저장** : 데이터 저장기술의 개선으로 하나 이상의 프로그램을 저장할 수 있는 용량을 갖추게 되었다.
- **여러 형태의 프로그램 입력방법** : 재래식 NC에서는 천공 테이프가 유일한 입력 수단이었으나 CNC 제어기에서는 자기 테이프, 플로피 디스크, 외장형 메모리, 외부 컴퓨터와의 통신, 단말기에서의 작업자 입력 등 여러 방법을 제공한다.
- **가공기에서의 프로그램 편집** : CNC에서는 프로그램이 MCU 메모리에 있는 동안 프로그램을 수정할 수 있다. 따라서 시험가공 후 사무실에 가서 프로그램을 수정할 필요가 없이 시험 및 수정이 현장에서 같이 이루어질 수 있다. 프로그램 수정과 아울러 가공사이클 중에 가공 조건을 최적화할 수 있다.
- **고정사이클 및 부프로그램** : 메모리 용량의 증가로 자주 사용되는 가공사이클을 매크로 형태로 MCU에 저장하여 파트 프로그램에서 호출할 수 있게 되었다. 특정 사이클에 대한 명령을 모든 파트 프로그램에 기입하는 대신 매크로 사이클이 수행되어야 함을 표기하기만 하면 된다.
- **보간** : 표 7.1에 설명한 보간법 중 일부는 연산부하 때문에 CNC에서만 실행 가능하다. 직선 및 원호 보간의 경우 제어기 회로로 구현되기도 하지만 나선형, 포물선, 3차 보간은 저장 프로그램 알고리즘으로 실행된다.
- **셋업 시 위치설정 기능** : 공작기계의 셋업 작업에는 고정구를 공작기계 테이블에 고정하고 정렬하는 것을 포함한다. 이것은 기계의 축들이 공작물에 대하여 정확히 운동하기 위해서 필요하다. 정렬 작업은 CNC의 선택 사양 소프트웨어에서 제공하는 기능을 이용함으로써 가능하다.
- **공구길이 및 크기 보정** : 재래식 제어 방식에서는 파트 프로그램에서 지정한 공구경로에 따라

가공을 하려면 공구치수가 정확히 지정되어야만 했다. CNC 제어에서는 다른 방법을 제공한다. 첫째, MCU에 실제 공구치수를 수동 입력할 수 있다. 이 경우 입력된 치수는 파트 프로그램에 지정한 치수와 다를 수 있으며, 공구경로는 자동으로 보정된다. 다른 방법으로는 가공기에 부착된 공구길이 측정 센서를 이용하는 방법이 있다. 이 경우 공구는 주축에 장착된 상태에서 길이가 측정되며, 측정된 길이를 이용하여 프로그램된 공구경로가 보정된다.

- 가감속 계산 : 이 기능은 공구가 고속으로 이송될 경우에 사용된다. 이것은 공구경로가 급격히 바뀔 경우 공작기계의 동력학적 특성에 의하여 가공면에 공구 자국이 남는 것을 방지하기 위하여 고안되었다. 공구경로가 급격히 바뀔 경우 미리 예측하여 감속한 후 경로가 바뀐 뒤 원래 이송속도로 가속한다.

- 통신 인터페이스 : 공장에서의 인터페이스와 통신이 증가하면서 대부분의 CNC 제어기는 통신 인터페이스를 갖추고 다른 컴퓨터나 컴퓨터로 작동되는 장비들과 연결이 가능하도록 되어 있다. 이것은 (1) 분산된 NC 시스템에서 파트 프로그램을 중앙 데이터 파일로부터 다운로드하거나, (2) 가공품 개수, 사이클 시간, 기계 가동률 등의 데이터를 수집하거나, (3) 공작물 장착·탈착용 로봇 같은 주변장치와의 인터페이스 등에 편리하다.

- 진단 : 현대적인 많은 CNC들은 자체 온라인 진단 기능을 갖추고 기계를 감시하면서 기계의 오작동이나 오작동 발생이 임박한 신호를 감지하거나 시스템 고장의 원인을 진단한다.

7.2.2 CNC의 기계제어 유닛

MCU는 CNC를 재래식 NC와 구별 짓게 하는 요소이다. CNC 시스템의 일반적인 MCU 구성은 그림 7.7과 같다. 즉 (1) 중앙처리장치, (2) 메모리, (3) I/O 인터페이스, (4) 공작기계 이송축 및 주축속도를 조정하는 제어기, (5) 기타 기능을 위한 순차 제어기 등으로 구성된다. 이들 구성 모듈들은 그림에 나타난 바와 같이 시스템 버스로 연결된다.

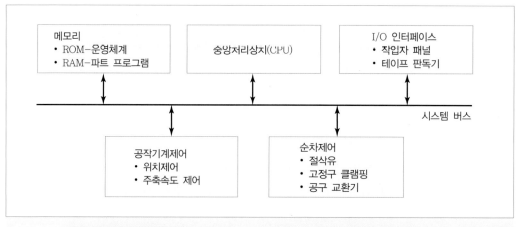

그림 7.7　CNC 기계제어 유닛의 구성

중앙처리장치   중앙처리장치(central processing unit, CPU)는 주기억장치에 저장된 소프트웨어에 따라 MCU의 다른 요소들을 관리한다. CPU는 (1) 제어부, (2) 연산-논리부, (3) 직접 메모리로 나뉜다. 제어부는 메모리로부터 명령과 데이터를 받아서 MCU의 다른 요소를 동작시키기 위한 신호를 생성한다. 즉 MCU 컴퓨터의 모든 동작순서를 정하고, 연계하고, 조정한다. 연산-논리부는 메모리에 저장된 소프트웨어가 필요로 하는 여러 연산, 계수, 논리함수를 처리한다. 직접 메모리는 CPU에 의해 처리될 데이터에 임시 저장소를 제공하고 이것은 시스템 버스를 통해 주기억장치에 연결된다.

메모리   CPU의 직접 메모리는 CNC 소프트웨어를 저장하는 용도가 아니다. CNC를 가동하는 여러 프로그램과 데이터를 위해서는 더 큰 용량이 필요하다. 다른 컴퓨터들과 마찬가지로 CNC 메모리는 (1) 주기억장치, (2) 2차 메모리로 나뉜다. 주기억장치는 ROM(read-only memory)과 RAM(random access memory)으로 나뉜다. 운영체계와 기계 인터페이스 프로그램(7.2.3절)은 일반적으로 ROM에 저장되며 이 소프트웨어들은 MCU 생산자가 설치한다. NC 파트 프로그램은 RAM에 저장되며, 작업이 바뀔 때마다 지우고 새로운 파트 프로그램으로 대체될 수 있다.

대용량의 2차 메모리(보조기억장치 또는 2차 기억장치)는 대형 프로그램이나 데이터를 저장하고 필요 시 주기억장치로 전송한다. 대표적인 것으로 외장 메모리나 하드 디스크가 있다. CNC 보조기억장치는 파트 프로그램, 매크로, 기타 소프트웨어를 저장하는 데 사용된다.

I/O 인터페이스   I/O(Input/Output) 인터페이스는 CNC의 여러 요소 간, 다른 컴퓨터 시스템 간, 작업자 간의 통신을 제공한다. I/O 인터페이스는 데이터와 신호를 그림 7.7에 일부 표시된 외부장치와 주고받는다. 작업자 제어 패널은 작업자가 CNC 시스템과 통신하는 기본 요소인데, 파트 프로그램 수정, MCU 작업모드(예 : 프로그램 조작과 수동조작), 주축속도 및 이송률, 절삭유 펌프 On/Off, 기타 유사 기능과 관련된 명령 입력에 쓰인다. 문자와 숫자용 키패드 또는 키보드가 포함되며, MCU가 작업자에게 정보를 출력하기 위한 CRT 또는 LED 디스플레이도 포함된다. 디스플레이는 프로그램의 현재 진행상태를 보여주고, 시스템의 오작동 시 이를 작업자에게 알려준다.

I/O 인터페이스는 파트 프로그램을 저장하기 위하여 입력하는 수단을 포함한다. NC 파트 프로그램은 자기 테이프, 플로피 디스크, 외장 메모리 등에 저장할 수 있다. 또한 작업자가 수동으로 입력할 수도 있으며, 중앙컴퓨터로부터 근거리 통신망(local area network, LAN)을 통하여 CNC 시스템으로 전송받을 수도 있다. 어떤 방법을 채택하든 MCU 메모리에 프로그램을 입력할 수 있는 수단이 있어야 한다.

주축 및 이송축 제어   이것은 주축의 회전속도와 이송축의 속도(이송률) 및 위치를 제어하는 하드웨어 요소들이다. MCU가 생성한 제어신호는 각 축을 구동하는 위치제어 시스템에 적절한 신호형태와 전력 크기로 바뀌어야 한다. 위치제어 시스템은 개루프와 폐루프 시스템으로 구분되며 그에 따라 구성요소도 달라진다.

공작기계 종류에 따라 주축은 (1) 선반에서와 같이 공작물을 회전시키거나, (2) 밀링에서와 같이 공구를 회전시킨다. 대부분의 CNC 기계에서 주축속도를 프로그래밍할 수 있다. MCU의 주축 속도 제어요소는 일반적으로 구동제어회로와 피드백 센서 인터페이스로 구성된다.

기타 공작기계 기능에 대한 순차제어 테이블 위치, 이송률, 주축속도의 제어 이외에 기타 여러 기능이 파트 프로그램에 의해 제어된다. 이들 기능은 일반적으로 On/Off 동작이거나 이산수치 데 이터를 갖는다. 절삭유 제어, 고정구 클램핑, 비상경고, 로봇에 의한 부품 장착/탈착 인터록 등이 이들 기능의 예이다.

7.2.3 CNC 소프트웨어

CNC 컴퓨터는 소프트웨어에 의하여 구동된다. 소프트웨어는 (1) 운영체계 소프트웨어, (2) 기계 인터페이스 소프트웨어, (3) 응용 소프트웨어로 나뉜다.

운영체계 소프트웨어의 주기능은 NC 파트 프로그램을 해석하여 가공기 축을 구동하는 데 필 요한 제어신호를 발생시키는 것이다. 운영체계는 제어기 제조업체에서 MCU의 ROM에 설치한다. 운영체계는 (1) 작업자가 NC 프로그램을 입력, 수정하고 기타 파일관리 기능을 수행하는 편집기, (2) 파트 프로그램을 해석하고 보간하여 감/가속 계산을 하고, 각 축을 구동하는 제어신호를 발생 시키는 데 필요한 제어 프로그램, (3) MCU의 I/O 작업 및 CNC 소프트웨어의 수행을 관리하는 총괄 프로그램으로 구성된다. 운영체계는 CNC 시스템에 있을 수 있는 진단 프로그램도 포함한다.

기계 인터페이스 소프트웨어는 공작기계가 CNC 보조 기능(표 7.2)을 수행할 수 있도록 CPU와 공작기계 간의 통신 연결을 가동하는 데 사용된다. 전술한 바와 같이 보조 기능과 연계된 I/O 신호 는 MCU에 연결된 PLC에 의하여 제공되기도 하며, 기계 인터페이스 소프트웨어도 사다리 논리도 (9.2절)로 작성되기도 한다.

끝으로 응용 소프트웨어는 가공 또는 기타 공정을 위하여 작성된 NC 파트 프로그램으로 구성 된다(7.5절).

7.2.4 DNC

디지털 컴퓨터를 이용하여 NC 공작기계를 제어하는 첫 번째 시도는 **직접 수치제어**(direct numerical control, DNC)였다. 이것은 1960년대 후반 CNC 시대가 열리기 전의 일이었다. 초기의 DNC는 하나 의 (대형) 컴퓨터가 여러 대의 공작기계에 직접 연결되어 실시간으로 제어하였다. 천공 카드를 이 용하여 파트 프로그램을 입력하는 대신, 컴퓨터가 블록 단위로 프로그램을 MCU로 직접 전송하였 다. 이러한 작업 모드는 BTR(behind the tape reader)로 불렸다. DNC 컴퓨터는 요청에 의하여 블 록 단위의 프로그램을 기계로 보냈고, 기계는 명령이 필요할 때마다 즉시 전송받았다. 각 블록이 수행되는 동안 다음 명령 블록이 전송되었다. 공작기계 자체는 재래식 NC 제어기와 크게 다르지 않았다. 이론상으로 DNC는 NC에서 가장 신뢰성이 낮은 부분인 천공 테이프 및 테이프 판독기를 대체하였다.

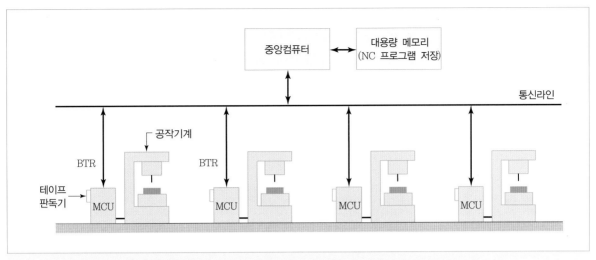

그림 7.8 DNC 시스템의 일반적인 구성. MCU로의 연결은 BTR(behind the tape reader) 형태

일반적 DNC 시스템은 그림 7.8과 같다. 시스템은 (1) 중앙컴퓨터, (2) 중앙컴퓨터의 대용량 메모리, (3) 제어대상 기계, (4) 기계와 중앙컴퓨터를 연결하는 통신 라인으로 구성된다. 컴퓨터는 중앙 대용량 메모리에서 프로그램을 호출하여 지정된 기계로 프로그램을 블록 단위로 전송한다. 1970년대 판매되던 어떤 DNC 시스템은 256대의 기계를 제어할 수 있었다.

데이터 전송과는 반대로 중앙컴퓨터는 기계로부터 작업 성과에 대한 데이터, 즉 완성된 작업 사이클 수, 가동률, 고장 등을 전송받았다. 따라서 DNC의 주된 목표는 기계와 중앙컴퓨터 간의 양방향 통신을 달성하는 것이었다.

1970년대와 1980년대 들어 CNC 장비의 도입이 확대되면서 DNC가 분산수치제어(distributed numerical control, DNC)의 형태로 다시 등장하였다. 새로운 DNC는 그림 7.8에 나타난 것과 비슷하나 MCU들이 자체 컴퓨터를 보유하고 있는 점이 다르다. 이것은 파트 프로그램이 블록 대신 프로그램 단위로 송신될 수 있게 하며, 개별 CNC를 먼저 설치하여 가동하고 DNC를 차후에 설치할

표 7.2 DNC에서 중앙컴퓨터와 공작기계 간 데이터 및 정보의 흐름

중앙컴퓨터에서 공작기계와 작업장으로 다운로드되는 데이터 및 정보	공작기계와 작업장에서 중앙컴퓨터로 업로드되는 데이터 및 정보
NC 파트 프로그램	부품 개수 사이클
작업에 필요한 공구 리스트	실제 가공사이클 시간
기계 셋업 명령 내용	공구수명 통계
작업자 지시 내용	기계 가동시간 및 고장시간 통계
파트 프로그램에 대한 가공사이클 시간	제품품질 정보
프로그램이 최종 사용된 시점 데이터	기계가동률
생산일정정보	

수도 있어서 상대적으로 쉽게 도입할 수 있다. 대체 기능을 갖는 여러 대의 컴퓨터가 도입되면서 시스템의 신뢰성이 향상되었다. 새로운 DNC에서도 원래의 직접수치제어 개념의 DNC에서 중요했던 중앙컴퓨터와 현장 사이의 양방향 통신이 가능하다. 그러나 데이터 수집장치의 발달은 통신 및 컴퓨터 기술의 발달과 더불어 정보의 종류와 유연성을 확대시켰다. 표 7.2는 양방향으로 교환되는 정보의 종류를 예시한다. DNC에서의 정보교환은 제25장에서 다룰 제조 현장 통제시스템에서의 정보교환과 유사하다.

7.3 NC의 응용

공작물에 대한 공구의 상대위치 제어를 필요로 하는 많은 NC 응용 분야가 있다. 응용 분야는 (1) 공작기계 분야와 (2) 비공작기계 분야로 나눌 수 있다. 공작기계 분야는 금속가공을 필요로 하는 분야가 주요 관련업종이고, 비공작기계 분야는 기타 산업의 다양한 공정에 적용된다. 그러나 'NC'라는 용어를 모든 응용 분야에서 사용하지는 않고 주로 공작기계산업에서만 사용한다는 사실은 알고 있을 필요가 있다.

7.3.1 공작기계 분야 응용

NC의 가장 흔한 적용 분야는 공작기계 제어이다. 절삭가공은 NC의 첫 번째 적용 분야이자 현재도 상업적으로 가장 중요한 분야 중 하나이다. 이 절에서는 절삭가공에 중점을 두고 설명한다.

절삭가공과 NC 공작기계　절삭가공은 소재를 제거하여 제품형상을 만드는 방법으로(2.2.1절), 절삭공구와 공작물의 상대적인 위치를 제어하여 원하는 형상을 만든다. 절삭가공은 다양한 형상과 표면 상태를 생성할 수 있어 가장 다양성 있는 공정 중 하나로 꼽히며, 정확한 부품을 저렴하면서도 상대적으로 높은 생산성으로 생산할 수 있는 방법이다.

절삭가공은 그림 7.9와 같이 (a) 선삭, (b) 드릴링, (c) 밀링, (d) 연삭으로 나눌 수 있다. 각 공정은 그림 7.9에 나타낸 바와 같이 속도, 이송, 절삭깊이 등 **절삭 조건**하에서 작업이 이루어진다. 연삭의 경우는 다소 다른 용어를 사용한다. 밀링의 경우를 보면 **절삭 속도**(cutting speed)는 가공물에 대한 밀링 날의 속도로 m/min(또는 ft/min)로 나타낸다. 기계에는 통상 주축(스핀들)의 분당 회전속도(revolution per minute, rpm)로 프로그래밍되며, 이것은 다음 식에 의하여 절삭속도로부터 환산된다.

$$N = \frac{v}{\pi D} \tag{7.1}$$

여기서 N은 주축 회전속도(rpm), v는 절삭속도(m/min, ft/min), D는 밀링커터 지름(m, ft)을 나타낸다. 밀링에서 **이송량**(feed)은 날당 생성된 **칩의 크기**를 의미하며 이것은 프로그램 작성 시 테이블

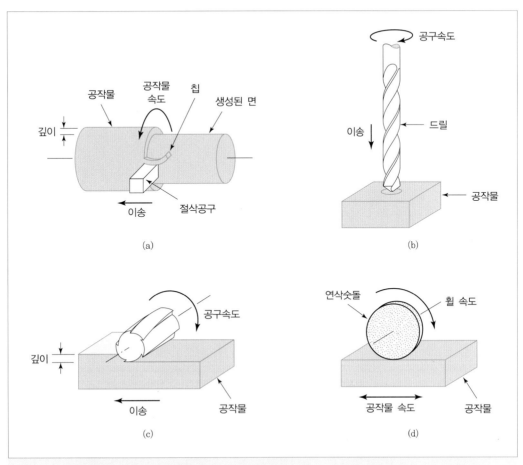

그림 7.9 네 가지 일반적인 절삭가공 공정 : (a) 선삭, (b) 드릴링, (c) 밀링, (d) 연삭

의 이송률(feed rate)로 입력된다. 이송량과 이송률 사이에는 다음과 같은 관계가 있다.

$$f_r = N n_t f \qquad (7.2)$$

여기서 f_r은 이송률(mm/min, in/min), N은 회전속도(rev/min), n_t는 밀링커터의 날 수, f는 이송량 (mm/tooth, in/tooth)을 의미한다. 선삭공정에서 이송량은 공작물 1회전당 수평 방향 이동량을 의미하며 단위는 mm/rev 또는 in/rev이다. **절삭깊이**(depth of cut)는 공작물 표면으로부터 날이 들어간 깊이를 mm 또는 inch로 나타낸다. 이것들이 NC 기계동작 중에 제어되어야 할 파라미터들이다.

일반 공작기계와 마찬가지로 NC 공작기계에는 다음과 같은 것들이 있다.

- NC 선반(수평형 또는 수직형) : 선삭은 2축을 필요로 하며 연속경로 제어를 필요로 한다.
- NC 보링머신(수평형 또는 수직형) : 보링은 선삭과 유사하며 차이는 실린더 내부를 가공한다는 점이다. 2축 연속경로 제어를 한다.
- NC 드릴링머신 : 이 장비는 공구대(드릴공구를 포함한 주축)와 테이블 2개 축(x, y)의 점간 제

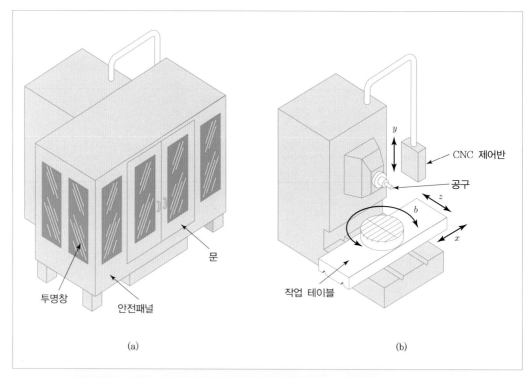

문

투명창

안전패널

(a)

y

CNC 제어반

공구

z

b

x

작업 테이블

(b)

그림 7.10 (a) 안전패널이 있는 4축 수평형 밀링머신, (b) 안전패널 속의 좌표계

어를 한다. 일부 NC 드릴은 6~8개의 공구를 보유한 터릿을 갖는다. 터릿의 위치는 프로그래밍될 수 있어 작업자에 의한 공구교환 없이 한 공작물에 여러 개의 드릴공구를 사용할 수 있게 한다.

• NC 밀링머신 : 밀링머신은 직선 혹은 윤곽 가공을 위하여 연속경로 제어를 한다. 그림 7.10은 4축 밀링머신의 예를 보여준다.

• NC 원통연삭기 : 선삭기와 유사하며 공구가 연삭숫돌이라는 점이 다르다. NC 선반과 마찬가지로 2축 연속경로 제어를 한다.

NC 제어는 공작기계 설계와 운영에 지대한 영향을 미쳤다. 큰 변화 중 하나는 수동 조작 기계보다 실제 가공에 사용되는 시간이 증가했다는 것이다. 이로 인해 주축(스핀들), 구동기어, 이송나사 등이 급속히 마모되는 현상이 발생해 이들 부품이 더 오랜 수명을 가질 수 있도록 설계되어야 했다. 컴퓨터 제어기의 추가는 공작기계의 가격을 상승시켜 기계 가동률을 높여야 경제성이 확보되게 되었다. 기존의 1교대 작업은 경제성 확보를 위해 NC 장비의 경우에는 2교대 또는 3교대로 늘어나게 되었다. 셋째, 인건비의 상승은 작업자와 기계의 역할을 변화시켰다. 과거에는 가공의 모든 측면을 운영하던 숙련된 인력이 필요했지만, NC 작업자는 부품 장착/탈착, 공구교환, 칩 세척 등으로 업무가 줄었다. 그 결과 여러 대의 자동화된 장비를 한 작업자가 운영할 수 있게 되었다.

공작기계의 기능도 변화하였다. NC 기계는 높은 자동화 수준을 갖고, 기존에 여러 대의 장비에서 수행되었던 여러 공정을 한 셋업 상태에서 수행할 수 있도록 설계된다. 또한 공구교환, 공작물 장착/탈착 등 비가공에 소요되는 시간도 줄이도록 설계되었는데 이런 경향이 **머시닝센터**(machining center)를 출현시켰다. 머시닝센터는 한 공작물에 대한 여러 공정을 한 셋업으로 실행할 수 있다. 밀링, 드릴링과 같은 회전형 공구를 이용한 여러 가공을 수행할 수 있으며, 여러 공정을 한 셋업에서 수행할 수 있게 하는 공구교환장치 등을 갖추고 있다. 머시닝센터 및 관련 공작기계는 단일작업장 제조 셀(14.2.3절)에서 상술한다.

NC가 적합한 경우   일반적으로 NC 기술은 중·다품종/중·소량생산에 적합하다. 오랜 기간에 걸쳐 NC 기계가 적용된 결과, NC가 가장 적합한 것으로 판명된 생산 환경의 특징은 다음과 같다.

1. **뱃치생산** : NC는 중소 규모 로트(뱃치 크기가 한 단위에서 수백 단위까지) 생산에 가장 적합하다. 이 정도의 수량에 전용 자동화 장비를 사용하면 고정비에 많은 투자가 필요하여 비경제적이 된다. 또한 수작업 생산은 셋업을 여러 번 해야 하므로 인건비가 많이 소요되며, 제조시간이 길어지고, 스크랩 비율이 높다.

2. **반복 주문** : 동일한 부품 뱃치가 일정 간격 또는 임의의 간격으로 반복 주문되는 경우, NC 파트 프로그램이 한 번 준비되면 그 후에는 동일한 파트 프로그램으로 경제적 생산이 가능하다.

3. **복잡한 부품 형상** : 부품 형상이 비행기 날개나 터빈 날개 등에서 나타나는 복잡한 형상을 가질 수 있다. 수학적으로 표현 가능한 원, 나선 등은 NC로 가공 가능하지만 이러한 형상 중 일부는 기존의 기계로는 가공이 불가능하다.

4. **제거할 부분이 많은 공작물** : 이 경우는 복잡한 형상가공과 흔히 연관되는데, 최종 형상이 가공 전 형상보다 부피나 무게 면에서 상대적으로 작은 경우이다. 항공기 산업에서 대형 구조부를 가볍게 만들기 위한 작업이 하나의 예다.

5. **여러 개의 개별 가공이 필요한 부품** : 이 경우는 한 부품에 드릴/탭 구멍, 슬롯, 평면 등 여러 가지 공구를 필요로 하는 가공 형상들로 구성된 부품에 적용된다. 이것을 재래식 가공기에서 가공할 경우 여러 가지 셋업을 필요로 한다. NC 가공은 셋업 수를 상당히 줄인다.

6. **고가의 부품** : 이것은 3, 4, 5항의 결과일 수도 있고 고가의 원자재를 사용한 경우일 수도 있다. 부품이 고가인 경우 실수에 의한 대가는 매우 크므로 NC의 사용은 재가공과 스크랩 손실을 줄이는 데 기여한다.

기타 금속가공에서의 NC   절삭가공 이외에 다른 금속가공 공정에 사용되는 NC는 다음과 같다.

- **판재 펀칭용 프레스** : 드릴링과 마찬가지로 2축 NC이며, 차이는 드릴가공 대신 펀칭을 한다는 점이다.
- **판재 굽힘용 프레스** : 프로그램에 따라 판재를 굽힌다(벤딩).
- **용접기계** : NC 제어기를 이용한 점용접기와 연속 아크용접기가 있다.

- 산소절단, 레이저 가공, 플라즈마 아크절단 등 가열 절단기 : 소재는 대개 편평하기 때문에 2축 제어가 적합하다. 일부 레이저 가공기는 최종 형상이 만들어진 판재제품에 구멍을 뚫을 수 있는데, 이 경우 4축 또는 5축 제어를 필요로 한다.
- 튜브 굽힘기 : 자동 튜브 굽힘기는 튜브 소재 길이를 따라 굽힘 위치 및 각도를 프로그래밍할 수 있다. 자전거 프레임과 배관 파이프가 대표적인 적용 부품이다.
- 와이어 방전가공기(EDM) : 이것은 x-y 평면 테이블에 위치한 공작물에 수직으로 위치한 와이어가 방전(스파크)을 일으키면서 띠톱과 같은 절단작용을 일으킨다.

7.3.2 기타 NC 응용

NC는 공작기계 제어 이외에도 다양한 적용 분야가 있다. 그러나 모든 경우에 '수치제어(NC)'로 불리지는 않는다. 공정이 진행되면서 공구의 상대위치가 제어되는 NC형 제어기를 갖춘 기계들은 다음과 같다.

- 급속조형(RP)과 3D 프린팅 : 이러한 공정은 재료를 한 번에 한 층씩 쌓아 나가는 첨가형 제조 방식으로 진행되는데, NC 기술에 의해 작업헤드 부분이 조종된다.
- 워터젯 절단기 : 미세한 고압 고속으로 배출되는 물에 의해 각종 재료(금속, 플라스틱, 직물 등)를 절단하는 장비인데, 노즐부의 운동제어에 NC기술이 적용된다.
- 부품삽입기 : 이 장비는 평판이나 패널상의 x-y 평면상에 부품을 위치시키고 삽입하는 기능을 한다. 프로그램은 부품이 삽입될 위치정보를 좌표로 입력한다. PCB 기판에 전자부품을 삽입하는 용도로 많이 사용된다. 구멍삽입형이나 표면실장 같은 전자조립용 장비들뿐만 아니라 유사한 용도의 기계부품 조립용 장비들도 있다.
- 제도기 : CAD/CAM 시스템을 이용하여 설계가 어느 정도 완성되면 고속 제도기(플로터)로 출력한다.
- 3차원 좌표측정기(22.4절) : 3차원 좌표측정기(coordinate measuring machine, CMM)는 부품의 치수를 측정하는 장비이다. 3축으로 제어되는 탐침이 부품 표면에 닿게 되면 CMM 제어기가 그 점의 좌표값을 계산한다. 많은 CMM 장비들이 프로그래밍된 자동검사를 NC의 원리에 의해 수행한다.
- 고분자 복합재 제품 생산을 위한 테이프 적층 기계 : 고분자 수지를 함유한 복합재료 테이프 배출기가 십자형으로 왕복하면서 몰드 표면 위에 테이프를 입혀 원하는 두께를 만든다. 그 결과 몰드 형상과 같은 다층 패널이 성형된다.
- 고분자 복합재 제품 생산을 위한 필라멘트 감는 기계 : 앞의 장비와 비슷하나 필라멘트가 고분자 수지에 들어갔다 나온 다음 회전하는 원통형 패턴에 감긴다는 점이 다르다.

7.3.3 NC의 장단점

NC는 수동생산에 비해 많은 장점을 가지고 있고 이 장점은 사용자 회사에 경제적인 효과로 나타난다. 그러나 NC는 복잡한 기술인 관계로 이를 효과적으로 적용하기 위해서는 비용이 발생한다.

NC의 장점 NC의 장점을 공작기계 분야에 중점을 두고 설명하면 다음과 같다.

- **비생산시간 단축** : NC는 가공 자체를 최적화하지는 못하지만 실제 가공시간의 비율을 늘린다. 이는 셋업 횟수 감소, 셋업시간 감소, 자재취급시간 감소 등에 의한 결과이며 일부 기계에 있는 자동공구 교환장치도 비생산시간 단축에 기여하고, 이는 노동비 절감과 제품 생산시간 단축으로 나타난다.
- **정밀도와 반복도 향상** : 수동장비에 의한 가공과 비교할 때, NC는 작업자 숙련도 차이, 피로 및 기타 인간에게 나타나는 변화 요인으로 인한 불균일성을 줄이거나 제거할 수 있다. 부품은 지시된 치수에 근접하게 제작되며, 뱃치 내의 부품 간 차이도 줄어든다.
- **스크랩 비율 감소** : 정밀도 및 반복성 향상으로 생산 중 인간의 실수가 줄어 더 많은 양품이 생산된다. 따라서 일정계획 시 스크랩 여유율을 줄여 전체 생산량을 감소시킴으로써 전반적인 생산시간이 단축된다.
- **검사 필요성의 감소** : 동일한 NC 프로그램으로 생산되는 제품은 사실상 동일하므로 일단 프로그램이 검증되면 재래식 수동생산에서와 같이 많은 검사 샘플 추출을 필요로 하지 않는다. 공구 마모와 기계 오동작을 제외하면 NC는 매 사이클마다 동일한 부품을 생산한다.
- **복잡한 형상가공이 가능** : NC 기술은 재래식 수동가공에서는 불가능했던 형상의 가공을 가능하게 하였으며, 이는 설계상 다음과 같은 장점을 갖는다―(1) 단일 부품에 여러 기능적 형상을 설계할 수 있어 전체적으로 부품의 수를 줄이고 조립비용을 줄인다. (2) 수학적으로 정의되는 곡면들을 제조할 수 있다. (3) 설계자가 부품 및 제품설계에서 더 많은 창의성을 발휘할 수 있다.
- **설계 변경이 쉽게 수용** : 설계 변경 시 가공이 가능하도록 하기 위한 복잡한 가공용 고정구를 변경하는 대신 NC 프로그램 변경만으로 이를 가공할 수 있다.
- **단순한 고정구** : NC는 정확한 위치제어가 가능하므로 보다 간단한 고정구가 요구되며, 공구위치가 지그 설계에 고려될 필요가 없다.
- **제조 리드타임 단축** : NC를 사용하면 작업이 단시간에 셋업되고 부품당 셋업 수가 줄어들어 주문에서 완성까지의 시간이 적게 소요된다.
- **부품 재고의 감소** : 셋업 수가 줄고 작업교체가 쉽고 빨라서, NC는 적은 로트 크기를 가능하게 해준다. NC의 경우 경제적인 로트 양이 적으므로 평균재고가 줄어든다.
- **공장 사용면의 감소** : NC 기계를 사용할 경우 동일한 부품을 생산하는 데 필요한 기계 대수와 재고가 줄어 이들이 차지하던 공간이 남아 공장에서 필요로 하는 공간이 축소된다.
- **작업자 숙련도의 필요 수준 감소** : NC 기계를 다루는 작업자의 숙련도는 재래식 공작기계 작업

자 숙련도보다 보통 낮아도 된다. NC 기계를 작동하는 작업자는 일반적으로 부품의 장착/탈착, 공구교환 등을 주업무로 수행한다. 기계 사이클은 프로그램에 의해 통제된다. 작업자는 재래식 공작기계에서 보다 많은 작업을 하게 되며 요구하는 기술 수준도 높다.

NC의 단점   반대로, NC를 도입하는 회사에서 적극적인 의지를 보여야 할 부분인 추가비용 문제는 단점일 수 있다. NC의 단점으로는 다음과 같은 것들이 있다.

- **높은 투자비용** : NC 기계는 기존의 공작기계보다 초기 투자비용이 많이 소요된다. NC의 가격이 높은 이유로는 (1) NC 기계는 CNC 제어기와 전자 하드웨어를 포함하며, (2) CNC 제조업자의 소프트웨어 개발비가 기계가격에 포함되었고, (3) 신뢰성 높은 기계부품들이 사용되며, (4) NC 장비는 자동공구 교환장치나 부품교환장치(14.2.2절) 등과 같이 재래식 공작기계에 없는 기능을 갖추고 있기 때문이다.
- **높은 유지보수 비용** : 일반적으로 NC 장비는 재래식 장비보다 높은 수준의 유지보수를 필요로 하므로 비용이 더 많이 소요된다. 이것은 오늘날의 NC 기계에 포함된 컴퓨터와 기타 전자부품에 의한 영향이 크다. 보수인력은 이러한 장비를 유지하고 수리하는 훈련을 받은 사람들이어야 한다.
- **파트 프로그래밍** : 공정계획은 NC와 재래식 공작기계에서 모두 필요한 일인데, NC 가공은 추가로 파트 프로그래밍이 필요하다.
- **높은 가동률** : NC 장비의 경제적 이득을 최대화하기 위해 정상 조업 이외에 1~2교대를 추가하여 NC 장비를 더 운영하게 된다. 이 경우 감독 및 기타 지원인력이 추가로 요구된다.

7.4 NC 파트 프로그래밍

NC 파트 프로그래밍은 계획 단계와 공정순서를 문서화하는 단계로 구성된다. 파트 프로그래머는 기하학과 삼각법에 대한 지식은 물론 절삭가공(혹은 해당 NC 기계에서 수행되는 공정)에 대한 지식을 갖추어야 한다.

파트 프로그래밍은 수동에서 자동까지 다음과 같이 여러 방법이 있다—(1) 수동 파트 프로그래밍, (2) 컴퓨터 이용 파트 프로그래밍, (3) CAD/CAM을 이용한 파트 프로그래밍, (4) 수동 데이터 입력. 이 절에서는 먼저 공작기계에서 사용되는 언어 형태인 NC 코드 체계에 대해 설명한다.

7.4.1 NC 코드 체계

공작기계에서 프로그램은 2진수에 기반한 코딩 시스템을 이용하여 전달된다. NC 코드 체계는 MCU가 이해할 수 있는 기계어이다. 이 절에서는 공구와 공작물의 상대위치 제어 및 공작기계의 기타 기능을 수행하기 위하여 어떻게 프로그래밍되는지를 살펴본다.

명령 형식 문자(character)란 0~9의 숫자, A~Z까지의 알파벳, 기타 기호를 나타내는 비트의 조합이며, 이들 문자의 조합으로 워드(word)가 생성된다. 워드는 x위치, y위치, 이송률, 주축속도 등 작업 세부사항을 지정한다. 워드가 모여 **블록**(block)이 형성되며, 한 블록은 하나의 완전한 NC 문장인데, 이동할 목표점 좌표, 속도, 이송률을 지정하고, 기계가 무엇을 해야 하는지를 명시한다. 예를 들어 2축 NC 밀링머신에서 한 블록은 이동할 위치의 x좌표 및 y좌표, 운동 종류(직선 또는 곡선 보간), 밀링커터의 회전속도, 밀링작업이 이루어지는 이송률 등을 포함한다.

파트 프로그램에서 주요 정보는 좌표, 이송률, 속도, 사용 공구, 기타 명령을 규정하는 워드 형태로 MCU에 전달된다. 많은 공작기계 종류와 업체를 고려할 때, 명령 블록 내에서 워드를 표현하는 방식이 여러 가지 개발된 것은 이상한 일이 아니다. 이들은 천공 테이프를 기준으로 만들어져 흔히 테이프 형식 또는 **블록** 형식으로 불리기도 한다. 5개 이상의 블록 형식이 개발되었는데, 그중 워드주소 형식이 가장 보편적으로 사용된다. 워드주소 형식에서 흔히 사용되는 선행문자를 표 7.3

| 표 7.3 | 워드주소 형식에서 대표적인 선행문자

워드 선행자	예	기능
N	N01	순서 번호. 명령 블록 구분. 1~4자리 숫자 사용 가능.
G	G21	준비 명령. 제어기에 블록 명령 수행 준비. 한 블록에 2개 이상의 G 코드 가능(이 예는 수치 단위가 밀리미터임을 표시).
X, Y, Z	X75.0	3개의 직선축에 대한 좌표값 지정. 인치와 밀리미터 가능(이 예는 x축 좌표가 75mm임을 나타냄).
U, W	U25.0	선삭에서 각각 x, z축 방향 이동길이의 증분 표시(이 예는 x축 방향으로 25mm 이동 표시).
A, B, C	A90.0	3개의 회전축에 대한 좌표값. A, B, C는 각각 x, y, z축을 회전 중심축으로 하는 회전축을 의미. 도(°)로 표기(이 예는 x축 중심으로 90° 회전 표시).
R	R100.0	원호의 반지름. 원호 보간에서 사용(이 예는 원호 보간 반지름 100mm 지정). R 코드는 부품 모서리에서 공구경로 오프셋을 정의할 때도 사용 가능.
I, J, K	I32 J67	원호 중심의 x, y, z좌표. 원호 보간에 사용(이 예는 원호 보간에서 원 중심이 $x=32$mm, $y=67$mm임을 나타냄).
F	G94 F40	분당 또는 회전당 이송을 밀리미터 또는 인치로 표기(이 예는 밀링 또는 드릴링에서 분당 40mm/min의 이송률 표시).
S	S0800	네 자리로 표현된 주축의 분당 회전속도. 일부 장비에서는 주축 최대속도에 대한 비율을 두 자리 %로 표시하기도 함.
T	T14	공구 터릿이나 자동공구 교환장치를 갖춘 공작기계에서 선택공구 지정(이 예는 현재의 명령은 공구 매거진의 14번 위치 공구를 사용함을 표시).
D	D05	윤곽가공을 할 때 공구를 공작물로부터 오프셋시키는 데 사용. 오프셋 거리는 흔히 공구 반지름이 됨(이 예는 공구 오프셋 거리로 제어기 레지스터 5번 주소에 저장된 값을 사용함을 표시).
P	P05 R15.0	공구 반지름 정보를 제어기 레지스터에 저장하는 데 사용(이 예는 공구 반지름값 15.0mm를 오프셋 레지스터 5번에 저장).
M	M03	보조 명령. 표 7.5 참조(이 예는 공작기계 주축을 시계방향으로 회전시키는 명령).

에 요약하였다.

블록 내의 워드는 공작기계가 블록에 정의된 동작을 하는 데 필요한 모든 명령과 데이터를 나타내도록 고안되었으며, 공작기계의 종류에 따라 필요로 하는 워드가 다를 수도 있다. 예를 들어 선삭은 밀링과는 다른 명령 세트를 필요로 한다. 블록 내에서 워드는 일반적으로 다음 순서로 주어진다(워드순서를 바꾸는 것은 허용).

- 순서 번호(N-code)
- 준비 명령(G-code). G-code 정의는 표 7.4 참조
- 좌표값(직선축은 X-, Y-, Z-code, 회전축은 A-, B-, C-code)

| 표 7.4 | 대표적인 G-code(준비 워드)

G-코드	기능
G00	현재 위치에서 현 블록에 지정된 종점까지 점간 이동(급속 이동). 블록은 종점의 x, y, z좌표를 포함.
G01	직선 보간 이동. 블록은 종점의 x, y, z좌표를 포함해야 함. 이송률도 명시.
G02	시계방향 원호 보간. 블록은 반지름 또는 원호중심 정보와 함께 종점 좌표도 포함.
G03	반시계방향 원호 보간. 블록은 반지름 또는 원호중심 정보와 함께 종점 좌표도 포함.
G04	정해진 시간 동안 정지.
G10	공구 치수 보정(오프셋) 데이터 입력. P-코드와 R-코드가 뒤따름.
G17	밀링에서 $x-y$ 평면 선택.
G18	밀링에서 $x-z$ 평면 선택.
G19	밀링에서 $y-z$ 평면 선택.
G20	입력값은 인치 단위.
G21	입력값은 밀리미터 단위.
G28	기준점으로 복귀.
G32	선반에서 나사 절삭.
G40	공구 반지름(선반의 경우 노즈 반지름) 오프셋 보정 취소.
G41	공작물 면 좌측에 대한 공구 오프셋. 공구 반지름(선반의 경우 노즈 반지름)이 블록에 명시되어야 함.
G42	공작물 면 우측에 대한 공구 오프셋. 공구 반지름(선반의 경우 노즈 반지름)이 블록에 명시되어야 함.
G50	공구 시작 위치에 대한 좌표축의 원점 표시. 일부 선반에서 사용. 밀링 및 드릴링의 경우 G92 사용.
G90	절대좌표 사용.
G91	증분좌표 사용.
G92	밀링, 드릴링 기계 및 일부 선반에서 공구 시작 위치에 대한 좌표축의 원점 표시. 그 밖의 선반에서는 G50 사용.
G94	밀링 및 드릴링에서 이송률을 feed/min으로 지정.
G95	밀링 및 드릴링에서 이송률을 feed/rev으로 지정.
G98	선반에서 이송률을 feed/min으로 지정.
G99	선반에서 이송률을 feed/rev으로 지정.

주 : 일부 G-code는 밀링과 드릴링에만 적용되며, 일부는 선반에만 적용된다.

- 이송률(F-code)
- 주축속도(S-code)
- 공구 선택(T-code)
- 보조 명령(M-code). M-code 정의는 표 7.5 참조.
- 블록 끝(EOB 기호)

　　G-code는 준비 워드로 불린다. 두 자리 숫자로 구성되며(워드주소 형식에서는 'G' 선행문자 뒤에 옴), MCU에 명령 수행을 준비시킨다. 예를 들어, G02는 제어기에 시계방향 원호 보간을 준비시켜, 이후의 데이터들이 올바르게 해석되도록 한다. 어떤 경우에는 MCU를 준비시키기 위해 둘 이상의 G-code를 필요로 한다. 자주 사용되는 G-code를 표 7.4에 요약하였다. 공작기계 업계에서 G-code는 표준화되었지만, 장비별로 일부 차이가 있다. 예를 들어 밀링기계와 선반에는 차이가 있으며 표 7.4에 이를 명시하였다.

　　M-code는 공작기계에서 사용 가능한 기타 보조 기능을 사용하기 위한 것이다. 예를 들어 주축 회전을 시작하거나, 공구교환을 위하여 주축을 정지시키거나, 절삭유를 On/Off하는 기능 등을 한다. 물론 해당 기능을 장비가 보유한 경우에 한하여 사용할 수 있다. 대표적인 M-code들이 표 7.5에 나와 있다. M-code는 통상적으로 블록 끝에 위치한다.

| 표 7.5 | 대표적인 M-code(보조 워드)

M-코드	기능
M00	프로그램 정지. 프로그램 중간에 사용. 작업자가 다시 시작시켜야 함.
M01	선택적 프로그램 정지. 제어 패널의 선택적 정지버튼이 눌린 상태에서만 정지.
M02	프로그램 끝. 기계 정지.
M03	밀링에서 주축을 시계방향으로 회전 시작(선반의 경우 순방향).
M04	밀링에서 주축을 반시계방향으로 회전 시작(선반의 경우 역방향).
M05	주축 정지.
M06	수동 또는 자동으로 공구교환. 수동교환의 경우 작업자는 기계를 다시 시작시켜야 함. 공구 선택은 포함되지 않음. 자동의 경우 T-코드로 공구를 선택하며, 수동의 경우는 작업자 선택.
M07	절삭유 강하게 ON(유체식).
M08	절삭유 약하게 ON(분무식).
M09	절삭유 OFF.
M10	고정구, 기계 슬라이드 등을 자동 조이기.
M11	고정구, 기계 슬라이드 등을 자동 풀기.
M13	밀링기계에서 주축 시계방향으로 회전 시작(선반의 경우 순방향) 및 절삭유 ON.
M14	밀링기계에서 주축 반시계방향으로 회전 시작(선반의 경우 역방향) 및 절삭유 ON.
M17	주축 및 절삭유 OFF.
M19	주축을 정해진 각도에서 정지.
M30	프로그램 끝. 기계 정지. 테이프 되감기(테이프로 제어되는 기계의 경우)

7.4.2 수동 파트 프로그래밍

수동으로 NC 프로그램을 작성할 때는 전술한 대로 낮은 수준의 언어인 기계어를 사용한다. 프로그램을 사람이 작성한 후 저장매체에 저장하거나, NC 파트 프로그램 소프트웨어가 있는 컴퓨터에 입력한다. 어떠한 경우든 파트 프로그램은 주어진 작업에 대한 블록 단위의 명령 리스트가 되고, 특정 공작기계에 맞는 형식을 갖는다.

수동으로 점간 제어와 연속경로 제어용 프로그래밍을 모두 할 수 있으나, 특히 드릴링과 같은 점간 이동 제어를 필요로 하는 작업에는 수동 프로그래밍이 적합하다. 밀링이나 선반가공의 경우, 두 축만 관련되는 경우 간단한 윤곽가공도 수동 프로그래밍이 가능하다. 그러나 세 축을 이용한 복잡한 가공에는 컴퓨터를 이용한 파트 프로그래밍이 유리하다.

워드주소 형식에 따른 프로그래밍   워드주소 형식을 사용할 때 명령은 선행문자가 붙은 일련의 워드로 구성된다. 값들은 소수점 아래 한 자리를 포함하는 네 자리 숫자로 표현된다. 예를 들어 X020.0는 $x = 20.0$mm를 의미한다. 다양한 CNC 공작기계들이 여기서 예시하는 형식과 다른 형식을 사용하므로 실제 적용 시에는 각 해당 기계별 명령 매뉴얼을 참고해야 한다.

NC 파트 프로그램을 준비하는 데 제일 먼저 할 일은 모든 동작의 기준이 되는 좌표계 원점을 정하는 일이다. 이것은 파트 프로그램에서 맨 처음에 정의된다. x, y, z좌표계는 기계에 고유한 것이지만 원점은 사용자가 원하는 위치에 지정할 수 있다. 파트 프로그래머는 기계 작업자가 쉽게 알아볼 수 있는 부품 형상을 기준으로 원점을 설정한다. 작업자는 작업이 시작되기 전 원점에 공구를 위치시킨 후 G92 코드를 이용하여 다음과 같이 원점을 정의한다.

$$\text{G92 X0 Y-050.0 Z010.0}$$

여기서 X, Y, Z는 좌표계에서의 좌표값을 의미한다. 즉 결과적으로 원점을 정의하게 된다. 일부 선반 및 터닝센터의 경우 G92 대신 G50을 사용하기도 한다. 우리가 사용하는 것은 밀리미터로, 이것을 명시하려면 위 예는

$$\text{G21 G92 X0 Y-050.0 Z010.0}$$

와 같이 된다. 여기서 G21은 이후에 나오는 좌표값 단위가 밀리미터임을 나타낸다. 공구의 이동은 G00, G01, G02, G03 코드를 이용한다. 점간 급속이동은 G00 코드를 사용하여 다음과 같이 표기한다.

$$\text{G00 X050.0 Y086.5 Z100.0}$$

이것은 공구를 $x = 50.0$mm, $y = 86.5$mm, $z = 100.0$mm 위치로 급속이동할 것을 명령한다. 이것은 드릴링 공정과 같이 중간경로를 제한하지 않을 경우에 적합하다. 급속이동속도는 MCU 고유의 파라미터로서 사용자가 프로그램에서 지정하지 않는다.

직선 보간 이동은 G01에 의하여 행해진다. 이것은 공구가 직선을 따라 가공하기를 원할 때 사용한다. 예를 들어

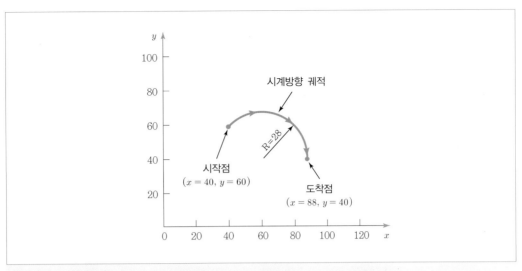

그림 7.11 G02 G17 X088.0 Y040.0 R028.0에서 원호 보간 공구경로. 단위는 mm

G01 G94 X050.0 Y086.5 Z100.0 F40 S800

는 공구가 현재 위치에서 $x = 50.0$mm, $y = 86.5$mm, $z = 100.0$mm로 지정된 좌표로 주축속도 800rpm으로 회전하면서 40mm/min의 이송속도로 직선 이동하라는 명령이다.

G02, G03 코드는 각각 시계방향과 반시계방향의 원호 보간 이동 명령이다. 표 7.1에 설명한 바와 같이 밀링에서의 원호 보간은 x-y 평면, x-z 평면, y-z 평면 중 한 평면으로 제한된다. 시계방향, 반시계방향은 면을 평면도로 바라보았을 때를 기준으로 삼은 것이다. 원하는 평면은 G17, G18, 또는 G19 중의 한 코드를 입력하여 선택한다. 예를 들어

G02 G17 X088.0 Y040.0 R028.0 F30

은 공구를 x-y 평면상에서 $x = 88$mm, $y = 40$mm인 점까지 시계방향으로 30mm/min의 이송속도로 반지름 28mm의 원호를 그리면서 이동하라는 명령이다. 그림 7.11은 현재 위치($x = 40$, $y = 60$)에서 공구가 지나간 경로를 나타낸 그림이다.

점간 급속이동의 경우(G00)는 공구중심이 원하는 위치에 오도록 하는 것이 좋다. 드릴링 같은 경우 점 좌표를 구멍중심으로 설정하고 공구중심이 그 위에 오도록 하는 것이 적절하다. 그러나 윤곽가공의 경우 공구는 가공면으로부터 공구 반지름만큼 떨어져 있는 것이 바람직하다. 이것은 그림 7.13에 예시한 2차원 평면상의 직사각형 부품의 외곽을 밀링하는 경우를 보면 잘 알 수 있다. 3차원 면의 경우는 오프셋 계산 시 공구형상도 고려하여야 한다. 파트 프로그래머는 이러한 공구 오프셋(cutter offset)을 고려하여 양 끝점을 올바르게 계산하여야 하며, 이는 시간이 소요되는 번거로운 일이 된다. 현대식 CNC는 G40, G41, G42 코드를 사용하면 공구 오프셋을 자동으로 계산하여 준다. G40 코드는 공구 오프셋 모드를 취소하며, G41, G42 코드는 각각 부품의 왼쪽, 오른쪽 면

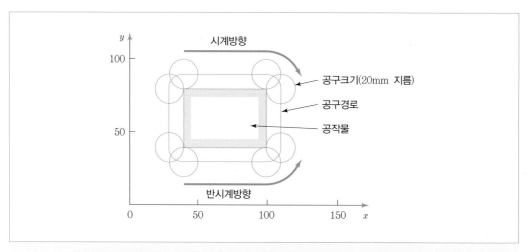

그림 7.12 단순사각 부품의 공구 오프셋. 공구경로는 부품 외곽으로부터 공구 반지름만큼 떨어져 있다. 공구 오프셋 보간을 하려면 공구가 부품 왼쪽에 오는 시계방향 공구경로의 경우 G41 코드를 호출한다. 공구가 부품의 오른쪽에 있게 되는 반시계방향 공구경로의 경우 G42를 호출한다.

쪽으로 공구 오프셋을 보정한다. 왼쪽, 오른쪽은 공구 진행 방향을 기준으로 삼은 것이다. 예를 들어 그림 7.12에서 시계방향으로 공구가 이동할 때 공구는 가공면의 왼쪽에 위치하게 된다. 따라서 이 경우 오프셋 자동계산을 위해서는 G41 코드가 사용된다. 반대로 반시계방향으로 공구가 이동할 때 공구는 가공면 오른쪽에 위치하게 되며, 이때는 G42가 사용된다. 만일 공구가 부품의 왼쪽 아래 꼭짓점에서 시작해서 밑면을 외곽 밀링가공한다고 하면

G42 G01 X100.0 Y040.0 D05

와 같이 될 것이다. 여기서 D05는 MCU 메모리에 저장된 공구 반지름값인데, 이 값은 제어기의 일부 레지스터에 저장된다. D 코드는 지정된 레지스터에 저장된 값을 가리킨다. D05는 제어기의 5번 오프셋 레지스터에 반지름 오프셋값이 저장되어 있음을 나타낸다. 이 데이터는 (1) 수동으로 입력되거나, (2) 파트 프로그램 내에서 명령으로 넣을 수 있다. 작업마다 공구반지름 오프셋값이 다를 수 있으므로, 수동입력이 조금 더 유연성이 있다. 작업이 실행될 때면 작업자가 어떤 공구가 사용될지 알게 되므로, 셋업의 한 단계로 데이터를 적합한 레지스터에 입력하면 된다. 오프셋 데이터를 파트 프로그램에서 입력하려면 프로그램 명령문은 다음과 같다.

G10 P05 R10.0

여기서 G10은 공구 오프셋이 입력되는 것을 알리는 준비 워드이며, P05는 오프셋 레지스터 5번을 가리키고, R10.0은 10.0mm가 반지름 오프셋값임을 표시한다.

파트 프로그램 예   수동 파트 프로그래밍에 대한 예를 들기 위해 그림 7.13의 부품에 대한 두 가지 예를 설명한다. 첫 번째 예는 부품에 드릴링 구멍을 내는 점간 이동 프로그램이고, 두 번째 예는

2축 윤곽가공 프로그램으로 부품의 외곽 형상을 가공하는 프로그램이다.

예제 7.1 점간 이동 드릴링

이 예는 워드주소 형식으로 그림 7.13에 보인 부품에 3개의 구멍을 내는 NC 프로그램을 제시한다. 소재는 외곽이 톱절단으로 거칠게 잘린 상태이며, 최종 형상보다 다소 크게 절단된 상태라고 가정한다. 현재 부품은 드릴링을 위하여 밑면에 공간을 두어 고정된 상태로 윗면이 기계 테이블보다 40mm 위에 위치해 있다. x, y, z축은 그림 7.14와 같이 정의된 상태이다. 7.0mm 지름의 드릴이 CNC 드릴링 기계에 장착되어 있다. 드릴은 0.05mm/rev의 이송률과 1,000rpm의 회전속도(이것은 날끝 가공속도로 치면 0.37m/sec에 해당)로 가공하려 한다. 작업의 시작 단계에는 드릴 끝이 $x=0$, $y=-50$, $z=+10$(mm 단위) 좌표에 위치될 것이다. 프로그램은 공구를 이 목표점에 위치시키는 것으로 시작한다.

NC 파트 프로그램	설명
N001 G21 G90 G92 X0 Y-050.0 Z010.0	원점 지정
N002 G00 X070.0 Y030.0	첫 번째 구멍 위치까지 급속이동
N003 G01 G95 Z-15.0 F0.05 S1000 M03	첫 번째 구멍 드릴링
N004 G01 Z010.0	구멍에서 공구 빼냄
N005 G00 Y060.0	두 번째 구멍 위치까지 급속이동
N006 G01 G95 Z-15.0 F0.05	두 번째 구멍 드릴링

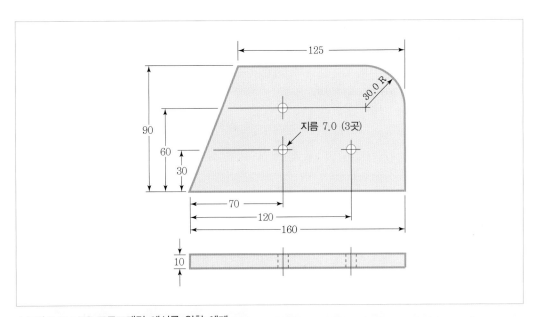

그림 7.13 NC 프로그래밍 예시를 위한 예제

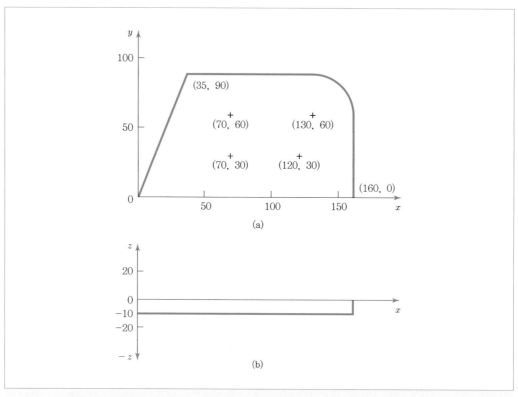

그림 7.14 예제 부품을 (a) x, y축, (b) z축에 대해 정렬시킨 모습. 주요 치수를 (a)에 나타냄

N007 G01 Z010.0	구멍에서 공구 빼냄
N008 G00 X120.0 Y030.0	세 번째 구멍 위치까지 급속이동
N009 G01 G95 Z-15.0 F0.05	세 번째 구멍 드릴링
N010 G01 Z010.0	구멍에서 공구 빼냄
N011 G00 X0 Y-050.0 M05	목표점까지 공구 급속이동
N012 M30	프로그램 끝, 기계 정지

예제 7.2   2축 밀링

앞의 예제에서 가공한 3개의 구멍은 윤곽 밀링을 위한 부품위치 설정 및 고정을 위해 사용될 수 있고 좌표계는 그림 7.14에 나타나 있다(앞의 예제와 같은 좌표계). 부품은 테이블 위 40mm 윗면에 부품 윗면이 위치하도록 고정된다. 20mm 지름의 4개의 날을 갖는 엔드밀 공구를 사용한다. 공구의 옆날 높이는 40mm이다. 가공하는 동안 공구 끝은 부품 윗면 아래 25mm, 즉 $z=-25mm$로 고정된다. 부품은 두께가 10mm이므로 윤곽 밀링 동안 공구 옆면은 부품 두께 전체를 가공할 수 있다. 공구는 주축속도 1,000rpm(이는 공구 날끝 속도 약 1.0m/sec에 해당됨), 40mm/min의 이송률

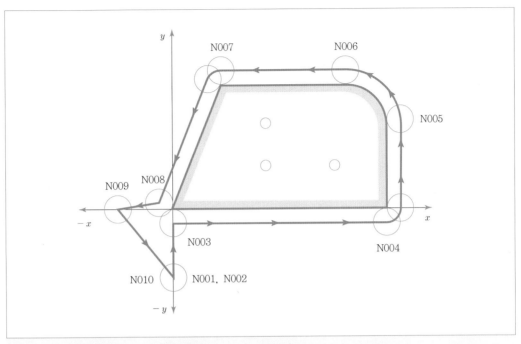

그림 7.15 예제 부품의 외곽 프로파일 밀링을 위한 공구경로

(이는 공구 날당 0.01mm/tooth에 해당)의 가공 조건으로 가공한다. 공구경로를 그림 7.15에 표시하였다. 그림에서 번호는 프로그램 라인 번호이며, 공구지름은 수동으로 오프셋 레지스터 5번에 저장한 상태이다. 작업은 공구 끝의 중심을 $x=0$, $y=-50$, $z=+10$의 목표점에 위치시킨 상태에서 시작한다.

NC 파트 프로그램	설명
N001 G21 G90 G92 X0 Y-050.0 Z010.0	원점 정의
N002 G00 Z-025.0 S1000 M03	가공 깊이로 급속이동, 주축 ON
N003 G01 G94 G42 Y0 D05 F40	부품에 접근, 공구 오프셋 시작
N004 G01 X160.0	아랫면 밀링
N005 G01 Y060.0	오른쪽 면 직선 밀링
N006 G17 G03 X130.0 Y090.0 R030.0	원호 주위 원호 보간 가공
N007 G01 X035.0	윗면 밀링
N008 G01 X0 Y0	왼쪽 면 밀링
N009 G40 G00 X-040.0 M05	부품으로부터 빠짐, 오프셋 취소
N010 G00 X0 Y-050.0	목표점으로 급속이동
N011 M30;	프로그램 종료, 기계 정지

7.4.3 컴퓨터 이용 파트 프로그래밍

복잡한 형상의 부품인 경우 또는 많은 가공이 필요한 경우 수동 파트 프로그래밍은 시간이 많이 소요되며 실수가 발생할 가능성이 크다. 이러한 경우, 그리고 단순한 형상의 경우에도 컴퓨터 이용 파트 프로그램은 도움이 된다. 많은 NC 파트 프로그래밍 소프트웨어가 개발되어 파트 프로그램 작성이 보다 효율적이고 정확해졌다. 컴퓨터 이용 파트 프로그래밍의 경우 작업자의 일과 컴퓨터의 일이 구분되어 수행된다.

컴퓨터 파트 프로그래밍에서는 사용자가 영어 형태의 명령을 작성하면, 컴퓨터가 이를 기계가 이해할 수 있는 기계어로 번역한다. 파트 프로그래밍 언어를 사용할 때 프로그래머의 두 가지 주된 일은 (1) 부품의 형상을 정의하고, (2) 공구경로와 작업순서를 지정하는 일이다.

부품 형상 정의   아무리 복잡한 부품이라도 기본적인 기하학적 형상과 수학적으로 정의되는 형상의 조합으로 구성된다 할 수 있다. 그림 7.16의 예를 보자. 비정형적으로도 보이는 부품 외곽 형상은 교차하는 직선과 원호로 구성되어 있고, 구멍위치는 중심의 x, y좌표로 정의할 수 있다. 설계자가 생각할 수 있는 거의 모든 형상이 점, 직선, 평면, 원, 원통 그리고 수학적으로 정의할 수 있는 기타 형상으로 표현될 수 있다. 부품이 어떤 형상요소들로 구성되어 있는지를 파악하는 것은 파트 프로그래머의 일이며, 각 요소는 치수와 다른 요소에 대한 상대적 위치로 정의되어야 한다. 부품 형상을 정의하는 예를 살펴보기로 하자. 앞의 예제 부품을 기하 형상에 번호를 부여하여 그림 7.16에 나타내었다.

가장 간단한 요소인 점에서 시작하자. 점을 표현하는 가장 간단한 방법은 좌표로 표현하는 것이다. 예를 들어

$$\text{P4=POINT / 35, 90, 0}$$

여기서 점은 P4로 정의되며 그 점의 좌표가 x, y, z 순서($x=35$mm, $y=90$mm, $z=0$)로 주어졌다.

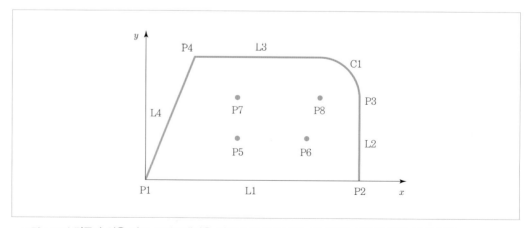

그림 7.16 **컴퓨터 이용 파트 프로그래밍을 위하여 형상요소(점, 선, 원)에 기호를 붙인 예제 부품**

선은 두 점으로 정의될 수 있다.

$$L1 = LINE / P1, P2$$

여기서 L1은 정의하는 선을 나타내며 P1, P2는 앞서 정의된 점이고, 원은 중심 좌표와 반지름으로 정의할 수 있다.

$$C1 = CIRCLE/CENTER, P8, RADIUS, 30$$

여기서 C1은 새로 정의하는 원이며, 중심은 앞서 정의한 점 P8에 위치하고, 반지름은 30mm이다. 이 예들은 APT 언어를 이용하여 표현한 것이며 APT 언어는 이 외에도 점, 선, 원 및 기타 기하학적 형상들을 정의하는 다른 많은 방법을 제공한다.

공구경로 및 작업순서 명시 공구 형상이 정의되고 나면 공구가 지나갈 공구경로가 정의되어야 한다. 공구경로는 앞서 정의한 부품 형상으로부터 정의되는 일련의 연결된 선분과 원호로 구성된다. 예를 들어 그림 7.17의 부품을 프로파일 밀링가공(윤곽가공)한다고 가정하자. 부품 외곽을 반시계방향으로 가공 중이며 면 L1을 방금 가공 완료하여 공구가 면 L1과 면 L2의 교차점에 있다. 다음의 APT 문장은 공구를 L1과 L2의 교차점을 좌회전하여 L2 면을 가공하는 명령으로 사용할 수 있다.

$$GOLFT/L2, TANTO, C1$$

공구는 L2를 따라 원 C1에 접할 때(TANTO)까지 진행한다. 이것은 연속경로 명령이다. 점간 이동 명령은 더 단순하다. 예를 들어 다음은 공구를 미리 정의해 둔 P0 점으로 이동하는 명령이다.

$$GOTO/P0$$

APT에는 여러 윤곽가공 및 점간 이동 명령들이 있다.

기타 기능 공구 형상과 공구경로를 지정하는 이외에 프로그래머는 다음과 같은 기타 여러 기능을 수행하여야 한다.

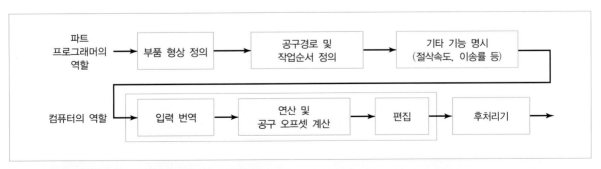

그림 7.17 **컴퓨터 이용 파트 프로그래밍의 수행 순서**

- 프로그램 이름 정의
- 작업이 실행될 공작기계 지정
- 절삭속도 및 이송률 설정
- 공구크기(공구반지름, 공구길이 등) 지정
- 원호 보간에서 공차 설정

컴퓨터 이용 파트 프로그래밍에서 컴퓨터의 역할　컴퓨터 이용 파트 프로그래밍에서 컴퓨터의 역할은 대체적으로 다음 순서를 갖는 일들로 구성된다―(1) 입력 번역, (2) 연산 및 공구 오프셋 계산, (3) 편집, (4) 후처리. 첫 번째 작업은 언어처리 프로그램의 주관하에 실행된다. 예를 들어 APT 언어는 APT로 쓰여진 단어, 기호, 숫자를 번역하고 처리하기 위한 처리 프로그램을 사용하며, 다른 언어는 자체적인 처리 프로그램을 필요로 한다. 네 번째 작업인 후처리는 별도의 컴퓨터 프로그램을 필요로 한다. 파트 프로그래머와 컴퓨터의 임무와 이들 간의 관계 및 순서를 그림 7.18에 나타내었다.

　파트 프로그래머는 APT나 기타 고차원 언어로 프로그램을 입력한다. **입력번역** 모듈은 프로그램에 담긴 명령들을 컴퓨터가 사용할 수 있도록 번역한다. APT에서 입력번역 모듈은 (1) 입력코드에서 형식, 구두점, 스펠링, 문장순서 등의 오류를 찾는 문법 검사, (2) 각 APT 문에 문장번호 부여, (3) 형상요소를 컴퓨터가 처리할 수 있는 형식으로 변환, (4) 추가 산술 계산에 적합한 PROFIL이라는 중간 파일 생성 등의 일을 한다.

　연산 모듈은 가공면 정의와 공구 오프셋 보정을 포함한 공구경로 생성에 필요한 수학적 계산을 수행하는 부모듈로 구성된다. 개별 부모듈은 파트 프로그래밍 언어의 여러 명령으로부터 호출된다. 수학적 계산은 PROFIL 파일을 기반으로 이루어진다. 연산 모듈은 프로그래머를 시간 소모적이고 오류를 범하기 쉬운 기하 및 삼각법 계산으로부터 해방시켜 부품가공공정에 관련된 문제들에 집중할 수 있도록 해 준다. 계산 결과는 '절삭공구위치 파일(cutter location file)'의 약자인 CLFILE에 저장된다. 이름이 암시하는 대로 이 파일은 주로 공구경로 데이터로 구성되어 있다.

　편집 모듈에서는 CLFILE을 편집해서 CLDATA 파일을 생성한다. CLDATA 파일을 프린터로 출력하면 공구 위치와 공작기계 작업명령이 알아보기 쉬운 형식으로 되어 있는 것을 알 수 있다. 공작기계 명령은 후처리 시 구체적인 명령으로 바꿀 수 있다. CLFILE에 대한 일부 편집 기능은 파트 프로그래밍 언어에 연관된 특수한 기능이 포함될 수도 있다. 예를 들어 APT의 경우 특수 함수로 COPY가 있는데 이는 전에 계산된 공구경로를 새로운 위치에 복사하는 기능을 한다. 편집 과정에 사용되는 또 다른 함수로 TRACUT이 있는데 이는 '공구 위치 변환'을 의미하며, 행렬 변환을 통하여 공구경로 순서를 한 좌표계에서 다른 좌표계로 전환시킨다. 다른 편집 기능은 4, 5축 머시닝센터와 같이 추가적인 회전축을 갖춘 장비에서 공구경로를 생성하는 일에 관계된다. 편집 단계의 결과물은 수행될 기계를 기준으로 후처리를 진행할 수 있는 형식의 파트 프로그램이다.

　NC 공작기계들은 서로 다른 기능과 성능을 갖추고 있다. APT와 같은 고차원 언어는 특정 공작기계를 염두에 두고 만들어진 것이 아니고 범용으로 만들어진 것이다. 따라서 컴퓨터 지원 파트 프로그래밍의 마지막 단계는 CLDATA 파일에 있는 공구위치 데이터 및 가공명령을 특정 공작기계에서 이해할 수 있는 기계어로 번역하는 후처리이다. 후처리 결과는 G코드와 x, y, z좌표값, S, F, M 및 기타 함수가 워드주소 형식으로 표현된 파트 프로그램이 된다. 후처리기는 고수준 파트 프로그래밍 언어와는 별개이며, 각 공작기계마다 고유한 후처리기가 있어야 한다.

7.4.4 CAD/CAM 파트 프로그래밍

CAD/CAM 시스템은 설계와 제조를 통합 지원하기 위하여 설계와 제조의 일부 기능을 수행하는 소프트웨어를 갖춘 대화형 그래픽 시스템이다. 제23장에서 CAD/CAM 시스템에 대하여 상세히 다룬다. CAD/CAM 시스템에서 중요한 일 중 하나는 NC 프로그램의 생성이다. 이 경우 파트 프로그래머가 하던 일 중 일부를 컴퓨터가 수행하게 된다. CAD/CAM을 이용한 파트 프로그래밍의 장점은 다음과 같다[11]—(1) 파트 프로그래밍의 정확성을 검증하기 위하여 CAD/CAM 시스템에서 오프라인 상태로 시뮬레이션이 가능, (2) 가공시간과 비용의 추정이 가능, (3) 공정을 위해 가장 적합한 공구류를 자동으로 선정, (4) 공정과 공작물 재질에 대해 최적의 가공 조건(절삭속도, 이송률 등)을 자동으로 선정.

그밖의 장점은 다음과 같다. 컴퓨터 이용 파트 프로그래밍 방식에서 프로그래머의 주된 두 가지 업무를 상기하면, (1) 부품 형상 정의, (2) 공구경로 설정이다. 발전된 CAD/CAM 시스템은 두 가지 업무의 많은 부분을 자동화한다. CAD/CAM 파트 프로그래밍의 절차를 요약하면 그림 7.18과 같은 3단계로 구성된다—(1) CAD : 부품의 기하학적 형상 생성, (2) CAM : 공구경로의 생성 및 시뮬레이션, 공구의 선택, (3) 파트 프로그램을 워드주소 형식으로 생성.

CAD/CAM을 이용한 부품 형상 정의 CAD/CAM의 기본 목적은 설계 기능과 제조 기능의 통합이다. CAD/CAM 시스템을 사용하면 설계자가 컴퓨터로 설계한 형상 모델이 CAD/CAM 데이터베이스에 저장된다. 이런 모델은 형상, 수치, 소재정보를 포함하고 있다.

전 과정에서 동일한 CAD/CAM 시스템을 사용할 경우, NC 파트 프로그래밍 단계에서 형상 정의를 다시 한다는 것은 의미가 없는 일이다. 대신 프로그래머는 데이터베이스에서 부품 형상 모델을 가져와서 이를 이용하여 공구경로를 생성할 수 있다. CAD/CAM을 이용할 경우 파트 프로그래밍에서 가장 시간이 길게 소요되는 형상 정의 부분을 제거할 수 있는 큰 장점이 생긴다. 부품

그림 7.18 CAD/CAM 파트 프로그래밍의 절차

형상을 가져오면 파트 프로그래밍 시 사용될 각 형상요소에 레이블을 부여한다. 이 레이블은 부품을 구성하는 선, 원, 면에 부여된 변수 이름(기호)이다. 대부분의 시스템은 이들 레이블을 자동으로 부여하여 화면에 디스플레이할 수 있고 프로그래머는 이 레이블이 붙은 형상 요소를 공구경로 생성 시 사용하게 된다.

만약 NC 프로그래머가 부품 형상 데이터베이스에 접근할 수 없다면, 우선 형상을 정의하여야 한다. 이 경우는 부품 설계자가 설계할 때와 마찬가지로 대화형 컴퓨터 그래픽 시스템을 이용하여 형상을 정의하게 된다. 즉 화면을 보면서 점들을 정의하고, 이 점들로부터 선과 원을 정의하며, 면을 정의하는 식으로 진행된다. 컴퓨터 이용 파트 프로그래밍과 비교할 때 대화형 그래픽 시스템은 정의된 내용을 바로 시각화하여 보여주므로 형상 정의 과정의 속도를 증가시키고 오류를 줄여준다.

CAD/CAM을 이용한 공구경로 생성 및 시뮬레이션   NC 파트 프로그래머의 두 번째 작업은 공구경로를 생성하는 것이다. 공구경로 생성의 첫 단계로 공구를 선정하여야 한다. 대부분의 CAD/CAM 시스템은 공구 라이브러리를 가지고 있는데, 파트 프로그래머가 그중에서 현장 공구실에서 보유한 것을 선택하면 된다. 프로그래머는 해당 공정에 어느 공구가 가장 적합한지를 결정하여야 한다. 이것은 오프셋값 계산을 위하여 공구지름 및 기타 치수들이 자동으로 입력될 수 있게 한다. 원하는 공구가 없을 경우 적합한 공구를 프로그래머가 명시하여 후에 공구 라이브러리에 포함될 수 있게 한다.

다음 단계는 공구경로의 정의이다. 여러 CAD/CAM 시스템은 각기 능력이 달라서 공구경로 생성 방법 또한 차이가 있다. 가장 기본적인 방법은 대화형 그래픽 시스템을 이용하여 컴퓨터 이용 파트 프로그래밍 시스템과 같이 운동 명령을 하나씩 입력하는 방법이다. APT 또는 기타 프로그래밍 언어로 입력하면 화면에 가시화하여 보여줌으로써 명령을 검증하는 방법이다.

더욱 발전된 방법은 CAD/CAM 시스템에 제공되는 자동화 모듈을 사용하는 방법이다. 이들 모듈은 밀링, 드릴링, 선반가공에서 자주 사용되는 가공사이클을 프로그래밍하기 위하여 개발된 것이다. 이들 NC 프로그래밍 모듈은 각 가공사이클을 위하여 호출되고 일부 파라미터를 필요로 한다. 이 모듈의 예를 표 7.6과 그림 7.19에 나타내었다.

전체 파트 프로그램이 완성되면 CAD/CAM 시스템은 전 공정을 동적 그래픽 시뮬레이션을 통해 보여 줌으로써 프로그램 검증용으로 사용할 수 있다.

Mastercam   CNC Software사에서 나온 Mastercam은 CNC 프로그래밍용 소프트웨어로 많이 사용되는 것 중 하나이다[16]. 이것은 파트 프로그래밍을 위한 CAM 기능에 부품을 설계하기 위한 CAD 기능도 포함되어 있다. 만일 다른 CAD 도구를 가지고 설계를 수행한다면, 그 설계 결과 파일을 변환하여 Mastercam에서 사용할 수 있다. Mastercam을 적용할 수 있는 공정은 밀링, 드릴링, 선삭, 플라즈마 절단, 레이저 절단 등이다. Mastercam의 출력물은 워드주소 형식의 파트 프로그램이 된다.

| 표 7.6 | 가공사이클을 자동 프로그램하는 데 사용되는 NC 모듈

모듈 종류	설명
프로파일 밀링	부품의 외곽면 가공경로 생성. 주로 예제 7.2, 그림 7.16에서와 같이 가공 중 깊이는 변하지 않는 2차원 윤곽가공.
포켓 밀링	그림 7.19(a)처럼 함몰 형상을 가공하는 경로 생성. 원하는 깊이를 얻기 위하여 흔히 단계적 가공이 필요.
문자 새기기(밀링)	원하는 문자 형태와 크기로 문자 및 기호를 파는 경로를 생성.
윤곽 선삭	그림 7.19(b)와 같이 회전 형상에 대하여 원하는 윤곽을 얻기 위하여 일련의 선삭공정 경로를 생성
페이싱(선반)	그림 7.19(c)와 같이 회전 형상의 페이싱 공정을 통하여 면이나 어깨를 낼 때 필요한 일련의 선삭공정 경로 생성.
나사 깎기(선반)	회전 형상의 외경, 내경, 테이퍼 나사산을 내는 일련의 공구경로 생성. 그림 7.19(d)는 외경 나사를 내는 과정을 보여준다.

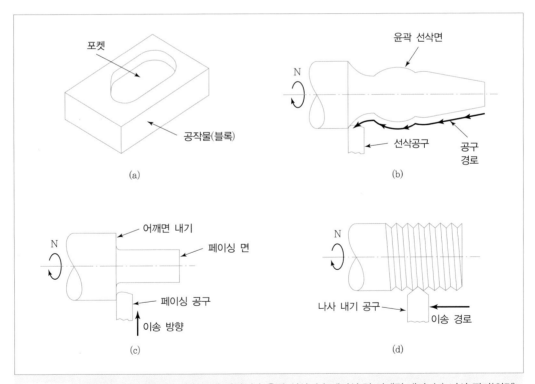

그림 7.19 자동 프로그램 모듈 예 : (a) 포켓 밀링, (b) 윤곽 선삭, (c) 페이싱 및 어깨면 내기, (d) 나사 깎기(외경)

STEP-NC CAD/CAM 파트 프로그래밍에서 몇 가지 기능은 어느 정도 자동화되어 있다. CAD시스템을 통해 설계된 부품의 형상 모델이 주어지면, 미래의 CAM시스템은 사람의 개입 없이도 부품 전체 가공을 위한 NC 프로그래밍을 완수할 수 있기에 충분한 논리력과 의사결정능력을 보유하게 될 것이다. G코드와 M코드를 사용하는 기계어 수준의 파트 프로그래밍이 필요 없게 해 줄 새로운 언어를 위한 연구 개발이 진행 중이다. 그 결과로 NC 프로그램의 자동 생성이 가능해질 것이다. 컴퓨터가 이해할 수 있는 포맷으로 제품 데이터를 정의하고 교환하기 위한 표준을 개발하려는 국제적인 프로젝트인 STEP(Standard for the Exchange of Product Model Data)의 소주제로 STEP-NC 연구가 있다. STEP은 ISO 10303의 국제 표준이고[18], NC 프로그래밍을 다루는 응용 프로토콜은 ISO 10303-238인데, *Application Interpreted Model for Computer Numeric Controllers*라는 제목을 가지고 있다.

G코드와 M코드에 기반한 파트 프로그래밍의 한계성으로 가공 부품에 관련된 정보는 없이 단지 절삭공구의 운동만을 지시하는 명령으로만 구성되어 있다는 점을 들 수 있다. STEP-NC는 CAD 데이터베이스에 저장된 형상 모델을 대상으로 CNC 공정절차를 바로 만들 수 있는 진보된 언어로서 기존의 G코드와 M코드를 대체할 것이다. CNC 기계제어유닛(MCU)이 STEP-NC 파일을 받아서, 이를 공구와 가공 명령으로 변환함으로써 추가적인 파트 프로그래밍 단계가 필요 없게 될 것이다.

참고문헌

[1] CHANG, C.H., and M. MELKANOFF, *NC Machine Programming and Software Design*, Prentice Hall, Englewood Cliffs, NJ, 1989.

[2] GROOVER, M. P., and E. W. ZIMMERS, Jr., *CAD/CAM: Computer-Aided Design and Manufacturing*, Prentice Hall Inc., Englewood Cliffs, NJ, 1984.

[3] Illinois Institute of Technology Research Institute, *APT Part Programming*, McGraw-Hill Book Company, NY, 1967.

[4] LIN, S. C., *Computer Numerical Control: Essentials of Programming and Networking*, Delmar Publishers Inc., Albany, NY, 1994.

[5] LYNCH, M., *Computer Numerical Control for Machining*, McGraw-Hill, Inc., NY, 1992.

[6] MATTSON, M., *CNC Programming: Principles and Applications*, Delmar, Thomson Learning, Albany, NY, 2002.

[7] NOBLE, D. F., *Forces of Production*, Alfred A. Knopf, New York, 1984.

[8] QUESADA, R., *Computer Numerical Control, Machining and Turning Centers*, Pearson/Prentice Hall, Upper Saddle River, NJ, 2005.

[9] REINTJES, J. F., *Numerical Control: Making a New Technology*, Oxford University Press, NY, 1991.

[10] STENERSON, J., and K. CURRAN, *Computer Numerical Control: Operation and Programming*, 3rd ed., Pearson/Prentice Hall, Upper Saddle River, NJ, 2007.

[11] VALENTINO, J. V., and J. GOLDENBERG, *Introduction to Computer Numerical Control (CNC)*, 5th ed., Pearson/Prentice Hall, Upper Saddle River, NJ, 2012.

[12] WAURZYNIAK, P., "Machine Controllers: Smarter and Faster," *Manufacturing Engineering*, June 2005, pp. 61-73.

[13] WAURZYNIAK, P., "Software Controls Productivity," *Manufacturing Engineering*, August 2005, pp. 67-73.

[14] WAURZYNIAK, P., "Under Control," *Manufacturing Engineering*, June 2006, pp. 51-58.

[15] WAURZYNIAK, P., "Machine Controls, CAD/CAM Optimize Machining Tasks," *Manufacturing Engineering*, August 2012, pp. 133-147.

[16] www.mastercam.com (Website of CNC Software, Inc.)

[17] www.wikipedia.org/wiki/CNC_Software/Mastercam

[18] www.wikipedia.org/wiki/ISO_10303

[19] www.wikipedia.org/wiki/Numerical_control

[20] www.wikipedia.org/wiki/STEP-NC

[21] www.wikipedia.org/wiki/steptools.com

복습문제

7.1 NC의 정의를 내려라.

7.2 NC의 3개 기본 구성요소는 무엇인가?

7.3 점간 제어와 연속경로 제어의 차이는 무엇인가?

7.4 보간이란 무엇이며, 이것이 NC에서 왜 중요한가?

7.5 절대형과 증분형 위치 결정은 어떻게 다른가?

7.6 현대의 CNC가 가지고 있는 기능을 열거하라.

7.7 DNC(distributed numerical control)란 무엇인가?

7.8 머시닝센터란 무엇인가?

7.9 NC가 적합한 생산 환경의 특징에는 어떠한 것이 있는가?

7.10 공작기계 외에 NC 기술이 적용되는 공정의 예를 들라.

7.11 공작기계를 통한 가공공정에 NC 기술을 적용하였을 때 기대되는 장점에는 어떠한 것이 있는가?

7.12 NC 기술의 단점은 무엇인가?

7.13 수동 파트 프로그래밍과 컴퓨터 이용 파트 프로그래밍의 차이는 무엇인가?

7.14 컴퓨터 이용 파트 프로그래밍에서 후처리의 목적은 무엇인가?

7.15 CAD/CAM 파트 프로그래밍이 컴퓨터 이용 파트 프로그래밍보다 우수한 장점은 무엇인가?

연습문제

NC 응용

7.1 알루미늄을 CNC 기계에서 25mm 지름의 4개의 날을 갖는 밀링공구로 가공하려고 한다. 절삭속도=100m/min, 이송량=0.075mm/날이다. 이 값의 단위를 (a) rpm과 (b) mm/min으로 각각 바꾸기 위한 계산을 하라.

7.2 엔드밀로 CNC 머시닝센터에서 가공을 하려고 한다. 부품의 전체 직선가공 길이는 800mm이다. 절삭속도는 1.5m/sec이고 칩 부하(이송량/날)는 0.09mm이다. 엔드밀의 날 수가 2이고 지름이 12.5mm일 때 이송률과 가공시간을 계산하라.

7.3 NC 선반에서 선삭을 행하려 한다. 절삭속도는 2.2m/sec이고 이송률은 0.25mm/rev, 절삭깊이는 3.0mm이다. 지름이 90mm, 길이가 550mm인 공작물을 가공하는 데 (a) 공작물의 회전속도, (b) 이송률, (c) 재료 제거율, (d) 부품 한쪽 끝에서 다른 쪽 끝까지 이동하는 데 걸리는 시간을 구하라.

7.4 NC 드릴 프레스에서 알루미늄 평판 네 곳에 10mm 지름의 구멍을 내려고 한다. 평판의 두께는 12mm이지만 평판 상부의 여유와 구멍의 완전한 통과를 위하여 20mm의 수직 방향 공구 이송이 필요하다. 작업 조건은 가공속도 0.5m/sec, 이송률 0.1mm/rev이다. 구멍 위치는 아래 표와 같다.

구멍 번호	x좌표(mm)	y좌표(mm)
1	25.0	25.0
2	25.0	150.0
3	150.0	150.0
4	150.0	25.0

드릴은 (0, 0)점에서 출발하여 작업사이클이 완료되면 같은 점으로 돌아온다. 테이블 이송속도는 600mm/min이다. 감/가속 및 최종 위치제어를 위하여 테이블이 정지할 때마다 3초의 시간 손실이 있다. 모든 이동이 사이클 시간 최소화에 초점이 맞추어져 있다고 가정한다. 부품 장착/탈착에 20초의 시간(총부품 취급시간)이 소요될 때 하나의 가공사이클에 필요한 시간을 구하라.

NC 파트 프로그래밍

7.5 그림 P7.5에 있는 부품에 드릴 구멍을 뚫는 파트 프로그램을 작성하라. 부품의 두께는 12.0mm이다. 절삭속도는 100m/min, 이송률은 0.06mm/rev이다. 부품의 왼쪽아래 꼭짓점을 x-y좌표계 원점으로 사용하여 파트 프로그램을 작성하라(절대좌표 사용, 예제 7.1 참조).

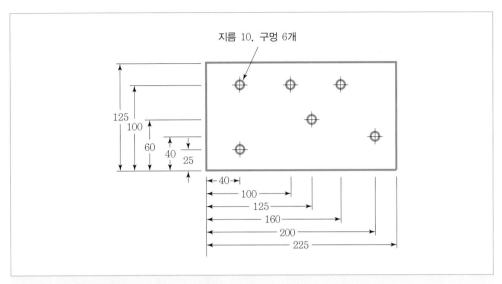

그림 P7.5 문제 7.5 도면. 치수는 mm 단위

7.6 그림 P7.6의 부품을 터릿형 드릴 프레스에서 가공하려고 한다. 부품의 두께는 15.0mm이다. 지름 8mm, 10mm, 12mm의 세 종류의 드릴이 사용된다. 이들 드릴은 파트 프로그램에서 공구 터릿 위치 T01, T02, T03로 명시한다. 모든 공구는 고속도강이며 절삭속도는 75mm/min, 이송률은 0.08mm/rev이다. 부품의 왼쪽아래 꼭짓점을 x-y좌표계 원점으로 사용하여 파트 프로그램을 작성하라(절대좌표 사용, 예제 7.1 참조).

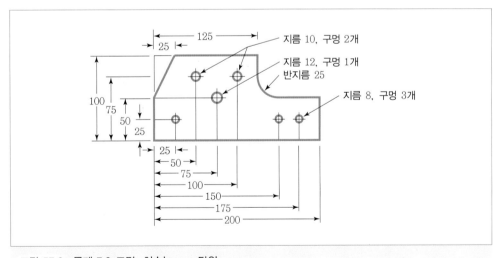

그림 P7.6 문제 7.6 도면. 치수는 mm 단위

7.7 그림 P7.6의 부품의 외곽을 지름 30mm, 날 수 4개의 엔드밀로 프로파일 밀링가공하려고 한다. 부품의 두께는 15.0mm이다. 절삭속도는 150mm/min, 이송량은 0.085mm/날이다. 부품의 왼

쪽 아래 꼭짓점을 x-y좌표계 원점으로 사용한다. 부품 구멍 2개는 이미 가공되어 프로파일 밀링 동안 부품 고정용으로 사용한다. 파트 프로그램을 작성하라(절대좌표 사용, 예제 7.2 참조).

7.8 그림 P7.8의 부품 외곽을 지름 20mm, 날 수 2개의 엔드밀로 프로파일 밀링가공하려고 한다. 부품의 두께는 10mm이다. 절삭속도는 125mm/min, 이송량은 0.10mm/날이다. 부품의 왼쪽아래 꼭짓점을 x-y좌표계 원점으로 사용한다. 부품 구멍 2개는 이미 가공되어 프로파일 밀링 동안 부품 고정용으로 사용한다. 파트 프로그램을 작성하라(절대좌표 사용, 예제 7.2 참조).

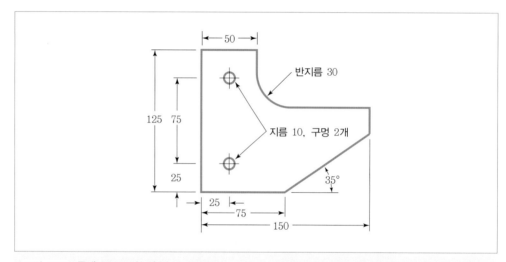

그림 P7.8 문제 7.8 도면. 치수는 mm 단위

산업용 로봇

산업용 로봇(industrial robot)은 인간과 유사한 기능을 가지고 있으며 범용의 프로그램이 가능한 기계이다. 산업용 로봇에서 인간과 가장 유사한 부분은 여러 가지 작업을 수행하는 기계 팔이다. 다른 유사한 특성 중에는 로봇이 센서 입력에 반응하는 능력, 다른 기계들과 통신하는 능력, 의사결정하는 능력 등이 있다. 이런 능력들은 로봇이 여러 가지 유용한 작업을 수행할 수 있게 해 준다. 로봇 기술의 발달은 NC의 개발에 뒤이은 것이다(역사적 고찰 8.1). 이 두 기술은 매우 흡사하고, 여러 축의 위치 제어가 중요한 사항이다(로봇공학에서는 축을 관절이라고 부른다). 그리고 둘 다 전용 디지털 컴퓨터를 제어기로 사용한다. NC 기계가 특정한 공정(즉 절삭가공, 판재 펀칭, 절단)을 수행하기 위해 설계된 반면에 로봇은 더 다양한 작업을 하기 위해 설계되었다. 생산에서 산업용 로봇의 보편적인 응용 분야는 점용접, 자재운반, 기계장착, 스프레이 페인팅, 조립 등이다.

산업용 로봇이 상업적, 기술적으로 중요한 이유는 다음과 같다.

- 로봇은 위험하고 불편한 작업환경에서 인간을 대신할 수 있다.

산업용 로봇의 역사[5], [12]

'robot'이라는 단어는 Karel Capek이 1920년대 초에 쓴 *Rossum's Universal Robots*라는 체코슬로바키아의 연극을 통해서 영어에 편입되었다. 체코어 'robota'는 강제 받는 작업자라는 뜻이다. 영어로 번역할 때 그 단어는 'robot'으로 바뀌었다. 연극의 스토리는 원형질과 비슷한 화학물질을 발명하여 로봇을 만드는 데 사용한 로섬(Rossum)이라는 과학자 주변의 일에 초점을 맞춘다. 과학자의 목표는 로봇이 사람의 시중을 들고 육체 노동을 수행하게 만드는 것이다. 로섬은 그의 발명품을 계속적으로 향상시켜 끝내는 완성하게 되었다. 이들 '완벽한 존재'는 사회에서 그들의 노예적인 역할에 분개하기 시작하고 그들 주인에 대항하여 모든 인간을 죽이게 된다.

Capek의 연극은 순수한 공상과학이었다. 여기서는 산업용 로봇 기술에 독창적인 공헌을 한, 2명의 진짜 발명가를 언급하고자 한다. 첫 번째는 영국 발명가로서 x, y, z축으로 움직이는 매니퓰레이터를 고안한 사람인 Cyril W. Kenward이다. 1954년에 Kenward는 그의 로봇 장치에 관한 영국 특허를 신청하였고, 1957년에 특허를 받았다.

두 번째 발명가는 George C. Devol이라는 미국 사람이다. 그는 로봇에 관한 두 가지 발명을 하였다. 첫째는 전기신호를 자기적으로 기록하는 장치인데, 이는 기계의 운전을 제어하기 위해 신호가 반복되도록 해 준다. 이 장치는 1946년경에 발명되었으며 미국 특허는 1952년에 받았다. 두 번째 발명은 Devol이 '프로그램된 물품 이송장치(programmed article transfer)'라고 불렸던 1950년대에 개발된 로봇 장치이다. 이 장치는 부품 취급을 위해 발명되었고 미국 특허는 1961년에 받았다. 이것은 나중에 유니메이션사에 의해서 만들어진 유압 로봇의 초기 시제품이었다.

비록 Kenward의 로봇은 연대순으로는(적어도 특허를 받은 날짜순으로는) 첫 번째지만 Devol의 로봇이 궁극적으로 로봇 기술의 발전과 상업화에 있어서 훨씬 더 중요하다고 증명되었다. 그 이유는 Joseph Engelberger라는 사람이 촉매 역할을 했기 때문이다. Engelberger는 1949년에 물리학 박사학위를 받았다. 학생 때 그는 로봇에 관한 공상과학 소설을 읽었고, 1950년대 중반까지 제트엔진을 만드는 회사에서 일하였다. 1956년 Engelberger와 Devol이 우연히 만나는 기회를 가질 때까지 Engelberger는 교육, 부업, 직업이 모두 로봇에 관한 생각으로 기울어 있었다. 그들은 코네티컷 주 페어필드에서 있었던 칵테일 파티에서 만났다. Devol은 그의 '프로그램된 물품 이송장치'를 Engelberger에게 설명하였고 그들은 산업을 위한 상업적 제품으로 그 장치를 개발할 것인지를 논의하였다. 1962년 Engelberger를 사장으로 하여 유니메이션사가 설립되었다. 그 회사의 첫 번째 제품은 '유니메이트'라는 극좌표 로봇이었다. 유니메이트 로봇의 첫 번째 적용 대상은 1961년 GM 자동차 공장에서 다이캐스팅 기계의 부품 탈착 작업이었다.

- 로봇은 인간으로부터는 얻을 수 없는 일관성과 반복성을 가지고 작업사이클을 수행할 수 있다.
- 로봇은 재프로그래밍될 수 있다. 현재 작업의 생산량이 완수되었을 때, 로봇은 완전히 다른 작업을 수행하기 위해 다시 프로그래밍되고 그것에 필요한 도구를 장착할 수 있다.
- 로봇은 컴퓨터에 의해서 제어된다. 컴퓨터 통합생산을 구현하기 위해서 다른 컴퓨터 시스템과 연결될 수 있다.

8.1 로봇의 구조와 속성

산업용 로봇의 팔은 관절과 링크의 연속 구조이다. 로봇의 구조는 이들 관절과 링크의 종류와 크기, 그리고 기타 다른 물리적인 측면에 의해 설명된다.

8.1.1 관절과 링크

산업용 로봇의 관절은 인체의 관절과 유사하며 이것은 몸의 두 부분 사이의 상대운동을 제공한다. 각 관절(축 또는 조인트라고도 부름)은 로봇에게 자유도(degree of freedom, d.o.f)를 제공하며, 거의 모든 경우에 각 관절에 단 하나의 자유도가 할당된다. 로봇은 그것이 가지고 있는 전체 자유도에 의해서 분류된다. 각 관절에는 입력 링크와 출력 링크가 연결된다. 링크는 로봇팔의 강체 부품이다. 관절의 목적은 입력 링크와 출력 링크 사이의 상대운동을 제공하는 데 있다.

대부분의 로봇은 바닥에 있는 고정 베이스에 설치된다. 이 베이스와 첫 번째 관절 사이의 연결부를 링크 0이라고 하자. 이것은 관절 1의 입력 링크인데, 관절 1은 로봇의 구조에서 사용된 관절 중 첫 번째 관절이다. 관절 1의 출력 링크는 링크 1이다. 링크 1은 관절 2의 입력 링크인데, 관절 2의 출력 링크는 링크 2이고, 이런 방식으로 계속 번호가 매겨진다(그림 8.1).

거의 모든 산업용 로봇은 다음의 다섯 타입(왕복운동을 제공하는 2개 타입과 회전운동을 제공하는 3개 타입) 중 하나로 구분될 수 있는 기계적 관절을 가지고 있다. 이들 관절 유형을 그림 8.2에 나타내었다[5]. 관절 유형에 대한 설명은 다음과 같다.

1. 선형 관절(타입 L 관절, linear) : 입력 링크와 출력 링크 사이의 상대운동이 왕복 미끄럼 운동을 하며 두 링크 축이 평행하다.
2. 직교 관절(타입 O 관절, orthogonal) : 이것도 역시 왕복 미끄럼 운동이지만, 입력과 출력 링크

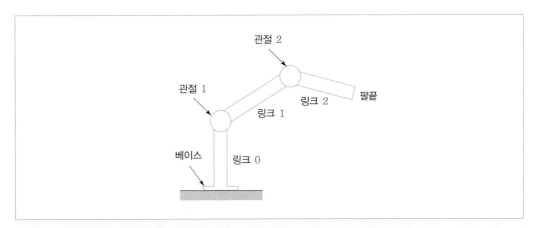

그림 8.1 관절-링크 조합의 구성

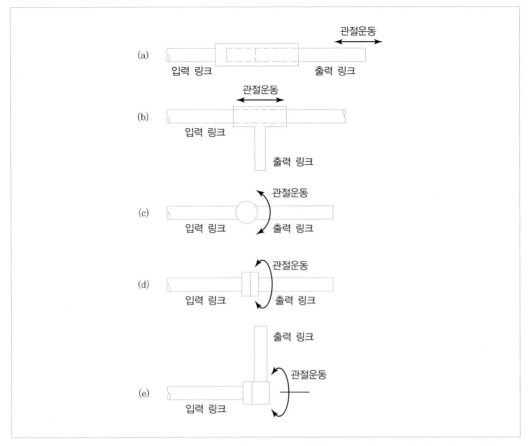

그림 8.2 산업용 로봇에 사용되는 다섯 가지 관절 : (a) 선형 관절(타입 L), (b) 직교 관절(타입 O), (c) 회전 관절(타입 R), (d) 비틀림 관절(타입 T), (e) 선회 관절(타입 V)

가 운동 중에 서로 직교한다.

3. 회전 관절(타입 R 관절, rotational) : 이 타입은 회전 상대운동을 제공하며, 입력과 출력 링크의 축에 직각인 회전축을 갖는다.

4. 비틀림 관절(타입 T 관절, twist) : 이것도 역시 회전운동에 관련되지만, 회전축이 두 링크의 축에 직교하지 않는다.

5. 선회 관절(타입 V 관절, revolving) : 이 관절 타입에서 입력 링크의 축은 관절의 회전축에 평행하며 출력 링크의 축은 회전축에 직교한다.

이들 관절 유형은 각기 움직일 수 있는 작동 범위를 가지고 있다. 선형 관절의 작동 범위는 보통 1미터 미만이다. 세 가지 형식의 회전 관절은 작게는 몇 도에서 크게는 몇 바퀴까지의 작동 범위를 가지고 있다.

8.1.2 로봇 형상

로봇팔은 몸체-팔 조립체와 손목 조립체의 두 부분으로 나눌 수 있다. 몸체-팔에는 보통 3자유도가 있고, 손목에는 2 또는 3자유도가 있다. 로봇팔의 손목 끝에는 로봇이 수행해야 할 작업에 관계되는 장치가 있다. 엔드이펙터(end effector)라고 불리는 이 장치는 보통 (1) 부품을 집는 그립퍼, (2) 공정을 위한 공구 중 하나이다. 로봇의 몸체-팔은 엔드이펙터를 위치시키는 데 사용되고, 로봇의 손목은 엔드이펙터의 방향을 정하는 데 사용된다.

몸체-팔 형상   앞에서 정의된 5개의 관절 형식이 주어졌을 때, 3자유도 로봇팔을 위한 몸체-팔 조립을 설계하는 데는 5×5×5=125개의 관절 조합이 사용된다. 더구나 각자 관절 형식에 설계 차이(즉 관절의 실제 크기와 운동 범위)가 있을 수 있다. 그런데 상업적 산업용 로봇에 단지 몇 가지의 일반적인 기본 형상이 있다는 것은 놀랄 만한 일이다. 이들 기본 형상은 다음과 같다.

1. **다관절(articulated, jointed-arm) 로봇** : 이 로봇(그림 8.3)은 인간 팔과 유사한 형상을 가진다. 다관절 팔은 T 관절을 이용하여 베이스에 대해 회전하는 수직 기둥을 가지고 있다. 그 기둥의 위에(그림에서 R 관절로 표시된) 어깨 관절이 있는데, 그 관절의 출력 링크는 팔꿈치 관절(다른 R 관절)에 연결된다.

2. **극좌표(polar) 로봇** : 이 로봇(그림 8.4)은 몸체에 대해 상대적으로 구동되는 미끄럼 팔(L 관절)로 구성되는데, 이 몸체는 수직축(T 관절)과 수평축(R 관절)으로 회전할 수 있다. 최초의 상업용 로봇인 유니메이트(Unimate)가 이 형상을 가지고 있었고, 한때 크게 유행했으나 현재는 많이 사용되지는 않는다.

3. **스카라 로봇** : 스카라(SCARA)는 Selectively Compliance Arm for Robotic Assembly의 약자이다. 이 형상(그림 8.5)은 어깨와 팔꿈치 회전축이 수직이라는 것만 제외하면 다관절 로봇과 유사하다. 이것은 팔이 수직 방향으로는 견고하게 지탱하면서, 수평 방향으로는 명령에 의해 회전한다는 것을 의미한다. 바로 이 점이 조립공정에 이용할 때 수직으로의 삽입작업이 원활

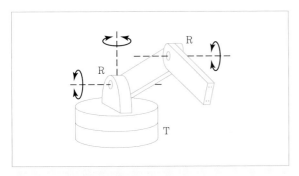

그림 8.3   다관절 로봇

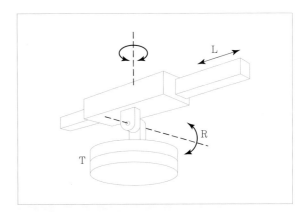

그림 8.4   극좌표 로봇

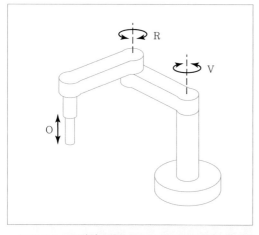

그림 8.5   **스카라 로봇**

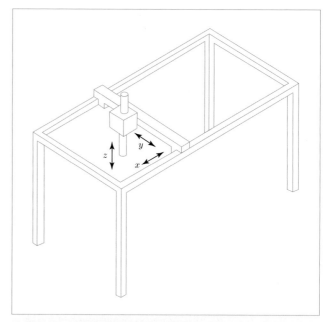

그림 8.6   **직교좌표 로봇**

하도록 해 준다. 이때 두 부품을 제대로 맞추기 위해서는 횡방향의 정렬이 필요하다.

4. **직교좌표(cartesian) 로봇** : 이 형상은 **직교 로봇**이나 **x-y-z 로봇**으로 불린다. 이들 로봇은 그림 8.6과 같이 3개의 직교(O) 관절로 구성되어 직육면체 작업공간 내에서 직선운동을 유도한다.

5. **델타(delta) 로봇** : 그림 8.7과 같이 특이한 구조를 가지는 로봇으로서, 상부 베이스에 부착된

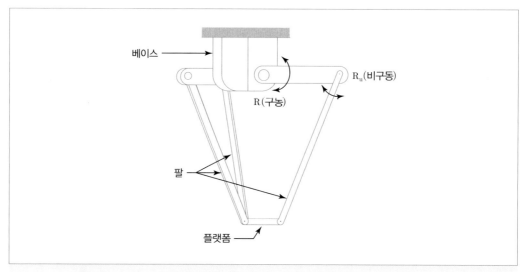

그림 8.7   **델타 로봇**

3개의 팔로 구성된다. 각 팔은 2개의 회전(R, R$_u$) 관절을 가지고 있는데, 첫 번째 관절(R)은 자체 구동력을 가지는 데 반해, 두 번째 관절(R$_u$)은 구동력이 없이 R의 회전에 종속되어 움직인다. 세 팔의 아랫부분이 함께 모여 하나의 플랫폼에 연결되는데, 이 플랫폼에 엔드이펙터가 부착된다. 델타 로봇은 작은 물체를 고속으로 운동시키기에 적합하다.

손목 형상　로봇의 손목은 엔드이펙터의 방향을 설정하기 위해 사용된다. 로봇의 손목은 2 또는 3자유도로 구성된다. 그림 8.8은 3자유도 손목 조립체 형상의 한 예를 나타낸다. 3 관절은 다음과 같이 정의된다―(1) **롤**(roll) : 로봇팔의 축을 중심으로 회전을 얻기 위하여 T 관절을 이용한다. (2) **피치**(pitch) : 상하 회전에 관계되는데, 일반적으로 R 관절을 사용한다. (3) **요**(yaw) : 좌우 회전에 관계되는데 역시 R 관절에 의해 얻어진다. 2자유도 손목은 보통 롤과 피치 관절(T와 R 관절)만 포함한다.

　스카라 로봇 형상(그림 8.5)은 분리된 손목 조립체를 가지지 않는 점이 특이하다. 앞의 설명에서 지적되었듯이 이것은 위에서부터 삽입되는 삽입형 조립 작업에 사용된다. 따라서 방향 요구 조건이 최소가 되기 때문에 손목은 필요하지 않다. 삽입될 물체의 방향을 맞추는 것이 필요한 경우 회전 관절을 추가하여 이 기능을 달성한다. 스카라 외의 로봇 유형들은 거의 항상 R과 T 형식의 회전 관절의 조합으로 구성되는 손목 조립을 가지고 있다.

관절 표기 시스템　다섯 관절 형식의 문자 심벌들(L, O, R, T, V)이 로봇팔의 관절 표기시스템을 정의하는 데에도 사용된다. 이 표기시스템은 로봇팔의 몸체-팔 조립을 구성하는 관절 형식을 적고, 그 뒤에 손목을 구성하는 관절 심벌을 적는 것이다. 예를 들면 TLR : RT라는 표기는 몸체-팔이 비틀림 관절(관절 1 = T)과 선형 관절(관절 2 = L), 그리고 회전 관절(관절 3 = R)로 구성된 3자유도 로봇팔을 의미하며, 손목은 회전 관절(관절 4 = R)과 비틀림 관절(관절 5 = T)의 두 관절로 구성

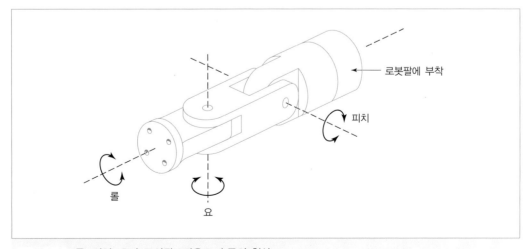

그림 8.8 롤, 피치, 요가 표시된 3자유도 손목의 형상

| 표 8.1 | 로봇의 다섯 가지 몸체-팔 형상의 관절 표기법

몸체-팔	대표적 관절 표기	작업공간
다관절	TRR(그림 8.3)	부분적인 구
극좌표	TRL(그림 8.4)	부분적인 구
SCARA	VRO(그림 8.5)	원통
직교좌표	OOO(그림 8.6)	직육면체
델타	$3(RR_u)$(그림 8.7)	반구

된다. 콜론(:)은 몸체-팔 표기와 손목 표기를 분리한다.

5개의 몸체-팔 형상의 관절 표기가 표 8.1에 있다. 일반적인 손목 관절은 TRR, TR이다. 델타 로봇의 관절 표기는 3개의 팔로 나타내고, 각 팔에는 2개의 회전(R) 관절이 있는데 두 번째 관절은 구동력이 없는 관절(R_u)이다.

작업공간   로봇팔의 작업공간(work volume 또는 work envelope)은 로봇이 작동하면서, 자기 손목의 끝이 도달할 수 있는 공간으로 정의된다. 작업공간은 로봇팔(몸체-팔 그리고 손목)의 관절 수와 형식, 여러 관절의 운동 범위, 링크의 실제 크기 등에 의해서 결정되며, 작업공간의 모양은 로봇의 형상에 거의 좌우된다. 표 8.1에 각 로봇 형상이 갖는 작업공간을 기입하였다.

8.1.3 관절구동 시스템

로봇 관절은 (1) 전기, (2) 유압, (3) 공압의 세 가지 가능한 구동 시스템 중 하나로 작동된다. 전기 구동 시스템은 관절 액추에이터로서 전기모터를 이용한다(예 : 서보모터나 스테핑 모터, 제6장 참조). 유압과 공압구동 시스템은 관절동작을 얻기 위해서 선형 피스톤과 회전 베인(vane) 구동장치와 같은 장치를 사용한다.

공압구동은 일반적으로 자재이송에 사용되는 작은 로봇에만 사용되며, 전기구동과 유압구동은 보다 정교한 산업용 로봇에 사용된다. 전기구동은 전기모터 기술이 발전함에 따라 현재 상업용 로봇에서 가장 선호되는 구동 시스템이 되었다. 또한 컴퓨터 제어를 쉽게 적용할 수 있어서 오늘날 로봇 제어기에 사용되는 지배적인 기술이다. 전기구동 로봇은 유압으로 움직이는 로봇에 비하여 상대적으로 더 정확하다. 유압구동의 장점은 속도와 힘이 더 우수하다는 것이다.

관절구동 시스템과 위치 센서(간혹 속도 센서), 그리고 피드백 제어 시스템 등은 로봇팔의 동적 응답 특성을 결정한다. 로봇공학에서 로봇이 프로그램된 위치로 움직이는 속도와 그 동작의 안정성은 동적 응답의 중요한 특성이다. **동작속도**(motion speed)는 로봇팔 끝의 속도를 의미하며, 대형 로봇의 최대 속도는 2m/sec 정도이다. 작업사이클의 부분 부분이 각기 다른 속도로 수행되게 하기 위하여 속도도 프로그래밍될 수 있다. 속도보다 더 중요한 것은 로봇이 가속과 감속을 하는 능력이다. 작업사이클에서 로봇 동작의 많은 부분은 작업공간의 한정된 영역에서만 수행되므로 로봇은 최고 속도를 내기가 힘들다. 이런 경우에 거의 모든 동작사이클은 정속도가 아닌 가속과 감속으로 채워진다. 동작속도에 영향을 미치는 다른 요인들로는 처리되고 있는 물체의 무게와 주어진 동작 끝에서의 물체 위치 정밀도 등을 들 수 있다. 이런 모든 요인을 고려해 사용되는 용어가 **응답속도**(speed of response)인데, 이는 로봇팔이 공간상의 한 점에서 다음 점으로 움직이는 데 필요한 시간을 말한다. 응답속도는 로봇의 사이클 시간에 영향을 미치고, 결국 생산율에 영향을 미치기 때문에 중요하다. **안정성**(stability)은 로봇이 다음 프로그램된 장소로 움직이려 할 때 로봇팔의 끝에서 발생하는 로봇동작의 과도응답과 진동의 수준을 말한다. 동작에 진동이 큰 것은 안정성이 떨어진다는 것을 의미한다. 빠른 로봇은 일반적으로 덜 안정적인 반면에, 안정성이 큰 로봇은 응답이 느리다는 특징이 있다.

하중운반 능력은 손목 끝에 전달되는 힘뿐만 아니라 로봇의 실제 크기와 구조에도 좌우된다. 상업용 로봇의 하중운반 능력은 1kg에서부터 약 1,200kg까지의 범위 안에 있다. 일반적인 산업용 응용을 위해 설계된 중간 크기의 로봇은 10~60kg 범위의 능력을 갖는다. 하중운반 능력을 고려할 때 중요한 요인 중 하나는 로봇이 주로 공구나 그립퍼를 손목에 부착한 채 작업을 한다는 것이다. 그립퍼는 물건을 파지하고 옮기기 위해 부착되는 것이기 때문에 로봇의 순수한 하중운반 능력은 그립퍼의 무게를 제외해야 한다. 만약 로봇이 10kg의 능력을 가지고 있고 그립퍼의 무게가 4kg라면 순수 하중운반 능력은 6kg이다.

8.1.4 로봇의 센서

제어 시스템의 구성요소로서의 센서에 대한 일반적인 사항은 제6장에서 논의되었다(6.1절). 여기서는 로봇에 이용되는 센서 위주로 설명한다. 산업용 로봇에 사용되는 센서는 (1) 내부와 (2) 외부 두 범주로 구분된다. 내부 센서는 로봇의 여러 가지 관절의 위치와 속도를 제어하는 데 사용되며 로봇 제어기와 피드백 제어루프를 형성한다. 로봇팔 위치를 제어하는 데 사용되는 전형적인 센서에는 포텐시오미터와 광인코더가 포함되며 로봇팔의 속도를 제어하기 위해서는 여러 가지 형식의 타코미터가 사용된다.

외부 센서는 로봇의 작업을 셀에 있는 다른 장치와 조화시키기 위해서 사용된다. 많은 경우에 이들 외부 센서는 상대적으로 간단한 장치인데, 부품이 고정구에 적절히 위치했음을 알려주거나 또는 컨베이어에서 부품이 픽업될 준비가 되었음을 알려주는 리밋 스위치와 같은 것들이다. 어떤 경우에는 다음과 같은 예를 포함하는 더 진보적인 센서 기술을 요구한다.

- **촉각 센서** : 센서와 다른 물체 사이에 접촉이 일어났는지를 알아내는 데 사용된다. 촉각 센서는 로봇 응용에서 (1) 접촉 센서, (2) 힘 센서의 두 종류로 나눌 수 있다. 접촉 센서는 물체와 접촉이 일어났음을 단순히 알려주는 것이고, 힘 센서는 물체에 가해지는 힘의 크기를 알려주는 데 사용된다. 이것은 그립퍼에서 물체를 파지하는 힘을 측정하여 제어하는 데 유용하다.
- **근접 센서** : 물체가 센서에 가까이 있음을 알려준다. 이 종류의 센서가 물체의 실제 거리를 알려주는 데 사용될 때 이것을 레인지 센서라고 한다.

- 광센서 : 포토셀과 기타 광도 측정장치는 물체의 유무를 감지하는 데 사용되며, 종종 근접 여부를 감지하는 데 사용된다.
- 머신비전 : 로봇에서 검사, 부품 인식, 경로 유도 및 기타 용도 등에 사용된다. 22장이 자동검사에서의 머신비전에 관한 자세한 설명을 제공한다. 비전유도로봇 프로그래밍 기술의 발전을 통해 머신비전을 더 쉽고 빠르게 적용할 수 있게 되었다[20]. 이제 머신비전은 로봇 설치 시 필수 기능이 되었고, 특히 자동차산업에서 많이 채택된다[13].
- 기타 센서 : 온도, 유체압력, 유체흐름, 전압, 전류, 그리고 여러 다른 물리적 성질의 측정을 위한 센서들이다(표 6.2 참조).

8.2 로봇 제어 시스템

각 관절의 구동은 로봇팔이 원하는 동작사이클을 수행하도록 조화된 형태로 제어되어야 한다. 마이크로프로세서 기반의 제어기가 현대 로봇에서 제어 시스템 하드웨어로 흔히 사용된다. 그림 8.9에서 제어기를 계층적 구조로 나타내었다. 각 관절은 자체 피드백 제어 시스템을 갖고, 감독 제어기가 로봇 프로그램의 순서에 따라 관절의 구동을 조화시켜 수행한다. 로봇 제어기는 4개의 범주로 분류된다[5]—(1) 한정순서 제어, (2) 점간 제어를 하는 재연, (3) 연속경로 제어를 하는 재연, (4) 지능 제어.

한정순서 제어(limited-sequence control)   이것은 가장 기초적인 제어 방식이다. 이것은 pick-and-place 작업(즉 한 장소에서 물체를 집어 들어 다른 장소에 내려놓는 작업)과 같은 간단한 동작사이클을 위해서만 사용될 수 있다. 일반적으로 각 관절마다 한계점이나 기계적 멈춤쇠를 설치하고, 사이클을 완수하기 위해 각 관절을 한계점까지 순차적으로 구동함으로써 수행된다. 순차적으로 다음 단계가 시작될 수 있도록 하기 위하여, 특정한 관절의 구동이 완수되었음을 확인하는 데 인터록(5.3.2절)이 사용되기도 한다. 그러나 관절의 정밀한 위치를 얻기 위한 서보제어는 없다.

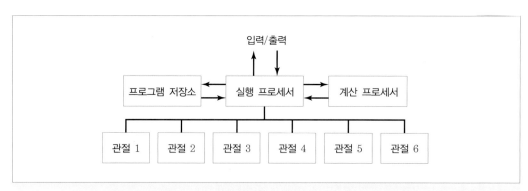

그림 8.9   로봇 마이크로컴퓨터 제어기의 계층적인 제어 구조

대부분의 공압구동 로봇이 한정순서 제어 로봇이다.

점간 제어 재연(playback with point-to-point control)   재연 로봇은 한정순서 제어보다 더 정교한 형태의 제어를 가진다. 재연 제어는 제어기가 주어진 작업사이클의 동작순서, 위치, 각 동작과 연관된 다른 파라미터(속도 같은) 등을 기억할 메모리를 가지고 있어서, 프로그램을 실행하는 동안에 순차적으로 작업사이클을 재연한다는 것을 의미한다. 점간(point-to-point, PTP) 제어에서 로봇팔의 각 위치는 메모리에 기록된다. 한정순서 로봇에서와는 달리 이들 위치는 각 관절마다 있는 기계적 멈춤쇠 위치로만 제한받지 않는다. 그 대신에 로봇 프로그램 내에서 저장할 각 위치는 로봇팔의 각 관절 범위 안에서의 위치를 나타내는 일련의 값으로 구성된다. 프로그램에서 정의된 각 위치로 관절이 구동하도록 지시된다. 각 관절이 프로그램에서 정해진 위치에 도달했는지를 확인하기 위해 동작사이클 중에 피드백 제어가 사용된다.

연속경로 제어 재연(playback with continuous path control)   연속경로 로봇은 앞의 형식과 같은 재연능력을 가진다. 연속경로 제어와 점간 제어 사이의 차이점은 NC에서 이들의 차이점과 같다 (7.1.3절). 연속경로 제어를 하는 재연 로봇은 다음 중 하나 또는 두 가지 능력을 가지고 있다.

1. **더 큰 메모리용량** : 이 제어기의 메모리는 점간 제어기보다 훨씬 더 큰 저장용량을 가지고 있기 때문에 기록될 수 있는 위치의 수가 훨씬 크다. 그러므로 동작사이클을 구성하는 위치좌표들은 로봇이 원활한 연속동작을 구현하도록 하기 위하여 매우 세밀하게 정의될 수 있다. PTP에서는 각 운동 요소들의 최종 위치만 제어되기 때문에 로봇팔이 통과하는 중간경로는 제어되지 않는다. 연속경로 동작에서는 팔과 손목의 움직임도 동작 중에 제어된다.
2. **보간 계산** : 제어기는 NC에서 사용된 것과 비슷한 보간(interpolation)과정을 이용하여 각 동작의 시작점과 끝점 사이의 경로를 계산한다. 이들 과정은 일반적으로 직선과 원호 보간을 포함한다(표 7.1).

PTP와 연속경로 제어 사이의 차이점은 다음의 수학적 방법에 의해서 구분될 수 있다. 팔 끝이 x-y-z 공간을 움직이는 3축 직교좌표 로봇팔을 생각해보자. 점간 시스템에서 x, y, z축은 로봇의 작업공간 내에서 정해진 점의 위치에 도달하기 위해 제어된다. 연속경로 시스템에서는 x, y, z축만 제어되는 것이 아니라, 정해진 직선 또는 곡선경로를 얻기 위하여 $dx/dt, dy/dt, dz/dt$도 동시에 제어된다. 로봇팔의 위치와 속도를 연속적으로 조절하기 위하여 서보제어 방식이 사용된다. 연속경로 제어를 하는 재연 로봇은 PTP 제어능력도 가지고 있다.

지능 제어(intelligent control)   산업용 로봇은 점차 지능이 발달하고 있다. 지능 로봇이란 지능적인 행위를 하는 로봇을 말하는데, 이것의 능력은 다음과 같다.

- 주위환경과 상호작용을 한다.
- 작업사이클 중에 오류가 발생하면 결정을 내린다.

- 인간과 의사소통을 한다.
- 동작사이클 중에 계산을 수행한다.
- 머신비전과 같은 진보된 센서 입력에 반응한다.

8.3 엔드이펙터

로봇 형상에 관한 설명(8.1.2절)에서 엔드이펙터는 로봇 손목에 부착되어 로봇이 특정 작업을 수행할 수 있도록 해 준다. 산업용 로봇에 의해 수행되는 많은 종류의 작업이 있기 때문에 엔드이펙터는 보통 주문 제작식으로 응용 분야에 맞춰 제작된다. 엔드이펙터에는 그립퍼와 공구의 두 종류가 있다.

8.3.1 그립퍼

그립퍼(gripper)는 작업사이클 중에 물체를 파지하고 조작하는 데 사용하는 엔드이펙터이다. 여기서 물체는 보통 셀 내의 한 장소에서 다른 장소로 옮겨지는 작업부품이다. 기계에 공작물을 장착·탈착하는 것도 이 범주에 속한다(8.5.1절). 부품 형상, 크기, 무게의 다양함 때문에 그립퍼는 일반적으로 주문 제작하는 부품이다. 산업용 로봇에 사용되는 그립퍼 형식에는 다음과 같은 것들이 있다.

- 기계식 그립퍼 : 작업부품을 파지하기 위하여 열고 닫는 2개 또는 그 이상의 손가락으로 구성된다. 그림 8.10은 두 손가락 그립퍼의 한 예이다.
- 진공 그립퍼 : 흡착 컵이 편평한 물체를 흡착하는 데 사용된다.
- 자석장치 : 자성체를 붙이는 데 사용한다.

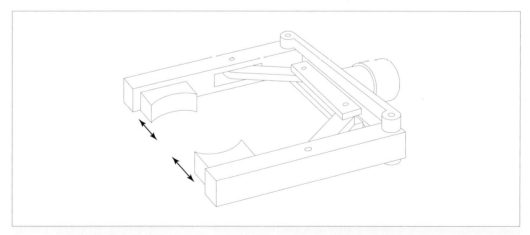

그림 8.10 **기계식 로봇 그립퍼**

- **접착장치** : 접착물질이 섬유와 같은 유연한 물질을 붙이는 데 사용된다.
- **간단한 기계 장치** : 고리와 국자 같은 형태.

기계 그립퍼는 가장 흔한 그립퍼 형식인데, 이 그립퍼 기술이 발전한 형태는 다음과 같다.

- **복식 그립퍼** : 하나의 엔드이펙터에 설치된 2개의 그립퍼로 구성되는데, 이는 부품 장착/탈착에 유용하다. 단식 그립퍼를 사용하면 로봇은 생산기계에 두 번, 즉 한 번은 완성 부품을 탈착하기 위하여, 또 한 번은 기계에 다음 부품을 장착하기 위하여 왕복한다. 복식 그립퍼를 사용하면 로봇은 기계가 이전 부품을 가공하고 있을 동안 다음 부품을 집고 대기하다가, 기계가 가공을 끝냈을 때 기계로 다가와서 완성 부품을 탈착하고 바로 다음 부품을 장착한다. 이로써 부품당 사이클 시간을 줄일 수 있다.
- **교환 가능한 손가락** : 이것은 단식 그립퍼 기구에 사용될 수 있다. 각기 다른 부품을 다루기 위하여 다른 손가락이 그립퍼에 부착된다.
- **센서 피드백** : 손가락에서의 센서 피드백은 다음의 능력을 그립퍼에게 제공한다. (1) 작업부품의 존재를 감지한다거나, (2) (파손되기 쉬운 작업부품을) 파지하는 동안 작업부품에 따라 정해진 제한된 힘을 가한다.
- **다수의 손가락을 갖는 그립퍼** : 인간 손과 유사한 해부학적 구조를 가지고 있다.
- **표준 그립퍼 제품** : 이것은 범용 기성품으로 판매되는 것이어서, 각각의 다른 로봇 응용에 대하여 그립퍼를 따로 주문 제작할 필요가 없다.

8.3.2 공구

공구는 로봇이 작업부품에 대해 특정한 가공공정을 수행해야 하는 경우에 사용된다. 로봇은 정지해 있거나 느리게 움직이는 물체(예 : 부품 또는 반조립품)에 대해 공구를 이동시킨다. 가공을 수행하기 위해 엔드이펙터로 사용되는 공구의 예는 다음과 같다.

- 점용접 건(gun)
- 아크용접봉
- 스프레이 페인팅 분무기
- 드릴링, 연삭 등을 위한 회전 주축
- 조립공구(예 : 자동 스크루드라이버)
- 가열 토치
- 워터젯 절단용 분사기

각 경우에, 로봇은 작업물에 대한 공구의 상대적 위치를 시간 경과에 따라 제어해야 할 뿐만 아니라 공구의 작동도 제어해야 한다. 이런 목적으로 로봇은 반드시 시작과 정지 또는 공구 동작의 조절을 위한 제어신호를 공구에게 보낼 수 있어야 한다.

8.4 산업용 로봇의 응용

초기 산업용 로봇의 활용 중 하나는 1961년경에 다이캐스팅 공정에서 이루어졌다. 다이캐스팅 기계로부터 주물을 탈착하는 데 로봇이 사용되었다. 일반적인 다이캐스팅 환경은 주조공정에서 내뿜는 열과 연기 때문에 작업자를 대신해서 이런 종류의 작업환경에 로봇을 사용하는 것은 매우 효과적으로 보인다. 작업환경은 로봇 응용을 선택할 때 고려되어야 하는 여러 특성 중 하나이다. 인간의 노동을 로봇으로 대체할 수 있는 작업 상황의 일반적인 특성은 다음과 같다.

1. 인간에게 위해한 작업환경 : 작업환경이 안전하지 못하고, 건강에 해롭고, 또는 인간에게 나쁜 기분을 줄 때 산업용 로봇에게 일을 맡길 것을 고려하게 된다. 다이캐스팅 외에도 단조, 페인트 도색, 연속 아크용접, 점용접 등과 같이 인간에게 위험한 공정이 많이 있다. 산업용 로봇은 이런 모든 공정에 사용될 수 있다.

2. 반복적 작업사이클 : 만약 사이클 요소의 순서가 같고, 요소가 비교적 간단한 동작으로 이루어져 있다면, 로봇은 인간보다 더 큰 일관성과 반복성을 가지고 작업사이클을 수행할 능력이 있다. 더 큰 일관성과 반복성으로 보통 수작업에서 얻을 수 있는 것보다 더 높은 제품품질을 기대할 수 있다.

3. 인간이 취급하기 힘든 일 : 만약 무겁거나 다루기 힘든 부품이나 공구를 취급할 필요가 있다면 산업용 로봇이 그 작업을 수행할 수 있다. 인간이 쉽게 다루기에 너무 무거운 부품과 공구도 하중운반 능력이 큰 로봇이라면 충분히 감당할 수 있다.

4. 복수교대 작업 : 2교대나 3교대가 필요한 수작업을 로봇으로 대체하면, 1교대 작업에서보다 자본회수 기간을 더 빨리 앞당길 수 있다. 즉 로봇은 2명 또는 3명을 대체할 수 있다.

5. 변경이 드문 작업 : 대부분의 뱃치 또는 개별생산에서는 한 작업이 끝나고 다음 작업을 시작할 때 물리적인 작업장의 변경을 필요로 하는데, 변경에 필요한 시간 중에는 부품이 만들어지지 않기 때문에 이는 비생산적인 시간이다. 산업용 로봇에서는 물리적 셋업이 바뀌어야 할 뿐만 아니라 로봇도 다시 프로그램되어야 하기 때문에 이 시간도 정지 시간에 추가되어야 한다. 결과적으로 변경이 자주 발생하지 않고, 상대적으로 긴 생산 지속 시간을 갖는 작업의 경우 로봇의 사용이 적합하다. 오프라인 로봇 프로그래밍 기술이 발전함에 따라서 재프로그래밍 절차를 수행하는 데 필요한 시간이 줄고 있다.

6. 부품의 위치와 방향이 작업 셀에서 정해진 경우 : 오늘날의 산업용 응용에서 대부분의 로봇은 머신비전 기능이 없다. 부품이 알려진 위치와 방향으로 놓여 있다는 가정하에 각 작업사이클 동안 물건을 집는 로봇의 능력은 발휘된다. 매 사이클마다 부품을 균일한 위치에서 로봇에게 제공하는 방법을 사전에 면밀히 강구해야 한다.

오늘날 로봇은 산업의 넓은 영역에서 사용되고 있다. 대부분의 산업용 로봇의 활용은 주로 생산에 관련된 것이고, 보통 (1) 자재취급, (2) 공정 수행, (3) 조립과 검사의 세 범주로 분류된다.

8.4.1 자재취급

이것은 로봇이 자재나 부품을 한 장소에서 다른 장소로 옮기는 것이다. 이송을 수행하기 위해서 로봇은 그립퍼 형식의 엔드이펙터를 구비하여야 한다. 그립퍼는 특정한 부품이나 옮겨야 할 부품을 처리하도록 맞춤 설계된다. 자재취급에는 (1) 자재 이송, (2) 기계 장착/탈착의 두 경우가 포함된다.

자재 이송　이것은 한 장소에서 부품을 집어서 새로운 장소에 그것을 놓는 작업이다. 이 범주에 속하는 기본적인 응용으로 간단한 *pick-and-place* 작업을 들 수 있다. 한 컨베이어에서 다른 컨베이어로 부품을 이송하는 것이 한 예이다. 이때의 요구사항은 별로 많지 않고, 저급기술의 로봇(예 : 한정순서 제어 로봇)이면 보통 충분하다. 대부분의 경우 단지 2, 3 또는 4 관절이 필요하고, 공압 로봇이 종종 사용된다.

　자재 이송의 더 복잡한 예는 **팰리타이징**(palletizing)이다. 여기서 로봇은 부품, 상자, 또는 다른 물체를 한 장소에서 가져와서 그림 8.11과 같이 팰릿이나 기타 용기 위의 여러 위치에 쌓아야 한다. 픽업 위치는 각 사이클에서는 같더라도 팰릿 위의 쌓는 위치는 각 상자마다 다르므로 이것이 작업의 난이도를 높게 만든다. 로봇에게 동력 이용 교시 방법(8.5.1절)을 이용하여 팰릿 위의 각 위치를 가르치거나, 팰릿의 크기와 상자 사이의 중심거리를 기초로 위치를 계산해야만 한다(x와 y방향 모두).

　팰리타이징과 비슷한 다른 활용으로 **디팰리타이징**(depalletizing, 팰릿의 순서대로 놓여진 배치로부터 부품을 제거하여 한 장소에 그것들을 놓는 작업), **스태킹**(stacking, 편평한 부품을 위에 계속

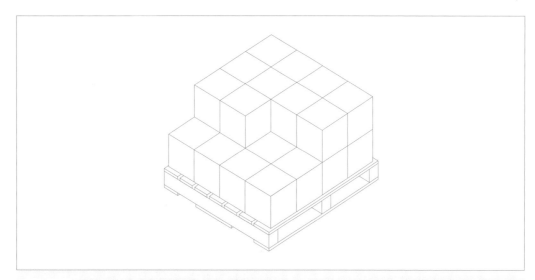

그림 8.11　로봇 팰리타이징 작업에서 상자 배열

쌓는 작업으로, 놓는 장소의 수직 방향 위치가 매 사이클마다 연속적으로 변화), **삽입**(insertion, 로봇은 구획이 나뉘어진 상자의 각 구획에 부품을 삽입) 작업 등을 들 수 있다.

기계 장착과 탈착   기계 장착(loading)과 탈착(unloading)이란 각각 로봇이 부품을 생산기계에 걸어주는 것과 기계로부터 꺼내는 것을 의미한다.

기계 장착/탈착을 위한 산업용 로봇은 다음 공정들에 적용할 수 있다.

- 다이캐스팅 : 로봇은 다이캐스팅 기계(금형)로부터 부품을 꺼낸다.
- 플라스틱 사출성형 : 로봇은 사출성형 기계(금형)로부터 성형된 부품을 꺼내는 데 사용된다.
- 절삭가공 : 로봇은 원소재를 공작기계에 장착하고, 완성된 부품을 탈착하는 데 사용된다. 가공 전과 후의 부품 모양과 크기의 변화는 엔드이펙터의 설계에 있어서 문제가 된다. 따라서 복식 그립퍼(8.3.1절)가 이런 문제를 다루기 위하여 사용된다.
- 단조 : 로봇은 가공 전의 뜨거운 빌릿을 금형에 장착하고 타격 동안 그것을 잡고 있고, 단조 기계로부터 그것을 제거하는 데 사용된다. 해머 작업 시 엔드이펙터나 금형의 손상위험은 기술적으로 다루어져야 한다.
- 프레스 작업 : 판금 프레스 작업에서 작업자는 상당한 위험 속에서 작업한다. 로봇은 위험을 줄이기 위하여 작업자를 대신해서 사용된다. 로봇이 재료를 프레스에 장착하면 스탬핑 작업이 수행되고, 작업 후 부품은 기계 뒤에 있는 상자에 떨어진다.
- 열처리 : 로봇이 부품을 가열로에 넣고 빼는 비교적 간단한 작업이다.

8.4.2 공정 수행

로봇이 작업부품에 대해 특정한 공정을 수행하는 것을 의미한다. 이를 위해 로봇은 적절한 형식의 공구를 엔드이펙터로 장착해야 한다. 그 공정을 수행하기 위하여 로봇은 작업사이클 동안 공작물에 맞추어 공구를 조작하게 된다.

점용접   점용접은 접촉점에서 전기저항열로 두 금속판이 녹아서 결합되는 금속결합 공정이다. 두 구리전극이 금속부품을 압착하고, 용접이 일어나도록 접촉점을 통해서 큰 전류를 흘러가게 하는 데 사용된다. 차체 용접을 위해 자동차산업에서 널리 사용되기 때문에 점용접은 오늘날 상업용 로봇의 가장 흔한 활용 분야 중 하나가 되었다. 엔드이펙터는 차의 판재를 눌러 저항용접 과정을 수행하는 점용접 건(gun)이다. 자동차 점용접에 사용되는 건은 무겁기 때문에 작업자가 용접 건을 정확하게 조작하기가 힘들었다. 따라서 완성제품의 전반적인 품질이 나빠지는 결과를 가져왔다. 이런 경우 산업용 로봇을 사용함으로써 용접의 일관성에 큰 향상이 이루어졌다.

점용접에 사용되는 로봇은 보통 크고 무거운 용접 건을 휘두르기에 충분한 하중 능력을 가지고 있다. 용접 건의 요구되는 위치와 방향을 얻기 위해서는 5 또는 6 축이 일반적으로 필요하고, 점간 재연 로봇이 사용된다. 다관절 로봇이 수십 대의 로봇으로 구성되는 자동차 점용접 라인에서 가장 흔하게 사용된다.

연속 아크용접   연속 아크용접은 점용접처럼 특정한 접촉점에서의 개별적인 용접이 아니라 연속적인 용접부를 제공하기 위해 사용된다. 용접이 연속적이기 때문에 압력용기를 만들거나 강도와 연속성이 필요한 용접을 하는 데 사용된다.

아크용접을 수행하는 작업 조건은 별로 좋지 않다. 용접공은 아크용접 과정에서 방출되는 자외선으로부터 눈을 보호하기 위해 얼굴 헬멧을 착용해야 한다. 그러나 창이 너무 어둡기 때문에 작업자는 아크가 발생하기 전에는 창을 통해 부품을 볼 수가 없고 또한 용접 과정에서 고전류가 사용되기에 이것도 위험하다. 마지막으로 공정 중의 고온도 큰 위험이 되는데, 그 온도는 강철, 알루미늄 등을 녹일 정도로 높다. 좋은 용접을 할 수 있는 충분한 정확도로 아크가 원하는 경로를 따라가기 위해서는 용접공에게 상당한 정도의 눈과 손 사이의 공동작용이 요구된다. 이것은 앞에서 언급된 조건과 함께 작업자가 매우 큰 피로를 느끼게 만든다. 결과적으로 용접공은 단지 전체작업시간의 약 20~30%만 용접 공정을 수행할 수 있다고 알려져 있다.

산업용 로봇은 연속 아크용접 공정을 자동화하는 데 사용될 수 있다. 셀은 로봇과 용접장치(전원장치, 제어기, 용접공구, 와이어 공급기구)와 로봇을 위하여 부품을 위치시키는 고정구 등으로 구성된다. 고정구는 로봇에게 용접을 할 작업물의 다른 면을 제공하기 위하여 1 또는 2 자유도를 지니는 기계장치로 만들 수 있다. 더 큰 생산성을 위하여 복식 고정구가 종종 사용되는데, 이 경우 로봇이 용접하고 있을 때, 작업자 또는 보조로봇이 완성된 작업을 탈착하고 다음 작업사이클을 위하여 용접할 부품을 장착한다. 그림 8.12는 이런 종류의 작업장 배치를 보여 준다.

아크용접 작업에 사용되는 로봇은 연속경로 제어 능력이 있어야 한다. 5 또는 6 축의 다관절 로봇이 자주 사용된다. 더구나 1개 또는 2개의 자유도를 갖는 고정구가 용접 중에 부품을 고정하는 데 주로 사용된다. 최근 들어 아크용접 로봇의 프로그래밍에 CAD/CAM 시스템을 이용하는 기술이 사용되는데, 이것은 조립품의 CAD 모델로부터 용접경로를 바로 생성하는 것이다[9].

스프레이 코팅   스프레이 코팅은 코팅될 물체로 향해 가는 스프레이 건을 사용한다. 유체(예 : 페인트)가 스프레이 건의 노즐을 통해 물체의 표면에 뿌려져서 칠해진다. 스프레이 코팅이라는 용어는 페인팅을 포함하는 더 넓은 응용 영역을 지칭한다.

이 공정을 수행하는 사람의 작업환경은 유해한 것들로 가득 차 있다. 이런 위험은 공기 중의 해로운 가스, 급작스러운 화재, 스프레이 건 노즐에서의 소음이 포함된다. 이 환경은 작업자에게 발암의 위험이 있다고도 알려져 있다. 이런 위험 때문에 로봇은 스프레이 코팅 작업에 점점 활용도가 높아지고 있다.

이런 응용에는 가전제품, 자동차 차체, 엔진 등의 스프레이 코팅과 목재제품의 스프레이 착색, 화장실 설치물의 법랑 코팅 등을 포함한다. 로봇은 스프레이 페인팅에 요구되는 부드러운 연속동작을 성취하기 위해 연속경로 제어 능력이 있어야 한다. 가장 편리한 프로그래밍 방법은 수동교시(8.5.1절)이다. 다관절 로봇은 스프레이 코팅에 사용되는 가장 흔한 종류이다. 로봇은 코팅되어야

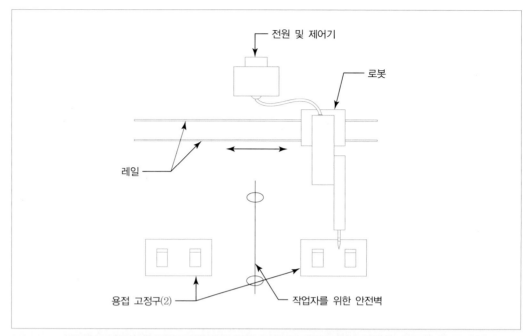

전원 및 제어기

로봇

레일

용접 고정구(2)

작업자를 위한 안전벽

그림 8.12 레일 따라 두 용접 고정구 사이를 움직이는 로봇 아크용접 셀. 한 고정구 위치에서 로봇이 용접을 수행하는 동안, 작업자가 다른 고정구의 완성품을 탈착하고 새 부품을 장착한다.

하는 부품의 영역에 도달하기 위하여 긴 팔길이를 가지고 있어야 한다.

스프레이 코팅에 산업용 로봇을 사용하는 것은 작업자를 위험한 환경으로부터 보호하는 것 외에도 인간의 능력보다 더 균일한 코팅, 페인트 사용의 감소(더 적은 낭비), 작업장 환기의 불필요, 그리고 높은 생산성 등의 장점이 있다.

기타 공정 응용   점용접, 아크용접, 스프레이 코팅은 산업용 로봇의 가장 익숙한 공정들이다. 로봇에 의해 수행되는 제조공정의 범위는 계속적으로 넓어지고 있다. 이들 공정 중에는 다음이 포함된다.

- 드릴링 및 기타 **절삭공징** : 이들은 회전주축을 엔드이펙터로 사용한다. 주축의 척에 장착된 것은 특수한 절삭공구이다. 이 응용에서의 문제 중 하나는 기계가공에서 발생하는 높은 절삭력이다. 로봇은 이들 절삭력을 견디고 요구되는 정확도를 지킬 만큼 강해야 한다.
- 연삭, 와이어 브러싱 및 유사한 작업 : 이들 작업도 마찬가지로 공작물에 다듬질과 디버링을 수행하기 위하여 공구(연삭 숫돌, 와이어 브러시, 폴리싱 숫돌 등)를 고속 회전 구동시키는 데 회전주축을 사용한다.
- 워터젯 절단 : 이것은 플라스틱판, 직물, 카드보드 등을 정밀하게 자르기 위하여 작은 노즐을 통하여 고속으로 고압의 물을 밀어내는 공정이다. 엔드이펙터는 워터젯 노즐인데 로봇에 의해 원하는 절단경로를 따라간다.

- 레이저 절단 : 레이저 공구가 로봇에 엔드이펙터로서 장착된다. 레이저빔 용접도 이와 유사한 응용이다.

8.4.3 조립과 검사

조립과 검사는 앞에서 언급한 두 응용 범주인 자재취급과 공정 수행이 혼합된 것으로도 볼 수 있다. 예를 들면 조립작업은 제품을 완성하기 위해 부품을 추가하는 것이라 할 수 있다. 이것을 위해 작업장에 있는 부품공급 장소에서 제품이 조립되는 곳으로 조립부품이 이동될 필요가 있으면 자재 취급으로 볼 수 있다. 어떤 경우에는 조립부품을 고정시키기 위해 로봇에 의해 사용될 공구가 필요하다(예 : 박아 넣기, 용접, 나사 조립). 이와 유사하게, 일반적인 로봇 이용 검사에서는 검사공구가 로봇에 의해 조작되는 것을 요구하는 반면에, 어떤 로봇 검사작업에서는 로봇이 검사대상 부품을 조작한다.

조립과 검사는 전통적으로 노동집약적인 활동으로, 매우 반복적이고 일반적으로 지루한 일이기 때문에 로봇을 활용하기에 적절하다. 그러나 조립 작업은 일반적으로 다양하고, 가끔은 어려운 임무도 주어지는데, 서로 잘 맞지 않는 부품에는 설계수정을 요구하기도 한다. 부품의 꼭 맞는 맞춤을 위해서는 종종 촉감이 요구되기도 한다. 검사작업은 고도의 정밀도와 인내를 요구하는 반면에 제품이 품질 기준 안에 드는지 결정하는 데는 인간의 판단이 요구된다. 두 작업의 이런 복잡성 때문에 로봇의 활용이 쉽지가 않았음에도 잠재적 이득이 매우 크기 때문에 필요한 기술을 개발하는 데 상당한 노력을 해 왔다.

조립 조립은 2개 또는 그 이상의 부품을 조립품 또는 반조립품이라 불리는 새로운 개체를 형성하기 위하여 결합하는 것이다. 2개 또는 그 이상의 부품은 (나사, 너트, 리벳과 같은) 기계적인 고정기술이나 (용접, 브레이징, 납땜, 접착제 결합 같은) 접합기술을 이용하여 함께 고정함으로써 단단히 결합된다.

조립의 경제적 중요성 때문에 자동화된 방법들이 종종 적용되었다. 고정자동화는 펜, 샤프펜슬, 담배 라이터, 정원용 호스의 노즐 등과 같은 상대적으로 간단한 제품의 대량생산에 적절하다. 로봇은 보통 이런 대량생산 상황에서는 불리한데, 그 이유는 로봇이 고정자동화 장비가 작업하는 높은 속도로는 작업할 수 없기 때문이다. 조립 작업에서 산업용 로봇이 가장 적절한 경우는 비슷한 제품이나 모델들이 섞여서 같은 작업 셀이나 조립라인에서 생산되는 곳이다. 이런 종류의 제품 예에는 전기모터, 소형가전제품, 기타 여러 가지 작은 기계와 전기제품 등이 포함된다. 이들 경우에, 각 모델의 기본 형상은 같다. 그러나 크기와 형상, 옵션, 기타 특징 등에 변화가 있다. 이들 제품은 수작업 조립라인에서 종종 뱃치생산으로 만들어진다. 그러나 재고를 줄이기 위해 혼합 모델 조립라인이 더 많이 사용되고, 로봇은 수작업 작업장의 모두 또는 일부를 대체하는 데 사용된다. 로봇이 혼합 모델 조립에서 사용될 수 있는 것은 서로 다른 제품 형상에 대응하기 위하여 작업 사이클 내에서 다른 프로그램을 실행시킬 수 있는 능력이 있기 때문이다.

여기서 설명된 조립작업에 사용되는 산업용 로봇은 전형적으로 작고 하중 용량도 작다. 가장 흔한 형태는 다관절, 스카라, 직교좌표 로봇 등이다. 조립 작업에서 요구되는 정확도는 다른 로봇 응용에서보다 더 높은데, 이 범주에 속하는 정밀한 로봇의 반복 정밀도는 ±0.05mm까지 된다. 로봇 자체뿐만 아니라 엔드이펙터의 요구사항도 까다롭다. 엔드이펙터는 셀에서 필요한 로봇의 수를 줄이기 위해서 단일작업장에서 여러 기능을 수행해야 하는 경우도 있다. 이들 다양한 기능에는 하나 이상의 부품 형상의 취급, 그립퍼와 자동조립공구로 모두 사용할 수 있는 것 등이 포함된다.

검사   자동생산과 조립시스템을 거친 부품을 다음 기능을 통해 검사를 수행한다—(1) 주어진 공정이 완수되었음을 확인한다. (2) 부품이 정해진 대로 조립되었는지를 확인한다. (3) 원료나 가공이 끝난 부품에 흠집이 있는지 확인한다. 자동화된 검사에 대해서는 제21장에서 더 자세히 다룬다. 로봇에 의해 수행되는 검사 작업은 다음 두 유형으로 나뉜다.

1. 로봇은 검사 또는 시험장비를 지원하기 위하여 장착과 탈착 작업을 수행한다. 로봇은 셀로 들어오는 부품(또는 조립품)을 집고, 검사를 수행하기 위하여 그것을 장착/탈착하고, 그것을 셀의 출구에 놓는다. 어떤 경우에는 로봇에 의해 부품 분류를 할 수도 있다. 품질 수준에 따라 로봇은 부품을 다른 용기에 담거나 또는 다른 출구 컨베이어에 놓는다.
2. 로봇은 제품을 시험하기 위하여 기계적 탐침(probe)과 같은 검사장치를 다룬다. 이 경우는 로봇 손목에 부착된 엔드이펙터가 검사 탐침이 된다. 공정을 수행하기 위해서 부품은 작업장에 반드시 올바른 위치와 방향으로 놓여 있어야 하고, 로봇은 검사장치를 요구된 대로 조작해야 한다.

8.5 로봇 프로그래밍

유용한 작업을 하기 위하여 로봇은 동작사이클을 수행하도록 프로그래밍되어야 한다. **로봇 프로그램**(robot program)은 작업사이클을 지원하는 주변 행위들과 결합된, 로봇팔에 의해 따라가는 공간상의 경로로 정의할 수 있다. 주변 행위들의 예는 그립퍼의 개폐, 논리적 결정 과정의 수행, 로봇셀의 다른 장치들과의 통신 등을 들 수 있다. 로봇은 명령을 제어기 메모리에 입력함으로써 프로그래밍될 수 있고, 서로 다른 로봇은 서로 다른 명령입력 방법을 사용한다.

한정순서 제어 로봇의 경우 프로그래밍은 동작의 마지막 점들을 지정하기 위하여 리밋 스위치나 기계적 멈춤쇠를 세팅하는 것이 프로그래밍이 된다. 동작이 일어나는 순서는 순서결정장치에 의해서 조정된다. 이 장치는 완전한 동작사이클을 형성하기 위하여 각 관절이 작동되는 순서를 결정한다. 멈춤쇠와 스위치를 세팅하고 순서결정장치와는 배선 작업을 하는 것은 프로그래밍이라기보다는 수작업 셋업에 가깝다.

오늘날 거의 모든 산업용 로봇이 메모리를 저장장치로 갖는 디지털 컴퓨터를 제어기로 사용하고 있다. 이들 로봇은 세 가지 구별되는 프로그램 방식을 가지고 있다―(1) 교시형 프로그래밍, (2) 컴퓨터 언어와 유사한 로봇 프로그래밍 언어, (3) 오프라인 프로그래밍.

8.5.1 교시형 프로그래밍

교시형 프로그래밍의 역사는 컴퓨터 제어가 널리 쓰이기 전인 1960년대 초로 거슬러 올라간다. 그때 사용된 것과 같은 기본 방법들이 오늘날의 많은 컴퓨터 제어 로봇에도 사용된다. 교시형 프로그래밍에서는 요구되는 동작사이클을 따라 로봇팔을 움직이고, 나중의 재연을 위하여 제어기 메모리에 프로그램을 저장함으로써 로봇이 작업을 배운다.

동력이용 교시와 수동 교시 프로그래밍 교시 과정을 수행하는 데는 (1) 동력이용 교시와 (2) 수동 교시의 두 가지 방법이 있다. 이 두 방법의 차이점은 프로그래밍 중에 로봇팔이 동작사이클을 따라 움직이게 하는 방법에 있다. **동력이용 교시**는 점간 제어를 하는 재연 로봇의 프로그래밍 방법으로 흔히 사용된다. 이것은 로봇팔 관절의 움직임을 제어하기 위한 토글 스위치나 접촉 버튼이 있는 교시 펜던트(teach pendant, 손바닥 크기의 제어 상자)를 사용하는 것이다. 프로그래머는 토글 스위치나 버튼을 이용하여 로봇팔이 원하는 위치로 구동되도록 순서대로 조작한다. 그리고 그 위치를 메모리에 기록한다. 이후 프로그램을 재연할 때, 로봇은 자체의 동력으로 위치를 연속적으로 통과하면서 움직인다.

　　수동 교시는 스프레이 페인팅과 같은 불규칙 경로 동작 패턴일 때 연속경로 제어를 하는 재연 로봇의 프로그래밍에 편리하다. 이 프로그래밍 방법에서는 조작자가 팔 끝이나 팔에 달려 있는 공구를 붙잡고서 손으로 동작순서에 따라 움직이면서, 그 경로를 메모리에 기록한다. 로봇팔 자체는 상당한 질량을 가지고 있고, 따라서 움직이기 어렵기 때문에 특별한 프로그래밍 장치가 교시 과정 동안 실제 로봇을 대신하기도 한다. 이 프로그래밍 장치는 로봇과 같은 관절 배치를 가지고 있고 트리거 핸들(또는 다른 제어 스위치)이 장착되어 있는데, 이 장치는 작업자가 동작을 메모리에 기억시키고자 할 때 사용된다. 동작은 촘촘하게 위치한 점의 연속으로 기억된다. 경로를 재연할 때, 앞에서 입력한 것과 동일한 점의 연속을 따라 실제 로봇팔을 제어함으로써 경로가 다시 생성된다.

동작 프로그래밍 교시 펜던트로 각 관절을 조종하는 것은 로봇에게 동작 명령을 입력하는 불편한 방법이 될 수 있다. 예를 들어 다관절 로봇(TRR 형상)의 각 관절을 조정하여 손 끝을 직선운동시키는 것은 어려운 일이다. 그러므로 동력이용 교시를 사용하는 많은 로봇이 개별 관절제어 외에도 두 가지 방법을 추가로 제공하고 있다. 이들 방법을 이용하여 프로그래머는 로봇의 손목 끝을 직선 경로로 움직이도록 제어할 수 있다. 이 두 가지 방법은 (1) 월드좌표계와 (2) 공구좌표계이다. 두 좌표계는 모두 직교좌표를 사용한다. **월드좌표계**에서는 기준 원점과 좌표축은 어떤 고정된 위치와 로봇 베이스에 대한 상대적인 위치로 정의된다. 이것이 그림 8.13(a)에 묘사되어 있다. 그림 8.13(b)에서 보여준 **공구좌표계**에서 좌표계는 손목 면판(faceplate, 엔드이펙터가 붙는 곳)의 자세

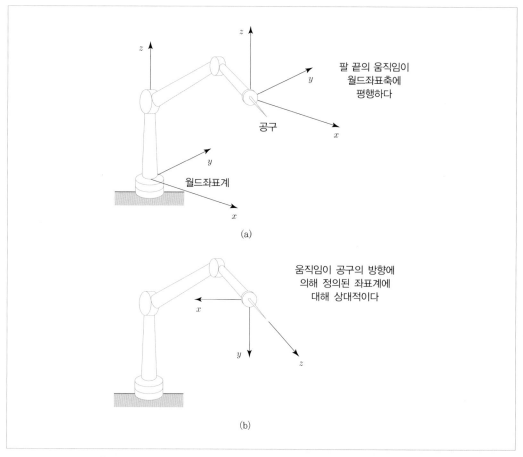

그림 8.13 (a) 월드좌표계, (b) 공구좌표계

에 대해 상대적으로 정의된다. 이런 방식에서 프로그래머는 공구를 원하는 방향으로 향하게 할 수 있고, 로봇을 공구에 평행 또는 직각 방향으로 직선운동하도록 제어할 수 있다. 월드좌표계와 공구좌표계는 로봇이 손목 끝을 좌표계 축 중 하나에 평행한 직선운동을 할 수 있을 때만 유용한 것이다. 직선운동은 직교 로봇(LOO 형상)에게는 아주 자연스럽지만, 회전 관절의 조합을 갖는 로봇에게는 몹시 부자연스럽다. 이런 형식의 관절을 갖는 로봇으로 직선운동을 얻으려면 로봇 제어기에 의해 수행되는 직선 보간 과정이 필요하다. **직선 보간**(straight line interpolation)에서 두 점 사이의 직선을 얻기 위해 제어컴퓨터는 로봇 손목 끝이 통과해야만 하는 공간상의 점을 계산해야 한다.

로봇이 사용할 수 있는 다른 종류의 보간들이 있다. 직선 보간보다 더 흔한 것이 **관절 보간**(joint interpolation)이다. 로봇의 손목 끝이 두 점 사이를 관절 보간을 이용하여 이동하도록 명령받았을 때 로봇은 각 관절을 각자의 등속도로 동시에 움직이게 하는데, 이때 각 관절의 속도는 각 관절의 시작과 종료를 같은 시간에 할 수 있도록 하는 속도이다. 관절 보간이 직선 보간보다 더 좋은 점은 동작을 하기 위해 필요한 전체 동작 에너지가 더 적게 필요하다는 것이다. 이것은 같은 동작을 더 빨리 할 수 있다는 의미일 수 있다. 직교 로봇의 경우에는 관절 보간과 직선 보간이 동일한 동작경로 경과를 준다.

수동 교시 프로그래밍에서는 전혀 다른 보간 방법이 사용된다. 이 경우에 로봇은 수동 교시 프로그램 과정에서 정의된 밀접하게 배치된 점의 연속을 따라야 한다. 사실 이것은 불규칙적인 동작으로 구성된 경로의 보간 과정이다.

로봇의 속도는 교시 펜던트나 제어 패널에 위치한 다이얼이나 다른 입력도구를 사용하여 제어된다. 작업사이클의 어떤 동작들은 고속으로 수행되어야 한다(예 : 작업 셀에서 상당히 떨어진 곳으로 물건을 옮기는 작업). 반면에 어떤 동작들은 낮은 속도의 작업을 요구한다(예 : 정밀도가 높게 부품을 놓는 작업). 속도제어는 주어진 프로그램이 일단 안전한 느린 속도로 시험된 후에, 생산에 사용되기 위한 더 높은 속도로 운전할 수 있게 해 준다.

장점과 단점   교시 방법의 장점은 작업자가 쉽게 로봇을 학습시킬 수 있다는 점이다. 로봇팔을 요구되는 동작경로를 따라서 움직이게 하여 로봇 프로그램을 작성하는 것은 사람에게 작업사이클을 가르치는 논리적 방법과 유사하다. 다음 절에서 설명될 로봇 언어는 컴퓨터 프로그램에 경험이 있는 사람은 더 배우기 쉬울 것이다.

교시 방법 고유의 단점이 몇 가지 있다. 첫째, 정상적 생산이 교시형 프로그래밍 과정 동안에는 중지되어야 한다. 즉 교시형 프로그래밍은 로봇 셀이나 생산라인의 조업 중지를 초래한다. 이것의 경제적인 의미는 교시 방법이 상대적으로 긴 생산기간을 갖는 대상에 사용되어야 하고 작은 뱃치 크기에는 부적절하다는 것이다.

둘째, 동력이용 교시에 사용되는 교시 펜던트와 수동 교시에 사용되는 프로그래밍 장치는 프로그램에 들어가야 할 의사결정 논리의 사용이 제한받는다. 교시 방법보다 컴퓨터와 같은 로봇 언어를 사용하여 논리적 지침을 만드는 것이 훨씬 더 쉽다.

셋째, 교시 방법은 컴퓨터 제어가 로봇에 사용되기 전에 개발되었기 때문에, 이들 방법은 CAD/CAM, 생산 데이터베이스, 지역 통신망과 같은 최신 컴퓨터 기술과 쉽게 호환되지 않는다. 공장의 여러 컴퓨터로 자동화된 하부 시스템에 쉽게 인터페이스되는 능력이 컴퓨터 통합생산을 이루기 위하여 필요하다.

8.5.2 로봇 프로그래밍 언어

문자형 프로그래밍 언어는 디지털 컴퓨터가 로봇 제어 기능을 담당하면서 적절한 프로그래밍 방법이 되었다. 이와 같은 언어의 사용은 로봇이 담당해야 할 일들의 복잡성이 증가하기 때문에, 그리고 논리적 판단을 로봇 작업사이클에 포함시켜야 한다는 필요성 때문에 촉진되어 왔다. 이들 컴퓨터와 유사한 프로그래밍 언어는 실제는 온라인/오프라인 프로그래밍 방법이라고 할 수 있다. 왜냐하면 로봇의 위치를 여전히 교시 방법을 사용하여 가르쳐야 하기 때문이다. 로봇을 위한 문자형 프로그래밍 언어를 사용하면 교시형 프로그래밍이 쉽게 성취할 수 없는 다음의 기능을 수행할 수 있는 가능성이 있다.

- 디지털뿐만 아니라 아날로그 입출력을 포함하는 향상된 센서능력
- 외부장비의 제어를 위한 개선된 출력능력
- 교시 방법의 능력을 넘어서는 프로그램 논리
- 컴퓨터 프로그래밍 언어와 유사한 계산과 데이터 처리
- 다른 컴퓨터 시스템과의 통신

이 절에서는 현재 사용되고 있는 로봇 프로그래밍 언어의 일부분을 알아본다. 명령문의 상당 부분은 실제의 로봇 프로그램 언어에서 사용되고 있는 것이다.

동작 프로그래밍　로봇 언어를 이용한 프로그래밍에서는 보통 문자 명령문과 교시 기술을 조합해야 한다. 따라서 이 프로그래밍 방법은 온라인/오프라인 프로그래밍이라고 불린다. 문자를 이용한 명령문은 동작을 묘사하는 데 사용되고, 교시 방법은 로봇 동작의 중간과 끝의 위치와 방향을 정의하는 데 사용된다.

기초적인 동작 명령문은 다음과 같다.

MOVE P1

이 명령어는 로봇에게 지금의 위치로부터 P1이라는 변수에 의해서 정의된 위치와 방향으로 움직이도록 명령한다. 점 P1은 반드시 정의되어야 한다. P1을 정의하는 가장 편한 방법은 동력이용 교시 또는 수동 교시를 사용하여 원하는 지점으로 옮겨다 놓고, 메모리에 그 점을 저장하는 것이다. 다음과 같은 명령문

HERE P1

또는

LEARN P1

은 교시 과정에서 그 점의 변수명을 지정하는 데 사용된다. 로봇의 제어 메모리에 저장되는 것은 점을 정의하기 위하여 제어기가 사용하는 관절의 위치 또는 좌표의 조합들이다. 예를 들어 다음과 같은 집합은

(236, 158, 65, 0, 0, 0)

6개의 관절을 가지고 있는 로봇팔 관절의 위치를 표현하는 데 사용될 수 있다. 첫 번째 3개의 값 (236, 158, 65)은 몸체와 팔의 관절 위치를, 마지막 3개의 값(0, 0, 0)은 손목관절의 위치를 정의한다. 관절의 종류에 따라서 그 값은 밀리미터 또는 도(°)이다.

MOVE 명령의 변형들이 있다. 그 변형에는 직선 보간운동, 증분운동, 접근 또는 후퇴, 그리고

경로 등이 있다. 예를 들어 다음과 같은 명령은

MOVES P1

직선 보간을 통해서 운동이 일어난다는 것을 나타낸 것이다. MOVE의 접미사 S는 직선(straight) 운동을 나타낸다.

증분운동은 끝점이 로봇의 절대좌표에 대하여 정의되는 것이 아니라 로봇팔의 현재 위치에 대하여 정의되는 운동이다. 예를 들어 로봇이 현재 관절좌표계에 의하여 (236, 158, 65, 0, 0, 0)으로 정의된 점에 있다고 하고, 관절 4(손목관절의 비틀림 운동에 해당한다)를 0에서 125까지 움직인다고 하자. 명령문의 다음과 같은 형식이 이 운동을 얻는 데 쓰일 수 있다.

DMOVE (4, 125)

따라서 로봇 관절의 새 좌표는 (236, 158, 65, 125, 0, 0)이 되었다. 접두사 D는 델타를 의미하고, DMOVE는 델타운동 또는 증분운동을 표시한다.

접근과 후퇴 명령어들은 자재취급 작업에 유용하다. APPROACH 명령은 그립퍼를 처음의 위치에서 파지(또는 놓는)점의 어떤 거리 이내로 움직이게 한다. 그리고 MOVE 명령은 그립퍼를 파지점에 위치시키는 데 쓰이며, 파지가 된 후에는 DEPART 명령이 그립퍼를 그 점에서 떠나게 하기 위해 쓰인다. 다음 명령어들이 이 순서를 나타낸다.

APPROACH P1, 40 MM
MOVE P1
(그립퍼를 작동)
DEPART 40 MM

최종 목적지는 점 P1이지만, 일단 APPROACH 명령어가 그립퍼를 그 점 위의 안전한 거리(40mm)로 움직이게 하였다. 이것은 용기 속에 담겨 있는 다른 물체들과 같은 장애물을 피하는 데 유용할 수 있다. APPROACH 운동의 마지막 부분에서 그립퍼의 방향은 P1에서 정의한 것과 같다. 따라서 마지막 MOVE P1은 그립퍼가 공간상에서 평행이동하는 것이다. 이는 그립퍼가 파지를 위해 부품에게 똑바로 이동될 수 있도록 해 준다.

로봇 프로그램에서의 경로는 단일 동작에서의 점들이 서로 연결된 것이다. 이 경로는 다음 명령문에서 보듯이 변수명이 주어진다.

DEFINE PATH123 = PATH(P1, P2, P3)

이것은 P1, P2, P3 점으로 구성된 경로이며 이 점은 앞에서 설명된 방식으로 정의된다. MOVE 명령문은 로봇이 이 경로를 따라 구동하는 데 사용된다.

MOVE PATH123

로봇의 속도는 상대속도 또는 절대속도를 정의함으로써 제어된다. 다음 명령문은 상대속도를 정의하는 것이다.

SPEED 75

프로그램 내에서 이 명령문이 나타나면, 이것은 로봇팔이 그 프로그램의 이후 명령문에서는 초기 명령속도의 75%로 작동되어야 한다는 것을 의미하는 것으로 해석된다. 초기 속도는 프로그램의 실행에 선행하는 명령문에서 주어진다. 예를 들어

SPEED 0.5 MPS
EXECUTE PROGRAM1

이라는 명령은 PROGRAM1이라는 프로그램이 로봇에 의해 실행되어야 한다는 것과 실행되는 동안 지정된 속도가 0.5m/sec라는 것을 표시한다.

인터록과 센서 명령   산업용 로봇에 사용되는 두 기본적인 인터록(interlock) 명령(5.3.2절)은 WAIT와 SIGNAL이다. WAIT 명령은 입력 인터록을 수행하는 데 사용된다. 예를 들면

WAIT 20, ON

은 단자 20에서 로봇 제어기로 들어오는 입력신호가 'ON' 상태가 될 때까지 프로그램을 이 명령문에서 중지할 것이다. 이것은 장착/탈착 응용에서 기계가공사이클의 종료를 로봇이 기다리게 만드는 데 사용될 수 있다.

SIGNAL 명령문은 출력 인터록을 수행하는 데 사용된다. 즉 외부장비와 통신할 수 있게 해준다. 예를 들어

SIGNAL 21, ON

은 자동 기계가공사이클을 시작시키기 위해서 출력단자 21의 신호를 ON시킨다.

위의 두 예제는 On/Off 신호만을 표시한다. 어떤 로봇 제어기는 여러 레벨로 작동하는 아날로그 장치를 제어하는 능력을 가지고 있다. 만약 0에서 10V 범위의 전압에서 작동되는 외부장치를 작동시켜야 한다고 가정하자. 명령문

SIGNAL 10, 6.0

은 제어기 출력단자 10으로부터 장치에게로 6.0V의 전압을 출력하는 데 사용될 수 있는 제어명령문이다.

위의 모든 인터록 명령문은 프로그램 내에서 그 명령문이 나타나는 시점에서 일어나는 상황을 나타낸다. 외부장치에 어떤 변화가 일어나는지를 연속적으로 감시해야 할 필요가 있는 다른 상황도 있다. 예를 들면 안전감시 시스템에서 로봇의 작업 영역 안으로 걸어 들어온 사람이 존재하는지

를 검출하는 센서가 장착되어 있는 것이 필요할 수 있다. 센서는 사람의 존재에 반응하여 로봇 제어기에 신호를 보낸다. 다음의 명령문 형식이 이런 경우에 사용된다.

REACT 25, SAFESTOP

이 명령은 입력단자 25의 입력신호에 어떤 변화가 있는지를 연속적으로 감시하기 위하여 쓰인다. 신호에 변화가 발생하면 그 순간 정상적인 프로그램 실행은 중지되고 제어는 SAFESTOP이라는 서브루틴에게로 이전된다. 이 서브루틴은 로봇을 더 이상 움직이지 못하게 하거나, 로봇이 안전을 위한 행동을 하도록 만든다.

엔드이펙터는 비록 로봇팔의 손목에 붙어 있지만 외부장치처럼 작동되는 장치이다. 일반적으로 특정한 명령이 엔드이펙터를 제어하기 위하여 사용된다. 그립퍼의 경우 기본 명령은

OPEN

과

CLOSE

이다. 이 명령들은 각각 그립퍼가 완전히 열리고 닫히는 위치로 작동되도록 한다. 센서가 장착된 그립퍼와 서보제어 그립퍼에서 더 높은 수준의 제어가 가능하다. 로봇 제어기를 통하여 통제되는 힘 센서를 장착한 그립퍼에 대해서는 다음과 같은 명령이

CLOSE 2.0 N

그립퍼 손가락에 2.0N의 힘이 걸릴 때까지 그립퍼의 닫힘을 제어한다. 다음과 같은 유사한 명령이 주어진 폭만큼 그립퍼를 닫도록 하는 데 사용된다.

CLOSE 25 MM

특별한 명령문들이 점용접 건, 아크용접 공구, 스프레이 페인팅 건, (드릴링과 연삭 등을 위한) 주축 등과 같은 공구 형식의 엔드이펙터를 제어하는 데 종종 요구된다. 점용접과 스프레이 페인팅 제어는 일반적으로 단순한 2진 명령들이다(예 : Open/Close와 On/Off). 그리고 이들 명령들은 그립퍼 제어에 사용되는 것들과 유사하다. 아크용접과 주축의 경우에는 이송속도 혹은 기타 공정 파라미터를 제어하기 위하여 더 다양한 제어명령문이 필요하다.

계산과 프로그램 논리 현재 사용되고 있는 로봇 언어 중 대부분은 컴퓨터 프로그래밍 언어와 유사한 계산과 데이터 처리 작업을 수행할 수 있는 능력을 가지고 있다. 현재 사용되고 있는 대부분의 로봇은 고도의 계산능력을 요구하지 않는다. 그러나 로봇 응용의 복잡성이 미래에 커진다면, 이런 능력이 현재보다 더 많이 사용될 것이다.

오늘날 많은 응용 분야에서 프로그램에 분기와 서브루틴을 사용하는 것이 유용하다. 다음과 같은 명령문

$$GO\ TO\ 150$$

과

$$IF(논리적\ 표현)\ GO\ TO\ 150$$

은 프로그램이 프로그램의 어떤 다른 명령문(예 : 위에서 150번 명령문)으로 분기하도록 해 준다.

　로봇 프로그램의 서브루틴은 주프로그램에서 호출되었을 때 개별적으로 실행되는 명령문의 집합이다. 앞의 예에서, 서브루틴 SAFESTOP은 REACT 명령문에서 안전 감시에 사용하기 위하여 호출되었다. 또한 서브루틴은 계산을 하거나 프로그램의 여러 다른 위치에서 반복적인 동작 연속을 수행하는 데 사용될 수 있다. 프로그램에서 같은 스텝을 여러 번 쓰는 것보다 서브루틴을 사용하는 것이 훨씬 더 효율적이다.

8.5.3 시뮬레이션과 오프라인 프로그래밍

교시 방법과 프로그래밍 언어 방법의 문제점은 로봇이 프로그램을 위하여 얼마간의 시간 동안 생산 작업으로부터 제외되어야 한다는 것이다. 오프라인 프로그램은 로봇 프로그램이 원격지 컴퓨터 터미널에서 준비된 후, 실행되기 위하여 로봇 제어기로 다운로드되는 것이 가능하게 해 준다. 진정한 오프라인 프로그래밍에서는 현재의 프로그래밍 언어에서처럼 실제적인 작업장에서의 위치를 로봇에게 지정해 줄 필요가 없다. 그래픽을 이용한 컴퓨터 시뮬레이션이 오프라인상에서 작성된 프로그램을 검증하기 위하여 필요하다. 이는 NC 파트 프로그래밍에서 사용되는 오프라인 과정과 비슷하다. 진정한 오프라인 프로그래밍의 장점은 생산을 중단하지 않은 채 새로운 프로그램이 준비되고 로봇에게 다운로드될 수 있다는 것이다.

　현재 상업적으로 제공되는 오프라인 프로그래밍 도구는 프로그램의 작성과 검증을 위한 3차원 로봇 셀 모델을 만들기 위해서 그래픽 시뮬레이션을 사용한다. 로봇 셀은 로봇, 공작기계, 컨베이어, 그리고 다른 기계로 구성될 수 있다. 시뮬레이션은 이런 셀 구성요소들이 모니터상에 표시되고, 동영상을 통해 로봇이 작업사이클을 수행할 수 있도록 해 준다. 시뮬레이션 과정을 이용하여 프로그램이 개발된 뒤에 셀에서 사용하는 특정 로봇에 맞는 문자언어로 전환된다. 이것은 NC 파트 프로그래밍의 후처리 과정과 유사한 단계이다.

　오프라인 프로그래밍 패키지에서는 컴퓨터 시스템의 3차원 모델과 실제 물리적 셀 사이의 형상 차이를 보정하기 위한 작업이 수행될 수 있다. 예를 들면 실제 레이아웃에서의 공작기계 위치는 오프라인 프로그램에서 사용되는 모델과는 약간의 차이가 있을 수 있다. 로봇이 신뢰성 있게 그 기계에 장착과 탈착을 하기 위해서는 로봇이 제어 메모리에 기억될 장착/탈착점의 정확한 위치를 가지고 있어야 한다. 이 보정 모듈은 컴퓨터 모델에서 얻은 근삿값을 실제 셀에서 얻은 위치 데이터로 대체함으로써 3D 컴퓨터 모델을 보정하는 데 사용된다. 하지만 이 과정을 수행하는 데 시간이 소비된다는 단점이 있다.

참고문헌

[1] COLESTOCK, H., *Industrial Robotics: Selection, Design, and Maintenance,* McGraw-Hill, NY, 2004.

[2] CRAIG, J. J., *Introduction to Robotics : Mechanics and Control,* 3rd ed., Pearson Education, Upper Saddle River, NJ, 2004.

[3] CRAWFORD, K. R., "Designing Robot End Effectors," *Robotics Today,* October 1985, pp. 27-29.

[4] ENGELBERGER, J. F., *Robotics in Practice,* AMACOM (American Management Association), NY, 1980.

[5] GROOVER, M. P., M. WEISS, R. N. NAGEL, and N. G. ODREY, *Industrial Robotics : Technology, Programming, and Applications,* McGraw-Hill Book Company, NY, 1986.

[6] Hixon, D., "Robotics Cut New Path in Hot Metals Stamping," *Manufacturing Engineering,* June 2012, pp. 69-74.

[7] NIEVES, E., "Robots: More Capable, Still Flexible," *Manufacturing Engineering,* May 2005, pp. 131-143.

[8] SCHREIBER, R. R., "How to Teach a Robot," *Robotics Today,* June 1984, pp. 51-56.

[9] SPROVIERI, J., "Arc Welding with Robots," *Assemble,* July 2006, pp. 26-31.

[10] TOEPPERWEIN, L. L., M. T. BLACKMAN, et al., "ICAM Robotics Application Guide," *Technical Report AFWAL-TR-80-4042,* Vol. II, Material Laboratory, Air Force Wright Aeronautical Laboratories, OH, April 1980.

[11] WAURZYNIAK, P., "Robotics Evolution," *Manufacturing Engineering,* February, 1999, pp. 40-50.

[12] WAURZYNIAK, P., "Masters of Manufacturing: Joseph F. Engelberger," *Manufacturing Engineering,* July 2006, pp. 65-75.

[13] Waurzyniak, P., "Flexible Automation for Automotive," *Manufacturing Engineering,* September 2012, pp. 103-112.

[14] www.abb.com/robotics

[15] www.fanucrobotics.com

[16] www.ifr.org/industrial-robots

[17] www.kuka-robotics.com

[18] www.wikipedia.org/wiki/Delta_robot

[19] www.wikipedia.org/wiki/Industrial_robot

[20] Zens, R. G., Jr., "Guided by Vision," *Assembly,* September 2005, pp. 52-58.

복습문제

8.1 산업용 로봇에 사용되는 다섯 가지 관절 유형은 무엇인가?

8.2 산업용 로봇의 대표적인 다섯 가지 몸체-팔 형상은 무엇인가?

8.3 로봇팔의 작업공간이란 무엇인가?

8.4 엔드이펙터란 무엇인가?

8.5 로봇을 장착과 탈착의 목적으로 사용할 때, 복식 그립퍼가 단식보다 유리한 점은 무엇인가?

8.6 로봇 센서를 내부와 외부 센서로 구분하는 기준은 무엇인가?

8.7 인력을 로봇으로 대체하기 적합한 상황을 설명하라.

8.8 산업용 로봇의 활용 영역을 크게 세 분야로 구분해보라.

8.9 펠리타이징이란 무엇인가?

8.10 동력이용 교시와 수동 교시의 차이점은 무엇인가?

연습문제

로봇 형상

8.1 로봇팔 형상을 정의하는 표기법(8.1.2절)을 이용하여 다음 로봇의 개략적인 형상을 그려라.
(a) TRT, (b) VVR, (c) VROT, (d) TRL, (e) OLO, (f) LVL, (g) TRT : R, (h) TVR : TR, (i) RR : T

8.2 로봇팔 형상을 정의하는 표기법(8.1.2절)을 이용하여 다음 로봇의 개략적인 형상을 그려라.
(a) TRL, (b) OLO, (c) LVL, (d) TRL, (e) OLO, (f) LVL, (g) TRT : R, (h) TVR : TR, (i) RR : T

8.3 (a) TRL : R, (b) TVR : TR, (c) RR : T 손목 조립품에 대하여 방향 구현 능력과 작업공간의 차이를 설명하라.

로봇 응용

8.4 로봇이 공작기계에 대해 장착·탈착 작업을 수행한다. 작업사이클은 다음 순서로 구성된다.

순서	동작	시간(초)
1	로봇이 팔을 뻗어서 반입 컨베이어로부터 부품을 집어 공작기계의 고정구에 부품을 장착한다.	5.5
2	가공사이클(자동)	33.0
3	로봇이 공작기계에서 부품을 탈착시켜 반출 컨베이어에 놓는다.	4.8
4	픽업 위치로 돌아온다.	1.7

매 30개의 부품마다 공작기계의 절삭공구가 교환되어야 한다. 이 비정규 사이클이 완수되는 데 3.0분이 걸린다. 공구 교환을 위한 정지를 포함하지 않았을 때, 로봇의 가동 효율은 97%이고, 공작기계의 가동 효율은 98%이다. 이 두 가지 효율은 서로 겹치지 않는다고 가정한다(즉 만약 로봇이 고장 났을 경우, 셀은 작동이 중지되기 때문에 공작기계는 고장 날 기회를 갖지 못한다. 또 그 반대의 경우도 성립한다). 비가동시간은 로봇이나 공작기계 또는 고정구의 전기적, 기계적인 고장에 의해 발생한다. 공구 교환에 의한 손실과 가동 효율을 고려하여 시간당 생산율을 계산하라.

8.5 문제 8.4에서 단일 그립퍼 대신에 복식 그립퍼가 사용되었다. 사이클 내의 활동은 다음과 같이 변화될 것이다.

순서	동작	시간(초)
1	로봇이 팔을 뻗어서 한쪽 그립퍼를 이용하여 반입 컨베이어로부터 부품을 집는다. 그리고 가공사이클이 끝날 때까지 기다린다. 이 동작은 가공사이클 중에 수행된다.	3.3
2	앞의 가공사이클이 끝나면 로봇이 공작기계에서 가공된 부품을 탈착시키고, 가공 전 부품을 고정구에 장착하고, 기계에서 안전거리만큼 물러난다.	5.0
3	가공사이클(자동)	33.0
4	로봇이 반출 컨베이어로 이동하여 부품을 그 위에 놓는다. 이 동작은 가공사이클 중에 수행된다.	3.0
5	로봇이 픽업 위치로 돌아온다. 이 동작은 가공사이클 중에 수행된다.	1.7

1, 4, 5단계는 자동 가공사이클과 동시에 수행된다. 2단계와 3단계는 반드시 순차적으로 수행되어야 한다. 문제 8.4와 같은 공구 교환 데이터와 가동 효율이 적용된다. 복식 그립퍼가 사용되었을 때 시간당 생산율을 공구 교환에 의한 손실과 가동 효율을 고려하여 구하라.

8.6 문제 8.4에서 작업사이클 중 로봇의 역할은 공작기계의 것보다 훨씬 작기 때문에 셀에 2대의 기계를 설치할 것을 고려하고 있다. 로봇은 같은 반입과 반출 컨베이어로부터 양쪽 기계에 장착/탈착을 한다. 고정구와 컨베이어 사이의 거리가 양쪽 기계에서 같도록 기계를 배치한다. 따라서 문제 8.4에 주어진 동작시간들이 기계가 2대인 셀에도 유효하다. 가공사이클은 로봇이 한 번에 한 기계에만 작업을 하기 때문에 늦어질 수도 있다. 문제 8.4의 공구 교환 데이터와 가동 효율이 적용된다. 이러한 2기계 셀의 시간당 생산율을 구하라. 공구 교환에 의한 손실시간과 가동 효율이 고려되어야 한다. 만약 두 기계 중 하나가 고장이 나면 다른 기계는 계속 작업할 수 있으나, 로봇이 고장 나면 셀 작업이 중지된다고 가정한다.

프로그래밍 연습

참고 : 다음의 문제들은 특정 산업용 로봇과 그에 관련된 프로그래밍 매뉴얼을 참고하는 것이 필요하다.

8.7 종이 위에 사인펜으로 당신의 이름을 쓰도록 로봇 프로그램을 작성하라. 이 문제를 위한 셋업은 로봇의 팔 끝에 장착된(또는 로봇 그립퍼에 단단히 고정된) 사인펜이 필요하고 또 작업 테이블의 표면에 부착된 두꺼운 마분지도 필요하다. 흰 종이를 마분지에 핀 또는 테이프로 고정시킨다.

8.8 문제 8.7의 확장으로서 키보드로 입력받은 이름을 로봇이 쓰도록 프로그래밍하라. 문자형 프로그래밍 언어가 이 연습을 수행하는 데 사용되어야 한다.

8.9 색깔이 서로 다른 2개의 나무 또는 플라스틱 블록이 있다. 블록들은 정해진 위치(중심 위치를

C라 할 때, 그의 좌우에 있는 A, B위치)에 놓여야 한다. 로봇은 다음을 할 수 있도록 프로그래밍되어야 한다―(1) A위치에 있는 블록을 집어서 중심 위치 C에 놓는다. (2) B위치에 있는 블록을 집어서 A위치에 놓는다. (3) C위치에 있는 블록을 집어서 B위치에 놓는다. (4) 1, 2, 3단계를 계속 반복한다.

8.10 이 연습에 필요한 장비는 마분지 박스와 10cm 길이 정도의 못(혹은 연필, 펜과 같은 가늘고 곧은 실린더형 물체)으로 구성된다. 못은 로봇팔 끝에 고정되거나 그립퍼가 잡고 있다. 그 못은 아크용접 토치를 흉내 낸 것이고 마분지 박스의 모서리는 용접되어야 하는 이음매를 나타낸다. 프로그램 연습은 다음과 같다―박스의 한쪽 귀퉁이가 로봇 쪽으로 향하게 한 후 로봇이 귀퉁이의 세 모서리를 용접하도록 프로그래밍하라. 그 못(용접 토치)은 용접될 모서리에 관하여 계속적으로 45°의 각도를 유지해야 한다. 그림 P8.10을 보라.

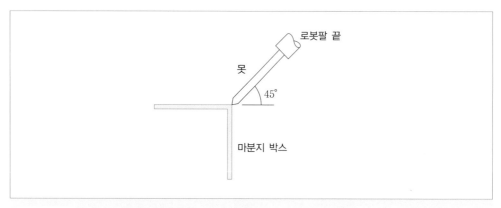

그림 P8.10 문제 8.10에서의 아크용접 토치의 방향

이산제어와 PLC

NC(제7장)와 산업용 로봇(제8장)은 각각 절삭공구와 엔드이펙터의 운동이 주기능이므로 이들에게는 동작제어가 매우 중요하다. 제어의 더 일반화된 유형으로서 5.2.2절에서 정의된 이산제어를 들 수 있다. 이 장에서는 이산제어에 관해 좀 더 상세히 다룰 것이며, 이산제어에 활용되는 산업용 제어장치에 대하여 다룰 것이다.

9.1 이산 공정제어

이산 공정제어 시스템은 이산적인 시간에 따라 변화하는 파라미터와 변수를 취급한다. 이에 추가하여 파라미터와 변수들 자체가 이산적이며 일반적으로 2진값, 즉 1 또는 0을 갖는다. 이 값은 경우에 따라 On/Off, 참/거짓, 개체의 존재/부재, 고압/저압 등으로 표현될 수 있다. 이산 공정제어의 2진 변수는 제어기에 입력 또는 출력되는 신호와 관계가 있다. 입력신호는 공정에 연결되어 있는 리밋 스위치 또는 광센서 등과 같은 2진 센서에 의하여 생성된다. 출력신호는 입력신호에 대응하여 공정을 작동시키는 시간의 함수로서 제어기에 의하여 생성된다. 이 출력신호는 관련 공정의 스위치, 모터, 밸브, 또는 기타 2진 액추에이터를 On/Off하게 된다. 2진 센서와 액추에이터를

| 표 9.1 | 이산 공정제어에 사용되는 2진 센서와 액추에이터

센서	1/0 조건	액추에이터	1/0 조건
리밋 스위치	Contact/No Contact	모터	On/Off
광검출기	On/Off	제어 릴레이	Contact/No Contact
누름스위치	On/Off	라이트	On/Off
타이머	On/Off	밸브	Closed/Open
제어 릴레이	Contact/No Contact	클러치	Engaged/Not Engaged
회로차단기	Contact/No Contact	솔레노이드	Energized/Not Energized

그 0/1 값의 표현과 함께 표 9.1에 요약하였다. 제어기의 목적은 부품을 작업대로 이동시키거나 공작물을 공급하는 것 등과 같은 물리적 시스템의 다양한 행동을 조정하기 위한 것이다.

이산 공정제어는 (1) 사건기반 변화(event-driven changes)와 관계되는 논리제어와 (2) 시간기반 변화(time-driven changes)와 관계되는 순차제어로 나뉜다. 이 두 가지는 사건이나 시간에 따른 변화에 대응하여 출력값을 on과 off로 변환한다는 의미에서 스위칭 시스템이라 불린다.

9.1.1 논리제어

논리제어 시스템(logic control system)은 어느 순간의 출력값이 그때의 입력값에 의하여 결정되는 스위칭 시스템이다. 논리제어 시스템은 메모리를 가지고 있지 않기 때문에 출력신호를 결정할 때 이전의 어떠한 입력값이나 또는 시간의 함수로서 수행되는 어떠한 작동 특성도 고려하지 않는다.

기계에 부품을 장착하는 데 이용되는 로봇의 예로 논리제어를 설명하자. 로봇은 원자재를 컨베이어로부터 집어, 단조 프레스에 위치시키도록 프로그래밍되어 있다고 하자. 장착 사이클을 시작하기 위해서는 세 가지 조건을 만족해야 한다. 첫째, 원자재가 올바른 위치에 있어야 하고, 둘째, 단조 프레스가 이전 공정을 마치고 대기하고 있어야 하며, 셋째, 이전 부품이 금형으로부터 제거되어 있어야 한다. 첫째 조건은 단순한 리밋 스위치를 이용, 컨베이어 멈춤 위치에 부품의 도착을 탐지하여, 로봇 제어기에 ON 신호를 보내는 것이다. 둘째 조건의 만족 여부는 단조 프레스가 하나의 공정사이클을 마치고 난 후 ON 신호를 보냄으로써 결정된다. 세 번째 조건은 단조 프레스의 금형에 설치되어 부품의 존재 유무를 탐지하는 광검출기에 의해 결정될 수 있다. 완성 제품이 단조 프레스로부터 제거되고 난 후 광센서에 의하여 ON 신호가 보내진다. 로봇 제어기에 이들 세 가지 종류의 ON 신호가 들어오면 다음 작업사이클을 시작할 수 있다. 이러한 입력신호가 제어기에 수신된 후 로봇의 부품 장착 사이클은 시작된다. 이때 이전 상태에 대한 어떠한 정보도 필요하지 않다.

논리제어의 요소   논리제어의 기본요소는 논리 게이트 AND, OR, NOT이다. 각각의 경우에 논리 게이트는 입력값에 따라 특수한 값을 출력하도록 설계된다. 각각의 입출력에 대하여, 그 값은 두 가지 값, 0 또는 1을 갖는 이진수가 된다. 산업제어의 목적을 위하여 0은 OFF, 1은 ON을 의미하는 것으로 정의하자.

논리 AND 게이트는 모든 입력이 1일 때에만 1을, 그 이외의 경우에는 0을 출력한다. 그림 9.1은 논리 AND 게이트의 원리를 묘사하고 있다. 만약 스위치 X1과 X2가 모두 닫히면 램프 Y(논리 AND 게이트의 출력)에 불이 들어오게 된다. 논리시스템의 동작을 나타내기 위하여 **진리표**(truth table)가 사용되기도 한다. 진리표란 모든 가능한 입력값 각각에 대응하는 논리 출력값을 나타낸 표이다. 표 9.2는 AND 게이트의 진리표이다. AND 게이트는 자동생산시스템에서 2개 이상의 행위가 성공적으로 완수되어, 다음 단계의 행위가 시작되어야 한다는 신호를 발생시켜야 하는 상황에 사용될 수 있다. 앞서 예시한 단조공정의 인터록 관계는 AND 게이트로 설명될 수 있다. 단조 프레스에 공작물을 장착하기 위해서는 세 가지 조건이 모두 만족되어야 한다.

논리 OR 게이트는 적어도 1개의 입력값이 1이면 그 출력이 1이고, 그 외의 경우에는 0이다. 그림 9.2는 OR 게이트가 어떻게 동작하는지를 나타낸다. 이 경우 2개의 입력 X1과 X2가 병렬로 위치하기 때문에 2개의 스위치 중 하나만 닫혀 있으면 램프 Y에는 불이 들어온다. OR 게이트의 진리표가 표 9.3에 나타나 있다. 제조시스템에서 OR 게이트는 안전 모니터링에 사용될 수 있다. 2개의 센서가 2개의 위험한 상황을 모니터링하고 있는 경우를 생각하자. 둘 중 하나에 위험한 상황이 발생한다면 해당 센서가 동작하게 될 것이고, 전체 경보시스템이 울리게 될 것이다.

AND와 OR 게이트는 모두 2개 이상의 입력이 있을 때 사용되는 반면 NOT 게이트는 하나의 입력으로 사용된다. 논리 NOT 게이트는 입력신호를 반대로 만든다. 즉 입력이 1이면 0을 출력하고, 입력이 0이면 1을 출력한다.

이상과 같은 3개의 기본 요소 외에 스위칭 회로에 사용될 수 있는 2개의 요소, NAND와 NOR 게이트가 있다. 논리 NAND 게이트는 논리 AND와 NOT 게이트를 순차적으로 결합한 것이며, 진리표는 표 9.5(a)와 같다. 논리 NOR 게이트는 OR 게이트와 NOT 게이트를 결합한 것으로, 진리표는 표 9.5(b)와 같다.

논리제어 시스템에서 논리 게이트와 그들 사이의 관계를 표현하기 위하여 다양한 도식화 방법이 개발되었다. 그중 **논리망 도표**(logic network diagram)는 가장 보편적인 기법이다. 논리망에서 사용되는 기호가 그림 9.3에 도시되어 있다. 다음 절에서 논리망의 예를 찾을 수 있다.

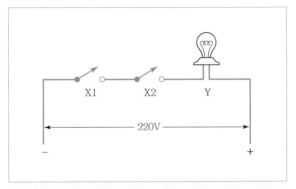

그림 9.1 논리 AND 게이트의 동작을 표현한 전기회로

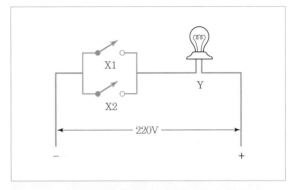

그림 9.2 논리 OR 게이트의 동작을 표현한 전기회로

| 표 9.2 | 논리 AND 게이트에 대한 진리표

입력		출력
X1	X2	Y
0	0	0
0	1	0
1	0	0
1	1	1

| 표 9.3 | 논리 OR 게이트에 대한 진리표

입력		출력
X1	X2	Y
0	0	0
0	1	1
1	0	1
1	1	1

| 표 9.4 | 논리 NOT 게이트에 대한 진리표

입력	출력
X1	Y
0	1
1	0

| 표 9.5 | 논리 NAND와 NOR 게이트에 대한 진리표

(a) NAND			(b) NOR		
입력		출력	입력		출력
X1	X2	Y	X1	X2	Y
0	0	1	0	0	1
0	1	1	0	1	0
1	0	1	1	0	0
1	1	0	1	1	0

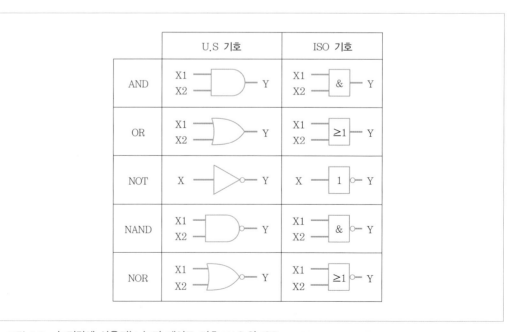

그림 9.3   논리망에 사용되는 논리 게이트 기호 : U.S.와 ISO

| 표 9.6 | 불 대수의 법칙과 정리

교환법칙

$$X+Y=Y+X$$

$$X \cdot Y=Y \cdot X$$

결합법칙

$$X+Y+Z=X+(Y+Z)$$

$$X+Y+Z=(X+Y)+Z$$

$$X \cdot Y \cdot Z=(X \cdot Y) \cdot Z$$

$$X \cdot Y \cdot Z=X \cdot (Y \cdot Z)$$

분배법칙

$$X \cdot Y+X \cdot Z=X \cdot (Y+Z)$$

$$(X+Y) \cdot (Z+W)=X \cdot Z+X \cdot W+Y \cdot Z+Y \cdot W$$

흡수법칙

$$X \cdot (X+Y)=X+X \cdot Y=X$$

드모르간의 법칙

$$(\overline{X+Y})=\overline{X} \cdot \overline{Y}$$

$$(\overline{X \cdot Y})=\overline{X}+\overline{Y}$$

일관성 정리

$$X \cdot Y+X \cdot \overline{Y}=X$$

$$(X+Y) \cdot (X+\overline{Y})=X$$

포함 정리

$$X \cdot \overline{X}=0$$

$$X+\overline{X}=1$$

불 대수(Boolean Algebra) 논리요소들은 George Boole에 의하여 1847년 개발된 불 대수학의 기초를 형성한다. 불 대수학의 원래 목적은 복잡한 논리 명제들의 결합이 참 또는 거짓인지를 검증하기 위한 기호적인 의미를 제공하기 위한 것이었다. 그런데 이 대수학이 디지털 논리시스템에서 유용하게 사용되고 있다. 여기서는 불 대수의 기본을 간단하게 기술할 것이다.

불 대수에서 AND 함수는 다음과 같이 표현된다.

$$Y=X1 \cdot X2 \tag{9.1}$$

이는 X1과 X2의 논리곱이라 불린다. 2개의 입력변수에 대한 4개의 가능한 조합으로의 AND 함수 결과값은 표 9.2의 진리표에 제시된 것과 같다. 불 대수의 OR 함수는 다음과 같이 표현된다.

$$Y=X1+X2 \tag{9.2}$$

이것은 X1과 X2의 논리합이라 불린다. 2개의 입력변수에 대한 4개의 가능한 조합으로의 OR 함수 결과값은 표 9.3의 진리표에 제시된 것과 같다.

NOT 함수는 변수의 부정 또는 역이라 불리며, 변수의 위에 줄을 그어 표시한다(예 : NOT X1= $\overline{X1}$). NOT 함수에 대한 진리표는 표 9.4이다.

불 대수에 대한 몇 개의 법칙과 정리가 있으며, 표 9.6에 요약하였다. 이러한 법칙과 정리는 논리회로를 단순화하거나 논리를 구현하는 데 필요한 요소의 수를 줄이는 데 적용될 수 있고, 하드웨어나 프로그램 시간을 절감하는 효과를 주게 된다.

예제 9.1 로봇의 기계장착

9.1.1절에 예시되었던 로봇의 기계장착 예에서 장착 사이클이 시작되기 위해서는 3개의 조건이 만족되어야 했다. 이 관계를 불 대수로 표현하고 논리망 도표를 그려라.

▌풀이 입력 X1, X2, X3와 출력 Y를 다음과 같이 정의하자―X1=컨베이어의 올바른 위치에 공작물의 존재 유무(있으면 X1=1, 없으면 X1=0), X2=프레스의 이전 공정 완료 상태(완료했으면 X2=1, 못했으면 X2=0), X3=프레스의 금형으로부터 부품의 제거 상태(제거되었으면 X3=1, 제거되지 못했으면 X3=0), Y=장착 작업의 시작 여부(시작했으면 Y=1, 대기 상태이면 Y=0).

불 대수 표현은 다음과 같다.

$$Y = X1 \cdot X2 \cdot X3$$

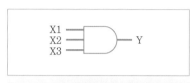

그림 9.4 예제 9.1의 로봇 기계장착 인터록 시스템의 논리망 도표

3개의 조건이 만족되어야 하기에 논리 AND 게이트가 사용될 수 있다. 입력 X1, X2, X3 모두가 1을 가져야만 Y=1이 되며 부품 장착을 시작할 수 있다. 이러한 관계를 표현하는 논리망은 그림 9.4와 같다.

예제 9.2 누름버튼 스위치

모터나 다른 산업 전력기기의 시작과 멈춤을 위해 사용되는 누름버튼 스위치는 산업제어 시스템에서 가장 일반적인 하드웨어 중 하나이다. 그림 9.5(a)에 나타나 있듯이, 누름버튼 스위치는 START와 STOP에 대응하는 2개의 버튼을 가진 상자로 이루어져 있다. 작업자가 START 버튼을 누르면, 전력이 공급되고 STOP 버튼을 누를 때까지 모터(또는 다른 기기)는 계속 동작하게 되는 것이다. 누름버튼 스위치의 출력은 모터로의 전력공급(POWER-TO-MOTOR)이다. 변수값은 다음과 같이 정의된다.

START = 0, 상시 열린 상태

START = 1, START 버튼이 눌려 닫힌 상태

STOP = 0, 상시 열린 상태

STOP = 1, STOP 버튼이 눌려 닫힌 상태

MOTOR = 0, Off 상태(정지)

MOTOR = 1, On 상태(동작)

POWER-TO-MOTOR = 0, 접속이 열려 있는 상태

POWER-TO-MOTOR = 1, 접속이 닫혀 있는 상태

누름버튼 스위치의 진리표는 표 9.7에 있다. 초기 모터가 꺼진 조건(MOTOR=0)에서 START 버튼을 누름(START=1)으로 모터는 동작한다. 만약 STOP 버튼이 상시 닫힘 상태(STOP=0)를 유지한다면 모터에 전력이 공급될 것이다(POWER-TO-MOTOR=1). 만약 모터가 동작한다면(MOTOR=1), STOP 버튼을 누름으로써(STOP=1) 동작을 중단시킬 수 있다. 그림 9.6(b)는 누름버튼 스위치의 논리망 도표이다.

| 표 9.7 | 예제 9.2의 누름버튼 스위치에 대한 진리표

Start	Stop	Motor	Power-to-Motor
0	0	0	0
0	1	0	0
1	0	0	1
1	1	0	0
0	0	1	1
0	1	1	0
1	0	1	1
1	1	1	0

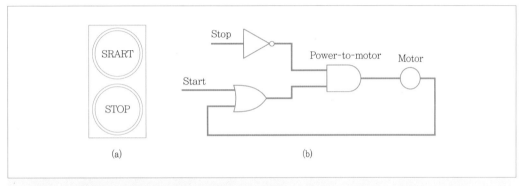

그림 9.5 (a) 예제 9.2의 누름버튼 스위치, (b) 논리망 도표

어떤 의미에서 예제 9.2의 누름버튼 스위치 문제는 메모리를 필요로 한다는 의미에서 순수 논리시스템의 특성을 넘어선다. 변수 MOTOR와 POWER-TO-MOTOR는 어떤 의미에서는 동일한 신호로 볼 수도 있다. 그러나 모터에 전력의 공급 여부는 모터의 On/Off 상태와는 다를 수 있다. 표 9.7의 진리표 앞의 4개의 행과 뒤 4개의 행을 비교해보자. 제어논리가 출력신호를 결정하기 위해서는 모터의 On/Off 상태를 기억해야 하는 것이다. 이와 같은 메모리 특성은 그림 9.5(b)의 피드백 루프에 의해서 이루어진다.

9.1.2 순차제어

순차제어 시스템(sequence control system)은 출력변수의 변화 시점을 결정하기 위하여 내부의 타이밍 장치를 사용한다. 세탁기, 전자레인지, 식기세척기와 같은 가전제품은 사이클 요소인 시작 또는 정지의 시간을 결정하기 위하여 순차제어 시스템을 이용한다. 예를 들어 앞의 단조기계 장착 로봇의 예에서 공작물을 가열하기 위하여 유도코일을 사용한다고 가정하자. 온도센서를 사용하기보다는, 적당한 온도까지 공작물을 가열하기 위하여 정해진 시간 동안 충분한 에너지가 공급될 수 있도록 한다. 가열공정이 충분히 신뢰 및 예측할 만한 것이라면, 어떤 시간 동안 유도코일이 공작물을 충분히 가열할 수 있을 것이다.

산업자동화의 많은 응용 분야에서 제어기는 출력변수로 미리 계획된 On/Off값의 집합을 제공할 수 있는 성능이 요구된다. 일반적으로 개루프 방식으로 출력값이 결정되는 경향이 있는데, 개루프 방식이란 제어동작이 실행된 것을 검증할 수 있는 피드백이 없는 것을 의미한다. 이러한 방식을 가능하게 하는 또 다른 특성은 출력신호의 순서가 사이클을 이루기 때문이다. 일반적으로 정상적인 사이클에서는 동일한 순서가 반복된다. 타이머와 카운터(계수기)는 이러한 타입의 제어 구성요소에 속한다.

타이머(timer)는 미리 설정된 시간에 맞추어 On/Off 출력을 내보내는 스위치 장치로서, 산업현장이나 가정에서 어떤 시간에 스위치를 켜거나 일정 시간 동안 전원을 유지시키는 목적으로 사용된다. 이산제어 시스템에서 (1) 오프 타이머와 (2) 온 타이머의 두 가지 유형의 타이머가 사용된다. 오프 타이머는 시작입력 신호를 받아 활성화(on)되었다가 일정 시간 경과 후 비활성화(off)된다. 운전자가 자동차에서 나간 후 약 30초간 실내등이 켜져 있다가 자동으로 꺼지는 경우가 오프 타이머의 예이다. 온 타이머는 시작입력 신호를 받은 후 일정 시간 경과 후 활성화(on)된다. 이와 같이 타이머 사용자는 지연시간값을 설정해 놓아야 한다.

카운터(counter)는 전기 펄스 수를 세어서 결과를 저장하는 장치(6.5.2절)로서 이 결과가 화면에 표시되거나 공정제어 알고리즘에서 사용된다. 카운터는 업 카운터와 다운 카운터로 구분할 수 있는데, 업 카운터는 0에서 출발하여 입력 펄스에 따라 숫자를 더해 간다. 설정된 값에 도달할 경우 다시 0으로 리셋될 수도 있다. 음료병을 카운트하여 박스에 포장하는 경우 24병을 세고 나면 1박스가 차고 다시 카운터가 리셋되는 경우가 이러한 예이다. 다운 카운터는 초기 설정값으로부터 시작하여 펄스가 들어옴에 따라 값을 하나씩 줄여 나가는 방식을 사용한다. 위의 음료병 포장 예에서 다운 카운터를 사용할 경우 초기값을 24로 두고 시작하면 된다.

9.2 사다리 논리도

그림 9.4와 9.5(b)에 도시한 것과 같은 논리망 도표는 논리요소 사이의 관계를 표현하는 데 유용한 도구이다. 시스템의 타이밍이나 순서와 함께 논리 관계를 나타낼 수 있는 기법으로 **사다리 논리도**(ladder logic diagram)가 있다. 이 기법은 논리제어와 순차제어를 수행하는 전기회로를 표현할 수 있다는 의미에서 중요하다. 또한 이 기법은 이산제어 시스템을 설계, 테스트, 유지보수 및 수리해야 하는 공장 기술자의 중요한 도구이다.

사다리 논리도는 그림 9.6에 예시된 것과 같이 다양한 논리요소와 구성요소들이 2개의 수직선을 연결하는 수평대 또는 rung에 배열된다. 이름에서 유추할 수 있듯이 이 사다리 논리도는 사다리

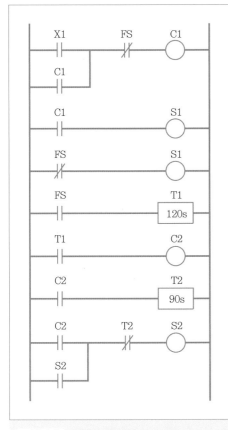

그림 9.6　사다리 논리도

사다리 기호	하드웨어 요소
(a) ─┤├─	상시개방 접점(스위치, 릴레이, 기타 On/Off기기)
(b) ─┤/├─	상시폐쇄 접점(스위치, 릴레이 등)
(c) ─◯─	출력부하(모터, 램프, 솔레노이드, 알람 등)
(d) ─[TMR 3s]─	타이머
(e) ─[CTR]─	카운터

그림 9.7　사다리 논리도에 사용되는 일반 논리요소 및 순차요소에 대한 기호

의 구조와 비슷하다. 그 구성요소들은 **접점**(contact, 논리입력을 의미함)과 부하(load, 출력을 의미함)이다. 전력(예 : 220V)은 2개의 수직선을 따라 구성요소에 공급된다. 사다리 논리도에서 입력은 왼편에, 출력은 오른편에 위치시키는 것이 일반적인 관행이다.

　　일반 논리요소와 순차요소를 표현하기 위해 사다리 논리도에서 사용되는 기호를 그림 9.7에 정리하였다. 스위치나 비슷한 구성 기기의 상시개방(정상 열림) 접점은 그림 9.7(a)와 같이 사다리의 수평선을 따라 2개의 짧은 수직선으로, 상시폐쇄(정상 닫힘) 접점은 그림 9.7(b)와 같이 2개의 수직선 사이에 사선을 그어 표현한다. 이 두 종류의 접점은 논리회로의 On/Off 입력을 의미한다. 스위치 외의 입력장치로는 릴레이, On/Off 센서(예 : 리밋 스위치, 광검출기), 타이머 및 기타 2진 접점장치들이 있다.

　　모터, 램프, 알람, 솔레노이드 및 논리시스템에 의하여 켜졌다 꺼졌다 하는 기타 전기장치와 같은 출력부하는 그림 9.7(c)와 같이 원형 노드로 표현된다. 타이머와 카운터는 그림 9.7(d), (e)와 같이 사각형으로 표시된다. 단순 타이머는 지연시간의 지정과 그 지연을 시작하게 하는 입력신호를 필요로 한다. 입력신호가 수신되면, 타이머는 출력신호를 발생하기 전에 지정된 시간 동안 대기한다. 타이머는 입력신호를 끔으로써 초기화될 수 있다.

카운터는 두 가지 입력신호가 필요하다. 첫째는 카운터에 의하여 계수되는 펄스열(연속적인 On/Off 신호)이고, 둘째는 카운터를 초기화하여 계수절차를 다시 시작하게 하는 시작 신호이다. 카운터를 초기화한다는 것은 증가 카운터의 경우 숫자를 영으로, 감소 카운터의 경우에는 시작값으로 되돌려 놓는 것을 의미한다. 필요하다면 계수값은 메모리에 저장될 수 있다.

예제 9.3 세 가지 단순 램프 회로

세 가지 기본 논리 게이트(AND, OR, NOT)에 대한 사다리 논리도를 그려라.

▌풀이 3개의 논리게이트에 대응하는 사다리 논리도가 그림 9.8(a)~(c)에 도시되었다. 원 회로도와 사다리 논리도 사이의 유사성에 주목하라. NOT 기호는 상시개방 접점의 역에 해당하는 상시폐쇄 접점과 동일하다.

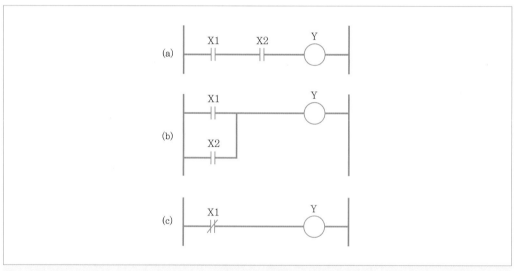

그림 9.8 (a) AND (b) OR (c) NOT의 논리게이트에 대한 사다리 논리도

예제 9.4 누름버튼 스위치

예제 9.2의 누름버튼 스위치의 조작을 사다리 논리도를 이용하여 표현하라. 그림 9.5(b)에서 START는 S1, STOP은 S2, POWER-TO-MOTOR는 P, MOTOR는 M으로 표시하자.

▌풀이 사다리 논리도가 그림 9.9에 도시되어 있다. 그림에서 S1과 S2는 입력 접점이고, P는 부하를 의미한다. P가 두 번째와 세 번째 단에서 입력 접점의 역할도 하고 있음을 주목하라.

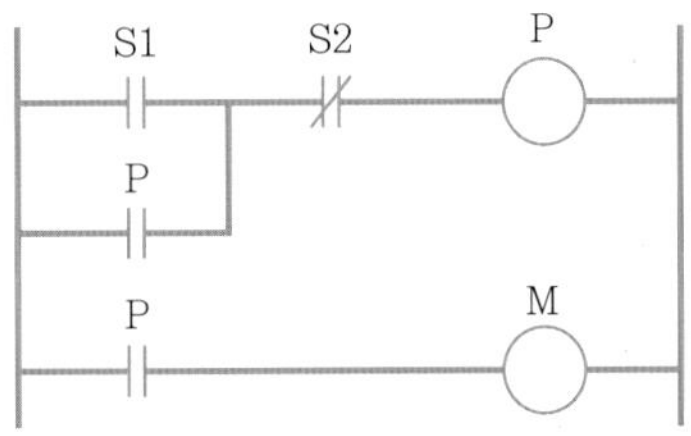

그림 9.9에 대한 사다리 논리도 영역

그림 9.9   예제 9.4의 누름버튼 스위치에 대한 사다리 논리도

예제 9.5   제어 릴레이

제어 릴레이의 동작은 그림 9.10에 나타나 있는 사다리 논리도를 이용하여 표현된다. 릴레이는
원거리에서 기기의 On/Off 구동을 조작할 수 있으며, 또한 논리제어에서의 결정을 변경하는 데
사용될 수 있다. 아래 그림은 이 두 가지 목적을 표현하고 있다. 이 그림에서 부하 C는 제어 릴레이
를 의미하며, 이는 2개의 모터(또는 다른 타입의 부하) Y1과 Y2의 On/Off 조작을 제어한다. 스위치
X가 열려 있는 경우 릴레이에 전력공급이 중단되며, 따라서 Y1에는 전력이 공급된다. 결과적으로
스위치 X를 열면(open) 모터 Y1을 구동하게 될 것이다. 스위치 X를 닫으면(closed) 릴레이에 전력
공급이 재개되어 사다리의 두 번째 수평대의 상시폐쇄 접점을 열게 될 것이며, 세 번째 수평대의
상시개방 접점을 닫게 될 것이다. 결과적으로 Y1의 동력은 끊어지게 되고, Y2에 동력이 공급될
것이다.

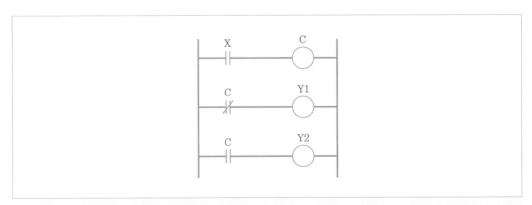

그림 9.10   예제 9.5의 제어 릴레이에 대한 사다리 논리도

예제 9.5는 사다리 논리도의 몇 가지 중요한 특성을 내포하고 있다. 첫째, 논리도에서 동일한
입력이 한 번 이상 사용될 수 있다. 위 예제에서 릴레이 접점 C가 사다리 두 번째와 세 번째 수평대

의 입력으로 사용되고 있다. 다음 절에서 보게 될 것이지만, 여러 논리 기능을 수행하기 위해 사다리 논리도의 다수 개의 수평대에 동일한 릴레이 접점을 배치하는 방식은 PLC 방식의 근본적인 장점이다. 고정배선 릴레이 방식의 경우는 각 논리 기능을 위해서 분리된 접점들이 제어기에 내장되어야 한다. 예제 9.5의 또 다른 특징은 어떤 수평대의 출력이 다른 수평대의 입력으로 사용될 수 있다는 것이다. 그림 9.10에서 첫째 수평대의 출력이었던 릴레이 C는 이 사다리 논리도의 다른 수평대의 입력으로 사용된다. 이와 유사한 특성은 예제 9.4의 누름버튼 사다리 논리도에서도 나타난다.

예제 9.6   유체저장탱크

그림 9.11에 묘사되어 있는 유체저장탱크를 고려하자. 시작 버튼 X1을 누르면 제어 릴레이 C1에 동력이 공급되고 이것은 다시 솔레노이드 S1을 동작시켜, 탱크로 유체가 흘러 들어가게 하는 밸브를 열게 된다. 탱크가 차게 되면 부유 스위치 FS가 닫히고 릴레이 C1을 열게 돼, 솔레노이드 S1에 전력공급이 끊어지므로 유체의 유입을 차단하게 된다. 스위치 FS는 타이머 T1을 가동시켜 탱크 내 화학반응을 위해 120초 동안 지연 상태로 있게 한다. 120초의 지연시간 끝에 타이머는 두 번째 릴레이 C2를 작동시킨 후 120초 후에 2개의 장치를 제어한다. (1) 솔레노이드 S2에 동력을 공급해 탱크에서 유체가 유출될 수 있도록 밸브를 연다. (2) 타이머 T2를 작동시켜 탱크의 내용물이 완전히 유출되게 하기 위하여 90초 동안 기다리게 한다. 90초가 지나면 타이머는 솔레노이드 S2의 전력을 끊어지게 하여 유출 밸브를 닫는다. 시작 버튼 X1은 타이머를 초기화하고 해당 접점을 열린 상태로 만들 것이다. 이 시스템에 대한 사다리 논리도를 그려라.

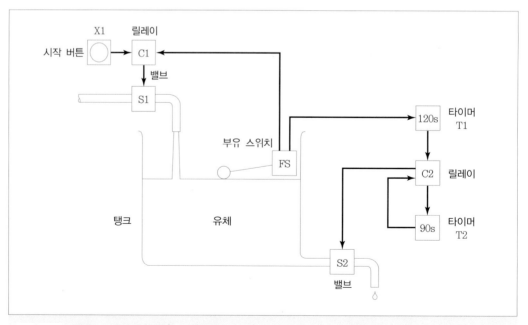

그림 9.11   예제 9.6의 유체저장탱크 수위제어 시스템

▎풀이 이 문제의 사다리 논리도는 그림 9.6이다.

사다리 논리도는 입력을 기반으로 출력이 결정되는 논리조합 제어 문제를 표현하는 좋은 방법이다. 예제 9.6에 표시하였듯이 사다리 논리도는 타이머를 가진 순차제어 문제에도 적용될 때 해석이 약간 복잡하더라도 적용이 가능하다. 사다리 논리도는 PLC의 제어 프로그램을 작성하기 위해 가장 널리 사용되는 기법이다.

9.3 PLC

PLC(programmable logic controller)는 디지털 또는 아날로그 입출력 모듈을 통해 기계 및 공정 제어에 사용되는 논리, 순서, 시간, 계수 및 산술 기능을 실현하기 위하여, 프로그램이 가능한 메모리에 저장된 명령어를 사용하는 마이크로컴퓨터 기반 제어기로 정의될 수 있다. PLC는 이산부품 제조산업 및 공정산업에 모두 이용될 수 있으나, 주로 이산제조산업에서 기계, 이송라인, 자재취급 장비 등의 제어에 응용된다. 1970년에 PLC가 소개되기 이전에는 릴레이, 코일, 카운터, 타이머 및 유사한 장치로 이루어진 고정배선(hard-wired) 제어기가 이와 같은 종류의 산업용 제어를 위하여 이용되었다(역사적 고찰 9.1). 오늘날은 많은 고정배선 제어기가 PLC로 대체되어 생산성과 신뢰성 수준이 상당히 높아진 효과가 나타났다.

PLC의 사용은 릴레이, 타이머, 카운터와 같은 전통적인 하드웨어 장치의 사용에 비하여 많은 장점을 가지고 있다. 장점은 다음과 같다—(1) PLC 프로그램은 릴레이 제어기의 배선 작업에 비하여 훨씬 쉽다. (2) 전통적인 제어기는 배선을 새로 하지 않으면 폐기처분되어야 하는 데 비하여 PLC는 재프로그래밍할 수 있다. (3) 전통적인 릴레이 제어기에 비하여 PLC는 좁은 공간에 설치가 가능하다. (4) PLC의 신뢰성이 높고 유지보수가 간편하다. (5) 릴레이 제어기에 비하여 컴퓨터에 연결이 쉽다. (6) 릴레이 제어기에 비하여 PLC는 훨씬 다양한 종류의 제어 기능을 수행할 수 있다.

9.3.1 PLC의 구성

PLC 구조도는 그림 9.12에 도시되었다. PLC의 기본 구성은 다음과 같다—(1) 프로세서, (2) 메모리, (3) 전원공급장치, (4) I/O 모듈, (5) 프로그래밍 장치. 이 구성요소들은 공장환경에서도 사용될 수 있도록 고안된 케이스에 들어 있다.

프로세서는 PLC의 중앙처리장치(CPU)이다. 이는 알맞은 출력신호를 결정하기 위하여 PLC 입력에 대해 여러 가지 논리 및 순서 기능을 수행한다. 전형적인 CPU 운영 사이클은 9.3.2절에서 상세히 다룰 것이다. CPU는 I/O 처리를 용이하게 한 것 이외에는 PC나 기타 데이터 처리장치에 사용되는 것과 유사한 것이다. PLC 마이크로프로세서는 비트 사이즈와 클럭 속도의 범위가 다양하

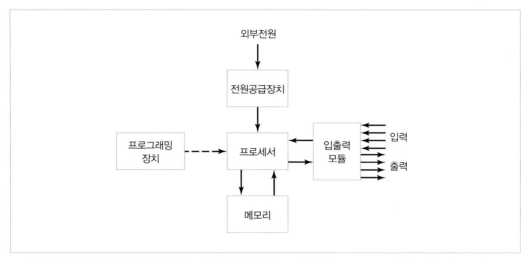

그림 9.12 PLC의 구성

표 9.8 I/O 단자 수에 의한 PLC 분류

PLC 사이즈	I/O 단자 수
대형 PLC	≥1024
중형 PLC	<1024
소형 PLC	<256
초소형(micro) PLC	≤32
극소형(nano) PLC	≤16

다. 최소 범위로는 4MHz의 클럭 속도로 동작하는 8비트 기기이다. 중대형 PLC는 33MHz 이상의 클럭 속도에 16 또는 32비트 이상의 마이크로프로세서를 사용한다.

논리, 순차 및 I/O 조작 프로그램을 포함하는 PLC 메모리는 CPU에 연결되어 있다. 뿐만 아니라 메모리는 이러한 프로그램과 관련된 데이터 파일, 즉 I/O 상태 비트, 카운터 및 타이머 상수, 기타 변수 및 파라미터값을 포함한다. 이 메모리는 그 내용이 사용자에 의하여 입력되기 때문에 사용자 메모리 또는 응용 메모리라 일컬어지기도 한다. 이에 덧붙여 프로세서는 제어 프로그램을 실행하고 I/O 동작을 조정하기 위한 시스템 메모리를 가지고 있다. 시스템 메모리의 내용은 PLC 제조업체에서 입력하며, 사용자에 의하여 변경이나 접근이 불가능하다.

일반적으로 PLC에는 교류가 공급되는데, 전원공급장치는 교류를 ±5V 직류로 변환한다. 이러한 낮은 전압은 PLC보다 훨씬 높은 전압이나 전류를 필요로 하는 장치들을 조종하는 데 사용된다.

입출력 모듈은 제어되는 산업기계 또는 공성 자체에 연결된다. PLC의 입력은 리밋 스위치, 누름버튼, 센서, 기타 On/Off 장치로부터의 신호이다. PLC의 출력은 공정을 구동시키기 위한 모터, 밸브 및 기타 장치를 동작시키기 위한 On/Off 신호이다. 이에 추가로 많은 PLC가 아날로그 센서로부터의 연속신호를 수신하고 아날로그 액추에이터에 필요한 신호를 발생시킬 수 있는 성능을 갖고 있다. 표 9.8에 표시되어 있듯이 PLC의 사이즈는 I/O 단자의 수에 의하여 결정된다.

PLC의 프로그래밍 장치는 PLC 캐비닛과 분리되어 있어 떼고 붙일 수 있기 때문에, 여러 PLC에 의하여 공유될 수 있다. PLC 제조업체에 따라 로봇 교시장치와 비슷한 교시 펜던트 장치에서부터 특수한 PLC 프로그래밍 키보드와 모니터에 이르기까지 다양한 방법 및 장비를 제공한다. PC도 PLC 프로그램에 이용될 수 있다. 이 목적에 사용되는 PC는 공정 모니터링 및 감시 기능 또는

Programmable Logic Controllers [2], [6], [8], [9]

1960년대 중반 Richard Morley는 공작기계 제어 시스템의 전문 컨설팅 회사인 베드퍼드사의 파트너였다. 회사의 대부분의 일은 공작기계 제어에 사용된 릴레이를 마이크로컴퓨터로 교체하는 것이었다. 1968년 1월 Morley는 최초로 programmable controller1)에 대한 개념을 고안하고 사양을 구체화하였다. 이것은 그 당시 공정제어용으로 사용되던 기존 컴퓨터의 일부 한계를 극복할 수 있는 것이었다. 즉 그것은 실시간으로 동작하였으며 (5.3.1절), 신뢰성과 예측 가능성이 높고, 모듈화되어 있었다. 프로그래밍은 산업용 제어용으로 널리 사용되던 사다리 논리도를 기반으로 하였다. 첫째 상용 제어기의 이름은 Modicon Model 084였다. MODICON은 MOdular DIgital CONtroller의 약자이다. Model 084는 베드퍼드사에서 개발된 84번째 제품이란 의미이다. Morley와 동료들은 그 제어기를 생산하기 위하여 모디콘(Modicon)이라는 새로운 회사를 1968년 10월에 설립하였다. 그 후 1977년 모디콘은 굴드사(Gould)에 팔려 굴드사의 PLC 본부가 되었다.

그가 PLC를 발명한 같은 해에 GM사의 Hydramatic Division에서는 PLC에 대한 일련의 규격을 개발하였다. GM사는 자동차산업의 이송라인과 기타 기계화 또는 자동시스템에서 널리 사용되는 전기기기인 릴레이 기반 제어기의 고비용과 유연성 부족을 극복하기 위하여 PLC의

규격을 개발하게 된 것이다. 그 규격의 요구사항은 다음과 같다─ (1) 프로그램과 재프로그램이 가능해야 한다. (2) 공장환경에서 동작되도록 설계되어야 한다. (3) 표준 누름버튼 또는 리밋 스위치를 통하여 교류 전기신호를 수신할 수 있어야 한다. (4) 2-A급 모터나 릴레이와 같은 부하를 연속적으로 동작시키거나 스위칭할 수 있도록 설계되어야 한다. (5) 그 가격이나 설치비용이 당시 사용되던 릴레이나 반도체 논리장치에 비하여 경쟁력이 있어야 한다. 모디콘사를 포함한 몇몇 회사는 GM 규격에서 상업적 기회를 발견했으며, 몇 가지 PLC 버전을 개발하였다.

초기 PLC의 성능은 대체품인 릴레이 제어기의 성능과 유사하였고, 그 성능은 On/Off 제어에 국한되었다. 그 제품은 발전하여 5년 내에 향상된 사용자 인터페이스, 연산 기능, 데이터 조작, 그리고 컴퓨터 통신 등의 성능이 추가되었으며, 그 후 5년 동안 더욱 발전하여 대용량 메모리, 아날로그 및 위치 제어, 원격 I/O 등의 성능을 갖추게 되었다. 마이크로프로세서 분야에서의 기술 발전에 힘입어 PLC 성능은 더 크게 발전하였다. 1980년대 중반에 초소형 PLC가 소개되었다. PLC의 크기는 매우 작아졌으며 (일반적으로 75mm×75mm×125mm 정도), 가격도 많이 내렸다(500달러 이하). 1990년대 중반에 훨씬 작은 크기와 싼 가격의 극소형 PLC가 등장하기에 이르렀다.

공정에 관한 데이터 처리를 수행하기 위해 PLC에 연결되어 있는 것이 일반적이다.

9.3.2 PLC 동작사이클

사용자의 관점에서 PLC 제어 프로그램의 각 단계는 동시에 연속적으로 실행된다. 그러나 PLC 프로세서가 하나의 동작사이클 동안 사용자 프로그램을 실행시키기 위해서는 일정 시간이 필요하다.

---

1) Morley는 programmable controller의 약자로 PC라 불렀다. 1980년대 초 IBM에서 개인용 컴퓨터를 PC라 부르기 시작할 때까지 이 용어가 사용되었다. 오늘날 programmable logic controller를 의미하는 PLC라는 용어는 최대 PLC 공급업체인 앨런-브래들리(Allen-Bradley)에 의하여 사용되기 시작하였다.

스캔(scan)이라 불리는 PLC의 전형적인 동작사이클은 세 부분으로 구성된다—(1) 입력 스캔, (2) 프로그램 스캔, (3) 출력 스캔. 입력 스캔 동안에 프로세서는 PLC에 대한 입력을 받아들이고, 이들 입력 상태를 메모리에 저장한다. 그 후 **프로그램 스캔** 동안에 제어 프로그램이 실행된다. 메모리에 저장되어 있는 입력값을 이용하여 제어논리 계산을 수행하고, 요구되는 출력을 결정한다. 최종적으로 **출력 스캔** 동안에 출력이 계산된 값에 맞도록 업데이트된다. 스캔을 수행하는 시간을 스캔시간(scan time)이라 하며 이 시간은 읽혀야 하는 입력의 수, 수행되는 제어함수의 복잡성, 그리고 변화되어야 하는 출력의 수에 의해 결정될 수 있다. 스캔시간은 일반적으로 msec 단위로 측정된다.

스캔사이클 사이에 발생할 수 있는 잠재적인 문제 중 하나는 입력이 수집되자마자 그 입력값이 변화할 수 있는 가능성이 있다는 것이다. 프로그램이 메모리에 일단 저장된 입력값을 사용하기 때문에 그 입력값을 기반으로 결정된 출력은 부정확한 것일 가능성이 있고, 이러한 동작은 문제를 일으킬 위험이 있다. 그러나 업데이트 사이의 시간이 매우 짧아서, 그렇게 짧은 기간에 대해 부정확한 출력값이 공정 수행에 심각한 영향을 미칠 가능성이 낮기 때문에 이러한 위험은 최소화될 것이다. 반면에 응답속도가 매우 빨라서 스캔시간 동안에 오류에 의한 위기가 발생할 수 있는 곳에서는 그 위험의 가능성이 커진다.

9.3.3 PLC 프로그래밍

프로그래밍은 사용자가 프로그래밍 장치를 통하여 제어명령을 PLC에 입력하는 수단이다. 가장 기본적인 제어명령으로는 스위칭, 논리, 순서, 계수 및 타이밍 등이 포함된다. 원론적으로 모든 PLC 프로그래밍 방식은 이와 같은 기능을 포함하여야 한다. PLC 프로그램에 대한 표준을 International Electrotechnical Commission에서 발표하였으며, 1992년에 *International Standard for Programmable Controllers*(IEC 61131-3)라는 제목으로 공표하였다. 이 표준은 PLC 프로그래밍을 위하여 3개의 그래픽 언어와 2개의 텍스트 언어를 지정하였다—(1) 사다리 논리도, (2) 기능 블록도, (3) 순차 기능 차트, (4) 명령어 리스트, (5) 구조화 텍스트. 표 9.9에 각각의 언어에 대하여 가장 적합한 응용 분야를 예시하였다. IEC 61131-3은 이 5개의 언어가 복잡한 제어를 요구하는 어떠한 응용 분야에서도 사용되게 하기 위하여 상호 연동이 가능하여야 한다고 기술하고 있다.

사다리 논리도   오늘날 가장 널리 사용되는 PLC 프로그래밍 언어는 사다리 논리도이며 그 사용

| 표 9.9 | IEC 61131-3 표준에 명시된 PLC 언어의 특성

언어	약어	형식	최적 응용 분야
사다리 논리도	(LD)	그림	이산제어
기능 블록도	(FBD)	그림	연속제어
순차 기능 차트	(SFC)	그림	순차제어
명령어 리스트	(IL)	텍스트	이산제어
구조화 텍스트	(ST)	텍스트	복잡한 논리, 계산 등

예는 앞에서 이미 설명하였다. 9.2절에서 언급하였듯이 사다리 논리도는 컴퓨터 또는 컴퓨터 프로그래밍에 익숙하지 못한 현장 기사에게 매우 편리한 도구이다. 새로운 프로그래밍 언어를 배우지 않더라도 사다리 논리도를 사용하는 데는 문제가 없다.

PLC에 사다리 논리도를 직접 입력하기 위해서는 사다리 논리도의 구성 기호와 그들 사이의 연관관계를 표현할 수 있는 그래픽 기능을 갖춘 키보드와 모니터가 필요하다. 기호들은 그림 9.8에 예시된 것과 비슷하다. PLC 키보드는 종종 개별 기호 각각에 하나의 키를 갖도록 설계되기도 한다. 프로그래밍은 적당한 구성 기호를 사다리 논리도의 수평대에 삽입하면 된다. 구성요소는 접점과 코일 두 가지로 구별된다. 접점은 입력 스위치, 릴레이 접점 및 기타 비슷한 요소를 표현하는 데 사용되며, 코일은 모터, 솔레노이드, 릴레이, 타이머, 카운터와 같은 부하를 표현하는 데 이용될 수 있다. 결과적으로 프로그래머는 결과의 검증을 위한 모니터를 통하여 각각의 수평대별로 사다리 논리도를 PLC 메모리에 입력한다.

명령어 리스트 명령어 리스트(instruction list, IL) 프로그램은 사다리 논리도를 PLC 메모리에 입력할 수 있는 한 가지 방법이다. 이 방법에서는 프로그래머가 사다리 논리도를 구성하기 위하여 사다리 논리도 수평대의 구성요소와 그들 간의 관계를 명시하기 위한 문장을 입력하며, 이는 저수준 컴퓨터 언어와 같은 것이다. 가상의 PLC 명령어 집합을 이용하여 이 방법을 설명하고자 한다. 여기서 예시하는 가상의 PLC 명령어는 대부분의 상용 PLC에서 제공하는 것보다 적은 기능을 갖는다. 사다리 논리도의 수평대 구성요소를 입력하기 위한 적절한 키보드가 있다고 가정한다. 각 사다리 수평대를 보여주는 CRT는 프로그램을 검증하기에 유용하다.

명령어 집합은 간단한 설명과 함께 표 9.10에 나타나 있다. 이러한 명령어 사용을 몇 가지 예를 통해 살펴보자.

| 표 9.10 | PLC를 위한 전형적인 저수준 명령어 집합

명령어	설명
STR	새로운 입력을 저장하고, 새로운 사다리 수평대를 시작.
AND	이전에 입력된 요소와의 논리 AND. 이는 이전에 입력된 요소와 직렬 연결라는 의미로 해석.
OR	이전에 입력된 요소와의 논리 OR. 이는 이전에 입력된 요소와 병렬 연결이라는 의미로 해석.
NOT	논리 NOT 또는 입력된 요소의 역.
OUT	사다리 수평대의 출력요소.
TMR	타이머. 시간순서를 시작하기 위해서는 하나의 입력신호가 필요하다. 출력은 입력 시점부터 프로그래머에 의하여 명시된 시간 간격(sec)만큼 지연된다. 입력신호를 인터럽트 또는 멈춤으로 타이머 초기화가 이루어진다.
CTR	카운터. 2개의 입력을 요구한다―하나는 CTR에 의하여 계수되는 입력 펄스열, 다른 하나는 계수절차의 재시작을 지시하는 초기화 신호.

예제 9.7 AND, OR, NOT 회로에 대한 명령어

표 9.10에 있는 명령어 집합을 이용하여 그림 9.8에 있는 AND, OR, NOT 사다리 논리도에 대한 PLC 프로그램을 작성하라.

풀이 3개 사다리 논리도에 대한 명령어는 다음과 같다.

명령어	설명
(a) STR X1	입력 X1 저장
AND X2	X1과 병렬로 X2 입력
OUT Y	출력 Y
(b) STR X1	입력 X1 저장
OR X2	X1과 병렬로 X2 입력
OUT Y	출력 Y
(c) STR NOT X1	X1의 역을 저장
OUT Y	출력 Y

예제 9.8 제어 릴레이에 대한 명령어

표 9.10의 명령어 집합을 이용하여, 그림 9.10의 제어 릴레이에 대한 사다리 논리도로부터 PLC 프로그램을 작성하라.

풀이 그림 9.11 논리도에 대한 PLC 명령어는 다음과 같다.

명령어	설명
STR X	입력 X 저장
OUT C	제어 릴레이 C 출력
STR NOT C	출력 C의 역을 저장
OUT Y1	출력 Y1
STR C	출력 C 저장
OUT Y2	출력 Y2

저수준 언어는 일반적으로 사다리 논리도에서 정의될 수 있는 정도의 논리 및 순차 기능의 표현에 국한된다. 비록 타이머와 카운터가 앞의 두 예제에서 다루어지지 않았지만 이 장의 마지막에 있는 일부 연습문제는 이들을 이용하여야 풀 수 있다.

9.4 PC와 PAC

초기 PLC는 9.1절에서 설명한 논리제어와 순차제어 기능을 수행하기 위해 설계되었고, 따라서 이 것들이 PLC에 가장 적합한 기능이다. 그러나 현대의 산업제어 환경은 논리제어와 순차제어에 추가되는 몇 가지 사항들의 처리를 PLC에 요구하고 있는데, 그것들은 다음과 같다.

- 아날로그 제어 : 일부 PLC에는 온도와 힘과 같은 연속 변수를 조절할 수 있는 PID(proportional-integral-derivative) 제어 기능을 가지고 있다. 이러한 제어 알고리즘은 과거에는 아날로그 컴퓨터에 의해 구현되었으나, 현재는 PLC나 컴퓨터공정제어기 형태의 디지털 컴퓨터를 이용한 아날로그 연산을 근사화하는 방식이 적용된다.
- 운동과 서보모터 제어 : 이 기능은 CNC의 MCU(기계제어유닛)가 하는 일과 기본적으로 동일하다. 모터와 같은 액추에이터의 정확한 제어를 필요로 하는 경우가 많은데, PLC도 이런 역할을 담당하는 것이 필요할 때가 있다.
- 연산 기능 : 기본 사칙연산이 가능한 PLC는 전통적인 PLC보다 더 복잡한 제어 알고리즘의 사용이 가능하다.
- 행렬연산 기능 : 메모리에 저장된 수치로 행렬연산이 가능하다면, 실제의 입출력값 세트와 미리 저장된 값의 세트를 비교하여 에러의 발생 여부를 결정하는 것이 가능할 것이다.
- 데이터 처리 및 보고 기능 : 이것은 PC 고유의 기능 영역인데, PLC의 능력에 이러한 것들이 포함될 필요성도 있다.
- 네트워크 연결성 및 기업 데이터와의 통합 : 이것 역시 기업 수준의 컴퓨터 기능인데, 여기서 기업정보시스템에 통합될 현장의 데이터를 필요로 하는 것이 일반적인 상황이다.

이 절은 위에 나열한 산업용 제어기의 요구사항을 충족시키기 위한 두 가지 해결책을 설명한다—(1) PC, (2) PAC.

9.4.1 산업용 제어 PC

1990년대 초부터 PLC가 사용되던 응용 분야를 PC가 잠식하기 시작하였다. 그 이전에는 PC가 사무실 환경에 맞게 설계된 반면, PLC는 공장의 열악한 환경을 대상으로 설계되었다는 장점을 가지고 있었다. 뿐만 아니라 외부장치와 연결을 위하여 PC는 별도의 I/O 인터페이스 카드가 필요한 반면, PLC는 내장 I/O 인터페이스를 가지고 있어 쉽게 연결이 가능하다. 또한 PC는 특별한 이유 없이 작동이 멈추는 일이 있으나, PLC는 그런 오작동은 거의 없다.

이러한 장점에도 불구하고 PLC 기술의 발전은 PC 기술 발전의 속도를 따라갈 수 없었다. PLC에는 제작사에서 공개하지 않은 고유의 소프트웨어와 구조가 PC보다 훨씬 많이 존재한다. 시간이 지남에 따라 이러한 회사 고유의 비공개 소프트웨어와 구조는 PLC 성능의 단점을 초래하게 되었다. PC의 속도는 매 18개월마다 거의 2배 가까이 증가하고 있는 데 반해, PLC 기술의 발전속도는 훨씬 더디고 각 PLC 회사가 새로운 마이크로프로세서를 위한 그들의 비공개 소프트웨어 및 구조를 재설계해야 하는 문제점도 발생하고 있다.

오늘날 PC는 공장에서 사용할 수 있도록 더 튼튼한 케이스로 설계되었으며, 공장의 습기, 기름, 먼지로부터 키보드를 보호하기 위해 박막 키보드를 사용한다. 또한 공장의 다른 장비 또는 공정과 연결하기 위해 I/O 카드 또는 관련 하드웨어를 갖추고 있고, 실시간 제어를 구현할 수 있게 설계된 운영체계(OS)도 설치할 수 있다. 또한 PC의 장점인 GUI환경, 데이터로깅, 네트워크 연결성, 주변장치(스캐너, 프린터)와의 연계성 등이 산업용 제어기로서의 적절성을 더해준다.

PC 기반 제어 시스템으로 두 가지 기본적인 접근 방식이 있는데[10], 소프트 논리(soft logic)제어와 하드 실시간(hard real-time) 제어가 그것들이다. 소프트 논리제어 시스템에서는 PC의 일반 운영체계하에서 제어 알고리즘이 설치된다. 그러나 네트워크 통신이나 디스크 접근과 같은 시스템 기능을 수행하기 위해서 제어 행위를 일시 중단할 수도 있다. 이런 경우에는 제어 기능이 지연되어 생산공정에는 좋지 않은 결과를 초래할 수 있다. 이런 이유로 PLC의 관점에서 보았을 때 소프트 논리제어 시스템은 실시간 제어기라고 말할 수는 없다. 고속의 제어가 필요하거나 공정이 민첩하게 변하는 환경에서는 실시간 제어 기능 부족이 위험요소로 작용할 수 있다. 하지만 속도가 덜 중요한 공정은 소프트 논리만으로도 원활히 수행될 수 있다.

하드 실시간 제어 시스템에서는 PC에 실시간 운영체계를 설치하여 PLC처럼 동작되고, 제어 소프트웨어가 다른 모든 소프트웨어보다 우선권을 갖는다. 즉 일반 운영체계(예 : Windows)가 실시간 제어기의 동작을 중지시킬 수는 없다. 일반 운영체계가 오작동으로 정지해도 제어기의 동작에는 아무런 영향을 미칠 수 없다. 또한 실시간 운영체계가 PC의 메모리에 내장되어 있어서 하드디스크의 오류가 실시간 제어 시스템에 영향을 주지 않는다.

9.4.2 PAC

산업용 제어기로서 PC의 도전에 대응하기 위해 PLC 나름대로 PC의 기능을 수용해 왔다. PAC (programmable automation controller)라는 용어는 새 기능을 갖는 산업용 제어기를 전통적인 PLC와 구별하기 위하여 만들어졌다. PAC는 센서나 액추에이디와 인터페이스되어 2진 신호를 처리하는 일반적 PLC 기능에 추가로 PC의 능력 또한 보유하고 있다. 즉 시뮬레이션을 통한 아날로그 제어, 데이터 처리, 수학적인 기능, 네트워크 연결성, 기업데이터 통합 등의 PC 성능을 포함한다.

제작사에 따라 PAC의 기능으로서 운동제어, 로봇제어, 유압제어, 온도제어, 안전 모니터링, 장비의 유지보수와 진단을 위한 LAN 연결 등이 포함되기도 한다[3]. 과거에는 이러한 목적을 위해서 전용제어기 하드웨어를 제작해야 했는데, 이로 인해 제어 시스템의 투자비용이 높아졌다. 하지만 PAC는 제어 기능을 소프트웨어로 처리한다.

PAC와 PLC의 가장 중요한 차이점은 프로그래밍 방식이다. 대부분의 PLC는 사다리 논리도를 통해 프로그램이 만들어지는데, 이 방법은 이산적인 논리제어와 순차제어를 표현하기에는 상당히 적합하다. 그러나 아날로그 제어와 네트워크 통신이 필요한 경우에는 사다리 논리도 프로그래밍 방법이 부적합하다. 반면에 PAC는 C, C++ 또는 제작사 자체개발 언어 등과 같은 강력하고 다목적인 프로그래밍 언어로 프로그래밍된다[15], [17].

정리해보면, PAC는 다음의 다섯 가지 방향으로 PLC가 진화한 것으로 볼 수 있다[3]—(1) 제어 성능의 향상 : 기존 PLC와 PC의 제어 기능 개선, (2) 확정성과 모듈성의 증가 : 각 산업용 제어 현장에 맞추어 PAC 제작사가 요구사항과 범위를 조정 가능, (3) 정보흐름과 데이터 처리를 강조 : 제어 기능과 공장 또는 기업 전체 운영과의 통합, (4) 네트워크 보안 강화 : 시스템 파괴 소프트웨어 침입 방지, (5) 프로그래밍의 용이화 : 이로써 사용자가 생산시스템의 프로그래밍보다는 제품생산에 집중.

참고문헌

[1] BOUCHER, T. O., *Computer Automation in Manufacturing*, Chapman & Hall, London, UK, 1996.

[2] CLEVELAND, P., "PLCs Get Smaller, Adapt to Newest Technology," *Instrumentation and Control Systems*, April 1997, pp. 23-32.

[3] HOGAN, B. J., and P. WAURZYNIAK, "Controlling the Process," *Manufacturing Engineering*, January 2011, pp. 51-58.

[4] HUGHES, T. A., *Programmable Controllers*, 4th ed., Instrument Society of America, Research Triangle Park, NC, 2005.

[5] *International Standard for Programmable Controllers*, Standard IEC 1131-3, International Electrotechnical Commission, Geneva, Switzerland, 1995.

[6] JONES, T., and L. A. BRYAN, *Programmable Controllers*, International Programmable Controls, Inc., An IPC/ASTEC Publication, Atlanta, GA, 1983.

[7] LAVALEE, R., "Soft Logic's New Challenge: Distributed Machine Control," *Control Engineering*, August, 1996, pp. 51-58.

[8] *MICROMENTOR: Understanding and Applying Micro Probrammable Controllers*, Allen-Bradley Company, Inc., Milwaukee, WI, 1995.

[9] MORLEY, R., "The Techy History of Modicon," manuscript submitted to *Technology magazine*, 1989.

[10] STENEROSON, J., *Fundamentals of Programmable Logic Controllers, Sensors, and Communications*, 3rd ed., Pearson/Prentice Hall, Upper Saddle River, NJ, 2004.

[11] WEBB, J. W., and R. A. REIS, *Controllers: Principles and Applications*, 4th ed., Pearson/ Prentice Hall, Upper Saddle River, NJ, 1999.

[12] www.rockwellautomation.com/programmable controllers

[13] www.ctc-control.com/products

[14] www.ge-ip.com/products/pac-programmable-controllers

[15] www.ni.com/pac

[16] www.opto22.com

[17] www.selinc.com

[18] www.ueidaq.com/programmable automation controller

[19] www.wikipedia.org/wiki/Ladder_logic

[20] www.wikipedia.org/wiki/Programmable_logic_controller

복습문제

9.1 이산 공정제어를 두 영역으로 정의하라.

9.2 불 대수란 무엇이며 이것의 목적은 무엇인가?

9.3 오프 타이머와 온 타이머의 차이점은 무엇인가?

9.4 업 카운터와 다운 카운터의 차이점은 무엇인가?

9.5 사다리 논리도란 무엇인가?

9.6 PLC란 무엇인가?

9.7 PLC가 릴레이, 타이머, 카운터 등을 사용하는 고정배선 방식보다 좋은 점은 무엇인가?

9.8 산업용 제어 목적으로 PC에 대한 관심이 증가하는 이유는 무엇인가?

9.9 PC기반 제어의 두 가지 기본 접근 방식은 무엇인가?

9.10 현대의 산업용 제어를 위해 논리제어와 순차제어에 추가되어야 할 요구사항들은 무엇인가?

9.11 PAC란 무엇인가?

연습문제

9.1 예제 9.1의 로봇 인터록 시스템에 대한 사다리 논리도를 작성하라.

9.2 다음 기호를 사용하여 예제 9.2의 누름버튼 스위치에 대한 불 논리표현을 적어라. X1= START, X2=STOP, M=MOTOR, P=POWER-TO-MOTOR.

9.3 그림 9.1(a)의 회로에서 램프의 동작을 확인하기 위하여 광센서가 사용된다고 가정하자. 양쪽 스위치가 모두 닫힌 경우 램프에 불이 들어오지 않는다면 광센서가 경보음을 울린다. 이 시스템에 대한 사다리 논리도를 작성하라.

9.4 (a) NAND 게이트와 (b) NOR 게이트에 대한 사다리 논리도를 작성하라.

9.5 다음의 불 논리식에 대한 사다리 논리도를 작성하라. (a) $Y=(X1+X2) \cdot X3$, (b) $Y=(X1+X2) \cdot (X3+X4)$, (c) $Y=(X1 \cdot X2)+X3$, (d) $Y=X1 \cdot X2$.

9.6 예제 9.1의 로봇 인터록 시스템에 대하여 표 9.10에 주어진 명령어 집합을 이용하여 저수준 언어 프로그램을 작성하라.

9.7 문제 9.3의 램프와 광센서 시스템에 대하여 표 9.10에 주어진 명령어 집합을 이용하여 저수준

언어 프로그램을 작성하라.

9.8 예제 9.6의 유체탱크 시스템에 대하여 표 9.10에 주어진 명령어 집합을 이용하여 저수준 언어 프로그램을 작성하라.

9.9 문제 9.5의 네 문제 각각에 대하여 표 9.10에 주어진 명령어 집합을 이용하여 저수준 언어 프로그램을 작성하라.

9.10 예제 9.6의 유체탱크 시스템에서 탱크의 내용물이 다 흘러나간 것을 알기 위하여 타이머 T2를 사용하는 대신 센서가 사용된다고 가정하자. 새로운 시스템에 대하여 (a) 사다리 논리도를 작성하라. (b) 표 9.10에 주어진 PLC 명령어 집합을 이용하여 저수준 언어 프로그램을 작성하라.

9.11 강판 스탬핑 프레스 수동공정에서 작업자의 손이 작업 영역 안에 있을 때 프레스를 가동시키는 사고로부터 작업자를 보호하기 위해 두 버튼 안전 인터록 시스템이 사용된다. 이 시스템에서 양쪽 스위치를 모두 눌러야 스탬핑 사이클의 동작이 시작된다. 이 시스템에서 어떤 스위치가 프레스의 오른편에 있다면 다른 스위치는 반대편에 위치한다. 작업사이클이 시작되기 위해서 작업자는 부품을 작업대에 올려놓고 두 손을 사용하여 2개의 스위치를 눌러야 하는 것이다. 이 인터록 시스템의 (a) 진리표, (b) 불 논리표현, (c) 논리망 도표, (d) 사다리 논리도를 각각 작성하라.

9.12 어떤 자동생산기계를 위하여 위급 시 비상정지 시스템을 설계하고 있다. 작업 시작 시 기계에 동력을 공급하기 위해 1개의 시작 버튼이 사용된다. 기계 주위의 서로 다른 위치에 3개의 '비상정지' 버튼이 있으며, 그중 어느 하나만 눌러도 기계는 즉시 멈춘다. 이 시스템에 대한 (a) 불 논리표현, (b) 논리망 도표, (c) 사다리 논리도를 각각 작성하라.

9.13 산업용 로봇이 기계에 부품 장착/탈착 작업을 담당하는 로봇 셀이 있다. 그 로봇 셀의 제어를 위하여 PLC가 사용되며, 셀은 다음과 같이 동작한다—(1) 작업자가 부품을 입력 위치에 갖다 놓고, (2) 로봇이 그 부품을 집어 유도코일에 위치시켜, (3) 가열이 되도록 10초간 머문 후, (4) 로봇이 그 부품을 다시 집어 출력위치로 이동시킨다. 단계 (1)의 입력위치에 부품의 존재를 확인하기 위하여 리밋 스위치 X1(상시개방)이 사용된다. 출력 접점 Y1은 단계 (2)를 실행시키기 위하여 로봇에 신호를 보낸다. 이것은 PLC에 대한 출력 접점인 반면, 로봇 제어기에 대해서는 입력신호가 된다. 단계 (3)의 10초간의 지연을 위하여 타이머 T1이 사용된다. 출력 접점 Y2는 단계 (4)를 실행시키기 위하여 로봇에 신호를 보낸다. 이 시스템에 대한 (a) 사다리 논리도와 (b) 표 9.10에 주어진 PLC 명령어 집합을 이용하여 저수준 프로그램을 각각 작성하라.

9.14 자동드릴 공정의 순서를 제어하기 위하여 PLC가 사용된다. 작업자가 원자재를 드릴 테이블 고정구에 고정시키고, 자동사이클을 시작하기 위하여 시작 스위치를 누른다. 드릴 주축이 작동되고, 정해진 깊이만큼 드릴 공정이 진행된 후(깊이를 감지하기 위하여 리밋 스위치가 사용된다) 원위치로 되돌아온다. 고정구는 부품의 다음 가공 위치로 안내하여 드릴 가공 및 복귀

사이클을 반복한다. 두 번째 드릴 가공 후 주축의 동력공급은 중단되고, 고정구는 처음 위치로 되돌아온다. 작업자는 가공부품을 내리고 다른 원자재를 올려놓는다. (a) 이 시스템의 동작을 기술하기 위한 I/O 변수를 명시하고, 그것들의 기호(예 : X1, X2, C1, Y1 등)를 정의하라. (b) 이 시스템에 대한 사다리 논리도를 작성하라. (c) 표 9.10에 주어진 PLC 명령어 집합을 이용하여 이 시스템에 대한 저수준 프로그램을 작성하라.

9.15 어떤 노(furnace)가 다음과 같이 동작한다. 온도가 어떤 정해진 점 이하로 떨어지면 노 내에 있는 바이메탈의 접점이 닫히고, 온도가 정해진 점 이상 오르면 열린다. 그 접점은 노의 가열판을 키고 끄는 제어 릴레이를 조작하는 것이다. 노의 문이 열리면, 문이 닫힐 때까지 일시적으로 가열판은 꺼진다. (a) 이 시스템의 동작을 기술하기 위한 I/O 변수를 명시하고, 그것들의 기호(예 : X1, X2, C1, Y1 등)를 정의하라. (b) 이 시스템에 대한 사다리 논리도를 작성하라. (c) 표 9.10에 주어진 PLC 명령어 집합을 이용하여 이 시스템에 대한 저수준 프로그램을 작성하라.

9.16 문제 15에 대하여 표 9.10에 주어진 명령어 집합을 이용하여 저수준 언어 프로그램을 작성하라.

PART

3

자재취급과
식별기술

Automation, Production Systems, and Computer-Integrated Manufacturing

자재운반시스템

Material Handling Institute of America에서는 **자재취급**(material handling)을 '제조 과정뿐만 아니라 자재의 소비와 폐기를 포함하는 분배 과정에 걸친 자재의 운반, 보관, 보호 및 통제'로 정의하고 있다[2]. 자재의 취급은 적은 비용으로 안전하고 효율적이면서 시기적절하고 정확하게(적절한 자재의 적절한 양을 적절한 장소에) 수행해야 하며 자재의 손상이 없도록 해야 한다. 자재취급은 생산에 있어서 중요한 주제지만 간과되고 있다. 자재취급비용은 전체 생산비용의 상당 부분을 차지하는데 미국에서는 평균적으로 전체 제조 노동비용의 20~25%를 차지하는 것으로 추정되고 있다[3]. 이 비율은 생산 유형과 자재취급의 자동화 정도에 따라 달라진다.

제3부에서는 생산시스템에 사용되는 자재취급 장비의 유형에 대해 살펴본다. 그림 10.1에 생산시스템에 있어서 자재취급이 차지하는 위치가 나타나 있다. 제10장에서는 물자운반 장비에 대해 살펴보고 제11장에서는 보관시스템에 대해 살펴보며, 물자의 자동인식과 데이터 수집에 관련된 내용은 제12장에서 알아본다. 이 외에 다른 장에서도 자재취급 장치들을 다루고 있는데 자재취급에 사용되는 산업용 로봇(제8장), CNC 머시닝센터의 팰릿 셔틀(pallet shuttle, 제14장), 수동 조립 라인의 컨베이어(제15장), 트랜스퍼 라인의 부품이송 방식(제16장), 자동조립 시 부품공급장치(제17장) 등이 있다.

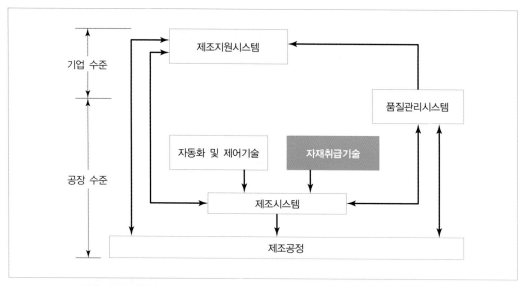

그림 10.1 생산시스템에서의 자재취급

10.1 자재취급의 개요

자재취급은 상업적인 인프라 내에서 자재가 움직이고 저장되고 추적되는 중요한 행위이다. 이 용어는 더 큰 영역에서는 **물류**(logistics)라고 표현되는데, 고객의 요구를 충족시키기 위해 조달, 운반, 보관, 분배 등을 계획하고 통제하는 일을 포함한다. 물류는 외부물류와 내부물류의 두 영역으로 구분할 수 있다. **외부물류**(external logistics)란 공장 밖에서 발생하는 운반 및 이와 관련된 활동인데, 주로 지리적으로 멀리 떨어진 장소 간 물자의 이동 활동이라고 할 수 있다. 전통적으로 철도, 육로, 항공, 선박, 파이프 등을 통해 이동이 이루어진다. **내부물류**(internal logistics)는 공장 내의 물자 운반과 저장에 관련된 것으로 자재취급과 같은 의미이며, 이 책의 주관심대상이 된다.

10.1.1 자재취급 장비

매우 다양한 유형의 자재취급 장비가 활용되고 있는데, 이들은 (1) 운반장비, (2) 보관시스템, (3) 단위화 장비, (4) 식별과 통제 장비 등으로 구분할 수 있다.

운반장비　운반장비는 공장 내부나 창고 또는 다른 설비에서 물자의 운반에 이용되는 장비들을 말한다. 운반장비는 (1) 산업용 트럭, (2) 무인운반차량, (3) 궤도차량, (4) 컨베이어, (5) 호이스트와 크레인과 같이 다섯 가지로 분류할 수 있다[21].

위치 결정 장비　부품이나 재료를 어떤 특정 위치에 가도록 해 주는 장비인데, 작업 셀 내의 한 기계에 부품을 장착/탈착하는 것이 예가 된다. 위치 결정은 산업용 로봇(8.4.1절), 부품공급기

(17.1.2절), 호이스트 등에 의해 수행된다. 작업장 내에서 위치 결정의 역할은 13.1.2절에서 설명한다.

보관장비 일반적으로 제조업에서는 물자의 보관을 줄이는 것이 바람직하지만, 짧은 기간 동안이라 할지라도 원자재나 재공품의 보관을 피하기는 어렵다. 또한 완성된 제품은 최종 소비자에게 전달되기 전까지 창고나 배송센터에 보관된다. 따라서 제조공정 이전과 공정 중, 그리고 공정이 끝난 물자에 대해 가장 적절한 보관 방법을 강구해야 한다. 보관 방법과 장비는 크게 두 가지로 분류할 수 있는데, (1) 전통적 보관 방법, (2) 자동보관시스템이 그것이다. 전통적 보관방법은 산적(bulk)보관, 랙 시스템, 선반과 빈(bin), 서랍식 보관 등을 포함하는데, 사람이 직접 물자를 넣고 빼야 하는 작업을 해야 하기 때문에 노동 정도가 높은 편이다. 자동보관시스템은 수작업을 줄이거나 제거하기 위한 목적으로 설계된다. 자동보관시스템은 (1) 자동창고, (2) 회전랙 시스템으로 분류할 수 있다. 이러한 보관 방법에 대해서는 제11장에서 자세히 다루고 있다.

단위화 장비 단위화(unitizing) 장비란 말은 (1) 개별 품목을 담아서 취급할 수 있게 해 주는 컨테이너와 (2) 그 컨테이너를 적재하고 포장하는 장비를 가리킨다. 컨테이너에는 팰릿(pallet), 상자, 바스켓, 배럴(barrel), 들통(pail), 드럼통 등이 있는데 그림 10.2에 그 일부가 나타나 있다. 이러한 장비들은 개별 품목보다는 단위하물을 효율적으로 운반하기 위해서 매우 중요하다. 대부분의 공장이나 물류창고에서는 지게차를 이용하여 팰릿 위의 단위하물을 운반하는 것이 보편적이며, 자동화된 운반장치나 보관장치를 사용할 경우에는 컨테이너의 종류나 크기를 표준화해야 한다.

　　단위화 장비의 두 번째 영역은 상자를 팰릿에 자동으로 쌓아주고, 그 주위를 수축 비닐랩으로 둘러싸도록 설계된 **팰리타이저**(palletizer)와 팰릿에서 상자를 내려놓는 **디팰리타이저**(depalletizer)를 포함한다. 그 밖의 포장장비도 이 범주의 장비에 포함된다.

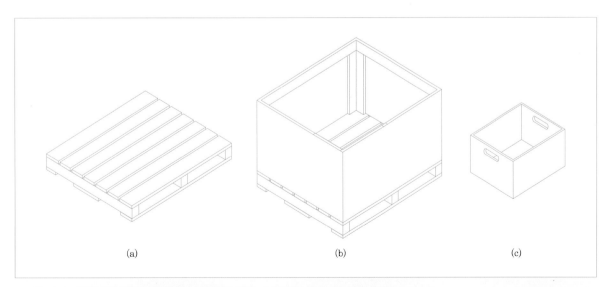

(a)　　　　　　　　　　(b)　　　　　　　　　　(c)

그림 10.2 　단위하물 컨테이너의 예 : (a) 나무 팰릿, (b) 팰릿 상자, (c) 운반상자(tote box)

식별과 통제 장비   자재취급시스템은 운반 중이거나 보관 중인 물품을 추적할 수 있는 방법을 포함해야 한다. 대개의 경우 개별 품목이나 상자 혹은 단위하물에 레이블을 부착하는 방법을 사용하는데, 가장 흔히 사용되는 레이블은 바코드이다. 바코드는 바코드 판독기를 이용하여 자동으로 신속하게 판독할 수 있으며, 일반 식품점이나 소매점에서 사용하는 것과 기본적으로 같은 기술을 사용한다. 이 외에도 RFID의 중요도가 점점 커지고 있다. 자동인식기술에 대한 자세한 설명은 제12장에서 다룬다.

10.1.2 자재취급의 설계 고려사항

자재취급 장비들은 보통 시스템 형태로 구축되는데 필요에 맞게 사양과 배치를 결정해야 한다. 설계 시 고려할 사항으로는 취급할 물자, 운반량과 운반거리, 지원할 생산시스템의 유형, 가용 투자비 등이 있다. 이 절에서는 이와 같이 자재취급시스템의 설계에 영향을 미치는 요인들에 대해서 살펴본다.

물자의 특성   자재취급을 위해서는 물리적인 특성에 따라 물자를 분류하는데 Muther와 Haganas [15]가 제안한 분류기준이 표 10.1에 있다. 자재취급시스템을 설계할 때는 이러한 내용을 고려해야 하는데, 예를 들면 액체를 먼 거리에 대량으로 운반할 때는 파이프라인이 적합한 운반 수단이 될 수 있으나, 배럴 같은 컨테이너에 들어 있는 액체에 대해서는 파이프라인을 이용하는 것은 부적절한 방법이다. 원재료나 부품, 완성품이나 반조립품 등 공장에서 취급하는 물자들은 고체인 경우가 많다.

흐름률, 경로 설정, 일정계획   시스템의 요구사항을 분석하고 시스템에 가장 적합한 장비를 선택하기 위해서는 취급하는 물자의 특성 외에 다른 요인들도 고려해야 한다. 고려해야 할 다른 요인들로는 (1) 운반할 물자의 양과 흐름률, (2) 경로 설정, (3) 운반에 대한 일정계획 등이 있다.

운반할 물자의 수나 양은 자재취급시스템의 유형에 영향을 미친다. 많은 수의 물자를 취급해야 한다면 전용 시스템이 적합하다. 취급하는 물자의 종류가 많고 각 종류별로는 소량의 물자를 취급할 경우에는 다양한 물자를 취급할 수 있도록 시스템을 설계해야 한다. 운반하는 물자의 양은

| 표 10.1 | 자재취급을 위한 물자의 특성

분류	척도 또는 설명
물리적 상태	고체, 액체, 기체
크기	부피, 길이, 너비, 높이
무게	개당 무게, 단위 부피당 무게
모양	길고 납작한 모양, 둥근 모양, 사각형 등
조건	고온, 저온, 습기, 더러움, 끈적임
손상 위험	깨지기 쉬움, 부서지기 쉬움, 튼튼함
안전 위험	폭발성, 가연성, 맹독성, 부패성 등

시간 개념과 연관하여 단위시간 동안 얼마나 많은 양을 운반해야 하는지를 고려해야 한다. 이때 단위시간당 운반하는 양을 **흐름률**(flow rate)이라고 한다. 흐름률은 물자의 유형에 따라 개/시간, 팰릿/시간, 톤/시간, m^3/일 등의 단위로 측정한다. 마지막으로 물자를 개별 품목으로 운반하는지, 뱃치로 운반하는지, 혹은 연속적으로 운반하는지에 따라 취급 방법이 달라진다.

경로 설정(routing)과 관련된 요소는 적재와 하역 지점, 운반거리, 경로의 다양성, 경로상의 조건 등을 포함한다. 다른 요소들이 고정되어 있다면 자재취급비용은 운반거리와 직접적인 관련이 있는데, 운반거리가 길수록 비용은 많아진다. 경로의 다양성은 공장이나 창고에서 서로 다른 물자가 다른 흐름 유형을 가지기 때문에 발생한다. 만약 이러한 차이가 있다면 자재취급시스템은 이것을 소화할 수 있는 유연성을 갖추어야 한다. 경로상의 조건으로는 바닥면의 상태, 혼잡도, 경로 중 일부가 실외를 포함하는지 여부, 경로가 직선인지 아니면 회전이나 높이의 변화가 있는지, 경로상에 사람이 있는지 등을 고려해야 한다. 이러한 모든 경로 요소가 자재취급시스템의 설계에 영향을 미친다.

일정계획은 각 운반의 시점과 관련이 있다. 생산 부문뿐만 아니라 자재취급이 필요한 모든 부문에 있어서, 전체 시스템의 수행도와 효율성을 최고로 유지하기 위해서는 물자를 적재한 후 즉시 적절한 목적지로 운반해야 한다. 전체 시스템이 물자의 시기적절한 적재와 하역을 요구하는 정도는 적용 부문에 따라서 달라지지만 자재취급시스템은 요구되는 만큼 이러한 요청에 대응해야 한다. 긴급한 작업은 취급비용을 증가시키므로 적재와 하역 지점에 버퍼 공간을 설치하여 긴급도를 완화한다. 이렇게 함으로써 시스템에 'float'를 제공하여 자재취급시스템에 가해지는 운반 요청에 대한 즉각적인 응답 부담을 감소시킬 수 있다.

공장배치 공장배치(plant layout)는 자재취급시스템의 설계에 있어서 중요한 요소이다. 새로 짓는 공장의 경우 자재취급시스템의 설계를 공장배치의 한 부분으로 생각해야 한다. 이렇게 함으로써 건물 내 자재의 흐름을 최적화하고 가장 적합한 형태의 자재취급시스템을 사용할 수 있는 가능성이 커진다. 기존 공장의 경우, 자재취급시스템의 설계에 대한 유연성은 떨어지고 건물 내 부서나 장비의 현재 배치 상태가 최적 흐름의 달성에 제약 조건으로 작용한다.

2.3절에서 제조업체에서 사용하는 전통적인 공장배치 유형들─고정위치 배치, 공정별 배치, 제품별 배치─에 대해 설명하였다. 일반적으로 세 가지 배치 유형에 따라 서로 다른 자재취급시스템이 필요하다. 세 가지 전통적인 배치 형태의 특성과 각 배치 형태에 따른 운반장비가 표 10.2에 요약되어 있다.

고정위치 배치에서는 제품이 크고 무거우므로 대부분의 조립공정 동안 한 곳에 머무른다. 무거운 부품이나 반조립품들을 제품이 있는 곳으로 운반해야 하므로 자재취급에 쓰이는 장비들은 크고 기동성이 있어야 한다. 따라서 크레인, 호이스트, 트럭 등이 흔히 쓰인다.

공정별 배치에서는 다양한 종류의 제품이 소량 혹은 중간 정도의 뱃치 크기로 생산된다. 따라서 자재취급시스템은 이러한 다양성에 맞게 유연성이 있어야 한다. 재공품이 많다는 것이 뱃치생

| 표 10.2 | 세 가지 배치 형태와 관련된 자재취급 장비의 유형

배치 형태	특성	전형적인 운반장비
고정위치 배치	크기가 큰 제품, 낮은 생산율	크레인, 호이스트, 산업용 트럭
공정별 배치	제품과 공정이 다양, 낮거나 중간 정도의 생산율	손수레, 지게차, 무인운반차량
제품별 배치	제한된 품종, 높은 생산율	제품 흐름은 컨베이어, 작업장의 부품 공급은 트럭이나 무인운반차량 이용

산의 특성 중 하나이므로 자재취급시스템은 이러한 재고를 수용할 수 있어야 한다. 공정별 배치에는 손수레나 지게차(팰릿 단위의 부품을 운반하기 위하여)가 흔히 사용된다. 한편, 무인운반차량의 사용도 증가하는 추세인데 이는 중간 정도나 작은 규모의 뱃치생산 시 발생하는 다양한 운반 요구 조건에 다재다능하게 대처할 수 있기 때문이다. 보통 재공품은 다음에 가공할 기계 근처의 바닥면에 보관하는데, 자동보관시스템은 재공품을 체계적으로 관리할 수 있도록 해 주는 방법 중 하나이다(제11장 참조).

마지막으로 제품별 배치는 표준화되어 있거나 거의 똑같은 제품을 대량으로 생산하는 경우에 사용된다. 자동차, 트럭, 가전제품 등의 최종조립 공장이 제품별 배치를 사용한다. 제품을 운반하는 운반시스템은 고정된 경로, 기계화, 높은 흐름률 등의 특징이 있는데 어떤 경우에는 제품 생산라인의 각 작업장 간 중단시간의 영향을 줄이기 위해서 재공품의 보관장소로 사용되기도 한다. 제품별 배치에서는 컨베이어가 흔히 사용되며 각 조립 작업장으로 부품을 운반할 때는 트럭이나 트럭과 비슷한 단위하물 차량이 사용된다.

단위하물 원칙 단위하물 원칙은 자재취급에 있어서 가장 중요하고 널리 적용되고 있는 원칙이다. **단위하물**(unit load)은 단순히 한 번에 운반하거나 취급하는 양을 말하는데, 이는 하나의 부품으로 구성될 수도 있고, 여러 개의 부품이 들어 있는 컨테이너가 될 수도 있고, 여러 개의 컨테이너가 적재된 팰릿이 될 수도 있다. 일반적으로 단위하물은 안전성, 편의성, 접근성 등을 고려하여 자재취급시스템이 운반하거나 보관할 수 있는 한도 내에서 가장 크게 하는 것이 좋다. 이 원칙은 트럭, 철도, 해운산업에서 광범위하게 적용되고 있다. 팰릿화된 단위하물을 모아서 트럭에 실으면 그 자체가 더 큰 단위하물이 되고, 트럭에 실린 단위하물들을 화차나 배에 실으면 훨씬 더 큰 단위하물이 된다.

단위하물을 사용하면 여러 가지 장점이 있는데 (1) 여러 개의 물품을 동시에 취급할 수 있고, (2) 필요한 운행 횟수가 줄어들며, (3) 적재와 하역시간이 단축되고, (4) 제품 손상이 감소한다. 이는 낮은 비용과 높은 운영효율로 이어진다.

단위하물의 정의에는 물자를 담거나 지지하는 컨테이너가 포함되어 있다. 컨테이너의 크기와 모양은 가능한 한 표준화해야 하고 자재취급시스템과 호환 가능해야 한다. 단위하물을 형성하는

| 표 10.3 | 공장이나 창고의 표준 팰릿 크기

깊이=x 방향	너비=y 방향
800mm(32in)	1,000mm(40in)
900mm(36in)	1,200mm(48in)
1,000mm(40in)	1,200mm(48in)
1,060mm(42in)	1,060mm(42in)
1,200mm(48in)	1,200mm(48in)

출처 : [6], [16]

컨테이너의 예가 그림 10.2에 나와 있다. 여러 유형의 컨테이너 중에서 팰릿은 다목적으로 사용할 수 있고 가격도 저렴하며 다양한 자재취급 장비와 호환되기 때문에 가장 널리 사용되고 있다. 대부분의 공장이나 창고에서는 팰릿 위에 적재된 물자를 운반하기 위하여 지게차를 사용한다. 표 10.3은 현재 많이 사용되는 표준 팰릿의 크기를 보여준다.

10.2 자재운반장비

이 절에서는 제조설비나 창고에서 부품과 물자를 운반하는 데 많이 사용되는 다섯 종류의 운반장비, 즉 (1) 산업용 트럭, (2) 무인운반차량, (3) 모노레일과 궤도차량, (4) 컨베이어, (5) 크레인과 호이스트에 대해서 살펴본다. 표 10.4에는 장비의 종류별로 주요 특성과 적용 분야에 대해 요약하였고, 10.3절에서는 이러한 장비들로 구성되는 자재취급시스템을 분석할 수 있는 정량적 기법에 대해 다루고 있다.

10.2.1 산업용 트럭

산업용 트럭은 동력 트럭과 무동력 트럭 두 가지로 분류할 수 있다. **무동력** 트럭은 사람이 밀거나 당겨서 움직이므로 보통 손수레라 부르는데 운반량이나 운반 거리는 비교적 적은 편이다. 손수레는 바퀴가 2개인 것과 2개 이상인 것으로 분류한다. 그림 10.3(a)처럼 바퀴가 2개인 것은 다루기는 편리하나 가벼운 물품만 취급할 수 있다. 바퀴가 2개 이상인 손수레는 크기와 종류가 여러 가지인데 돌리(dolly)와 팰릿 트럭이 대표적이다. 돌리는 그림 10.3(b)처럼 단순한 프레임이나 플랫폼으로 되어 있다. 그림 10.3(c)와 같은 팰릿 트럭은 팰릿의 구멍 사이로 집어넣을 수 있는 2개의 포크가 달려 있으며 포크 끝에 달려 있는 작은 바퀴를 이용하여 팰릿을 바닥에서 들어 올리거나 내려놓는다. 운반할 때는 작업자가 포크를 팰릿에 밀어넣고 팰릿을 들어 올린 다음 트럭을 목적지로 끌고 가서 팰릿을 내려놓고 포크를 꺼낸다.

　　동력 트럭은 작업자가 트럭을 움직이는 부담을 들어주기 위해 자체 추진력을 갖고 있다. 창고

| 표 10.4 | 자재취급 장비의 특성과 적용 분야

장비	특성	적용 분야
무동력 산업용 트럭	낮은 비용/낮은 운반량	공장에서 가벼운 물건 운반
동력 산업용 트럭	중간 정도의 비용	공장이나 창고에서 팰릿 하물이나 팰릿에 실린 컨테이너 운반
무인운반차량시스템	높은 비용 배터리로 움직이는 차량 유연한 경로 설정 방해가 되지 않는 경로	공장이나 창고에서 팰릿 하물 운반 소량이나 중간 정도의 생산시스템에서 다양한 경로를 따라 재공품 운반
모노레일 및 궤도차량	높은 비용 유연한 경로 설정 바닥 위 또는 천장	공장이나 창고에서 다양한 경로를 따라 조립품, 제품, 팰릿 하물 등을 운반 공장이나 창고에서 고정된 경로를 따라 대량의 물품 운반
동력 컨베이어	다양한 장비 바닥, 바닥 위, 천장 하물 운반을 위한 기계적 동력이 경로상에 존재	수작업 조립라인에서 제품 이송 배송센터에서 물품 분류
크레인과 호이스트	100톤 이상까지 들어 올리기가 가능	공장, 제재소, 창고 등에서 크고 무거운 물품 운반

나 공장에서 사용되는 대표적인 트럭 세 종류는 (a) 워키 트럭, (b) 지게차, (c) 견인 트랙터를 들수 있다. 그림 10.4(a)와 같은 워키 트럭은 배터리로 움직이고 팰릿에 집어넣을 수 있도록 포크 아래에 바퀴가 달려 있지만 사람이 탑승할 수는 없다. 사람이 차량 앞쪽에 설치된 조정간을 이용하여 방향을 조정하며 전진속도는 보통 사람의 보행속도인 5km/hr 정도이다.

그림 10.4(b)와 같은 **지게차**(fork lift)는 사람이 탑승해서 운전하는 운전석이 있다는 점에서 워키트럭과 차이가 있다. 지게차는 450kg부터 4,500kg까지 취급할 수 있다. 지게차는 다양한 용도

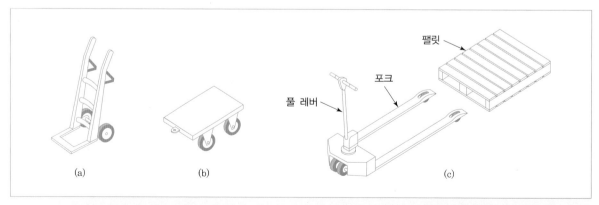

그림 10.3 **무동력 산업용 트럭(손수레)의 예** : (a) 두 바퀴 손수레, (b) 네 바퀴 돌리, (c) 수동 저승강(low-lift) 팰릿 트럭

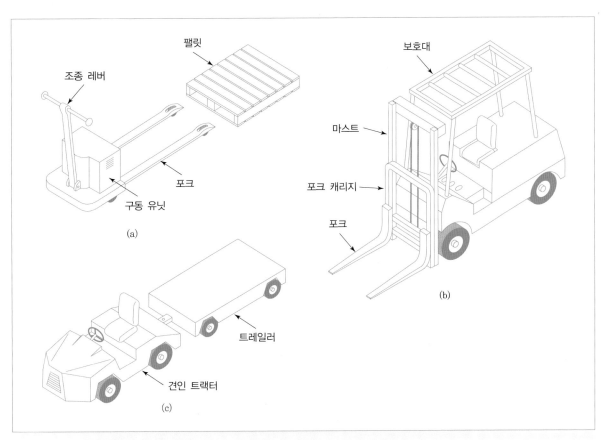

그림 10.4 동력 트럭의 세 가지 유형 : (a) 워키 트럭, (b) 지게차, (c) 견인 트랙터

로 사용되며 이에 따라 다양한 형태와 특성을 갖고 있다. 고층 랙 시스템에 사용할 수 있도록 높은 곳까지 접근할 수 있는 것도 있으며 고밀도 저장 랙의 좁은 복도에서 운용할 수 있는 것도 있다. 동력은 휘발유, LPG, LNG 등을 연료로 하는 내연기관이나 탑재된 배터리로 구동되는 전기모터를 사용한다.

그림 10.4(c)와 같은 **산업용 견인 트랙터**(towing tractor)는 공장이나 창고의 평탄한 바닥에서 하나 이상의 트레일러 카트를 견인할 수 있도록 설계되어 있다. 주로 수집 지점과 분배 지점 사이에 많은 물자를 운반할 때 사용하며 출발 지점과 목표 지점 간의 거리는 상당히 길다. 동력은 전기모터나 내연기관을 사용한다. 견인 트랙터는 공항에서 수하물이나 항공하물을 운반할 때도 많이 사용된다.

10.2.2 무인운반차량

무인운반차량(automated guided vehicle, AGV)은 자체 동력으로 정해진 경로를 따라 독립적으로 움직이는 차량을 사용하는 자재취급시스템이다. 차량은 탑재된 배터리로 구동되는데 배터리는 보

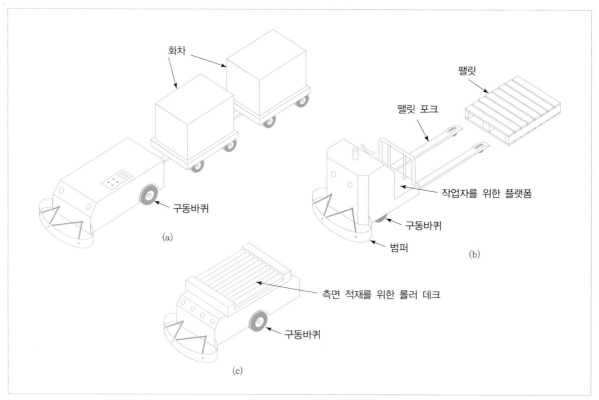

그림 10.5 세 가지 유형의 무인운반차량 : (a) 무인 화차, (b) 무인 팰릿 트럭, (c) 단위하물 AGV

통 8~16시간 정도 작동한다. 궤도차량이나 컨베이어와 구별되는 특성은 운반경로가 다른 것의 장애물이 되지 않는다는 점이다. AGV는 다양한 물자를 다양한 적재 지점과 하역 지점 간에 운반하는 경우에 적합하므로 뱃치생산이나 혼류 생산시스템의 운반시스템으로 적합하다.

차량의 유형   무인운반차량은 (1) 무인 화차, (2) 무인 팰릿 트럭, (3) 단위하물 AGV 등 세 가지로 분류할 수 있다. 무인 화차는 그림 10.5(a)와 같이 여러 개의 화차와 견인차량(이 부분이 AGV)으로 구성되는데, 최초로 출시된 무인운반차량 형태이며 지금도 널리 사용되고 있다. 보편적인 적용 분야는 공장이나 창고에서 무거운 물자를 멀리 운반할 경우에 사용하며 중간에 적재나 하역 지점이 있는 경우도 있고 없는 경우도 있다. 5~10량의 화차를 사용할 경우에는 효율적인 운송시스템이 된다.

그림 10.5(b)와 같은 무인 팰릿 트럭은 팰릿화된 하물을 정해진 경로를 따라 운반할 때 사용한다. 일반적인 사용 형태를 살펴보면 팰릿을 적재할 때는 작업자가 트럭을 조정하여 팰릿을 바닥에서 살짝 들어 올린 후 유도경로로 몰고 가서 목적지를 입력하면 트럭이 유도경로를 따라 목적지로 이동한다. 무인 팰릿 트럭의 용량은 최대 수천 kg까지 취급할 수 있으며, 한 번에 2개의 팰릿을 취급할 수 있는 것도 있다. 최근에는 무인운반 지게차가 나왔는데 선반이나 랙에 있는 하물에 접근

할 수 있도록 포크를 수직 방향으로 움직일 수 있다.

단위하물 AGV는 작업장 간에 단위하물을 운반할 때 사용한다. 보통 데크에 롤러, 벨트, 기계식 승강 플랫폼, 또는 다른 장치를 사용하여 팰릿이나 상자를 자동으로 적재/하역할 수 있는 장치가 설치되어 있다. 전형적인 단위하물 AGV의 예가 그림 10.5(c)에 나와 있다.

변형된 형태로는 경량 AGV와 조립라인 AGV가 있다. 경량 AGV는 주로 250kg 이하의 가벼운 하물을 취급하는 소형 무인운반차량으로 일반 무인운반차량보다 이동에 필요한 복도의 폭이 좁다. 경량 AGV는 제한된 공간의 소형 제조시스템에서 소형 하물(단일 부품, 작은 부품상자 등)을 운반 할 수 있도록 설계되어 있다. 조립라인 AGV는 조립라인에서 반조립품들을 조립순서에 따라 운반 할 수 있도록 설계되어 있다.

AGV의 적용　　AGV 시스템의 사용 빈도는 점점 더 늘어나고 있고 적용 분야도 다양화되고 있다. 적용 분야는 차량의 유형과 관계가 깊은데, 생산과 물류 분야에 있어서 AGV의 주적용대상은 다음 과 같다—(1) 무인 화차 작업, (2) 저장과 분배, (3) 조립라인, (4) 유연생산시스템. 앞에서 설명한 대로 무인 화차는 대량의 하물을 비교적 장거리로 운반할 때 사용한다.

두 번째 적용 분야는 단위하물의 저장과 분배에 사용되는데 단위하물 AGV와 무인 팰릿 트럭 이 주로 이 분야에 사용된다. 이 경우에 무인운반차량은 자동화된 운반장비나 자동창고시스템 (AS/RS)과 같은 저장장비와 연계하여 사용되는 경우가 많다. 즉 무인운반차량은 입하 도크에서 팰릿에 적재된 하물을 자동창고시스템으로 운반하면 자동창고시스템이 저장을 하고, 하물을 꺼낼 때는 자동창고시스템이 저장 위치에서 꺼내어 무인운반차량에 인도하면 무인운반차량이 선적 도 크로 운반한다. 저장과 분배 작업은 작은 제조업체나 조립 공장에도 적용할 수 있는데, 재공품을 중앙저장소에 저장하였다가 각 작업장으로 운반하는 경우가 이에 해당하며, 예로는 전자제품 조립 공정을 들 수 있다. 이 경우 부품은 키트(kit) 상태로 저장소에 저장되었다가 운방상자나 트레이 (tray)에 넣어 경량 무인운반차량을 이용하여 작업장으로 운반된다.

무인운반차량시스템은 유럽의 자동차업체에서 시작된 방식처럼 조립라인에서도 사용할 수 있 는데, 단위하물 AGV나 경량 AGV가 주로 사용된다. 자동차 조립공장에서 차체와 엔진이 AGV에 실려 작업장 사이를 옮겨 다닌다.

AGV 시스템의 또 다른 응용 분야는 유연생산시스템(FMS)이다(제19장). 일반적으로 작업자가 준비 지점에서 공작물을 팰릿 고정구에 올려놓으면 AGV가 각 작업장으로 운반한다. AGV가 목적 지에 도착하면 팰릿은 가공을 하기 위해 차량의 플랫폼에서 작업장(공작기계의 작업 테이블)으로 이송된다. 가공을 마치면 차량이 와서 공작물을 적재하고 다음 작업장으로 운반한다. AGV는 FMS 의 유연성을 보장하는 효율적인 자재취급시스템이다.

무인운반차량시스템은 현재도 계속 개발 중이고 무인운반차량 업계는 새로운 적용 분야에 맞 는 새로운 시스템을 설계하기 위해 계속 작업 중이다. 흥미로운 예로는 무인운반차량 기술과 로봇 기술을 결합하여 기동성을 가진 로봇을 만들어 복잡한 운반 작업을 수행하도록 하는 경우도 있다.

차량유도 기술 유도시스템은 무인운반차량의 경로를 정의하고 차량이 이 경로를 따라 이동하도록 통제하는 방법이다. 이 절에서는 상업적 시스템에 사용되는 세 가지 기술인 (1) 매립유도선 (imbedded guide wire), (2) 페인트 띠(paint strip), (3) 마그네틱 테이프, (4) 레이저 유도, (5) 관성 항법에 대해 살펴본다.

매립유도선 방법은 바닥에 홈을 파고 그 안에 전선을 묻는 방식인데 홈의 폭은 대개 3~12mm 이고 깊이는 13~26mm 정도이다. 유도선을 설치한 후에는 바닥면의 홈을 시멘트로 채운다. 유도 선은 1~15kHz의 저전압 저주파 신호를 생성하는 주파수 생성기와 연결되며 이때 발생하는 전자기 장을 차량에 설치된 센서가 감지하여 이동한다. 그림 10.6에 전형적인 예가 나와 있다. 2개의 센서 (코일)가 유도선의 양쪽으로 차량에 설치되어 있어서, 유도선이 두 센서의 가운데에 놓이면 양쪽 센서가 감지하는 전자기장의 세기가 같아진다. 차량이 한쪽으로 치우치거나 유도선이 방향을 바꾸 면 두 센서가 감지하는 전자기장의 세기가 달라지는데, 조향 모터는 두 센서가 감지하는 전자기장 의 세기가 같아지도록 제어하여 차량이 유도선을 따라 이동하도록 한다.

일반적인 AGV 시스템은 여러 개의 루프와 지선(branches), 측차선(side tracks), 돌출부(spurs), 적재/하역 작업장들로 구성되는데, 차량이 목적지로 이동할 때는 가능한 경로 중에서 가장 적절한 경로를 선택한다. 이를 위해 유도선이 2개 이상으로 나뉘는 분기점에 도착했을 때 경로를 선택하는 방법을 제공해 주어야 한다. 산업체에서는 (1) 주파수 선택 방법과 (2) 경로스위치 선택 방법이 많이 사용된다. 주파수 선택 방법은 분기되는 유도선이 각각 다른 주파수를 갖는 방식이다. 차량이 분기점에 도착하면 위치를 결정하기 위해서 바닥에 있는 식별 코드를 읽고, 프로그램된 목적지에 따라 하나의 주파수만 따라감으로써 올바른 경로를 선택한다. 이 방법은 유도선에 사용하는 주파 수별로 서로 다른 주파수 생성기가 필요하다.

경로스위치 선택 방법은 전체 유도선에 하나의 주파수만 사용한다. 분기점에서는 차량이 따라 가야 할 경로를 제외한 나머지 경로의 전원을 끊어서 경로를 선택하도록 한다. 이를 위해 유도선은

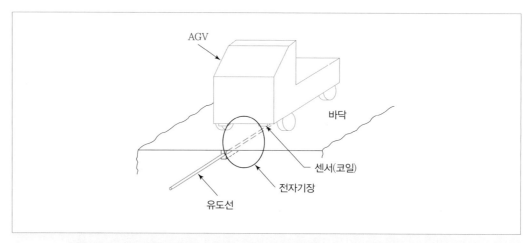

그림 10.6 유도선의 전자기장을 따라가는 2개의 코일 센서 시스템

구역별로 절연된 블록으로 나뉘어 있다. 각 블록의 전원은 차량이나 중앙통제시스템이 켜거나 끌 수 있다.

페인트 띠를 유도선으로 사용할 때는 차량에 페인트를 식별할 수 있는 광센서를 장착한다. 페인트 띠는 테이프로 고정시키거나 스프레이로 그리거나 칠을 해서 설치할 수 있다. 한 예로서, 2.5cm 폭의 형광입자가 함유된 띠를 사용하여, 이것이 차량으로부터 나오는 자외선을 반사하는 시스템이 있다. 차량에 설치된 센서가 반사되는 빛을 감지하여 조향장치를 제어한다. 페인트 띠는 주위에 전자기적 잡음이 있거나 바닥에 유도선을 설치하는 것이 어려울 때 사용할 수 있다. 오래되면 페인트 띠가 손상되는 단점이 있으므로 깨끗하게 유지해야 하고 주기적으로 칠을 해 주어야한다.

마그네틱 테이프를 바닥에 부착하여 경로를 설정할 수도 있다. 이 경우는 매립유도선에서와 같은 바닥공사는 필요 없고, 설비의 변경에 따라 경로 수정을 용이하게 할 수 있다. 매립유도선 방식이 능동신호를 송출하는 것임에 반해, 마그네틱 테이프는 수동유도기술이라고 할 수 있다.

레이저유도차량(laser-guided vehicles, LGVs)은 가장 최근에 개발된 유도 방식이다. 앞서 설명한 두 방식과 달리 레이저유도차량은 유도선을 사용하는 대신에 **위치추정**(dead reckoning) 기법과 차량에 탑재된 레이저 스캐너로 공장의 여러 곳에 설치된 비콘(beacon)을 인식하는 방법을 결합하여 사용한다. 위치추정 기법은 차량이 바닥에 설치된 경로가 없더라도 주어진 경로를 따라갈 수 있는 능력을 말하며, 차량의 움직임은 차량에 탑재된 컴퓨터가 바퀴의 회전 수와 순서대로 입력된 조향각도를 계산하여 이루어진다. 위치추정 기법은 이동거리가 길어지면 정확성이 떨어지므로 계산된 차량의 위치를 몇 개의 정해진 위치와 주기적으로 비교하여 확인해야 한다. 이때 정해진 공장의 기둥, 벽, 기계에 부착된 비콘의 위치가 된다. 차량에 설치된 레이저 스캐너로 비콘을 인식한다. 차량에 탑재된 내비게이션 컴퓨터는 비콘의 위치를 파악하여 삼각측량법을 이용, 위치추정 기법으로 계산한 위치를 보정한다.

레이저 유도 방식은 유도선이나 페인트 띠를 사용하는 AGV 시스템에도 사용할 수 있다. 이 방법을 사용하면 유도선을 매립하기가 어려운 철제바닥 위로 차량이 지나갈 수도 있고, 유도선을 벗어난 위치를 설정할 수도 있다. 위치추정에 의해 유도선을 벗어나서 수행할 작업을 마치면 다시 유도선으로 복귀하여 정상적인 제어를 시작한다.

관성항법 또는 **관성유도방식**은 차량에 탑재된 자이로스코프와 각종 운동 센서를 이용하여, 차량의 속도와 가속도 변화를 감지하여 차량 위치를 결정하는 방식이다. 기본적으로 미사일, 항공기, 잠수함에 적용되는 항법기술과 동일한데 AGV에 적용할 경우, 경로의 바닥에 마그네틱 응답기를 매립하여 AGV의 위치 에러를 교정하는 데 이용한다.

고정경로(유도선, 페인트 띠, 마그네틱 테이프) 방식에 비해 자체유도 방식의 장점은 유연성에 있다. 레이저 유도 방식은 소프트웨어로 경로를 설정하므로 내비게이션 컴퓨터에 필요한 자료만 입력하면 경로를 변경할 수 있다. 즉 새로운 위치를 쉽게 정의할 수 있고 비콘만 추가로 설치하면 되므로 확장도 용이하다. 또한 이러한 변경은 현장에 큰 변화를 주지 않고 신속하게 수행될 수 있다.

차량관리　무인운반차량시스템을 효율적으로 운영하기 위해서는 차량을 잘 관리해야 한다. 운송 적재/하역 작업장의 대기시간을 최소화할 수 있도록 각각 차량에 운송작업이 할당되어야 한다. 유도경로 네트워크에서 교통체증은 최소화해야 하며 차량은 안전하게 운행되어야 한다. 이 절에서는 (1) 교통흐름 제어, (2) 차량할당에 대하여 살펴본다.

AGV 시스템에서 교통흐름 제어의 목적은 차량 간의 간섭을 최소화하고 충돌을 방지하는 것이다. 상업적 시스템에는 두 가지 방법이 사용되는데 (1) 차량자체 감지(on-board vehicle sensing)와 (2) 구역통제(zone control)이다. 차량자체 감지는 전방향 감지라고도 하는데 각 차량에 하나 이상의 센서를 부착하여 다른 차량이나 경로상의 장애물을 감지하도록 하는 방식이다. 센서는 광센서나 초음파 장치를 사용한다. 탑재된 센서가 전방의 장애물을 감지하면 차량은 정지하고 장애물이 제거되면 다시 진행한다. 센서가 100% 정확하다면 차량의 충돌을 피할 수 있는데, 전방향 감지 방법의 효율은 센서가 전방의 장애물을 감지하는 능력에 따라 좌우된다. 직선경로에서 가장 효율적이며, 회전하는 곳이나 교차로에서는 다른 차량이 센서의 전방에 위치하지 않기 때문에 효율이 떨어진다.

구역통제 방식은 설치된 유도선을 몇 개의 구역으로 나누고 한 구역에는 한 대의 차량만 진입하도록 하는 방식이다. 각 구역의 길이는 적어도 한 대의 차량을 수용할 수 있어야 하고 여유공간과 안전 등을 고려해야 한다. 다른 고려사항으로는 시스템 내 차량의 수, 배치의 복잡성, 구역 개수의 최소화 등이다. 따라서 구역의 길이는 보통 차량의 길이보다 훨씬 길다. 그림 10.7에 구역통제 방식의 간단한 예가 나와 있다. 한 차량이 어떤 구역을 차지하면 뒤따라가던 차량은 그 구역에 진입할 수 없고 앞에 있는 차량이 그 구역을 벗어난 후에 진입하게 된다. 이러한 방식으로 차량 간의 충돌을 방지하고 전체 교통흐름을 제어한다. 구역 제어를 구현하는 방법은 중앙컴퓨터가 각 차량의 위치를 감시하면서 시스템 내 전 차량의 이동을 최적화하는 것이다.

AGV 시스템이 제 기능을 수행하려면 차량을 필요한 곳에 시간에 맞게 효율적인 방법으로 할당해야 한다. 차량할당에는 여러 가지 방법이 있는데 (1) 탑재된 제어 패널을 이용하는 방법, (2) 원격호출 스테이션을 이용하는 방법, (3) 중앙컴퓨터로 제어하는 방법 등이 있다. 대개의 경우 응답

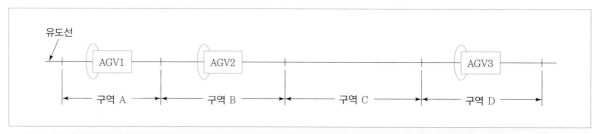

그림 10.7　블로킹(blocking) 시스템을 이용한 구역통제. 구역 A, B, D는 막혀 있고 구역 C는 비어 있다. AGV 2는 AGV 1에 의해 구역 A 진입이 막혀 있고, AGV 3은 구역 C로 진입할 수 있다.

성과 효율을 최대화하기 위하여 이들 방법을 섞어서 사용한다.

각 차량들은 수동 조작, 차량 프로그래밍, 또는 기타 기능을 수행하기 위해 유형은 다를지라도 제어 패널을 탑재하고 있다. 대부분의 시판되는 차량들은 제어 패널을 사용하여 주어진 작업장으로 보낼 수 있다. 차량에 탑재된 제어 패널을 사용하는 방식은 가장 단순한 방식으로 시스템에 운반 요구사항의 변경과 변화에 대처할 수 있는 유연성을 제공해 준다.

가장 단순한 원격호출 스테이션은 적재/하역장에 설치된 스위치를 사용하는 경우이다. 스위치를 누르면 부근에 있는 가용한 차량에 신호를 전송하여 해당 스테이션으로 차량을 호출한다. 차량을 다음 목적지로 보낼 때는 탑재된 제어 패널을 사용할 수 있다. 좀 더 복잡한 원격 스테이션을 사용하는 경우에는 차량을 호출할 때 다음 목적지를 프로그래밍할 수 있는데, 이 방식은 차량이 자동으로 물자를 적재하거나 하역할 수 있는 시스템에서 유용하게 사용할 수 있다.

고도로 자동화된 공장이나 창고에서는 생산-저장-운반 과정의 전체적인 효율성을 달성하기 위해 AGV 시스템도 고도로 자동화되어야 한다. 중앙컴퓨터에 의한 방식에서는 미리 설정된 적재나 하역 일정에 따라 차량을 투입하거나 각 작업장의 요청에 따라 차량을 투입한다. 이 방식에서는 중앙컴퓨터가 차량에 목적지와 수행할 작업을 지시한다. 중앙컴퓨터는 어느 차량을 어느 작업장으로 보낼지를 적절하게 결정하기 위해 각 차량의 현재 위치에 대한 정보를 갖고 있어야 한다. 따라서 각 차량은 자신의 위치를 중앙컴퓨터에 계속 송신해야 하는데 전송 방식은 무선 방식이 많이 쓰인다.

안전 문제 무인운반차량의 경로상에 위치하는 사람의 안전은 AGV 시스템 설계 시 중요한 목표 중 하나이다. AGV에 내재된 안전 특성으로 차량의 이동속도를 사람의 보행속도보다 느리게 하여 앞에서 걷는 사람을 차량이 추돌하지 않도록 하고 있다. 이 외에도 차량은 안전을 위하여 여러 가지 특성을 갖추고 있다. 대부분의 유도시스템에서는 차량이 유도경로를 50~150mm 벗어나면 자동으로 정지하도록 되어 있는데 이 거리를 차량의 **포착거리**(acquisition distance)라 한다. 또한 차량이 적재나 하역을 위해 유도선을 벗어났다가 포착거리 내로 들어오면 감지시스템이 유도선을 포착하게 된다.

또 다른 안전장치로는 차량에 설치된 장애물 감지 센서가 있는데, 이는 교통 제어에 쓰이는 센서와 같은 것이다. 센서가 전방의 장애물이나 사람을 감지하면 차량을 정지시키거나 속도를 감소시킨다. 차량의 속도를 감소시키는 이유는 장애물이 전방에 있지만 차량의 경로를 벗어난 곳에 있을 수도 있고, 차량이 장애물에 접근하기 전에 방향을 바꿀 수도 있으며, 감지된 장애물이 사람일 경우 차량이 접근하면 비켜 설 수 있기 때문이다. 어떤 경우든지 장애물을 완전히 통과할 때까지 차량은 감속운행을 하도록 되어 있다. 차량을 정지시킬 경우에는 운반을 지연시키고 시스템의 성능을 저하시킬 수 있다.

거의 모든 차량에 설치된 안전장치는 범퍼이다. 범퍼는 차량의 앞부분을 둘러싸고 있으며 전방으로 300mm 이상 돌출되어 있다. 범퍼가 물체에 닿으면 차량은 즉시 제동하도록 프로그래밍되어 있다. 제동거리는 차량의 속도, 적재한 물자, 그밖에 다른 조건들의 영향을 받는데 수 인치에서 수 피트 정도이다. 대부분의 차량이 수동으로 재작동되게 설계되어 있다. 안전을 위한 기타 장치로는 경고등, 경고벨 등이 있다.

10.2.3 궤도차량

자재취급 장비의 세 번째 유형은 고정된 궤도를 따라 움직이는 모터가 달린 차량들이다. 궤도는 하나(모노레일) 또는 평행한 2개로 구성된다. 모노레일은 보통 천장에 매달려 있고 2개의 평행궤도는 바닥 위에 돌출되어 있는데, 이와 같은 고정된 궤도로 인해 AGV 시스템과 구별된다. AGV와 마찬가지로 궤도차량은 비동기적으로 움직이며 차량에 설치된 전기모터로 구동된다. 그러나 AGV는 탑재된 배터리에서 동력을 얻는 반면에 궤도차량들은 궤도를 통해 전기를 공급받기 때문에 재충전이 필요 없지만 안전에는 문제가 있다.

궤도차량시스템은 스위치, 회전 테이블, 기타 특수한 궤도 등을 사용하여 경로를 변경할 수 있어서, AGV 시스템처럼 서로 다른 물자는 다른 경로를 사용할 수 있도록 해 준다. 궤도차량시스템은 AGV 시스템보다는 유연성이 떨어지지만 컨베이어 시스템보다는 유연성이 크다. 무동력 모노레일은 육류가공산업에서 1900년 이전에 처음 사용되었는데, 세척과 끝손질을 위해 천장에 매달린 모노레일 활차(trolley)에 갈고리를 부착하여 고기를 매달아서 운반하였다. 활차는 작업자들에 의해 각 작업장으로 운반되었다. 요즘에는 자동차산업에서 대형 부품이나 반조립품들을 운반하기 위해 전동 모노레일을 많이 사용하고 있다.

10.2.4 컨베이어

컨베이어(conveyor)는 고정된 경로를 따라 특정 지점 간에 많은 양의 물자를 운반할 때 사용한다. 고정된 경로는 트랙 시스템으로 설치되는데, 바닥면, 바닥 위, 또는 천장에 설치된다. 컨베이어는 동력 컨베이어와 무동력 컨베이어로 나눌 수 있다. 동력 컨베이어의 구동 방식은 체인, 벨트, 회전롤, 또는 다른 장치들을 사용한다. 동력 컨베이어는 공장, 창고, 물류센터 등에서 자동 자재취급시스템에 주로 사용된다. 무동력 컨베이어에서는 작업자가 운반할 물자를 밀거나 중력에 의해 물자를 운반한다.

컨베이어의 종류　다양한 유형의 컨베이어가 시판되고 있는데 주로 동력 컨베이어에 대해 살펴보기로 한다.

- **롤러 컨베이어** : 롤러 컨베이어에는 그림 10.8(a)처럼 경로상의 진행 방향과 수직으로 롤러가 연속적으로 배열되어 있다. 롤러는 바닥 위로 수 인치 또는 수 피트 위에 설치된 트랙에 설치되어 있다. 롤러가 회전하면 단위하물이 들어 있는 평평한 팰릿이나 운반상자가 전방으로 움직인다. 롤러 컨베이어는 동력을 사용할 수도 있고 무동력일 수도 있는데, 동력을 사용할 경우 체인이나 벨트로 구동된다. 무동력 컨베이어는 대개 중력을 이용하는데 회전 마찰력을 극복할

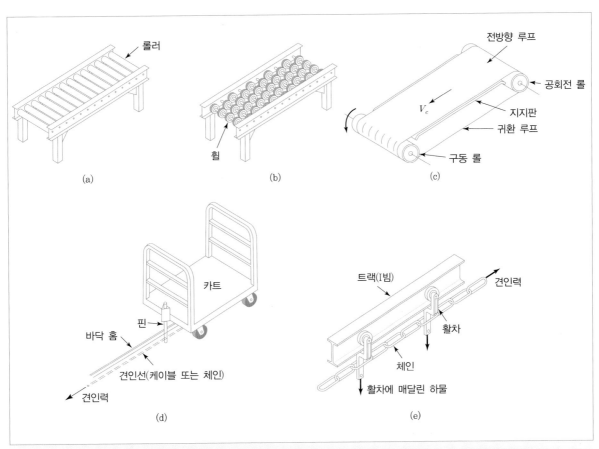

그림 10.8 (a) 롤러 컨베이어, (b) 휠 컨베이어, (c) 벨트 컨베이어, (d) 바닥견인선 컨베이어, (e) 고가활차 컨베이어

수 있도록 아래로 경사진 경로에 설치된다. 롤러 컨베이어는 제조, 조립, 포장, 분류, 분배 등 다양한 용도로 사용된다.

- **휠 컨베이어** : 휠 컨베이어의 동작방법은 롤러 컨베이어와 비슷하나 그림 10.8(b)와 같이 롤러 대신에 트랙에 부착된 축에서 회전하는 바퀴를 사용하므로 롤러 컨베이어보다 가볍게 만들 수 있다. 휠 컨베이어에서는 하중이 바퀴 부분에 집중되므로 롤러 컨베이어보다 가벼운 하물을 취급한다는 점 외에는 적용 분야가 롤러 컨베이어와 비슷하다. 휠 컨베이어는 가볍기 때문에 공장이나 창고의 입하/출하 도크에서 트럭에 하물을 싣고 내릴 때 이동식 장비로도 사용된다.

- **벨트 컨베이어** : 벨트 컨베이어는 그림 10.8(c)과 같이 루프로 구성되는데 반은 전방향 루프로 물자의 운반에 사용되고 나머지 반은 귀환 루프이다. 벨트는 강화된 고무로 만들어 높은 유연성과 낮은 팽창성을 갖는다. 컨베이어의 한 끝에는 벨트를 구동하는 구동 롤이 있고, 벨트는 진행 방향에 따라 배열된 롤러나 지지판으로 지지된다. 벨트 컨베이어는 (1) 팰릿, 낱개의 부품을 운반하는 평면벨트, (2) 벌크 물자를 운반하는 구유형(troughed) 등이 보편적으로 사용된

다. 구유형에서는 석탄, 자갈, 곡물과 같이 입자로 된 벌크 물자를 취급할 수 있도록 전방향 루프의 벨트를 지지하는 롤러나 지지장치가 V자 형으로 되어 있다.

- **체인 컨베이어** : 체인 컨베이어는 양쪽 끝에 있는 톱니바퀴를 둘러싸고 위아래로 설치된 체인으로 구성되는데, 하나 또는 여러 개의 평행한 체인으로 구성된다. 체인은 바닥에 있는 채널을 따라 움직이거나 채널에 설치된 롤러 위로 움직이는데 채널이 체인을 지지해 준다. 보통 체인에서 돌출된 막대를 사용하여 하물을 천천히 끌어간다.

- **바닥견인선 컨베이어** : 체인 컨베이어의 또 다른 변형은 바닥견인선 컨베이어이다. 그림 10.8(d)와 같이 바닥의 홈에 설치된 견인선(체인이나 케이블)을 이용하여 카트를 움직인다. 컨베이어 시스템의 경로는 바닥의 홈과 케이블에 의해 결정되며 케이블은 동력을 전달한다. 경로 설정 시 유연성을 위해서 경로 간에 스위칭이 가능하다. 카트에는 바닥으로 향하는 강철 핀이 설치되어 있는데 이 핀으로 체인에 연결한다(케이블을 사용할 경우에는 핀 대신 집게를 사용한다). 적재/하역, 스위칭 등을 할 때나 수동으로 카트를 이동시킬 때는 핀을 뽑아서 카트를 체인에서 분리할 수 있다.

- **고가활차 컨베이어** : 자재취급에서 활차(trolley)란 공중에 설치된 레일을 따라 움직이는 바퀴가 달린 운반장치를 말한다. 그림 10.8(e)와 같은 고가활차 컨베이어는 동일한 간격으로 배치된 여러 대의 활차로 구성된다. 루프를 구성하는 체인이나 케이블을 이용하여 트랙을 따라 활차를 움직인다. 활차에는 물건을 실을 수 있도록 고리, 바구니, 또는 기타 장치들이 달려 있다. 고가활차 컨베이어는 공장에서 주요 생산 부서 사이의 부품이나 조립품 운반에 주로 사용되며 운반뿐만 아니라 저장용으로도 사용될 수 있다.

- **이탈식 고가활차 컨베이어** : 이탈식 고가활차 컨베이어는 고가활차 컨베이어와 비슷한데, 활차를 구동체인에서 분리할 수 있어서 비동기적 이동이 가능하다는 점이 다르다. 아래와 위 2개의 트랙을 사용하는데 위에 있는 트랙은 계속해서 움직이는 구동체인으로, 하물을 적재한 활차는 위의 트랙을 사용한다. 각 활차에는 구동체인에 연결하거나 연결을 끊는 장치가 있다. 구동체인에 연결되면 활차는 위의 트랙을 따라 이동하고 연결을 끊으면 대기상태가 된다.

- **카트-온-트랙 컨베이어** : 카트-온-트랙(cart-on-track) 컨베이어는 바닥면에서 수 피트 위에 설치된 트랙 위를 움직이는 여러 대의 카트로 구성된다. 카트는 그림 10.9에 설명된 것처럼 회전하는 관에 의해 구동된다. 카트의 바닥에 부착된 구동바퀴와 회전관 간의 각도를 조정하여 이동속도를 조정한다. 각도가 45°이면 앞으로 움직이고 0°면 정지한다. 따라서 구동바퀴의 각도를 조정하여 이동과 정지 동작을 만들 수 있다. 카트-온-트랙 컨베이어의 장점 중 하나는 위치를 매우 정확하게 제어할 수 있다는 점이다. 이 때문에 생산공정에서 위치를 정하는 작업에 많이 사용된다. 자동차 조립라인에서 로봇을 이용한 용접공정이나 기계화된 조립시스템에 사용된다.

- **기타 컨베이어 유형** : 기타 동력 컨베이어는 스크루, 진동을 이용하는 시스템 및 수직 승강 컨베이어가 있다. 스크루 컨베이어는 기원전 236년 원통 속의 스크루를 손으로 돌려 물을 퍼올리기

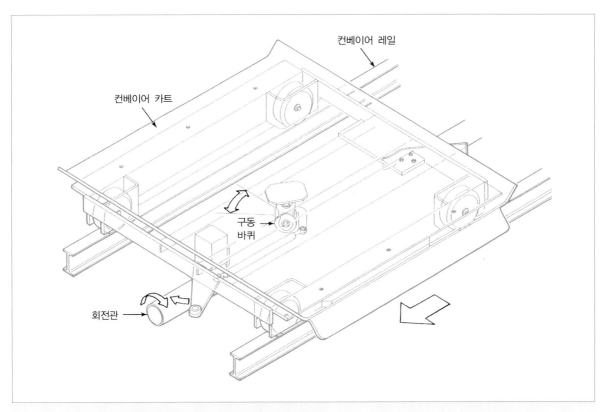

그림 10.9 **카트-온-트랙 컨베이어**(SI Handling Systems사 제공)

위해 고안된 아르키메데스 스크루를 기초로 하고 있다. 진동 컨베이어는 전자석으로 각도를 갖는 진동을 만들어서 물자를 원하는 방향으로 보내는 컨베이어이다. 자동조립라인에 부품을 공급하는 진동식 볼형 부품공급기도 같은 원리를 사용한다(제17장). 수직 승강 컨베이어는 수직으로 움직이는 다양한 엘리베이터를 포함한다. 이 외에도 중력을 이용하는 슈트(chute), 램프(ramp), 관(tube) 컨베이어 등도 있다.

컨베이어의 작동 방식과 특성 위에서 살펴본 대로 컨베이어는 다양한 작동 방식과 특성을 갖고 있다. 이 절에서는 무동력 컨베이어를 제외한 동력 컨베이어에 대해서만 살펴보자. 컨베이어 시스템은 물자를 운반하는 특성에 따라 (1) 연속 이동, (2) 비동기식 이동 등 두 가지 기본 유형으로 나뉜다. 연속 이동 컨베이어는 일정한 속도로 움직이는데 벨트, 롤러, 휠, 고가활차 등이 이에 해당한다.

비동기식 컨베이어는 가다 서다 방식으로 이동하는데, 운반용기(고리, 바구니, 카트)에 실린 하물이 작업장에 도착하면 필요한 작업이 끝날 때까지 정지한다. 비동기식에서는 각각의 운반용기들이 독립적으로 이동할 수 있는데, 이탈식 고가활차, 바닥견인선, 카트-온-트랙 컨베이어 등이 이에 해당한다. 일부 롤러와 휠 컨베이어는 비동기식으로 작동할 수 있다. 비동기식 컨베이어를

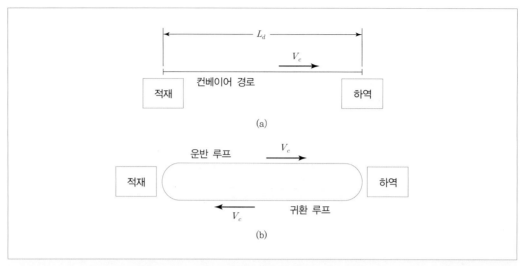

그림 10.10 (a) 단방향 컨베이어, (b) 연속 루프 컨베이어

사용하는 이유는 (1) 하물의 집적, (2) 임시 저장, (3) 인접한 작업장 간의 생산율 차이를 허용, (4) 컨베이어 경로상의 작업장들의 주기시간이 차이가 날 때, (5) 경로상에서 속도의 차이가 나도록 하기 위해서이다.

컨베이어는 단방향, 연속 루프, 재순환으로 분류되기도 한다. 10.3.2절에 이들 컨베이어 시스템을 분석하는 기법과 수식을 소개한다. 단방향 컨베이어는 그림 10.10(a)처럼 출발지에서 목적지로 한쪽 방향으로 물자를 운반하는데 양방향으로 움직이는 하물이 없거나, 하역 후 빈 용기나 컨테이너를 적재 지점으로 반송할 필요가 없을 때 사용한다. 단방향 컨베이어에는 롤러, 휠, 벨트, 바닥체인 컨베이어 등이 있으며 중력을 이용하는 모든 컨베이어도 포함된다.

연속 루프 컨베이어는 그림 10.10(b)처럼 완전한 루프를 형성한다. 고가활차 컨베이어가 이에 해당하며 어떤 컨베이어든지 여러 개를 연결해서 폐쇄 루프를 형성할 수 있다. 연속 루프 컨베이어는 경로상에 있는 어떤 두 지점 간에도 물자를 운반할 수 있다. 연속 루프 컨베이어는 물자를 운반 용기에 담아 운반할 경우에 용기를 루프에 고정하여 사용하면, 하역 지점에서의 빈 용기가 루프를 따라 적재 지점으로 자동으로 반송될 수 있다.

이러한 작동 방식은 폐쇄 루프 컨베이어 시스템이 제공하는 중요한 특성(부품의 운반뿐만 아니라 저장 기능)을 간과하고 있다. 귀환 루프에 부품이 남아 있을 수 있도록 허용하는 시스템을 재순환 컨베이어라고 한다. 저장 기능은 각 작업장에서의 적재와 하역에 대한 변동을 흡수할 수 있도록 부품을 집적할 때 사용한다. 재순환 컨베이어 시스템의 운영을 어렵게 하는 두 가지 문제가 있는데, 하나는 적재 작업장에서 물자를 적재하려고 할 때 빈 운반용기가 없는 경우이고, 다른 하나는 적재된 운반용기들이 하역 작업장에 하나도 없을 경우이다.

서로 다른 하물은 서로 다른 경로를 사용할 수 있도록 컨베이어 트랙에 분기점이나 합류점을 설치할 수 있다. 거의 모든 컨베이어 시스템은 스위치, 셔틀, 또는 기타 방식으로 대체 경로를 설정할 수 있다. 어떤 시스템에서는 하물을 현재 경로에서 다른 경로로 옮기기 위해 푸시풀(push-pull) 방식이나 승강운반장치(lift-and-carry)가 필요하다.

10.2.5 크레인과 호이스트

운반장비에 대한 다섯 번째 분류는 크레인과 호이스트이다. 크레인은 물자의 수평이동, 호이스트는 수직이동에 사용된다. 크레인에는 호이스트가 설치되어 있다. 따라서 호이스트가 물자를 들어 올리고, 크레인이 물자를 목적지로 운반한다. 크레인은 중량물도 들어 올릴 수 있어서 100톤이 넘는 물자를 운반하는 크레인도 있다.

호이스트(hoist)는 하물을 들어 올리거나 내리는 기계적 장치로 그림 10.11에서 보는 바와 같이 하나 이상의 고정 풀리, 하나 이상의 이동 풀리, 그리고 풀리 사이에 매달린 로프, 케이블, 또는 체인으로 구성된다. 하물을 매달기 위해 고리 등의 부가장치는 이동 풀리에 부착한다. 주어진 중량을 들어 올리기 위해 필요한 힘은 풀리의 수에 따라 결정되는데 하물의 중량과 그 중량을 들어 올리기 위해 필요한 힘의 비를 기계적 이득(mechanical advantage)이라고 한다. 그림 10.11의 예에서는 기계적 이득이 4.0이다. 호이스트는 수동, 전기모터, 또는 공압모터에 의해 작동한다.

크레인의 대표적인 유형은 (a) 브리지(bridge) 크레인, (b) 갠트리(gantry) 크레인, (c) 지브(jib) 크레인인데 어떤 유형이든지 적어도 하나의 호이스트가 설치되어 있다. 브리지 크레인은 그림

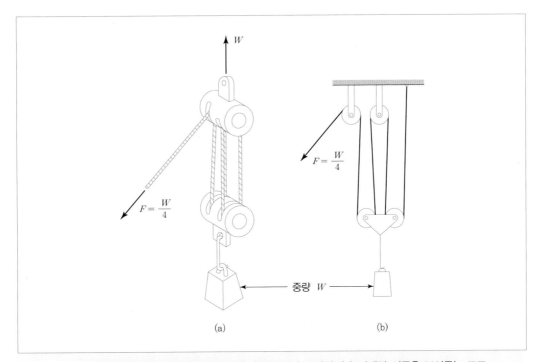

그림 10.11   기계적 이득이 4.0인 호이스트 : (a) 호이스트의 스케치, (b) 기계적 이득을 보여주는 도표

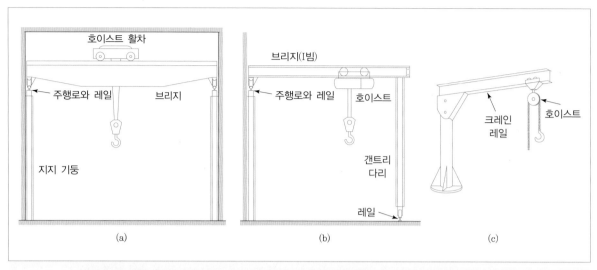

그림 10.12 세 가지 유형의 크레인 : (a) 브리지 크레인, (b) 반 갠트리 크레인, (c) 지브 크레인

10.12(a)와 같이 건물 구조물에 연결된 레일이 양쪽에 있고 그 위에 하나 또는 2개의 수평 들보 (girder)나 빔으로 구성되어 있다. 호이스트 활차는 브리지의 좌우 방향으로 움직일 수 있고, 브리 지는 레일을 따라 전후로 움직일 수 있어서 건물 내에서 x축과 y축 방향으로의 이동을 가능하게 하고, 호이스트가 축 방향의 이동을 제공한다. 즉 호이스트로 물자를 수직으로 들어 올리고, 레일 시스템을 이용하여 수평이동을 한다. 대형 브리지 크레인은 들보의 길이가 36.5m나 되고 100톤까 지 운반할 수 있으며, 운전자가 브리지에 있는 운전석에서 조정하는 것도 있다. 적용 분야는 중기 계 제조, 압연기, 발전소 등에서 사용된다.

갠트리 크레인은 수평 브리지를 지지하는 다리가 하나 또는 2개 있다는 점이 브리지 크레인과 다른 점이다. 갠트리 크레인도 수직으로 들어 올리기 위한 호이스트가 설치되어 있다. 갠트리 크레 인은 다양한 크기와 용량이 있는데 크기는 최대 46m, 운반 가능한 하중은 최대 150톤 정도이다. 더블 갠트리 크레인은 다리가 2개이고 그림 10.12(b)에 나와 있는 반(half) 갠트리 크레인은 한쪽에 는 다리가 달려 있고 다른 쪽에는 건물 구조물과 연결된 레일로 지지된다.

지브 크레인은 그림 10.12(c)처럼 벽이나 수직 기둥 위에서 튀어나온 수평 빔에 호이스트가 설치되어 있다. 수평 빔은 수직 기둥이나 벽을 축으로 선회할 수 있으며, 수평 빔은 호이스트가 이동하는 경로를 제공해 준다. 벽에 설치된 지브 크레인은 180°, 기둥을 이용하여 바닥에 설치된 지브 크레인은 360° 회전할 수 있다. 따라서 지브 크레인의 수평작업 영역은 원이나 반원형이 되며 수직 방향의 이동은 호이스트가 담당한다. 지브 크레인의 표준 용량은 5,000kg 정도까지다.

자재운반시스템의 분석

정량적 모델들은 물자의 흐름률, 운반 주기시간, 기타 수행도 척도들을 분석하는 데 유용하다. 예를 들면 분석을 통해 주어진 흐름률을 달성하기 위하여 필요한 지게차의 대수를 결정할 수 있다. 자재운반시스템은 차량을 기반으로 하는 시스템과 컨베이어를 기반으로 하는 시스템으로 나눌 수 있다. 이 절에서는 (1) 차량시스템 분석, (3) 컨베이어 분석에 대해 살펴본다.

10.3.1 차량시스템 분석

차량을 기반으로 하는 자재취급시스템의 분석을 위해서 수학적 모델을 개발할 수 있는데 산업용 트럭, 무인운반차량, 모노레일 혹은 레일을 따라 움직이는 차량, 일부 컨베이어 시스템(바닥견인선 컨베이어) 및 일부 크레인의 운영 등이 이에 해당한다. 물자흐름에 대한 정보를 보여주는 데 유용한 도표 중에는 표 10.5와 같은 **from-to 차트**가 있다. 이 표에서 제일 왼쪽의 열은 출발지(적재 작업장)를 나타내고, 제일 처음 행은 목적지(하역 작업장)를 나타낸다. 이 표는 적재/하역 작업장 간에 가능한 물자의 흐름을 양방향으로 정리해 준다. from-to 차트는 물자흐름에 관련된 다양한 파라미터들을 표시할 수 있는데, 각 작업장 간의 운반횟수 또는 흐름률, 이동거리 등을 포함할 수 있다. 표 10.5는 흐름률과 거리를 동시에 표시하는 예를 보여주고 있다.

그림 10.13과 같은 **네트워크 도표**(network diagram)는 물자의 이동과 각 이동의 출발지와 목적지를 보여준다. 이 그림에서 출발지와 목적지는 노드로 표시되고 물자의 흐름은 이들 간의 화살표로 표시된다. 노드는 부품이 이동하는 생산 부서나 적재/하역 작업장이 될 수 있다. 그림 10.13의 흐름도는 표 10.5의 from-to 차트와 같은 정보를 담고 있다.

차량에 기반한 자재운반시스템의 동작을 기술하는 수학적 모델을 개발해보자. 차량은 일정한 속도로 움직인다고 가정하고 가속, 감속 및 하물 적재 상태에 의한 속도의 변화는 고려하지 않는다. 운반주기시간은 (1) 적재 작업장에서 적재하는 시간, (2) 목적지까지 이동하는 시간, (3) 목적지에서 하역하는 시간, (4) 운반과 운반 사이에 빈 채로 이동하는 시간으로 구성된다. 이를 식으로 나타내면 다음과 같다.

$$T_c = T_L + \frac{L_d}{v_c} + T_U + \frac{L_e}{v_c} \tag{10.1}$$

여기서 T_c =운반사이클 시간(분/운반), T_L =적재 작업장에서의 적재시간(분), L_d =적재와 하역 작업장 간의 이동거리(m), v_c =차량의 속도(m/분) T_U =하역 작업장에서 하역하는 시간(분), L_e =다음 운반사이클을 시작할 때까지 빈 채로 이동하는 거리(m)이다.

식 (10.1)로 계산한 T_c값은 신뢰성, 혼잡도 및 기타 차량의 속도를 저하할 수 있는 요인들을 무시하고 구한 값이므로 이상적인 값으로 생각해야 한다. 게다가 모든 운반사이클이 똑같지는 않다. 즉 출발지와 목적지가 달라질 수 있고, 이는 L_d, L_e값에 영향을 준다. 따라서 이 값들은 1교대

| 표 10.5 | 각 작업장 간의 흐름률(양/시간, /의 앞의 값)과 이동거리(m, /의 뒤의 값)를 보여주는 from-to 차트

	To	1	2	3	4	5
From	1	0	9/50	5/120	6/205	0
	2	0	0	0	0	9/80
	3	0	0	0	2/85	3/170
	4	0	0	0	0	8/85
	5	0	0	0	0	0

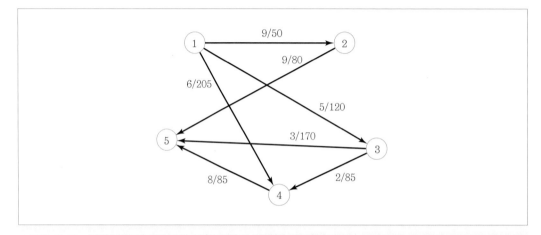

그림 10.13　적재/하역 작업장 간의 자재이동을 보여주는 네트워크 도표

또는 하루 중 적재 및 유휴 이동거리의 평균값으로 생각해야 한다.

　운반사이클 시간을 이용하여 시스템 내의 파라미터를 구할 수 있는데 (1) 차량별 운반율과 (2) 전체 운반 요구 조건을 충족하기 위해 필요한 차량의 수를 구해보자. 시간당 차량의 운반율은 60분을 운반사이클 시간(분)으로 나눈 후, 각종 시간 손실을 보정해 주면 된다. 가능한 손실시간은 (1) 가용률, (2) 혼잡도, (3) 운전자가 있는 경우 운전자의 능률 등을 포함한다. **가용률**(availability) A는 신뢰성 요소 중 하나로, 전체 기간 중 고장이나 수리시간을 제외하고 가동 중인 시간의 비율을 의미한다.

　교통 혼잡에 따른 시간 손실을 분석하기 위해 시간 손실이 시스템 수행도에 미치는 영향을 추정하는 **교통량 인수**(traffic factor) F_t를 정의하자. 교통량 인수로 설명할 수 있는 사항들은 교차로에서의 대기시간, 차량의 블로킹, 적재/하역 작업장의 대기라인에서의 대기시간 등이다. 차량의 블로킹이 없으면 $F_t = 1.0$이고, 블로킹이 증가하면 F_t의 값이 감소한다. 교차로에서의 대기시간, 차량의 블로킹, 적재/하역 작업장의 대기라인에서의 대기시간 등은 시스템의 규모와 시스템 내의 차량 수에 영향을 받는다. 시스템 내에 차량이 한 대만 있다면 블로킹이 거의 없고 F_t는 1.0에 가까운 값을 가질 것이다. 시스템 내에 차량의 수가 많다면 블로킹과 혼잡이 발생할 가능성이 증가하고 F_t는 적은 값을 가지게 된다. AGV 시스템의 경우 F_t는 보통 0.85~1.0 사이의 값을 갖는다[4].

손수레와 동력 트럭을 포함하는 산업용 트럭을 사용하는 시스템에서는 교통 혼잡으로 인해 시스템의 수행도가 저하되는 경우는 많지 않으며 운전자의 작업 효율성에 더 큰 영향을 받는다. **운전자 효율**(work efficiency), E_w는 운전자의 실제 작업률과 표준 작업률의 비로 정의된다. 위에서 설명한 요인들을 고려하면 1시간당 가용 용량 AT는

$$AT = 60\, A\, F_t\, E_w \tag{10.2}$$

로 표시된다. 이때 A, F_t, E_w는 차량의 운행경로, 유도선 배치, 차량의 제어 등이 잘못된 경우는 고려하지 않고 있다. 이러한 요소들도 최소화되어야 하는데 이는 L_d나 L_e에 반영한다.

이제 관심이 있는 수행도 척도를 살펴보면 차량당 시간당 운반율 R_{dv}는

$$R_{dv} = \frac{AT}{T_c} \tag{10.3}$$

로 주어지는데 T_c=식 (10.1)에서 구한 운반사이클 시간, AT=시간 손실을 반영한 시간당 가용 용량(분/시간)을 나타낸다.

시스템 내의 운반 요구사항을 만족시키기 위해 필요한 차량의 수 R_f는 전체 작업부하를 구한 후 차량 1대당 가용 용량으로 나누어 구할 수 있다. 작업부하는 자재취급시스템이 1시간에 달성해야 할 전체 작업량으로, 시간값으로 표시된다. 작업부하 WL은

$$WL = R_f\, T_c \tag{10.4}$$

로 표시되며 WL=작업부하(분/시간), R_f=시스템에 요구되는 시간당 운반율(운반/시간), T_c=운반사이클 시간(분/운반)을 나타낸다. 이 작업부하를 수행하기 위해 필요한 차량의 수 n_c는

$$n_c = \frac{WL}{AT} \tag{10.5}$$

로 표시된다. 식 (10.5)는 다음과 같이 간단히 할 수 있다.

$$n_c = \frac{R_f}{R_{dv}} \tag{10.6}$$

교통량 인수 F_t는 차량의 지연을 설명하기는 하지만, 차량의 도착을 기다리는 적재/하역 작업장의 대기시간으로 인한 지연을 포함하고 있지는 않다. 적재/하역 작업의 요청이 무작위로 발생하므로 차량이 다른 운반 작업을 수행하고 있으면, 작업장은 차량이 도착하기를 기다리게 된다. 위에 제시된 식들은 이렇게 발생하는 대기시간을 고려하지 않고 있다. 작업장에서의 대기시간을 최소화하려면 식 (10.5)와 (10.6)에서 구해진 값보다 더 많은 수의 차량이 필요하며, 이와 같이 더 복잡한 시스템의 분석을 위해서는 대기이론을 기초로 한 수학적 모델들이 적합하다.

예제 10.1 **AGV 시스템에서 필요한 차량의 수 결정**

그림 10.14에 주어진 AGV 시스템에서는 적재 작업장에서 하역 작업장으로 하물을 운반하기 위해 차량이 반시계방향으로 이동한다. 적재 작업장에서 적재 시간은 0.75분이고 하역 작업장에서 하역 시간은 0.5분이다. 시간당 40번의 운반을 해야 할 때 필요한 차량의 수를 결정하고자 한다. 차량의 속도＝50m/분, 가용률＝0.95, 교통량 인수＝0.90, 운전자의 능률 E_w＝1.0일 때 다음을 구하라―(a) 적재 및 빈 상태에서의 이동거리, (b) 이상적인 운반사이클 시간, (c) 시간당 총 40회의 운반 요구량을 만족시키기 위해 필요한 차량의 수.

풀이 (a) 모서리 부분의 곡률을 무시한다면 L_d와 L_e는 그림에서 각각 110m, 80m라는 것을 쉽게 알 수 있다.

(b) 이상적인 차량당 운반사이클 시간을 식 (10.1)로 구해보면 다음과 같다.

$$T_c = 0.75 + 110/50 + 0.50 + 80/50 = 5.05분$$

(c) 시간당 40번의 운반을 위해 필요한 차량의 수를 구하기 위해 시스템의 작업부하와 차량 1대당 1시간에 가용 용량을 구하면

$$WL = 40(5.05) = 202분/시간$$

$$AT = 60(0.95)(0.90)(1.0) = 51.3분/시간(차량당)$$

이다. 따라서 필요한 차량의 수는 다음과 같다.

$$n_c = 202/51.3 = 3.94대$$

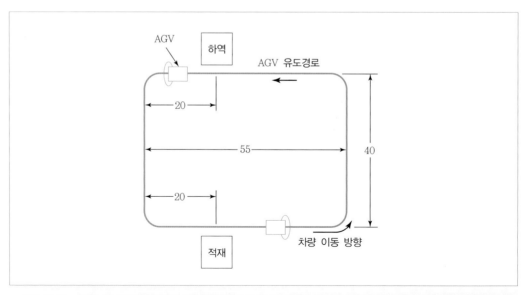

그림 10.14 예제 10.1에 대한 AGV 경로(단위 : m)

차량의 수는 정수여야 하므로, 반올림하면 **4대**가 된다.

평균 이동거리 L_d와 L_e를 구하기 위해서는 무인운반차량시스템의 배치를 분석해야 한다. 그림 10.14와 같은 단순한 루프에 대해서는 이 값을 결정하기가 쉬우나 복잡한 배치에 대해서는 값을 결정하기가 더 어려워지는데 다음 예를 통해 살펴보자.

예제 10.2   복잡한 AGV 시스템의 L_d 결정

이 예제에 대한 배치는 그림 10.15에 주어져 있고 from-to 차트는 표 10.5에 주어져 있다. 작업장 1은 외부에서 들어오는 부품을 작업장 2, 3, 4로 보내는 적재 작업장이며 작업장 5는 완성된 부품을 다른 작업장으로부터 받는 하역 작업장이다. 각 작업장의 생산율은 표 10.5의 운반율과 같다. 복잡한 점은 일부 부품의 경우 작업장 2와 3 사이에서 옮겨 타야 한다는 점이다. 차량이 화살표 방향으로 움직일 때 평균 운반거리 L_d를 구하라.

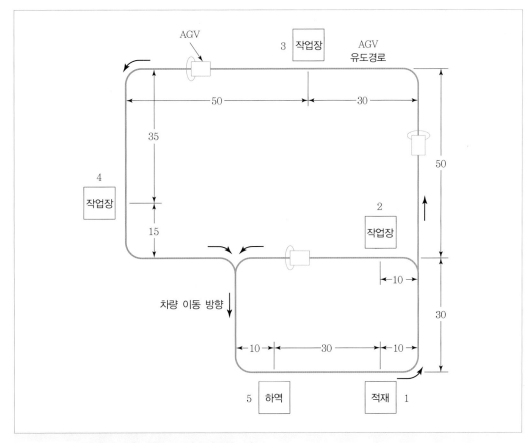

그림 10.15   예제 10.2에 대한 AGV 경로(단위 : m)

풀이 표 10.5에 각 작업장 간의 운반횟수와 거리가 주어져 있다. 거리는 그림 10.15에서 구한 값이다. L_d를 구하기 위해서는 운반횟수와 상응하는 거리를 이용한 가중평균을 구해야 한다.

$$L_d = \frac{9(50) + 5(120) + 6(205) + 9(80) + 2(85) + 3(170) + 8(85)}{9 + 5 + 6 + 9 + 2 + 3 + 8} = \frac{4{,}360}{42} = 103.8 \text{m}$$

운반사이클 중에 빈 채로 이동하는 평균거리 L_e를 구하는 것은 더 복잡해서 차량이 마지막 하역 위치에서 다음 적재 위치로 이동하는 방법을 결정하는 투입규칙과 일정계획 방법에 따라 달라진다. 그림 10.15에서 차량이 작업장 2, 3, 4에서 하역을 한 후에 작업장 1로 되돌아가야 한다면 빈 채로 이동하는 시간은 매우 커져서 L_e가 L_d보다 커질 수가 있다. 한편 차량이 특정 작업장에 정지하였을 때 부품을 내려놓고 바로 작업이 끝난 부품을 적재할 수 있다면 빈 채로 이동하는 시간은 최소화될 것이다. 그러나 이를 위해서는 각 작업장에 2-위치(two-position) 플랫폼이 있어야 한다. 따라서 AGV 시스템의 초기 설계 단계에 이 문제를 고려해야 한다. 이상적으로 L_e는 0이 되어야 하며 효율적인 설계와 차량의 일정계획을 이용하여 L_e를 최소화하는 것이 바람직하다. 제시된 수학적 모형에 의하면 L_e가 최소화되면, 운반사이클 시간이 최소가 되고 차량의 운반율과 시스템에 필요한 차량의 수에 있어서 유리하게 작용한다는 것을 알 수 있다.

10.3.2 컨베이어 분석

컨베이어 시스템의 분석에 대한 연구는 많이 있는데 그중 일부가 참고문헌 [8], [9], [11]~[14]에 실려 있다. 이 절에서는 10.2.4절에서 살펴본 세 가지 컨베이어 유형, 즉 (1) 단방향 컨베이어, (2) 연속 루프 컨베이어, (3) 재순환 컨베이어의 운영에 대해 살펴본다.

단방향 컨베이어 그림 10.10(a)처럼 하나의 적재 작업장과 하나의 하역 작업장 간에 동력 컨베이어를 사용하는 단방향 컨베이어를 가정해보자. 물자는 한쪽 끝에서 적재되어 반대쪽 끝에서 하역된다. 컨베이어가 일정한 속도로 움직인다고 가정하면 적재 작업장에서 하역 작업장까지 물자를 운반하는 데 걸리는 시간은

$$T_d = \frac{L_d}{v_c} \tag{10.7}$$

로 주어지며 T_d =운반시간(분), L_d =두 작업장 간의 컨베이어 길이(m), v_c =컨베이어 속도(m/분)이다.

컨베이어상에서 물자의 흐름률은 적재 작업장에서 적재하는 속도에 따라 결정되는데 적재에 필요한 시간의 역수가 적재속도의 최댓값이 된다. 컨베이어의 속도가 주어지면 적재속도에 따라 물자 간의 간격이 결정되는데, 이를 식으로 나타내면 다음과 같다.

$$R_f = R_L = \frac{v_c}{s_c} \leq \frac{1}{T_L} \tag{10.8}$$

여기서 R_f =물자의 흐름률(개/분), R_L =적재속도(개/분), s_c =컨베이어상에서 인접한 물자의 중심 간 거리(m/개), T_L =적재시간(분/개)을 의미한다. 적재속도 R_L 은 적재시간 T_L 의 역수로 생각하기 쉬우나, R_L 은 물자의 흐름률 요구 조건 R_f 에 의해 정해지고, T_L 은 인간공학적 요인에 의해 결정된다. 적재 작업장에서 일하는 작업자는 요구되는 흐름률보다 더 빠른 속도로 물자를 적재할 능력을 갖고 있을 수도 있다. 반대로 요구되는 흐름률은 사람의 한계보다 빨라질 수는 없다.

추가로 필요한 조건은 물자를 하역하는 데 걸리는 시간은 흐름률의 역수보다 적거나 같아야 한다. 즉

$$T_U \leq \frac{1}{R_f} \tag{10.9}$$

여기서 T_U =하역에 걸리는 시간(분/개)이다. 하역에 걸리는 시간이 도착 간격보다 길다면 물자가 쌓이거나 컨베이어의 끝에서 바닥에 내려놓게 된다.

식 (10.8)과 (10.9)에서 물자를 부품으로 간주하였는데 다른 단위하물에도 같은 식을 사용할 수 있다. 단위하물 원칙(10.1.2절)의 이점은 운반용기에 하나씩 운반하는 대신에 n_p 개의 부품을 한꺼번에 운반할 수 있다는 점인데 이를 반영하면 식 (10.8)은

$$R_f = \frac{n_p v_c}{s_c} \leq \frac{1}{T_L} \tag{10.10}$$

로 다시 쓸 수 있으며, 이때 R_f =물자의 흐름률(개/분), n_p =용기당 부품 수, s_c =컨베이어상에서 인접한 용기의 중심 간 거리(m/용기), T_L =적재시간(분/용기)을 의미한다. 이 경우에는 부품의 흐름률이 더 커지지만 적재시간은 여전히 한계값이 있으며, 적재시간에는 용기를 적재하는 시간 외에도 용기에 부품을 담는 시간을 포함할 수도 있다.

예제 10.3 **단방향 컨베이어**

부품 제조 부서와 조립 부서 간에는 35m 길이의 컨베이어를 이용하여 부품을 운반한다. 컨베이어의 속도는 40m/분이다. 부품은 부품 제조 부서의 적재 작업장에서 2명의 작업자가 대형 용기에 넣어 컨베이어에 올려놓는다. 부품은 25초 주기로 적재 작업장에 도착하는데, 첫 번째 작업자가 용기에 부품을 담는 데 25초가 걸린다. 용기에는 20개의 부품을 넣을 수 있다. 두 번째 작업자는 용기를 컨베이어에 올려놓는 데 10초가 걸린다. 이때 (a) 컨베이어상에서 용기 간의 간격, (b) 최대 흐름률(개/분), (c) 조립 부서에서 하역하는 데 필요한 최소시간을 결정하라.

▌풀이 (a) 부품 간의 간격은 적재시간에 따라 결정된다. 용기를 컨베이어에 올려놓는 데 10초가 걸리고, 용기에 부품을 담는 데 25초가 걸리므로 적재사이클 시간은 25초에 의해 제한을 받는다.

컨베이어의 속도가 40m/분이므로 용기 간의 간격은

$$s_c = (25/60\text{분})(40\text{m/분}) = 16.67\text{m}$$

(b) 흐름률은 식 (10.10)으로 구해지는데

$$R_f = 20(40)/16.67 = 48\text{개/분}$$

이다. 이 값은 25초 동안 20개를 용기에 담으므로 0.8개/초와 같은 값이다.

(c) 하역시간은 용기의 흐름률과 보조를 맞추어야 하는데 용기의 흐름률은 25초당 1개이다. 따라서 $T_U \leq 25$초이다.

연속 루프 컨베이어 계속 순환하는 고가활차와 같은 연속 루프 컨베이어를 이용하여 적재 작업장과 하역 작업장 간에 부품을 운반하는 경우를 생각해보자. 전체 루프는 그림 10.10(b)처럼 부품이 적재되는 운반 루프(전방향)와 빈 용기가 이동하는 귀환 루프로 구분할 수 있다. 운반 루프의 길이를 L_d라 하고 귀환 루프의 길이를 L_e라 하면 컨베이어의 길이 $L = L_d + L_e$가 된다. 전체 루프가 이동하는 데 걸리는 시간은 사이클 시간과 이동속도를 각각 T_c, v_c라 하면

$$T_c = \frac{L}{v_c} \qquad (10.11)$$

이 된다. 하물이 운반 루프에서 소모하는 시간 T_d는

$$T_d = \frac{L_d}{v_c} \qquad (10.12)$$

가 된다.

운반용기는 s_c 간격으로 일정하게 배치되어 있으므로 루프상에 매달려 있는 용기의 수 n_c는

$$n_c = \frac{L}{s_c} \qquad (10.13)$$

이 되는데 n_c는 정수여야 하므로 L과 s_c도 이 조건에 맞게 값이 설정되어야 한다.

각 운반용기에는 n_p개의 부품을 담을 수 있고 귀환할 때는 빈 채로 귀환한다. 운반 루프상에 있는 용기들만 부품을 싣고 있으므로 시스템 내에 있는 부품의 최댓값은

$$\text{시스템 내의 총부품 수} = \frac{n_p n_c L_d}{L} \qquad (10.14)$$

가 된다.

단방향 컨베이어처럼 적재와 하역 작업장 간의 최대 흐름률 R_f는

$$R_f = \frac{n_p v_c}{s_c}$$

가 된다. 물론 이 흐름률은 식 (10.8)~(10.10)과 마찬가지로 적재와 하역에 걸리는 시간에 의해 제한을 받는다.

재순환 컨베이어 : Kwo 분석   재순환 컨베이어의 운영을 어렵게 하는 두 가지 문제를 10.2.4절에서 살펴보았다. 즉 (1) 적재 작업장에서 필요할 때 빈 용기가 없을 가능성, (2) 하역 작업장에서 부품을 적재한 용기가 없을 가능성이 있다. Kwo 분석[8], [9]에서는 적재 작업장과 하역 작업장이 각각 1개씩인 경우를 가정하고 재순환 컨베이어 시스템 설계 시 고려해야 할 세 가지 기본 원칙을 제시하고 있다.

(1) **속도 규칙** : 이 규칙은 컨베이어의 속도가 일정한 범위 내에 있어야 한다는 것을 말한다. 속도의 하한값은 각 작업장에서 요구되는 적재율과 하역률에 의해 결정되는데, 적재율과 하역률은 컨베이어를 사용하는 외부시스템에 의해 결정된다. 요구되는 적재율과 하역률을 각각 R_L과 R_U라고 하면 컨베이어의 속도는 다음 식을 만족해야 한다.

$$\frac{n_p v_c}{s_c} \geq \text{Max}\{R_L, R_U\} \tag{10.15}$$

속도의 상한값은 적재와 하역 작업을 하는 작업자의 물리적 능력에 의해 결정되는데 작업자의 능력은 용기에 적재/하역하는 시간으로 정의한다. 따라서 T_L과 T_U를 각각 적재와 하역에 필요한 시간으로 두면

$$\frac{v_c}{s_c} \leq \text{Min}\left\{\frac{1}{T_L}, \frac{1}{T_U}\right\} \tag{10.16}$$

가 된다. 식 (10.15)와 (10.16) 외에도 컨베이어의 속도는 기계적 한계를 넘어설 수는 없다.

(2) **용량 제약** : 컨베이어 시스템의 흐름률은 적어도 여유 재고량과 적재와 하역 작업장 간의 이동거리로 인한 시간 지연을 수용할 수 있을 만큼의 용량을 처리할 수 있어야 한다. 이를 식으로 표현하면 다음과 같다.

$$\frac{n_p v_c}{s_c} \geq R_f \tag{10.17}$$

여기서 R_f는 재순환 컨베이어 시스템에 요구되는 시스템 규격으로 생각할 수 있다.

(3) **균일성 원리** : 이 원리는 부품이나 하물이 컨베이어상에서 균일하게 분포해야 한다는 것을 의미한다. 즉 어떤 구역에서는 부품이 적재된 용기만 있고 어떤 구역에서는 빈 용기만 있는 경우가 없도록 해야 한다. 균일성 원리의 목적은 적재나 하역 작업장에서 비정상적으로 긴 대기라인이 형성되는 것을 방지하기 위함이다.

예제 10.4 재순환 컨베이어 분석

전체 길이가 300m인 재순환 컨베이어가 있다. 속도는 60m/분이고 용기 간의 간격은 12m이다. 용기에는 2개의 부품을 넣을 수 있는데 2개를 넣는 데 걸리는 시간은 0.2분이고 용기를 하역하는 시간도 0.2분이다. 요구되는 적재율과 하역률은 모두 4개/분이다. Kwo의 세 가지 원칙에 따라 시스템의 설계를 평가하라.

풀이 **속도 규칙** : 속도의 하한값에 대한 제약은 요구되는 적재율과 하역률에 따라 결정되는데 이 값이 4개/분이다. 식 (10.15)를 이용하면

$$\frac{n_p v_c}{s_c} \geq \text{Max}\{R_L, R_U\}$$

$$\frac{(2개/용기)\,(60m/분)}{12m/용기} = 10개/분 > 4개/분$$

상한값에 대한 제약은 식 (10.16)을 이용하면

$$\frac{60m/분}{12m/용기} = 5용기/분 \leq \text{Min}\left\{\frac{1}{0.2}, \frac{1}{0.2}\right\} = \text{Min}\{5, 5\} = 5$$

이다. 따라서 속도 규칙은 충족된다.

용량 제약 : 컨베이어의 흐름률 용량은 위에서 계산한 대로 10개/분인데 이는 요구되는 흐름률 4개/분보다 상당히 크므로 용량 제약도 만족된다. 참고로 Kwo는 요구되는 흐름률을 결정하는 지침을 제시하고 있다.

균일성 원리 : 적재율과 하역률이 같고 컨베이어의 흐름률 용량이 요구되는 흐름률보다 크므로 하물이 컨베이어의 전체 길이에 대해 균일하게 적재된다고 가정한다. 균일성을 검사하는 조건도 Kwo의 논문에 제시되어 있다[8], [9].

참고문헌

[1] BOSE, P. P., "Basics of AGV Systems," Special Report 784, *American Machinist and Automated Manufacturing,* March 1986, pp. 105-122.

[2] CASTELBERRY, G., *The AGV Handbook,* AGV Decisions, Inc., published by Braun-Brumfield, Inc., Ann Arbor, Michigan, 1991.

[3] EASTMAN, R. M., *Materials Handling,* Marcel Dekker, Inc., New York, 1987.

[4] FITZGERALD, K. R., "How to Estimate the Number of AGVs You Need," *Modern Materials Handling,* October 1985, p.79.

[5] KULWIEC, R. A., *Basics of Material Handling,* Material Handling Institute, Pittsburgh, PA, 1981.

[6] KULWIEC, R. A., Editor, *Materials Handling Handbook,* 2nd Edition, John Wiley & Sons, Inc., NY, 1985.

[7] KULWIEC, R., "Cranes for Overhead Handling," *Modern Materials Handling,* July 1998, pp. 43-47.

[8] KWO, T. T., "A Theory of Conveyors," *Management Science,* Vol. 5, No. 1, 1958, pp. 51-71.

[9] KWO, T. T., "A Method for Designing Irreversible Overhead Loop Conveyors," *Journal of Industrial Engineering,* Vol. 11, No. 6, 1960, pp. 459-466.

[10] MILLER, R. K., *Automated Guided Vehicle Systems,* Co-published by SEAI Institute, Madison, GA and Technical Insights, Fort Lee, NJ, 1983.

[11] MUTH, E. J., "Analysis of Closed-Loop Conveyor Systems," *AIIE Transactions,* Vol. 4, No. 2, 1972, pp. 134-143.

[12] MUTH, E. J., "Analysis of Closed-Loop Conveyor Systems : The Discrete Flow Case," *AIIE Transactions,* Vol. 6, No. 1, 1974, pp. 73-83.

[13] MUTH, E. J., "Modelling and Analysis of Multistation Closed-Loop Conveyors," *International Journal of Production Research,* Vol. 13, No. 6, 1975, pp. 559-566.

[14] MUTH, E. J., and J. A. WHITE, "Conveyor Theory : A Survey," *AIIE Transactions,* Vol. 11, No. 4, 1979, pp. 270-277.

[15] MUTHER, R., and K. HAGANAS, *Systematic Handling Analysis,* Management and Industrial Research Publications, Kansas City, MO, 1969.

[16] TOMPKINS, J. A., J. A. WHITE, Y. A. BOZER, E. H. FRAZELLE, J. M. TANCHOCO, and J. TREVINO, *Facilities Planning,* 4th ed., John Wiley & Sons, Inc., NY, 2010.

[17] WITT, C. E., "Palletizing Unit Loads: Many Options," *Material Handling Engineering,* January, 1999, pp. 99-106.

[18] ZOLLINGER, H. A., "Methodology to Concept Horizontal Transportation Problem Solutions," paper presented at the *MHI 1994 International Research Colloquium,* Grand Rapids, MI, June 1994.

[19] www.agvsystems.com

[20] www.jervisbwebb.com

[21] www.mhi.org/cicmhe/resources/taxonomy

[22] www.mhia.org

[23] www.wikipedia.org/wiki/Automated_guided_vehicle

복습문제

10.1 자재취급의 정의를 내려라.

10.2 자재취급이 일반 물류에서 차지하는 부분은 무엇인가?

10.3 자재취급 장비를 네 가지 영역으로 구분하면 어떻게 되는가?

10.4 단위화 장비에는 어떤 것이 속하는가?

10.5 단위화 원칙이란 무엇인가?

10.6 공장 내에서 자재를 운반하는 데 사용되는 장비를 다섯 유형으로 분류하면 어떻게 되는가?

10.7 AGV란 무엇인가?

10.8 궤도차량과 AGV의 차이점은 무엇인가?

10.9 컨베이어의 종류를 설명하라.

10.10 재순환 컨베이어란 무엇인가?

10.11 크레인과 호이스트의 차이점은 무엇인가?

10.12 AGV의 세 가지 유형을 설명하라.

10.13 레이저 유도 차량이 그 전 시대의 AGV와 구별되는 점은 무엇인가?

연습문제

차량시스템 분석

10.1 AGV의 평균 적재 운반거리는 220m이고, 빈 채로 이동하는 평균거리는 160m이다. 적재와 하역에 걸리는 시간은 각각 24초이며 차량의 속도는 1m/s, 교통량 인수는 0.9, 가용률은 0.94 일 때 시간당 35번의 운반을 위해 필요한 차량의 수를 구하라.

10.2 본문의 예제 10.2에서 차량이 다음과 같은 일정계획에 따라 운영된다고 가정하자—(1) 작업 장 1에서 작업장 2, 3, 4로 부품을 운반한 차량은 작업장 5에 빈 상태로 돌아온다. (2) 작업장 2, 3, 4에서 가공이 끝난 부품을 작업장 5로 운반하기 위해서는 차량이 작업장 1에서 빈 상태 로 각 작업장으로 이동한다. (a) 빈 상태로 이동하는 거리를 결정하고 표 10.5와 같은 from-to 차트를 작성하라. (b) 무인운반차량의 속도는 50m/분이고 교통량 인수는 0.9, 예제 10.2에 서 계산한 운반거리는 103.8m이다. 신뢰도가 100%일 때 L_e를 구하라. (c) 필요한 차량의 수를 구하라.

10.3 지게차를 사용하는 운반시스템에서 평균 적재 운반거리는 500ft이고, 빈 채로 이동하는 평균 거리는 400ft이다. 전체 운반요구량은 시간당 50회이다. 적재와 하역에 걸리는 시간은 각각 0.75분이며 차량의 속도는 350ft/분, 교통량 인수는 0.85, 가용률은 0.95, 운전자의 효율은 90%이다. (a) 운반당 유휴(idle) 사이클 시간을 구하라. (b) 시간당 지게차 1대가 운반하는 횟수를 구하라. (c) 운반 요구량을 충족시키기 위해 필요한 지게차의 수를 구하라.

10.4 어떤 유연생산시스템의 배치도는 그림 P10.4와 같고 물자의 운반은 궤도차량시스템을 사용 한다. 모든 부품은 외부로부터 들어와서 작업장 1에서 적재되어 다른 작업장(2, 3, 4)으로 운반되며, 가공을 마치면 작업장 1로 되돌아와서 하역된다. 각 작업장에서는 부품을 차량에 적재한 상태로 가공한다. 작업장 1에서의 적재와 하역 시간은 각각 0.5분이며 작업장 2, 3,

4에서의 가공시간은 각각 6.5분, 8분, 9.5분이다. 작업장 2, 3, 4에서의 시간당 생산량은 7, 6, 5개이다. (a) 표 10.5와 같이 from-to 차트를 작성하라. (b) 3개 작업장 각각의 생산율(시간당)을 계산하라. (각 작업장에서 나가고 들어오는 차량으로 인한 시간 손실은 15초이다.) (c) 앞의 생산율 달성을 위해 필요한 차량의 수를 결정하라. 단 차량의 속도는 50m/분이고 교통량 인수는 1.0이며 가용률은 100%로 가정하라.

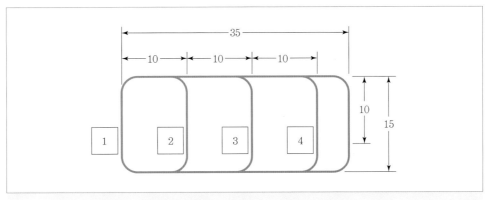

그림 P10.4 문제 10.4에 대한 FMS 배치

10.5 AGV 시스템의 평균 적재 이동거리는 300ft이고 빈 채로 이동하는 평균거리는 모른다고 가정하자. 운반요구량은 50회/시간이고 적재와 하역에 걸리는 시간이 각각 0.5분이고 차량의 속도는 200ft/분, 교통량 인수는 0.85, 가용률은 0.95일 때 필요한 차량의 수를 빈 채로 이동하는 평균거리 L_e의 함수로 표현하는 식을 구하라.

10.6 조립라인에 궤도차량시스템을 사용하고자 한다. 시스템은 그림 P10.6과 같이 2개의 평행라인으로 구성되어 있다. 작업장 1에서 기초 부품을 적재하여 작업장 2 또는 4로 이동한 후

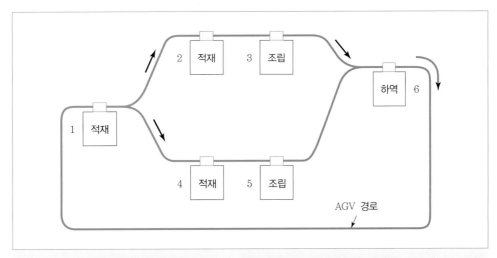

그림 P10.6 문제 10.6에 대한 배치

기초 부품에 부품을 조립한다. 그다음에 경로를 따라 작업장 3 또는 5로 이동하여 추가로 부품을 조립한다. 작업장 3이나 5에서는 작업장 6으로 이동하여 부품을 하역한다. 부품은 차량에 실린 채로 조립되므로 작업장 2, 3, 4, 5에서는 적재나 하역이 없다. 작업장 6에서 부품을 하역한 후 차량은 다시 작업장 1로 이동하여 기초 부품을 적재한 후 같은 과정을 반복한다. 시간당 운반횟수(회/시간)와 이동거리(ft)는 아래 표에 주어져 있으며 차량의 속도는 150ft/분이다. 작업장 2와 3에서의 조립시간은 각각 4분이며 작업장 4와 5에서는 각각 6분이다. 작업장 1에서의 적재와 작업장 6에서의 하역에 걸리는 시간이 각각 0.75분이고 교통량 인수는 1.0, 가용률은 1.0일 때 필요한 차량의 수를 구하라.

To :		1	2	3	4	5	6
From	1	0/0	13L/100	—	9L/80	—	—
	2	—	0/0	13L/30	—	—	—
	3	—	—	0/0	—	—	13L/50
	4	—	—	—	0/0	9L/30	—
	5	—	—	—	—	0/0	9L/70
	6	22E/300	—	—	—	—	0/0

10.7 자재취급에 AGV를 사용하는 시스템의 작업장 간에 필요한 시간당 운반횟수와 거리를 보여 주는 from-to 차트가 다음에 나와 있다. 표에서 'L'은 적재 상태의 이동을 의미하고 'E'는 빈 상태의 이동을 의미한다. 교통량 인수는 0.85, 가용률은 0.9, 차량의 속도는 0.9m/초이고, 운반당 하물 취급시간이 1분(적재 : 0.5분, 하역 : 0.5분)이라면, 주어진 운반 요구량을 만족하기 위해 필요한 차량은 몇 대인가?

To		1	2	3	4
From	1	0/0	9L/90	7L/120	5L/75
	2	5E/90	0/0	—	4L/80
	3	7E/120	—	0/0	—
	4	9E/75	—	—	0/0

10.8 40개의 작업장이 있는 공장의 자재취급시스템으로 AGV 시스템이 제안되었다. 각 작업장에서 1시간에 한 번 운반이 이루어져야 하므로 운반율은 40회/시간이다. 평균 적재 이동거리는 250ft로 추정되었고, 빈 상태로 이동하는 평균거리는 300ft로 추정되었다. 차량의 속도는 200ft/분이고 적재와 하역에 필요한 시간은 합쳐서 1.5분이다. 차량의 수 n_c가 증가하면 교통량 인수 F_t가 영향을 받기 때문에 F_t를 다음 식과 같이 모델링하였다.

$$F_t = 1.0 - 0.05(n_c - 1), \ n은 \ 정수 > 0$$

가용률은 1.0으로 가정하고, 필요한 차량의 수를 구하라.

10.9 다음의 from-to 차트는 작업장 간에 8시간 동안 운반해야 할 물자의 양과 거리(ft)를 나타낸다. 운반에는 지게차를 사용하는데, 속도는 적재 상태일 때는 275ft/분이고 빈 상태일 때는 350ft/분이다. 운반 시 하물 취급시간이 1.5분, 교통량 인수는 0.9, 가용률은 95%, 운전자의 능률은 110%일 때 다음 두 경우에 필요한 차량의 수를 구하라―(a) 지게차가 빈 상태로 이동하는 경우가 없을 경우, (b) 적재 상태의 이동거리만큼만 빈 상태로 이동하는 경우.

	To Dept.	A	B	C	D	E
From	A	0/0	62/500	51/450	45/350	—
Dept.	B	—	0/0	—	22/400	—
	C	—	—	0/0	—	76/200
	D	—	—	—	0/0	65/150
	E	—	—	—	—	0/0

10.10 시간당 50대의 생산율로 가전제품을 생산하는 공장이 있다. 제품은 팰릿에 1대씩 실려서 라인에서 이동한다. 마지막 작업장에서 제품을 팰릿에서 내리고 팰릿은 재사용을 위해 라인의 입구로 돌려보낸다. 팰릿을 되돌려 보낼 때는 AGV를 사용하는데 이동거리는 600ft이며 라인의 마지막으로 되돌아오는 거리도 500ft이다. AGV는 팰릿을 4개씩 운반하며 속도는 200ft/분이다. 팰릿은 라인의 양쪽 끝에서 대기라인을 형성하므로 생산라인이나 AGV 모두 팰릿이 부족한 경우는 없다. 팰릿을 AGV에 적재하는 시간은 15초이다. 마지막 작업장에서 팰릿을 적재하기 위해 차량의 위치를 조정하는 데 12초가 걸리며 처음 작업장에서 팰릿을 내리는 시간과 위치를 조정하는 시간도 동일하다. 교통량 인수가 1.0이고 가용률이 100%일 때 필요한 차량의 수를 구하라.

10.11 문제 10.10의 생산라인에서 1대의 견인차와 여러 대의 화차로 구성된 무인기차를 사용한다고 가정하자. 마지막 작업장에서 화차에 팰릿을 싣는 시간은 15초이고 팰릿을 적재하기 위해 차량의 위치를 조정하는 데 30초가 걸린다. 처음 작업장에서 팰릿을 내리는 시간과 위치를 조정하는 시간도 동일하다. 화차 1대에 팰릿을 4개씩 적재할 수 있다면 필요한 화차의 수는 몇 대인가?

컨베이어 시스템 분석

10.12 연속된 폐쇄 루프로 구성된 고가활차를 가정하자. 운반 루프는 길이가 100m이고 귀환 루프는 길이가 60m이다. 모든 부품은 적재 작업장에서 적재하며 하역 작업장에서 하역한다. 루프상의 각 고리는 하나의 부품을 실을 수 있고 고리 간의 간격은 2m이다. 컨베이어의 속도는 0.5m/초일 때 다음을 구하라―(a) 컨베이어 시스템상의 부품의 최대 수, (b) 부품 흐름률, (c) 컨베이어의 운영을 위한 최대 적재시간과 하역시간.

10.13 적재 작업장과 하역 작업장 간에 팰릿을 운반하기 위해 속도가 50ft/분이고 길이가 400ft인 롤러 컨베이어가 있다. 각 팰릿은 15개의 부품을 실을 수 있다. 팰릿을 채우는 사이클 시간은

45초이고, 1명의 작업자가 분당 4개의 속도로 팰릿을 적재한다. 하역 작업장에서 하역을 하는 시간은 30초이다. 다음을 결정하라─(a) 팰릿 중심 간의 간격, (b) 컨베이어상에 있는 팰릿의 수, (c) 부품의 시간당 흐름률, (d) 흐름률을 1,500부품/시간으로 증가시키려면 컨베이어의 속도를 얼마나 증가시켜야 하는가?

10.14 거리가 350ft인 적재 작업장과 하역 작업장 사이에 200ft/분의 속도로 용기를 운반하는 롤러 컨베이어가 있다. 용기는 10개의 부품을 넣을 수 있으며 부품 1개를 넣는 데 3초가 걸리고 용기를 컨베이어에 적재하는 데 15초가 걸린다. 다음을 결정하라. (a) 용기 중심 간의 간격, (b) 부품의 시간당 흐름률, (c) 단위하물 효과를 고려해보자. 용기가 작아서 부품을 하나만 넣을 수 있다고 가정하자. 용기를 컨베이어에 적재하는 데 7초가 걸리고 부품을 용기에 넣는 데 3초가 걸린다면 부품의 흐름률은 얼마인가?

10.15 적재 작업장과 하역 작업장 간에 부품을 운반하는 폐쇄 루프 고가활차 컨베이어를 설계하려고 한다. 두 작업장 간에 요구되는 부품의 흐름률은 300개/시간이다. 각 운반용기는 하나의 부품만 적재할 수 있으며, 운반 루프와 귀환 루프의 길이는 각각 90m이고, 컨베이어의 속도는 0.5m/초이다. 각 작업장에서 부품을 적재하거나 하역하는 데 걸리는 시간은 각각 12초이다. 이 시스템이 가능한가? 가능하다면 적절한 용기의 수는 몇 개이고 용기 간의 간격은 얼마인가?

10.16 문제 10.15에서 용기가 더 커서 부품을 4개까지 넣을 수 있다고 가정하자($n_p = 2$, 3 또는 4). 적재에 걸리는 시간 $T_L = 9 + 3n_p$(초)이다. 다른 값들은 문제 10.15와 같을 때 가능한 n_p의 값을 구하라. 가능한 값에 대해 (a) 용기 간의 간격, (b) 요구되는 흐름률을 달성하기 위한 용기의 수를 구하라.

10.17 전체 길이가 200m이고 속도가 50m/분인 재순환 컨베이어가 있다. 부품용기 간의 간격은 5m이고 각 용기는 2개의 부품을 넣을 수 있다. 적재와 하역 작업자에서는 자동화된 기계로 적재와 하역을 하는 데 각각 0.15분씩 걸린다. 요구되는 적재율과 하역률은 6개/분이다. Kwo의 원칙에 따라 설계를 분석하라.

10.18 전체 길이가 1,000ft이고 속도가 50ft/분인 연속 루프 컨베이어를 설치하는 데 하나의 부품을 넣을 수 있는 용기를 25ft 간격으로 설치하고자 한다. 적재 작업장과 하역 작업장 간의 거리는 500ft이다. 매일 작업을 시작할 때 컨베이어는 빈 상태로 시작한다. 적재 작업장에서는 30초마다 1개의 부품을 10분간 적재하고 다음 10분간은 쉰다. 이와 같이 20분 주기로 8시간 동안 반복된다. 하역 작업장에서는 적재된 용기가 도착할 때까지 기다리다가 용기가 도착하면 8시간 동안 모든 용기가 빌 때까지 1분에 1개씩 하역한다. (a) 각 작업장의 길이는 10ft이다. 따라서 이 공간 내에서 컨베이어가 움직이는 상태에서 적재와 하역을 해야 한다. 적재와 하역 작업을 하는 데 가용한 시간의 최댓값은 얼마인가? (b) 이 시스템은 작동할 것인가? 답에 대한 근거를 제시하라.

보관시스템

물자 보관시스템의 기능은 물자를 일정 기간 동안 저장하고 필요할 때 이들 물자를 사용할 수 있도록 하는 것이다. 제조업체에서 보관하는 물자는 표 11.1에서 보는 것처럼 다양하다. (1)~(5)는 제품과 직접 관련이 있고, (6)~(8)은 공정과 관련이 있으며 (9)와 (10)은 공장운영에 대한 지원과 관련이 있다. 서로 다른 유형의 물자는 서로 다른 보관 방법과 통제를 필요로 한다. 많은 공장에서는 물자의 저장과 입하를 수작업으로 한다. 보관 기능은 인력, 바닥공간, 물자통제 측면에서 볼 때 비효율적으로 수행되는 경우가 많은데, 보관 기능의 효율을 향상시켜 주는 자동화된 방법들이 알려져 있다.

이 장에서는 보관시스템에서 가장 중요한 수행 척도를 정의하는 것으로부터 시작한다. 또한 보관시스템에서 각 품목들의 적절한 위치를 결정하기 위한 전략에 대해 살펴보고, 전통적인 보관장비와 방법, 자동화된 방법과 장비에 대해서도 살펴본다. 마지막 절은 자동화된 보관시스템의 수행도로 주로 사용되는 용량과 처리량에 대한 정량적인 분석 방법에 대해 살펴본다.

11.1 보관시스템의 수행도

보관시스템은 투자액과 운영비용에 적합한 수행도가 나와야 한다. 다양한 수행도 척도들이 있는데 (1) 저장용량, (2) 저장밀도, (3) 접근성, (4) 처리량 등이 있다. 이 외에 기계화 혹은 자동화된 시스

| 표 11.1 | 공장에서 보관하는 물자의 유형

유형	설명
1. 원자재	가공할 초기자재(예 : 금속 바, 금속판, 플라스틱 사출성형 화합물)
2. 구매한 부품	가공이나 조립을 위해 공급받은 부품(예 : 주물, 구매부품)
3. 재공품	공정 중이거나 조립을 기다리는 부분적으로 완성된 부품
4. 완제품	출하를 기다리는 완성된 제품
5. 재작업물과 폐기물	규격이 맞지 않아 재작업이나 폐기될 부품
6. 쓰레기	칩, 톱밥, 기름 등 가공 후에 남는 찌꺼기 : 이 물자들은 폐기되어야 하는데 특별히 주의를 요할 수도 있다.
7. 공구	절삭공구, 지그, 고정구, 주형, 금형, 용접봉 등 제조와 조립에 쓰이는 공구—헬멧, 장갑 등도 포함
8. 여유부품	장비의 유지보수에 사용되는 부품
9. 사무용품	종이류, 필기구 등 사무실에서 사용하는 품목
10. 문서	제품, 장비, 사람 등에 대한 기록

템에 대해서는 (5) 이용률과 (6) 가용률 등이 있다.

저장용량(storage capacity)은 가용 용적 또는 저장을 위한 전체 구획의 수로 측정할 수 있다. 많은 보관시스템에서 물자를 표준화된 크기의 용기(팰릿, 토트 박스, 기타 용기)에 넣어 단위하물로 보관한다. 표준화된 용기는 보관시스템이나 이에 연계된 자재취급시스템에서 다루기가 용이하고 운반과 저장도 용이하다. 따라서 창고의 용량을 저장 가능한 단위하물의 수로 측정하기도 한다. 보관시스템의 물리적 용량은 물자의 취급에 필요한 공간과 최대 저장량의 변동분을 고려하여 예상되는 최대 저장량보다 커야 한다.

저장밀도(storage density)는 실제로 물자의 저장에 사용되는 용적과 저장설비의 전체 용적의 비로 정의된다. 물자의 이동에 필요한 복도와 부대 공간이 물자의 저장에 사용되는 공간보다 큰 경우도 많다. 저장밀도를 평가할 때 바닥 면적을 사용하는 경우도 있는데, 이는 설계도에서 쉽게 계산할 수 있기 때문이다. 하지만 부피를 이용한 척도가 면적을 이용한 척도보다 더 적합한 척도이다.

공간의 효율적인 사용을 위해서는 저장밀도가 높게 보관시스템을 설계해야 한다. 그러나 저장밀도가 높아지면 저장된 물품에 접근할 수 있는 능력을 의미하는 **접근성**(accessibility)이 떨어진다. 따라서 설계 시에 저장밀도와 접근성 간의 절충이 필요하다.

시스템 처리량(system throughput)은 시간당 시스템이 물품을 입하하여 저장하는 횟수 또는 물품을 꺼내서 출하 장소로 보내는 횟수로 정의된다. 이 비율은 하루 중에도 시간대별로 차이가 나는 경우가 많은데 최대 처리량에 맞추어 설계해야 한다.

시스템 처리량은 저장이나 불출(retrieval) 주문처리에 걸리는 시간에 따라 제약을 받는다. 일반적인 저장 주문처리는 (1) 입하 작업장에서 물품을 적재하고, (2) 저장할 곳으로 이동하고, (3)

그 위치에 물품을 하역하고, (4) 다시 입하 작업장으로 돌아가는 과정으로 구성된다.

불출 주문처리는 (1) 물품이 저장된 곳으로 이동하고, (2) 그 물품을 적재하고, (3) 출하 작업장으로 이동하고, (4) 출하 작업장에 하역하는 과정으로 이루어진다. 각 과정에 걸리는 시간의 합이 주문처리에 걸리는 시간이 된다. 저장 주문과 불출 주문의 처리를 한 사이클로 묶어서 처리하면 이동시간을 감소시켜 처리량을 증가시킬 수 있는데 이를 이중명령 사이클(dual command cycle)이라고 한다. 한 사이클에 저장 주문이나 불출 주문만을 처리하는 것을 단일명령 사이클(single command cycle)이라고 한다.

보관시스템에 따라 저장/불출 사이클을 수행하는 시간의 변동이 있을 수 있다. 사람이 작업을 수행하는 경우에는 저장할 위치나 저장된 위치를 찾는 데 시간이 걸릴 수 있고, 작업처리시간에 변동이 크고, 작업자의 태도에 따라서 달라지며, 작업자의 통제가 어렵다. 단일명령 대신에 이중명령 사이클을 사용할 때는 수요와 작업일정계획의 영향을 받는다. 만일 하루 중 어느 시간대에는 불출 주문은 없고 저장 주문만 있다면, 한 사이클에 저장과 불출을 처리하는 것은 불가능하다. 반면에 저장과 불출이 모두 필요하다면 일정계획을 통해 처리량을 높일 수 있는데, 컴퓨터를 이용한 시스템에서 더 쉽게 달성할 수 있다.

처리량은 보관시스템과 연계된 자재취급시스템의 성능에도 영향을 받는다. 자재취급시스템이 보관시스템에 물자를 운반하는 최대속도나 보관시스템이 불출하는 물자를 운반하는 최대속도가 저장/불출 주기시간보다 느리면 보관시스템의 처리량은 떨어지게 된다.

이용률(utilization) 혹은 가동률은 보관시스템의 가용시간 중에서 저장이나 불출 작업에 사용한 시간의 비율을 말하며 시간에 따라 변할 수 있다. 자동화된 보관시스템의 이용률은 80~90% 정도로 높게 설계하는 것이 좋다. 이용률이 너무 낮으면 시스템의 용량이 과하다는 뜻이며, 너무 높으면 작업이 몰릴 때나 고장이 발생할 경우에 대비한 여유분이 없다는 것이다.

가용률(availability)은 시스템 신뢰도에 대한 척도로 전체 가동시간 중에 시스템이 작업을 수행할 수 있는 상태의 시간 비율이다(3.1.1절). 장비의 오작동이나 고장은 비가동시간을 초래한다. 비가동시간의 원인은 통제 컴퓨터의 고장, 기계적 고장, 하물이 끼일 경우, 부적절한 유지보수, 시스템의 부적절한 사용 등이다. 시스템의 신뢰도는 예방보수나 중요한 부품을 준비해 두면 향상시킬 수 있다. 시스템 비가동으로 인한 영향을 완화하기 위해 백업 절차를 강구해야 한다.

11.2 보관위치 전략

보관시스템에서 재고를 배치하는 전략은 몇 가지가 있는데, 전략에 따라 위에서 살펴본 수행도 척도들이 영향을 받는다. 두 가지 기본 전략은 (1) 임의(random)보관과 (2) 지정보관이다. 창고에 보관되는 개별 품목은 stock-keeping-unit(SKU)라고 불리는데 SKU는 품목의 종류를 고유하게 나타낸다. 보관설비의 재고 기록에는 각 SKU에 대해 보관된 수를 기록하고 있다. 임의보관에서는 빈자리가 있으면 아무 곳에나 품목을 저장한다. 실제로는 물품이 들어오면 가장 가까운 빈자리에 저장되고, 불출 주문이 들어오면 선입선출원칙에 의해 출고된다.

지정보관에서는 SKU별로 위치를 할당하여 그 위치에 저장을 하는데, 각 SKU에 대한 보관위치의 수를 최대 재고량만큼 확보해야 한다. 위치를 할당할 때는 (1) 부품 번호나 제품 번호순으로 할당하거나, (2) 회전율이 높은 품목을 입/출고 지점에 가까운 곳에 할당하거나, (3) 회전율과 필요한 공간의 비가 큰 품목을 입/출고 지점에 가까운 곳에 할당하는 방법 중에서 하나를 사용한다.

두 전략의 장점을 비교해보면 임의보관 방식은 필요한 전체 공간이 적고, 회전율을 고려하여 위치를 할당한 지정보관 방식은 처리량이 높다. 예제 11.1은 저장밀도 측면에서는 임의보관 방식이 유리하다는 점을 보여준다.

예제 11.1 **보관 전략 비교**

보관시스템에 50SKU를 보관해야 하는데, 각 SKU에 대해 평균 주문량은 100상자, 평균 수요는 하루에 2상자, 안전재고는 10상자이며, 상자마다 하나의 보관위치를 필요로 한다고 가정하자. 주어진 자료에 의하면 각 SKU의 재고 주기는 50일이다. 모두 50개의 SKU가 있으므로 관리팀에서는 매일 1SKU씩 수령하도록 일정계획을 세웠다. 두 가지 보관 전략에 따라 필요한 보관장소의 수를 구하라.

풀이 요구공간에 대한 추정치는 평균 주문량과 문제에서 설명된 다른 값들에 근거를 두고 있다. 먼저 각 SKU에 대해 최대 재고 수준과 평균 재고 수준을 계산해보자. 각 SKU의 재고량은 그림 11.1과 같이 변한다. 주문한 물자가 입고된 직후에 발생하는 최대 재고 수준은 주문량과 안전재고의 합이다.

$$최대 \ 재고 \ 수준 = 100 + 10 = 110상자$$

평균 재고는 균일한 수요를 가정할 때 최대 재고와 최소 재고의 평균이다. 재고가 안전재고 수준까

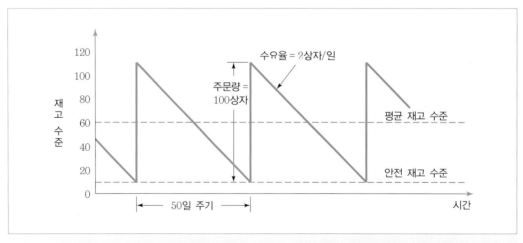

그림 11.1 예제 11.1에서 시간에 따른 재고 수준

지 소모된 다음 새로운 주문량이 도착하기 직전에 최소 재고 수준이 발생한다.

$$최소\ 재고\ 수준=10상자$$
$$평균\ 재고\ 수준=(110+10)/2=60상자$$

(a) 임의보관 전략하에서는 입고되는 주문이 50일에 걸쳐 하루에 1SKU씩 입고되므로, 각 SKU가 필요로 하는 보관장소의 수는 평균 재고 수준과 같다. 즉 주기 시작 부근의 한 SKU가 재고 수준이 높고, 주기 끝 무렵의 어떤 SKU는 재고 수준이 낮게 된다. 따라서 필요한 보관장소의 수는

$$필요한\ 보관장소의\ 수=(50SKU)(60상자)=3,000$$

(b) 지정보관 전략하에서는 각 SKU가 필요로 하는 보관장소의 수는 최대 재고 수준과 같다. 따라서 시스템에 필요한 보관장소의 수는

$$필요한\ 보관장소의\ 수=(50SKU)(110상자)=5,500$$

두 가지 방식의 일부 장점을 등급별 지정보관 방식으로 달성할 수 있는데, 이 방식에서는 보관시스템을 회전율에 따라 몇 개의 등급으로 나누고, 각 등급 내에서는 임의보관을 사용하는 방식이다. 처리량을 높이기 위해 회전율이 높은 SKU를 포함하는 등급을 입/출고 지점에 가깝게 할당하고, 등급 내에서는 임의보관을 통해 필요한 저장공간을 줄일 수 있다.

11.3 전통적인 보관 방법과 장비

물자보관을 위한 다양한 보관 방법과 장비들이 표 11.1에 나와 있다. 방법과 장비의 선택은 주로 저장할 물자, 설비를 관리하는 사람의 운영방침 및 예산에 영향을 받는다. 이 절에서는 전통적인 방법과 장비에 대해 살펴보고 자동화된 보관시스템에 대해서는 다음 절에서 살펴본다. 각 장비들의 적용대상이 표 11.2에 나와 있다.

산적보관 개방된 바닥에 보관하는 것을 말한다. 물자는 팰릿이나 용기에 의해 단위하물로 되어 있고, 저장밀도를 높이기 위해 위로 쌓는다. 그림 11.2(a)와 같이 단위하물을 위아래로 붙여서 저장할 때 가장 높은 저장밀도를 얻을 수 있으나, 안쪽에 있는 물자에 대해서는 접근성이 매우 나쁘다. 따라서 접근성을 높일 수 있도록 그림 11.2(b)와 같이 행과 블록으로 저장하여 물자 간에 자연스럽게 통로가 생기게 저장할 수도 있다. 블록의 너비는 저장밀도와 접근성을 고려하여 결정한다. 경우에 따라 보관되는 물자의 모양과 물리적 지지력에 따라 보관하는 높이가 제한을 받는다. 위로 쌓을 수 없다면 저장밀도가 줄어들어 산적보관(bulk storage)의 가장 큰 장점이 감소한다.

| 표 11.2 | 보관장비와 방법의 유형과 적용 대상

보관장비	장단점	일반적인 적용 대상
산적보관	높은 저장밀도가 가능하다. 접근성이 낮다. 면적당 비용이 가장 저렴하다.	회전율이 낮거나, 큰 물품 혹은 큰 단위하물
랙 시스템	비용이 저렴하다. 저장밀노가 좋다. 접근성이 좋다.	창고에서 팰릿화된 하물
선반과 빈	일부 품목은 볼 수가 없다.	개별적 품목은 선반에 보관 일용품은 통에 보관
서랍	내용물을 쉽게 볼 수 있다. 접근성이 좋다. 상대적으로 비용이 높다.	작은 공구 적은 재고품목 수리용 여유부품
자동보관시스템	처리량이 높다. 컴퓨터화된 재고관리가 가능하다. 시스템의 사용을 쉽게 해 준다. 장비의 가격이 가장 높다. 자동화된 자재취급시스템과 연계가 쉽다.	재공품 보관 최종 제품 창고와 물류센터 오더피킹(order picking) 전자제품 조립을 위한 키트 모음

랙 시스템 랙(rack) 시스템은 물자 자체의 지지력이 없어도 단위하물을 위로 쌓을 수 있도록 해 준다. 가장 보편적인 랙 시스템은 그림 11.3과 같은 팰릿 랙으로, 수평 지지빔을 포함하는 프레임으로 구성되어 있으며, 팰릿 하물을 수평 빔 위에 보관한다.

선반과 빈 선반은 가장 보편적인 보관 장비 중 하나이다. 선반은 프레임으로 지지되는 수평바닥으로 이 위에 물자를 보관한다. 철제 선반은 표준화된 크기로 생산되는데 길이(복도 방향)는 0.9~

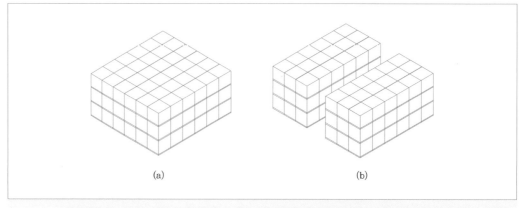

(a)　　　　　　　　　　　(b)

그림 11.2　다양한 산적보관 형태 : (a) 고밀도 산적보관은 접근성을 떨어뜨린다. (b) 접근성을 향상시키기 위해 행과 블록을 형성

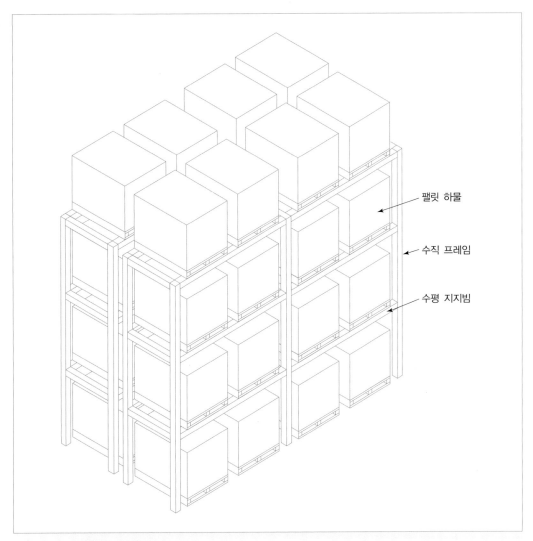

팰릿 하물

수직 프레임

수평 지지빔

그림 11.3 **팰릿 랙 시스템**

1.2m, 너비는 0.3~0.6m, 높이는 3m까지 있다. 흩어지기 쉬운 품목을 선반에 보관할 때는 보통 상자와 용기 형태의 빈(bin)을 사용한다.

서랍　선반에서는 사람의 눈높이보다 매우 높은 곳이나 매우 낮은 곳에 있는 품목을 찾기가 어렵다. 그림 11.4와 같은 서랍을 꺼내면 전체 내용물을 볼 수 있으므로 이러한 문제를 완화할 수 있다. 서로 다른 크기의 품목들을 보관할 수 있도록 서랍의 깊이가 다양한 모듈식 서랍 캐비닛은 공구나 서비스 물품 보관에 많이 사용된다.

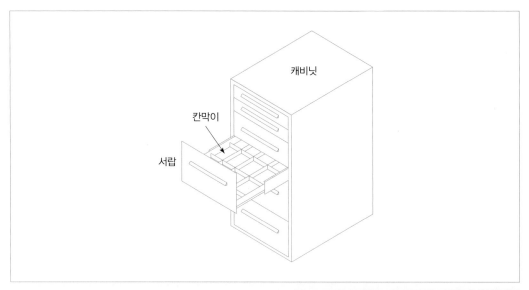

그림 11.4 서랍

11.4 자동보관시스템

앞 절에서 설명한 보관장비에서는 사람이 보관 중인 물자에 접근해야 하며 보관시스템 자체는 정적이라 할 수 있다. 시스템 운영에 필요한 사람의 관여를 감소시키거나 제거해 주는 기계화되고 자동화된 시스템들이 있는데 자동화 수준은 시스템에 따라 다르다. 자동화 수준이 낮은 시스템에서는 저장과 불출 주문처리에 작업자가 필요하나, 고도로 자동화된 시스템에서는 컴퓨터가 제어를 하며 컴퓨터에 자료를 입력하는 일 외에는 사람의 작업이 필요 없다. 표 11.2에 자동보관시스템의 장단점과 전형적인 적용 예가 나와 있다.

자동화된 보관시스템은 상당한 투자를 요하며 새로운 업무처리 방식을 요구한다. 보관 기능을 자동화하는 이유는 여러 가지가 있는데 표 11.3에 자동화의 목적이 나와 있다. 자동화된 보관시스템에는 (1) 자동창고, (2) 회전랙 시스템이 있다. 기본적인 자동창고시스템은 하물을 보관하는 랙 구조물과 선형(x-y-z)으로 움직이는 저장/불출 장치로 구성된다. 이와 달리 기본적인 회전랙 시스템은 타원형 루프를 따라 회전하는 오버헤드 컨베이어에 부착된 보관용 바스켓을 이용하여 물자를 적재/하역 작업장으로 운반한다. 표 11.4에 두 시스템의 차이가 요약되어 있다.

11.4.1 자동창고시스템

자동창고(automated storage/retrieval system, AS/RS)는 저장 랙과 그 사이의 통로로 구성되고, 그 통로에 설치된 S/R기계(storage and retrieval machine)가 설정된 자동화 수준에서 저장과 불출업무를 빠르고 정확하게 수행하는 보관시스템으로 정의된다. S/R기계(**크레인**으로 불리기도 함)는 물자

| 표 11.3 | 보관 업무를 자동화하는 목적

- 저장용량을 증가시키기 위하여
- 저장밀도를 높이기 위하여
- 재공품 보관에 사용되는 바닥공간을 되찾기 위하여
- 보안을 강화하고 도난을 감소시키기 위하여
- 인건비를 절감하고 보관 업무의 노동생산성을 향상시키기 위하여
- 보관 기능의 안전성을 향상시키기 위하여
- 재고에 대한 관리를 향상시키기 위하여
- 재고 회전율을 향상시키기 위하여
- 고객 서비스를 향상시키기 위하여
- 처리량을 높이기 위하여

| 표 11.4 | AS/RS와 회전랙의 차이점

기능	기본적인 AS/RS	기본적인 회전랙 시스템
저장 구조	팰릿을 지원하는 랙 시스템 또는 빈을 지원하는 선반시스템	고가활차 컨베이어에 부착된 바스켓
운동	S/R 기계의 선형운동	고가활차 컨베이어의 회전운동
저장/불출 업무	S/R 기계가 랙 구조물의 구역으로 이동	컨베이어가 회전하며 바스켓을 입출고 스테이션으로 운반
저장용량의 증식	각각의 랙 구조물과 S/R 기계로 구성된 다수의 통로	타원형 트랙과 부착된 바스켓으로 구성된 다수의 회전랙

를 보관 랙으로 운반하고 랙에서 물자를 불출한다. AS/RS의 각 통로에는 하나 이상의 입/출고 스테이션이 있어서 이곳을 통해 물자를 운반한다. 입/출고 스테이션은 P&D(pickup-and-deposit) 스테이션으로도 불리며 수작업으로 운영되거나, 컨베이어나 AGV와 같은 자동화된 운반장비와 연계되어 운영된다.

그림 11.5는 팰릿에 올라간 단위하물을 저장하는, 하나의 통로를 갖는 AS/RS를 보여준다. 실제 산업체에서의 AS/RS 자동화 수준은 다양하다. 가장 높은 수준에서는 작업이 전부 자동화되어 컴퓨터가 완전 통제를 하고, 공장이나 창고의 운영과 완벽히 통합되어 있다. 반대로 작업자가 장비를 조종하여 저장과 불출 업무를 수행하는 경우도 있다. AS/RS는 공급자별로 표준화된 부품 모듈을 가지고 있고, 고객의 요구에 따라 용도에 맞게 설계된다.

AS/RS의 유형　AS/RS를 분류하는 중요한 기준들에 의해 다음과 같이 분류할 수 있다.

- 단위하물 AS/RS : 단위하물 AS/RS는 대개 팰릿이나 다른 표준화된 용기에 보관되는 단위하물을 취급할 수 있도록 설계된 대규모 자동시스템이다. 시스템은 컴퓨터로 통제되고 자동화된 S/R 기계(스태커 크레인)는 단위하물 용기를 취급할 수 있도록 설계되어 있다. 단위하물 AS/RS

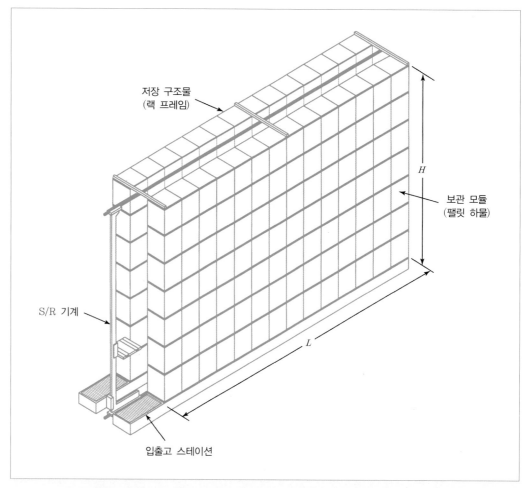

저장 구조물
(랙 프레임)

보관 모듈
(팰릿 하물)

S/R 기계

입출고 스테이션

그림 11.5   단위하물 AS/RS

에 대한 그림이 그림 11.5에 나와 있다.

- **딥레인 AS/RS** : 이것은 고밀도 단위하물 보관시스템으로 저장할 물자의 양이 많고 SKU의 종류
  가 직을 때 적합한 보관시스넴이다. 전통적인 단위하물 시스템처럼 통로에서 바로 접근할 수
  있도록 각 단위하물을 보관하는 대신에, 딥레인(deep-lane) 시스템에서는 하나의 랙에 10개
  이상의 단위하물을 뒤로 나란하게 보관한다. 랙은 한쪽으로 입력하고 반대쪽으로 출력하는
  흐름랙 형태로 설계된다. S/R 기계가 한쪽에서 하물을 불출하고, 또 다른 기계가 반대쪽에서
  하물을 저장한다.

- **미니로드 AS/RS** : 이것은 작은 물품을 통이나 서랍에 담아 저장하는 보관시스템에 사용된다.
  S/R 기계가 통을 불출하여 복도 끝에 있는 피킹 작업장으로 보내어 개별 품목을 통에서 꺼낼
  수 있도록 해 주는데, 피킹 작업은 보통 사람이 수행한다. 그 후 통이나 서랍은 보관시스템
  내의 제자리로 보내진다. 미니로드 AS/RS는 단위하물 AS/RS보다 작고, 보관된 물품의 보안을

위하여 벽으로 둘러싸여 있다.

- 탑승형 AS/RS : 이 시스템에서는 사람이 S/R 기계의 운반대에 탑승한다. 미니로드 AS/RS에서는 기계가 통 전체를 통로 끝에 있는 피킹 스테이션으로 운반한 후 피킹이 끝나면 다시 제자리로 갖다 놓아야 하지만, 탑승형 시스템에서는 품목이 있는 위치로 가서 피킹을 하므로 처리량을 높일 수 있다.

- 자동불출 시스템 : 이 보관시스템도 개별 품목이나 작은 부품상자를 불출할 수 있도록 설계되어 있다. 그러나 물품이 통이나 용기에 담겨 있는 것이 아니라 레인(lane)에 보관되어 있다. 불출할 때 레인에서 밀면 아래에 있는 컨베이어에 떨어져 피킹 스테이션으로 보내진다. 물품의 보충은 정기적으로 이루어지는데 시스템의 뒤에서 흐름랙에 넣으므로 선입선출로 재고가 순환된다.

- 수직승강 저장모듈(vertical lift storage modules, VLSM) : 수직승강 AS/RS라고도 불린다. 앞에서 살펴본 AS/RS는 수평 통로를 기준으로 설계되었는데, 이 시스템은 가운데 통로를 이용한다는 점은 동일하지만 통로가 수직으로 설계되어 있다. 이 시스템은 높이가 10m 이상인 것들도 있는데 많은 재고를 보관하면서도 바닥공간을 절약할 수 있다.

AS/RS의 적용   AS/RS 기술의 적용은 대부분 창고와 분배업무에 관련되어 있으나 제조업에서 원자재와 재공품의 보관에도 사용된다. AS/RS의 적용 영역은 세 가지로 구분할 수 있는데 (1) 단위하물 저장과 취급, (2) 오더피킹(order picking), (3) 재공품 보관시스템이 있다. 단위하물의 저장과 불출업무에의 적용은 단위하물 AS/RS나 딥레인 보관시스템으로 대표되는데, 제조업체보다는 창고나 완제품 물류센터에서 흔히 찾아볼 수 있으며, 딥레인 시스템은 식품산업에서 많이 사용된다. 위에서 설명한 것처럼 오더피킹은 단위하물보다 적은 단위의 물품을 불출할 수도 있다. 미니로드, 탑승형, 자동불출 시스템 등이 오더피킹에 많이 사용된다.

재공품 보관은 최근에 적용되기 시작한 분야이다. 재공품을 최소화하는 것도 중요하지만 재공품을 피할 수는 없기 때문에 이를 효율적으로 관리하는 것도 중요하다. AS/RS나 회전랙 같은 자동보관시스템은 특히 뱃치생산시스템이나 개별생산시스템에서 공정 간에 물자를 보관하는 효율적인 방법을 제공한다. 대량생산시스템에서는 재공품은 보통 컨베이어로 운반되므로 컨베이어가 저장과 운반 기능을 수행한다.

뱃치생산과 개별생산에서 자동으로 재공재고를 보관하는 시스템의 장점은, 재공재고를 관리하던 과거의 방법과 비교해보면 쉽게 이해된다. 일반적인 공장은 여러 개의 작업 셀로 구성되고, 상이한 공작물에 대해 작업 셀 각각은 고유의 공정을 담당한다. 한 셀에서 완성된 공작물이 공정순서에 따라 다음 셀로 이동하기 위해 대기하는 동안, 하나 혹은 그 이상의 공작물로 구성된 작업주문은 그 셀에 들어가지 못하고 공장 내에서 대기할 수밖에 없다. 대규모의 뱃치생산 공장에서는 수백 개의 주문이 동시에 처리되는 것이 일상적인데, 이것들이 바로 재공품이 된다. 이러한 재고를 공장 내에 두는 것의 단점은 (1) 주문을 찾아내는 데 소모되는 긴 시간, (2) 부품 또는 전체 주문이 일시적 또는 영구적으로 분실될 경우 재작업이 필요, (3) 각 셀에 도착 후 우선순위에서 밀려 처리되지 않는 주문의 발생, (4) 공장 내에서 너무 많은 시간이 지체되어, 고객으로의 납기 지연 등을 들 수 있다. 이러한 문제의 발생은 결국 재공품의 관리능력이 떨어진다는 것을 의미한다.

재공품에 대한 관리능력을 회복시켜 주는 해법이 자동보관시스템이 될 수 있는데, 재공재고의 관점에서 자동보관시스템의 설치가 바람직한 이유는 다음과 같다.

- 생산 버퍼 공간 : 2개 공정의 생산율이 상당히 다를 경우, 보관시스템이 버퍼 저장소의 역할을 할 수 있다. 즉 앞 단계 공정에서 완료된 부품을 다음 단계 공정이 준비될 때까지 일시적으로 저장하는 기능이다.
- Just-in-time(JIT) 지원 : JIT란 필요한 부품을 가공이나 조립 바로 직전에 공급받는 생산 전략을 의미한다(제26장). 이것을 위해서는 부품의 공급자에 크게 의존할 수밖에 없는데, 공급자로부터 부품의 미공급 상황을 예방하기 위해 자동보관시스템을 입고자재의 저장 버퍼로 활용할 수 있다. 물론 이것이 JIT 전략을 파괴하는 것이기는 하지만, 공정 중단의 위험성을 줄여주는 장점도 있다.
- 조립 부품의 키트화 : 보관시스템은 조립용 부품이나 반조립품을 저장하기 위해 사용될 수 있다. 조립주문이 접수되면, 필요한 부품을 꺼내 상자 안에 키트로 모은 후 조립 작업장으로 운반할 수 있다.
- 자동인식시스템과의 연동 : 자동보관시스템은 바코드리더와 같은 자동인식장치와 연동하여, 사람이 없이도 입고와 출고되는 물자를 인식할 수 있다.
- 컴퓨터에 의한 자재의 통제 및 추적 : 자동인식기술과 결합하여, 재공품 자동보관시스템은 재공재고의 현재 위치와 상태를 알려줄 수 있다.
- 전체 공장의 자동화 지원 : 적절한 크기의 자동보관시스템은 전 공장의 자동화에 있어서 중요한 요소가 된다.

대량생산에서도 AS/RS가 활용될 수 있는데, 자동차회사의 최종조립공장의 경우, 주요 조립 공정 사이에 일시적으로 차체나 중요 부품을 저장할 수 있는 대용량 AS/RS를 사용하고 있다. 가장 효율적인 일성계획에 맞추어 작업물들을 준비시켜 공정순서에 맞추는 역할을 AS/RS가 담당할 수 있다[1].

AS/RS의 구성과 운영특성　위에서 설명한 거의 모든 AS/RS는 그림 11.5에 나와 있는 것처럼 다음과 같이 구성된다―(1) 저장 구조물, (2) S/R 기계, (3) 보관 모듈, (4) 하나 이상의 입출고 스테이션. 이 외에 시스템 운영을 위한 통제시스템이 필요하다.

저장 구조물은 랙 프레임으로 강철제로 만들어져 AS/RS에 보관된 하물을 지지한다. 랙 구조물은 충분한 강도와 견고함을 갖추어 하물의 중량이나 외부충격으로 심하게 변형되는 경우가 없어야 한다. 구조물 내의 개별 구역은 물자를 보관하는 보관 모듈을 수용하고 보관할 수 있어야 한다.

S/R 기계는 물자를 입고 스테이션으로부터 저장하는 작업과 저장구역으로부터 출고 스테이션으로 불출하는 기능을 수행하는데, 이를 위해 S/R 기계는 운반대를 보관위치에 수평과 수직으로 정렬할 수 있어야 한다. S/R 기계는 마스트(mast)에 운반대의 수직이동을 위한 레일시스템이 설치되어 있다. 수평이동은 마스트의 바닥에 바퀴가 부착되어 통로를 따라 설치된 레일 위를 움직인다.

운반대에는 물자를 보관위치로 넣고 빼내는 셔틀(shuttle)이 설치되어 있다. 셔틀은 입출고 스테이션에서 물자를 싣고 내리며, 다른 운반시스템과 AS/RS를 연계할 때도 같은 기능을 수행한다. 대부분의 AS/RS에서 운반대와 셔틀은 자동으로 위치를 설정한다. 탑승형 S/R 기계는 작업자가 운반대에 탑승할 수 있는 장치가 되어 있다.

S/R 기계를 원하는 위치로 이동시키기 위해서는 마스트의 수평이동, 운반대의 수직이동, 보관위치와 운반대 간의 셔틀 이동의 3개의 구동시스템이 필요하다. 최근의 S/R 기계는 최대 수평이동 속도가 200m/분, 최대 수직이동 속도는 50m/분 정도이다. 이 속도에 의해 운반장치가 입출고 스테이션에서 보관위치로 이동하는 시간이 결정되는데, 짧은 거리에서는 가속과 감속이 더 큰 영향을 미친다. 셔틀의 작동 방식은 여러 가지인데 포크 방식과 평판 방식 등이 있다.

보관 모듈은 물자를 보관하는 단위하물 용기를 말하는데 팰릿, 철재 바스켓, 플라스틱 상자, 특수서랍(미니로드 AS/RS) 등이 있다. 이 용기들은 AS/RS의 운반장치에 설치된 셔틀이 자동으로 운반할 수 있도록 표준화된 크기로 되어 있으며 랙 구조물에도 맞도록 설계되어 있다.

입출고 스테이션은 물자가 AS/RS 내/외부로 이동하는 곳이다. 물자를 외부에서 운반해 오거나 외부로 싣고 나가는 자재취급시스템의 접근이 용이하도록 대개 통로 끝에 설치되어 있다. 입고 스테이션과 출고 스테이션은 복도의 반대쪽 끝에 각각 설치할 수도 있고, 한쪽 끝에 같이 설치할 수도 있는데, 들어오는 물자의 출발지와 나가는 물자의 목적지에 따라 결정된다. 입출고 스테이션은 S/R 기계의 셔틀과 외부 운반시스템 간에 호환이 가능하도록 설계해야 한다. 입출고 스테이션에서 보편적인 운반은 사람이 작업하거나 지게차, 컨베이어, AGV 등을 사용한다.

AS/RS 제어의 주요 문제는 S/R 기계를 보관위치에 공차 범위 내로 위치시키는 것이다. S/R 기계를 특정 보관위치로 보내기 위해서는 시스템에 보관된 물자의 위치를 알아야 한다. 한 통로에서 각 보관위치는 수평 위치와 수직 위치 및 통로의 왼쪽인지 오른쪽인지에 따라 결정된다. 이를 위해 알파벳 코드를 기반으로 한 위치식별 기법을 사용하여 시스템에 보관된 물자를 보관위치로 나타낼 수가 있다. 물자의 위치는 위치기록 파일에 저장되는데 저장 주문이 처리될 때마다 위치기록 파일에 기록된다.

이동해야 할 보관위치가 정해지면 S/R 기계가 그 위치로 이동하여 셔틀의 자세를 잡도록 제어해야 한다. 위치를 찾는 한 가지 방법은 이동하면서 가로 베이(bay)와 층(level)의 수를 세는 방법이다. 다른 방법으로는 각 보관위치에 2진 코드로 된 식별코드를 부착하여 광학판독장치로 판독하는 방법이 있다.

이동해야 할 위치를 결정하고 S/R 기계를 그 위치로 이동시키는 제어에는 컴퓨터와 PLC를 사용한다. 컴퓨터 제어는 AS/RS가 정보와 기록을 관리하는 시스템과 연계될 수 있도록 해 주므로,

저장 주문을 실시간으로 입력할 수 있고, 재고기록을 정확하게 유지하고, 시스템의 수행도를 감시할 수 있고, 공장 내의 다른 컴퓨터 시스템과 통신을 쉽게 할 수 있다. 자동제어는 비상시나 탑승형 장비를 사용할 때는 수동조작으로 전환할 수 있다.

11.4.2 회전랙 시스템

회전랙(carousel) 보관시스템은 그림 11.6과 같이 긴 타원형으로 된 고가(overhead) 체인 컨베이어에 부착된 통이나 바스켓으로 구성된다. 작동 방식은 세탁소에서 드라이클리닝이 끝난 옷을 매장으로 운반하는 시스템과 비슷한 방식이다. 대부분의 회전랙은 입출고 스테이션의 작업자에 의해 작동된다. 작업자가 필요한 통을 스테이션으로 운반하도록 가동시키고 통에서 부품을 꺼내거나 보충하는 작업을 반복한다. 일부 회전랙 시스템에서는 이송 메커니즘을 사용하여 자동화되기도 한다.

회전랙의 기술　회전랙은 수평형 또는 수직형으로 분류된다. 그림 11.6과 같은 수평형이 더 보편적이며 다양한 크기가 있는데 길이는 3~30m 정도이다. 길이가 긴 회전랙은 저장밀도는 높지만 접근

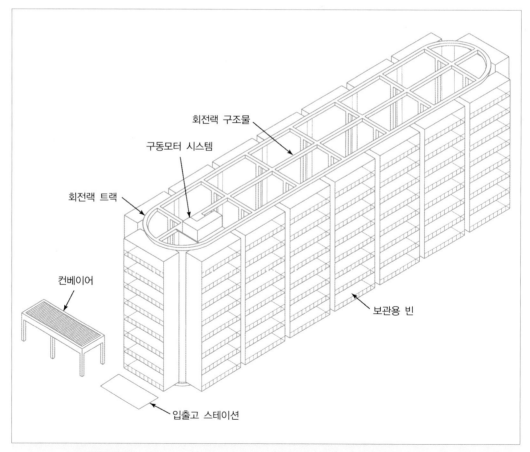

그림 11.6　수평형 회전랙

시간이 길다. 따라서 대부분의 회전랙은 상충하는 두 특성의 균형을 위해 길이가 10~16m 정도이다.

수평형 회전랙은 타원형 레일시스템을 지지하는 용접된 강철프레임으로 구성된다. 회전랙은 고가시스템(상부구동형)이나 바닥시스템(하부구동형)으로 설치될 수 있다. 상부구동형에서는 모터가 달린 풀리가 프레임의 상부에 설치되어 통이 매달린 고가활차 시스템을 구동한다. 하부구동형에서는 구동시스템이 프레임의 아래에 설치되어 있고 레일 위를 활차가 움직인다. 따라서 상부구동형처럼 위에서 먼지나 기름이 떨어지는 것을 방지할 수 있다.

통이나 바스켓은 보관하는 물자에 맞게 설계해야 한다. 통의 너비는 50~75cm 정도이고 깊이는 55cm까지 있는데 작업자의 시야를 위해 철사로 만들어졌다. 회전랙의 높이는 1.8~2.4m 정도이다.

수직형 회전랙은 수직 방향의 루프를 따라 작동한다. 수평형보다 적은 바닥공간을 차지하지만 위로 충분한 공간이 필요하다. 건물의 천장 높이에 제약을 받으므로 저장용량은 수평형보다 작다.

회전랙의 제어 방식은 수동호출부터 컴퓨터 제어까지 다양하다. 수동조작 시스템은 페달, 손 스위치, 특수 키보드 등을 포함하며, 페달을 이용하여 회전랙을 원하는 방향으로 회전시켜 필요한 통이 앞에 도착하도록 제어한다. 손 스위치는 작업자가 쉽게 도달할 수 있는 범위 내의 회전랙 프레임에 설치된 손으로 조작하는 스위치이다. 키보드는 앞의 두 방식보다 다양한 제어를 할 수 있다. 작업자가 원하는 통의 위치를 입력하면 통을 최단거리로 피킹하는 위치로 운반하도록 프로그램되어 있다.

컴퓨터 제어는 기계식 회전랙과 재고기록의 자동화를 할 수 있도록 해 준다. 기계적 측면으로는 자동저장과 불출이 가능해서 자동운반시스템과 연동될 수 있도록 해 준다. 컴퓨터가 제공하는 기록관리 기능은 통의 위치, 통에 보관된 품목 및 기타 재고관리에 필요한 자료의 관리를 할 수 있게 해 준다.

회전랙 적용　회전랙은 비교적 처리량이 높고 비용이 저렴하며 용도가 다양하고 신뢰도가 높기 때문에 제조업에서는 미니로드 AS/RS의 대안으로 인기가 높다. 회전랙의 전형적인 용도는 (1) 저장과 불출 업무, (2) 운반과 축적, (3) 재공품 저장, (4) 특수 용도 등이 있다.

섞여서 보관된 품목 중에서 개별 품목을 꺼내는 저장과 불출 업무는 회전랙을 사용하면 효율적으로 수행할 수 있으므로 공구실에서 공구, 창고에서 원자재, 도매상에서 서비스 부품, 공장에서 재공품 등을 오더피킹하는 경우에 흔히 사용된다. 소형가전 조립라인에서는 조립라인에 투입할 부품들의 준비에도 사용된다.

회전랙은 물자를 저장하면서 운반과 분류에도 사용된다. 예로 회전랙 주변에 조립 작업장을 배치하여 작업자들이 회전랙에 접근할 수 있도록 해 주는 조립라인을 들 수 있다. 작업자들은 각각 필요한 부품을 통에서 꺼내고 조립을 마친 후에 다음 공정을 위하여 통에 넣는다. 또 다른 예는 부품의 분류와 병합이다. 각 통을 특정 부품이나 고객별 주문에 따라 모아서 통이 차면 통을 떼어내 선적을 하거나 다른 곳으로 옮긴다.

회전랙은 재공품을 일시적으로 저장하는 용도 측면에서는 AS/RS의 경쟁상대인데, 전자산업에서는 회전랙이 흔히 사용된다. 특수 용도의 예로는 정해진 제품 시험시간 동안 회전랙에 보관하는 방식으로 전자부품의 시험에 사용되는 경우가 있는데, 시험기간이 종료되면 적재/하역 작업장으로 물품을 배송해 주도록 프로그래밍된다.

11.5 보관시스템의 정량적 분석

보관시스템의 설계와 운영에 관한 몇 가지 사항은 정량적으로 분석할 수 있다. 이 절에서는 자동창고시스템에 대한 용량 설정과 처리량에 대해 살펴본다.

AS/RS 랙 구조물의 크기 한 통로의 전체 저장공간은 그림 11.7에 나와 있는 것처럼 수평 방향과 수직 방향의 보관 구획 수에 의해 결정되며 식으로 나타내면 다음과 같다.

$$통로당\ 용량 = 2 n_y n_z \tag{11.1}$$

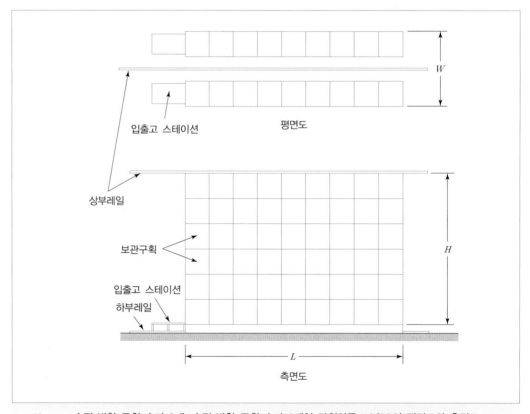

그림 11.7 수평 방향 구획 수가 9개, 수직 방향 구획 수가 6개인 단위하물 AS/RS의 평면도와 측면도

여기서 n_y는 길이 방향의 구획 수이고 n_z는 높이 방향의 구획 수이다. 상수 2는 통로의 양쪽을 나타낸다.

　　표준 크기의 구획을 가정하면 통로 쪽으로 바라보는 구획의 크기는 단위하물의 크기보다 커야 한다. x와 y를 각각 단위하물의 깊이와 너비, z를 단위하물의 높이라 하자. 랙 구조물의 너비(W), 길이(L), 높이(H)는 단위하물의 크기와 구획 수에 대하여 다음과 같은 관계가 성립한다[6].

$$W = 3(x+a) \tag{11.2a}$$
$$L = n_y(y+b) \tag{11.2b}$$
$$H = n_z(z+c) \tag{11.2c}$$

여기서 a, b, c는 각각 단위하물을 수용하기 위한 각 구획의 여유공간과 구조물의 지지빔 크기를 고려한 여웃값이다. 단위하물이 표준 팰릿인 경우에는 $a = 150\text{mm}(6\text{in})$, $b = 200\text{mm}(8\text{in})$, $c = 350\text{mm}(10\text{in})$가 권장된다. 통로가 여러 개일 경우 W에 통로의 수를 곱하면 전체 시스템의 너비가 구해진다. 랙 구조물은 바닥면에서 300~600mm 높게 설치되고 AS/RS의 길이는 입출고 스테이션 공간을 위해 랙 구조물 길이보다 길어진다.

예제 11.2　AS/RS의 크기 설정

각 통로마다 길이 방향으로 60개, 높이 방향으로 12개의 구획이 있고 4개의 통로로 이루어진 AS/RS가 있다. 모든 구획의 크기는 동일하며 표준화된 단위하물의 크기는 $x = 42\text{in}$, $y = 48\text{in}$, $z = 36\text{in}$이다. 여웃값 $a = 6\text{in}$, $b = 8\text{in}$, $c = 10\text{in}$를 사용하여 (a) 보관할 수 있는 단위하물의 수, (b) AS/RS의 너비, 길이, 높이를 구하라.

풀이　(a) 저장용량은 식 (11.1)로 주어지므로

$$\text{통로당 용량} = 2(60)(12) = 1{,}440 \text{ 단위하물}$$

통로가 4개이므로

$$\text{AS/RS 용량} = 4(1440) = 5{,}760 \text{ 단위하물}$$

(b) 식 (11.2)로부터 랙 구조물의 크기는

$$W = 3(42+6) = 144\text{in} \quad = 12\text{ft/통로}$$
$$\text{전체 너비} = 4(12) \quad\quad = 48\text{ft}$$
$$L = 60(48+8) = 3{,}360\text{in} = 280\text{ft}$$
$$H = 12(36+10) = 552\text{in} = 46\text{ft}$$

AS/RS 처리량　시스템의 처리량은 시스템이 시간당 처리하는 저장/불출 주문 수로 정의된다(11.1

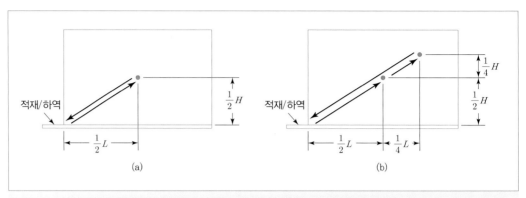

그림 11.8 S/R 기계의 가정된 이동궤적 : (a) 단일명령 사이클, (b) 이중명령 사이클

절). 한 주문은 물자를 보관위치에 저장하는 작업을 하거나 보관위치로부터 불출하는 작업이 된다. 단일명령 사이클에서는 한 주기에 둘 중 하나만 수행하고, 이중명령 사이클에서는 한 주기에 두 가지를 수행한다. 이중명령 사이클에서는 주문당 이동거리가 단축되어 처리량이 높아진다.

AS/RS의 사이클 시간을 계산하는 방법은 여러 가지가 있는데 이 절에서는 Material Handling Institute(MHI)가 권장하는 방법을 살펴본다[2]. 필요한 가정은 다음과 같다—(1) 임의보관 방식, (2) 보관구획의 크기는 동일, (3) 입출고 스테이션은 통로의 끝 바닥에 위치, (4) 수직/수평 이동속도는 일정, (5) 수직 방향과 수평 방향으로 동시에 이동. 단일명령 사이클에서는 그림 11.8(a)와 같이 물자를 저장할 위치나 물자가 저장된 위치가 랙 구조물의 중심에 있다고 가정한다. 즉 S/R 기계는 AS/RS의 길이와 높이 방향의 절반만큼 이동하여 같은 거리만큼 되돌아온다. 따라서 단일명령 사이클 시간은

$$T_{cs} = 2\mathrm{Max}\left\{\frac{0.5L}{v_y},\ \frac{0.5H}{v_z}\right\} + 2T_{pd} = \mathrm{Max}\left\{\frac{L}{v_y},\ \frac{H}{v_z}\right\} + 2T_{pd} \tag{11.3a}$$

로 표현되는데 T_{cs}는 단일명령 사이클 시간(분/주기), L은 AS/RS 랙 구조물의 길이(m), v_y는 S/R 기계의 수평이동 속도(m/분), H는 랙 구조물의 높이(m), v_z는 S/R 기계의 수직이동 속도(m/분), T_{pd}는 적재/하역 시간(분)을 나타내는데 물자의 적재와 하역에 한 번씩, 두 번의 T_{pd}가 필요하다.

이중명령 사이클의 경우에는 그림 11.8(b)처럼 S/R 기계가 랙 구조물의 중심으로 이동하여 저장을 하고 물자를 불출하기 위해 길이와 높이 방향으로 3/4이 되는 지점으로 이동한 후 원래 위치로 되돌아온다고 가정한다. 이 경우에는 사이클 시간이

$$T_{cd} = 2\mathrm{Max}\left\{\frac{0.75L}{v_y},\ \frac{0.75H}{v_z}\right\} + 4T_{pd} = \mathrm{Max}\left\{\frac{1.5L}{v_y},\ \frac{1.5H}{v_z}\right\} + 4T_{pd} \tag{11.3b}$$

와 같이 주어지는데, T_{cd}는 이중명령 사이클 시간(분/주기)을 나타내고 나머지 기호들은 식 (11.3a)에서와 같다.

시스템 처리량은 단일명령과 이중명령의 상대적인 수행 횟수에 영향을 받는다. 주어진 활용률이 U이고 단위 시간당 단일명령 사이클 수행 횟수를 R_{cs}라 하고, 이중명령 수행 횟수를 R_{cd}라 하자. 시간당 단일명령과 이중명령에 사용된 시간을 이용하여 식을 만들면

$$R_{cs}\,T_{cs} + R_{cd}\,T_{cd} = 60\,U \tag{11.4}$$

와 같이 나타낼 수 있는데, 우변은 단위 시간당 가용시간을 의미한다. 식 (11.4)를 풀기 위해서는 R_{cs}와 R_{cd}의 구성비율을 결정하거나 가정해야 한다. 그러면 시간당 수행한 사이클 수 R_c는

$$R_c = R_{cs} + R_{cd} \tag{11.5}$$

로 구할 수 있다. 주의할 점은 이중명령 사이클에서는 한 주기에 저장과 불출이 동시에 이루어지기 때문에, $R_{cd} = 0$이 아니라면 시간당 처리하는 저장과 불출 주문 수는 이 값보다 크다. R_t를 시간당 처리하는 총 주문 수라 두면

$$R_t = R_{cs} + 2R_{cd} \tag{11.6}$$

예제 11.3 **AS/RS 처리량 분석**

예제 11.2의 AS/RS에서 통로의 길이는 280ft, 높이는 46ft이고 수평과 수직 이동속도는 각각 200ft/분과 75ft/분이며 입출고시간은 20초라고 가정하자. (a) 단일명령과 이중명령의 사이클 시간을 구하라. (b) 시스템의 이용률이 90%이고 단일명령 사이클과 이중명령 사이클의 수행 횟수가 동일할 때 통로당 처리량을 구하라.

풀이 (a) 식 (11.3)을 이용하여 사이클 시간을 구해보면

$$T_{cs} = \mathrm{Max}\{280/200,\ 46/75\} + 2(20/60) = 2.066\ \text{분/주기}$$
$$T_{cd} = \mathrm{Max}\{1.5 \times 280/200,\ 1.5 \times 46/75\} + 4(20/60) = 3.432\ \text{분/주기}$$

(b) 식 (11.4)에 의해

$$2.066 R_{cs} + 3.432 R_{cd} = 60(0.90) = 54.0\ \text{분}$$

$R_{cs} = R_{cd}$이므로 대입하면

$$2.066 R_{cs} + 3.432 R_{cs} = 54$$
$$5.498 R_{cs} = 54$$
$$R_{cs} = 9.822\ \text{단일명령 사이클/시간}$$
$$R_{cd} = R_{cs} = 9.822\ \text{이중명령 사이클/시간}$$

시스템 처리량은 시간당 수행한 주문 수인데 식 (11.6)으로부터

$$R_t = R_{cs} + 2R_{cd} = 29.46주문/시간$$

4개의 통로가 있으므로 AS/RS의 처리량은 117.84주문/시간이 된다.

참고문헌

[1] FEARE, T., "GM Runs in Top Gear with AS/RS Sequencing," *Modern Materials Handling,* August 1998, pp. 50-52.

[2] KULWIEC, R. A., Editor, *Materials Handling Handbook,* 2nd Edition, John Wiley & Sons, Inc., NY, 1985.

[3] Material Handling Institute, *AS/RS in the Automated Factory,* Pittsburgh, PA, 1983.

[4] Material Handling Institute, *Consideration for Planning and Installing an Automated Storage/Retrieval System,* Pittsburgh, PA, 1977.

[5] MULCAHY, D. E., *Materials Handling Handbook,* McGraw-Hill, NY, 1999.

[6] TOMPKINS, J. A., J. A. WHITE, Y. A. BOZER, E. H. FRAZELLE, J. M. TANCHOCO, and J. TREVINO, *Facilities Planning,* 4th ed., John Wiley & Sons, Inc., NY, 2010.

[7] TRUNK, C., "The Sky's the Limit for Vertical Lifts," *Material Handling Engineering,* August 1998, pp. 36-40.

[8] TRUNK, C., "Pick-To-Light: Choices, Choices, Choices," *Material Handling Engineering,* September 1998, pp. 44-48.

[9] TRUNK, C., "ProMat Report: New Ideas for Carousels," *Material Handling Engineering,* April, 1999, pp. 69-74.

[10] "Vertical Lift Storage Modules: Advances Drive Growth," *Modern Materials Handling,* October 1998, pp. 42-43.

[11] WEISS, D. J., "Carousel Systems Capabilities and Design Considerations," *Automated Material Handling and Storage* (J. A. Tompkins and J. D. Smith, Editors) Auerbach Publishers, Inc., Pennsauken, New Jersey, 1983.

[12] www.mhi.org/glossary

[13] www.wikipedia.org/wiki/Automated_storage_and_retrieval_system

복습문제

11.1 생산활동에 있어서 보관되어야 할 물자는 어떠한 종류가 있는가?

11.2 보관시스템의 수행도를 평가하는 데 사용되는 여섯 척도는 무엇인가?

11.3 보관위치의 두 가지 기본 전략은 무엇인가?

11.4 전통적 보관 방법 네 가지는 무엇인가?

11.5 네 가지 전통적 보관 방법 중 저장밀도가 가장 높은 것은 무엇인가?

11.6 보관업무를 자동화하는 목적에는 어떤 것들이 있는가?

11.7 자동보관시스템을 크게 두 유형으로 분류하라.

11.8 AS/RS의 세 가지 적용 영역은 무엇인가?

11.9 AS/RS의 네 가지 기본 구성요소는 무엇인가?

11.10 수직형 회전랙이 수평형에 비해 유리한 점은 무엇인가?

연습문제

AS/RS 랙 구조물의 크기

11.1 6개의 통로로 구성된 AS/RS의 한 통로에는 수평 방향으로 50개의 보관구획이 있고, 수직 방향으로 8개의 보관구획이 있다. 보관구획의 크기는 모두 같으며, 보관하는 팰릿의 크기는 $x = 36$in, $y = 48$in, $z = 30$in이다. 여유치 $a = 6$in, $b = 8$in, $c = 10$in를 사용하여 다음을 결정하라—(a) AS/RS에 저장할 수 있는 단위하물의 수, (b) AS/RS의 너비, 길이, 높이. 단, 랙 구조물은 바닥면에서 18in 높게 설치한다.

11.2 공장에서 재공품 보관을 위한 단위하물 AS/RS를 설계하려고 한다. 용량은 2,000개의 팰릿 하물을 보관할 수 있어야 하고 피크와 유연성을 고려하여 20% 이상의 여유용량을 가져야 한다. 단위하물의 크기는 깊이$(x) = 36$in, 너비$(y) = 48$in, 높이$(z) = 42$in이다. AS/RS는 4개의 통로로 구성되고 통로마다 S/R 기계를 갖고 있다. 건물의 최대 높이는 법규에 의해 60ft로 제한되어 있어서 AS/RS의 높이는 이보다 낮아야 한다. AS/RS는 바닥에서 2ft 높이에 설치되고 랙과 천장 간에 적어도 18in의 여유가 있어야 한다. 랙 구조물의 치수를 결정하라.

AS/RS 처리량 분석

11.3 AS/RS 복도의 길이는 240ft이고 높이는 60ft이다. S/R 기계의 수평 방향과 수직 방향의 속도가 400ft/분, 60ft/분이고 적재/하역에 18초가 걸린다. (a) 단일명령과 이중명령 사이클 시간을 구하라. (b) 시스템의 가동률이 85%이고 단일명령 횟수와 이중명령 횟수가 같다고 가정하고 통로의 처리량을 구하라.

11.4 단일명령 횟수와 이중명령 횟수의 비가 3 : 1일 때 11.3을 다시 풀라.

11.5 재공품 보관에 AS/RS를 이용하고 있다. 통로의 수는 5개이고 통로의 길이는 120ft, 높이는 40ft이다. S/R 기계의 수평 방향과 수직 방향의 속도가 400ft/분, 50ft/분이고 적재/하역에 12초가 걸린다. 또한 단일명령 횟수와 이중명령 횟수가 같다. 피크 때 AS/RS에 요구되는 처리량이 200주문/시간이라면 이 조건을 만족시킬 수 있는가? 만족한다면 이용률은 얼마인가?

11.6 10개의 통로로 구성된 AS/RS가 공장과 연계된 창고에 설치되어 있다. 각 통로에 설치된 보관랙

의 높이는 18m이고 길이가 95m이다. S/R 기계의 수평 방향과 수직 방향의 속도가 2.5m/초, 0.5m/초이고 입출고에 20초가 걸린다. 단일명령 횟수가 이중명령 횟수의 반이고 이용률이 80%일 때 시스템의 처리량을 구하라.

11.7 AS/RS의 한 통로의 길이가 100m이고 높이가 20m이다. S/R 기계의 수평 방향 속도가 4.0m/초이고 수직속도는 보관시스템이 'square in time', 즉 $L/v_y = H/v_z$가 되게 설정되어 있다. 입출고 시간은 12초이다. 단일명령 횟수와 이중명령 횟수의 비가 2 : 1이라고 가정하고 처리량을 구하라. 단, 시스템은 연속적으로 가동된다.

11.8 길이가 80m, 높이가 18m인 통로 4개로 구성된 AS/RS가 있다. S/R 기계의 수평 방향 최대 속도는 1.6m/초이며 속도를 0에서 1.6m/초까지 가속하는 데 2m의 거리가 필요하고, 목표 지점에 가까워지면 최대 속도에서 정지하기까지 2m가 필요하다. 수직 방향 최대 속도는 0.5m/초이며 가속거리와 감속거리는 각각 0.3m이다. 입출고시간은 12초이다. 가동률이 90% 이고 단일명령 횟수와 이중명령 횟수는 같다. (a) 가속과 감속을 고려하여 단일명령과 이중 명령의 사이클 시간을 구하라. (b) 시스템의 처리량을 구하라.

11.9 8시간 동안에 300 저장/불출 주문을 처리할 수 있는 시스템에 대한 제안서를 받으려 한다. 단일명령 횟수는 이중명령 횟수의 4배가 될 것으로 추정된다. 첫 번째 제안서의 내용은 다음과 같다. AS/RS는 길이가 150ft이고 높이가 50ft인 통로 10개로 구성된다. S/R 기계의 수평 방향과 수직 방향의 속도는 200ft/분, 66.67ft/분이고 입출고시간은 0.3분이다. 당신은 프로젝트 담당 엔지니어로 제안서를 분석하여 보고해야 하는데, 이 제안서의 문제점은 통로마다 하나씩 10대의 S/R 기계가 필요하다는 점이다. 따라서 통로의 수를 6개로 줄이고 S/R 기계의 속도를 수평 방향은 300ft/분, 수직 방향은 100ft/분으로 올리는 대안을 제안하려고 한다. 속도가 빠른 S/R 기계는 가격이 비싸지만, 필요한 기계의 수가 10대에서 6대로 감소한다. 또한 통로의 랙 구조물의 크기는 저장용량을 맞추기 위해 커지겠지만, 개수가 10개에서 6개로 줄어든다. 따라서 시스템의 비용은 크게 차이가 나지 않을 것으로 보인다. 문제는 처리량이 감소할 수도 있다는 점이다. (a) 10개의 복도로 구성된 AS/RS의 처리량과 이용률을 구하라. (b) 6개의 복도로 구성할 경우 같은 저장용량을 갖기 위해 필요한 랙 구조물의 길이와 높이를 구하라. (c) 6개의 통로로 구성된 AS/RS의 처리량과 이용률을 구하라. (d) 이 외에 다른 대안이 있는가? 또 어떤 대안을 권고할 것인가?

자동인식과 데이터 수집

● ● ●

자동인식 및 데이터 수집(automatic identification and data capture, AIDC)은 키보드를 사용하지 않고 데이터를 컴퓨터나 마이크로프로세스로 제어되는 시스템에 직접 입력하는 방법이다. 이들 대부분의 경우 데이터의 획득과 입력 과정에 사람이 관여할 필요가 없다. 자동인식시스템은 자재취급과 제조공정에서 데이터 수집을 위하여 사용이 증가하고 있다. 자재취급에서는 선적과 입하, 저장, 분류, 오더피킹, 조립을 위한 부품 준비 등에 이용된다. 제조에서는 주문의 처리 과정, 재공품, 기계 이용률, 작업자의 유무 등 공장의 운영과 수행도에 관련된 사항을 감시하는 데 이용된다. 물론 AIDC는 공장 외에 유통, 재고관리, 차고와 물류센터 운영, 우편물과 소포 취급, 환자관리, 은행의 수표처리, 보안시스템 등에도 사용되지만 이 장에서는 자재취급과 제조 분야만을 대상으로 한다.

자동 데이터 수집의 대안은 수동으로 데이터를 수집하고 입력하는 것이다. 이때는 보통 먼저 종이에 기록한 후에 나중에 키보드로 컴퓨터에 입력하는데, 다음과 같은 단점이 있다.

1. 데이터 수집과 입력 시에 오류가 발생한다. 키보드 입력의 오류는 알파벳 300자당 평균 1번 수준이다.
2. 활동이나 사건이 발생한 시간과 그 상황에 대한 데이터 입력 시간 사이에 지연이 발생한다. 또한 입력 작업 자체에 시간이 소요된다.

3. 데이터 수집과 입력업무를 담당하는 직원이 필요하고 이는 인건비를 수반한다.

이런 약점들은 자동인식과 자동 데이터 수집을 이용하면 거의 없어진다. AIDC를 사용하면 데이터가 발생한 바로 그 순간 혹은 약간 후에 컴퓨터에 입력된다.

자동 데이터 수집은 자재취급 현장과 관련이 깊어서, 자재취급 분야에 많은 기술이 응용되고 있다. 그러나 제조업체의 제조 현장 통제에서도 AIDC의 중요성이 증가하고 있다(제25장).

12.1 자동인식 방법의 개요

거의 대부분의 자동인식 기술은 3개의 주요 부분으로 구성되어 있는데 이들이 AIDC의 단계별 절차가 되기도 한다[8].

1. 데이터 인코더 : **코드**(code)는 알파벳과 숫자의 조합문자로 표시하는 기호와 신호들의 집합이다. 데이터를 코드화할 때 문자는 기계가 인식할 수 있는 코드로 변환된다(대부분의 AIDC 기술에서 코드화된 데이터는 사람이 읽을 수 없다). 코드화된 데이터를 갖고 있는 레이블이나 태그를 붙여서 인식한다.
2. 리더기 또는 스캐너 : 이 장치는 코드화된 데이터를 읽어서 다른 형태(대부분 아날로그 전기신호)로 바꾸어 준다.
3. 데이터 디코더 : 이 장치는 전기신호를 디지털 데이터로 변환하고 최종적으로 원래의 알파벳과 숫자의 조합문자로 복원시킨다.

자동인식과 데이터 수집에는 다양한 기술이 사용되는데 바코드만 해도 250여 가지의 유형이 있다. AIDC 기술은 다음과 같이 여섯 가지로 분류할 수 있다[18].

1. **광학** : 대부분의 광학기술은 광 스캐너로 인식할 수 있는 고대비 그래픽 기호를 사용한다. 선형 바코드, 2차원 바코드, 광학문자인식, 머신비전(machine vision) 등이 해당된다.
2. **전자기** : 이 영역의 대표적인 기술은 무선인식(radio frequency identification, RFID) 방식인데 바코드보다 많은 데이터를 저장할 수 있는 전자태그를 이용한다.
3. **자성** : 녹음테이프와 비슷하게 데이터를 자기로 부호화한다. 대표적인 두 가지 방법은 (a) 신용카드나 은행 카드에 많이 사용되는 마그네틱 띠(magnetic stripe)와 (b) 은행에서 수표처리에 많이 사용하는 자성잉크 문자인식이 있다.
4. **스마트카드** : 많은 양의 정보를 수용하는 마이크로칩을 내장한 플라스틱 카드를 말하는데, **칩카드**, IC 카드라고도 한다.
5. **접촉** : 터치스크린이나 버튼기억장치(button memory) 등이 있다.
6. **생물학적 측정** : 이 기술은 사람을 인식하거나 음성명령을 인식하는 데 사용한다. 음성인식, 지

문분석, 망막스캔 등이 있다.

현재 가장 널리 쓰이는 AIDC 기술은 바코드와 RFID이다. 적용빈도를 순서대로 살펴보면 (1) 입하, (2) 출하, (3) 오더피킹, (4) 완성제품 보관, (5) 제조공정, (6) 재공품 보관, (7) 조립, (8) 분류 순이다. 일부 기술은 데이터 수집 과정에 인식장치를 작동시키기 위해 작업자가 필요한데 이 경우에는 반자동으로 간주된다. 어떤 기술은 사람이 관여하지 않아도 인식을 할 수 있다. 두 경우 모두 같은 센서 기술을 사용할 수 있다. 예를 들어 바코드 센서 기술은 동일하지만 어떤 바코드 스캐너는 사람이 작동하고 어떤 스캐너는 자동으로 판독한다.

앞에서 지적한 것처럼 자동 데이터 인식과 수집 기술을 사용하는 충분한 이유가 있는데 (1) 데이터의 정확성, (2) 시간 절약, (3) 인건비 절감 등이다. 무엇보다도 AIDC를 사용하면 많은 경우에 수집된 데이터의 정확성이 상당히 높아진다. 바코드의 에러율은 키보드 입력보다 10,000배 정도 적다. 다른 기술들의 에러율은 바코드보다는 높지만 수동식 방법보다는 낮다. 자동인식 기술을 사용하는 두 번째 이유는 사람이 데이터 입력을 하는 시간을 절감하기 위해서이다. 손으로 작성한 문서의 데이터 입력속도는 5~7문자/초이고 키보드를 사용할 경우 10~15문자/초 수준이대16]. 자동인식 방법으로는 초당 수백 개의 문자를 인식할 수 있다. 물론 입력속도가 전부는 아니지만 자동인식으로 인한 시간 절약은 큰 공장에서는 상당한 인건비 절감을 의미한다.

자동인식과 데이터 수집 기술의 에러율은 수작업에 비하면 상당히 낮지만 어느 정도의 에러는 발생한다. 산업체에서는 에러를 측정하는 척도로 다음의 두 가지를 사용한다.

1. **초기 판독률**(first read rate, FRR) : 스캐너가 처음 시도에 성공적으로 (정확히) 판독하는 비율
2. **대체 에러율**(substitution error rate, SER) : 스캐너가 코드화된 문자를 잘못 판독하는 확률이나 빈도를 나타낸다. 코드화된 데이터가 n개의 문자를 포함한다면 에러 수에 대한 예상치$= n \times$ SER이다.

AIDC 시스템은 높은 초기 판독률과 낮은 대체 에러율을 가져야 한다. 여러 AIDC 기술의 대체 에러율에 대한 주관적인 비교가 표 12.1에 주어져 있다.

12.2 바코드 기술

바코드(bar code)는 두 가지 기본형으로 분류된다—(1) 선형 : 데이터를 선형으로 지나가며 읽는다. (2) 2차원 : 데이터를 가로세로 양방향으로 읽는다. 이 두 가지 방법에 대해 살펴보자.

12.2.1 선형(1차원) 바코드

선형 바코드는 현재 가장 널리 쓰이는 기법이다. 그림 12.1에 나와 있는 것처럼 두 가지 형태의

| 표 12.1 | AIDC 기술과 키보드 입력의 비교

기술	입력 시간*	에러율**	장치비용	장점(단점)
키보드 입력	느림	높음	낮음	낮은 초기비용 (사람이 필요)
바코드 : 1D	보통	낮음	낮음	빠른 속도, 높은 유연성 (낮은 데이터 집적도)
바코드 : 2D	보통	낮음	높음	빠른 속도 높은 데이터 집적도
RFID	빠름	낮음	높음	레이블이 노출될 필요 없음 읽고 쓰기 가능 높은 데이터 집적도 (고가의 레이블)
마그네틱 띠	보통	낮음	보통	많은 데이터 저장 가능 데이터 변경 가능 (자기장에 취약) (판독하려면 접촉이 필요)
광학문자인식 (OCR)	보통	보통	보통	사람이 판독 가능 (낮은 데이터 집적도) (높은 에러율)
머신비전	빠름	***	매우 높음	빠른 속도

출처 : [14]

* 20개의 문자 길이를 갖는 데이터 입력 시간. 머신비전을 제외하고는 사람이 데이터 입력이나 AIDC 장치 작동을 해야 함. 느림＝5~10초, 보통＝2~5초, 빠름＝2초 이하

** 대체 에러율(SER) : 12.1절의 정의 참조

*** 적용 분야에 따라 다름

(a)　　　　　　　　　　　　　　(b)

그림 12.1　선형 바코드의 두 유형 : (a) 너비변조 : 예시는 UPC(Universal Product Code), (b) 높이변조 : 예시는 미국 우정국에서 사용하는 Postnet

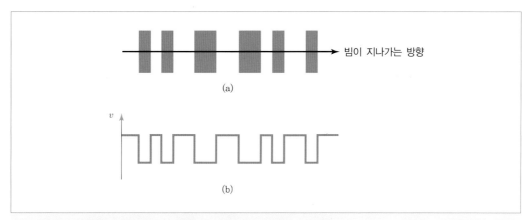

그림 12.2 바코드를 전기신호 펄스열로 변환 : (a) 바코드, (b) 전기신호

기호가 있다―(1) 너비변조(width-modulated) : 너비가 다른 바와 공간을 배열하여 표시, (2) 높이 변조(height-modulated) : 높이가 다른 바를 같은 간격으로 배열하여 표시. 높이변조 방식은 미국 우정국의 우편번호 인식을 제외하면 중요한 사용 분야가 없기 때문에 유통과 제조 부문에서 널리 사용되고 있는 너비변조 방식에 초점을 맞추어 살펴보자.

선형 너비변조 바코드에서는 폭이 다른 색칠된 바 사이에 폭이 다른 공백을 배열해서 기호를 표시한다(높은 색 대비를 위해 보통 바는 검게, 공백은 희게 표시한다). 바와 공백의 유형에 따라 숫자나 알파벳 문자가 코드화된다.

바코드 리더는 스캐너와 디코더로 구성되어, 바의 순서를 스캐닝한 후 디코딩하여 코드를 해석한다. 스캐너는 빔을 쏘아서 빔이 바코드를 지나가며(수동 혹은 자동) 반사하는 빛을 감지하여 바와 공백을 구분한다. 반사되는 빛은 광감지기(photodetector)가 감지하여, 공백은 전기신호가 있고 바는 신호가 없는 형태로 변환한다. 바나 공백의 두께는 신호의 길이가 된다. 이 과정을 그림으로 나타내면 그림 12.2와 같다. 디코더는 생성된 펄스열을 분석하여 데이터를 검증하고 해석한다.

바코드가 보편화된 주요인은 식품업계나 유통업계에서 널리 사용되고 있기 때문이다. 1973년에 식품업계는 UPC 코드를 품목을 식별하는 표준으로 채택하였다. 이 코드는 총 12자리로 되어 있는데, 여섯 자리는 제조업체를 나타내고, 다섯 자리는 제품을 나타내며, 마지막 한 자리는 체크(check) 문자이다. 미 국방성은 1982년에 공급업체가 국방성에 납품하는 상자에 사용할 Code 39라는 바코드 표준을 제정하였다. UPC는 숫자(0~9) 코드인 반면 Code 39는 알파벳 전부와 기타 문자를 포함한 44개의 문자를 제공한다. 이 두 가지 선형 바코드와 그 외 코드들이 표 12.2에 비교되어 있다.

바코드 기호 자동차업계, 국방성 및 많은 제조업계에서 채택한 바코드 표준은 Code 39인데 AIM USD-2(Automatic Identification Manufacturers Uniform Symbol Description-2)로도 알려져 있으나 AIM USD-29는 실제로는 Code 39의 한 종류이다. Code 39는 폭이 다양한 요소들(바와 공백)을

| 표 12.2 | 많이 사용되는 선형 바코드

바코드	연도	설명	적용 분야
Codabar	1972	16문자 : 0~9, \$, :, /,., +, −	도서관, 혈액은행, 택배업체
UPC*	1973	숫자만, 길이=12자리	미국, 캐나다의 식품 및 유통업계에서 널리 사용
Code 39	1974	알파벳과 숫자	미 국방성, 자동차 업계, 기타 제조업
Code 93	1982	Code39와 비슷, 높은 집적도	Code 39와 같은 분야
Code 128	1981	알파벳과 숫자, 높은 집적도	Code 39를 일부 대체
Postnet	1980	숫자만**	미국 우정국에서 우편번호에 사용

출처 : Nelson[13], Palmer[14]

* UPC=Universal Product Code, IBM에서 이전에 개발된 기호를 기초로 1973년에 식품업계에서 채택. 유럽에서도 1978년에 European Article Numbering(EUN) System이라는 비슷한 표준 코드를 개발.

** 이 코드만 높이변조 코드. 나머지는 모두 너비변조 코드.

연속적으로 배열하여 알파벳과 다른 문자들을 표시한다. 넓은 바는 2진수 1에 해당하고 좁은 바는 0에 해당한다. 넓은 것의 너비는 좁은 것의 너비의 2~3배인데 넓은 것과 좁은 것의 비에 상관없이 각각의 너비는 스캐너가 일관되게 읽을 수 있도록 균일해야 한다. 그림 12.3에 USD-2의 문자체계가 나와 있으며 그림 12.4는 전형적인 바코드에서 어떻게 문자집합이 만들어지는지를 보여준다.

Code 39라는 이름은 각 문자에는 9개의 요소(바와 공백)가 사용되고 이 중 3개는 넓은 것을 사용하기 때문에 붙여졌다. 넓은 공백과 바의 배열에 따라 각 문자가 결정되며, 각 코드는 넓은 바 또는 좁은 바로 시작하고 끝난다. 이 코드는 '3-of-9' 코드라 불리기도 한다. 바코드의 시작 부분과 끝 부분에는 디코더에 혼란을 주지 않기 위해 아무것도 인쇄되지 않은 '여백(quiet zone)'이 있어야 한다. 그림 12.4에 여백이 나와 있다.

바코드 리더　바코드 리더(reader)는 다양한 형태가 있다. 사람이 작동하는 것도 있고 일부는 자동화된 것도 있다. 보통 접촉식과 비접촉식으로 분류된다. 접촉식 바코드 리더는 손에 드는 막대 (wand)나 광펜의 끝으로 빠르게 바코드를 긁어서 사용한다. 읽을 때는 막대의 끝 부분이 바코드에 닿거나 매우 가까운 거리에 있어야 한다. 공장에서 데이터 수집을 할 때는 대개 키보드 입력 터미널에 부착되어 있다. 터미널은 고정된 위치에 설치되므로 고정 터미널로 불리기도 한다. 주문이 공장에 들어오면 데이터가 곧바로 컴퓨터 시스템에 전송된다. 접촉식 바코드 리더는 공장에서 데이터 수집용도 외에 상점에서 판매되는 물품의 내역을 입력할 때도 사용된다.

접촉식 바코드 리더는 작업자가 가지고 다닐 수 있도록 휴대용도 있는데 배터리로 작동하고 수집한 데이터를 저장할 수 있도록 메모리를 갖고 있다. 데이터는 나중에 컴퓨터 시스템에 옮겨진다. 휴대용 리더는 바코드로 입력할 수 없는 내용도 입력할 수 있도록 키패드가 부착된 경우가 많다. 휴대용 장치는 창고에서 오더피킹에 사용되고 작업자가 건물 내에서 먼 거리를 이동해야 할 경우에도 사용된다.

비접촉식 바코드 리더는 빔을 바코드에 쏘아서 반사되는 빛을 광감지기가 읽어서 코드를 해독

문자	바 유형	9비트	문자	바 유형	9비트
1		100100001	K		100000011
2		001100001	L		001000011
3		101100000	M		101000010
4		000110001	N		000010011
5		100110000	O		100010010
6		001110000	P		001010010
7		000100101	Q		000000111
8		100100100	R		100000110
9		001100100	S		001000110
0		000110100	T		000010110
A		100001001	U		110000001
B		001001001	V		011000001
C		101001000	W		111000000
D		000011001	X		010010001
E		100011000	Y		110010000
F		001011000	Z		011010000
G		000001101	–		010000101
H		100001100	.		110000100
I		001001100	space		011000100
J		000011100	*		010010100

* 모든 바코드의 시작과 끝 부분에 들어가는 시작/종료 코드를 나타낸다.

그림 12.3 Code 39의 한 종류인 USD-2의 문자집합[6]

한다. 읽을 때 리더의 탐침은 바코드로부터 일정 거리(수십~수백cm) 떨어진 곳에 위치한다. 비접촉식 스캐너는 고정 빔과 이동 빔 리더로 분류된다. 고정 빔 리더는 고정된 빔을 사용하는 장치이다. 보통 컨베이어 옆에 설치되며 빔 앞을 지나가는 바코드를 인식한다. 고정 빔 스캐너는 주로 컨베이어로 이동하는 많은 양의 물자를 식별해야 하는 창고나 자재취급에 주로 사용된다. 이 용도

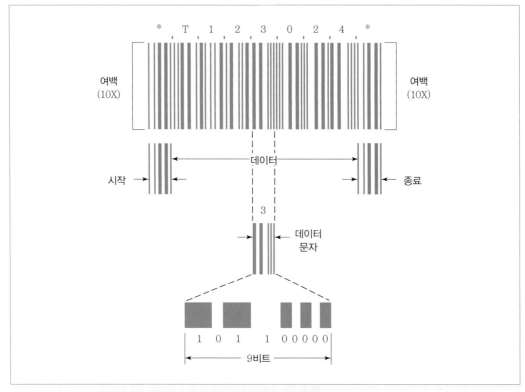

그림 12.4 Code 39를 이용한 바코드 형성 예[6]

로 사용되는 고정 빔 리더는 바코드의 최초 응용 분야 중 하나이다.

이동 빔 리더는 고도로 집중된 빔을 회전하는 거울로 각도에 따라 움직여서 물체에 부착된 바코드를 찾는다. 이 목적의 빔으로는 레이저가 많이 사용된다. 거울이 고속으로 회전하므로 매우 높은 스캔 속도(최대 1,440스캔/초)를 제공한다[1]. 따라서 하나의 바코드를 여러 번 스캔할 수 있기 때문에 판독의 검증이 가능하다. 이동 빔 리더는 고정식이 될 수도 있고 휴대용이 될 수도 있다. 고정식 스캐너는 고정된 위치에 설치되어 컨베이어나 다른 자재취급 장비로 이동하는 바코드를 판독하거나, 창고나 물류센터에서 제품식별과 분류업무를 자동화할 때 사용된다. 그림 12.5에 고정식 스캐너를 이용한 예가 나와 있다. 휴대용 스캐너는 사용자가 권총처럼 바코드에 겨누어 사용한다. 창고나 공장에서 사용되는 대부분의 스캐너가 이 유형이다.

바코드 프린터 바코드를 사용할 때는 제품 포장이나 출하용 상자에 부착할 레이블 형태로 인쇄하는데 전문업체에서 인쇄하는 것이 보통이다. 바코드화된 서류와 부품 레이블을 회사 자체적으로 인쇄할 수도 있다. 이때는 필요한 곳마다 한 대씩 여러 대의 프린터가 필요하다. 바코드를 인쇄하는 예로는 키보드로 개별 바코드에 기록될 내용을 입력하는 경우, 자동 저울의 측정치에 따라 또는 제품별로 등급에 따라 레이블을 붙이는 경우, 약품의 생산 로트를 식별해야 하는 경우, 생산지시서

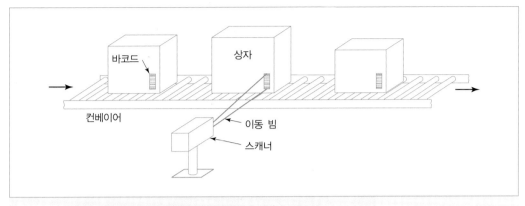

그림 12.5 컨베이어를 따라 설치된 고정식 이동 빔 바코드 스캐너

와 함께 이동하는 공정절차서 및 관련 서류들을 준비하는 경우 등이 있다. 작업자들은 주문번호와 공정상 각 단계의 완료결과를 입력하는 데 바코드 리더기를 사용한다.

12.2.2 2차원 바코드

최초의 2차원 바코드가 1987년에 등장한 이후 10여 개의 2차원 바코드가 개발되었고 앞으로도 증가할 전망이다. 2차원 바코드의 장점은 좁은 면적에 더 많은 데이터를 입력할 수 있다는 점이고, 단점은 특수 스캐닝 장비가 필요한데 장비의 가격이 비싸다는 점이다. 2차원 코드화 방식에는 (1) 스택(stacked) 바코드와 (2) 행렬 부호화의 두 가지가 있다.

스택 바코드 최초의 2차원 바코드는 스택 바코드였는데, 전통적인 바코드가 차지하는 면적을 줄이기 위해 고안되었다. 그러나 실제적인 장점은 훨씬 많은 정보를 담을 수 있다는 점이다. 스택 바코드는 전통적인 바코드 여러 개를 위로 쌓은 형태로 구성된다. 수년 동안 여러 가지 방법이 개발되었는데, 이들 대부분이 여러 행과 문자 수의 다양성을 허용한다. 그림 12.6에는 2차원 스택 바코드의 예가 제시되어 있다.

행렬 부호화 행렬 부호화는 정사각형 모양에 짙은 색(대개 검은색)과 흰색으로 표시되는 2차원 데이터 셀들로 구성된다. 2차원 행렬 부호화는 1990년경에 소개되었다. 장점은 스택 바코드에 비해 더 많은 데이터를 수록할 수 있다는 점이다. 또한 이 방법은 코드 39에 비해 30배 정도 더 높은 데이터 집적도를 갖는다. 단점은 스택 바코드보다 복잡해서 복잡한 판독 및 인쇄장비가 필요하다는 점이다. 기호를 수평과 수직 방향으로 인쇄와 판독을 해야 하므로 면적 부호화(area symbologies)로 불리기도 한다. 2차원 행렬 바코드의 예는 그림 12.7에 나와 있다.

행렬 부호화는 제조와 조립에서 부품이나 제품의 식별에 사용된다. 이 분야에서의 사용은 점점 증가할 것으로 예상된다. 반도체 업계에서는 Data Matrix ECC200(그림 12.7 Data Matrix 코드의 변형)을 웨이퍼와 전자부품을 표시하는 표준으로 채택하였다[12].

그림 12.6 2차원 스택 바코드(PDF417)

그림 12.7 2차원 행렬 바코드(Data Matrix)

12.3 RFID 기술

무선인식(radio frequency identification, RFID)은 바코드의 가장 유력한 경쟁상대이다. 월마트, Target, Metro AG(독일) 같은 기업과 미 국방성은 입고 물품들에 RFID를 사용하도록 공급업자에게 요구하고 있다. 실제로 월마트에서 RFID를 사용한 경우 재래식 방법보다 소진품을 보충하는 데 있어서 63% 더 효율적이라고 보고되었다[17]. 미 국방성도 전략부품과 장비에 Data Matrix 바코드

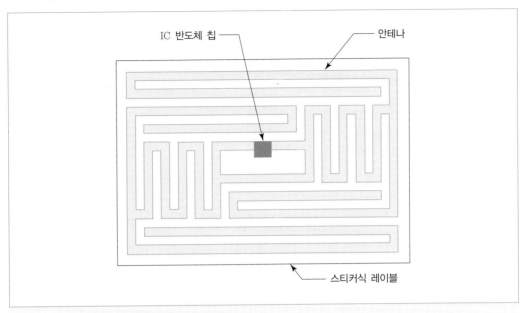

그림 12.8 RFID 레이블(크기 20mm×30mm)

와 RFID를 조합하여 사용하도록 정했다[4]. 이러한 예들이 산업에서 RFID 사용이 증가하는 촉진제 역할을 하고 있다.

전자적으로 코드화된 데이터가 담긴 인식 태그(tag)를 부품, 제품, 용기(박스, 팰릿 등)에 부착하여 사용하는 것이 RFID이다. 태그는 그림 12.8과 같이 반도체 칩과 작은 안테나로 구성된다. 이들 구성품은 보호용 플라스틱에 싸여 있거나, 물품에 부착되는 스티커 레이블에 부착되어 있기도 한다. 태그가 붙은 물품이 리더기의 가까운 거리 내로 들어오면 무선을 통해 암호화된 데이터를 송출한다. 리더기는 이동식 또는 고정식일 수 있는데, 무선신호를 디코딩하여 컴퓨터 시스템으로 데이터를 전송해 주는 역할을 한다.

무선신호는 텔레비전 방송에 사용되는 신호와 비슷하지만 제품 식별에 이용되는 방법은 다르다. 한 가지 차이점은 방송신호는 한 방향으로만 전송되지만 RFID에서는 양방향으로 신호가 전송된다. 인식 태그는 외부에서 신호를 받으면 자신의 신호를 송출하는 **트랜스폰더**(transponder)이다. 리더기 근처에 접근하면 리더기가 무선으로 낮은 수준의 자기장을 보내어 이를 전원으로 사용하여 트랜스폰더가 활성화된다. 방송신호와의 또 다른 차이점은 신호의 출력이 현저히 낮아서 교신거리가 몇 mm에서 몇 m 정도라는 점이다. 마지막 차이점은 사용 주파수인데 TV, 라디오, 무전기 등과 다른 주파수를 사용한다.

RFID 태그는 (1) 수동형(passive), (2) 능동형(active)의 두 종류가 있다. 수동형 태그는 내부 전원이 없어서 리더기로부터 생성된 무선파로부터 신호를 보내기 위한 전력을 끌어내지만, 능동형 태그는 자체 배터리팩을 가지고 있다. 수동형 태그가 더 작고 저렴하며, 수명도 길지만 통신 범위가 작다. 반면에 능동형 태그는 큰 메모리 용량과 넓은 통신 범위를 가진다(10m 이상). 능동형

| 표 12.3 | 바코드와 RFID의 비교

항목	바코드	RFID
기술	광학	무선통신
읽기-쓰기 능력	읽기만 가능	읽기, 쓰기 가능
저장 용량	14~16 digits(1차원 바코드)	96~256 digits
판독을 위한 정렬	필요	불필요
재사용성	1회 사용	재사용 가능
레이블 가격	매우 저렴	바코드의 약 10배
내구성	오물과 훼손에 민감	공장환경에서도 내구성이 우수

태그는 비싸기 때문에 고가의 물품에 부착되는 경우가 많다.

제2차 세계대전 중 아군기와 적기를 구분하기 위해 영국에서 RFID 기술을 처음 사용했다. 또 다른 초기 사용 분야 중 하나는 철도화물의 추적이다. 이 경우에는 데이터 저장과 교신을 위해 벽돌 크기의 장치를 사용했기 때문에 태그라는 말은 적합하지 않다. 그 이후에는 다양한 형태의 태그가 사용되었는데, 제품 식별을 위한 신용카드 크기의 플라스틱 카드도 있고 야생동물의 연구용 추적을 위해 몸속에 주입되는 작은 유리캡슐도 있다. 산업에서 RFID의 주 응용 분야는 (1) 재고관리, (2) 공급망관리(SCM), (3) 추적시스템, (4) 창고관리, (5) 위치인식, (6) 재공품관리 등이다.

보통의 경우 인식 태그는 제품 번호와 교신할 정보를 포함하여 약 20자 정도의 정보를 수록할 수 있는 읽기전용 장치이다. 기술의 발달로 데이터 용량이 증가하였고 수록된 정보도 변경할 수 있게 되었다(읽기/쓰기 태그). 이로 인해 중앙 데이터베이스 대신 태그에 더 많은 상태 및 이력 정보를 수록할 수 있는 새로운 기회가 열렸다. 표 12.3은 가장 중요한 두 AIDC 기술인 바코드와 RFID를 비교한 것이다.

RFID의 장점은 다음과 같다―(1) 인식을 위해 물리적인 접촉을 하지 않아도 되고, 판독기와 태그 사이에 장애물이 있어도 판독할 수 있다. (2) 다른 AIDC 기술들에 비해 많은 정보를 수록할 수 있다. (3) 읽기/쓰기 태그는 데이터를 수정하거나 재사용할 수 있다. RFID의 단점은 태그와 하드웨어값이 다른 AIDC 기술보다 비싸다는 점이다. 이 때문에 무선시스템은 환경적 요인으로 인해 바코드를 이용한 데이터 수집이 불가능할 경우에만 적합한 방식이다. 예를 들어 스프레이 페인팅처럼 광학적인 데이터를 손상시키는 제조공정에서 데이터를 수집할 때 유용한 방법이다. 월마트와 국방성에서 의무화함에 따라 RFID의 사용이 더 늘어날 것이다.

무선 기술이 바코드나 다른 AIDC 기술과 결합하여, 원격지의 바코드 리더기와 중앙의 컴퓨터 간 데이터통신의 수단이 될 수 있다. 이 경우 무선데이터통신(RFDC)으로 부르면서 RFID와는 구별을 한다.

12.4 기타 AIDC 기술

바코드 외의 AIDC 기술들은 공장에서 특수한 경우에 사용되거나, 공장이 아닌 곳에서 널리 사용되고 있다. 이들에 대해 살펴보면 다음과 같다.

12.4.1 마그네틱 띠

제품이나 상자에 부착된 마그네틱 띠는 공장이나 창고에서 개체 식별에 사용된다. 마그네틱 띠는 작은 자성입자를 갖는 얇은 플라스틱 필름으로 입자의 극성을 이용하여 데이터를 수록한다. 필름은 케이스에 넣을 수도 있고 플라스틱 카드나 종이표에 붙일 수도 있다. 신용카드나 은행 카드에 사용되는 것과 같은 것으로 금융 분야에서 많이 사용되지만 생산 현장에서의 사용은 다음과 같은 이유로 감소하고 있다—(1) 판독을 위해서는 마그네틱 띠에 접촉해야 한다. (2) 생산 현장에서 마그네틱 띠에 데이터를 수록하기에 편리한 장비가 없다. (3) 바코드보다 비싸다. 마그네틱 띠의 장점은 수록할 수 있는 데이터 용량이 크고 수록된 데이터를 수정할 수 있다는 점이다.

12.4.2 광학문자인식

광학문자인식(optical character recognition, OCR)은 광학 판독기로 읽을 수 있도록 특별히 설계된 알파벳 문자를 사용한다. 광학문자를 2차원 부호로 판독하기 위해서는 각 문자의 수평과 수직 특성을 해석해야 한다. 따라서 사람이 작동하는 스캐너를 사용할 경우 어느 정도의 기술이 요구되며 초기 판독률이 낮다(보통 50% 이하[14]). OCR 기술의 가장 큰 장점은 문자나 문장을 기계뿐만 아니라 사람도 읽을 수 있다는 점이다.

역사적으로 보면 UPC가 식품업계에 채택된 직후에 National Retail Merchants Association (NRMA)에서는 OCR을 표준 데이터 인식 기술로 채택하였다. 당시에는 많은 유통업체들이 OCR 장비를 구입하였으나 1980년대 중반경에 다음과 같은 기술적인 문제가 드러났다[14]—(1) 손에 드는 스캐너를 사용할 경우 초기 판독률이 낮고 대체 에러율이 높았으며, (2) 매장 계산대를 위한 전방향(omnidirectional) 스캐너가 없었고, (3) 바코드가 확산되었다. 이후 NRMA는 표준을 OCR에서 바코드로 바꿀 수밖에 없었다.

공장이나 창고에서 사용할 때의 단점은 다음과 같다—(1) 근거리 접촉 스캐너가 필요, (2) 낮은 스캐닝 속도, (3) 바코드에 비해 많은 에러.

12.4.3 머신비전

현재 머신비전(machine vision)의 주 적용 분야는 자동검사 업무이다(제22장). 머신비전을 AIDC에 사용하는 경우는 Data Matrix와 같은 2차원 행렬 기호나 스택 바코드를 읽는 데 사용한다[11]. 이외에 다른 분야에도 사용되고 있는데 기술이 발전함에 따라 사용이 늘어날 것이다. 예를 들면 컨베이어를 통해 이동하는 물자의 종류가 적다면 머신비전은 이들을 구분할 수 있으므로 분류 목적으로 사용할 수 있다. 머신비전은 물체의 고유한 형상 특성을 기초로 인식하는 방식이기 때문에 별도의 인식 코드가 없어도 제품을 인식할 수 있다.

참고문헌

[1] Accu-Sort Systems, Inc., *Bar Code Technology—Present State, Future Promise* (Second Edition), Telford, PA (no date).

[2] "AIDC Technologies—Who Uses Them and Why," *Modern Materials Handling,* March 1993, pp. 12-13.

[3] AGAPAKIS, J., and A. STUEBLER, "Data Matrix and RFID—Partnership in Productivity," *Assembly,* October 2006, pp. 56-59.

[4] ALLAIS, D. C., *Bar Code Symbology,* Intermec Corporation, 1984.

[5] ATTARAN, M., "RFID Pay Off," *Industrial Engineer,* September 2006, pp. 46-50.

[6] Automatic Identification Manufacturers, *Automatic Identification Manufacturers Manual,* Pittsburgh, PA.

[7] "Bar Codes Move into the Next Dimension," *Modern Materials Handling/ADC News & Solutions,* June 1998, p. A11.

[8] COHEN, J., *Automatic Identification and Data Collection Systems,* McGraw-Hill Book Company Europe, Berkshire, UK, 1994.

[9] FORCINO, H., "Bar Code Revolution Conquers Manufacturing," *Managing Automation,* July 1998, pp. 59-61.

[10] KINSELLA, B., "Delivering The Goods," *Industrial Engineer,* March 2005, pp. 24-30.

[11] MOORE, B., "New Scanners for 2D Symbols," *Material Handling Engineering,* March 1998, pp. 73-77.

[12] NAVAS, D., "Vertical Industry Overview : Electronics '98," *ID Systems,* February 1998, pp. 16-26.

[13] NELSON, B., *Punched Cards to Bar Codes,* Helmers Publishing, Inc., Peterborough, NH, 1997.

[14] PALMER, R. C., *The Bar Code Book,* 5th ed., Helmers Publishing, Inc., Peterborough, NH, 2007.

[15] "RFID: Wal-Mart Has Spoken. Will You Comply?" *Material Handling Management,* December 2003, pp.24-30

[16] SOLTIS, D. J., "Automatic Identification System: Strengths, Weaknesses, and Future Trends," *Industrial Engineering,* November 1985, pp. 55-59.

[17] WEBER, A., "RFID on the Line," *Assembly,* January 2006, pp. 78-92.

[18] www.aimusa.org/techinfo/aidc.html

[19] www.wikipedia.org/wiki/Barcode

[20] www.wikipedia.org/wiki/Radio_frequency_identification

복습문제

12.1 데이터를 수작업으로 수집하여 입력할 경우의 단점은 무엇인가?

12.2 자동인식 기술의 세 가지 주요 구성요소는 무엇인가?

12.3 AIDC에서 사용되는 기술의 여섯 가지 유형은 무엇인가?

12.4 생산과 물류에서 AIDC를 적용하는 대표적인 업무는 어떤 것이 있는가?

12.5 선형 바코드의 두 유형과 이들의 차이점은 무엇인가?

12.6 RFID의 영문 원어는 무엇인가?

12.7 RFID에서 트랜스폰더란 무엇인가?

12.8 능동형 태그와 수동형 태그의 차이점은 무엇인가?

12.9 RFID가 바코드보다 우수한 장점은 무엇인가?

12.10 OCR 기술이 바코드보다 우수한 장점은 무엇인가?

12.11 산업에서 머신비전을 주로 활용하는 부분은 무엇인가?

PART

4

제조시스템

Automation, Production Systems, and Computer-Integrated Manufacturing

CHAPTER 13

제조시스템의 개요

● ● ●

제4부에서는 **제조시스템**(manufacturing system)을 구성하기 위하여 인력, 자동화 기술, 자재취급 기술이 어떻게 결합되는지를 알아본다. 제조시스템은 원자재, 부품 및 부품군에 대해 가공 및(또는) 조립을 수행하기 위한 장비 및 인적자원의 통합체로 정의된다. 장비는 생산기계, 공구, 자재취급 장비, 소재위치 고정장치, 컴퓨터 시스템을 포함하며, 인적자원은 시스템을 가동하기 위한 인력을 의미한다. 제조시스템은 부품 또는 제품에 가치를 부가하는 장소이다. 생산시스템에서 제조시스템의 위치는 그림 13.1에 보는 바와 같다.

이 장에서는 제조시스템의 각 유형에서 공통적인 구성요소와 기능을 설명한다. 또한 생산에 있어서 특정 목표를 위해 그 구성요소들을 결합하고 조직함에 따라 제조시스템의 유형을 구분하는 체계에 대해 알아본다.

13.1 제조시스템의 구성요소

제조시스템은 다음과 같은 여러 요소들로 구성된다—(1) 생산기계와 공구, 고정구 및 기타 관련 하드웨어, (2) 자재취급시스템, (3) 위의 요소를 제어 및 감독하는 컴퓨터 시스템, (4) 시스템을

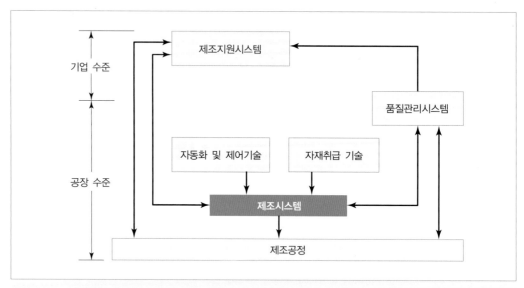

그림 13.1 생산시스템에서 제조시스템의 위치

조작하고 관리하는 작업자.

13.1.1 생산기계

실질적으로 현대의 모든 제조시스템에서는 실제 가공 또는 조립의 대부분이 기계에 의해, 또는 공구를 이용하여 이루어진다. 기계는 (1) 수동기계, (2) 반자동기계, (3) 완전자동기계로 분류될 수 있다.

수동기계는 작업자에 의하여 직접 동작되거나 감독받는 기계를 의미하며, 작업에 필요한 동력을 기계가 제공하고 작업자는 그것을 제어한다. 재래식 공작기계(선반, 밀링, 드릴링 머신 등)가 이러한 범주에 포함되며, 기계를 동작시키기 위하여 작업자가 기계와 같이 계속 일을 하는 것이 필요하다.

반자동기계는 어떤 형태의 프로그램 제어에 의하여 작업의 일정 부분이 수행되는 기계를 의미하며, 작업자는 기계에 원소재 장착, 탈착 또는 나머지 부분의 작업을 수행하게 된다. 파트 프로그램에 의하여 작업의 대부분이 수행되는 CNC 선반이 이 범주에 속하며, 파트 프로그램이 종료되었을 때 작업자가 완성품을 탈착하고 다시 원소재를 장착한다. 이 경우에 각 파트 프로그램을 실행하기 위해서는 작업자가 필요하지만, 프로그램이 실행 중에는 작업자가 필요하지 않다. 만약 파트 프로그램이 실행되는 시간이 10분이고, 공작물을 장착, 탈착하는 시간이 1분이라면 한 작업자가 한 대 이상의 기계를 동작시킬 수 있을 것이다. 이러한 가능성에 대하여 제14장에서 분석할 것이다.

완전자동기계와 반자동기계의 차이점은 작업자 없이 오랫동안 작업할 수 있는 능력에 있다. 작업자가 각 작업사이클마다 기계 곁에 있을 필요는 없지만, 주기적으로 가끔 해야 할 일이 있다. 예를 들어 몇 사이클이 지나면 자동기계에 새 자재를 공급하지만, 완성품 수거 용기를 비우는 일을 하는 작업자가 필요하다.

제조시스템에서 **작업장**(workstation)이란 완전자동기계, 작업자와 기계의 결합체, 또는 수공구를 사용하는 작업자가 일련의 작업을 수행하는 장소를 의미한다. 수공구를 사용하는 작업자의 경우 생산기계가 따로 없으며, 대다수의 조립공정이 이 범주에 속한다. 어떤 제조시스템은 하나 혹은 여러 개의 작업장으로 구성된다. 다수의 작업장으로 구성된 시스템을 생산라인, 조립라인 혹은 기계 셀(machine cell)로 부르며, 형태 및 기능에 따라 다른 이름으로 불린다.

13.1.2 자재취급시스템

부품 및 제품을 제조하는 대부분의 가공공정 및 조립공정에서는 다음과 같은 부수적인 기능이 제공되어야 한다 ― (1) 공작물 장착, (2) 공작물의 작업위치 결정, (3) 공작물의 탈착. 여러 작업장으로 구성된 제조시스템에서는 (4) 작업장 간의 운반 기능이 필요하며, 이러한 기능을 자재취급시스템이 담당한다. 많은 경우에 작업자가 직접 운반하기도 하고, 운반장치나 자동화된 자재취급시스템(제10장)이 사용되기도 한다. 생산 현장에서 대부분의 자재취급시스템은 (5) 임시저장소의 기능을 제공한다. 임시저장소의 목적은 일반적으로 작업장에 항상 공작물이 준비되어 있도록 만드는 역할을 한다. 즉 작업장이 비어 있지(소재의 소진) 않도록 한다. 자재취급시스템에 관련된 주제는 종종 특정 제조시스템에 따라 다르므로, 뒷장에서 각 제조시스템을 언급할 때 자재취급시스템의 상세한 내용을 알아보기로 한다. 이 장에서는 제조시스템에서의 자재취급시스템에 관한 일반적인 사항에 관하여 알아본다.

장착, 위치 결정, 탈착 이러한 자재취급 기능은 각 작업장에서 일어난다. 장착(loading)은 공장 내 창고로부터 공작물을 기계나 처리장치로 이동시키는 것을 포함한다. 예를 들면 뱃치처리 방식에서 초기 공작물은 작업장 부근의 저장용기(팰릿, 상자 등)에 저장된다. 대부분의 가공공정을 위해, 특히 정밀도와 정확도를 요하는 작업을 위해 공작물은 기계에 지정된 위치에 고정되어 있어야 한다. 위치 결정(positioning)은 공작물을 공구에 대해 정해진 상대 위치와 방향으로 고정시키는 것이다. 생산장비에서의 위치 결정은 **워크홀더**(work holder)를 이용하는 경우가 종종 있는데, 워크홀더는 작업 중에 공작물을 정확하게 위치시키고 고정하는 장치이다. 일반적인 워크홀더는 지그(jig), 고정구(fixture), 척(chuck) 등이다. 가공공정이 완료되면 공작물은 탈착(unload)된다. 즉 가공기계로부터 제거되어 작업장의 저장용기에 보관되거나 다음 공정을 위하여 이동하게 된다. 이런 방법 중 하나는 다음 공정으로 이동시키는 컨베이어에 공작물을 얹어 놓는 것이다.

생산기계가 수동 혹은 반자동으로 작동된다면 장착, 위치 결정 및 탈착은 작업자가 직접 하거나 호이스트를 이용하여 수행한다. 완전히 자동화된 작업장에서는 산업용 로봇, 부품공급장치, 코일 공급장치(판재 성형), 자동 팰릿교환기 등과 같은 기계장치가 사용된다.

작업장 간 공작물 운반 제조시스템에서 공작물 운반이란 다수작업장으로 구성되는 시스템에서 작업장 간 공작물의 이동을 의미한다. 운반은 수동으로 하거나 적합한 자재취급 장치를 이용한다.

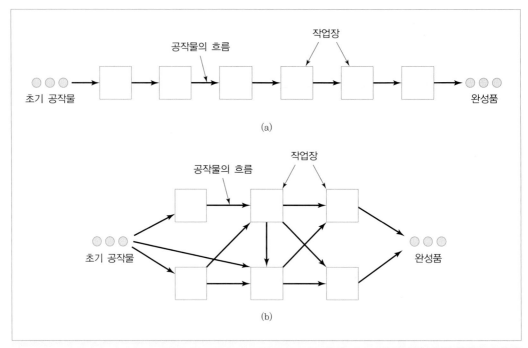

그림 13.2   다수작업장 간의 흐름 유형 : (a) 고정경로, (b) 가변경로

    어떤 제조시스템에서는 작업자가 직접 작업장 간 공작물을 운반하며, 하나씩 혹은 뱃치 단위로 운반할 수 있다. 단위하물 원칙(제10장)에 따르면 뱃치 단위로 공작물을 운반하는 것이 효과적이다. 인간공학적으로 작업자에 무리가 가지 않도록 수동운반은 공작물이 작고 가벼울 경우에 한한다. 부하가 정해진 기준을 초과한다면 호이스트(제10장) 및 이와 유사한 들어 올리는 장비가 사용된다. 수동운반을 적용하는 제조시스템에는 수동 조립라인과 GT(Group Technology) 제조 셀이 포함되어 있다.

    제조시스템에서 다양한 형태의 자재취급 장치가 광범위하게 사용되고 있으며, 작업장 간 경로의 형태에 따라 자재취급 장치를 (1) 고정경로, (2) 가변경로 두 가지로 분류할 수 있다. **고정경로**(fixed routing)에서는 공작물이 항상 정해진 작업상 사이를 이동하는데, 이는 작업공정이 같을 정도로 공작물이 동일하거나 유사함을 의미하며, 생산라인(제16장)에서 흔히 사용된다. **가변경로**(variable routing)에서는 공작물이 다양한 경로를 따라 이동할 수 있는데, 이는 제조시스템이 다양한 공작물을 가공 및 조립할 수 있음을 의미한다. 가변경로는 개별생산 및 뱃치생산시스템에서 많이 볼 수 있다. 가변경로를 사용하는 제조시스템은 기계 셀 및 유연생산시스템을 포함한다. 가변경로와 고정경로의 차이점을 그림 13.2에 나타내었으며, 두 작업경로에 사용되는 대표적인 물자운반장비를 표 13.1에 나열하였다.

| 표 13.1 | 가변경로와 고정경로에 사용되는 물자운반장비

경로 유형	물자운반장비*
가변경로	무인운반차량(AGV) 시스템 동력 및 이탈식 고가활차 컨베이어 모노레일 시스템 카트-온-트랙 컨베이어
고정경로	동력 롤러 컨베이어 벨트 컨베이어 드래그 체인 컨베이어 고가활차 컨베이어 회전 인덱싱 메커니즘 주행 빔 이송장치

* 제10장과 제16장에서 설명됨.

13.1.3 컴퓨터 제어 시스템

현대의 자동화된 제조시스템에서는 컴퓨터가 자동화 또는 반자동화된 장비를 제어하고, 제조시스템의 전체적인 관리를 위하여 사용된다. 수동 조립라인과 같이 수작업으로 동작하는 제조시스템에서도 생산을 보조하기 위해 컴퓨터 시스템이 필요하다. 다음은 전형적인 컴퓨터 시스템의 기능이다.

- **작업지침 전달 수단** : 다양한 공작물과 상이한 작업을 수행하는 수작업에서 특정한 공작물에 대한 작업 및 조립 지침을 작업자에게 전달한다.
- **파트 프로그램 다운로드** : 컴퓨터가 기계로 부품 가공 프로그램을 전송한다.
- **자재취급시스템 제어** : 장치의 제어와 작업장과의 연동 기능을 수행한다.
- **생산일정계획 수립** : 제조시스템의 생산계획 및 일정계획 기능을 수행한다.
- **오류진단** : 장비 오동작 진단, 예방보수계획 준비, 장비의 여유부품 재고관리를 한다.
- **안전감시** : 시스템이 안전하지 않은 상태로 동작되는 것을 감시하며, 작업자와 장비 모두가 대상
- **품질관리** : 시스템 내에서 발생한 결함부품의 감지 및 제거 기능을 수행한다.
- **공정관리** : 직접(컴퓨터를 통한 전체 감독제어) 또는 간접(관리요원의 보고서 작성)으로 제조시스템 내의 전체 공정을 관리하는 기능을 수행한다.

13.1.4 인력

제조시스템에서 작업자는 부품 또는 제품의 가치를 높이는 작업을 수행한다. 이러한 경우의 작업자를 직접인력이라고 부르며, 수작업 또는 기계를 조종하여 제품가치를 높인다. 완전 자동화된 제조시스템에서도 공작물 장착, 탈착, 공구교환, 공구손질 등과 같은 작업을 위하여 직접인력이 필요하다. 자동화된 시스템에서 컴퓨터 프로그래머, 컴퓨터 운영자, CNC 공작기계의 파트 프로그래머

(제7장), 유지보수 요원 및 이와 유사한 간접인력도 제조시스템을 관리하고 지원하는 역할을 수행한다. 자동제조시스템에서는 직접인력과 간접인력의 구분이 명확하지 않다.

13.2 ## 제조시스템의 분류

이 절에서는 제조시스템의 다양한 형태를 알아보고, 차이점이 나타나게 하는 요인을 기반으로 제조시스템을 분류할 것이다. 이 요인으로는 (1) 수행공정의 유형, (2) 작업장 수 및 시스템 배치, (3) 자동화 수준, (4) 시스템의 유연성이 있다.

13.2.1 수행공정의 유형

우선, 제조시스템은 수행되는 공정의 종류로 구분될 수 있다. 가장 크게 보아 (1) 개별부품 가공공정과 (2) 각 부품을 조립품으로 만드는 조립공정으로 분류할 수 있다.

제조시스템에 수행되는 공정에 영향을 주는 제품 파라미터는 다음과 같다.

- **재료의 유형** : 재료에 따라 적용되는 공정이 다르다. 금속에 사용되는 가공공정은 플라스틱이나 세라믹의 공정과 다르다. 이런 차이점은 제조시스템의 장비 종류와 취급 방법에 영향을 미친다.
- **부품과 제품의 크기 및 중량** : 크고 무거운 공작물은 고출력의 대형 장비를 필요로 하며, 부품과 제품이 커질수록 안전위험성도 커진다.
- **부품과 제품의 복잡성** : 일반적으로 부품의 복잡성은 필요한 가공공정의 수와, 제품의 복잡성은 조립부품의 수와 밀접한 관계가 있다(제2장).
- **부품 형상** : 부품은 형상에 따라 회전형 또는 비회전형으로 구분될 수 있다. 회전형 부품은 원통 또는 원판 모양이며, 선반 작업 및 이와 유사한 회전가공으로 가공된다. 비회전형 부품(각주형으로 불리기도 함)은 직사각형 또는 직육면체 모양이며, 밀링 또는 이와 유사한 기계로 가공된다. 절삭가공을 수행하는 제조시스템은 회전형 또는 비회전형 부품을 제조하는지에 따라 구분될 수 있다. 이러한 차이점은 절삭공정과 이에 필요한 공작기계의 선정뿐만 아니라, 자재취급시스템의 설계에도 크게 영향을 미친다는 점에서 매우 중요하다.

13.2.2 작업장의 수와 시스템 배치

작업장 수는 제조시스템 분류에 있어 중요한 인자이며 생산능력, 생산성, 신뢰성 등에 따른 제조시스템의 성능에 매우 큰 영향을 미친다. 작업장의 수를 기호 n으로, 제조시스템 내의 각 작업장을 기호 $i(i=1, 2, ..., n)$로 표기하기로 하자. $n=1$일 때 단일작업장 셀이 되고, $n>1$이면 다수작업장 시스템이 된다.

제조시스템에서 작업장 수는 시스템 규모를 가능할 수 있는 편리한 척도이다. 왜냐하면 작업장 수가 증가할수록 시스템이 수행할 수 있는 작업의 양도 증가하기 때문이다. 또한 독립적으로 운영되는 것보다 다수의 작업장이 연동되어 운영되는 것이 시너지 효과를 얻을 수 있으므로 더 효과적이다. 시너지 효과는 제품을 생산하기 위한 작업공정이 단일작업장에서 수행하기에 너무 복잡한 경우에 얻을 수 있다. 즉 단일작업장에서 수행하기에는 너무 많은 작업이 있는 경우, 작업을 분할하여 여러 작업장에 할당함으로써 각 작업장의 작업을 단순하게 만들 수 있다. 각 작업장들은 자신에게 주어진 작업에만 전문화되도록 설계됨으로써 효율성을 높일 수 있다. 이것이 다수작업장 시스템의 시너지 효과라고 할 수 있다. 각 작업장이 갖는 전문성 덕분에, 다수작업장 시스템이 동일 개수의 단일작업장(한 부품 생산에 필요한 모든 작업을 수행)보다 부품의 복잡성을 훨씬 더 잘 처리할 수 있다. 그 결과는 복잡한 부품과 제품에 대한 높은 생산율로 나타난다. 이러한 장점을 볼 수 있는 곳이 자동차회사의 최종조립공장이다. 승용차 1대를 조립하는 데 필요한 작업량은 일반적으로 15~20시간 수준인데, 이를 하나의 작업장이 담당하기에는 시간이 너무 걸리고 복잡성도 매우 높다. 그러나 전체 작업량을 1분 정도의 단순한 작업으로 분할하고 흐름 라인을 따라 배치된 작업장의 작업자들에게 할당한다면, 시간당 60대의 속도로 승용차의 생산이 가능해진다.

작업장이 많다는 것은 전체 시스템이 복잡하다는 것과 관리와 유지가 더 어렵다는 것을 의미하며 더 많은 작업자, 기계 및 취급부품이 있다는 것이다. 자재취급시스템도 다수 작업장에서는 더 복잡해지며, 신뢰성과 유지보수에 관한 문제 또한 자주 발생한다.

작업장의 수와 밀접한 관계가 있는 것으로 작업장의 배치 문제가 있다. 가변 작업경로에 맞추어 배치된 작업장은 다양한 배치 형태가 가능하나, 고정경로를 고려한 배치는 통상적으로 생산라인에서와 같은 직선 형태이다. 가변경로의 경우는 여러 다양한 유형의 배치가 가능하다. 작업장 배치 문제는 가장 적합한 자재취급시스템(표 13.1)을 결정하는 데 있어서 매우 중요한 인자이다.

13.2.3 자동화 수준

자동화 수준은 제조시스템을 특징짓는 또 다른 인자이다. 위에서 정의한 바와 같이, 제조시스템의 작업장은 수동, 반자동 혹은 완전자동일 수 있다. 이러한 자동화 수준의 역개념은 작업자의 각 작업장 참여시간이라고 할 수 있다. 작업장의 **매닝레벨**(manning level)은 작업자가 i번째 작업장에 머물러야 하는 시간 비율이고, M_i로 표시된다. 만약 i번째 작업장에서 $M_i = 1$이라면, 1명의 작업자가 계속 작업장에 머물러 있어야 한다는 것을 의미한다. 1명의 작업자가 4대의 자동화된 기계를 동작시킨다면, 각 기계에 동일한 시간 동안 머무른다는 가정하에 각 작업장에 대한 M_i는 0.25이다. 자동차 최종 조립라인 작업장의 M_i가 2 또는 3 이상이라면 그 작업장에서 작업하는 작업인력이 여러 명이라는 것을 의미한다. 일반적으로 M_i가 큰 값($M_i \geq 1$)이면 작업장에서의 수작업을 의미하며, 작은 값($M_i < 1$)이면 자동 작업 형태를 의미한다.

다수작업장 제조시스템의 평균 매닝레벨은 시스템의 직접인력 비율을 나타내는 유용한 지표이며, 다음과 같다.

$$M = \frac{w_u + \sum\limits_{i=1}^{n} w_i}{n} = \frac{w}{n} \qquad (13.1)$$

여기서 M=시스템 평균 매닝레벨, n=작업장의 수, w_u=시스템에 할당된 지원작업자의 수, w_i= i번째 작업장에 배정된 작업자 수(i = 1, 2, ..., n), w=시스템에 할당된 작업자 총수이다. 지원작업자는 특별히 하나의 작업에 배정된 것이 아니라 (1) 작업장에서 작업자 공백을 보충, (2) 시스템의 보수 및 유지, (3) 공구 교환, (4) 시스템에 공작물의 장착 및 탈착과 같은 기능을 수행하는 작업인력을 의미한다. 완전자동화된 생산시스템에서도 시스템 운전을 맡는 지원작업자가 1명 이상이 있다.

제조시스템 내의 작업장에 관한 자동화 수준은 두 가지가 있다—(1) 수동 작업장, (2) 자동 작업장. 수동 작업장은 사람이 운전하는 생산기계 혹은 반자동의 생산기계로 구성된다. 수동이든 자동이든 모든 작업장은 각 사이클 도중에 또는 매 사이클마다 작업자의 개입을 필요로 한다. 어떤 경우에는 1명의 작업자가 2대 이상의 기계를 담당해야 할 경우도 있다.

자동 작업장에서는 매 작업사이클마다 작업자의 개입이 필요 없는 완전자동기계가 중심이 된다. 다만, 유지보수나 공작물의 장착과 탈착 등의 목적으로 작업자의 간헐적인 개입만이 필요하다.

제조시스템 내 작업장들의 자동화 수준이 전체 시스템 자체의 자동화 수준을 결정짓는다. 즉 작업자에 따라서 수동시스템과 자동시스템으로 구분될 수 있다. 그러나 일부는 수동이고 일부는 완전자동인 작업장으로 구성되는 다수작업장 시스템도 있을 수 있고, 이런 경우 부분자동시스템 또는 하이브리드 시스템이라고도 부른다.

13.2.4 시스템의 유연성

제조시스템의 특성을 결정하는 네 번째 인자는 생산할 부품 및 제품의 다양성에 대처할 수 있는 능력이다. 제조시스템이 가질 수 있는 다양성의 예는 다음과 같은 항목에서 찾을 수 있다—(1) 초기 소재, (2) 공작물의 크기와 무게, (3) 부품의 형상, (4) 부품 또는 제품의 복잡성, (5) 조립품의 신택사양(옵션). 유연성(flexibility)이란 제품 모델 변환에 필요한 유휴시간 없이 부품이나 제품의 다양성에 대처하는 정도를 나타내는 용어이며, 일반적으로 제조시스템의 바람직한 특징이다. 유연성을 지닌 제조시스템을 **유연생산시스템**(flexible manufacturing system), **유연조립시스템**(flexible assembly system) 또는 유사한 다른 이름으로 부른다. 이러한 시스템에서는 서로 다른 부품이나 조립품을 처리할 수 있으며, 한 모델의 제조가 끝나면 새로운 모델의 제조를 위해 즉각적으로 변환될 수 있다. 유연성이 있는 제조시스템은 다음과 같은 능력을 갖추어야 한다.

- **상이한 공작물 인식** : 상이한 부품이나 제품은 각기 다른 공정이 필요하게 되는데, 제조시스템이 올바른 공정을 수행하기 위해서는 공작물을 우선 식별하여야 한다. 수동 혹은 반자동시스템에서는 작업자가 주로 이러한 기능을 수행하지만, 자동시스템에서는 자동 공작물 인식 시스

템이 갖추어져야 한다.

- **공정의 신속한 전환** : 컴퓨터 제어 생산기계의 경우, 주어진 공작물의 작업공정에 알맞은 작업지침 또는 파트 프로그램이 수행되어야 한다. 수동조작시스템의 경우에는 (1) 작업공정 또는 조립공정에 필요한 작업공정에 대한 기술을 보유한 작업자, 또는 (2) 각 공작물 작업사이클마다 수행되는 작업공정을 아는 작업자를 선정해야 한다. 반자동 혹은 완전자동시스템에서는 요구되는 파트 프로그램이 제어기에 신속하게 제공되어야 한다.
- **물리적 셋업의 신속한 전환** : 제조시스템에서의 유연성은 상이한 공작물이 뱃치 형태로 제조되지 않음을 의미한다. 한 공작물에서 다른 공작물로 시간 손실 없이 전환될 수 있기 위해서는 유연생산시스템이 고정구와 공구를 신속하게 변환할 수 있어야 한다(전환시간은 완성품을 다음 공작물로 교환하는 데 필요한 시간과 대략 일치한다).

이러한 능력은 엔지니어에게는 매우 어려운 문제이다. 수동제조시스템에서 작업자 실수는 문제를 야기할 수 있는데 작업자가 공작물에 적합한 공정을 수행하지 않는 경우이다. 자동제조시스템에서는 센서가 공작물을 인식할 수 있도록 설계되어야 한다. 파트 프로그램 전환은 현대의 컴퓨터 기술에 의해 손쉽게 이루어진다. 물리적 셋업을 변환하는 것은 종종 어려운 문제로 나타나며, 부품이나 제품이 다양해짐에 따라 더욱 어려워진다. 제조시스템에 유연성을 부여하는 것은 시스템이 그만큼 복잡해진다는 것을 의미한다. 자재취급시스템 및 팰릿 고정구는 다양한 형상의 부품을 다룰 수 있도록 설계되어야 하며, 필요한 공구 종류는 증가한다. 부품이 다양해짐에 따라 검사시스템은 더욱 복잡해지며, 시스템에 적당한 양의 다양한 원자재를 제공하는 물류시스템도 포함되어야 한다. 시스템의 일정계획 및 통제시스템 또한 매우 복잡해진다.

13.2.5 제조시스템의 유형

앞에서의 설명을 요약하면, 제조시스템은 크게 세 가지로 분류할 수 있다―(1) 단일작업장 셀, (2) 고정경로 다수작업장 시스템, (3) 가변경로 다수작업장 시스템. 그림 13.3과 같이 각 유형은 수동시스템 혹은 자동시스템으로 세분화될 수 있다. 다수작업장 시스템의 경우, 수동작업장과 자동작업장이 혼재된 하이브리드 시스템 또한 가능하다.

단일작업장 셀　　단일작업장은 광범위하게 적용되고 있으며, 전형적인 예가 단일 작업자-기계 셀이다. 위의 분류체계를 사용하여 두 가지 부류로 구분한다―(1) 작업 중 내내 혹은 작업사이클 중 일부분 동안에는 작업자가 머물러야 하는 수동 셀, (2) 각 작업사이클보다 더 적은 빈도로 주기적인 참관만이 필요한 자동 셀. 가공공정과 조립공정에 모두 적용되며, 이들 시스템의 예는 다음과 같고, 제4장에서 자세히 설명한다.

- 수동선반(수동조작기계)과 이것을 조작하는 작업자
- CNC 선반(반자동기계)과 이것에 공작물을 장착/탈착하는 작업자

그림 13.3 제조시스템의 분류

- 아크용접 공정(수작업)을 수행하는 용접공과 조수
- CNC 터닝센터와 공작물의 장착/탈착을 담당하는 로봇

단일작업장 셀이 흔한 이유는 (1) 설치하기에 가장 용이하고 저렴한 제조시스템이며, 특히 수작업 셀의 경우는 더욱 그러하다. (2) 상황에 잘 적응하고, 조정이 쉬운 유연한 제조시스템이다. (3) 작업장에서 생산되는 부품이나 제품에 대한 수요가 충족되면, 수동 작업장은 자동 작업장으로 변환될 수 있다.

고정경로 다수작업장 시스템   고정경로를 가지는 다수작업장 제조시스템은 일종의 **생산라인**(production line)이며, 일련의 작업장들로 구성되어 있으므로 부품이나 제품이 한 작업장에서 다음 작업장으로 이동하면서 분할된 작업이 각 작업장에서 수행된다. 작업장 간 공작물 이동은 컨베이어나 기타 기계적인 장치에 의해 이루어진다. 그러나 일부 경우는 인력으로 공작물을 밀어낸다. 생산라인은 일반적으로 대량생산과 잘 부합되며 뱃치생산에도 적용할 수 있다. 고정경로 다수작업장 시스템의 예는 다음과 같다.

- 소형 전동공구를 생산하는 수동조립라인(수동작업장들로 구성)
- 절삭가공을 위한 트랜스퍼 라인(자동작업장들로 구성)
- 부품이송을 위해 회전판을 사용하는 자동조립기계(자동작업장들로 구성)
- 자동차 조립공장(일반 조립은 수작업이고 용접과 페인팅은 자동화된 하이브리드 시스템)

생산라인은 가공공정과 조립공정 모두에 적용될 수 있고, 수동이나 자동 모두 가능하다. 수동 생산라인은 주로 조립공정을 수행하는데 제15장에서 수동 조립라인을 알아볼 것이다. 자동라인은 가공공정 혹은 조립공정을 수행하는데, 이 두 시스템 각각을 제16장과 제17장에서 살펴볼 것이다.

가변경로 다수작업장 시스템 가변경로를 가지는 다수작업장 제조시스템은 한정된 다양성 범위의 부품이나 제품을 중량(연간 100~10,000개) 정도를 생산하기 위해 작업장을 그룹으로 만든 것이다. 부품이나 제품이 다양성을 갖는다는 것은 그것들을 위해 수행되어야 하는 공정 내용과 순서가 각기 다르다는 것을 의미한다. 결국 이러한 다양성에 대처하기 위해서는 시스템이 유연성을 갖추어야 한다. 이러한 유형의 시스템 예는 다음과 같다.

- 유사한 특징형상을 가지는 부품군을 생산하기 위해 설계된 수동 가공 셀(수동기계로 구성)
- 몇 대의 CNC 공작기계와 자동컨베이어로 구성되고, 컴퓨터가 운영을 통제하는 유연생산시스템(자동작업장들로 구성)

첫 번째 예는 그룹테크놀로지(group technology)의 원리를 응용한 셀형 생산(cellular manufacturing)에 해당되는데, 제18장에서 논의될 것이다. 두 번째의 유연생산시스템(flexible manufacturing systems)은 완전히 자동화된 시스템인데, 제19장에서 자세히 설명한다.

참고문헌

[1] ARONSON, R. B., "Operation Plug-and-Play is On the Way," *Manufacturing Engineering,* March 1997, pp. 108-112.

[2] GROOVER, M. P., *Fundamentals of Modern Manufacturing: Materials, Processes, and Systems,* 3rd ed., John Wiley & Sons, Inc., Hoboken, NJ, 2007.

[3] GROOVER, M. P., and O. MEJABI, "Trends in Manufacturing System Design," *Proceedings,* IIE Fall Conference, Nashville, Tennessee, November 1987.

복습문제

13.1 제조시스템이란 무엇인가?

13.2 제조시스템의 네 가지 구성요소는 무엇인가?

13.3 생산기계의 유형을 작업자의 참여 정도에 따라 세 가지로 구분하라.

13.4 제조시스템에서 제공되어야 하는 다섯 가지 자재취급 기능은 무엇인가?

13.5 다수작업장 제조시스템에서 고정경로와 가변경로의 차이점은 무엇인가?

13.6 매닝레벨이 자동화 수준과 반대의 경향을 갖는 이유는 무엇인가?

13.7 제조시스템에서 부품 및 제품다양성의 세 경우는 무엇인가?

13.8 제조시스템의 유연성이란 무엇인가?

13.9 제조시스템이 유연하기 위하여 갖추어야 할 세 가지 능력은 무엇인가?

13.10 제조시스템을 세 가지로 분류하면 어떻게 구분하는가?

단일작업장 제조 셀

단일작업장은 산업체의 제조시스템을 구성하고 있는 가장 보편적인 작업장 형태이다. 이는 더 큰 규모의 생산시스템 내에서 다른 작업장과 서로 연동되어 작업을 수행하더라도 독립적으로도 운영될 수 있다. 단일작업장 제조 셀은 가공 혹은 조립공정에 사용되며, 단일모델 생산(생산되는 모든 부품이나 제품이 동일), 뱃치생산(뱃치별로 다른 제품 생산) 혹은 혼합모델 생산(상이한 제품들을 뱃치가 아니면서 낱개로 생산)으로 설계될 수 있다.

그림 14.1은 단일작업장 제조 셀의 분류를 보여준다. 단일작업장 시스템을 계획함에 있어 고려해야 할 두 가지 주제를 알아볼 것이다―(1) 생산 요구사항을 만족하기 위하여 필요한 작업장 수, (2) 기계군에서 한 작업자에게 할당될 수 있는 기계 수. **기계군**(machine cluster)이란 한 작업자가 동작시키는 2대 이상의 동일한 기계 혹은 유사한 기계의 그룹을 의미한다.

14.1 단일작업장 수동 셀

단일작업장 수동 셀은 1대의 기계와 1명의 작업자로 이루어져 있으며, 현재 가장 흔하게 사용되는 생산 방법일 것이다. 개별생산과 뱃치생산에 많이 사용되며, 대량생산에서도 종종 발견할 수 있다. 흔하게 사용되는 이유는 다음과 같다.

그림 14.1 단일작업장 제조 셀의 분류(매닝레벨 M 포함)

- 설치에 소요되는 시간이 가장 짧다. 좀 더 자동화된 방법을 계획하고 설계하는 도중이라도, 수동작업장을 추가하여 새로운 부품이나 제품의 생산을 신속하게 시작할 수 있다.
- 모든 제조시스템 중에 가장 적은 자본으로 시스템을 구축할 수 있다.
- 기술적으로 설치 및 운전이 가장 용이하며, 유지보수 문제가 가장 적다.
- 많은 경우에, 특히 생산량이 적을 경우 단위 제품당 비용이 가장 적다.
- 일반적으로 한 제품에서 다음 제품으로 전환을 위한 유연성이 가장 높다.

1기계-1작업자 작업장에서 기계는 수동으로 동작되거나 반자동으로 동작된다. 수동작업장에서 작업자는 기계를 조종하고 공작물을 장착/탈착한다. 전형적인 예는 재래식 선반, 드릴 프레스, 단조 해머와 같은 표준적 기계를 운전하는 작업자이다. 작업사이클은 지속적으로 혹은 대부분의 사이클 농안 작업자의 참여가 필요하다(선반이나 드릴 프레스에서는 가공 중에 잠시 휴식 가능).

반자동 작업장에서는 CNC 공작기계를 제어하는 파트 프로그램과 같은 일정 양식의 프로그램에 의하여 기계가 제어되며, 작업자는 단지 기계에 장착/탈착하는 역할과 주기적으로 절삭공구를 교환해 주는 역할을 수행한다. 이 경우, 작업자가 사이클 내내 지속적으로 주의를 기울이지 않아도 되지만, 매 작업사이클마다 일정 기간 작업장에 개입해야 한다.

1기계-1작업자 작업장의 표준 모델에서 몇 가지 변형이 있을 수 있다. 첫째로, 단일작업장 수동 셀은 수공구(예 : 기계조립에서 드라이버 및 렌치) 또는 전동공구(예 : 휴대용 드릴, 납땜 인두 또는 아크용접 건)를 사용하는 작업자의 경우도 포함하며, 중요한 점은 작업자가 공장 내의 한 위치(한 작업장)에서 작업을 수행한다는 것이다. 둘째로, 단일작업장 수동 셀은 작업장에서 기계를 동작시키거나 작업을 수행하기 위하여 2명 이상의 작업자가 필요한 경우가 있다. 그런 예는 다음과 같다.

- 단조 프레스에서 큰 단조품을 조작하기 위한 2명의 작업자
- 아크용접에서 용접공과 조수
- 단일 조립 작업장에서 큰 기계를 조립하기 위한 여러 명의 작업자

표준 모델의 세 번째 변형은 주생산기계와 이를 지원하는 장비로 구성된 제조시스템인데, 지원 기계의 예는 다음과 같다.

- 사출성형기계에서 사출하기 전에 플라스틱 분말원료를 건조시키는 건조기
- 사출성형품으로부터 탕구와 탕도를 절단하는 연삭기
- 단조 해머를 거친 단조품에서 플래시를 제거하는 데 사용되는 트리밍 기계

끝으로, 전체 사이클 중 사람이 일하는 시간 비율이 기계가 작업하는 시간 비율보다 상당히 작을 경우가 있는데, 이때는 한 작업자에게 여러 기계를 할당하는 것이 가능해진다. 이것은 앞 도입부에서 언급한 기계군의 경우가 된다.

14.2 단일작업장 자동 셀

단일작업장 자동 셀은 긴 시간 동안 무인운전이 가능한 완전자동기계로 구성되어 있다. 작업자는 주기적으로 부품들을 장착하거나 탈착할 경우를 제외하고는 기계에 머무를 필요가 없다. 이러한 시스템의 장점은 다음과 같다.

- 단일작업장 수동 셀에 비하여 인건비가 감소한다.
- 자동제조시스템 중에서 설치하기 가장 쉽고 저렴한 시스템이다.
- 생산율이 수동기계에 비해 높다.
- 통합된 다수작업장 자동시스템을 구축하기 위한 첫 단계로서, 독립적으로 단일 자동시스템을 우선 설치하고 오류를 수정한 후, (1) 감독제어 컴퓨터 시스템을 이용하여 정보기술 통합을 이루고, (2) 자동 자재취급시스템을 이용하여 기계적인 통합을 한다. 제1장에서의 자동화 구현 단계(1.4.3절)를 참조하라.

단일작업장 수동 셀에서와 같이 단일작업장 자동 셀에서도 다음 예들과 같은 지원기계가 필요할 수 있다.

- 플라스틱 사출성형 재료의 건조장비를 사용하는 완전자동 사출성형기계의 경우, 건조장비는

사출성형기계를 지원하는 역할을 확실히 수행한다.

- 자동기계에 장착/탈착 기능을 수행하는 로봇. 셀 내의 주기능은 자동기계가 수행하고, 로봇은 지원 역할을 수행한다.
- 단일 로봇 조립 셀에서 부품을 공급하는 데 이용되는 보울형 부품공급기 및 기타 부품공급 장치. 이 경우 조립 로봇은 주생산기계이며 부품공급기는 지원장치이다.
- CNC 선반에서 절삭가공의 부산물인 칩을 제거하는 칩 컨베이어는 지원기계에 해당한다.

14.2.1 무인 셀 공정을 위한 조건

단일작업장 자동 셀의 주된 특징은 충분히 긴 시간 동안 무인운전이 가능하다는 것이다. 그런데 단일제품 생산을 위한 무인운전에 필요한 조건과 혼합제품 생산에 필요한 조건은 서로 다르다.

단일제품 무인 생산을 위한 조건   단일제품을 겨냥한 자동 셀의 무인운전에 필요한 기술적인 조건은 다음과 같다.

- 가공이나 조립의 모든 사이클을 자동으로 수행하는 **프로그램 사이클**
- 연속적인 부품 공급이 가능한 **보관시스템**. 이것은 원자재와 완성품을 저장할 수 있어야 한다. 따라서 2개의 저장소가 필요하다.
- 보관시스템과 기계 간 **공작물 자동이송**(기계로부터 완성품을 자동 탈착하고, 기계에 원소재를 자동 장착), 이러한 이송은 통상적인 작업사이클의 한 단계이다.
- 원소재를 재공급하고, 완성품을 가져가고, 마모된 공구를 교환하고(공정에 따라), 특별한 가공이나 조립에 필요한 역할을 수행하는 **작업자의 주기적인 참여**
- (1) 안전하지 않거나, (2) 기계 파손위험이 있는 상황이나, (3) 가공이나 조립 중인 공작물을 파손할 위험이 있는 상황에서 시스템을 보호할 **보호장치**. 이러한 보호장치를 위해서는 공정이나 장비의 신뢰성이 매우 높거나, 아니면 셀이 에러 감지 및 복구능력을 갖추어야 한다(제4장).

혼합제품 무인 생산을 위한 조건   다양한 부품이나 제품을 가공하거나 조립할 수 있는 셀의 경우는 다음과 같은 조건이 앞의 조건에 추가되어야 한다.

- **공작물 인식 시스템** : 작업장에 공급되는 다양한 공작물을 구분하여 이에 적합한 작업순서대로 처리될 수 있도록 한다. 이는 공작물의 형상 특징을 인식할 수 있는 센서를 사용하거나, 제12장에서 설명한 자동인식 방법을 사용하기도 한다. 어떤 경우에는 동일한 공작물에 지정된 생산일정에 따라 서로 다른 가공공정이 적용될 수 있다. 공작물이 동일하다면 공작물 인식시스템은 필요하지 않다.
- **프로그램 다운로드 기능** : 인식된 부품이나 제품에 합당한 작업사이클 프로그램을 전송하는 기능으로, 작업사이클 프로그램이 모든 형태의 부품에 대하여 미리 준비되어 있고 기계의 제어기에 저장되어 있어야 한다.

● 신속한 셋업 전환 기능 : 모든 부품에 대해 필요한 고정장치 및 공구가 준비되어 있어야 한다.

이 절에서 언급한 조건은 제19장에서 논의될 다수작업장 유연생산시스템의 무인운전에서도 필요하다.

14.2.2 부품저장소 및 자동부품이송

자동 셀이 충분히 긴 시간 동안 무인운전이 되기 위해서는 부품저장소와 기계 간의 이송장치가 필요하다. 부품저장시스템의 저장용량이 n_p이면, 이론적으로 무인운전이 가능한 시간은

$$UT = \sum_{j=1}^{n_p} T_{cj} \tag{14.1}$$

이다. 여기서 UT＝제조 셀 공정에서 무인운전시간(분), T_{cj}＝부품저장시스템에 있는 부품 $j(j=1, 2, ..., n_p)$의 사이클 시간(분/개), n_p＝저장 보조시스템에서 부품저장용량(개). 위 식은 한 부품단위가 각 사이클마다 가공되는 것을 가정한다. 만일 모든 부품이 동일하여 같은 사이클 시간을 필요로 한다면 위 식은 다음과 같이 단순화된다.

$$UT = n_{pc} T_c \tag{14.2}$$

이다. 실제로는 작업자가 부품저장소에서 모든 완성품을 빼내고 새로운 원자재를 채워 넣는 데 시간이 필요하기 때문에, 공정의 무인운전시간은 위 식보다 약간 적게 될 것이다(하나 이상의 사이클 시간만큼).

부품저장 시스템의 용량은 부품 한 개부터 수백 개까지이며, 식 (14.2)가 의미하는 바와 같이 무인운전시간은 저장능력에 따라 직접적으로 영향을 받으므로, 공장의 운영목표를 달성하기 위하여 충분한 능력을 갖춘 저장소를 갖추는 것이 바람직하다.

부품 1개의 저장용량 부품저장소의 최소 저장용량은 1개다. 절삭가공에서 이러한 예를 찾자면, CNC 머시닝센터의 공작물 입출력장치로 사용되는 2-위치 **자동팰릿교환장치**(automatic pallet changer, APC)를 들 수 있다. APC는 공작기계 작업 테이블과 장착/탈착 위치 사이에서 팰릿 고정구를 교환하는 데 사용된다. 공작물은 팰릿 고정구 위에 고정되어 있고, 주축에 대해 팰릿 고정구를 정확하게 위치시킴으로써 가공이 정확하게 이루어진다. 그림 14.2는 수동으로 공작물을 장착/탈착하는 APC 셋업을 보여준다.

저장용량이 단 1개의 부품이라면 이는 작업자가 기계에 계속적으로 주의를 기울여야 한다는 것을 의미한다. 기계가 하나의 공작물을 가공하고 있는 동안 작업자는 완성된 제품을 팰릿으로부터 빼내고, 가공할 새로운 공작물을 위치시키는 작업을 해야 한다. 이는 공작물을 장착/탈착하는 동안 기계를 사용하지 못하는, 저장용량이 하나도 없는 시스템보다 훨씬 효율적이다. T_m＝기계 공정시간, T_s＝작업자 서비스시간(장착/탈착을 수행하거나, 기타 작업자가 필요한 작업)이라면, 저

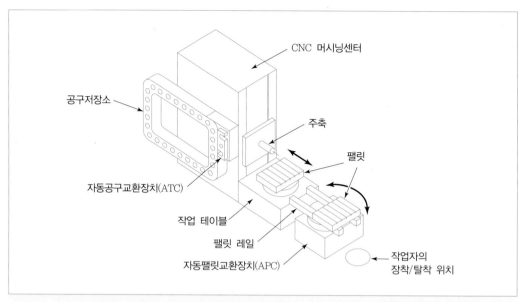

그림 14.2 APC가 있는 수평형 CNC 머시닝센터. 가공 완료되면 작업 테이블상의 팰릿이 APC로 이동하고 APC가 180° 회전하여 새로운 팰릿이 테이블로 이송된다.

장용량이 없는 단일작업장의 총사이클 시간은 다음과 같다.

$$T_c = T_m + T_s \tag{14.3}$$

이와는 대조적으로, 그림 14.2의 경우와 같이 1개의 부품 저장용량이 있는 단일작업장의 총사이클 시간은

$$T_c = \text{Max}\{T_m, T_s\} + T_r \tag{14.4}$$

이다. 여기서 T_r은 완성품을 가공위치로부터 제거하고 새로운 공작물을 장착하는 데 소요되는 시간(repositioning time)이다. 대부분의 경우 작업자 서비스시간은 기계 공정시간보다 짧으며, 기계 가동률은 높은 편이다. $T_s > T_m$이라면 각 작업사이클 동안 기계가 어쩔 수 없이 정지해 있는 시간이 있다는 것을 의미하며 이는 바람직하지 않다. 따라서 방법 연구를 통해 T_s를 줄여 $T_s < T_m$으로 만들어야 한다.

부품 2개 이상의 저장용량　부품의 장착 및 탈착 시간이 적절하게 적게 소요된다면, 큰 저장용량이 무인운전을 가능하게 해 준다. 그림 14.3은 팰릿을 자동으로 저장하고 취급하는 시스템과 연계되어 동작하는 단일작업장 가공 셀의 예를 보여준다. 팰릿 고정구 위에 고정된 공작물이 S/R 기계(11.4절)에 의해 CNC 공작기계로 이송된다. 이러한 목적으로 Fastems사에서 상업용으로 개발한 FPC(Flexible Pallet Container)가 유명하다[9]. FPC는 다양한 유형의 공작기계에 연결이 가능하도록 설계되어 있다.

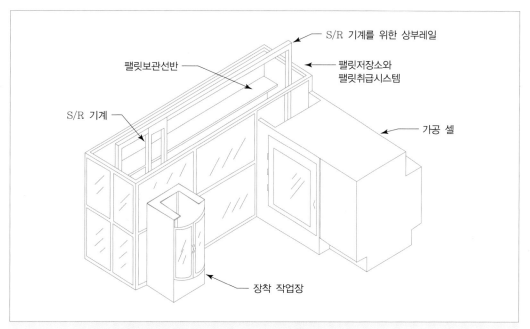

S/R 기계를 위한 상부레일

팰릿보관선반

팰릿저장소와
팰릿취급시스템

S/R 기계

가공 셀

장착 작업장

그림 14.3 팰릿의 자동저장 및 취급 시스템과 통합된 단일작업장 가공 셀

그림 14.4는 CNC 머시닝센터를 위한 부품저장시스템의 여러 가지 방법을 보여 준다. 부품저장유닛은 CNC와 직접적으로 연계되어 있는 자동팰릿교환장치, 셔틀 카트 및 기타 기계장치와 연결되어 있다. 터닝센터에서는 기계 본체와 부품저장시스템 간의 부품 장착/탈착 기능을 로봇이 수행하는 경우가 많다. 이때는 팰릿 고정구를 사용하지 않는 대신, 로봇은 장착/탈착을 위하여 공작물과 완성품을 잡을 수 있는 특수설계된 복식 그립퍼(8.3.1절)를 사용한다.

절삭가공이 아닌 공정에서는 부품저장을 위한 다양한 기술이 사용된다. 많은 경우에 원소재는 분리된 낱개 형태가 아닌데, 다음의 예는 몇 가지 저장방법을 보여준다.

- **박판 스탬핑** : 판금 프레스 자동공정은 박판 코일의 원소재로부터 시작되며, 코일의 길이는 수백 또는 수천 번의 스탬핑이 가능한 길이다. 스탬핑 완성품은 코일의 남은 부분에 붙어 있거나 수거상자에 모이게 된다. 소재 코일을 교환하거나 완성된 제품을 수거하는 데 작업자의 주기적인 개입이 필요하다.

- **플라스틱 사출성형** : 초기 소재는 작은 알갱이(pellet)의 형태이며, 성형기계의 가열통 위의 호퍼에 부어진다. 호퍼에는 수십 또는 수백 개의 제품을 생산하기에 충분한 양의 소재가 담겨진다. 사출된 부품은 성형사이클이 끝나면 중력에 의해 낙하하여, 저장상자에 임시로 저장된다. 작업자는 주기적으로 호퍼에 소재를 넣거나 사출품을 수거하는 일을 한다.

단일작업장 자동 조립시스템에서는 조립제품뿐만 아니라 각 부품에 대한 저장이 고려되어야 하며, 실제로 다양한 부품저장 및 공급 시스템이 사용된다. 제17장에서 자동조립에 대하여 논의할

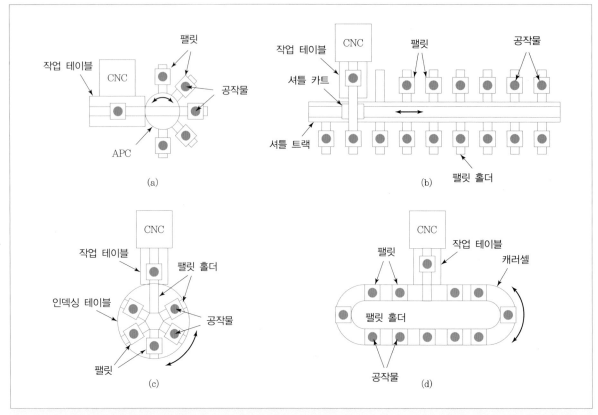

그림 14.4 CNC 머시닝센터에 사용될 수 있는 부품저장 보조시스템 방안 : (a) 팰릿이 방사형으로 위치한 APC, 저장용량 = 5, (b) 길이 방향으로 팰릿을 위치시킨 직선 셔틀 카트, 저장용량 = 16, (c) 인덱싱 테이블 사용, 저장용량 = 6, (d) 부품저장 캐러셀, 저장용량 = 12

것이다.

14.2.3 CNC 머시닝센터 및 관련 장비

대부분의 단일작업장 자동 셀은 CNC 공작기계를 중심으로 설계된다. 이 절에서는 다음과 같은 세 가지 유형의 자동 기계를 설명한다—(1) 머시닝센터, (2) 터닝센터, (3) 멀티태스킹머신. 이들 자동기계의 주목표는 분리된 작업장의 수를 줄여서 전체 가공공정에 필요한 셋업 횟수도 최소화 (이상적으로 기계 1대당 단 1회의 셋업—1.4.2절의 공정결합)하는 것이다. 이 목표를 그림 14.5에 나타내었다.

머시닝센터　7.4절에서도 간단히 설명한 머시닝센터는 한 공작물에 대해 한 번의 셋업으로 NC 프로그램의 명령에 따라 여러 가공공정을 수행할 수 있는 공작기계이다. 1950년대 후반에 최초로 개발되었는데, 현대의 머시닝센터는 4축 또는 5축을 CNC제어할 수 있는 기능을 갖추고 있다. 머시닝센터에서 가능한 공정은 밀링, 드릴링, 리밍, 태핑과 같이 회전하는 절삭공구에 의해 수행되는

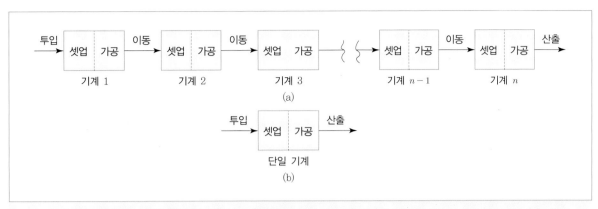

그림 14.5 머시닝센터의 이상적 목표 : (a)와 같이 주어진 부품가공에 필요한 기계 수와 셋업 수 n을 (b)와 같이 1로 감소

가공이다.

머시닝센터는 수직형, 수평형, 만능형으로 분류되는데, 이는 회전 주축의 방향(공구 중심축의 방향)에 의한 구분이다. 수직형 머시닝센터는 공작물에 대해 수직 방향으로 주축이 위치하며, 수평형에서는 수평 방향으로 위치한다. 수직형은 주로 공구가 위에서 아래로 접근해야 하는 두께가 얇은 유형의 공작물에 사용된다. 반면에 수평형은 공구가 측면에서 접근해야 하는 육면체형의 큰 공작물에서 효과가 나타난다. 만능형은 주축의 각도가 0~90° 사이에서 회전이 가능한, 매우 유연성이 높은 공작기계라 할 수 있다. 유선형 또는 곡면의 형상을 가공하기 위해서는 만능형 머시닝센터가 보유한 성능이 필요할 것이다.

비공정시간을 줄이기 위하여 CNC 머시닝센터는 다음과 같은 기능을 갖도록 설계된다.

- **자동공구교환장치**(automatic tool changer, ATC) : 가공공정이 다양하다는 것은 다양한 절삭공구가 필요함을 의미한다. 공구들은 머시닝센터에 설치된 공구저장소에 미리 보관되어 있다. 공구의 교체가 필요할 때, 공구드럼이 회전하여 적정한 위치로 공구를 준비시키면, 파트 프로그램의 지시를 받는 ATC가 그 공구와 주축에 장착되어 있는 공구를 서로 교체해 준다. 공구저장소의 용량은 보통 16~80개 수준이다.
- **자동공작물포지셔너** : 대부분의 수평형과 만능형 머시닝센터에는 공작물이 고정된 테이블을 회전시켜서 공작물의 방향을 바꾸어 줄 수 있는 기능을 갖고 있다. 이로 인해 한 번의 셋업 후, 공작물을 360° 회전시켜 가며 측면 전체를 가공하는 것이 가능하다.
- **자동팰릿교환장치**(APC) : 어떤 머시닝센터는 2개(혹은 그 이상)의 분리된 팰릿을 준비해 두고, 14.2.2절에서 설명한 APC에 의해 기계로 팰릿을 공급하는 기능을 갖고 있다. 한 팰릿이 기계 안에 들어가 가공을 수행하는 동안, 다른 팰릿은 기계 밖의 안전한 장소에 위치하여, 이전 사이클에서 완성된 부품이 탈착되고 다음 번 공작물이 장착되는 과정이 수행된다.

위에서 설명한 기능들을 모두 갖추고 있는 수평형 CNC 머시닝센터를 그림 14.2에 나타내었다.

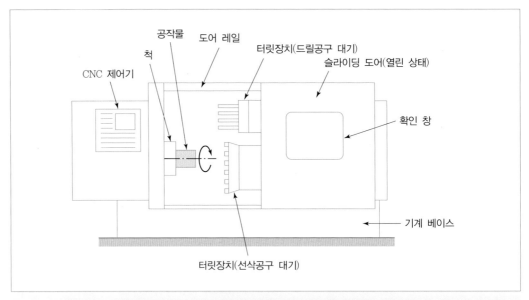

그림 14.6   2개의 터릿장치를 갖는 CNC 터닝센터의 구조

자동차산업에서는 변속기부품, 엔진블록, 엔진헤드 등을 대량으로 가공하기 위해 머시닝센터가 사용된다[5].

터닝센터(turning center)   머시닝센터의 성공이 터닝센터 개발의 동기가 되었다. 그림 14.6에 기본형을 나타낸 터닝센터는 선삭과 이에 관련된 공정들과 드릴링이 가능하며, 자동공구인덱싱 기능을 갖추고, CNC에 의해 2축 좌표계(그림 7.2)를 제어하는 장비다. 하나 이상의 공구 터릿장치를 설치하여, 터릿당 6~12개의 선삭공구나 드릴링공구를 저장해 두는 것이 가능하다. 발전된 터닝센터 중에는 주축을 하나 더 마주보게 추가하여, 원통형 공작물의 좌우 양단을 한 번의 셋업으로 가공하여 전체 사이클 시간을 단축시켜 주는 유형도 있다.

   터닝센터의 다른 특수 기능으로 (1) 공작물 측정(가공 후 주요 치수 측정), (2) 공구 모니터링(공구 마모의 감지), (3) 마모된 공구의 자동 교체, (4) 작업사이클 완료 후 공작물의 자동 교환 등이 있다.

멀티태스킹머신(multitasking machine)   공작기계 산업계의 하나의 경향은, 공작물에 필요한 모든 가공공정을 한 번의 셋업 후에 완료할 수 있는 장비를 개발하는 것이다. 머시닝센터는 밀링에 초점을 두고 있고, 터닝센터는 선삭에 초점을 둔다면, 멀티태스킹머신이라는 기본 구조는 머시닝센터와 유사하나 밀링, 드릴링, 선삭의 기본 세 절삭가공을 수행할 수 있는 공작기계를 의미한다. 이들 가공 외에도 태핑, 기어절삭, 연삭 등도 가능하도록 설계되었다. 그림 14.7에 참고문헌 [7]에서 제안된 멀티태스킹머신의 구조를 나타내었다. 작업 테이블은 x축의 직선축과 C축의 회전축을 가지고 있어서, 여기에 장착된 공작물이 밀링가공을 위한 직선운동과 선반가공을 위한 회전운동을 얻을

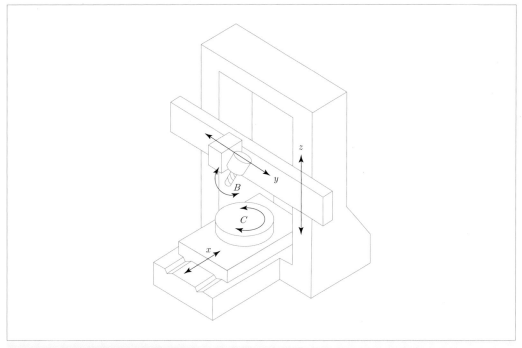

그림 14.7   5축 멀티태스킹머신의 구조

수 있다. 공구가 부착이 되는 갠트리(gantry) 구조물은 y, z, B축을 가지고 있다. 머시닝센터와 유사한 이러한 구조에서는, 터닝센터에서 처리할 수 있는 공작물보다 더 크고 더 불규칙한 형상의 공작물의 가공이 가능하다.

전형적인 CNC 공작기계와 비교하여 멀티태스킹머신의 장점을 생각해보면, (1) 셋업 횟수의 감소, (2) 자재취급의 감소, (3) 정확도와 정밀도의 향상(한 번 고정된 상태로 모든 공정을 수행하기 때문), (4) 적은 수량의 주문을 신속히 납품 가능하다는 점이 있다. 이러한 유형의 첨단기술 장비를 성공적으로 운영하기 위해서는 파트 프로그래밍, 시뮬레이션, 절삭조건의 선정 등을 위한 CAM 소프트웨어를 같이 사용해야 한다[1].

14.3   단일작업장 셀의 적용

대부분의 산업체 생산공정은 단일작업장 수동 및 자동 셀을 기반으로 한다. 수동 및 자동 단일작업장의 적용 차이점을 살펴보자.

14.3.1 단일작업장 수동 셀의 적용

14.1절의 예들은 다양한 수동 및 반자동 작업 셀을 보여주었으며, 나열하면 다음과 같다.

- 동일한 부품을 생산하는 CNC 머시닝센터. 각 부품에 대하여 한 파트 프로그램을 수행한다. 작업자는 완성품을 빼내고 공작물을 기계에 장착하기 위하여 각 프로그램이 종료될 때에는 기계 옆에 있어야 한다.
- 동일하지 않은 부품을 생산하는 CNC 머시닝센터. 작업자는 다음에 수행되는 공작물에 맞는 파트 프로그램을 호출하여 기계에서 사용할 수 있게 하여야 한다.
- 동일한 부품을 생산하지만 제어기에 의하여 독립적으로 동작하는 2대의 CNC 터닝센터군. 1명의 작업자가 장착/탈착을 위하여 2대의 기계를 동작시킨다. 파트 프로그램 수행시간은 작업사이클의 장착/탈착에 걸리는 시간에 비해 충분히 길어서 기계의 유휴시간 없이 시스템을 운전할 수 있다.
- 반자동사이클을 갖는 플라스틱 사출성형기계. 각 성형사이클에서 금형이 열리면 작업자가 사출품을 꺼내서 상자에 넣는다. 또 다른 작업자가 주기적으로 상자를 빈 상자로 바꾸고, 기계에 성형소재를 재공급한다.
- PCB에 부품을 끼우는 전자조립 작업장. 작업자는 주기적으로 조립을 중단하면서 작업장의 운반상자에 저장되어 있는 부품을 교체하여야 한다. 초기 PCB와 완성 PCB는 또 다른 작업자가 주기적으로 교체하는 선반에 보관한다.
- 단순한 기계조립품(또는 반조립품)을 위한 조립 작업장. 작업자는 운반상자의 부품으로부터 부품을 꺼내 기계적인 조립을 수행한다.
- 프레스 주위의 저장소에서 박판을 가져와 펀칭하고 성형하는 스탬핑 프레스. 작업자는 프레스에 소재를 공급하고, 프레스를 동작시키고, 스탬핑 완성품을 제거한다.

14.3.2 단일작업장 자동 셀의 적용

단일작업장 자동 셀의 예는 다음과 같다. 위에서 수동 셀의 예를 알아보았는데 이들을 자동 셀로 변환한 것이다.

- 그림 14.4(d)의 배치와 같이 부품 캐러셀(carousel)과 자동팰릿교환장치를 갖춘 CNC 머시닝센터. 부품은 모두 동일하고, 가공사이클은 파트 프로그램에 의하여 통제된다. 모든 부품은 팰릿 고정구에 고정되며, 기계는 부품을 하나씩 가공한다. 캐러셀에 있는 부품이 모두 가공되면 작업자는 캐러셀에서 완성품을 빼내고 원소재를 장착한다. 기계가 가공하는 도중에 캐러셀에 부품을 장착 또는 탈착할 수 있다.
- 부품이 동일하지 않다는 점 이외에는 위와 유사한 경우. 이 경우 주어진 생산일정에 의하거나 또는 원소재를 인식하는 자동 부품인식장치에 의하여 다음 공작물에 대한 파트 프로그램이 자동으로 CNC 제어유닛에 전송되어야 한다.
- 각기 서로 다른 부품을 가공하는 10대의 터닝센터군. 각 작업장은 부품 캐러셀을 갖추고 있으며, 기계와 캐러셀 간의 부품 장착 및 탈착을 위하여 로봇이 설치되어 있다. 1명의 작업자가

캐러셀로부터 부품을 장착/탈착하기 위하여 주기적으로 10대의 기계에 주의를 기울인다. 각 기계가 무인운전되는 시간에 비하여 주기적으로 장착 및 탈착하는 데 소요되는 시간이 짧아 10대의 기계가 유휴시간 없이 계속 운전될 수 있다.

- 자동사이클을 갖는 플라스틱 사출성형기계. 각 성형사이클에서 금형이 열리면 기계팔이 사출품을 꺼내서 금형 밑의 상자에 떨어뜨린다. 작업자가 주기적으로 상자를 빈 상자로 바꾸고, 기계에 성형소재를 재공급한다.
- PCB에 부품을 끼우는 자동삽입기계. 초기 PCB와 완성 PCB는 작업자가 주기적으로 교체하는 선반에 저장된다. 또한 작업자가 부품 매거진에 부품들을 주기적으로 끼워 준다.
- 1대의 로봇으로 이루어진 로봇 조립 셀. 많은 유형의 부품공급장치(예: 볼형 피더)로부터 부품을 받아 단순한 기계조립품(또는 반조립품)을 조립한다.
- 긴 박판 코일을 펀치하고 성형하는 스탬핑 프레스. 예를 들어 180사이클/분의 속도로 프레스가 운전되며, 각 코일로부터 9,000개의 부품이 생산될 수 있다. 스탬핑 완성품은 프레스 외부의 수거상자에 모이게 되며, 코일이 소진되면 새 코일로 교체되고 동시에 수거상자도 교환된다.

14.4 단일작업장의 수 분석

모든 제조시스템은 지정된 생산율로 지정된 양의 부품 및 제품을 제조하도록 설계되어야 한다. 단일작업장 제조시스템의 경우에, 이는 요구사항을 만족하기 위하여 하나 이상의 단일작업장이 필요할지도 모른다는 것을 의미한다. 우리가 여기서 논의하는 문제는 주어진 생산율을 만족하거나 주어진 양의 제품을 생산하기에 필요한 작업장의 수를 결정하는 것이다. 기본적인 접근 방법은 (1) 어떤 기간(시간, 주, 월, 년) 동안 수행되어야 하는 총작업부하를 결정하는 것이고, (2) 총작업부하를 같은 기간 동안 한 작업장의 가용시간으로 나누는 것이다.

작업부하(workload)는 어떤 기간 동안 수행되는 작업단위의 양과 한 작업단위를 수행하는 데 걸리는 시간을 곱한 값이다. 각 작업단위를 생산하는 데 걸리는 시간은 기계에서의 사이클 시간이며, 대부분의 경우에 다음과 같이 나타낸다.

$$WL = QT_c \tag{14.5}$$

여기서 WL =주어진 기간 동안의 계획된 작업부하(작업시간/시간 또는 작업시간/주), Q=그 기간 (개/시간 또는 개/주) 동안의 생산량이며, T_c는 작업단위당 소요되는 사이클 시간(시간/개)이다. 동일한 유형의 작업장에서 생산될 수 있는 여러 부품 또는 제품으로 구성된 작업부하라면 다음과 같은 합으로 표시될 수 있다.

$$WL = \sum_j Q_j T_{cj} \tag{14.6}$$

여기서 Q_j =그 기간 동안 생산할 제품 j의 양(개), T_{cj} =부품 혹은 제품 j의 사이클 시간이며, 이들 총합의 의미는 그 기간 동안 생산된 모든 부품 및 제품이다. 위의 (2)에서 작업부하는 한 작업장의 가용시간으로 나눈다.

$$n = \frac{WL}{AT} \tag{14.7}$$

여기서, n =작업장의 수이며, AT =그 기간 동안 한 작업장의 가용시간(시간/기간)이다. 이제 예제를 통하여 위의 식을 사용해 보자.

예제 14.1 **작업장의 수 결정**

1주일 동안 가공 공장의 선반 부서에서 총 800개의 축 부품이 생산되어야 한다. 모든 축 부품은 동일하며, T_c =11.5분의 가공사이클이 필요하다. 이 부서의 모든 선반은 지정된 사이클 시간에 축을 생산할 수 있는 능력이 모두 동일하다. 각 선반의 1주일 동안 가용시간이 40시간이라면 1주일 동안 축 생산에 몇 대의 선반을 투입하여야 하는가?

▌**풀이** 작업부하는 11.5분/축의 속도로 800개의 축을 생산하는 것이므로

$$WL = 800(11.5분) = 9{,}200분 = 153.33시간$$

1주일 동안 선반 1대당 가용시간은 AT =40시간이므로

$$n = \frac{153.33}{40} = 3.83\text{대의 선반}$$

계산된 결과는 주어진 1주일 동안 축을 생산하기 위해 4대의 선반을 투입해야 함을 의미한다.

실제 제조시스템에는 작업장의 수를 계산하는 것을 매우 복잡하게 만드는 여러 요인이 있으며, 다음과 같다.

- **뱃치생산에서 셋업시간** : 셋업 중에 작업장은 가동되지 않는다.
- **가용률** : 신뢰성에 대한 요인으로 가용 생산시간을 줄일 수 있다.
- **이용률(가동률)** : 일정계획 문제, 주어진 기계에 대한 일감 부족, 작업장 간의 작업부하 불균형 및 기타 요인으로 작업장이 완전하게 사용되지 못할 수 있다.
- **불량률** : 제품이 100% 완벽할 수 없으며, 결함이 있는 제품이 어느 정도의 비율을 가지고 제조 된다. 이러한 불량 발생을 감안하여 제품의 생산량을 증가시킬 필요가 있다.

이러한 요인들은 주어진 작업부하를 수행하기 위한 작업장과 작업자의 필요 수량 계산에 영향을 미치며, 주어진 기간 동안의 작업부하 또는 작업장의 가용시간에도 영향을 미친다.

뱃치생산에서 어떤 뱃치에서 다음 뱃치로 전환될 때 공구 및 고정구가 바뀌고 장비제어용 프로그램도 다시 작성되어야 하므로 뱃치 전환 시 셋업시간이 소요된다. 아무런 제품도 생산되지 않으므로(새로운 셋업과 프로그램을 확인하기 위한 시제품 제외) 셋업시간은 손실로 처리되며, 작업장의 가용시간을 소모하는 것이다. 다음의 두 가지 예제는 이러한 문제를 처리하는 두 가지 가능한 방법을 보여준다.

예제 14.2 셋업 횟수를 아는 경우

1주일 동안 가공 공장의 선반 부서에서 총 900개의 축 부품이 생산되어야 한다. 축 부품은 20가지가 있으며, 각 유형별로 뱃치가 형성되어 생산된다. 평균 뱃치 크기가 45개이고, 평균 셋업시간은 2.5시간이다. $T_c = 10$분의 가공사이클 시간이 소요된다. 1주일 동안 가용시간이 40시간이라면, 1주일 동안 축 생산에 몇 대의 선반을 투입하여야 하는가?

풀이 뱃치의 수(20)가 있으므로 주당 셋업의 횟수를 알 수 있다. 20번의 셋업과 20가지 뱃치의 가공을 위한 작업부하를 계산할 수 있다.

$$WL = 20(2.5) + 20(45)(10/60) = 50 + 150 = 200\text{시간}$$

각 선반이 주당 40시간(작업부하에 셋업이 포함됨) 사용되므로

$$n = 200/40 = 5\text{대의 선반}$$

예제 14.3 셋업 횟수를 모르는 경우

예제 14.2에서 셋업 횟수와 필요한 기계 대수 n가 동일한데, 그 값은 모르는 경우이다. 평균 셋업시간이 2.5시간이라면 1주일 동안 축 생산에 몇 대의 선반을 투입하여야 하는가?

풀이 이 경우는 선반의 가용시간이 셋업시간만큼 줄어들어야 한다. 실제로 부품 생산 작업부하는 150시간으로 동일하다. 여기에 셋업 작업부하를 더하면,

$$WL = 10 + 2.5n$$

기계당 40시간의 가용시간으로 나누면,

$$n = (150 + 2.5n)/40 = 3.75 + 0.0625n$$

n에 대해 풀어보면

$$n - 0.0625n = 0.9375n = 3.75$$
$$n = 4\text{대의 선반}$$

가용률 및 가동률(제3장)을 감안하면 작업장의 가용시간이 줄어들 수 있는데, 가용시간은 실제 교대시간에 가용률과 가동률을 곱한 값이다. 수식으로 표현하면 다음과 같다.

$$AT = H_{sh} AU \tag{14.8}$$

여기서 AT=가용시간, H_{sh}=교대시간, A=가용률, U=가동률이다.

불량률은 결함이 있는 제품의 비율이다. 불량률이 0보다 크면 원하는 제품량을 출하하기 위해 생산해야 하는 작업단위량이 증가해야 한다. 공정이 어떤 평균 폐기율을 가지고 제품을 생산한다고 한다면, 초기 뱃치 크기는 발생할 결함제품을 감안하여 폐기물 여유량만큼 증가해야 한다. 초기 생산량 및 생산할 수량 사이의 관계는 다음과 같다.

$$Q = Q_0(1-q) \tag{14.9}$$

여기서 Q=생산할 양호한 제품 수량, Q_0=초기 수량, q=불량률이다. 그러므로 Q개의 양호한 제품을 생산하기를 원한다면, 총 Q_0개의 초기 수량을 생산해야 한다.

$$Q_0 = \frac{Q}{(1-q)} \tag{14.10}$$

식 (14.5)의 작업부하 식에 불량률을 동시에 고려하면 다음과 같다.

$$WL = \frac{QT_c}{(1-q)} \tag{14.11}$$

예제 14.4 **가용률, 가동률 및 불량률의 고려**

예제 14.2에서 선반의 예상되는 가용률은 셋업 중 100% 가공 중 92%이다. 예상 가동률은 100%이고, 선반 작업에서 불량률은 5%, 기타 자료는 예제 14.2와 같다. 이러한 부가자료가 주어졌을 경우 1주일에 몇 대의 선반이 필요한가?

▌풀이 둘 또는 그 이상으로 작업이 분리되어 있다면(이 경우에서는 셋업과 가공이 두 가지의 분리된 작업임), 적용할 여러 가지 요인을 세심히 사용하여야 한다. 예를 들어 불량률은 셋업시간에는 적용할 수 없다. 또한 가용률은 셋업에 적용되지 않는 것을 가정한다(기계가 가동되지 않는데, 어떻게 고장을 말할 수 있는가?). 따라서 가공을 위한 작업장 수와 별개로 셋업을 위한 작업장 수를 계산하는 것이 바람직하다.

셋업을 위해 작업부하는 단순히 20개의 셋업을 하기 위해 소요되는 시간이다.

$$WL = 20(2.5) = 50시간$$

1주일 동안 가용시간은

$$AT = 40(1.0)(1.0) = 40시간$$

그러므로 셋업에만 필요한 선반의 수는 다음과 같이 결정된다.

$$n(셋업) = \frac{50}{40} = 1.25대의 \ 선반$$

20개 뱃치를 생산하기 위한 총작업부하는 식 (14.11)로부터

$$WL = \frac{20(45)(10/60)}{(1-0.05)} = 157.9시간$$

가용시간은 92% 가용률에 의하여 영향을 받는다.

$$AT = 40(0.92) = 36.8시간/기계$$

$$n(가공) = \frac{157.9}{36.8} = 4.29대의 \ 선반$$

요구되는 총기계의 수는 1.25+4.29=5.54대가 되어 결국 6대의 선반이 필요하다.

만약 일곱 번째 선반의 남는 시간 동안 다른 생산에 투입되지 않는 한 7대의 선반이 필요한 것을 의미한다.

여기서 기계에 대한 소수값을 더한 후에 최종적인 결과물의 소수점에서 올림하는 것을 주목해야 하는데, 만일 반대로 중간 단계에서 정수화한 후 더하게 되면 기계 대수를 과다하게 산출하는 위험을 초래할 수 있다.

참고문헌

[1] ABRAMS, M., "Simply Complex," *Mechanical Engineering,* January 2006, pp. 28-31.

[2] ARONSON, R., "Multitalented Machine Tools," *Manufacturing Engineering,* January 2005, pp. 65-75.

[3] DROZDA, T. J., and WICK, C., (Editors), *Tool and Manufacturing Engineers Handbook,* 4th ed., *Volume I : Machining,* Society of Manufacturing Engineers, Dearborn, MI, 1983.

[4] LORINCZ, J., "Multitasking Machining," *Manufacturing Engineering,* February 2006, pp. 45-54.

[5] LORINCZ, J., "Just Say VMC," *Manufacturing Engineering,* June 2006, pp. 61-67.

[6] LORINCZ, J., "Machines Evolve in One Setup Processing," *Manufacturing Engineering,* September 2012, pp. 69-79.

[7] NAGAE, A., T. MURAKI, and H. YAMAMOTO, "History and Current Situation of Multi-Tasking Machine Tools," *Journal of SME-Japan* (on-line), 2013.

[8] WAURZYNIAK, P., "Programming for MTM," *Manufacturing Engineering,* April 2005, pp. 83-91.

[9] www.fastems.com

[10] www.haascnc.com

[11] www.makino.com

[12] www.mazakusa.com

복습문제

14.1 단일작업장 수동 셀이 산업에서 널리 이용되는 이유를 세 가지 말하라.

14.2 **반자동작업장**의 의미는 무엇인가?

14.3 단일작업장 자동 셀이란 무엇인가?

14.4 단일 모델 또는 뱃치 모델 자동 셀의 무인운전에 필요한 다섯 가지 요구사항은 무엇인가?

14.5 혼합 모델 자동 셀의 무인운전을 위해 필요한 세 가지 추가 요구사항은 무엇인가?

14.6 ATC란 무엇인가?

14.7 머시닝센터란 무엇인가?

14.8 비생산시간을 줄이기 위한 머시닝센터의 기능에는 어떤 것이 있는가?

연습문제

무인운전

14.1 CNC 머시닝센터가 어떤 부품을 가공하는 데 25분이 소요되고, 완성품을 탈착하고 공작물을 장착하는 데 5분이 필요하다. (a) 만약 공작기계 작업 테이블로 장착/탈착이 직접 수행되고, 공작기계에 자동저장능력이 없다면, 총사이클 시간과 시간당 생산율은 얼마인가? (b) 만약 다른 부품을 절삭할 동안 공작기계에서 장착/탈착이 이루어질 수 있는 자동팰릿교환장치가 있다면, 총사이클 시간과 시간당 생산율은 얼마인가? (c) 만약 공작기계에 자동팰릿교환장치가 설치되어 있으며, 저장용량이 12개인 부품저장 유닛과 연결되어 있고, 재위치 소요시간이 30초 걸릴 경우 총사이클 시간과 시간당 생산율은 얼마인가? 또한, 작업자에 의해 부품을 장착/탈착할 경우에 필요한 시간을 구하고, 부품 교환 사이에서 공작기계가 무인으로 운전될 수 있는 시간을 구하라.

작업장 수 결정

14.2 3일 동안 총 9,000개의 판금부품이 수동조작 프레스에 의해 생산되어야 한다. 사이클 시간은 24초이고, 생산에 앞서 셋업이 되어야 하는데, 셋업에 2시간이 소요된다. 매일 7.5시간의 가용시간이 있다면 3일 동안 목표량을 완수하기 위해서는 몇 대의 프레스가 필요한가?

14.3 자동차 공장의 박판 스탬핑을 위한 프레스 공장이 설계되어야 한다. 프레스 기계는 연간 5,000,000개의 양품을 제조하여야 하며, 연간 250일, 주당 5일, 매일 8시간 1교대로 작업을

할 것이다. 뱃치 크기는 8,000단위의 스탬핑 양품이고, 불량률은 3%이다. 프레스가 작동 중일 때, 각 스탬핑 공정을 수행하는 데 평균적으로 4.0초가 걸린다. 각 뱃치 작업을 하기 전에 스탬핑 기계는 셋업되어야 하고, 셋업시간은 2.5시간 걸린다. 프레스 기계는 가동 중에는 96%의 가용률을 보이고, 셋업 중에는 100%의 가용률을 보인다. (a) 몇 대의 프레스가 필요한가? (b) 각 뱃치당 셋업에 소모되는 시간 비율은 얼마인가?

14.4 어떤 새로운 단조기를 이용하여 자동차업체에 부품을 공급하려 한다. 단조공정이 열을 필요로 하기 때문에, 기계는 매일 24시간씩 연간 50주, 매주 5일 동안 작동시킨다. 그 공장에서는 뱃치 크기 1,250개로 매년 800,000개의 단조품을 생산하여야 한다. 예상되는 불량률은 3%이다. 각 단조기 셀은 소재를 가열하기 위한 가열로 1대, 단조 프레스 1대, 트리밍 프레스 1대로 구성된다. 부품은 단조하기 1시간 전에 가열로에 넣고, 단조와 트리밍은 한 번에 하나씩 수행된다. 평균적으로 사이클 시간은 1.5분이며, 새로운 뱃치가 시작될 때마다 단조 셀은 셋업이 전환된다. 즉 다음 부품 종류에 따라 단조와 트리밍 다이를 교체한다. 뱃치 사이에서 다이를 완전히 교체하는 데 평균적으로 3.5시간이 걸린다. 각 셀은 작업 중에는 96%(가용률)를 신뢰할 수 있고, 교체 중에는 100%를 신뢰할 수 있다. (a) 필요한 단조 셀의 개수를 구하라. (b) 뱃치당 셋업에 소요되는 시간 비율을 구하라.

14.5 플라스틱 사출성형 공장은 연간 400만 개의 부품을 생산하고, 매년 52주, 매주 5일, 매일 8시간 3교대 작업으로 운영될 것이다. 평균 주문수량은 5,000개이며, 주문당 평균 셋업 전환시간은 5시간, 부품당 평균 사출시간은 22초이다. 불량률은 2%, 사출기계당 가용률은 97%로 가정하고, 이것은 가동시간과 전환시간에 적용된다. (a) 새로운 공장에 얼마나 많은 사출성형기계가 필요한가? (b) 각 뱃치를 생산하는 데 필요한 시간은 얼마인가?

14.6 가공 공장에서 생산대상에 새롭게 추가된 부품(A, B, C)을 생산하는 데 필요한 몇 대의 기계를 요청했다. 3개의 부품에 대한 연간 생산수량과 가공 소요시간이 아래 표에 나와 있다. 가공 공장은 연간 250일, 매일 8시간 1교대로 작업한다. 그 공장의 기계들은 95%를 신뢰할 수 있을 것으로 예측되고, 불량률이 3%이다. 3개의 새로운 부품에 대한 연간 요구수량을 만족시키는 데 얼마나 많은 기계가 필요한가? 셋업시간은 무시하라.

부품	연간 소요량	가공사이클 시간(분)
A	25,000	5.0
B	40,000	7.0
C	10,000	10.0

14.7 어떤 기계가 세 가지 제품(A, B, C)의 생산에 사용될 것이다. 각 제품에 대하여 매년 52,000, 65,000, 70,000개가 팔릴 것으로 기대된다. 각 제품에 대한 생산율은 각각 12, 15, 10개/시간이고, 불량률은 각각 5%, 7%, 9%이다. 공장은 연간 50주, 주당 10교대, 교대당 8시간 운전된다. 시간 중 10%는 수리하는 데 필요한 시간으로 생산기계가 동작이 중지될 것이다. 수요를

만족시키기 위해 몇 개의 기계가 필요한가? 셋업시간은 무시하라.

14.8 금요일 아침에 해외 공급업자로부터 부품을 운송하던 배가 침몰했다는 소식이 와서 밀링 부서에 긴급상황이 발생하였다. 따라서 그 부서는 일정 대수의 기계들을 다음 주 중 이 부품 생산에 투입하여야 한다. 1,000개의 부품을 생산해야 하고, 생산 소요시간은 개당 16분이다. 긴급 생산을 위해 먼저 밀링기계들이 셋업되어야 하며 기계당 5시간 소요된다. 불량률은 2%로 예상하고, 가용률은 100%이다. (a) 만약 1주일에 10교대(8시간)로 구성된다면, 얼마나 많은 기계가 필요한가? (b) 이 부서의 다른 우선 작업 때문에 단지 2대의 밀링기계만이 긴급상황에 투입될 수 있다. 이러한 긴급상황에 대처하기 위하여 생산관리팀에서는 다음 주 6일 동안 3교대 작업을 지시하였다. 이러한 조건하에서 1,000개의 부품이 완료될 수 있겠는가?

14.9 가공 공장에서 CNC 머시닝센터를 회사의 주요 제품 생산의 마지막 조립 단계에 사용되는 2개의 부품(A, B)을 생산하는 데 투입하였다. CNC 머시닝센터는 자동팰릿교환장치와 10개의 부품을 저장할 수 있는 캐러셀 저장장치를 갖추고 있다. 1년에 1,000개의 제품이 생산되고, 부품 각각이 그 제품의 생산에 사용된다. 부품 A의 가공사이클 시간은 50분이고, 부품 B는 80분이며, 자동팰릿교환 공정시간을 포함한다. 각 부품 사이에는 전환 손실시간이 없으며, 불량률은 0으로 예측된다. CNC 머시닝센터는 95% 신뢰할 수 있으며, 이 가공 공장은 매년 250일 작업한다. 그 제품에 대한 부품을 공급하기 위해서 CNC 머시닝센터는 매일 평균적으로 몇 시간 작업을 해야 하는가?

수동 조립라인

대부분의 소비재 제품은 조립을 통해 만들어지며, 여러 가지 조립공정을 통해 다양한 부품의 조합으로 각각의 제품이 이루어진다. 이러한 종류의 제품은 보통 수동 조립라인에서 만들어진다. 수동 조립라인은 다음의 경우에 적합하다.

- 제품의 수요가 많거나 중간 정도인 경우
- 라인에서 생산되는 제품이 동일하거나 비슷한 경우
- 제품을 조립하기 위해 필요한 전체 작업이 작은 요소 작업으로 분할될 수 있는 경우
- 조립 작업을 자동화하기가 기술적으로 불가능하거나 경제성이 없는 경우

이러한 요인을 특징으로 갖는 수동 조립라인에서 만들어지는 전형적인 제품들이 표 15.1에 나열되어 있다.

각각의 작업자가 모든 조립 작업을 수행하는 방법보다 수동 조립라인이 높은 생산성을 보이는 이유를 다음과 같이 설명할 수 있다.

- **노동력의 전문화** : Adam Smith(역사적 고찰 15.1)에 의해 '분업'이라 명명된 이 원칙은 하나의 큰 작업을 작은 작업들로 쪼개어 각각의 작업이 1명의 작업자에게 할당되었을 때 높은 숙련도

| 표 15.1 | 수동 조립라인에서 제조되는 제품

오디오 장비	전등	냉장고
자동차	여행가방	히터
카메라	전자레인지	전화기
조리용 레인지	개인용 컴퓨터와 주변기기	토스터
식기세척기	(프린터, 모니터 등)	오븐
건조기	전동공구(드릴, 톱 등)	트럭(소형, 대형)
전기모터	펌프	비디오 게임기
DVD 플레이어	가구	세탁기
휴대전화, 스마트폰	드라이어	E-북 리더기
태블릿 컴퓨터		

를 보인다는 주장이다. 각 작업자는 일종의 전문가가 되는 것이다.

- **호환 가능 부품** : 각 부품을 충분히 작은 공차 범위로 만들 수 있어서, 동일하게 설계된 어떠한 부품도 조립에 사용될 수 있는 것을 의미한다. 호환 가능 부품이 없다면 부품을 쌓아 두고 맞는 것을 고르는 작업이 필요하게 되어, 조립라인 방법을 비현실적으로 만든다.
- **작업흐름의 원칙** : 작업물이 작업자에게 이동하여 오게 하는 것이다. 각 작업물은 조립 작업장 간의 최단거리로 이동하면서 조립라인을 원활하게 통과하게 한다.
- **라인속도** : 조립라인의 작업자는 일반적으로 목표 생산율을 유지하기 위한 라인의 적정 속도인 사이클 시간 내에 각 제품별로 자신에게 할당된 작업을 완수해야 한다. 라인의 속도는 보통 기계식 컨베이어를 통해 결정된다.

이 장에서는 수동 조립라인의 공학적 이론과 기술에 대해 논의하며, 자동 조립라인에 대해서는 제17장에서 다룬다.

15.1 수동 조립라인의 개요

수동 조립라인(manual assembly line)은 그림 15.1에서 표현된 것과 같이 조립 작업이 사람에 의해서 수행되는 작업장이 연속으로 위치한 생산라인이다. 제품은 라인을 따라 이동하면서 조립된다. 각 작업장에서는 각 작업물에 대해 필요한 전체 작업 중 일정 비율만이 수행된다. 일반적인 조립 생산 방식은 기초부품(base part)을 규칙적인 주기로 라인의 시작 부분에 '투입(launch)'하는 것이다. 각각의 기초부품은 연속적으로 배열된 작업장 및 작업자를 지나면서 부품이 합해져서 점차 완성된 제품으로 만들어진다. 이때 기계식 자재운반시스템은 기초부품을 라인을 따라 서서히 이동시켜 완제품으로 생산되도록 하는 데 사용된다. 그러나 일부 수동라인에서는 제품을 수작업으로 이동시키기도 한다. 조립라인의 생산율은 그 라인의 가장 느린 작업장에 의해 결정되기 때문에,

수동 조립라인의 기원

수동 조립라인은 크게 두 가지 기본 원칙에 근거한다. 첫째는 Adam Smith(1723~1790)가 1776년 영국에서 출판된 그의 저서 **국부론**에서 논의한 **분업**이다. 이 책에서는 분업을 설명하기 위해 핀 공장을 예로 제시하여, 10명의 작업자가 각각 핀을 만드는 모든 작업을 수행하여 적은 양의 핀을 생산한 것에 반해, 핀을 만드는 각 부분 작업에 같은 수의 전문화된 작업자가 하루 48,000개의 핀을 생산한 것을 보여주고 있다. 그러나 그가 분업을 발명한 것은 아니다. 수 세기 동안 유럽에서 분업을 사용한 여러 가지 예가 있었지만 그는 생산에서 분업의 중요성을 지적한 최초의 사람이었던 것이다.

두 번째 원칙은 **호환 가능 부품**으로서, 이는 19세기 초의 Eli Whitney(1765~1825)를 비롯한 몇몇 사람의 노력의 결과이다[15]. 1797년 Whitney는 미국 정부와 1만 정의 머스킷 총 생산 계약을 맺었다. 그 당시에 총은 전통적으로 각 부품을 개별적으로 제작한 다음 부품을 줄질을 통해 수작업으로 맞추어(fitting) 조립하였다. 그는 부품을 매우 정확하게 만들어서 억지로 맞출 필요 없이 조립할 수 있다고 생각하였다. 코네티컷 공장에서의 수년간의 연구 끝에 그는 1801년에 이 원리를 설명하기 위해 워싱턴으로 갔다.

Thomas Jefferson 대통령을 비롯한 정부 관리들 앞에서 그는 10정의 머스킷 총을 만들기 위해 필요한 부품을 임의로 집어 총을 조립하기 시작했다. 어떠한 줄질이나 손으로 맞추는 작업 없이도 총은 완전하게 작동하였다. 그의 성과는 그가 자신의 공장에서 개발한 특수한 기계, 설비, 계측기를 이용함으로써 가능하였다. 호환 가능 부품의 원칙은 실제 실용화되기 전에 수년간 발전해 제조법의 혁명을 가져왔고, 이는 조립제품의 대량생산을 위한 선행 조건이 되었다.

현대 생산라인의 기원은 시카고, 일리노이, 신시내티, 오하이오 주의 정육산업으로 거슬러 올라가면 찾을 수 있다. 1800년대 중·후반에 정육포장 공장은 도축된 정육을 한 작업자에서 다음 작업자로 이동시키는 데 무동력 고가 컨베이어(overhead conveyor)를 사용하였다. 이 무동력 컨베이어는 후에 전동 체인 컨베이어로 대체되어 조립라인의 원조인 '분해 라인(disassembly line)'을 창조하게 된다. 작업 방법은 작업자들로 하여금 하나의 작업에만 집중하도록 하는 방법을 택하였다(분업).

미국 자동차 기업가 Henry Ford는 이러한 정육포장 공정을 관찰하여, 1913년에 그의 동료들과 함께 미시간 주 하이랜드 파크에 마그넷 플라이휠 부품을 생산하는 조립라인을 설계하게 되었다. 생산성은 4배 향상되어 매우 성공적이었다. 포드는 조립라인 기술을 자동차의 차대(chassis) 제조에 적용하였다. 체인 컨베이어와 작업자의 편의를 위해 배열된 작업장을 이용하여 이전의 단일작업장 조립 방법에 비해 생산성을 8배 증가시켰다. 이러한 개선 작업은 당시 포드사의 주요 제품이었던 모델 T의 제조비용을 낮추는 데 매우 효과적이었다. 가격 인하에서의 포드의 업적으로 인해 미국민들은 이제 차를 가질 수 있게 되었고, 이는 자동화 이송라인을 포함한 생산라인 기법의 발전과 사용에 박차를 가하는 계기가 되었다. 또한 포드사의 경쟁사와 공급자들로 하여금 이러한 방법을 모방하게 하여 수동 조립라인이 미국 산업의 기반이 되게 하였다.

더 빠르게 작업할 수 있는 작업장들도 결국 가장 작업속도가 느린 작업장에 의해 그 효율이 제한될 수밖에 없다.

수동 조립라인 기술은 역사적 고찰 15.1에서 보는 바와 같이 20세기 미국 산업의 발달에 지대한 공헌을 했고, 여전히 전 세계적으로 자동차, 가전제품, 그리고 표 15.1에서의 대량생산형 조립제

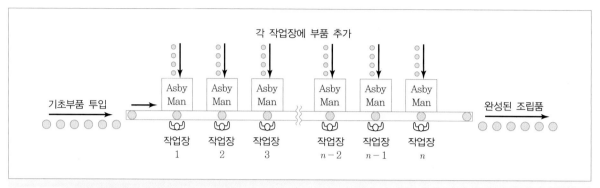

그림 15.1 수동 조립라인의 구성(Asby = 조립공정, Man = 수동)

품을 위한 중요한 생산시스템으로 사용되고 있다.

15.1.1 조립 작업장

수동 조립라인의 작업장은 하나 혹은 그 이상의 작업요소가 1명 혹은 그 이상의 작업자에 의해 수행되고, 작업순서에 따라 배치된 작업공간이다. 작업요소는 제품을 조립하기 위해 수행되어야 하는 전체 작업을 구성하는 부분 작업을 의미한다. 수동 조립라인에서 수행되는 전형적인 조립 작업은 표 15.2에 나와 있다. 또한 각 작업장은 할당된 작업을 수행하기 위해 필요한 공구(수공구 혹은 전동공구)를 포함한다.

　　작업장은 작업자가 서서 작업하거나 앉아서 작업할 수 있도록 설계되어 있다. 작업자가 서서 작업할 경우, 작업자는 그들에게 할당된 작업을 수행하기 위해 작업장 주위를 움직일 수 있다. 이는 자동차, 트럭 또는 주요 가전제품과 같은 큰 제품의 조립에서 흔히 볼 수 있다. 대개 제품은 일정한 속도로 작업장을 통과하는 컨베이어에 의해 이송된다. 작업자는 작업장의 시작 지점에서 작업을 시작하여 작업을 마칠 때까지 작업단위와 함께 이동하고, 그다음 작업단위에 돌아옴으로써 사이클을 반복한다. 작은 조립제품(소형 가전제품, 전기기기, 큰 제품에 사용될 부분 조립품)의 경우, 작업장은 일반적으로 작업자가 앉아서 작업을 수행하도록 설계된다. 이 경우 작업자는 보다

| 표 15.2 | 수동 조립라인에서 수행되는 전형적인 조립 작업

접착제의 사용	리벳팅
밀봉재의 사용	수축에 의한 결합
아크용접	스냅 피팅
브레이징(경납접)	납땜
코터 핀 사용	점용접
팽창에 의한 결합	스테이플링
부품의 삽입	재봉
프레스에 의한 결합	나사결합

편안하고 덜 피로하게 되며, 조립 작업에서의 정확성을 높이는 데 더욱 효과적이다.

15.1.2 작업물 이송시스템

수동 조립라인에서 단위 작업물을 이동하기 위해서는 (1) 수동, (2) 기계화된 시스템에 의한 두 가지 기본적인 방법을 사용한다. 두 방법 모두 생산라인의 특징인 고정경로(모든 작업단위는 같은 작업장 순서를 따라 진행)를 만든다.

작업물 수동 이송 각 제품단위가 수작업에 의해 작업장과 작업장 사이로 이동된다. 이 작업 방법은 각 작업장에서의 부품의 소진현상과 차단현상이라는 두 가지 문제를 초래한다. **소진현상** (starving)은 조립 작업자가 현재의 작업물에 할당된 작업을 마쳤지만 다음 작업물이 그 작업장에 도착하지 않는 현상을 말한다. 따라서 작업자는 쉬게 된다. 작업장의 **차단현상**(blocking)은 조립 작업자가 할당된 작업물을 마쳤으나 다음 작업자가 그 작업물을 받을 준비가 되지 않아서 다음 작업장으로 넘기지 못하는 것을 의미한다. 따라서 작업자는 작업 이송이 차단되어 작업을 할 수 없는 상황이 된다.

이러한 문제를 다소 해결하기 위해 종종 작업장 사이에 저장 버퍼(storage buffer)가 사용되기도 한다. 어떤 경우에는 각각의 작업장에서 만들어진 작업물이 뱃치로 모아져서 다음 작업장으로 이동하기도 하고, 또 다른 경우에는 작업물이 평평한 작업대나 무동력의 컨베이어를 통해 개별적으로 이동되기도 한다. 각각의 작업장에서 작업이 완료되면 작업자는 간단히 다음 작업장 쪽으로 작업물을 밀어 넣는다. 각각의 작업장 앞에는 하나 혹은 그 이상의 작업물을 위한 공간이 허용되며, 이 공간은 이전 작업장으로부터의 완료된 작업물을 위한 공간일 뿐만 아니라 그 작업장에서 처리할 작업물을 공급하는 역할을 한다. 따라서 소진과 차단현상을 최소화할 수 있다. 이러한 방법의 문제점은 경제적으로 바람직하지 못한 상당한 양의 재공을 양산할 수 있다는 것이다. 또한 작업자들이 수동 이송 방법에 의지하는 라인에 작업속도를 못 맞춰서 생산율이 낮아지게 되는 경향이 있다.

기계화된 작업물 이송 동력 컨베이어 및 기타 기계화된 자재취급 장비들은 수동 조립라인에서 작업물을 이동시키는 데 널리 사용된다. 생산라인에서 공작물 이송시스템이 가지는 세 가지 주요 방식은 (a) 연속이송, (b) 동기이송, (c) 비동기이송 방식이다. 이들은 그림 15.2에 도식적으로 설명되어 있다. 표 15.3은 일부 자재운반장비(제10장)와 위의 각 이송 방식과의 연관성을 나타내고 있다.

연속이송시스템(continuous transport system)은 그림 15.2(a)에서와 같이 일정한 속도로 작동하여 연속적으로 움직이는 컨베이어를 사용하며, 이는 수동 조립라인에서의 일반적인 방법이다. 컨베이어는 보통 라인의 전체 거리를 이송하지만, 자동차 최종 조립공장의 경우와 같이 라인이 아주 긴 경우에는 부분으로 나뉘어져 각 부분에서 독립된 컨베이어가 작동하기도 한다.

연속이송은 두 가지 방법으로 적용될 수 있다―(1) 작업물이 컨베이어에 고정된 경우, (2) 작

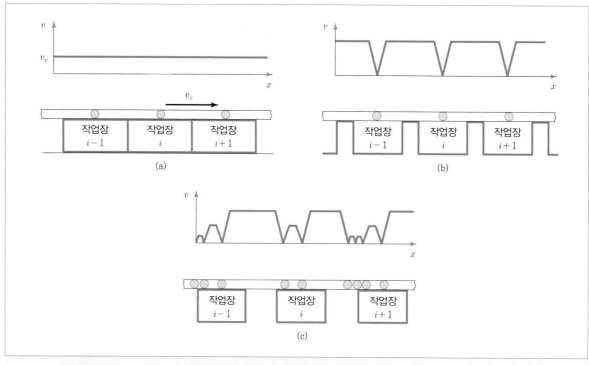

그림 15.2　생산라인에서 세 유형의 기계화된 이송시스템에 대한 속도-거리 그래프 및 물리적 배치도 : (a) 연속이송, (b) 동기이송, (c) 비동기이송(v = 속도, v_c = 연속이송 컨베이어의 일정 속도, x = 컨베이어 방향의 거리, i = 작업장)

| 표 15.3 | 그림 15.2에 나타낸 세 유형의 이송 방식에 사용되는 자재운반장비

작업물 이송시스템	자재운반장비
연속이송	고가활차 컨베이어(제10장) 벨트 컨베이어(제10장) 롤러 컨베이어(제10장) 체인 컨베이어(제10장)
동기이송	주행 빔 이송장비(제16장) 회전형 인덱싱 메커니즘(제16장)
비동기이송	이탈식 고가활차 컨베이어(제10장) 카트-온-트랙 컨베이어(제10장) 전동 롤러 컨베이어(제10장) 무인운반차량(AGV) 시스템(제10장) 모노레일 시스템(제10장) 체인구동 회전랙 시스템(제11장)

업물이 컨베이어로부터 이탈 가능한 경우. 전자의 경우 제품은 크고 무거우며(예 : 자동차, 세탁기) 컨베이어에서 이탈할 수 없다. 따라서 작업자는 컨베이어의 속도에 맞춰 제품을 따라 이동하면서 할당된 작업을 수행해야 한다.

작업물이 작고 가벼운 경우, 작업자의 신체적 편의를 위해 작업물을 컨베이어에서 이탈시킬 수 있어서, 작업자는 작업장에서 할당된 작업을 고정된 사이클 시간 내에 완료하지 않아도 되는 또 다른 이점이 있다. 이 경우 각 작업자가 특별한 작업물과 마주치면서 생길 수 있는 기술적인 문제를 해결하는 데 있어서 유연성을 가질 수 있다. 그러나 각 작업자는 라인의 나머지 작업장과 같은 생산율을 평균적으로는 유지해야 한다. 그렇지 않으면 라인은 미완성 작업물을 생산하게 되는데, 이는 작업자가 시간을 맞추지 못하여 작업장에서 조립되었어야 할 구성품이 더해지지 못한 경우에 발생하게 된다.

동기이송시스템(synchronous system)에서는 모든 작업물이 작업장 사이에서 빠르고 불연속적인 동작으로 일제히 움직여서 각각의 작업장에 위치한다. 그림 15.2(b)에 표현한 바와 같이 이 유형의 시스템은 **단속적 이송**(intermittent transport)으로 알려져 있기도 하며, 이는 작업물이 이송되는 운동 방식을 표현한 것이다. 작업이 정해진 제한시간 안에 완료되어야 한다는 요구 조건 때문에, 동기이송은 수동라인에서는 일반적이지는 않다. 왜냐하면 이러한 요구 조건은 미완성 작업물의 생산과 조립 작업자에게 지나친 스트레스를 유발할 수 있기 때문이다. 수동 조립라인에서의 이러한 단점에 반해 일정한 사이클 시간으로 가동되는 자동 생산라인에서의 동기이송은 종종 이상적인 방식으로 인식된다.

비동기이송시스템(asynchronous system)에서는 작업장에서 할당된 작업이 완료되어 작업자가 작업물을 넘길 때 비로소 작업물이 작업장을 떠나게 된다. 따라서 작업물은 동기적이 아니라 독립적으로 이동한다. 그림 15.2(c)와 같이 어느 시점에서라도 작업단위가 작업장에 머무르거나 작업장 사이를 이동할 수 있다. 비동기이송시스템에서는 각 작업장 앞에 약간의 대기열이 형성되는 것은 용납하는데 이는 작업자의 작업시간 변동 또한 어느 정도 허용하는 것을 의미한다.

15.1.3 라인 속도

수동 조립라인은 주어진 사이클 시간을 가지고 운영되며, 이때 사이클 시간은 라인에서 요구하는 생산율을 달성하도록 설정된다. 15.2절에서는 이 사이클 시간이 어떻게 결정되는지에 대해 설명하고 있다. 각 작업자는 자기가 속한 작업장에서의 사이클 시간 안에 할당된 작업을 완료해야 하며, 그렇지 않으면 요구되는 생산율을 달성할 수 없게 된다. 이러한 작업자의 속도는 수동 조립라인이 성공적인지 아닌지를 결정하는 중요한 요인이다. 속도는 조립라인 작업자에게 대체로 지정된 생산율을 보증하게 하는 일종의 규율이 되며, 이는 경영관리 측면에서 바람직한 일이다.

수동 조립라인은 세 가지 수준의 속도로 설계될 수 있다—(1) 고정속도(rigid pacing), (2) 여유를 갖는 속도(pacing with margin), (3) 비고정속도(no pacing). 고정속도를 갖는 경우 각 작업자에게는 각 사이클마다 할당된 작업을 완료하는 데 있어 지정된 시간만이 허용된다. 고정속도에서 허용된 시간은 (대개) 라인의 사이클 시간과 같게 설정된다. 고정속도는 라인이 동기화된 이송시스템을 사용할 때 발생한다. 고정속도는 몇 가지 바람직하지 못한 문제점을 갖는데, 첫째로 작업자에 의한 모든 반복적인 작업에서의 작업완료 시간은 불가피한 고유의 변동요소를 갖는다는 것이다.

이는 설정된 고정속도라는 규율에 어긋나는 일이다. 둘째로, 고정속도는 정신적, 육체적으로 작업자에게 스트레스를 준다. 어느 정도의 스트레스 수준은 인간의 수행을 향상하는 데 도움이 되지만 8시간 교대(혹은 그 이상)의 조립라인에서의 빠른 속도는 작업자에게 나쁜 영향을 줄 수 있다. 셋째로, 고정된 작업속도에서 고정된 사이클 시간 내에 작업이 완료되지 못한다면, 그 작업물은 미완성 상태로 작업장을 빠져나오게 된다. 이는 그다음 작업장에서의 작업 완료를 방해할 수 있다. 작업장에 남아 있는 미완료된 작업들은 정상적인 완제품이 되기 위해서 다른 누군가의 작업자에 의해서 언젠가는 추후에 작업이 완료되어야 한다.

여유를 갖는 속도에서 작업자는 작업장에서 작업을 완료하는 데 있어 허용시간 범위가 주어진다. 최대 허용시간 범위는 평균 사이클 시간보다 길게 설정되는데, 이렇게 함으로써 라인에 문제가 발생하거나, 또는 어떤 작업단위에 필요한 작업시간이 평균보다 길 경우(이는 서로 다른 종류의 제품들이 같은 조립라인에서 함께 생산될 때 발생한다)에 작업자는 여분의 시간을 가질 수 있다. 마진을 갖는 속도는 다음 방법에 의해 실행될 수 있다―(1) 작업장 사이에 작업물에 대한 대기열을 허용한다. (2) 작업물이 각 작업장 내에서 머무르는 시간을 사이클 시간보다 길게 라인을 설계한다. (3) 작업자에게 자기의 작업장 경계를 넘어 움직일 수 있도록 허용한다.

속도의 세 번째 수준은 고정된 속도가 없는 것이다. 이는 작업장에서의 작업이 완료되는 데 어떠한 시간적 제한도 존재하지 않음을 의미한다. 결과적으로 각각의 조립 작업자는 그 자신의 속도로 작업을 할 수 있다. 이러한 경우는 (1) 라인이 수동이송을 사용하거나, (2) 작업물이 컨베이어로부터 이탈 가능해서 작업자가 주어진 작업을 완료하는 데 필요한 충분한 시간을 가질 수 있거나, (3) 비동기 컨베이어 라인에서 작업자가 작업장으로부터 넘겨지는 각 작업물을 조정할 수 있을 때 발생한다. 정해진 목표 생산율을 달성하기 위해서 작업자는 자신의 직업윤리나 회사에서 제공되는 인센티브 시스템에 의해 동기를 부여받아야 한다.

15.1.4 제품의 다양성

작업자의 개인차 때문에 수동 조립라인은 조립된 제품의 다양성을 다룰 수 있도록 설계될 수 있다. 일반적으로 비교적 연(soft) 다양성(제2장)을 가져야 한다. 조립라인은 (1) 단일 모델, (2) 뱃치 모델, (3) 혼합 모델의 세 가지 유형으로 구별될 수 있다.

단일 모델 라인(single-model line)은 하나의 제품에 대해 많은 단위를 생산하고 제품의 변화가 없는 것이다. 모든 작업단위는 동일하므로 각 작업장에서 수행되는 작업의 종류는 모든 제품단위에 대해 같다. 이러한 라인 유형은 대량 수요의 제품에 적합하다.

뱃치 모델 및 혼합 모델 라인은 모두 둘 이상의 모델을 생산하기 위해 설계되지만, 모델의 다양성을 대처하는 데 있어서 서로 다른 접근 방법을 사용한다. **뱃치 모델 라인**(batch-model line)은 각 모델을 뱃치 단위로 생산한다. 작업장은 한 모델의 목표량을 생산하기 위해 셋업되며, 다음 모델을 생산하기 위해 다시 셋업되는 형태를 반복한다. 각 제품에 대한 수요량이 중간 정도일 경우 제품은 종종 뱃치 형태로 조립된다. 여러 가지 제품을 생산하기 위해 모델별로 독립적으로 분리된

그림 15.3 제품 다양성에 관련된 수동 조립라인의 세 가지 유형

라인을 만드는 것에 비해 한 조립라인에서 뱃치로 나누어 생산하는 것이 일반적으로 더욱 경제적이다.

작업장을 셋업한다고 하는 것은 작업을 수행하기 위해 필요한 특별한 공구와 작업장의 물리적 배치를 포함하여 라인의 각 작업장에 작업을 할당하는 것을 일컫는다. 라인에서 만들어지는 모델은 일반적으로 비슷하고, 따라서 그 작업 또한 비슷하다. 그러나 모델 사이에 차이점이 존재하기 때문에 다른 작업순서가 요구되며, 특정 작업장에서 이전 모델에 사용했던 공구도 다음 모델에서 사용되는 것과 다를 수 있다. 어떤 모델은 다른 모델에 비해 라인이 느린 속도로 운영되는 것을 필요로 하므로 총시간이 더 많이 걸릴 수도 있고, 각각의 새로운 모델을 생산하는 데 작업자의 재교육이나 새로운 장비가 필요할 수도 있다. 이러한 이유 때문에 작업장 셋업의 변경은 다음 모델의 생산을 시작하기 전에 수행하는 것이 필요하며, 이러한 셋업 변경은 뱃치 모델 라인에서 생산시간의 손실을 초래하게 된다.

혼합 모델 라인(mixed-model line, 혼류라인)도 하나 이상의 모델을 제조하지만 뱃치로 생산하지는 않는다. 대신에 상이한 모델들이 같은 라인에서 동시에 만들어진다. 하나의 모델이 하나의 작업장에서 작업되는 동안 다른 모델은 다음 작업장에서 만들어진다. 각 작업장은 투입되는 어떠한 모델이라도 생산할 수 있는 다양한 작업을 수행할 수 있도록 설계되며, 소비재 중 상당수의 많은 제품은 혼합 모델 라인에서 조립된다. 그 예로서 자동차, 가전제품 등이 있는데 이들은 모델의 다양성과 가능한 선택사양의 차이, 어떤 경우에는 브랜드명의 차이 등으로 인해 모델 간의 차이를 가져온다.

뱃치 모델 라인과 비교하여 혼합 모델 라인의 장점은 (1) 모델을 바꾸는 데 생산시간의 손실이 없다는 것, (2) 뱃치생산의 전형적인 문제점인 높은 재고를 피할 수 있는 것, (3) 제품 수요 변화에 따라 다른 모델의 생산율을 조정할 수 있다는 것이다. 반면에 혼합 모델 라인에서는 작업장이 모두 균등한 작업부하를 갖도록 작업을 할당하는 문제가 더 복잡하다. 일정계획(모델의 투입순서를 결정)과 물류(각 작업장에 현재 생산 모델에 적합한 부품을 조달) 문제는 이러한 유형의 라인에서 더 어렵다. 일반적으로 뱃치 모델 라인이 모델 구성에 있어서 더 큰 다양성을 수용할 수 있다.

이상의 내용을 정리한 그림 15.3은 제품다양성의 수준에 따른 세 가지 조립라인 유형의 위치를 보여주고 있다.

단일 모델 조립라인의 분석

이 절에서 제시되는 관계식들은 단일 모델 조립라인에 적용된다. 약간만 수정이 된다면, 이 관계식은 뱃치 모델 라인에서도 적용 가능하다.

15.2.1 사이클 시간과 작업부하

조립라인은 제품의 수요를 만족시키는 생산율 R_p를 달성할 수 있도록 설계되어야 한다. 제품의 수요는 연간 수량으로 표현되는데, 시간당 수량으로도 나타낼 수 있다. 관리자는 라인이 운영하는 주당 교대 수와 교대당 작업시간을 결정해야 한다. 공장이 1년에 50주 동안 가동된다고 가정한다면, 필요한 시간당 생산량은 다음과 같다.

$$R_p = \frac{D_a}{50SH} \tag{15.1}$$

여기서 R_p=평균 생산율(단위/시간), D_a=라인에서 생산되는 단일 제품의 연간 수요량(단위/년), S=주당 교대 수(교대 수/주), H=교대당 시간(시간/교대)이다. 만일 라인이 50주가 아닌 52주 동안 가동된다면, $R_p = D_a/52SH$가 될 것이다. 만일 제품 수요에 있어서 1년이 아닌 다른 기간이 사용된다면, 이 공식은 분자와 분모에 다른 일정한 시간단위를 사용하여 수정될 수 있다.

이 생산율은 라인이 가동되는 시간 간격인 사이클 시간 T_c로 전환되어야 한다. 사이클 시간은 때때로 조립시간이 장비 고장, 정전, 부품 부족, 품질 문제, 작업자 문제, 그리고 또 다른 여러 가지 이유로 인해 늦어질 수가 있다는 현실적인 문제를 고려해야만 한다. 이러한 손실에 대한 결과로 라인은 가동 가능한 총교대시간 중에서 단지 특정한 비율의 시간 동안만 가동된다. 이러한 가동시간 효율을 **라인 효율**(line efficiency)이라고 부른다. 사이클 시간은 다음과 같이 결정된다.

$$T_c = \frac{60E}{R_p} \tag{15.2}$$

여기서 T_c=라인의 사이클 시간(분/사이클), R_p=식 (15.1)에서 결정된 필요한 생산율(단위/시간), 상수 60은 시간당 생산율을 분당 사이클 시간으로 전환시킨다. E=라인 효율인데, 조립라인에서의 일반적인 E값은 0.90~0.98이다. 사이클 시간 T_c로 라인의 이상적인 사이클률을 계산할 수 있다.

$$R_c = \frac{60}{T_c} \tag{15.3}$$

여기서 R_c=라인의 사이클률(사이클/시간)이며, 식 (15.2)에서와 같이 T_c는 분/사이클이다. 이 비율 R_c는 필요한 생산율 R_p보다 반드시 커야만 한다. 왜냐하면 라인 효율 E는 100%보다 작기 때문이다. R_p와 R_c는 다음과 같이 E와 연관되어 있다.

$$E = \frac{R_p}{R_c} = \frac{T_c}{T_p} \tag{15.4}$$

여기서 T_p =평균 생산사이클 시간($T_p = 60/R_p$)이다.

조립제품은 완성되기 위해서 **순작업시간**(work content time) T_{wc}라 불리는 총작업시간이 필요하다. 이는 제품의 한 단위를 만들기 위해 라인상에서 수행되어야 하는 모든 작업요소의 총시간이다. 이미 알려진 T_{wc}와 특정한 생산율 R_p를 갖고 있는 제품을 제조하기 위해서, 조립라인에서 필요한 작업자의 이론적인 최소 인원수를 계산하는 것이 때로는 필요하다. 이 접근 방법은 14.4절에서 주어진 생산 작업부하를 만족하기 위해 필요한 작업장의 수를 계산하기 위해 사용한 방법과 기본적으로 같다. 조립라인에 있는 작업자의 인원수를 결정하기 위해서 식 (14.7)을 사용한다면 다음과 같다.

$$w = \frac{WL}{AT} \tag{15.5}$$

w =라인에 있는 작업자 수, WL =주어진 기간 내에서 수행되어야 하는 작업부하, AT=기간 내에서의 가용시간이다. 사용되는 단위 시간은 60분이다. 그 기간에서의 작업부하는 시간당 생산율에 제품의 순작업시간을 곱한 것과 같다. 즉

$$WL = R_p T_{wc} \tag{15.6}$$

이며, 여기서 R_p =생산율(단위/시간), T_{wc} =순작업시간(분/단위)이다.

식 (15.2)는 $R_p = 60E/T_c$의 형태로 다시 정리할 수 있다. 이를 식 (15.6)에 대입하면,

$$WL = \frac{60ET_{wc}}{T_c}$$

라인에서의 가동시간 효율을 곱한 가용시간 AT=1시간(60분)은 다음과 같다.

$$AT = 60E$$

이러한 WL과 AT를 식 (15.5)에 대입하면, 이 식은 T_{wc}/T_c로 단순화된다. 작업자 수는 정수여야 하므로,

$$w^* = 최소 \ 정수 \geq \frac{T_{wc}}{Tc} \tag{15.7}$$

여기서 w^*=이론적인 최소 작업자 수이다. 만일 작업장마다 1명의 작업자가 있다고 가정하면, 이 비율은 또한 라인상의 이론적인 최소 작업장 수를 나타낸다.

실제 상황에서 이러한 최솟값을 달성하는 경우는 거의 없다. 식 (15.7)은 현실적인 조립라인에 존재하는 요인들을 고려하지 않고 있다. 다음의 두 요인은 이론적인 최솟값을 초과하여 필요 작업자의 수를 증가시키는 경향이 있다.

- 재위치 손실 : 각각의 작업장에서 작업물 또는 작업자의 위치 변경으로 인하여 약간의 시간이 손실될 것이다. 따라서 조립을 수행하기 위한 작업자당 사용 가능한 시간은 T_c보다 작다.
- 라인 밸런싱 문제 : 순작업시간을 모든 작업장에 균등하게 분배하는 것은 실질적으로는 불가능하며, 어떤 작업장은 T_c보다 적은 시간을 필요로 하는 작업량을 갖고 있다. 이는 필요 작업자 수를 증가하게 한다.

15.2.2 재위치 손실

생산라인에서의 재위치 손실(repositioning loss)은 각 사이클에서 작업자나 작업물 또는 그 둘 모두를 재위치하는 데 약간의 시간이 걸리기 때문에 일어난다. 예를 들어 컨베이어상에 고정되어 일정한 속도로 움직이고 있는 연속적인 운반라인에서 작업자가 막 작업이 완료된 작업단위에서 직전 작업장으로부터 새로이 들어오는 작업단위까지 걸어가는 데는 일정 시간이 필요하다. 다른 컨베이어 시스템에서는 작업단위를 컨베이어에서 꺼내서 작업을 하기 위한 작업장으로 옮기는 데도 시간이 필요하다. 모든 조립라인에는 재위치로 인한 시간의 손실이 있다. T_r을 각 사이클이 작업자나 작업단위 또는 그 둘 다를 재위치하기 위해 필요한 시간이라고 정의하도록 하자. 이후의 분석에서 재위치 시간은 실제로 작업장에 따라 다를지라도, T_r은 모든 작업자에게 있어서 똑같다고 가정한다.

각 작업장에서 실제 조립 작업을 수행하기 위해 남아 있는 사용 가능한 시간을 산출하기 위해 재위치시간 T_r은 사이클 시간 T_c에서 감산되어야 한다. 각각의 작업장에서 할당된 작업을 수행하기 위한 시간을 **서비스시간**이라고 하고, T_{si}로 나타낼 수 있다. i는 작업장 i를 나타내는 데 사용되며, $i = 1, 2, \cdots, n$이다. 서비스시간은 작업장에 따라서 서로 다른데 그 이유는 총작업량이 모든 작업장에 균등하게 할당될 수가 없기 때문이다. 일부 작업장은 다른 작업장보다 더 많은 작업량을 가질 것이다. T_{si}가 최대가 되는 작업장이 적어도 1개는 있게 되고, 이러한 작업장을 **병목 작업장** (bottleneck station)이라 부르기도 한다. 왜냐하면 이 작업장이 모든 라인의 사이클 시간을 결정짓기 때문이다. 최대 서비스시간은 사이클 시간 T_c와 재위치시간 T_r의 차보다는 작아야 한다. 즉

$$\text{Max}\{T_{si}\} \leq T_c - T_r, \quad i = 1, 2, ..., n \tag{15.8}$$

$\text{Max}\{T_{si}\}$ =모든 작업장 중 최대 서비스시간(분/사이클), T_c =식 (15.2)에서의 조립라인에 대한 사이클 시간(분/사이클), T_r =재위치시간(모든 작업장에서 같다고 가정)(분/사이클)이다. 쉽게 표현하기 위해, T_s를 최대 허용 서비스시간이라고 하면,

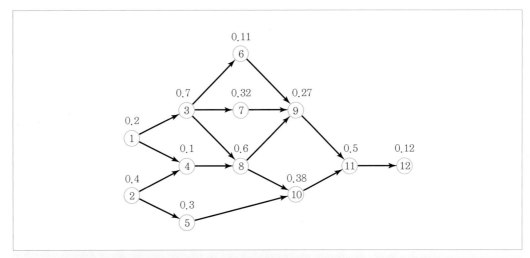

그림 15.5 예제 15.1의 선행관계도. 노드는 요소작업을 나타내며, 화살표는 요소작업이 이루어져야 하는 순서를 나타낸다. 노드 위의 숫자는 요소작업별 작업시간을 나타낸다.

선행 조건 모든 작업장에 균등한 작업시간을 할당하는 데 어려움을 주는 작업요소시간의 다양함과 더불어, 요소작업이 실행되는 순서에는 제한 조건이 있다. 어떤 요소작업은 다른 요소작업들보다 먼저 실행되어야 한다. 예를 들어 나사 구멍을 만들기 위해서는 구멍 내면에 태핑을 하기 전에 먼저 드릴로 구멍을 만들어야 한다. 부품을 결합하기 위해서 이러한 암나사 구멍을 사용하는 나사는 구멍이 드릴링되고 태핑이 이루어지기 전까지는 결합될 수가 없다. 작업의 순서에 필요한 이러한 기술적인 요구사항을 선행 조건(precedence constraints)이라고 한다. 나중에 언급되겠지만, 이러한 선행 조건이 라인 밸런싱 문제를 더욱 복잡하게 만든다.

선행 조건은 요소작업이 실행되어야 하는 순서를 나타낸 **선행관계도**(precedence diagram)를 통해서 도식적으로 표현될 수 있다. 요소작업은 노드로 표현하고, 선행 조건은 노드를 연결하는 화살표로 표현한다. 이러한 순서는 왼쪽에서 오른쪽으로 진행된다. 그림 15.5는 다음에 나오는 예제에 대한 선행관계도를 나타낸 것이다.

예제 15.1 라인 밸런싱 문제

소형 전기제품이 단일 모델 조립라인에서 제조된다고 한다. 제품을 조립하기 위한 작업내용은 표 15.4에 나열된 것과 같은 요소작업으로 나누어졌다. 이 표는 또한 각 요소의 표준 작업시간과 수행되어야 하는 선행순서를 나열하였다. 라인은 연간 수요 100,000단위를 만족하도록 밸런싱되어야 한다. 라인은 50주/년, 5교대/주, 7.5시간/교대만큼 가동되어야 한다. 작업자 배치는 작업장당 1명의 작업자가 될 것이다. 과거의 경험을 보아 라인의 가동시간 효율은 96%, 사이클당 손실될 재위치 시간은 0.08분으로 예상하고 있다. 이러한 상황에서 다음을 결정하라—(a) 총 순작업시간 T_{wc}, (b) 연간 수요를 충족하기 위해 필요한 시간당 생산율 R_p, (c) 사이클 시간 T_c, (d) 라인에서 필요한 이론적 최대 작업자 수, (e) 라인 밸런싱이 이루어지기 위한 서비스시간.

| 표 15.4 | 예제 15.1에서의 요소작업

No.	요소작업 내용	T_{ek}(분)	선행작업
1	공작물 홀더에 프레임을 위치시키고 클램핑	0.2	–
2	플러그, 그로밋을 파워 코드에 조립	0.4	–
3	브래킷을 프레임에 조립	0.7	1
4	모터에 파워 코드 전선 연결	0.1	1,2
5	스위치에 파워 코드 전선 연결	0.3	2
6	메커니즘 플레이트를 브래킷에 조립	0.11	3
7	블레이드를 브래킷에 조립	0.32	3
8	모터를 브래킷에 조립	0.6	3,4
9	블레이드 정렬과 모터에 부착	0.27	6,7,8
10	모터 브래킷에 스위치 조립	0.38	5,8
11	커버 부착, 검사, 테스트	0.5	9,10
12	포장을 위해 토트 팬에 위치	0.12	11

풀이 (a) 총 순작업시간은 표 15.4에 있는 요소작업시간의 합이다.

$$T_{wc} = 4.0분$$

(b) 주어진 연간 수요에 의해서 시간당 생산율은 다음과 같다.

$$R_p = \frac{100,000}{50(5)(7.5)} = 53.33단위/시간$$

(c) 라인 가동시간 효율 96%에서 구할 수 있는 사이클 시간은

$$T_c = \frac{60(0.96)}{53.33} = 1.08분$$

(d) 식 (15.7)을 사용하여 구한 이론적 최소 작업자 수는

$$w^* = \left(최소 \ 정수 \geq \frac{4.0}{1.08} = 3.7\right) = 4명$$

(e) 라인 밸런싱이 이루어지는 사용 가능한 작업시간은

$$T_s = 1.08 - 0.08 = 1.00분$$

라인 밸런싱의 효율 측정지표   최소 작업단위 시간과 요소작업 간의 선행 조건 차이 때문에 실질적으로는 완벽한 라인 밸런스를 구하는 것은 불가능한 일이다. 측정지표는 라인 밸런싱에 대한 해가 얼마나 우수한지를 가늠할 수 있도록 정의되어야 한다. 하나의 실행 가능한 측정지표는

라인상에 있는 순작업시간을 총 사용 가능한 작업시간으로 나눈 것과 같은 **밸런스 효율**(balance efficiency)이다.

$$E_b = \frac{T_{wc}}{w\,T_s} \tag{15.14}$$

여기서 E_b =밸런스 효율, T_s =라인상에서의 최대 사용 가능한 작업시간($\text{Max}\{T_{si}\}$)(분/사이클), w =작업자 수이다. 식 (15.14)의 분모는 하나의 제품단위를 조립하기 위해 라인상에서의 할애된 총사용 가능한 작업시간을 나타낸다. T_{wc}와 $w\,T_s$의 값이 비슷해질수록 라인에서의 유휴시간은 줄어든다. 따라서 E_b는 라인 밸런싱의 해답이 얼마나 잘 구해졌는지를 측정한다. 완벽한 라인 밸런스는 E_b =1.00인 값을 가진다. 일반적인 산업에서의 라인 밸런스 효율은 0.90~0.95 사이의 값이다.

밸런스 효율에 대한 반대 개념은 밸런스 지연율이다. 이는 총사용 가능한 시간에 대한 비율로서의 불완전한 밸런싱으로 인한 시간의 손실률을 나타낸다. 즉

$$d = \frac{(w\,T_s - T_{wc})}{w\,T_s} \tag{15.15}$$

여기서 d =밸런스 지연율이며, 다른 용어들은 앞에서 설명한 바와 같다. 밸런스 지연율이 0이라는 것은 완벽한 균형을 말한다. $E_b + d$ =1이다.

필요 작업자 수 이상의 관계식에서 우리는 수동 조립라인의 생산성을 감소시키는 세 가지 요인을 파악하였으며, 이들은 모두 효율로 표현된다.

1. 라인 효율 : 식 (15.4)에서 정의된 라인에서의 가동시간 효율 E
2. 재위치 효율 : 식 (15.10)에서 정의된 E_r
3. 밸런스 효율 : 식 (15.14)에서 정의된 E_b

이 세 가지는 함께 조립라인에서의 전체 인력 효율을 이루며 다음과 같이 정의된다.

$$\text{조립라인에서의 인력 효율} = E E_r E_b \tag{15.16}$$

이 인력 효율의 측정치를 사용하고 식 (15.7)을 기본으로 조립라인에서의 보다 현실적인 작업자 수를 계산할 수 있다.

$$w = \text{최소 정수} \ge \frac{R_p T_{wc}}{60 E E_r E_b} = \frac{T_{wc}}{E_r E_b T_c} = \frac{T_{wc}}{E_b T_s} \tag{15.17}$$

여기서 w =라인에서 필요한 작업자의 수, R_p =시간당 생산율(단위/시간), T_{wc} =라인에서 생산되어야 하는 제품당 순작업시간(분/단위)이다. 이러한 관계식에서의 문제점은 라인이 구축되고 가동되기 전까지는 $E,\ E_r,\ E_b$의 값을 결정하기가 어렵다는 점에 있다. 그럼에도 불구하고 이 식은 주어

진 작업부하를 달성하는 데 필요한 작업자 수에 영향을 주는 요인에 대한 정확한 모델이 될 수 있다.

15.3 라인 밸런싱 알고리즘

라인 밸런싱의 목적은 조립라인에서의 작업자 사이에 전체 작업부하를 가능한 한 고르게 배분하는 것이다. 이 목적함수는 두 가지 수식으로 수학적으로 표현될 수 있다.

$$(w\,T_s - T_{wc}) \text{ 또는 } \sum_{i=1}^{w} (T_s - T_{si}) \text{를 최소화} \qquad (15.18)$$

제약 조건 :

$$(1) \sum_{k \in i} T_{ek} \leq T_s$$

이고,

(2) 모든 선행 조건을 따른다.

이 절에서는 예제 15.1의 자료를 이용하여 라인 밸런싱 문제를 해결하기 위한 여러 가지 방법을 알아본다. 알고리즘은 (1) 최대 후보규칙(largest candidate rule), (2) 킬브리지-웨스터 방법(Kilbridge and Wester method), (3) 위치가중치(ranked positional weights, RPW) 방법 등이 있다. 이 방법들은 수학적 최적화보다는 상식과 실험에 의미를 둔 발견적 기법이다. 각 알고리즘에서 작업장당 1명이 배치된다고 가정한다. 따라서 작업장 i를 분석하면 작업장 i의 작업자를 분석하는 것이다.

15.3.1 최대 후보규칙

이 방법에서 작업요소들은 표 15.5와 같이 각각의 T_{ek}값의 내림차순으로 정렬된다. 정렬된 리스트를 가지고 알고리즘은 다음과 같은 단계로 실행된다—(1) 리스트의 첫 요소작업으로부터 시작하여 선행 조건을 만족하고 해당 작업장의 T_{ek}의 합이 주어진 T_s를 초과하지 않도록 차례대로 요소작업을 첫 작업장의 작업자에 할당한다. 하나의 요소작업이 작업장에 할당되면 리스트의 남아 있는 첫 요소작업으로 돌아가 다시 다음에 할당될 요소작업을 찾는다. (2) T_s를 초과하지 않는 요소가 더 이상 없으면 다음 작업장으로 넘어간다. (3) 다른 작업장에 대하여 모든 요소가 할당될 때까지 1, 2단계를 반복한다.

| 표 15.5 | 최대 후보규칙에서 T_{ek}값에 따라 정렬된 요소작업 리스트

요소작업	T_{ek}(분)	선행작업
3	0.7	1
8	0.6	3, 4
11	0.5	9, 10
2	0.4	–
10	0.38	5, 8
7	0.32	3
5	0.3	2
9	0.27	6, 7, 8
1	0.2	–
12	0.12	11
6	0.11	3
4	0.1	1, 2

예제 15.2 최대 후보규칙

예제 15.1에 최대 후보규칙을 적용해보라.

풀이 요소작업은 표 15.5와 같이 내림차순으로 정렬되고 알고리즘은 표 15.6과 같이 실행된다. 5명의 작업자와 작업장이 요구된다. 밸런스 효율은 다음과 같이 계산된다.

$$E_b = \frac{4.0}{5(1.0)} = 0.80$$

밸런스 지연율 $d=0.20$이다. 라인 밸런싱 해답은 그림 15.6에 제시되어 있다.

| 표 15.6 | 최대 후보규칙에 따라서 작업장에 할당된 요소작업

작업장	요소작업	T_{ek}(분)	작업장 시간(분)
1	2	0.4	
	5	0.3	
	1	0.2	
	4	0.1	1.0
2	3	0.7	
	6	0.11	0.81
3	8	0.6	
	10	0.38	0.98
4	7	0.32	
	9	0.27	0.59
5	11	0.5	
	12	0.12	0.62

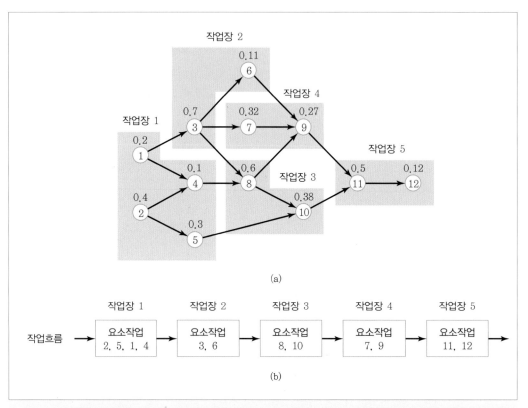

그림 15.6 예제 15.2의 해답 : (a) 최대 후보규칙에 따른 요소작업들의 할당, (b) 할당된 요소작업들을 가진 작업장의 물리적 배치 순서

15.3.2 킬브리지-웨스터 방법

이 방법은 1961년에 소개된 이래로 많은 주목을 받아 왔고[18] 산업체에서 발생하는 여러 가지 복잡한 라인 밸런싱 문제에 성공적으로 적용되었다[22]. 이 방법은 선행관계도에서 그들의 위치에 따라 요소작업을 선택하여 작업장에 할당하는 발견적 기법이다. 이 방법은 선행관계도에서의 위치와는 관계없이 T_e값이 높다는 이유만으로 요소작업이 선택되는 최대 후보규칙이 가진 단점을 극복하였다. 일반적으로 킬브리지-웨스터 방법은 최대 후보규칙보다 우수한 해답을 제공한다(이 장의 예제에 대해서는 아니지만).

킬브리지-웨스터 방법에서 선행관계도의 요소작업은 그림 15.7에서 보는 바와 같이 열(column)로 배열된다. 첫 열의 요소가 첫 번째로 기재되는 방법으로 요소들은 열의 순서에 따라 요소작업 리스트를 구성한다. 위의 예제에 대한 요소작업들의 리스트가 표 15.7에 제시되어 있다. 만약 주어진 요소작업이 하나 이상의 열에 걸쳐서 위치하면 요소작업 5의 경우와 같이 그 요소에 해당하는 모든 열을 리스트에 기록한다. 우리는 리스트에서 주어진 열에 있는 요소작업을 T_{ek}값의 내림차순에 따라 표현하였다. 즉 각 열에 최대 후보규칙을 적용하였다. 이는 작업장에 요소작업을

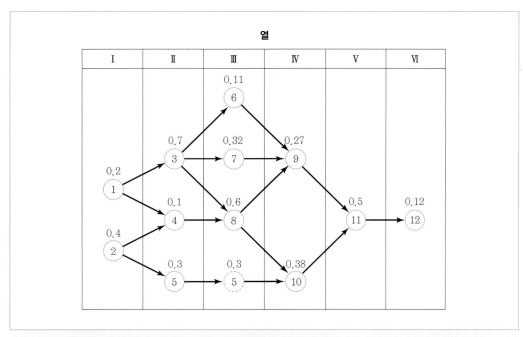

그림 15.7 | 킬브리지-웨스터 방법에 의해 열로 정렬된 예제의 요소작업

| 표 15.7 | 킬브리지-웨스터 방법에 의해 그림 15.7의 열에 따라 나열된 요소작업의 리스트

요소작업	열	T_{ek}(분)	선행작업
2	I	0.4	–
1	I	0.2	–
3	II	0.7	1
5	II, III	0.3	2
4	II	0.1	1,2
8	III	0.6	3,4
7	III	0.32	3
6	III	0.11	3
10	IV	0.38	5,8
9	IV	0.27	6,7,8
11	V	0.5	9,10
12	VI	0.12	11

할당하는 데 상당히 유용하다. 왜냐하면 작업시간이 더 큰 요소작업이 우선적으로 선택되게 하기 때문인데, 이는 결국 각 작업장의 T_{ek}값의 합이 허용 T_s 한계값에 보다 근접하게 만든다. 일단 리스트가 만들어지면 앞서 설명한 동일한 3단계 과정을 실행한다.

킬브리지-웨스터 방법

킬브리지-웨스터 방법을 예제 15.1에 적용하라.

▌풀이　요소작업들은 표 15.7의 열의 순서에 따라 정렬된다. 킬브리지-웨스터 해답은 표 15.8에 제시되었다. 다시 5명의 작업자가 요구되고 밸런스 효율은 $E_b = 0.80$이다. 비록 밸런스 효율은 최대 후보규칙과 같지만 작업장의 요소작업 배치는 다르다.

| 표 15.8 | 킬브리지-웨스터 방법에 따라 작업장에 할당된 요소작업

작업장	요소작업	열	T_{ek}(분)	작업장 시간(분)
1	2	I	0.4	
	1	I	0.2	
	5	II	0.3	
	4	II	0.1	1.0
2	3	II	0.7	
	6	III	0.11	0.81
3	8	III	0.6	
	7	III	0.32	0.92
4	10	IV	0.38	
	9	IV	0.27	0.65
5	11	V	0.5	
	12	VI	0.12	0.62

15.3.3 위치가중치 방법

위치가중치 방법은 Helgeson과 Birnie에 의해 소개되었다[13]. 이 방법에서 위치가중치(RPW)는 각 요소작업에 대해 계산된다. RPW는 T_{ek}값과 그 선행관계도에서의 위치 모두를 고려한다. 특히 RPW_k는 T_{ek}값과 선행관계도에서 화살로 연결된 후행 요소작업의 모든 시간의 합으로 계산된다. 요소작업들은 RPW값에 따라 리스트에 기록되고 앞의 3단계를 실행하여 알고리즘을 진행한다.

위치가중치 방법

위치가중치 방법을 예제 15.1에 적용하라.

▌풀이　RPW는 각 요소작업별로 계산된다.

$$RPW_{11} = 0.5 + 0.12 = 0.62$$
$$RPW_8 = 0.6 + 0.27 + 0.38 + 0.5 + 0.12 = 1.87$$

요소작업은 표 15.9와 같이 위치가중치값에 따라 정렬된다. 작업장에 대한 요소작업의 할당은 표 15.10에 제시된 답과 같이 진행된다. 여기서 최대 T_s값은 0.92이다. 이렇게 보다 빠른 속도로 라인을 운영함으로써 이것이 달성될 수 있고, 그 결과 라인 밸런스 효율이 향상되고 생산율이 증가한다.

$$E_b = 4.0/5(0.92) = 0.87$$

| 표 15.9 | 위치가중치(RPW)에 따른 요소순위 리스트

요소작업	RPW	T_{ek}(분)	선행작업
1	3.30	0.2	–
3	3.00	0.7	1
2	2.67	0.4	–
4	1.97	0.1	1,2
8	1.87	0.6	3,4
5	1.30	0.3	2
7	1.21	0.32	3
6	1.00	0.11	3
10	1.00	0.38	5,8
9	0.89	0.27	6,7,8
11	0.62	0.5	9,10
12	0.12	0.12	11

| 표 15.10 | 위치가중치(RPW) 방법에 따른 작업장에의 요소작업 할당

작업장	요소작업	T_{ek}(분)	작업장 시간(분)
1	1	0.2	
	3	0.7	0.90
2	2	0.4	
	4	0.1	
	5	0.3	
	6	0.11	0.91
3	8	0.6	
	7	0.32	0.92
4	10	0.38	
	9	0.27	0.65
5	11	0.5	
	12	0.12	0.62

사이클 시간은 $T_c = T_s + T_r = 0.92 + 0.08 = 1.00$이다. 따라서

$$R_c = 60/1.0 = 60사이클/시간$$

이고 식 (15.6)으로부터,

$$R_p = 60 \times 0.96 = 57.6단위/시간$$

이 해는 앞서 제시된 방법들에 의한 해보다 좋은 결과이다. 이는 주어진 라인 밸런싱 알고리즘의 성능이 풀어야 할 문제에 따라 달라짐을 보여주는 것이다. 문제의 종류에 따라서 라인 밸런싱 알고리즘의 성능이 달라지는 것이다.

15.4 기타 조립시스템

수동 조립라인에서 잘 설정된 속도는 생산율 최대화 관점에서 가치를 갖는다. 그러나 조립라인의 작업자는 종종 그들이 수행해야 하는 반복작업의 단조로움과 이동 컨베이어 사용 시 그들이 지켜야 하는 일정한 속도에 대해 불평을 하곤 한다. 대량생산 조립라인에서는 품질의 완성도 저하, 라인 장비에 대한 사보타주(역자 주 : 고의로 공장의 기계설비를 손상하여 생산을 지연시키는 행위) 등의 여러 문제가 발생할 수 있다. 이러한 문제에 대응하기 위해서는 수행되는 작업의 범위(scope)를 넓히거나 작업을 자동화함으로써 작업을 덜 단조롭고 덜 반복적이게 할 수 있는 대안의 조립시스템이 사용 가능하다. 이 절에서는 다음과 같은 조립시스템의 대안에 대해 정의한다―(1) 단일작업장 수동 조립 셀, (2) 작업자팀에 의한 조립 셀, (3) 자동 조립시스템.

단일작업장 수동 조립 셀(single-station assembly cell)은 조립 작업이 완제품 혹은 제품의 주요 반조립품을 완성하는 단일작업장으로 구성되어 있다. 이 방법은 적은 생산량을 가지거나, 때로는 하나만 생산하는 복잡한 제품에 주로 사용된다. 작업장은 제품의 크기와 요구되는 생산율에 따라 하나 혹은 그 이상의 작업자를 이용한다. 공작기계, 산업장비, 복잡한 제품의 시제품(예 : 비행기, 자동차)과 같은 고객 주문형 제품의 조립작업을 수행하기 위해서는 단일 수동 작업장을 사용한다.

여러 개의 작업장으로 구성되고 작업자 팀에 의해 운영되는 **조립 셀**(assembly cell)은 대부분의 수동조립라인에서 발생하는 속도설정 문제 측면에서, 이보다 더 동기를 유도할 수 있는 작업조직이다. 전통적인 일자 흐름 대신에 조립 셀은 보통 U자 형을 갖기 때문에 팀원 간 소통이 원활하고 팀워크가 훨씬 우수하다. 작업의 속도는 일정 속도로 움직이는 컨베이어와 같은 속도 메커니즘이 아니라 작업자들에 의해 결정된다. 조립 셀에서 각 작업자에게 할당되는 조립 작업의 수는 조립라인에서 할당되는 작업 수보다 많다. 따라서 작업들이 덜 반복적이고, 범위가 넓으며, 더 보람된 것일 수 있다. 이러한 직무의 확대로 인해 셀에 필요한 작업자의 수와 필요 면적을 절감할 수 있다.

조립 작업을 팀으로 구성하는 다른 방법은, 제품이 다수의 작업장을 통과하여 움직이도록 하며, 작업자팀은 작업장 사이에서 제품을 따라가도록 하는 것이다. 이런 형태의 팀 조립은 스웨덴 자동차 제조업체인 볼보에 의해 개발되었다. 이러한 팀 조립 형태에서는 자동차의 주요 부품이나 반조립품을 적재하여 라인의 수동 조립 작업장으로 운반하는 독립적으로 작동하는 AGV(제10장)를 사용한다. AGV는 각 작업장에 정지하며, 그 작업장의 조립팀에 의한 조립 작업이 완수되기 전에는 진행하지 않는다. 따라서 생산율은 이동 컨베이어에 의해서가 아닌 팀의 속도에 의해 결정된다. 모든 조립을 하나의 작업장에서 수행하지 않고 작업물이 다수의 작업장을 통과하여 이동하는 이유는 자동차에 조립되는 많은 부품들이 하나 이상의 작업장에서 조립되어야 하기 때문이다. 자동차는 각 작업장을 통과하면서 그 작업장의 부품이 추가된다. 이러한 조립라인과 보통 조립라인의 차이점은 모든 작업이 자동차와 함께 움직이는 한 작업자팀에 의해 수행된다는 것이다. 따라서 팀의 구성원은 자동차 조립의 주요 작업을 수행한다는 점에서 높은 수준의 개인적 만족감을 얻을 수 있다. 자동차 조립의 극히 일부분만의 작업을 수행하는 보통의 라인 작업자는 일반적으로 이러한 직무만족감을 얻기가 힘들다.

AGV를 사용하면 재래식 조립라인에서는 보기 힘든 평행한 여러 경로, 작업장 간 대기장소, 기타 특수한 기능을 만들 수 있다. 또한 더 유연해지고 제품의 다양성과 이에 따른 조립 사이클 시간에 대처할 수 있도록 팀 조립시스템이 설계될 수 있다. 그러므로 이러한 유형의 팀 조립시스템은 많은 모델을 생산해야 하고, 모델의 변화가 각 작업장에서의 작업시간에 큰 변화를 발생시킬 경우에 사용된다.

보통 조립라인에 비교하여 작업자팀 조립시스템의 이점으로는 다음과 같은 것들이 확인되었다—작업자 만족도 증가, 제품품질 증가, 모델 다양성에 대처하는 능력 증가, 많은 시간을 필요로 하는 문제에 대해 전체 생산라인을 정지하지 않고 대응할 수 있는 능력 증가. 주요 단점은 이러한 팀 시스템은 보통 조립라인의 특징인 높은 생산율의 달성에는 적합치 않다는 것이다.

자동 조립시스템은 작업장에서 인간이 아닌 자동화된 방법을 사용한다. 자동 조립시스템에 관해서는 제17장에서 설명한다.

참고문헌

[1] ANDREASEN, M., S., KAHLER, and T., LUND, *Design for Assembly,* IFS (Publications) Ltd., U. K., and Springer-Verlag, Berlin, 1983.

[2] BARD, J. F., E. M. DAR-EL, and A. SHTUB, "An Analytical Framework for Sequencing Mixed-Model Assembly Lines," *International Journal of Production Research,* Vol. 30, No. 1, 1992, pp. 35-48.

[3] BOOTHROYD, G., P. DEWHURST, and W. KNIGHT, *Product Design for Manufacture and Assembly,* Marcel Dekker, Inc., NY, 1994.

[4] BRALLA, J. G., *Handbook of Product Design for Manufacturing,* McGraw-Hill Book Company, New York, 1986, Chapter 7.

[5] CHOW, W. M., *Assembly Line Design: Methodology and Applications,* Marcel Dekker, Inc., NY, 1990.

[6] DAR-EL, E. M. and F. COTHER, "Assembly Line Sequencing for Model Mix," *International Journal of Production Research,* Vol. 13, No. 5, 1975, pp. 463-477.

[7] DAR-EL, E. M., "Mixed-Model Assembly Line Sequencing Problems," *OMEGA,* Vol. 6, No. 4, 1978, pp. 313-323.

[8] DAR-EL, E. M. and A. NAVIDI, "A Mixed-Model Sequencing Application," *International Journal of Production Research,* Vol. 19, No. 1, 1981, pp. 69-84.

[9] DEUTSCH, D. F., "A Branch and Bound Technique for Mixed-Model Assembly Line Balancing," *Ph. D. Dissertation,* (Unpublished), Arizona State University, 1971.

[10] FERNANDES, C. J. L., "Heuristic Methods for Mixed-Model Assembly Line Balancing and Sequencing," *M. S. Thesis,* (Unpublished), Lehigh University, 1992.

[11] FERNANDES, C. J. L., and M. P. GROOVER, "Mixed-Model Assembly Line Balancing and Sequencing: A Survey," *Engineering Design and Automation,* Vol. 1, No. 1, 1995, pp. 33-42.

[12] GROOVER, M. P., *Fundamentals of Modern Manufacturing: Materials, Processes, and Systems,* 5th ed., John Wiley & Sons, Inc., Hoboken, NJ, 2013.

[13] HELGESON, W. B., and D. P. BIRNIE, "Assembly Line Balancing Using Ranked Positional Weight Technique," *Journal of Industrial Engineering,* Vol. 12, No. 6, 1961, pp. 394-398.

[14] HOFFMAN, T., "Assembly Line Balancing : A Set of Challenging Problems," *International Journal of Production Research,* Vol. 28, No. 10, 1990, pp. 1807-1815.

[15] HOUNSHELL, D. A., *From the American System to Mass Production, 1800-1932,* The Johns Hopkins University Press, Baltimore, MD, 1984.

[16] HYER, N. L., and U. WEMMERLOV, *Reorganizing the Factory: Competing through Cellular Manufacturing,* Productivity Press, Portland, OR, 2002.

[17] IGNALL, E. J., "A Review of Assembly Line Balancing," *Journal of Industrial Engineering,* Vol. 16, No. 4, 1965, pp. 244-252.

[18] KILBRIDGE, M. and WESTER, L., "A Heuristic Method of Assembly Line Balancing," *Journal of Industrial Engineering,* Vol. 12, No. 6, 1961, pp. 292-298.

[19] MACASKILL, J. L. C., "Production Line Balances for Mixed-Model Lines," *Management Science,* Vol. 19, No. 4, 1972, pp. 423-434.

[20] MOODIE, C. L. and Young, H. H., "A Heuristic Method of Assembly Line Balancing for Assumptions of Constant or Variable Work Element Times," *Journal of Industrial Engineering,* Vol. 16, No. 1, 1965, pp. 23-29.

[21] NOF, S. Y., W. E. WILHELM, and H.-J. WARNECKE, *Industrial Assembly,* Chapman & Hall, London, UK, 1997.

[22] PRENTING, T. O. and N. T., THOMOPOULOS, *Humanism and Technology in Assembly Systems,* Hayden Book Company, Inc., Rochelle Park, NJ, 1974.

[23] REKIEK, B., and A. DELCHAMBRE, *Assembly Line Design: The Balancing of Mixed-Model Hybrid Assembly Lines with Generic Algorithms,* Springer Verlag London Limited, UK, 2006.

[24] SUMICHRAST, R. T., R. R., RUSSEL, and B. W., TAYLOR, "A Comparative Analysis of Sequencing for Mixed-Model Assembly Lines in a Just-In-Time Production System," *International Journal of Production Research,* Vol. 30, No. 1, 1992, pp. 199-214.

[25] VILLA, C., "Multi Product Assembly Line Balancing," *Ph. D. Dissertation* (Unpublished), University of Florida, 1970.

[26] WHITNEY, D., *Mechanical Assemblies,* Oxford University Press, NY, 2004.

[27] WILD, R., *Mass Production Management,* John Wiley & Sons, London, UK, 1972.

복습문제

15.1 수동 조립라인의 사용이 선호되는 요인은 무엇인가?

15.2 작업자가 전체 조립을 모두 수행하는 경우보다 수동 조립라인을 형성하여 작업하는 경우가 생산성이 더 높은 이유는 무엇인가?

15.3 소진현상과 차단현상이란 무엇인가?

15.4 수동 조립라인에서 저장 버퍼가 사용되는 이유는 무엇인가?

15.5 기계화된 작업물 이송시스템의 유형을 분류하라.

15.6 라인 효율이란 무엇인가?

15.7 사이클 시간 T_c와 최대 허용 서비스시간 T_s의 차이는 무엇인가?

15.8 최소 요소작업이란 무엇인가?

15.9 라인 밸런싱에서 선행 조건의 의미는 무엇인가?

15.10 밸런스 효율이란 무엇인가?

연습문제

단일모델 조립라인

15.1 새로운 조립품에 대한 연간 수요량이 75,000개로 예측된다. 이 제품의 순작업시간은 25.8분이다. 조립라인은 연간 50주, 주당 40시간 가동되며, 예상되는 라인 효율은 95%이다. 한 작업장마다 1명의 작업자가 배치될 때 다음을 결정하라―(1) 시간당 평균 생산량, (2) 사이클 시간, (3) 이상적인 최소 작업자 수.

15.2 어떤 수동 조립라인에 17개의 작업장이 있고, 각 작업장마다 1명의 근로자가 있다. 제품의 순작업시간은 28분이고, 생산율은 30개/시간이다. 라인 효율은 0.94이고 재위치시간은 6초일 때 밸런스 지연시간을 구하라.

15.3 연간 수요가 100,000단위인 제품에 대한 수동 조립라인이 설계되어야 한다. 라인은 50주/년, 5교대/주, 7.5시간/교대로 가동될 것이다. 작업단위는 연속이동 컨베이어에서 조립된다. 순작업시간은 42분이다. 라인 효율 $E=0.97$, 밸런스 효율 $E_b=0.92$, 재위치시간 $T_r=6$초로 가정할 때 (a) 수요를 만족하는 시간당 생산율과 (b) 필요한 작업자 수를 구하라.

15.4 200,000단위/년의 비율로 가전제품을 생산할 단일모델 조립라인이 계획되고 있다. 이 라인은 8시간/교대, 2교대/일, 5일/주, 50주/년으로 가동될 것이고, 순작업시간은 35.0분이다. 계획상으로 라인의 가동시간 효율은 95%로 예상할 때 다음을 구하라―(a) 시간당 평균 생산율

R_p, (b) 사이클 시간 T_c, (c) 라인에 필요한 이론적 최소 작업자 수, (d) 밸런스 효율이 0.93이고 재위치시간이 6초일 때 필요한 작업자 수.

15.5 직접 수동 작업으로 순작업시간이 1.2시간인 특정 제품에 대한 요구되는 생산율은 50단위/시간이다. 자동화 작업장이 완전히 신뢰할 만하지 않기 때문에 라인은 기대 가동시간 효율 90%를 가질 것이다. 나머지 수동 작업장은 각각 1명의 작업자를 갖는다. 병목 작업장에서의 재위치로 인해 8%의 사이클 시간이 손실될 것으로 예상된다. 밸런스 지연율이 $d = 0.07$로 예상될 때 다음을 구하라―(a) 사이클 시간, (b) 작업자 수, (c) 라인에 필요한 작업장 수, (d) 자동화 작업장을 포함하여 라인의 평균 매닝레벨, (e) 라인의 인력 효율.

15.6 순작업시간이 20분인 제품에 벨트 컨베이어 라인이 사용되며, 생산율은 48단위/시간이다. 가동시간 효율 $E = 0.96$이라고 가정한다. 각 작업장의 길이는 5ft이고 매닝레벨은 1.0이다. 벨트 속도는 1.0~6.0ft/분 사이의 값으로 결정될 수 있고, 밸런스 지연율은 0.07 혹은 약간 높을 것으로 기대된다. 각 사이클에서 재위치를 위한 시간 손실은 3초일 때 다음을 구하라―(a) 라인에 필요한 작업장 수, (b) 이 라인에 적합한 벨트 속도, 부품 간의 간격, 공차시간.

15.7 어떤 자동차 모델의 최종 조립공장이 연간 225,000단위의 생산능력을 갖고 있다. 공장은 50주/년, 2교대/일, 5일/주, 7.5시간/교대로 가동되며, 다음 세 부분으로 구성된다―(1) 본체 조립, (2) 도장 작업, (3) 최종 조립. 본체 조립은 로봇을 사용해 차체를 용접하고, 도장 작업은 차체에 칠을 하며, 이 두 부분은 높은 수준으로 자동화되어 있다. 최종 조립은 자동화되어 있지 않고, 각각의 자동차에 대해 15.0시간의 직접 노동이 필요하고 자동차는 연속 컨베이어에 의해 이동한다. 다음을 구하라―(a) 공장의 시간당 생산율, (b) 자동화 작업장이 사용되지 않을 경우 최종 조립에 필요한 작업자와 작업장 수. 평균 매닝레벨은 2.5, 밸런스 효율은 90%, 가동시간 효율은 95%이고 각 작업자에게 허용된 재위치시간은 0.15분이다.

15.8 어떤 조립품의 생산율이 48개/시간이다. 조립의 순작업시간은 35분이고, 라인의 가동 효율은 92%이다. 10개의 작업장에는 각각 2명의 작업자가 라인을 사이에 두고 반대의 위치에서 작업을 수행하여, 제품의 양면에 대해 동시에 조립을 수행한다. 나머지 작업장에는 1명의 작업자가 배치된다. 각 작업자의 재위치 손실 시간은 0.15분/사이클이다. 완벽한 밸런스를 위해 필요한 작업자의 수보다 2명이 더 많게 라인에 배치되었음이 알려져 있다. 다음을 결정하라―(1) 작업자의 수, (2) 작업장의 수, (3) 밸런스 효율, (4) 평균 매닝레벨(지원작업자는 무시).

라인 밸런싱(단일 모델 라인)

15.9 식 (15.18)의 단일 모델 라인 밸런싱 목적함수에 대한 두 정의가 일치함을 보여라.

15.10 다음 표는 새로운 장난감 모델에 대한 요소작업 간 선행관계와 요소작업시간을 나타낸 것이다―(a) 이 작업의 선행관계도를 그려라. (b) 이상적인 사이클 시간은 1.1분이고, 재위치 시간은 0.1분, 가동시간 효율은 1.0이다. 각 작업장에 1명의 작업자가 일할 것이라는 가정하에 밸런스 지연율을 최소화하는 데 필요한 이론상의 최소 작업장 수. (c) 최대 후보규칙을 이용

하여 작업장에 요소작업을 할당하라. (d) 구한 해에서 밸런스 지연율을 계산하라.

요소작업	T_e (분)	직전 선행작업
1	0.5	–
2	0.3	1
3	0.8	1
4	0.2	2
5	0.1	2
6	0.6	3
7	0.4	4, 5
8	0.5	3, 5
9	0.3	7, 8
10	0.6	6, 9

15.11 킬브리지-웨스터 방법을 이용하여 문제 15.10(c)를 구하라.

15.12 위치가중치 방법을 이용하여 문제 15.10(c)를 구하라.

15.13 컨베이어로 작동되는 수동 조립라인이 있다. 컨베이어 속도는 5ft/분, 기초부품이 놓여 있는 라인의 간격은 4ft이다. 각 작업장마다 1명의 작업자가 있고 각 작업장의 길이는 6ft이다. 완전 조립을 위해서는 14개의 요소작업이 이루어져야 하고, 작업시간과 선행관계는 아래 표와 같다. (a) 이송속도(개/분) 사이클 시간, (b) 각 작업자의 여유시간, (c) 라인의 이상적 최소 작업자 수, (d) 선행관계도, (e) 효율적인 라인 밸런싱 해, (f) 구한 해에서 밸런스 지연율을 구하라.

요소작업	T_e (분)	선행작업	요소작업	T_e (분)	선행작업
1	0.2	–	8	0.2	5
2	0.5	–	9	0.4	5
3	0.2	1	10	0.3	6, 7
4	0.6	1	11	0.1	9
5	0.1	2	12	0.2	8, 10
6	0.2	3, 4	13	0.1	11
7	0.3	4	14	0.3	12, 13

15.14 어떤 전기제품이 단일 모델 조립라인에 의해 조립된다. 이 라인은 250일/년, 15시간/일로 작동된다. 요소작업, 작업시간과 선행 조건들은 다음 표와 같다. 연간 생산은 200,000단위이다. 라인 효율 E는 0.96(가동시간 효율에 의해)이다. 각 작업자들의 재위치시간은 0.08분이다. (a) 평균 시간당 생산율, (b) 사이클 시간, (c) 연간 생산량을 충족시킬 이론적인 최소 작업자 수, (d) 라인 밸런싱 알고리즘의 한 방법을 이용해 라인 밸런싱을 수행, (e) 밸런스 효율, (f) 라인에서의 전체 인력 효율을 구하라.

요소번호	작업내용	T_e(분)	선행작업
1	작업대에 프레임 위치	0.15	–
2	모터팬 조립	0.37	–
3	프레임에 받침대 A 조립	0.21	1
4	프레임에 받침대 B 조립	0.21	1
5	프레임에 모터 조립	0.58	1,2
6	받침대 A에 절연체 고정	0.12	3
7	받침대 A에 앵글판 결합	0.29	3
8	받침대 B에 절연체 고정	0.12	4
9	모터와 받침대 B에 연결대 결합	0.30	4,5
10	모터에 3개의 와이어 연결	0.45	5
11	덮개에 이름표 붙이기	0.18	–
12	덮개에 전등 결합	0.20	11
13	프레임에 블레이드 결합	0.65	6,7,8,9
14	스위치, 모터, 전등에 전선작업	0.72	10,12
15	스위치에 블레이드 전선작업	0.25	13
16	모터에 커버 씌우기	0.35	14
17	블레이드 검사	0.16	15,16
18	겉면에 설명서 붙이기	0.12	–
19	파워 코드에 전선 연결	0.10	–
20	겉판에 파워 코드 결합	0.23	18,19
21	스위치에 파워 코드 연결	0.40	17,20
22	프레임에 덮개 씌우기	0.33	21
23	검사	0.25	22
24	포장	1.75	23

자동 생산라인(트랜스퍼 라인)

● ● ●

이 장에서는 여러 가지 공정이 필요한 제품의 대량생산을 위해 사용되는 시스템을 다룬다. 각각의 공정은 하나의 작업장에서 이루어지며 각각의 작업장은 자동화된 생산라인을 구성하는 데 필요한 기계화된 작업물 이송시스템을 이용하여 물리적으로 연결, 통합되어 있다. 이러한 생산라인에서 대표적인 공정은 절삭가공(밀링, 드릴링 등 회전공구 사용 공정들)인데, 이 경우를 트랜스퍼 라인(transfer line)이라고 부른다. 자동 생산라인의 적용 분야는 자동차 최종조립공장에서의 로봇에 의한 점용접, 판재 프레스 작업, 전기도금 작업 등도 포함한다. 일반적으로 이와 유사한 자동 생산라인들이 조립작업을 위해 사용되기도 하지만, 자동 조립과 관련된 기술들은 절삭가공과는 다른 것으로서 이 부분에 대한 언급은 다음 장으로 미루겠다.

자동 생산라인은 상당한 경제적 투자를 필요로 한다. 이것은 고정자동화(1.2.1절)에 속하며, 일반적으로 한 번 라인이 구축되고 난 후에는 공정 중인 작업의 내용 및 순서를 바꾸는 것이 어렵다. 그러므로 자동 생산라인의 적용은 다음과 같은 조건에 적합하다.

- **높은 제품 수요량** : 이는 대량생산을 필요로 한다.
- **안정적인 제품설계** : 자동 생산라인에서는 빈번한 설계변경에 대처하기 힘들다.
- **긴 제품수명** : 많은 경우에 있어서 적어도 수년간의 제품수명을 가져야 한다.
- **다수 작업으로 구성** : 제품 제조를 위해 여러 가지 작업이 수행되어야 한다.

이러한 조건을 만족할 때의 자동 생산라인의 장점은 다음과 같다.

- 적은 직접 노동력
- 고정 장비비가 대량의 제품단위에 분산됨으로 인한 낮은 제품비용
- 높은 생산율
- 제조 리드타임(제조의 시작부터 제품의 완성에 이르기까지 소요되는 시간)과 재공재고의 최소화
- 공장 사용면적의 최소화

자동 생산라인의 큰 단점은 제품 수요가 줄어들거나 수요 예측이 잘못되어 라인의 가동률이 낮을 경우 장비를 다른 목적으로 재사용하기가 어렵다는 점이다. 따라서 최근의 자동 생산라인은 CNC 머시닝센터(14.2.3절)와 같은 유연한 작업장으로 설계되고 있다[12].

16.1 자동 생산라인의 개요

자동 생산라인은 그림 16.1에서 볼 수 있듯이 하나의 작업장에서 다른 작업장으로 부품들을 이동시키는 이송시스템을 통해 연결되어 있는 여러 작업장으로 구성되어 있다. 가공되지 않은 공작물은 라인의 한쪽 끝에서 투입되고 공작물이 앞쪽으로 진행되어 감에 따라(그림에서는 왼쪽에서 오른쪽으로) 순차적으로 공정 작업들이 진행된다. 라인은 중간 품질을 검사하기 위한 검사 작업장을 포함하기도 한다. 또한 자동화하기에 어렵거나 비경제적인 작업들을 처리하기 위해 수동 작업장이 라인에 배치되기도 한다. 각각의 작업장은 서로 다른 작업을 처리하기 때문에 모든 작업이 끝나야만 하나의 제품이 완성된다. 여러 개의 부품이 동시에 처리될 수 있는데, 이는 각 부품이 각각의 작업장에서 가공되기 때문이다. 가장 간단한 생산라인의 형태를 가정하였을 때 우리는 그림 예시에서 볼 수 있듯이 특정 시점에서 라인상에 존재하는 공작물의 수는 작업장 수와 같음을 알 수 있다. 보다 복잡한 라인의 경우에는 작업장 사이에 임시 부품저장소 등을 이용하며, 이러한 경우에는 하나의 작업장당 1개 이상의 부품이 존재할 수 있다.

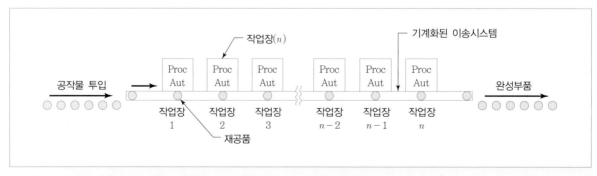

그림 16.1 자동 생산라인의 일반적 형태(Proc = 가공공정, Aut = 자동 작업장)

자동 생산라인은 수동 조립라인(제15장)과 유사하게 사이클을 가지고 작동된다. 각 사이클은 가공시간(processing time)과 작업장 간 이송시간(transfer time)을 합한 시간으로 계산된다. 일반 조립라인과 마찬가지로 라인에서 가장 느린 작업장이 전체 라인의 속도를 결정하게 된다.

16.1.1 공작물 이송

이송시스템은 생산라인의 작업장 간에 부품들을 이동시킨다. 자동 생산라인에서의 트랜스퍼 방식은 일반적으로 동기적 또는 비동기적인 방식을 사용한다(15.1.2절 참조). 동기식 이송은 트랜스퍼 라인에서의 전형적인 이송 방식이다. 그러나 최근에는 동기식 이송기계에 비해 다음과 같은 몇 가지 장점이 있기 때문에 비동기식 이송시스템의 사용이 증가하고 있다[10]―(1) 높은 유연성, (2) 저장 버퍼로서 부품 대기장소를 작업장 사이에 두는 것이 가능, (3) 제조시스템을 재배열하거나 확장하기 쉬움. 그러나 이러한 장점들로 인해 초기 설치비용이 크다. 연속적 이송시스템은 자동 생산라인에서는 거의 사용되지 않는데, 이는 작업장과 연속적으로 이동하는 부품 사이의 정확한 연결이 어렵기 때문이다.

공작물의 기하학적 특성에 따라 트랜스퍼 라인은 부품의 취급을 위하여 **팰릿 고정구**(pallet fixture)를 사용할 수도 있다. 팰릿 고정구는 다음과 같은 두 가지 목적으로 설계된 공작물 고정구이다―(1) 팰릿의 베이스상에 정확하게 위치시키고, (2) 연속적인 작업장에 공작물을 이동시켜 위치시키며 정확히 고정시키기 위한 목적으로 사용된다. 공작물이 팰릿 고정구의 정확한 곳에 위치하고, 팰릿이 정확하게 주어진 작업장에 장착됨으로써 해당 공작물은 작업장에서 필요한 공정이 수행될 수 있는 위치에 놓일 수 있다. 1,000분의 또는 10,000분의 1mm 단위로 정밀한 오차 단위가 요구되는 절삭 작업에서는 부품의 정확한 위치가 필수적이다. **팰릿 단위 트랜스퍼 라인**(palletized transfer line)이라는 명칭은 팰릿 고정구 또는 유사한 다른 고정기구들을 사용한 전용 이송라인을 구별하기 위한 목적으로 사용되는 용어이다. 공작물을 위치시키는 다른 대안으로는 작업장 사이에서 간단하게 부품 자체를 인덱싱시키는 방법이 있다. 이 방법을 **자유 트랜스퍼 라인**(free transfer line)이라 부르며 가장 두드러진 장점으로는 팰릿 고정구의 사용에 의해 비용을 줄일 수 있다는 점이다. 그러나 특별한 기하학적 특성을 갖는 공작물의 경우에는 취급의 용이성과 작업장에서의 정확한 위치 등을 위해 팰릿 고정구를 사용해야 하는 경우도 있다. 또한 팰릿 단위 트랜스퍼 라인의 경우에는 팰릿 고정구의 재사용을 위하여 라인의 끝에서 앞부분으로 팰릿 고정구를 이동시키는 방법이 설계되어야 한다.

시스템 유형 그림 16.1은 직선의 작업흐름 형태를 나타내고 있지만, 실제의 작업흐름은 몇 가지 다양한 형태로 존재한다. 크게 세 가지 흐름으로 나누어보면 (1) 직선형, (2) 분할직선형, (3) 회전형이 존재한다. 먼저 직선형(in-line)에서는 작업장을 그림 16.1과 같이 일직선 형태로 배열한다. 이러한 설정 방법은 대형 공작물, 예를 들어 자동차 엔진 블록 또는 엔진 헤드, 변속기 케이스 등을 가공하는 데 있어서 일반적인 방법이다. 이러한 작업은 대개 많은 수의 작업들이 필요하며,

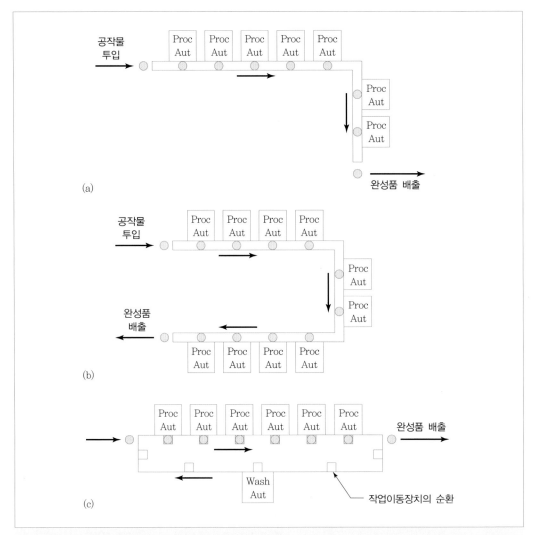

그림 16.2 자동 생산라인에서 적용 가능한 분할직선형 배치 : (a) L형, (b) U형, (c) 사각형(Proc = 가공공정, Aut = 자동 작업장, Wash = 팰릿 세척장)

또한 많은 작업장이 필요하기 때문이다. 직선형 시스템은 또한 저장 버퍼들과 함께 설계될 수도 있다(16.1.2절).

다음으로 분할직선형(segmented in-line) 시스템은 둘 또는 그 이상의 직선 형태 트랜스퍼 라인으로 구성된다. 특히 각 부분 라인들은 일반적으로 서로 수직으로 배치되어 있다. 그림 16.2에서 분할직선형 범주에 속하는 몇 가지 가능한 라인 배치 형태를 볼 수 있다. 생산라인에서 순수한 직선 라인을 사용하지 않고 이러한 형태의 라인 배치를 사용하는 이유로는 다음과 같은 몇 가지가 있다―(1) 작업장 내의 가용공간의 크기에 따라 라인의 길이를 제한해야 할 경우, (2) 공작물의 다른 면을 가공해야 하는 경우에 공작물의 방향 재설정을 용이하게 하기 위해, (3) 사각형 모양의

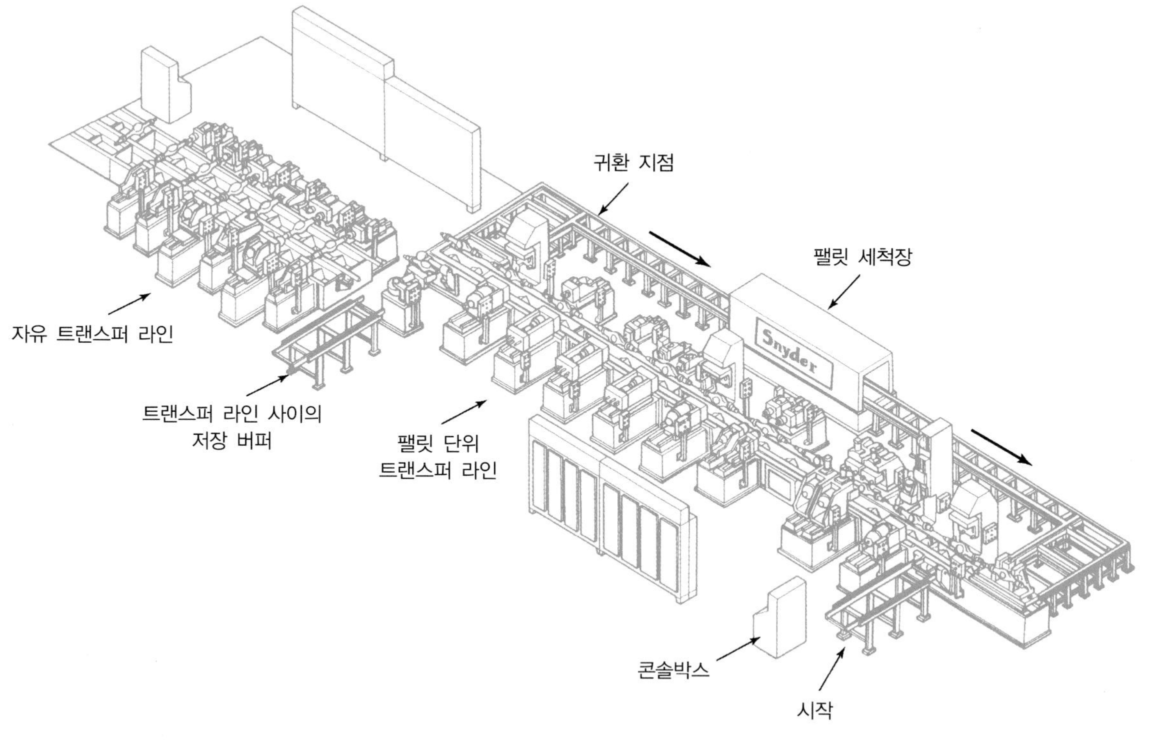

그림 16.3 2개의 가공 트랜스퍼 라인. 오른쪽 아래의 첫 번째 라인은 팰릿 고정구를 사용하는 12개의 작업장. 반환 루프는 팰릿 고정구를 라인 앞쪽으로 이동하게 한다. 두 번째 트랜스퍼 라인(왼쪽 위)은 7개 작업장으로 구성된다. 두 라인 사이의 수동 작업장은 부품의 방향을 바꾸는 작업을 한다.

라인 배치 형태의 경우 고정구의 재사용을 위하여 라인의 시작 위치로 고정구를 이동시키기 용이하기 때문이다.

그림 16.3은 트럭의 뒷바퀴축 하우징을 만드는 절삭가공 작업을 수행하는 2개의 트랜스퍼 라인을 보여주고 있다. 오른쪽 아래에 있는 첫 번째 라인은 사각형이다. 이 라인에서는 팰릿 고정구가 절삭 작업장에서 주물 소재를 위치시키기 위해 사용된다. 두 번째 라인은 왼쪽 위에 있는 7개 작업장으로 구성된 전형적인 직선형 라인이다. 첫 번째 라인의 공정이 완료되면 부품들은 새로운 가공면을 만들면서 수동으로 두 번째 라인으로 이동된다. 이때 부품들은 팰릿 고정구를 사용하지 않고 이송 메커니즘에 의해 이동된다. 즉 이것은 자유 트랜스퍼 라인이다.

회전형(rotary) 트랜스퍼 라인 형태에서는 공작물들이 회전 테이블 가장자리에 위치하게 된다. 전형적인 예는 그림 16.4에 나타나 있다. 작업 테이블은 종종 전화 다이얼과 같은 모양을 하는데, 이러한 장비를 다이얼 인덱싱 머신이라고도 한다. 회전 형태는 '라인'이라고 불리는 제조시스템 종류에는 속하지 않을 것 같지만, 사실은 기능이 매우 흡사하다. 직선형 혹은 분할직선형과 비교하자면, 회전형 인덱싱 시스템은 일반적으로 소형의 공작물과 부품 수가 적은 작업장에 한정되어 사용

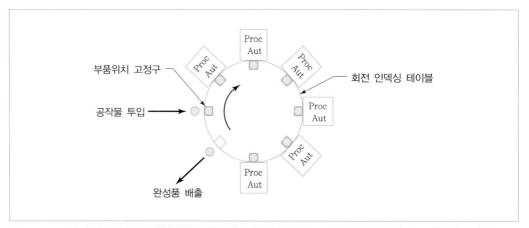

그림 16.4 회전형 인덱싱 머신(다이얼 인덱싱 머신)(Proc = 가공공정, Aut = 자동작업장)

되며, 저장 버퍼를 둘 수가 없다. 장점이라면 회전형 시스템은 일반적으로 가격이 싸고 공간을 적게 차지한다는 것을 들 수 있다.

공작물이송 메커니즘은 다음의 두 가지로 구분할 수 있다―(1) 직선형 또는 분할직선형 흐름을 위한 선형이송시스템, (2) 다이얼 인덱싱 기계를 위한 회전형 인덱싱 메커니즘. 일부 선형이송시스템은 동기적(synchronous) 운동을 하고, 나머지는 비동기적(asynchronous) 운동을 수행한다. 회전형 인덱싱 메커니즘은 모두가 동기적 운동을 한다.

선형이송시스템 제10장에서 언급한 자재운반시스템의 대부분은 선형운동 방식인데, 이 중 일부분은 자동 생산라인에서 이송 수단으로 이용된다. 동력 롤러 컨베이어, 벨트 컨베이어, 체인 컨베이어, 그리고 카트-온-트랙 컨베이어 등이 해당된다. 그림 16.5는 체인 또는 벨트 컨베이어가 작업장에서 연속 또는 단속적으로 이동하는 모습을 예시한다. 컨베이어에 부착된 작업물 운반판 위의 부품들을 이송시키는 데 체인이나 강철 벨트가 사용된다. 풀리가 수평축을 중심으로 돌아 체인이 위아래로 움직이거나, 풀리가 수직축을 중심으로 도는 경우도 있다.

벨트 컨베이어는 벨트와 부품 사이의 마찰력을 이용하여 부품을 작업장 사이에서 비동기적으

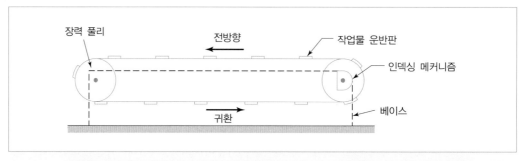

그림 16.5 작업물 운반판을 이용하여 부품을 선형이송하는 체인 또는 강철 벨트식 컨베이어의 측면도

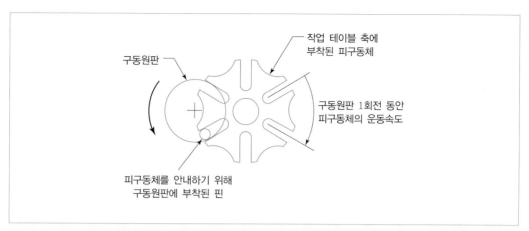

그림 16.6 6개의 슬롯을 가진 제네바 메커니즘

로 이동시키는 데 사용될 수 있다. 부품은 팝업핀(pop-up pins)이나 기타 정지장치에 의해 해당 작업장에서 멈추게 된다. 카트-온-트랙(cart-on-track) 컨베이어도 비동기적 부품이송을 제공하는 데, 약 0.12mm의 오차 범위 내로 부품을 위치시키도록 설계되어 많은 가공 상황에 적합하다고 할 수 있다. 다른 종류의 컨베이어에서는 각 작업장에 필요한 공차 범위 내로 정지시키기 위한 다른 방안이 필요하다.

회전형 인덱싱 메커니즘 회전형 인덱싱 이송에는 몇 가지 방식이 사용될 수 있다. 이 중 대표적인 방식으로는 제네바 메커니즘이 있다. **제네바 메커니즘**(Geneva mechanism)은 그림 16.6과 같이 부분적인 회전을 통해 테이블을 인덱싱하도록 연속적인 회전 구동원판을 사용한다. 만약 피구동 회전체가 6개의 다이얼 인덱싱 테이블로 되어 있다면 구동원판이 한 번 움직일 때마다 작업 테이블은 1/6 또는 60°씩 회전하게 된다. 6개의 슬롯이 있는 제네바의 경우 회전 구동원판의 120°는 테이블을 인덱싱하는 데 사용된다. 따라서 나머지 240°의 시간 동안에는 공정 작업이 완료되어야 한다. 일반적으로

$$\theta = \frac{360}{n_s} \tag{16.1}$$

여기서 θ는 작업 테이블의 회전각이고, n_s는 제네바 메커니즘의 슬롯 수이다. 인덱싱하는 동안 구동원판의 회전각은 2θ이고, $(360 - 2\theta)$ 동안은 작업 테이블이 정지해 있다. 제네바 메커니즘은 작업 테이블 원주를 따라 보통 4, 5, 6, 8개의 슬롯을 가진다. 주어진 구동원판의 회전속도에 의해 전체 사이클 시간을 다음과 같이 결정할 수 있다.

$$T_c = \frac{1}{N} \tag{16.2}$$

여기서 T_c는 사이클 시간(분)이고, N은 구동원판의 회전속도(rpm)이다. 전체 사이클 시간 안에서

정지시간, 또는 사이클 단위당 작업 가능 시간은 다음과 같다.

$$T_s = \frac{(180+\theta)}{360N} \tag{16.3}$$

여기서 T_s는 가능한 서비스 또는 작업시간 또는 정지시간(분)이다. 같은 방법으로 인덱싱 시간은 아래와 같이 주어진다.

$$T_r = \frac{(180-\theta)}{360N} \tag{16.4}$$

여기서 T_r은 인덱싱 시간(분)이다.

예제 16.1   제네바 메커니즘에 의한 회전 인덱싱 테이블

회전식 작업 테이블이 그림 16.6에서와 같이 6개의 슬롯을 가진 제네바 방식으로 작동된다. 이때 구동원판은 30rpm(회전/분)의 속도로 회전한다. 사이클 시간, 가능 공정시간, 그리고 각 사이클당 인덱싱 시간을 구하라.

▌풀이   구동원판의 회전속도는 30회/분이므로 전체 사이클 시간을 구하는 식 (16.2)를 이용하면

$$T_c = (30)^{-1} = 0.0333\text{분} = 2.0\text{초}$$

이다. 6개의 슬롯을 가진 제네바 방식으로 인덱싱하는 동안의 작업 테이블의 회전각도는 식 (16.1)에서

$$\theta = 360/6 = 60°$$

이다. 식 (16.3)과 (16.4)에서 가용 서비스시간과 인덱싱 시간은 각각 다음과 같다.

$$T_s = (180+60)/360(30) = 0.0222\text{분} = 1.333\text{초}$$
$$T_r = (180-60)/360(30) = 0.0111\text{분} = 0.667\text{초}$$

16.1.2 저장 버퍼

자동 생산라인은 저장 버퍼(storage buffer)를 가지고 설계될 수 있다. 생산라인에서의 저장 버퍼는 작업 부품이 모여서 다음 작업단계로 이동하기 전에 일시적으로 저장되는 장소이다. 저장 버퍼는 수동 또는 자동으로 작동된다. 자동으로 작동되는 저장 버퍼는 작업이 완료된 작업장에서 부품을 모으고 다음 작업이 계속되는 작업장으로 부품을 공급한다. 저장 버퍼의 중요한 지표는 저장할 부품 수에 허용 버퍼 용량이다. 저장 버퍼는 한 쌍의 작업장 사이에 있거나, 혹은 여러 작업장을 포함하는 라인 스테이지 사이에 있을 수 있다. 그림 16.7은 두 스테이지 사이에 하나의 저장 버퍼

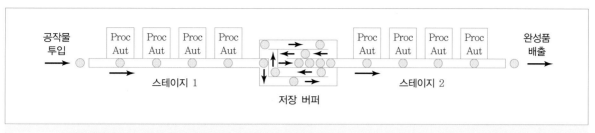

그림 16.7   생산라인의 두 스테이지 사이에 저장 버퍼가 있는 경우

가 있는 경우를 나타내고 있다.

자동 생산라인에서 저장 버퍼가 사용되는 이유는 다음과 같다.

- 작업장의 고장으로 인한 영향 감소 : 생산라인의 스테이지 사이에서의 저장 버퍼는 한 스테이지가 고장으로 수리 중일 때 다른 스테이지에서 계속적인 작업이 가능하게 해 준다.
- 라인에 공급할 부품의 저장소를 제공
- 라인의 산출물(생산품)을 놓을 공간을 제공
- 필요한 지연시간(예 : 건조, 경화 접착)을 확보
- 사이클 시간의 변동 영향 감소

16.1.3 생산라인의 통제

자동 생산라인에서는 공정 중 단계적 활동과 동시활동이 많은 관계로 통제 문제가 복잡하다. 이 절에서는 (1) 라인을 운영하기 위한 기본 통제 기능, (2) 자동라인을 위한 제어기에 대해 알아본다.

통제 기능   자동 생산라인의 기본적인 통제 기능은 (1) 순차제어, (2) 안전 모니터링, (3) 품질관리로 구분할 수 있다.

순차제어(sequence control)의 목적은 이송시스템과 작업장의 동작순서를 조율하는 것이다. 예를 들어 트랜스퍼 라인에서는 공작물이 현재 작업장에서 배출되어 다음 작업장으로 운반된 후 위치를 잡아 고정되어야 한다. 그런 후 공구가 가공위치로 이송되기 시작한다. 자동 생산라인에서는 논리제어의 기능도 필요로 한다(제9장).

안전 모니터링의 대상은 작업자와 장비 모두가 된다. 안전에 관련된 피드백 루프를 제공하고 위험한 공정을 피하기 위해서는 라인에 추가적인 센서가 필요하다. 예를 들어 작업자가 라인 안에서 보수 작업을 할 때는 인터록이 작동하여 장비가 가동되는 것을 막아야 한다. 절삭가공을 수행하는 라인의 경우에는 결함 있는 절삭공구가 공작물에 접근하는 것을 막기 위해 공구의 파괴와 과도한 마모를 모니터링해야 한다. 제조시스템에서 안전 모니터링에 대한 상세한 설명은 제4장에서 다루고 있다.

품질관리의 목적으로 공작물의 품질 속성들이 모니터링되어야 한다. 이의 결과로 불량 공작물을 검출하거나 배출시킬 수 있다. 품질관리에 필요한 검사장비를 기존 가공 작업장과 결합하여 사용할 수 있다. 아니면, 분리된 검사 작업장을 라인에 설치할 수 있는데, 이때는 원하는 품질 특성을 체크하는 역할만을 수행한다. 검사기술과 품질관리에 대해서는 제21장과 제22장에서 상세히 다루고 있다.

라인 제어기 자동 생산라인의 제어기로 과거부터 흔히 사용된 것은 PLC(제9장)인데, 제어 소프트웨어를 내장한 PC도 현재 많이 사용되고 있다. 컴퓨터 제어 방식은 다음과 같은 장점이 있다.

- 제어 소프트웨어를 개선하고 업그레이드하기가 용이하다.
- 공정성능, 장비의 신뢰성, 제품품질에 대한 데이터를 저장할 수 있다.
- 유지보수를 위한 진단 기능을 수행할 수 있어서 고장시간을 줄일 수 있다.
- 예방보전 일정을 자동으로 생성할 수 있다.
- 작업자와 자동라인 사이에서 인간-기계 인터페이스가 PLC보다 더 편리하다.

16.2 자동 생산라인의 적용

자동 생산라인에서 절삭가공이 가장 보편적인 가공방법이기 때문에 이 절에서는 주로 이것에 대해 설명한다. 자동 생산라인을 적용할 수 있는 그밖의 가공공정으로는 박판 성형 및 절단, 압연, 점용접, 페인팅, 도금공정, 조립 등이 있다. 자동 조립시스템에 대해서는 제17장에서 다루고 있다.

엔진과 구동부 부품을 가공하는 자동차 공장에서 가장 흔한 부품이송기계의 유형은 직선형 또는 회전형이다. 실제로 최초의 트랜스퍼 라인은 자동차회사에서 시작하는데, 밀링, 드릴링, 리밍, 태핑, 연삭 등과 같은 절삭공정들이 트랜스퍼 라인에서 일반적으로 수행되었다. 선삭과 보링도 가능하긴 하지만 이들은 트랜스퍼 라인에 흔하게 적용되지는 않는다.

그림 16.3과 같이 공작기계 작업장이 직선형 또는 분할직선형으로 배치되고 공작물은 적절한 이송 메커니즘에 의해 작업장 간에 운반된다. 복잡한 부품 형상을 처리할 수 있게 높은 수준으로 자동화되어 있고, 생산성도 높게 설계된다. 매우 많은 작업상을 수용할 수 있지만 작업장 수가 많아질수록 신뢰성은 떨어지게 된다(16.3절 참조).

최근의 트랜스퍼 라인은 어느 정도 유사성을 가지고 있는 다양한 공작물을 하나의 라인에서 가공하기 위해 쉽게 작업전환이 이루어지도록 유연하게 설계된다. 이 경우 작업장은 CNC 공작기계로 구성되어 공작물의 변화는 파트 프로그램으로 충분히 대처할 수 있다. 이러한 경향이 제19장에서 소개되는 유연생산시스템(FMS)으로 발전하였다.

16.3 자동 생산라인의 분석

자동 생산라인의 분석과 설계에 있어서 일반적으로 다음 세 가지 범주의 문제를 고려해야 한다―(1) 라인 밸런싱, (2) 공정기술, (3) 시스템 신뢰성.

라인 밸런싱 문제는 수동 조립라인과 밀접한 관련이 있지만(제15장), 자동 생산라인의 문제이기도 하다. 자동화 라인에서의 총가공 작업은 가능하면 공평하게 각 작업장 간에 나뉘어 수행되어야 한다. 가공 트랜스퍼 라인에서의 라인 밸런싱 문제의 해는 작업 간의 선행관계와 같은 기술적인 사항에 의해 지배적으로 결정된다. 어떤 가공은 다른 가공들이 수행되기 전에 반드시 행해져야 한다(예 : 드릴링은 태핑의 선행작업). 제15장에서도 언급된 이러한 선행 조건은 가공순서에 있어서 큰 제약이 된다. 공정순서가 확립되고 나면, 한 작업장에서의 최대 허용 작업시간은 그 작업장이 부여받은 공정을 완수하는 데 필요한 시간에 의존하게 된다.

공정기술이란 생산라인에서 사용하는 특정한 제조공정의 원리와 이론에 관한 지식체계를 말한다. 예를 들어 절삭공정에서의 공정기술은 재료에 대한 성분과 절삭성, 적합한 절삭공구의 사용, 절삭칩 관리, 절삭 경제성, 공작기계의 진동, 기타 여러 가지 문제를 포함한다. 절삭공정에서 발견되는 많은 문제들은 적합한 절삭원리를 직접 이용하면 해결할 수 있으며 이는 다른 공정에 대해서도 마찬가지다. 각 공정에서 기술은 오랜 연구와 실제 적용에 의해 개발되어 왔다. 이 기술을 이용함으로써 생산라인에서 각 개별 작업장은 최대의 성과에 근접한 결과를 얻도록 설계할 수 있다.

자동 생산라인 설계에서 또한 중요한 시스템적인 문제는 신뢰성 문제이다. 자동 생산라인과 같이 매우 복잡하고 통합된 시스템에서 어떤 한 부품의 결함이 전체 시스템을 멈추게 할 수 있다. 이는 우리가 이 절에서 고려할 신뢰성에 의해 라인의 성능이 얼마나 영향을 받는가 하는 문제이다.

그림 16.1은 내부 공작물 저장 버퍼가 없는 트랜스퍼 라인의 형태를 보여준다. 이 장에서의 용어는 앞 장의 수동 조립라인에서의 기호와 정의를 그대로 쓰기로 한다. 먼저 트랜스퍼 라인과 회전형 인덱싱 머신의 작업에 관해서 다음과 같이 가정하자―(1) 작업장은 조립 작업이 아닌 절삭과 같은 가공 작업을 수행한다. (2) 각 작업장의 공정시간은 일정하다. 그러나 동일한 시간을 가질 필요는 없다. (3) 공작물의 이송은 동기적으로 일어난다.

사이클 시간 분석   자동 생산라인에서 공작물은 첫 작업장으로 투입되어 공정을 수행하며, 이후 연속되는 작업장에 일정한 시간 간격으로 이송된다. 이 시간 간격을 생산라인의 이상적 사이클 시간 T_c라고 정의한다. 이때 T_c는 라인에서 가장 느린 공정시간에 이송시간을 합친 값이다.

$$T_c = \text{Max}\{T_{si}\} + T_r \tag{16.5}$$

여기서 T_c＝라인의 이상적 사이클 시간(분), $T_{si}=i$번째 작업장의 공정시간(분), T_r＝재위치시간 (또는 이송시간 : 분)이다. 전체 생산라인의 속도는 가장 느린 서비스시간에 의해 결정되므로 식 (16.5)에서 $\text{Max}\{T_{si}\}$를 이용한다. 그러므로 다른 작업장은 유휴시간을 보내야 한다. 이 상황은

| 표 16.1 | 자동 생산라인 정지시간의 일반적인 원인

작업장의 기계적 고장	정전
트랜스퍼 시스템의 기계적 고장	소재 부품 재고 부족
작업장 공구의 결함	완성품에 대한 보관공간 부족
작업장 공구의 조정	라인의 예방 보전
계획된 공구 교체	작업자의 휴식 또는 휴무
전기적 고장	불량 소재 부품

그림 15.4에서 표현된 수동 조립라인에서와 같다.

트랜스퍼 라인에서 예상하지 못한 고장과 계획의 중단과 같은 상황은 라인 정지의 원인이 된다. 자동 생산라인에서 일반적인 정지시간의 원인이 표 16.1에 나열되어 있다. 고장과 라인의 정지가 무작위로 일어나지만, 그들의 빈도수는 오랜 작업을 통해 측정할 수 있다. 라인의 정지시간이 발생하면 사실상 라인의 평균적 생산 사이클 시간은 식 (16.5)에서의 이상적 사이클 시간보다 길어진다. 실제 평균 생산시간 T_p는 다음과 같이 표현할 수 있다.

$$T_p = T_c + FT_d \tag{16.6}$$

여기서 F=정지 빈도수(라인 정지/사이클), T_d=라인 정지당 정지시간(분). 정지시간 T_d는 문제를 진단하고, 수리하고, 라인을 재가동시키는 데 걸리는 시간을 포함한다. 그러므로 FT_d는 사이클당 평균 정지시간이다.

라인 정지시간은 개별 작업장의 고장(표 16.1)과 관련이 깊다. 내부 저장소가 없는 자동 생산라인의 각 작업장은 서로 종속적이기 때문에, 한 작업장의 고장이 전체 라인을 중지시킨다. p_i를 작업장 $i(i=1, 2, \cdots, n)$에서의 고장확률이라면, 정지 빈도수 F는 다음과 같이 p_i를 전체 n개 작업장에 걸쳐 더하면 된다.

$$F = \sum_{i=1}^{n} p_i \tag{16.7}$$

계산 편의를 위해 p_i가 p값을 가지며 작업장마다 일정하다고 가정하면,

$$F = np \tag{16.8}$$

성능지표   자동 트랜스퍼 라인에서 성능지표 중 하나는 생산율이고, 이는 T_p의 역수로 계산할 수 있다.

$$R_p = \frac{1}{T_p} \tag{16.9}$$

여기서 R_p=실제 평균 생산율(개/분), T_p는 식 (16.6)에서 구할 수 있는 실제 평균 생산시간이다.

이 비율을 이상적 생산율과 비교해보자.

$$R_c = \frac{1}{T_c} \tag{16.10}$$

여기서 R_c =이상적 생산율(개/분)이다. 통상적으로 자동 생산라인의 생산율은 시 단위로 표현한다 [(식 (16.9)와 (16.10)에 60을 곱한다)].

공작기계 공급업자들은 R_c 를 사용하여 마치 생산율이 100%인 것처럼 제안하는 경우가 있지만, 정지시간 때문에 라인이 100%의 효율로 가동되지는 않는다. 그러나 정지시간의 발생은 그 라인을 운영하는 회사의 책임이라고 할 수 있다. 표 16.1에 나타난 정지시간의 원인은 사용자 회사에 의해 관리될 수 있는 부분이다.

라인 효율은 라인 가동시간의 비율로 정의하는데, 이는 실제적으로 효율이라기보다는 신뢰도 (가용률, 3.1절)에 대한 척도이다. 라인의 효율은 다음과 같이 계산될 수 있다.

$$E = \frac{T_c}{T_p} = \frac{T_c}{T_c + FT_d} \tag{16.11}$$

여기서 E =라인의 가동시간 효율이다. 그리고 다른 항들은 이미 이전에 정의되었다.

라인 성능 측정의 다른 지표는 다음과 같이 라인 정지시간의 비율을 측정하는 것이다.

$$D = \frac{FT_d}{T_p} = \frac{FT_d}{T_c + FT_d} \tag{16.12}$$

여기서 D =라인상에서의 정지시간의 비율이다. 따라서 다음 식이 성립한다.

$$E + D = 1.0 \tag{16.13}$$

자동 생산라인의 중요한 경제적 측정지표는 생산단위당 비용이다. 이 값은 라인상에 투입되는 작업 자재의 비용(가격), 생산라인상의 공정시간에 따른 비용, 소모되는 모든 공구의 비용(예 : 라인의 절삭공구 비용) 등을 포함한다. 이 값은 세 가지 항목의 합으로 표현될 수 있다.

$$C_{pc} = C_m + C_o T_p + C_t \tag{16.14}$$

여기서 C_{pc} =단위 제품당 비용(원/개), C_m =단위 자재비용(원/개), C_o =라인 가동시간당 비용(원/분), T_p =제품 단위당 평균 생산시간(분/개), C_t =제품 단위당 공구비용(원/개)이다. C_o 는 기대 수명기간에 걸쳐 장비투자비를 분할한 비용, 라인 가동을 위한 인건비, 간접비용, 설비보전비용, 그리고 기타 관련 비용을 포함하는데 이는 모두 시간당 비용으로 산출된다.

식 (16.14)는 폐기비용, 검사비용, 재작업비용 등을 포함하지는 않는다. 이러한 항목들은 보통 간단한 방법을 이용하여 단위 시간당 비용에 포함시킨다.

예제 16.2   **트랜스퍼 라인의 성능**

기존 방법에 의해 생산되던 한 부품을 20개의 작업장이 있는 트랜스퍼 라인에서 가공하기로 제안되었다. 이 제안은 공작기계 제작자로부터 100%의 효율로 50개/시간의 생산율로 작업하는 조건으로 받아들여졌다. 유사한 이송라인을 조사한 결과, 모든 종류의 고장은 사이클당 고장확률 $p = 0.005$로 모든 작업장에서 동일하게 발생하고, 라인 정지당 평균 고장 정지시간은 8.0분이라고 추측되었다. 투입되는 주물자재 비용은 부품당 \$3.00이며, 라인은 \$75.0/시간의 비용으로 가동된다. 20개의 절삭공구(작업장당 하나씩)는 50의 부품을 절삭하는 데 계속 사용되며, 평균 공구비용은 \$2.00이다. 이러한 근거 자료를 가지고 다음을 계산하라—(a) 생산율, (b) 라인 효율, (c) 라인에서 생산하는 단위 제품당 비용.

▌풀이   (a) 100%의 효율에서 라인은 시간당 50개씩 생산한다. 따라서 제품당 이상적인 사이클 시간은

$$T_c = 1/50 = 0.02\text{시간/개} = 1.2\text{분}$$

$p = 0.005$이므로 정지 빈도수는

$$F = 20(0.005) = 0.10\text{회/사이클}$$

제품당 평균 생산시간은 식 (16.6)에 의해 주어진다.

$$T_p = T_c + FT_d = 1.2 + 0.10(8.0) = 1.2 + 0.8 = 2.0\text{분/개}$$

생산율은 이것의 역수이다.

$$R_p = 1/2.0 = 0.500\text{개/분} = 30.0\text{개/시간}$$

(b) 라인 효율은 실제적인 평균 생산시간에 대한 이상적인 사이클 시간의 비율이다. 식 (16.11)에 의해 다음과 같다.

$$E = 1.2/2.0 = 0.60 = 60\%$$

(c) 마지막으로 생산하는 제품당 비용 산출을 위해 제품당 공구비용이 필요하다. 이것은 다음과 같이 계산된다.

$$C_t = (20\text{공구})(\$2/\text{공구})/(50\text{개}) = \$0.80/\text{개}$$

이제 단위비용은 식 (16.14)에 의해 계산될 수 있다. 라인을 가동시키기 위한 \$75/시간의 시간당 비용은 \$1.25/분과 동등하다.

$$C_{pc} = 3.00 + 1.25(2.0) + 0.80 = \$6.30/\text{개}$$

수식의 의미 이 절에서 내부 저장소가 없는 자동화된 트랜스퍼 라인에 대한 수학적 모델을 소개했는데, 이를 통해 다음과 같은 사실이 드러난다.

- 자동 생산라인에서 작업장의 수가 증가할수록 라인 효율과 생산율은 줄어든다.
- 개별 작업장의 신뢰도가 감소할수록 라인 효율과 생산율은 줄어든다.

위의 수식들을 적용하는 데 있어서 가장 큰 난점은 작업장별로 p_i를 정하는 일이다. 가장 합리적인 방법은 유사한 작업장에 대한 과거 경험이나 데이터를 활용하는 것이 될 것이다.

참고문헌

[1] BUZACOTT, J. A., "Automatic Transfer Lines with Buffer Stocks," *International Journal of Production Research,* Vol. 5, No. 3, 1967, pp. 183-200.

[2] BUZACOTT, J. A., "Prediction of the Efficiency of Production Systems without Internal Storage," *International Journal of Production Research,* Vol. 6, No. 3, 1968, pp. 173-188.

[3] BUZACOTT, J. A., "The Role of Inventory Banks in Flow-Line Production Systems," *International Journal of Production Research,* Vol. 9, No. 4, 1971, pp. 425-436.

[4] BUZACOTT, J. A., and L. E. HANIFIN, "Models of Automatic Transfer Lines with Inventory Banks —A Review and Comparison," *AIIE Transactions,* Vol. 10, No. 2, 1978, pp. 197-207.

[5] BUZACOTT, J. A., and L. E. HANIFIN, "Transfer Line Design and Analysis—An Overview," *Proceedings,* 1978 Fall Industrial Engineering Conference of AIIE, December 1978.

[6] BUZACOTT, J. A., and SHANTHIKUMAR, J. G., *Stochastic Models of Manufacturing Systems,* Prentice Hall, Englewood Cliffs, New Jersey, 1993, Chapters 5 and 6.

[7] GROOVER, M. P., "Analyzing Automatic Transfer Lines," *Industrial Engineering,* Vol. 7, No. 11, 1975, pp. 26-31.

[8] KOELSCH, J. R., "A New Look to Transfer Lines," *Manufacturing Engineering,* April 1994, pp. 73-78.

[9] LAVALLEE, R. J., "Using a PC to Control a Transfer Line," *Control Engineering,* February 2, 1991, pp. 43-56.

[10] MASON, F., "High Volume Learns to Flex," *Manufacturing Engineering,* April 1995, pp. 53-59.

[11] OWEN, J. V., "Transfer Lines Get Flexible," *Manufacturing Engineering,* January, 1999, pp. 42-50.

[12] WAURZYNIAK, P., "Automation Flexibility," *Manufacturing Engineering,* September 2010, pp. 79-87.

[13] Wild, R., *Mass-Production Management,* John Wiley & Sons, London, UK, 1972.

[14] www.mag-ias.com

복습문제

16.1 자동 생산라인이 적합한 네 가지 조건은 무엇인가?

16.2 팰릿 고정구란 무엇인가?

16.3 다이얼 인덱싱 머신이란 무엇인가?

16.4 자동 생산라인에서 연속이송이 거의 사용되지 않는 이유는 무엇인가?

16.5 자동 생산라인에서 저장 버퍼가 사용되는 목적은 무엇인가?

16.6 자동 생산라인의 세 가지 기본적인 통제 기능은 무엇인가?

16.7 자동 생산라인의 구성 작업장 수가 증가할수록 라인 효율은 어떻게 되는가?

연습문제

제네바 메커니즘

16.1 회전 작업 테이블은 5개의 슬롯이 있는 제네바 메커니즘에 의해 작동된다. 구동원판은 24rpm의 속도로 회전한다. (a) 사이클 시간, (b) 가능 공정시간, (c) 인덱싱 시간을 구하라.

16.2 6개의 슬롯이 있는 제네바 메커니즘이 다이얼 인덱싱 머신의 작업 테이블을 작동시키는 데 사용된다. 다이얼 인덱싱 머신의 가장 느린 작업장은 2.5초가 걸린다. 따라서 작업 테이블은 이 시간 동안 한 위치에 머물러 있어야 한다. (a) 제네바의 구동체가 이러한 시간을 제공하도록 하려면 회전속도는 어떻게 되는가? (b) 각 사이클별로 인덱싱 시간은 얼마인가?

16.3 제네바에 8개의 슬롯이 있다고 가정하고 연습문제 16.2를 풀라.

자동 생산라인의 분석

16.4 12개의 작업장을 갖고 있는 트랜스퍼 기계의 이상적인 사이클 시간은 30초이다. 라인의 정지는 20사이클당 한 번 발생한다. 라인 정지가 발생하였을 때 평균 고장시간은 4.0분이다. 부품 원자재 원가=$1.55/개, 라인 작동비용=$66.00/시간, 소모 공구비용=$0.27/개(부품). 다음을 결정하라―(a) 평균 생산율(개/시간), (b) 라인 효율, (c) 제품 1개당 생산비용.

16.5 15개의 작업장으로 구성된 생산라인의 이상적 사이클 시간은 0.85분이고, 라인 정지는 35사이클에 1회씩 발생한다. 평균 정지시간은 9.2분이다. 이 라인은 주당 5일 8시간씩 가동된다. 다음을 구하라―(a) 라인 효율, (b) 주당 생산수량.

16.6 17개의 작업장이 있는 직선형 트랜스퍼 기계의 이상적인 작업시간은 1.35분이다. 작업장의 고장은 $p=0.01$의 확률로 발생한다. 작업장의 고장이 라인 정지의 유일한 원인이라고 가정하자. 라인 정지당 평균 고장시간은 8.0분이다. 원자재 가격은 $3.20/개, 라인 운영비용은 $108/시간, 공구비용은 부품당 작업장당 $0.07이다. (a) 이상적 생산율 R_c, (b) 라인 정지의

빈도, (c) 평균 실제 생산율 R_p, (d) 라인 효율 E, (e) 제품당 생산비용.

16.7 10개의 작업장이 있는 회전형 인덱싱 머신은 9개의 작업장에서 9개의 절삭가공 작업을 수행한다. 그리고 열 번째 작업장은 장착과 탈착에 사용되며, 라인상에서 가장 긴 공정시간은 1.75분이다. 장착과 탈착 작업은 이보다 적게 걸린다. 작업장 간의 기계를 인덱싱하는 것은 9.0초 걸린다. $p = 0.006$의 확률로 작업장은 고장 나거나 정지한다. 이것은 10개의 작업장에서 모두 같다고 생각된다. 이러한 정지가 발생하면 이를 진단하고 수리하는 데 평균 8분이 소요된다. 원자재 가격은 \$2.50/개, 기계운영비용은 \$96/시간, 부품당 공구비용은 \$0.38이다. 다음을 구하라—(a) 라인 효율, (b) 평균 실제 생산율, (c) 완성된 부품비용.

16.8 한 트랜스퍼 라인은 다음과 같은 기능을 하는 6개의 작업장을 가지고 있다.

작업장	작업	작업시간	p_i
1	장착	0.78분	0
2	드릴 작업(구멍 3개)	1.25분	0.02
3	리밍 작업(구멍 2개)	0.90분	0.01
4	태핑 작업(구멍 2개)	0.85분	0.04
5	밀링 작업	1.32분	0.01
6	탈착	0.45분	0

이송시간은 0.18분이며 건당 평균 고장시간은 8.0분이다. 전체 20,000개 부품이 라인에서 처리되어야 한다. 다음을 구하라—(a) 고장시간 비율, (b) 평균 실제 생산율, (c) 20,000개의 부품을 생산하기 위해서는 얼마의 작업시간이 필요한가?

16.9 20개의 작업장이 있는 어떤 트랜스퍼 라인의 작업비용은 시간당 \$144이다. 라인은 이상적인 사이클 시간인 0.90분으로 작동한다. 고장시간은 34사이클당 한 번꼴로 발생하며, 고장당 평균 정체시간은 10.0분이다. 라인을 모니터링하고 고장이 발생했을 때 진단하는 새로운 컴퓨터 시스템과 관련된 센서를 설치하는 것을 제안한다. 새로운 시스템이 7.5분으로 정체시간을 줄일 것이라고 예상된다. 만약 새로운 시스템을 구입하고 그것을 설치하는 비용이 \$12,000라면 컴퓨터 시스템에 들어간 비용을 보상하기 위하여 얼마나 많은 제품을 생산해야 하는가? 이 수량을 생산하기 위해 필요한 가동시간은 얼마인가?

자동 조립시스템

자동 조립(automated assembly)이라는 용어는 조립라인 또는 셀에서 다양한 조립 작업을 수행하는 데 있어서 기계 또는 자동장치를 사용하는 것을 뜻한다. 최근에 조립 자동화 기술은 많은 발전을 하였고, 이와 같은 발전은 로봇공학 같은 분야에서 찾아볼 수 있다. 산업용 로봇(제8장)은 때때로 자동 조립시스템의 요소로 사용된다. 이 장에서는 자동화에서 큰 역할을 담당하는 자동 조립에 대하여 설명을 한다. 제15장에 설명한 수동 조립 방법이 미래에도 오랫동안 사용될 것이지만, 자동 조립은 생산성 향상에 중요한 기회를 제공한다.

이전 장에서 설명한 트랜스퍼 라인과 마찬가지로, 이 장에서 다룰 자동 조립시스템은 일반적으로 고정 자동화 범주 내에 포함된다. 대부분의 자동 조립시스템은 특정 제품의 정해진 조립순서 단계를 수행하도록 설계된다. 자동 조립 기술은 다음과 같은 조건하에서 고려되어야 한다.

- **높은 제품 수요** : 자동 조립시스템은 수백만(혹은 거의 이런 범위에 가까운) 단위 정도의 수량으로 만들어질 제품에 대해 고려된다.
- **안정적인 제품설계** : 일반적으로 제품설계의 변화는 작업장 공구 그리고 조립공정 순서의 변화를 의미한다. 이러한 변화는 매우 높은 비용을 요구한다.
- **제한된 구성품 수** : Riley[11]는 최대 약 12개의 부품 수를 추천하였다.
- **자동 조립을 위한 제품설계** : 제24장에서 조립자동화를 가능하게 해 주는 설계인자에 대해 살

펴본다.

자동 조립시스템은 매우 많은 자본투자를 필요로 하지만, 자동 트랜스퍼 라인보다는 저렴하다. 이러한 이유는 (1) 자동 조립시스템에서 생산되는 제품은 트랜스퍼 라인에서 만들어진 것보다 훨씬 크기가 작고 (2) 조립작업은 절삭 작업과는 달리 큰 기계적 힘이나 동력을 필요로 하지 않는다. 결론적으로 같은 작업장 수를 갖는 자동 조립시스템과 트랜스퍼 라인을 비교할 때, 조립시스템은 외형적으로 규모가 작은 작업장을 필요로 하는 경향을 보인다. 이는 일반적으로 시스템의 비용을 감소시킨다.

17.1 자동 조립시스템의 개요

자동 조립시스템은 여러 개의 부품을 단일 개체로 결합하는 조립 작업순서를 자동으로 수행한다. 단일 개체는 완성품 또는 큰 제품의 반조립품이 될 수 있다. 대개의 조립제품은 기초부품들로 구성 되는데, 다른 부품요소들이 이 기초부품에 결합하게 된다. 이러한 부품요소들이 한 번에 하나씩 조립되면서 제품이 완성된다.

전형적인 자동 조립시스템은 다음의 하부 시스템으로 구성된다―(1) 조립 단계가 수행되는 하나 또는 그 이상의 작업장, (2) 각각의 부품들을 작업장으로 이동시키는 부품공급 장치, (3) 조립 제품을 위한 자재취급시스템. 하나의 작업장을 가진 조립시스템에서의 자재취급시스템은 작업장 내외로 기초부품들을 이동시킨다. 다수의 작업장을 갖는 시스템에서의 취급시스템은 작업장 사이 에서 반조립품들을 이동시킨다.

17.1.1 시스템 유형

자동 조립시스템은 물리적 형태에 따라 분류될 수 있다. 그림 17.1에 예시된 주요 형태는 다음과 같다―(a) 직선형, (b) 회전형, (c) 캐러셀, (d) 단일작업장형.

그림 17.1(a)의 직선형(in-line) 조립기계는 직선형 이송시스템을 따라 위치한 자동 작업장들 로 구성된다. 이것은 가공 트랜스퍼 라인이 조립을 위해 변형된 형태다. 동기식 그리고 비동기식 이송시스템은 직선형 형태에서 작업장 사이에서 기초부품을 이동시키는 일반적 수단이다.

그림 17.1(b)는 회전형 기계의 전형적인 형상으로 기초부품은 원형 다이얼에 부착된 고정구 또는 자리에 장착되고, 부품요소는 회전판 주위에 위치한 몇 개의 작업장에서 기초부품에 조립된 다. 회전형 인덱싱 기계는 서비스 시간과 인덱싱 시간을 합한 사이클 시간을 가지고 동기식 또는 간헐적으로 작동된다. 회전형 조립기계들은 종종 간헐적인 작동보다는 연속적인 작동으로 사용되 도록 고안된다. 이는 음료와 통조립식품 공장 등에서는 자주 사용되지만, 기계 또는 전자조립에서 는 일반적이지 않다.

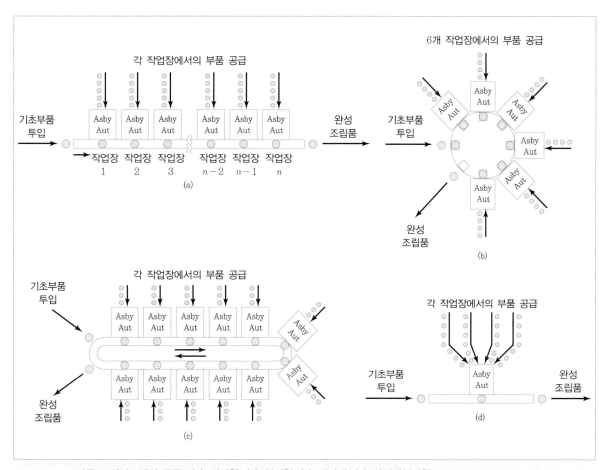

그림 17.1 **자동 조립시스템의 종류 : (a) 직선형, (b) 회전형, (c) 캐러셀, (d) 단일작업장형**

　　회전형과 직선형 조립시스템의 운영은 조립 작업이 수행된다는 것을 제외하고는 16.1.1절에 묘사한 가공공정과 비슷하다. 작업장에서의 동기식 이송작업의 이상적인 사이클 시간은 가장 느린 작업장에서의 작업시간과 작업장 사이의 이송시간을 합한 시간과 같은 값이다. 100%의 가동시간에서 생산율은 이상적인 사이클 시간에 반비례하며, 작업장에서의 부품 정체나 다른 기능 정지로 인해 시스템은 100% 가동을 하지 못한다.

　　그림 17.1(c)의 캐러셀(carousel) 조립시스템은 회전형 조립기계의 원형 작업흐름과 직선형 시스템의 선형 작업흐름의 혼합형이다. 캐러셀을 따라 작업물을 이동시키기 위해 연속적, 동기식, 또는 비동기식 이송 메커니즘으로 운영된다. 비동기식 이송장치를 사용하는 캐러셀은 종종 반자동 조립시스템에서 사용된다.

　　그림 17.1(d)의 단일작업장형 조립기계의 조립 작업은 한 위치에서 하나의 기초부품에 대해 수행된다. 전형적인 작업사이클은 작업장 안의 고정된 위치에 기초부품을 배치하고, 이어서 기초부품에 부품을 결합하고 마지막으로 작업장에서 완성된 조립품을 꺼내는 것이다. 단일작업장 조립

의 주요 적용 예는 자동부품 삽입기이며 이는 전자산업에서 PCB 기판에 부품을 조립하는 데 널리 사용되고 있다. 기계 조립에서의 단일작업장 셀은 로봇 조립시스템의 형태로 쓰이고 있다. 단일작업장에 부품들이 공급되고, 로봇이 이들을 기초부품에 추가하고 결합하는 작업을 한다. 다른 3개의 시스템 형태와 비교할 때, 단일작업장 시스템은 모든 조립 작업이 순차적으로 수행되어야 하기 때문에 작업속도가 매우 느리다.

17.1.2 작업장의 부품 공급

위에서 설명한 각 유형에서 작업장은 다음 작업 중 하나 또는 둘 모두를 수행한다―(1) 부품이 조립 작업 헤드에 공급되고, 이는 작업 헤드 앞에 위치하는 기초부품에 결합된다(시스템의 첫 번째 작업장의 경우 기초부품을 작업물 운반대에 위치시킨다). (2) 현재 작업장이나 이전의 작업장에서 추가된 부품을 기초부품에 영구적으로 결합하는 작업장에서 체결(fastening) 또는 결합(joining) 작업이 수행된다. 단일작업장 조립시스템의 경우에는 이와 같은 작업들이 하나의 작업장에서 여러 번 수행된다. 작업 (1)의 경우 조립 작업 헤드에 부품을 공급할 수 있는 수단이 설계되어야 한다. 부품 공급 시스템은 일반적으로 다음과 같은 하드웨어로 구성된다.

1. **호퍼**(hopper) : 이것은 작업장에서 부품을 저장하는 용기인데, 각각의 부품 종류에 따라 개별적인 호퍼가 사용된다. 일반적으로 부품은 대량의 단위로 호퍼 안에 적재되는데, 부품들이 초기에는 호퍼 안에서 무작위 방향을 갖는다.

2. **부품 공급기**(parts feeder) : 조립 작업 헤드로의 공급을 위해 호퍼에서 하나씩 부품을 꺼내는 기계이다. 호퍼와 부품 공급기는 하나의 메커니즘으로 결합된다. 그림 17.2에 보여주는 진동 볼형 부품 공급기(vibratory bowl feeder)는 호퍼와 공급기가 결합된 장치의 대표적인 예이다.

3. **선별기와 방향기** : 공급 시스템의 이들 요소는 조립 작업 헤드에 대해 상대적으로 적절한 부품 방향을 갖게 해 준다. **선별기**(selector)는 부품이 통과할 수 있는 정확한 방향일 때에만 통과시키는 필터와 같은 장치로, 잘못된 방향의 부품은 거부되어 호퍼로 되돌아온다. **방향기**(orientor)는 적절한 방향을 갖는 부품이 통과하도록 하는 장치로, 초기에 적절치 않은 방향을 가진 부품의 방향을 다시 맞추지는 않는다. 선별기와 방향기의 구조를 그림 17.3에서 보여주고 있다. 선별기와 방향기 장치는 하나의 호퍼-공급기 시스템 내에 결합되어 연동 작업을 한다.

4. **공급 트랙**(feed track) : 위의 공급 시스템 요소들은 일정한 거리를 두고 조립 작업 헤드에서 분리되어 있었다. 공급 트랙은 호퍼와 부품 공급기에서 이송되는 동안 부품의 적절한 방향을 유지하며 조립 작업 헤드 위치까지 부품들을 이동하는 데 사용된다. 공급 트랙은 중력 공급 트랙과 동력 공급 트랙으로 분류된다. 중력 공급 트랙이 가장 많이 사용되는데, 호퍼와 부품 공급기가 작업 헤드 위에 위치하여 부품을 작업 헤드에 공급하는 데 중력을 이용한다. 동력 공급 트랙은 조립 작업 헤드로 공급 트랙을 따라서 부품을 이동시키는 데 진동장치, 압축공기 또는 그 밖의 다른 수단들을 사용한다.

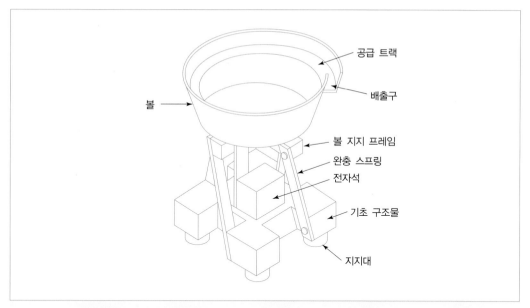

그림 17.2 진동 볼형 부품 공급기

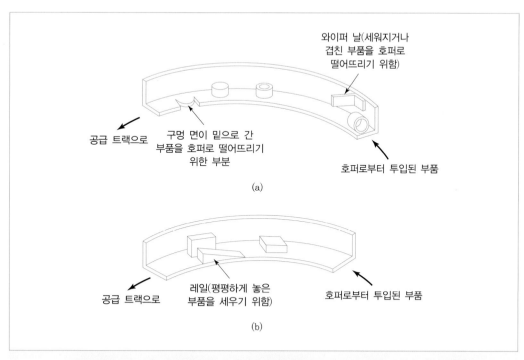

그림 17.3 부품 공급기와 함께 사용되는 (a) 선별기와 (b) 방향기

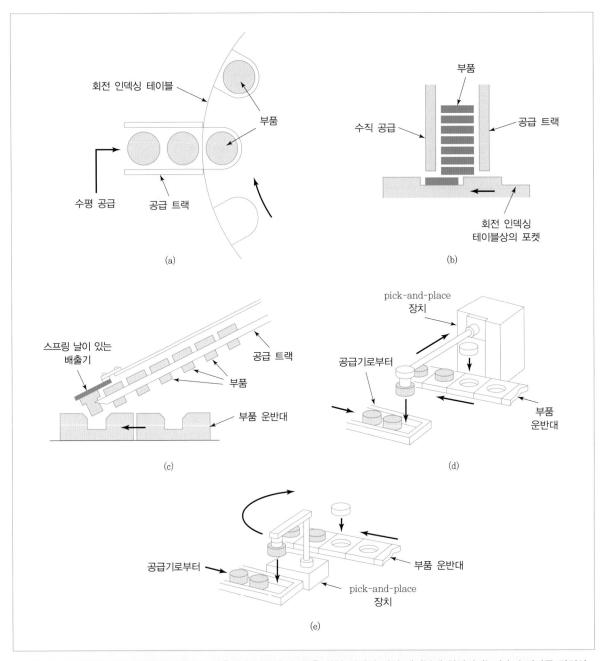

그림 17.4 자동 조립시스템에서 사용되는 배출기와 배치기 : 부품을 회전 인덱싱 작업 테이블에 위치시키는 (a) 수평가동 장치와 (b) 수직가동 장치, (c) 부품 운반대를 이용한 리벳형 부품용 배출기, (d)와 (e) 두 종류의 pick-and-place 장치

5. **배출기(escapement)와 배치기(placement)** : 배출기의 목적은 조립 작업 헤드의 사이클 시간과 동일한 시간 간격으로 공급 트랙으로부터 부품을 꺼내는 것이다. 배치기는 조립 작업을 위해 부품을 작업장의 올바른 위치에 배치한다. 이 장치들은 때때로 하나의 기계장치로 결합된다.

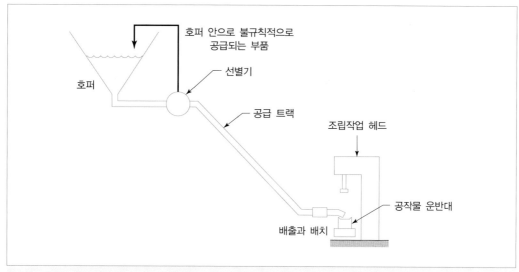

그림 17.5 조립 작업장에서의 부품 공급 시스템의 하드웨어 구성요소

다양한 종류의 배출기와 배치기를 그림 17.4에서 보여주고 있다.

부품공급 시스템의 하드웨어 요소들이 그림 17.5에 개략적으로 예시되어 있다. 부품 선별기를 통해 부적절한 방향의 부품들은 호퍼로 돌아간다. 부품 방향기의 경우, 잘못된 방향의 부품 방향을 재설정해 공급 트랙으로 진행시킨다. 더 자세한 부품 공급 시스템 요소에 대한 설명은 [3]에 나와 있다.

17.1.3 자동조립의 적용

자동 조립시스템은 다양한 종류의 제품과 반조립품의 생산에 적용될 수 있다. 표 17.1는 자동조립을 통해 생산되는 전형적인 제품 목록이다.

| 표 17.1 | 자동 조립시스템에서 만들어지는 제품

알람 시계	전구
볼 베어링	자물쇠
볼펜	펜과 연필
담배 라이터	PCB 조립품
컴퓨터 디스켓	가정용 펌프
전기 플러그 및 소켓	소형 전기모터
엔진 연료 인젝터	스파크 플러그
기어박스	손목시계

| 표 17.2 | 자동 조립시스템에 사용되는 전형적인 조립공정 |

접착 결합(접착제의 자동 분출)	스냅 피팅
부품 삽입(pin-in-hole PCB 조립)	납땜
표면 실장(surface mount PCB 조립)	점용접
리벳팅	스테이플링
나사 조이기(자동 스크루 드라이버)	재봉질

자동 조립에서 수행되는 작업의 종류는 넓은 범위를 포함한다. 표 17.2에 공정의 대표적인 목록을 나열하였다. 일부 조립공정들이 자동화에 더 적합하다는 것에 주목할 필요가 있다. 예를 들면 수동 조립에 일반적으로 사용하고 있는 나선형 결합부품(예 : 나사, 볼트, 너트)들은 자동 조립 방법에 부적합하다. 이 문제는 자동 조립을 위한 제품설계 지침을 설명한 제24장에서 논의한다.

17.2 자동 조립시스템의 분석

자동 조립시스템의 성능적인 측면은 수학적인 모델을 이용하여 연구될 수 있다. 이 절에서는 다음과 같은 문제들을 분석하는 모델을 제시한다―(1) 작업장의 부품 공급 시스템, (2) 다수작업장 자동 조립시스템, (3) 단일작업장 자동 조립시스템.

17.2.1 작업장의 부품 공급 시스템

그림 17.5의 부품 공급 시스템에서 부품 공급 방식은 비율 f로 호퍼에서 부품을 배출할 수 있다. 이 부품들은 초기에 임의의 방향을 갖고 있다고 가정하고, 올바른 방향을 설정하기 위해 선별기와 방향기를 이용한다. 선별기의 경우 부품의 일부는 초기에 올바르게 방향이 설정되어 있어 통과할 것이다. 그러나 잘못된 방향을 갖는 나머지 일부분은 호퍼로 되돌아가게 될 것이다. 방향기의 경우에 이상적인 수치인 100% 부품 통과를 실현하기 위해 잘못된 방향을 갖는 부품들의 방향을 재조정할 것이다. 대부분의 공급 시스템 설계에서 선별기와 방향기의 기능은 서로 통합된다. 선별기-방향기 공정을 통과하여 공급 트랙 안에서 올바른 방향으로 공급되는 부품의 비율을 θ라고 정의하자. 따라서 호퍼에서 공급 트랙까지 부품의 공급 효율은 $f\theta$가 되고 나머지 비율$(1-\theta)$은 호퍼로 재순환된다. 작업 헤드까지 부품의 공급 비율 $f\theta$는 조립기계의 사이클률과 보조를 맞춰야 한다.

조립기계에서 부품 공급 비율 $f\theta$가 사이클률 R_c보다 크다고 가정하면 공급 트랙에서의 대기열의 크기를 제한하는 수단이 반드시 필요하다. 이는 공급 트랙이 가득 차 있을 때 공급동작을 중단시키기 위한 공급 트랙 근처의 센서(예 : 리밋 스위치 또는 광센서)에 의해 달성될 수 있다. 이러한 센서를 고수준 센서라 하며, 이 센서의 위치는 공급 트랙의 활동 길이 L_{f2}로 정의된다. 공급 트랙 안 부품의 길이를 L_c라 하면 공급 트랙 안에 있을 수 있는 부품 수는 $n_{f2} = L_{f2}/L_c$가 된다. 부품

간의 중첩 가능성을 허용하기 위하여 부품의 길이는 주어진 부품의 한 점으로부터 다음 부품의 해당하는 점까지 측정되어야 한다. n_{f2}의 값은 공급 트랙의 용량이 된다.

또 다른 센서는 공급 트랙을 따라 첫 번째 센서로부터 일정 거리에 설치되어 공급동작을 다시 시작하는 데 사용된다. 이 저수준 센서의 위치를 L_{f1}이라 정의하면 이 위치에서 공급 트랙 안의 부품 수는 $n_{f1} = L_{f1}/L_c$가 된다.

고수준 센서가 작동(공급기의 정지)했을 때 공급 트랙 안의 부품이 감소하는 비율은 자동조립 작업 헤드의 사이클률인 R_c와 같다. 평균적으로 저수준 센서가 작동(공급기의 재가동)할 때 증가하는 부품 양의 비율은 $f\theta - R_c$이다. 그러나 증가율은 공급기-선별기 작업의 무작위한 특성 때문에 일정하지 않다. 따라서 n_{f1}값은 저수준 센서가 공급기를 작동시킨 후의 절품될 확률을 실질적으로 없애기 위해 충분히 커야 한다.

예제 17.1 **자동조립에서의 부품공급 시스템**

주어진 조립 작업 헤드의 사이클 시간은 6초이다. 부품 공급기는 50개/분의 공급률을 갖고 있다. 공급된 부품이 선별기를 통과할 확률 $\theta = 0.25$이다. 저수준 센서에 대응하는 공급 트랙 안의 부품 수 $n_{f1} = 6$이고, 공급 트랙의 용량 $n_{f2} = 18$일 때 다음을 구하라—(a) n_{f2}에서 n_{f1}으로 갈 때 공급 트랙 안에서의 부품 공급에 얼마의 시간이 걸리는가? (b) n_{f1}에서 n_{f2}로 갈 때 부품 공급에 평균적으로 얼마의 시간이 걸리는가?

풀이 (a) $T_c = 6$초 $= 0.1$분이다. n_{f2}에서 시작할 때 공급 트랙 안의 부품 감소율 $R_c = 1/0.1 = 10$개/분이 된다.

$$\text{공급 트랙을 비우는 시간}(n_{f2}\text{에서 } n_{f1}\text{으로 가는 시간}) = (18-6)/10 = 1.2분$$

(b) 저수준 센서에 도달했을 때, 공급 트랙 안에서 부품 증가율 $f\theta - R_c = (50)(0.25) - 10 = 12.5 - 10 = 2.5$개/분.

$$\text{공급 트랙을 채우는 시간}(n_{f1}\text{에서 } n_{f2}\text{로 가는 시간}) = (18-6)/2.5 = 4.8분$$

17.2.2 다수작업장 조립시스템

이 절에서는 여러 개의 작업장과 동기식 이송시스템을 사용하는 자동조립기계의 운영과 성능을 분석한다. 이러한 형태에는 회전형 인덱싱 기계, 직선형 조립시스템, 그리고 캐러셀 시스템이 포함된다. 분석에 필요한 가정은 다음과 같이 트랜스퍼 라인 분석의 가정과 유사하다. 작업장에서의 조립 작업은 (1) 모든 작업장에서 동일할 필요는 없지만, 일정한 작업시간을 가지며, (2) 동기식 부품이송 방식을 사용하고, (3) 내부 저장소를 갖지 않는다.

다수작업장의 자동조립기계 분석은 16.3절의 가공 트랜스퍼 라인에서 사용한 방법과 많은 부분이 유사하다. 부품이 조립시스템 내의 여러 작업장에서 더해진다는 사실을 반영하기 위해 분석에서 약간의 수정이 이루어져야 한다. 조립시스템에서의 일반적인 작업은 그림 17.1(a)~(c)에 묘사하였다. 시스템의 운영을 결정하는 식을 도출함에 있어서 Boothroyd 및 Redford[2]가 제시한 일반적인 접근 방법을 따랐다.

조립기계 작업장에서 전형적인 작업은 현재의 조립품에 몇 가지 유형으로 부품이 더해지고 결합되는 작업요소로 구성된다고 가정한다. 현재 진행 중인 조립품은 기초부품과 이전 작업장에서 추가된 부품으로 구성된다. 기초부품은 첫 번째 작업장 또는 첫 번째 작업장 이전 라인에서 시작되며, 결합이 되는 부품은 깨끗하고 일정한 크기와 모양, 높은 품질, 일관된 방향성을 가져야 한다. 공급 기계장치와 조립 작업 헤드가 이러한 조건을 만족시키지 못하는 부품을 결합할 때, 작업장에는 문제가 발생하며 발생한 문제를 해결할 때까지 전체 시스템은 정지된다. 그러므로 생산라인 운영을 방해하는 기계적 그리고 전기적인 문제 이외에도, 불량 부품의 문제도 자동 조립시스템 운영을 방해하는 요인이다. 이는 이번 절에서 다루어야 하는 문제이다.

우연성 게임과 같은 조립기계 불량 부품은 일정한 불량률 $q(0 \le q \le 1.0)$로 발생한다. 조립 작업장 운영에서 q는 현재 사이클 동안에 결합되는 부품이 불량품일 확률이다. 불량 부품을 공급하고 조립하려고 할 때 이는 작업장에 고장을 일으키거나 일으키지 않을 수 있다. m을 작업장에서 불량품이 작업장의 고장과 라인 정지를 초래할 확률이라 하자. q와 m의 값은 서로 다른 작업장에서 다르기 때문에 조립기계의 작업장 번호인 $i = 1, 2, \cdots, n$에서 q와 m을 q_i와 m_i로 표현한다.

공급장치가 다음 부품을 공급하려 하고 조립장치는 이를 현 조립품에 결합하려고 할 때 발생할 수 있는 세 가지 가능한 사건이 있을 때 특정 작업장 i에서 어떤 일이 발생할지 생각해보자. 세 가지 사건과 이와 관련된 확률은 다음과 같다.

1. **부품이 불량이고 작업장의 고장을 초래한다.** 이 사건의 확률은 작업장에서의 부품의 불량률(q_i)과 불량품이 작업장의 고장을 일으킬 확률(m_i)의 곱으로 표현된다. 이 값은 16.3절의 이송기계 분석에서 p_i와 같으며, 조립기계에서는 $p_i = m_i q_i$이다. 작업장이 고장을 일으켰을 때 부품이 제거되고 다음 부품이 공급되어 조립되어야 한다. 공급 트랙에 있는 다음 부품에도 불량이 있다고 하면, 이전 고장을 정리한 작업자는 쉽게 이를 알아차리고 다음 불량을 제거할 것이다. 어떻든 2개의 연속 불량 확률은 q_i^2으로 매우 작다.

2. **부품은 불량이지만 작업장의 고장은 초래하지 않는다.** 이 사건의 확률은 $(1 - m_i)q_i$이다. 이런 경우의 결과는 불량 부품이 현재 진행 중인 조립품에 결합은 되나, 향후 전체 조립제품을 불량품으로 만들 수도 있다.

3. **부품이 불량이 아니다.** 이 경우는 가장 바람직한 결과이고 훨씬 가능성이 크다. 작업장에서 결합된 부품이 불량품이 아닌 확률은 정상 부품의 비율 $(1 - q_i)$와 같다.

작업장에서 발생할 수 있는 가능한 3개의 사건에 대한 확률의 합은 다음과 같다.

$$m_i q_i + (1-m_i)q_i + (1-q_i) = 1 \qquad (17.1)$$

모든 i에 대해서 $m_i = m$ 그리고 $q_i = q$인 특별한 경우에는 다음과 같은 식으로 표현할 수 있다.

$$mq + (1-m)q + (1-q) = 1 \qquad (17.2)$$

모든 m_i와 모든 q_i가 동일한 것이 현실적으로 힘들지만, 그럼에도 불구하고 이는 계산의 목적 또는 추정치를 도출하는 데 유용하다.

n개의 작업장 조립기계에서 일어날 수 있는 가능한 결과의 완전한 분포를 결정하기 위해서, 식 (17.1)의 항은 모든 n개의 작업장에 대하여 곱해진다.

$$\prod_{i=1}^{n} [m_i q_i + (1-m_i)q_i + (1-q_i)] = 1 \qquad (17.3)$$

모든 i에 대해서 $m_i = m$, 그리고 $q_i = q$인 특별한 경우에는 다음과 같다.

$$[mq + (1-m)q + (1-q)]^n = 1 \qquad (17.4)$$

성능지표   다행히도 조립기계 작업의 표현에 사용하기 위해 식 (17.3)에서 주어진 모든 항을 계산할 필요는 없다. 우리가 알고 싶어 하는 성능의 특징 중 하나는 하나 혹은 그 이상의 불량 부품을 포함한 조립품에 대한 비율이다. 식 (17.3)의 3개 항 중에서 2개는 주어진 작업장에서 정상인 부품이 더해질 사건을 나타낸다. 첫 번째 항은 $m_i q_i$이며 이는 작업장이 고장을 일으키는 것을 나타내고, 존재하는 조립품에 불량 부품이 더해지지 않는다. 다른 항 $(1-q_i)$는 정상인 부품들이 작업장에서 더해지는 것을 의미한다. 이 2개 항의 합은 작업장 i에서 불량 부품이 더해지지 않을 확률을 나타낸다. 모든 작업장에서 이들 확률을 곱하여 라인에서 생산되어 받아들일 수 있는 제품의 비율인 P_{ap}를 구할 수 있다.

$$P_{ap} = \prod_{i=1}^{n} (1 - q_i + m_i q_i) \qquad (17.5)$$

여기서 P_{ap}는 조립기계에서 생산되는 정상 조립품의 산출률(yield) 혹은 수율로 생각할 수 있다. P_{ap}가 정상인 조립 완제품의 비율이라면, 조립 완제품이 적어도 하나 이상의 불량인 부품을 포함하고 있을 확률 P_{ap}는 다음과 같이 계산된다.

$$P_{qp} = 1 - P_{ap} = 1 - \prod_{i=1}^{n} (1 - q_i + m_i q_i) \qquad (17.6)$$

m_i, q_i가 모두 같을 경우에는 각각 다음과 같다.

$$P_{ap} = (1 - q + mq)^n \qquad (17.7)$$

$$P_{qp} = 1 - (1 - q + mq)^n \qquad (17.8)$$

산출률 P_{ap}는 조립기계의 중요한 성능 척도 중 하나이다. 조립품이 하나 혹은 그 이상의 불량 부품을 포함하는 비율 P_{ap}는 기계의 성능에 중대한 불이익으로 고려해야 한다. 검사공정을 통해 이러한 불량 조립품이 식별되어 고쳐져야 하는데, 그렇지 않으면 이들은 정상 조립품과 혼합될 것이다. 조립품이 판매될 때 후자의 경우는 바람직하지 못한 결과를 낳게 된다.

또 다른 흥미 있는 성능 척도는 기계의 생산율, 가동시간과 정지시간 비율, 그리고 생산되는 단위당 평균 비용이다. 생산율을 계산하기 위해서는 먼저 사이클마다 정지시간의 빈도수 F를 결정해야 한다. 각각의 작업장 고장으로 기계가 정지시간을 갖게 되면, 사이클당 작업장 고장 수의 기대치로부터 F를 결정할 수 있다. 즉

$$F = \sum_{i=1}^{n} p_i = \sum_{i=1}^{n} m_i q_i \qquad (17.9)$$

한 작업장에서 결합이나 조임 작업만 수행되고, 그 작업장에서 다른 부품이 추가되지 않는 경우에 그 작업장에서의 F는 작업장이 정지할 확률 p_i이며, p_i는 m_i 그리고 q_i와 독립적이다.

모든 작업장 $i = 1, 2, \cdots, n$에서 $m_i = m$ 그리고 $q_i = q$라고 하면, 위의 F는 다음과 같이 표현된다.

$$F = nmq \qquad (17.10)$$

조립제품당 실제 평균 생산시간은 다음과 같다.

$$T_p = T_c + \sum_{i=1}^{n} m_i q_i T_d \qquad (17.11)$$

여기서 T_c는 조립기계의 이상적인 사이클 시간으로 가장 오래 걸리는 조립 작업에 인덱싱 시간 또는 이송시간(분)을 합한 것이다. 그리고 T_d는 건당 평균 정지시간이다. m_i와 q_i가 일정한 경우

$$T_p = T_c + nmq T_d \qquad (17.12)$$

실제 평균 생산시간의 역수로서 생산율을 구할 수 있다.

$$R_p = \frac{1}{T_p} \qquad (17.13)$$

이 식은 트랜스퍼 라인에 대한 전 장의 식 (16.9)와 같은 관계이다. 그러나 조립기계의 운영은 가공기계와 다르다. 조립기계에서는 모든 작업장에서 $m_i = 1.0$이 아니라면, 산출되는 제품은 하나 또는 그 이상의 불량 부품을 가진 조립품들을 포함한다. 따라서 생산율은 합격제품, 즉 불량품을 포함하지 않는 제품의 비율이 계산되도록 수정되어야만 한다.

$$R_{ap} = P_{ap} R_p = \frac{P_{ap}}{T_p} = \frac{\prod_{i=1}^{n} (1 - q_i + m_i q_i)}{T_p} \qquad (17.14)$$

여기서 R_{ap}는 합격 제품의 생산율(단위/분)이다. 모든 m_i, q_i가 일정할 경우 식은 다음과 같다.

$$R_{ap} = P_{ap} R_p = \frac{P_{ap}}{T_p} = \frac{(1 - q + mq)^n}{T_p} \qquad (17.15)$$

식 (17.13)은 하나 또는 그 이상의 불량 부품을 포함하여 생산된 모든 조립품의 생산율을 나타낸다. 식 (17.14) 그리고 (17.15)는 단지 품질 좋은 제품의 생산율을 나타낸다. 그러나 불량 제품이 정상 제품에 섞여 있다는 문제점은 여전히 남는다. 검사와 분류에 관한 이 문제는 제21장에서 다룬다.

라인 효율은 실제 평균 생산시간에 대한 이상적인 사이클 시간의 비율로 계산된다. 이는 제16장의 식 (16.11)에서 정의된 것과 같은 비율이다.

$$E = \frac{R_p}{R_c} = \frac{T_c}{T_p} \qquad (17.16)$$

여기서 T_p는 식 (17.11)과 식 (17.12)에서 얻어진다. 정지시간 비율은 $D = 1 - E$이다. 정상인 조립품의 산출량에 대한 라인 효율 E를 바로잡는 시도는 이루어지지 않았다. 우리는 조립기계의 효율과 여기서 생산되는 단위 품질을 별개의 문제로 다룬다.

조립제품당 비용은 제품 품질을 고려해야 한다. 그러므로 이전 장의 식 (16.14)에서 주어진 일반적인 비용식은 생산량에 대해 다음과 같이 수정되어야 한다.

$$C_{pc} = \frac{C_m + C_o T_p + C_t}{P_{ap}} \qquad (17.17)$$

여기서 C_{pc} =정상 조립품당 비용(원/개), C_m =기초부품과 여기에 결합되는 부품을 포함하는 자재 비용(원/개), C_o =조립시스템 운영비용(원/분), T_p =평균 실제 생산시간(분/개), C_t =소모성 공구 비용(원/개), P_{ap} =식 (17.5)에서의 산출률이다. 분모의 효과는 개별 부품의 품질이 악화됨에 따라 좋은 품질 조립품당 평균 비용 증가로 나타난다.

라인 성능(생산율, 라인 효율, 단위당 비용)을 나타내는 방법 이외에, 산출량의 관점에서 또 다른 중요한 측면을 살펴볼 수 있다. 자동화 생산라인에서 양품 산출량은 중요한 문제이긴 하지만 q와 m에 의해 조립기계의 성능을 표현하는 식에서 이는 가시적으로 포함될 수 있다.

예제 17.2 다수작업장 자동 조립시스템

10개 작업장의 직선형 조립기계의 이상적인 사이클 시간은 6초이다. 기초부품은 자동적으로 첫 번째 작업장에서 장착되고, 부품들은 각 작업장에서 결합된다. 10개 작업장의 각 불량률은 $q = 0.01$이고, 불량이 고장이 될 확률은 $m = 0.5$이다. 고장이 발생할 경우 평균 정지시간은 2분이다. 조립기계의 운영비용은 시간당 42달러이고, 다른 비용은 고려치 않을 때 다음을 구하라—(a) 모든 조립품에 대한 평균 생산율(조립품/시간), (b) 양품의 산출률, (C) 양품의 생산율, (d) 조립기계의 가동효율, (e) 단위 제품당 비용.

▎풀이　(a) T_c=6초=0.1분이다. 평균 생산사이클 시간은

$$T_p = 0.1 + (10)(0.5)(0.01)(2.0) = 0.2분$$

그러므로 생산율은

$$R_p = 60/0.2 = 300개/시간$$

(b) 식 (17.7)에 의해 산출률을 구하면

$$P_{ap} = \{1 - 0.01 + 0.5(0.01)\}^{10} = 0.9511$$

(c) 식 (17.15)에 의해 양품의 평균 생산율을 구하면

$$R_{ap} = 300(0.9511) = 285.3개/시간$$

(d) 조립기계의 효율은

$$E = 0.1/0.2 = 0.50 = 50\%$$

(e) 조립기계의 운영비용은 C_o =\$42/시간=\$0.70/분

$$C_{pc} = (\$0.70/분)(0.2분/개)/0.9511 = \$0.147/개$$

예제 17.3　**조립시스템 성능에 있어서 q와 m에서의 변동 효과**

예제 17.2의 성능지표가 q와 m의 변화에 얼마나 영향을 받는지 검토해보자. 첫째로 $m=0.5$에서 세 가지 경우의 $q(q=0,\ q=0.01,\ q=0.02)$에 대해 생산율, 생산량, 효율을 구하고, 두 번째로 $q=0.01$에서 세 가지 경우의 $m(m=0,\ m=0.5,\ m=1.0)$에 대해서 생산율, 생산량, 효율을 구하라.

▎풀이　예제 17.2에서와 같이 풀어보면 다음과 같은 결과를 얻는다.

q	m	R_p(개/시간)	산출률	R_{ap}(개/시간)	E(%)	C_{pc}
0	0.5	600	1.0	600	100	\$0.07
0.01	0.5	300	0.951	285	50	\$0.15
0.02	0.5	200	0.904	181	33.3	\$0.23
0.01	0	600	0.904	543	100	\$0.08
0.01	0.5	300	0.951	285	50	\$0.15
0.01	1.0	200	1.0	200	33.3	\$0.21

예제 17.3의 결과를 놓고 논의해보기로 한다. 부품 품질 q의 효과를 예측해보자. 불량 비율이 증가할 때, 이는 부품의 질이 나빠지는 것을 의미하는데 결국 모든 성능지표가 나빠지게 된다. 즉 생산율이 떨어지고 양품 산출의 감소, 가동률의 감소, 그리고 단위당 비용이 증가한다는 것을 알 수 있다.

m(불량품이 작업 헤드를 방해하여 조립기계가 멈추게 되는 확률)의 효과는 거의 명백하지 않다. 같은 부품의 품질 수준(q=0.01)에 대한 m값이 작을 때, 생산율과 기계 효율은 높지만 양품 산출률은 낮아진다. 이는 조립기계의 가동을 방해하고 정지하게 하는 대신에, 모든 불량 부품들이 조립공정을 거치게 되어 결국 완제품의 일부분이 된다. 한편, m=1.0일 때 모든 불량 부품들은 완제품의 단계에 이르기 전에 라인에서 제거된다. 그러므로 산출률은 100%가 되지만 불량 부품을 제거하는 시간, 생산율, 효율, 단위당 비용 등에는 나쁜 영향을 미친다.

17.2.3 단일작업장 조립시스템

단일작업장 조립시스템은 그림 17.1(d)에서 볼 수 있다. 우리는 기초부품에 여러 종류의 부품을 조립하는 하나의 작업 헤드를 가진 작업장을 가정할 수 있다. n_e는 기계에서 수행하는 개별적인 조립 작업요소들의 수라고 하자. 각 작업요소는 작업요소시간인 $T_{ej}(j=1, 2, \cdots, n)$를 가진다. 단일작업장 조립기계를 위한 이상적인 사이클 시간은 각 조립 작업요소들의 시간과 기초부품을 장착하고 조립을 끝마치고 나서 탈착하는 시간을 더한 것이다. 우리는 이 이상적인 사이클 시간을 다음과 같이 표현할 수 있다.

$$T_c = T_h + \sum_{j=1}^{n_e} T_{ej} \tag{17.18}$$

여기서 T_h는 제품운반 및 처리시간(분)이다.

많은 경우 조립 작업요소들은 반조립품에 부품을 더하여 결합하는 작업들을 포함하고 있다. 우리가 다수작업장 조립에서 분석했던 것처럼, 각 부품은 부품 불량률 q_j, 불량 부품들이 작업장의 고장을 일으킬 확률 m_j, 조립기계가 멈추는 고장이 일어났을 때 문제를 해결하고 다시 시스템을 시작하기 위해 걸리는 시간을 T_d라고 하자. 사이클 시간에서 작업장 장애로 비가동되는 시간을 포함시키면 다음과 같다.

$$T_p = T_c + \sum_{j=1}^{n_e} q_j m_j T_d \tag{17.19}$$

부품을 더하여 결합하는 작업이 아닌 작업요소들에는 q_j=0이고 m_j는 정의되지 않는다. 예를 들어 조임 작업은 어느 부품도 추가됨 없이 수행되는 작업요소이다. 이런 종류의 작업에 대해서는 $p_j T_d$ 항을 포함시킴으로써 작업요소 j 동안의 작업장 가동 정지를 반영한다. 여기서 p_j=작업요소 j 동안의 작업장 비가동 확률이다. 모든 결합되는 부품에 대해서 m과 q값이 같은 특별한 경우에

식 (17.19)는 다음과 같이 된다.

$$T_p = T_c + nmqT_d \qquad (17.20)$$

단일작업장 조립기계에서의 산출률(불량 부품을 포함하지 않는 조립 완제품의 비율)의 계산은 다수작업장 시스템에서의 식 (17.5)나 (17.7)을 이용하면 된다. 가동 효율은 $E = T_c / T_p$로 계산되고, T_c와 T_p는 식 (17.18), (17.19), (17.20)을 이용하여 구할 수 있다.

예제 17.4 **단일작업장 자동 조립시스템**

어떤 단일작업장 조립기계는 기초부품에 4개의 부품을 조립하기 위한 5개의 작업요소를 수행한다. 아래의 표에는 조립되는 부품에 대한 불량률(q)과 작업장 비가동 확률(m) 등이 포함된 요소들이 열거되어 있다.

작업요소	작업 내용	시간(초)	Q	m	p
1	기어 결합	4	0.02	1.0	
2	스페이서 결합	3	0.01	0.6	
3	기어 결합	4	0.015	0.8	
4	기어와 메시 결합	7	0.02	1.0	
5	조임 작업	5	0	해당 없음	0.012

기초부품의 장착시간은 3초이고, 완제품을 탈착하는 시간은 4초라고 하면, 총 장착/탈착 시간은 $T_h = 7$초이다. 고장이 일어났을 때, 장애를 없애고 기계를 다시 가동하는 데 평균 1.5분이 걸린다. 이때 다음을 구하라 ─ (a) 모든 생산품의 생산율, (b) 산출률, (c) 양품의 생산율, (d) 조립기계 가동 효율.

┃ 풀이 (a) 조립기계의 이상적인 사이클 시간을 구하면

$$T_c = 7 + (4 + 3 + 4 + 7 + 5) = 30초 = 0.5분$$

기계 비가동에 대한 발생빈도는 다음과 같다.

$$F = 0.02 \times 1.0 + 0.01 \times 0.6 + 0.015 \times 0.8 + 0.02 \times 1.0 + 0.012 = 0.07$$

장애로 인한 평균 비가동시간을 추가하면,

$$T_p = 0.5 + 0.07(1.5) = 0.5 + 0.105 = 0.605분$$

그러므로 생산율을 구하면

$$R_p = 60/0.605 = 99.2개/시간$$

(b) 양품 산출률은

$$P_{ap} = \{1 - 0.02 + 1.0(0.02)\}\{1 - 0.01 + 0.6(0.01)\}$$
$$\{1 - 0.015 + 0.8(0.015)\}\{1 - 0.02 + 1.0(0.02)\}$$
$$= (1.0)(0.996)(0.997)(1.0) = 0.993$$

(c) 양품의 생산율은

$$R_{ap} = 99.2(0.993) = 98.5\text{개/시간}$$

(d) 기계의 가동 효율은

$$E = 0.5 / 0.605 = 0.8264 = 82.64\%$$

우리의 분석이 제시하는 바와 같이, 조립기계의 사이클에서 작업요소들이 증가하면 사이클 시간이 더욱 커지게 되고 기계의 생산율은 감소한다. 따라서 단일작업장 조립기계는 중간 정도의 생산량과 중간 정도의 생산율이 요구되는 제조환경에서 사용되도록 해야 한다. 높은 생산율을 위해선 일반적으로 다수작업장 조립시스템을 사용하는 것이 좋다.

17.2.4 수식의 의미

이 절에서 도출된 수식과 우리가 예제를 통해서 적용했던 것들은 자동 조립시스템의 설계 및 운영, 그리고 이러한 시스템에서 만들어진 제품에 대한 여러 가지 현실적인 가이드라인을 제시해준다. 이러한 가이드라인은 다음과 같다.

- 각 작업장에서 부품을 공급하는 시스템은 조립 작업 헤드의 사이클률과 같거나 높은 순공급 비율(선별기/방향기의 통과 비율에 의해 결정되는)로 부품들을 공급하도록 설계되어야 한다. 그렇지 않을 경우 조립시스템의 성능은 조립공정의 기술보다는 부품 공급 시스템에 의해 결정된다.
- 자동 조립시스템에서 결합되는 부품의 품질은 시스템을 수행하는 데 있어 중요한 영향을 준다. 불량률로 표현되는 불량 품질의 영향은 다음 두 가지와 같다—(1) 조립시스템에 들어와 작업장을 멈추게 하는 장애의 원인이 된다. 이로 인해 생산율, 가동률, 제품 단위당 비용에 악영향을 미치거나, (2) 제품에 불량 부품이 조립되어 양품의 산출률과 제품비용에 악영향을 주는 원인이 된다.
- 자동 조립시스템에서 작업장 수가 증가함에 따라 부품의 품질과 작업장의 신뢰도 영향 때문에 가동률, 생산율이 감소하는 경향을 보인다. 이러한 사실은 자동 조립시스템에서 고품질의 부품을 사용해야 한다는 필요성을 부각시킨다.
- 다수작업장 조립시스템의 사이클 시간은 그 시스템에서 가장 느린 작업장(조립 작업시간이

가장 긴)에 의해 결정된다. 수행될 조립 작업의 수는 조립시스템의 신뢰성에 영향을 주는 범위 내에서만 중요하다. 반면, 단일 조립시스템의 사이클 시간은 가장 긴 조립 작업보다는 조립 작업요소시간의 합에 의해 결정된다.

- 같은 수의 조립 작업에 대해, 다수작업장 조립기계와 비교해서 단일작업장 조립시스템이 더 낮은 생산율을 보이지만 높은 가동 효율을 갖는다.
- 다수작업장 조립시스템은 대량생산과 장기간 생산에 적합하고, 대조적으로 단일작업장 조립시스템은 긴 사이클 시간과 중간 정도의 생산량에 더욱 적합하다.

참고문헌

[1] ANDREASEN, M. M., S. KAHLER, and T. LUND, *Design for Assembly,* IFS (Publications) Ltd., UK, and Springer-Verlag, Berlin, FRG, 1983.

[2] BOOTHROYD, G., and A. H. REDFORD, *Mechanized Assembly,* McGraw-Hill Publishing Company, Ltd., London, 1968.

[3] BOOTHROYD, G., C. POLI, and L. E. MURCH, *Automatic Assembly,* Marcel Dekker, Inc., NY, 1982.

[4] BOOTHROYD, G., P. DEWHURST, and W. KNIGHT, *Product Design for Manufacture and Assembly,* Marcel Dekker, Inc., New York, 1994.

[5] DELCHAMBRE, A., *Computer-Aided Assembly Planning,* Chapman & Hall, London, UK, 1992.

[6] GAY, D. S., "Ways to Place and Transport Parts," *Automation,* June 1973.

[7] GROOVER, M. P., M. WEISS, R. N. NAGEL, and N. G. ODREY, *Industrial Robotics: Technology, Programming, and Applications,* McGraw-Hill Book Company, New York, 1986, Chapter 15.

[8] GROOVER, M. P., *Fundamentals of Modern Manufacturing: Materials, Processes, and Systems,* 5th ed., John Wiley & Sons, Inc., Hoboken, NJ, 2013.

[9] MURCH, L. E., and G. BOOTHROYD, "On-off Control of Parts Feeding," *Automation,* August 1970, pp. 32-34.

[10] NOF, S. Y., W. E. WILHELM, and H.-J. WARNECKE, *Industrial Assembly,* Chapman & Hall, London, UK, 1997.

[11] RILEY, F. J., *Assembly Automation,* Industrial Press Inc., NY, 1983.

[12] SCHWARTZ, W. H., "Robots Called to Assembly", *Assembly Engineering,* August 1985, pp. 20-23.

[13] WARNECKE, H. J., M. SCHWEIZER, K. TAMAKI, and S. NOF, "Assembly," *Handbook of Industrial Engineering,* Institute of Industrial Engineers, John Wiley & Sons, Inc., NY, 1992, pp. 505-562.

[14] www.atsautomation.com

[15] www.autodev.com

[16] www.magnemotion.com

[17] www.setpointusa.com

복습문제

17.1 자동조립 기술이 적합하다고 고려되는 네 가지 상황은 무엇인가?

17.2 자동 조립시스템의 네 가지 유형은 무엇인가?

17.3 자동 조립시스템에서 작업장 간 부품공급 장치에는 무엇이 있는가?

17.4 프로그램 가능 부품 공급기란 무엇인가?

17.5 자동 조립시스템을 통해 제조할 수 있는 제품의 예를 들라.

17.6 자동 조립시스템의 중요한 성능지표에는 무엇이 있는가?

17.7 단일작업장 조립시스템의 생산율이 다수작업장보다 떨어지는 이유는 무엇인가?

연습문제

부품 공급

17.1 자동조립기계 작업장의 공급기-선별기 장치는 공급비율 $f = 56$개/분과 5개에 1개 부품($\theta = 0.20$) 비율로 선별하여 공급하게 된다. 조립기계의 이상적인 사이클 시간은 6초이다. 공급 트랙 중에서 저수준 센서는 10개의 부품, 고수준 센서는 25개의 부품을 처리하는 위치에 설치되어 있다. (a) 공급기-선별기 장치가 꺼졌을 때 공급된 부품들이 고수준 센서에서 저수준 센서로 모두 이동되기까지 걸리는 시간은 얼마인가? (b) 공급기-선별기 장치가 켜진 후에 평균적으로 저수준 센서에서 고수준 센서로 부품이 재공급되기 위해 얼마나 걸리는가? (c) 조립기계가 가동되는 시간 중 공급기-선별기 장치가 켜져 있는 비율은 얼마인가? 꺼져 있는 비율은 얼마인가?

17.2 문제 17.1을 $f = 50$개/분으로 하여 풀라. 조립기계의 사이클률에 공급-선별률을 맞추는 것이 중요하다는 점을 주의하라.

다수작업장 조립시스템

17.3 어떤 조립시스템은 10개의 작업장으로 구성되고, 이상적 사이클 시간은 6초이다. 각 작업장의 불량률은 0.005이고 불량은 항상 작업장의 중지를 초래한다. 중지될 경우, 정상으로 처리하기 위해 평균 1.2분이 소요된다. (a) 이 조립시스템의 시간당 생산율, (b) 양품(결함 부품이 들어가 있지 않은 제품)의 산출률, (C) 시스템의 가동 효율을 구하라.

17.4 회전형 인덱싱 기계가 기초부품에 조립 작업을 수행하는 6개의 작업장으로 구성되어 있다. 결합되는 부품에 대한 작업요소들과, 요소시간 q, m이 다음 표에 주어져 있다(NA는 q, m이 작업에 적용되지 않음을 의미한다). 회전 작업대를 위한 인덱싱 시간은 2초가 걸린다. 장애가 발생할 경우, 장애를 해결하고 기계를 다시 작동하기 위해 1.5분이 걸린다. 다음을 계산하

라―(a) 조립기계의 생산율, (b) 양품(마지막 조립까지 불량품이 포함되지 않은)의 산출률, (c) 시스템의 가동시간 효율.

작업장	작업요소	요소시간(초)	q	m
1	부품 A 추가	4	0.015	0.6
2	부품 A 조임	3	NA	NA
3	부품 B 조립	5	0.01	0.8
4	부품 C 추가	4	0.02	1.0
5	부품 C 조임	3	NA	NA
6	부품 D 조립	6	0.01	0.5

17.5 연간 4,000시간 운영되는 6개의 작업장을 가진 자동조립기계는 이상적 사이클 시간이 10초이다. 비가동은 두 가지 이유에 의해서 발생한다. 첫째로, 작업 헤드의 기계적, 전기적인 문제로 120사이클당 한 번 정도의 빈도로 나타난다. 이 경우의 평균 비가동시간은 3분이다. 둘째로, 불량품으로 인해 발생한다. 6개의 작업장에서 기초부품에 6개의 부품을 각각 추가시키는 데 발생하는 불량품의 빈도는 $q=1\%$이다. 모든 작업장에서 불량품으로 인한 작업장 장애 확률은 $m=0.5$이다. 불량품에 의한 장애당 비가동시간은 2분이다. (a) 조립품의 연간 생산량, (b) 적어도 하나의 불량부품이 들어간 조립품의 수량, (c) 6개 부품 모두 불량품이 들어간 조립품의 수량을 구하라.

17.6 자동조립기계가 4개의 작업장을 가진다. 첫 번째 작업장은 기초부품을 장착하고, 다른 3개의 작업장들은 기초부품에 부품요소들을 결합한다. 이상적인 사이클 시간은 3초이다. 불량품에 의해 장애가 발생했을 때 평균 비가동시간은 1.5분이다. 불량률 빈도(q), 불량품에 의해 작업장이 장애를 일으킬 확률 m은 아래의 표에 주어졌다. 조립 작업을 위해 기초부품, 브래킷, 핀, 고정장치 등 각 100,000개의 재고가 조립라인에 준비되어 있다. 다음을 구하라―(a) 라인으로부터 나오는 총생산품에 대한 양품의 비율, (b) 양품의 생산율, (c) 주어진 부품 양에 대한 최종 조립품의 생산량은 얼마나 되는가? 이 중 양품의 양은 얼마나 되는가? 이 중 불량부품이 하나라도 포함되어 있는 조립품의 양은 얼마나 되는가? (d) (c)에서 계산된 불량 조립품 중에서 기초부품의 양은 얼마나 되는가? 이 중 브래킷의 양은 얼마나 되는가? 이 중 핀의 양은 얼마나 되는가? 이 중 고정장치의 양은 얼마나 되는가?

작업장	부품명	q	m
1	기초부품	0.01	1.0
2	브래킷	0.02	1.0
3	핀	0.03	1.0
4	고정장치	0.04	0.5

17.7 6개의 작업장을 가진 자동조립기계의 이상적인 사이클 시간이 6초이다. 2~6작업장에서는

첫 번째 작업장에서 공급된 기초부품에 조립될 부품을 부품 공급기가 공급한다. 작업장 2~6은 서로 동일하고, 5개의 부품도 서로 동일하다. 즉 완제품은 기초부품에 5개의 부품으로 구성되어 있다. 기초부품은 불량률이 0이지만, 다른 부분품은 q비율로 불량률을 갖고 있다. 기초부품에 불량품이 조립되는 경우 기계는 멈춘다($m = 1.0$). 수리하고 기계를 가동하는 데 걸리는 시간은 평균 2분이다. 모든 부품은 동일하기 때문에 부품은 매우 비슷한 불량률로 관리할 수 있는 공급자로부터 구입한다. 그러나 공급자는 더 양질의 부품을 공급하는 데 있어 프리미엄을 부가한다. 부품당 비용은 다음 등식에 의해 결정된다.

$$부품당 \; 비용 = 0.1 + 0.0012/q$$

여기서 q＝불량률이다. 기초부품비용은 20센트이다. 따라서 기초부품과 5개 부품의 총비용은 다음과 같다.

$$제품 \; 자재비용 = 0.70 + 0.006/q$$

자동조립기계를 가동하는 비용은 $150.00/시간이다. 생산담당자가 직면한 문제는 다음과 같다. 부품의 질이 감소(q의 증가)하면 정지시간이 증가하고 이는 생산비용을 증가시킨다. 반면 품질이 향상되면(q의 감소) 공급자에 의해 가격이 결정되므로 자재비용이 증가한다. 총비용을 최소화하기 위해서, q의 최적값을 결정해야 한다. 분석적 방법(시행착오법보다는)으로 조립품당 총비용을 최소화하는 q를 결정하라. 또한 이때의 조립품당 총비용과 생산율을 결정하라(다른 비용요소들은 무시한다).

17.8 6개 작업장을 가진 회전형 인덱싱 기계는 작업장 1에 기초부품이 수동으로 공급된 후에 작업장 2~5에서 4개의 조립 작업이 수행되도록 설계되었다. 작업장 6은 부품을 내리는 작업장이다. 각 조립 작업은 기초부품에 다른 요소 부품들을 결합하는 것이다. 4개의 작업장 각각에서 잘못된 방향의 부품을 구분해서 호퍼로 되돌려 보내는 선별기 장치에 부품을 공급하는 데 호퍼-공급기가 사용된다. 시스템은 작업장 2~5에 대해 다음 표에 주어진 것과 같은 가동 변수치로 설계되었다. 하나의 작업장 위치에서 다음으로 다이얼을 인덱싱하는 데 2초가 걸리고, 부품 엉킴이 발생하면 엉킴을 풀고 시스템을 재시작하는 데 평균 2분이 걸린다. 조립 기계의 기계적, 전기적인 문제로 인한 라인 정지는 크지 않아 무시할 수 있다. 라인 관리자는 시스템이 일정한 시간당 생산율을 갖게 설계되었다고 말하며, 이 생산율은 불량 부품으로 인한 고장을 포함한다고 한다. 그러나 실제 조립 완제품의 생산은 설계된 생산율보다 크게 떨어진다. 문제를 분석하고 다음을 구하라―(a) 라인 관리자가 언급한 처음에 설계되었던 평균 생산율은 얼마인가? (b) 하나 혹은 그 이상의 불량 부품을 포함하여 생산되는 조립품의 비율은 얼마인가? (c) 조립시스템이 기대한 생산율을 달성하지 못한 데는 어떤 문제가 있는가? (d) 시스템이 실제로 달성하고 있는 생산율은 얼마인가? 답을 구하기 위한 모든 가정을 열거하라.

작업장	조립시간(초)	공급비율 f(분당)	선별기 θ	q	m
2	4	32	0.25	0.01	1.0
3	7	20	0.50	0.005	0.6
4	5	20	0.20	0.02	1.0
5	3	15	1.0	0.01	0.7

단일작업장 조립시스템

17.9 연습문제 17.4의 회전형 인덱싱 기계의 대안으로 단일작업장형 조립기계를 생각하고 있다. 표에 주어진 데이터를 사용하여 다음을 결정하라—(a) 생산율, (b) 양품의 산출률, (c) 시스템의 가동시간 효율. 기초부품을 장착하고 완성품을 빼내는 데는 7초가 소요되고, 장애가 일어날 때마다 정지시간은 1.5분이다. 연습문제 17.4의 결과보다 가동시간 효율이 더 큰 이유는 무엇인가?

17.10 로봇 조립 셀은 조립 작업을 수행하기 위해 산업용 로봇을 사용한다. 로봇에게 올바른 방향을 가진 부품만을 공급하기 위하여 선별기가 사용되는 진동 볼형 부품 공급기에 의해 기초부품, 부품 2, 부품 3이 공급된다. 로봇 셀이 수행하는 작업요소들은 다음 표와 같다(공급률, 선별률 θ, 작업요소시간, 불량률 q, 장애 확률 m, 마지막 작업요소에 대한 비가동 발생 빈도 p 등의 데이터가 주어져 있다). 완제품을 탈착하기 위해 4초가 걸리고, 라인이 정지했을 때 수리하고 셀을 다시 시작하기 위해 1.8분이 걸린다. 이때 다음을 결정하라—(a) 양품의 산출률, (b) 양품의 평균 생산율, (c) 셀의 가동 효율. 문제를 풀기 위해 세운 셀의 가동에 관한 어떤 가정이든 열거하라.

요소	공급률 f(개/분)	선별률 θ	작업요소	시간 T_e(초)	q	m	p
1	15	0.30	기초부품 장착	4	0.01	0.6	
2	12	0.25	부품 2 결합	3	0.02	0.3	
3	25	0.10	부품 3 결합	4	0.03	0.8	
4			조임	3			0.02

그룹테크놀로지 및 셀형 생산

배치 생산은 미국에서 총생산활동의 50%가 넘는 가장 흔한 생산 형태이다. 주로 뱃치로 생산되는 중량 수준의 생산을 가능한 한 최대로 효율적이며 생산적으로 운영하는 것이 중요하다. 또한 회사 내의 설계 및 생산 기능을 높은 수준으로 통합하는 것이 추세가 되고 있다. 이러한 두 가지 목표를 모두 추구하는 것이 그룹테크놀로지이다.

그룹테크놀로지(group technology, GT)는 설계와 생산에서 유사성의 이점을 활용하여 유사한 부품을 식별하고 그룹화하는 생산원리이다. 유사한 부품들은 부품군(part family)으로 분류되고, 각 부품군은 유사한 설계와 생산 특성을 가진다. 예를 들면 10,000개의 서로 다른 부품을 생산하는 공장이 부품의 대부분을 30~40개의 서로 다른 부품군으로 그룹화할 수 있다. 부품군 내 각 개체의 가공공정이 유사하다면 그룹화하여 생산효율을 증대시키는 것이 가능할 것이다. 작업흐름을 용이하게 하기 위하여 일반적으로 생산장비를 기계 그룹 또는 셀로 배열하면 효율이 증대된다. 한 부품군에 대하여 특성화되어 있는 기계 셀로 생산장비를 그룹화하는 것을 **셀형 생산**(cellular manufacturing)이라고 부른다. 그룹테크놀로지 및 셀형 생산의 기원은 1925년경까지 거슬러 올라간다(역사적 고찰 18.1).

그룹테크놀로지와 셀형 생산은 다양한 생산 현장에 적용할 수 있으며, GT는 다음과 같은 조건

그룹테크놀로지

1925년 R. Flanders는 미국 기계학회지에 논문을 제출하였으며, 논문에서 Jones and Lamson Machine사의 생산을 관리하는 방법, 즉 오늘날 그룹테크놀로지라고 부르는 방법을 제안하였다. 1937년 구소련의 A. Sokolovskiy는 유사한 형식의 부품을 표준 공정으로 생산하는 것을 제안하면서 그룹테크놀로지의 기본적인 특징을 서술하였고, 이는 흐름라인 기술이 뱃치생산 작업에 적용되는 것을 가능하게 하였다. 1949년 스웨덴의 A. Korling은 그룹생산에 관한 논문을 프랑스 파리에서 발표하였으며, 논문에서 생산라인 기술을 뱃치생산에 적용하였다. 또한 작업이 특정 범주의 부품을 생산하기 위하여 기계와 공구를 갖춘 독립된 그룹으로 어떻게 분산되는지를 보여 주었다.

1959년 구소련의 연구원 S. Mitrofanov는 *Scientific Principles of Group Technology*라는 책을 출간하였다. 이 책은 널리 읽혔으며, 1965년까지 구소련에서 그룹테크놀로지가 800개가 넘는 공장에 적용되었다. 독일의 연구원 H. Opitz는 독일 공작기계산업에서 생산되는 부품들을 연구하였으며, 기계부품에 대한 유명한 부품분류 및 코딩 시스템을 개발하였다. 미국에서는 1960년대 후반에 뉴저지의 Langston Division of Harris-Intertype에 처음으로 적용되었다. 전통적으로 가공공장은 공정별 배치로 되어 있었으나, 그 공장은 부품군별로 부품 형상에 맞추어 라인을 재구성하였다. 공장에서 생산되는 부품의 약 15%에 대한 사진을 찍음으로써 부품을 분류하고, 부품군으로 묶었다. 이렇게 적용한 결과, 생산성이 50% 향상되고 리드타임이 수 주일에서 수일로 감소되었다.

을 만족하면 적용하기 매우 용이하다.

- 공장이 전통적 뱃치생산과 공정별 배치를 사용 : 이런 경우 자재취급에 대한 노력이 많이 들고, 재공재고가 증가하고, 제조 리드타임이 길어진다.
- 부품이 부품군으로 그룹화 가능 : 이는 필요 조건이며, 각 기계 셀은 주어진 부품군 또는 부품군의 제한된 그룹을 생산할 수 있도록 설계되어 공장 내에서 생산되는 부품을 부품군으로 구분하는 것이 가능해야 한다. 그러나 부품이 부품군으로 그룹화될 수 없는 중량생산 공장에 적용하는 것은 바람직하지 않다.

그룹테크놀로지를 적용하기 위하여 기업이 수행해야 하는 작업이 크게 두 가지가 있으며, 이것이 GT를 적용하는 데 상당한 장애 요인이 된다.

1. **부품군의 정의** : 한 공장이 10,000개의 서로 다른 부품을 생산한다면, 모든 부품 도면을 검토하여 부품군으로 분류하는 것은 기본적인 작업이지만 상당한 시간을 필요로 한다.
2. **생산기계를 기계 셀로 배열** : 이러한 재배치 작업은 시간과 비용이 많이 소요되고, 재배치 작업을 하는 중에는 기계가 생산을 수행할 수 없다.

그룹테크놀로지를 적용하는 기업에게는 다음과 같은 이점이 있다.

- GT는 공구, 고정구 및 셋업의 표준화를 활성화시킨다.
- 부품이 전 공장 내를 이동하는 것이 아니라 기계 셀 내를 이동하므로 자재취급이 감소한다.
- 공정계획 및 생산일정계획이 단순화된다.
- 셋업시간이 줄어들고, 이에 따라 제조 리드타임이 줄어든다.
- 재공재고가 감소한다.
- GT 셀에서 작업자가 협력작업을 하면 작업자 만족도가 증가한다.
- 그룹테크놀로지를 활용하면 품질이 향상된다.

18.1 부품군과 기계그룹

18.1.1 부품군

부품의 기하학적 모양과 크기가 유사하거나 생산을 위하여 유사한 공정이 필요한 부품의 집합체를 부품군(part family)이라고 한다. 같은 부품군 내의 부품들은 서로 다를지라도 같은 부품군에 포함되는 것이 유리할 정도로 부품 간의 유사성이 있다. 그림 18.1과 18.2는 2개의 서로 다른 부품군을 보여준다. 그림 18.1의 2개의 부품은 기하학적인 설계 측면에서 매우 유사하나 공차, 생산량, 재료에서의 차이점 때문에 제조 측면에서는 매우 다르다. 그림 18.2의 10개 부품은 공정에 있어서 같은 부품군으로 분류되나 기하학적인 차이로 인하여 상당히 다른 부품으로 보이게 만든다.

공작물들을 부품군으로 그룹화하는 것의 중요한 이점 중 하나를 그림 18.3 및 18.4로 설명할 수 있다. 그림 18.3은 가공공장에서 뱃치생산을 위한 공정별 공장배치를 보여준다. 다양한 공작기계가 기능별로 배치되어 있으며 선반부, 밀링 기계부, 드릴 프레스부 등이 있다. 어떤 한 부품을 가공하기 위하여 공작물은 부서 간을 이동하여야 하며, 어쩌면 같은 부서를 여러 번 들러야 할지도 모른다. 이는 상당히 많은 횟수의 자재취급, 많은 재공재고량, 빈번한 기계 셋업, 긴 제조 리드타임, 높은 비용 등을 야기한다. 그림 18.4는 동일한 용량의 가공공장을 보여주나 기계들은 셀로 배치되어 있고 각 셀은 특별한 부품군의 생산에 맞추어 구성되어 있다. 자재취급의 감소로 인해 셋업

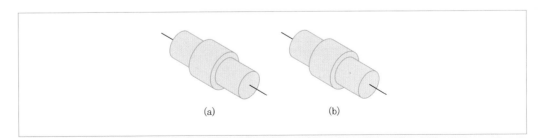

(a)   (b)

그림 18.1 유사한 형상과 치수를 갖지만 제조에는 상당한 차이가 있는 경우 : (a) 연간 100만 개 생산, 공차 ±0.25mm, 재료는 1015 CR강(니켈 도금), (b) 연간 100개 생산, 공차 ±0.025mm, 재료는 18-8 스테인리스강

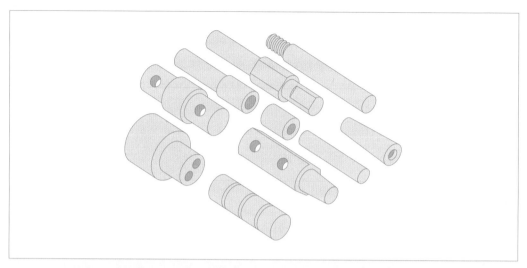

그림 18.2 유사한 제조공정을 거치지만 설계특징이 다른 경우(모든 부품이 원통형 소재로부터 선삭을 통해 가공되고, 일부는 드릴링과 밀링이 필요함)

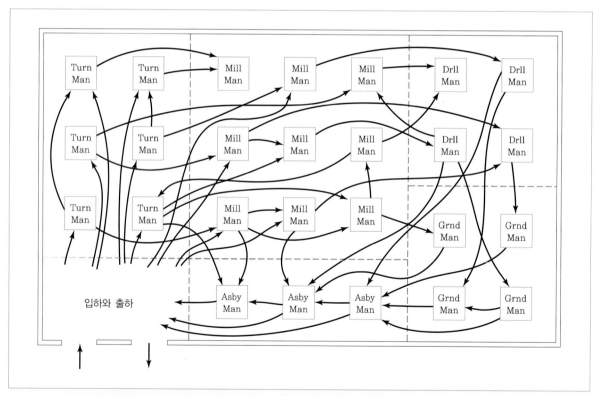

그림 18.3 공정별 배치(Turn = 선삭, Mill = 밀링, Drll = 드릴링, Grnd = 연삭, Asby = 조립, Man = 수작업, 화살표는 공장 내의 작업흐름, 점선은 부서 구분)

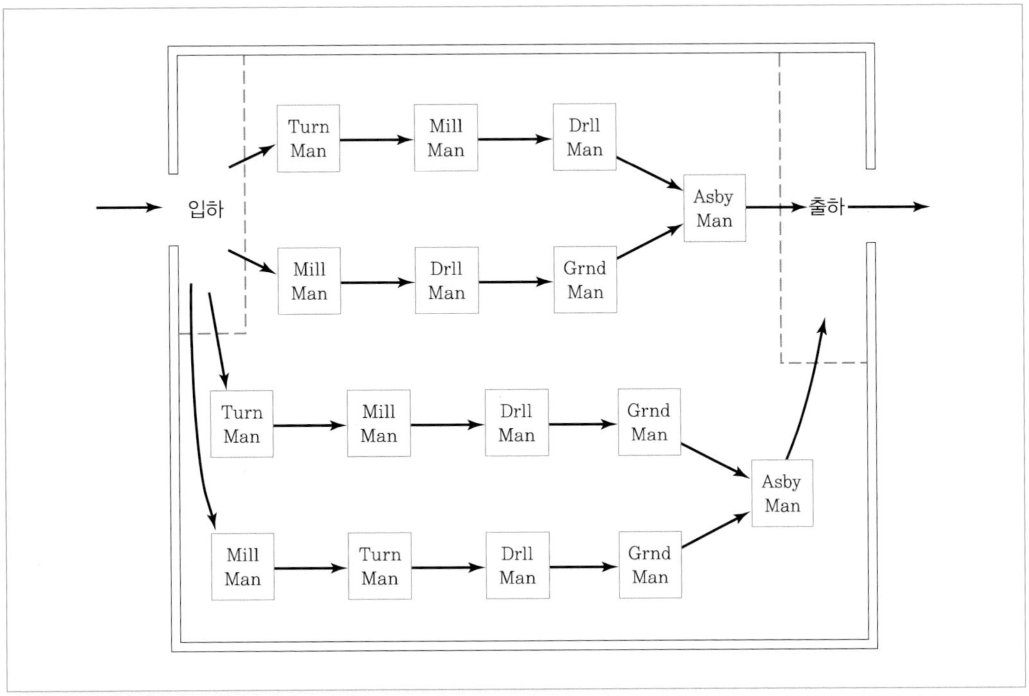

그림 18.4 GT 셀 배치(Turn = 선삭, Mill = 밀링, Drll = 드릴링, Grnd = 연삭, Asb = 조립, Man = 수작업, 화살표는 기계 셀 내의 작업흐름)

시간 감소, 셋업 횟수 감소(어떤 경우에는 셋업이 불필요), 재공재고 감소, 제조 리드타임 감소 등의 이점이 있다.

전통적인 개별생산(job shop) 공장에 그룹테크놀로지를 적용하는 데 가장 큰 장애물은 부품을 부품군으로 그룹화하는 문제이며, 이를 해결하기 위한 세 가지 방법이 있다. 세 가지 방법 모두 시간이 많이 소요되고 적절히 훈련된 요원이 많은 데이터를 분석하여야 한다. 세 가지 방법은 (1) 직관적 그룹핑, (2) 부품 분류 및 코딩, (2) 생산흐름 분석이다.

18.1.2 직관적 그룹핑

육안검사법이라고도 부르는 직관적 그룹핑은 가장 간단하면서 저렴하기 때문에 일반 기업에서 부품군을 분류하는 데 가장 흔하게 적용하는 방법이다[35]. 이 방법은 공장 내 경험 많은 기술자가 부품의 실물이나 사진을 보면서 유사한 특징을 갖는 부품끼리 그룹으로 묶는 식으로 진행된다. 부품의 유사성은 두 가지 측면에서 고려된다―(1) 설계속성 : 기하학적 형상, 치수, 설계속성, 재질과 같은 부품의 특성, (2) 제조속성 : 부품을 제조하기 위해 필요한 공정에 관련된 특징. 표 18.1에 부품 분류 시 일반적으로 적용되는 설계속성과 제조속성을 나타내었다. 두 속성 간에 다소 겹치는 부분이 있는데, 그 이유는 부품의 형상이 적용되는 제조공정에 의해 주로 결정되기 때문이다. 결국 부품을 군으로 분류하는 것은 기계를 그룹화하는 것과 동일하다고도 할 수 있다.

| 표 18.1 | GT 분류 및 코딩 시스템에 들어가는 설계속성과 제조속성

설계속성	제조속성
기본 외부 형상	주요 공정
기본 내부 형상	부수 공정
회전형 혹은 각주형	공정 순서
길이 대 지름 비(회전형 경우)	주요 치수
길이 비(각주형 경우)	표면 거칠기
재료	필요기계
부품 기능	제조사이클 시간
주요 치수	뱃치 크기
부수 치수	연간 생산량
공차	고정구
표면 거칠기	절삭공구

직관적 그룹핑이 정확성이 가장 떨어지는 방법이긴 하지만, 미국에서 가장 큰 성공사례 중 하나로 꼽히는 것이 바로 이 방법을 이용한 Langston 사례였다(역사적 고찰 18.1).

18.1.3 부품 분류 및 코딩 시스템

이 방법은 GT 적용의 세 가지 방법 중 시간이 가장 많이 소요된다. 부품 분류 및 코딩(parts classification and coding)에서는 우선 부품 간의 유사성을 정의하고, 이러한 유사성을 코딩 시스템에 관련을 짓는다. 분류 및 코딩 시스템은 부품의 설계속성과 제조속성 모두를 포함하도록 설계된다. 코딩 시스템을 사용하는 이유는 다음과 같다.

- **설계 검색** : 새로운 부품을 개발하여야 하는 설계자는 유사한 부품이 이미 있는지를 알기 위하여 설계 검색 시스템을 이용할 수 있다. 기존 부품에 대한 간단한 수정은 부품 전체를 새로이 설계하는 것보다 훨씬 시간을 절약할 수 있다.
- **자동 공정계획** : 새로운 부품에 대한 부품 코드는 동일하거나 유사한 코드를 가진 기존 부품의 공정계획을 검색하는 데 사용될 수 있다.
- **기계 셀 설계** : 부품 코드는 가상조합부품 개념(18.2.1절)을 이용하여 특정 부품군의 모든 구성원들을 제조할 수 있는 기계 셀을 설계하는 데 이용될 수 있다.

부품 분류 및 코딩을 수행하기 위하여 각 부품에 대한 설계속성과 제조속성을 검토하고 분석하여야 한다. 검토는 표를 대조하는 것인데, 표에서 서술되고 도형으로 그려진 특성과 대상부품이 일치하는지를 판단하는 것이다. 좀 더 생산적인 대안은 컴퓨터 분류 및 코딩 시스템을 사용하는 것이며, 사용자는 컴퓨터가 물어보는 질문에 대답하는 식으로 진행된다. 사용자 대답을 기초로 컴퓨터는 부품에 코드번호를 부여한다. 어떠한 방법이 사용되어도, 부품 분류를 통해 부품 속성을 고유하게 식별할 수 있는 코드번호가 생성된다.

부품 분류 및 코딩 시스템을 사용하는 주된 분야는 설계와 제조이기 때문에 다음의 세 범주로 구분된다.

1. 설계속성 기반 시스템
2. 제조속성 기반 시스템
3. 설계 및 제조속성 기반 시스템

표 18.1은 분류기준에 대표적으로 포함되는 설계 및 제조속성의 목록을 보여준다. 코드의 기호 의미에 따라, 분류 및 코딩 기준에서 사용되는 세 가지 구조가 있다.

1. 계층구조 : 모노코드라고도 하며, 코드의 각 자리 기호에 대한 해석은 이전 자리 기호의 값에 의존한다.
2. 사슬구조 : 폴리코드라고도 하며, 각 자리의 기호에 대한 해석은 항상 동일하고, 이전 자리 기호의 값에 의존하지 않는다.
3. 혼합구조 : 계층구조 및 사슬구조의 혼합 형태이다.

계층구조와 사슬구조를 구별하기 위하여 15 또는 25와 같이 두 자리 코드 수에 대하여 알아보자. 첫 번째 수는 부품의 일반적 형태를 나타낸다고 하자. 1은 부품이 원통형(회전형)이고, 2는 형상이 직육면체형이라 하자. 계층구조에서 두 번째 수는 첫 번째 수에 의존한다. 첫 번째 수가 1이면, 5는 길이와 지름의 비율을 의미한다. 만약 첫 번째 수가 2이면, 5는 부품 길이와 폭의 비율인 종횡률을 의미한다. 사슬구조에서는 첫 번째 수가 1이나 2에 관계없이 기호 5는 동일한 의미를 갖는다. 예를 들면 부품의 전체 길이를 의미할 수 있다. 계층구조의 장점은 주어진 자릿수에 일반적으로 더 많은 정보를 담을 수 있다는 것이다. 혼합구조 분류 및 코딩 시스템은 계층구조 및 사슬구조의 결합형이며, GT 분류 및 코딩 시스템에서 가장 흔한 구조이다.

코드에서 자릿수는 6에서 30까지 정도이며, 단지 설계정보만을 담는 코딩 시스템은 12 혹은 더 적은 자릿수로도 가능하다. 대부분의 분류 및 코딩 시스템은 설계와 제조정보 모두를 포함하며, 통상적으로 20~30자릿수가 필요하다. 이는 사용자가 쉽게 이해하기에는 너무 많은 자릿수라고 생각할 수 있으나, 코드 정보는 대부분 컴퓨터에 의하여 처리되기 때문에 많은 자릿수는 그리 큰 문제가 될 수 없다.

많은 분류 및 코딩 시스템이 참고문헌([15], [18], [29])에 서술되어 있으며, 여러 가지 상업용 코딩 패키지도 있다. 그러나 이러한 시스템 중 어떤 것도 전 세계적으로 공통적으로 채택된 것은 없으며, 그 이유 중 하나는 분류 및 코딩 시스템은 회사 또는 산업에 따라 다르기 때문이다. 한 회사에 최선인 시스템이 또 다른 회사에는 그렇지 않을 수 있다.

18.1.4 부품 분류 및 코딩 시스템의 예

중요한 시스템(미국에서)은 다음과 같다—Opitz 분류시스템, Brisch 시스템(Brisch-Birn, Inc.),

CODE(Manufacturing Data Systems, Inc.), CUTPLAN(Metcut Associates), DCLASS(Bringham Young University), MultiClass(Organization for Industrial Research, OIR), Part Analog System (Lovelace, Lawrence & Co. Inc.).

Opitz 시스템 및 MultiClass의 두 가지 분류 및 코딩 시스템에 대해 알아보자. Opitz 시스템은 기계부품에 대하여 최초로 발표된 분류 및 코딩 기준(역사적 고찰 18.1)[28], [29]이었기 때문에 많은 관심을 모았고, 현재도 많이 사용되고 있다. MultiClass는 Organization for Industrial Research에서 개발한 상업용 제품이다.

Opitz 코딩 시스템 이 시스템은 독일 아헨공대의 H. Opitz에 의하여 개발되었다. 그룹테크놀로지 분야에서 선구자적인 역할을 하였으며, 가장 많이 사용되지는 않았어도 부품 분류 및 코딩 시스템 중에서 가장 잘 알려져 있다. Opitz 코딩 시스템은 다음과 같은 코드 자리순서를 이용한다.

$$12345 \ 6789 \ ABCD$$

기본 코드는 9자릿수로 되어 있으며, 네 자리를 더 추가함으로써 확장될 수 있다. 첫 번째 아홉 자리는 설계 및 제조 정보 모두를 담을 수 있으며, 의미는 그림 18.5에 정의되어 있다. 처음 다섯 자리, 12345는 형상코드라고 불린다. 외형(예 : 회전형 또는 각주형)과 기계적 특성(예 : 구멍, 나사, 기어산 등)과 같은 부품의 주요 설계 특성을 나타낸다. 다음 네 자리, 6789는 보조코드이며, 제조에서 사용될 수 있는 속성(예 : 치수, 재료, 초기 형상, 정밀도)을 나타낸다. 추가적인 네 자리, ABCD

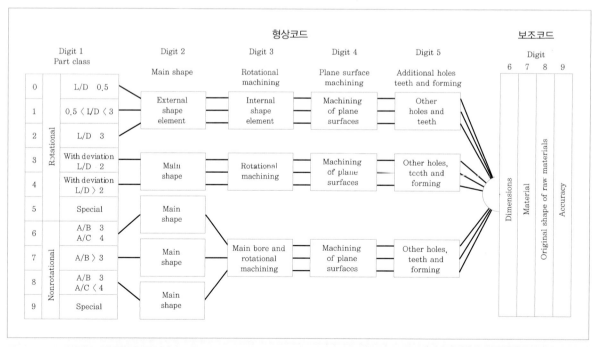

그림 18.5 Opitz 시스템의 기본 구조

	Digit 1	Digit 2	Digit 3	Digit 4	Digit 5
	Part class	External shape, external shape elements	Internal shape, internal shape elements	Plane surface machining	Auxiliary holes and gear teeth
0	L/D 0.5 (Rotational parts)	Smooth, no shape elements	No hole, no breakthrough	No surface machining	No auxiliary hole
1	0.5 < L/D < 3	No shape elements (Stepped to one end or smooth)	No shape elements (Smooth or stepped to one end)	Surface plane and/or curved in one direction, external	Axial, not on pitch circle diameter
2	L/D 3	Thread	Thread	External plane surface related by graduation around the circle	Axial on pitch circle diameter
3		Functional groove	Functional groove	External groove and/or slot	Radial, not on pitch circle diameter
4		No shape elements (Stepped to both ends)	No shape elements (Stepped to both ends)	External spline (polygon)	Axial and/or radial and/or other direction
5		Thread	Thread	External plane surface and/or slot, external spline	Axial and/or radial on PCD and/or other directions
6		Functional groove	Functional groove	Internal plane surface and/or slot	Spur gear teeth
7	(Nonrotational parts)	Functional cone	Functional cone	Internal spline (polygon)	Bevel gear teeth
8		Operating thread	Operating thread	Internal and external polygon, groove and/or slot	Other gear teeth
9		All others	All others	All others	All others

그림 18.6 Opitz 시스템에서 회전형 부품에 대한 형상코드(1~5자리)

는 2차 코드로 불리며, 가공공정 형식과 순서를 나타내는 데 사용된다. 2차 코드는 사용 기업이 어떤 특별한 필요에 의하여 설계될 수 있다.

코딩 시스템의 전부는 너무 복잡해서 여기서 이해할 수 있을 정도로 설명하는 것은 불가능하기 때문에 Opitz의 코딩 시스템에 대한 책을 참조하기 바란다[28]. 그러나 Opitz 코딩 시스템이 어떻게 동작하는지에 대하여 전반적으로 알기 위해 그림 18.5에 정의한 다섯 자리의 형상코드를 살펴보자. 첫 번째 자리는 부품이 회전형인지 아니면 비회전형인지를 나타내며, 부품의 일반적인 형상과 비율을 설명해 준다. 특이한 특징이 없는 회전형 부품, 즉 첫 자리의 수가 0, 1, 2인 부품에 대하여 알아보자. 이러한 종류의 공작물에 대한 다섯 자리 코드는 그림 18.6에 정의되어 있다. 주어진 부품의 코드를 결정하기 위하여 다음 예제를 살펴보자.

예제 18.1   Opitz 부품 코딩 시스템

그림 18.7에서와 같이 회전형 부품설계가 주어졌을 때, Opitz 부품 분류 및 코딩 시스템에서 형상코드를 결정하라.

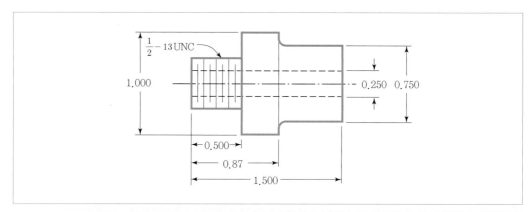

그림 18.7   예제 18.1의 부품 설계도

풀이   그림 18.6을 기초로 5자리 코드는 다음과 같이 구할 수 있다.

길이 대 지름의 비, $L/D=1.5$	자리 1=1
외부 형상 : 양쪽 끝에 단(step)이 있고, 한쪽 끝에 나사(thread)	자리 2=5
내부 형상 : 관통 구멍	자리 3=1
평면가공 : 없음	자리 4=0
보조구멍, 기어산 등 : 없음	자리 5=0

Opitz 코딩 시스템의 형상코드는 15100이다.

MultiClass   MultiClass는 Organization for Industrial Research(OIR)에서 개발한 분류 및 코딩 시스템이다. 사용 회사가 분류 및 코딩 시스템의 많은 부분을 그 회사의 제품과 환경에 맞출 수 있으므로 MultiClass는 비교적 유연한 체계이다. MultiClass는 절삭부품, 판재부품, 공구, 전자부품, 구매부품, 조립부품, 기타 부품 등을 포함하여 다양한 제조품목에 사용될 수 있다. 단일 MultiClass 소프트웨어 구조에 9개까지의 서로 다른 종류의 요소들이 포함될 수 있다.

MultiClass는 연속하는 자릿수가 이전 자릿수의 값에 따라 의미가 달라지는 계층구조 혹은 결정 트리 구조를 사용한다. 소프트웨어 시스템에서는 부품의 코드를 결정하기 위하여 일련의 메뉴, 목록, 표와 기타 대화식 도구가 사용되며, 코딩 절차를 만드는 것을 도와준다.

코드 구조는 30개 자리까지 될 수 있으며, 2개의 영역으로 나뉜다. 하나는 OIR에 의하여 제공되는 것이고, 두 번째는 사용자가 특별한 필요와 요구사항을 만족하기 위하여 설계되는 것이다. 접두어가 코드번호 앞에 놓이며, 부품의 형식(예 : 접두어값 1은 절삭부품 및 판재부품을 의미한

| 표 18.2 | MultiClass 시스템의 첫 18자리

자릿수	기능
0	코드 시스템 접두어
1	주형상
2, 3	외부와 내부 형상
5, 6	2차 가공 요소
7~12	치수 데이터(길이, 지름 등)
13	공차
14, 15	재료의 화학적 성분
16	원소재 형상
17	생산수량
18	가공 방향

다)을 나타내는 데 사용된다. 절삭부품에 대한 처음 18자리(접두어 뒤)의 코드를 표 18.2에 요약하였다.

18.1.5 생산흐름분석

생산흐름분석(production flow analysis, PFA)은 부품 도면보다는 공정절차서에 담겨 있는 정보를 이용하여 부품군과 관련 기계 그룹을 정의하는 방법이다. 동일하거나 유사한 공정을 가진 부품들을 부품군으로 분류하고, 그룹테크놀로지 배치를 통해 논리적 기계 셀을 구성하는 데 사용된다. PFA는 부품군을 정의하는 데 설계 데이터보다는 제조 데이터를 사용하기 때문에 부품 분류 및 코딩 시스템에서 발생할 수 있는 두 가지 문제를 해결할 수 있다. 첫째로, 기본 기하학적 형상이 매우 다른 부품들이 유사하거나 동일한 가공공정을 가질 수 있다. 둘째로, 기하학적 형상이 매우 유사한 부품들도 아주 다른 가공공정을 가질 수 있다는 것이다(그림 18.1과 18.2 참조).

생산흐름분석 절차는 분석할 부품의 범위를 결정하는 분석 범위에 대한 정의에서부터 시작된다. 공장 내 모든 부품을 분석 범위에 포함시킬 것인가, 아니면 분석을 위하여 대표적인 표본을 추출할 것인가? 이러한 결정이 한 번 내려지면 PFA에서의 절차는 다음과 같이 진행된다.

1. **자료 수집** : 분석에 필요한 최소한의 자료는 공정절차서, 공정도 또는 유사한 이름으로 불리는 현장문서에 담겨 있는 부품번호와 공정순서이다. 각 공정은 일반적으로 특정 기계와 연관이 있으므로 공정순서를 결정하는 것이 기계순서를 결정하는 것이 된다. 로트 크기, 표준시간, 연간수요 등과 같은 부가자료는 요구되는 생산용량에 맞는 기계 셀을 설계하는 데 유용한 자료이다.

2. **공정절차의 분류** : 이 단계에서 부품은 공정절차의 유사성에 따라 그룹으로 분류된다. 이 절차를 용이하게 하기 위하여 공장 내 모든 공정 또는 기계는 코드번호로 줄여서 표시하게 된다. 각 부품에 대하여 공정코드는 수행되는 순서대로 표시된다. 동일한 공정이 요구되는 부품 그

| 표 18.3 | PFA 차트(부품-기계 상관행렬)

기계 (j)	부품 (i)								
	A	B	C	D	E	F	G	H	I
1	1			1				1	
2					1				1
3			1		1				1
4		1				1			
5	1							1	
6			1						1
7		1				1	1		

룹인 '팩'에 부품을 넣어 관리하기 위하여 분류절차가 사용된다. 어떤 팩은 공정이 유일함을 의미하는 하나의 부품 번호를 담고 있을 수 있으며, 다른 팩은 부품군을 구성하는 많은 부품을 담고 있을 수도 있다.

3. **PFA 차트** : 각 팩에 사용되는 공정은 PFA 차트로 나타내지며, 표 18.3에 간단한 예를 나타내었다. 이 차트는 모든 부품 팩의 공정 또는 기계 코드번호에 대한 표이다. 최근의 GT에 관한 문헌[27]에서 PFA 차트를 **부품-기계 상관행렬**(part-machine incidence matrix)이라고 불렀으며, 각 요소들은 x_{ij}값이 1 또는 0이다. x_{ij}값이 1인 것은 부품 i가 기계 j에서의 공정이 필요하다는 것을 의미하고, x_{ij} 값이 0인 것은 부품 i가 기계 j에서의 공정이 필요하지 않다는 것을 나타낸다. 행렬을 명확하게 나타내기 위하여 행렬 내의 0은 빈칸으로 나타내었다.

4. **군 분류**(cluster analysis) : PFA 차트 자료의 패턴으로부터 관련 있는 그룹들이 정의되고, 유사한 기계(공정)를 갖는 팩들의 패턴으로 재배열한다. 표 18.3의 PFA 차트에서 가능한 재배열 결과 중 하나를 표 18.4에 나타내었으며, 각 기계 그룹을 사각 블록으로 나타내었다. 사각 블록은 가능한 기계 셀로 생각할 수 있다. 어떤 팩이 논리적으로 그룹에 맞지 않는 경우(표 18.4에

| 표 18.4 | 재배열된 PFA 차트(가능한 군 분류 대안 중 하나)

기계 (j)	부품 (i)								
	C	E	I	A	D	H	F	G	B
3	1	1	1						
2		1	1						
6	1		1						
1				1	1	1			
5				1		1			
7							1	1	1
4							1		1

는 없지만)도 있다. 이런 경우 어떤 하나의 그룹에 맞도록 새로운 공정순서를 만들 수 있는지를 알기 위하여 이러한 부품을 분석하기도 한다. 만들 수 없다면 이러한 부품은 재래식 공정별 배치로 생산되어야 할 것이다. 18.4.1절에서 군 분류를 수행하는 데 사용되는 Rank Order Clustering이라고 불리는 체계적인 기술을 설명할 것이다.

생산흐름분석의 약점은 사용되는 자료가 기존의 공정절차서로부터 얻어진다는 점이다. 아마도 공정절차서는 여러 다른 공정계획자가 작성한 것이며, 최선이 아니거나 비논리적, 불필요한 공정이 포함되어 있을 것이다. 따라서 분석을 통하여 얻은 최종 기계 그룹은 차선일 수 있다. 이러한 약점이 있어도 PFA는 완전한 부품 분류 및 코딩 절차보다 시간이 훨씬 적게 소요되는 이점이 있으며 공장운영에 GT를 도입하려는 많은 기업이 관심을 갖는 방법이다.

18.2 셀형 생산

부품군이 육안검사, 부품 분류 및 코딩, 생산흐름분석 중 어떤 방법으로 결정되었어도, 재래식 공정별 배치보다는 GT 기계 셀을 이용하여 부품을 생산하는 것이 훨씬 유리하다. 기계가 그룹화되면 이러한 현장 구성을 표현하기 위하여 **셀형 생산**이라는 용어를 사용한다. **셀형 생산**(cellular manufacturing)은 유사하지 않은 기계나 공정을 셀로 모아 놓은 그룹테크놀로지의 응용결과이며, 셀은 부품, 부품군, 또는 제한된 그룹의 부품군을 생산할 수 있다. 셀형 생산의 대표적인 목적은 그룹테크놀로지와 유사하며 다음과 같다.

- 제조 리드타임 감소 : 셋업, 공작물 취급, 대기시간 및 뱃치 크기를 줄임으로써 가능하다.
- 공정 내 재공재고 감소 : 뱃치 크기와 리드타임을 줄이면 재공품 수를 줄일 수 있다.
- 품질 향상 : 각 셀에서 생산되는 부품 수를 줄여서 특성화한다면, 공정이 단순해지고 부품 품질이 향상된다.
- 생산일정계획 단순화 : 부품군 내의 유사성은 생산일정계획을 단순화시킨다. 공정별 공장배치의 경우 개별 기계순서에 대한 일정계획을 세워야 하지만 셀형 생산에서는 셀 내의 일정만을 결정하면 된다.
- 셋업시간 감소 : 부품 각각을 가공하기 위한 것이 아니라 부품군을 가공하기 위하여 설정된 절삭공구, 지그, 고정구의 그룹을 사용함으로써 셋업시간을 줄일 수 있다. 필요한 공구를 줄일 뿐만 아니라 공구를 교체하는 데 필요한 시간도 줄일 수 있다.

Hyer와 Wemmerlov [21]는 전통적인 공정별 배치를 갖는 개별생산과 제조 셀에 대해 재미있는 비교를 하였다. 2.3.1절에서 설명한 공정별 배치는 각 공정 부서들로 구성되는데, 각 부서(예 : 선반부, 드릴부, 밀링부, 프레스부 등) 내에서는 장비가 유사하다. 이러한 배치의 공장에서는 상이한 제품들을 생산한다. 반면에, 제조 셀은 상이한 장비로 조직되었지만, 유사한 제품들(혹은 부품군)을 생산한다.

셀형 제조의 두 가지 측면에 대해서 다음에서 설명한다―(1) 가상조합부품 개념, (2) 기계 셀설계.

18.2.1 가상조합부품 개념

부품군은 부품 간의 유사한 설계 및 제조 특징 형상(feature)이 있는지에 따라 정의된다. 부품군의 정의를 가지고 가상조합부품 개념을 논리적으로 설명할 수 있다. 주어진 부품군의 **가상조합부품**(composite part)이란 부품군의 설계 및 제조속성을 모두 가지고 있는 가상의 부품이다. 일반적으로 부품군 내의 각 부품은 부품군을 정의하는 특징 형상 중 일부의 조합을 가지고 있고 모든 특징 형상을 가지는 것은 아니다.

부품설계 특징 형상과 그 형상을 만드는 제조공정 간에는 항상 연관성이 있다. 예를 들면 원형 구멍은 드릴공정, 원통형 형상은 선반공정, 평면가공은 밀링공정으로 만들어진다. 특정 부품군을 위한 생산 셀은 그 가상조합부품을 생산하기 위하여 필요한 기계들을 배치한다. 이러한 셀은 부품군 내 부품의 특징 형상에 상관없는 공정은 생략한다. 또한 이러한 셀은 부품군 내에서 부품크기와 특징 형상 변화의 처리가 가능하도록 설계된다.

그림 18.8(a)에서 가상조합부품에 대하여 살펴보자. 이는 그림 18.8(b)에서 정의된 특징 형상을 가진 회전형 부품군을 나타낸다. 각 특징 형상은 표 18.5에 요약된 절삭공정과 연관되어 있다. 이러한 부품군을 생산하기 위한 기계 셀은 가상조합부품을 생산하기 위하여 필요한 7개 공정 모두를 수행할 수 있도록 설계된다. 부품군 내의 어떠한 부품이라도 제조하기 위해서는 부품의 필요한

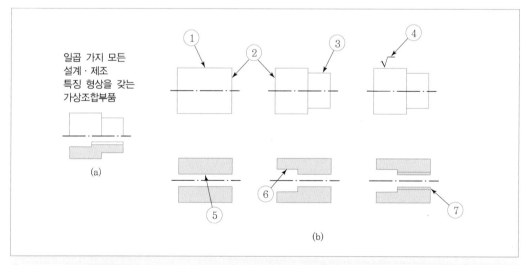

그림 18.8 **가상조합부품의 개념**: (a) 회전형 절삭부품군의 가상조합부품, (b) 가상조합부품의 개별 설계 특징 형상(표 18.5 참조)

| 표 18.5 | 그림 18.8의 가상조합부품의 설계 특징 형상과 각각을 위한 제조공정

번호	설계 특징 형상	제조공정
1	외부 원통면	선삭
2	원통 밑면	페이싱
3	원통 단	선삭
4	매끄러운 표면	원통연삭
5	축 방향 구멍	드릴링
6	카운터보어	카운터보링
7	내부 나사	태핑

모든 특징 형상을 가공할 수 있는 공정이 포함되어야 하지만, 7개 공정 모두가 필요하지 않은 부품에 대해서는 불필요한 공정은 단지 생략하면 된다. 기계, 고정구 및 공구는 셀을 통과하는 공작물의 효율적인 흐름을 위하여 구성된다.

실제 부품에서 설계 및 제조속성의 수는 7보다 크며, 부품군 내에서 부품의 전체 크기와 형상의 변화가 허용되어야 한다. 그럼에도 불구하고, 기계 셀 설계 문제를 시각화하기 위해서 가상조립부품 개념은 유용하다고 할 수 있다.

18.2.2 기계 셀 설계

기계 셀 설계는 셀형 생산에서 매우 중요하다. 셀 설계는 셀의 성능에 매우 커다란 영향을 미치기 때문이다. 이 절에서는 기계 셀 유형, 셀 배치 및 주기계 개념에 대하여 알아보자.

기계 셀 유형 GT 셀은 기계 간 자재취급의 기계화 정도와 기계의 수에 따라 분류될 수 있다. 이 절에서는 다음 4개의 GT 셀 구성을 살펴본다.

1. 단일기계 셀
2. 수동운반 그룹기계 셀
3. 준통합운반 그룹기계 셀
4. 유연생산 셀 또는 유연생산시스템

이름이 의미하는 대로, **단일기계 셀**(single machine cell)은 기계 1대와 고정구, 공구로 이루어진다. 이러한 형태의 셀은 선삭 또는 밀링과 같은 기본적인 공정으로 가공할 수 있는 속성을 가진 공작물에 적용될 수 있다. 예를 들면 그림 18.8의 가상조합부품은 재래식 터릿 선반에서 생산될 수 있다.

수동운반 그룹기계 셀(group-machine cell with manual handling)은 하나 이상의 부품군을 생산하기 위해 한 대 이상의 기계로 구성된다. 셀 내에서 기계 간 부품의 이동에 기계적인 장치는 없다. 대신 셀을 운영하는 작업자가 자재운반 기능을 수행한다. 셀은 그림 18.9와 같이 흔히 U자 모양으로 구성된다. 셀에서 생산되는 부품 사이에 작업흐름에 변화가 많을 경우에는 이러한 셀이

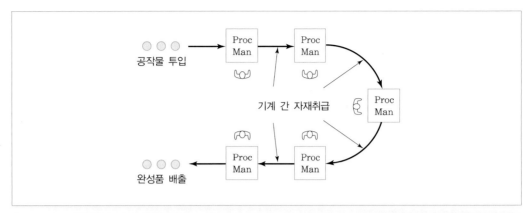

그림 18.9   기계 간 자재취급을 수동으로 하는 기계 셀과 U자 형 배치(Proc = 제조공정, Man = 수동조작, 화살표는 자재 흐름)

적당하다[26]. 뱃치 모델 조립라인에 U자 형 셀을 구축한 경우 장점은 (1) 모델 간 전환 용이, (2) 품질 향상, (3) 재공품을 눈으로 보면서 관리, (4) 셀이 단순하고 동력 컨베이어가 필요 없어 초기 투자비 감소, (5) 직무가 확대되고 작업속도에 대한 중압감이 없어 작업만족도 상승, (6) 셀을 더함으로써 증가된 수요에 대응할 수 있는 유연성 확보[14] 등을 들 수 있다.

준통합운반 그룹기계 셀(group-machine cell with semi-integrated handling)은 셀의 기계 간 부품의 이동을 위하여 컨베이어와 같은 기계장치를 이용한다. **유연생산시스템**(flexible manufacturing system, FMS)은 자재취급시스템이 자동화된 작업장과 완전 통합된 것이다. FMS는 그룹테크놀로지 기계 셀 중 가장 자동화된 시스템이다. 다음 장에서 자세히 알아볼 것이다.

기계 셀 배치유형   GT 셀에서는 다양한 기계배치가 사용된다. 그림 18.9에서와 같이 U자 형태는 셀형 생산에서 많이 쓰이는 구성이다. 다른 GT 배치로 준통합 자재취급의 경우 그림 18.10에서 보는 바와 같이 직선형, 타원 루프형, 사각 루프형 배치가 있다.

가장 적합한 셀 배치를 결정하는 것은 셀 내에서 생산되는 부품의 공정순서에 달려 있다. 네 가지 형태의 부품 이동형태가 혼합모델 생산시스템에서 나타날 수 있다. 이를 그림 18.11에 나타내었으며, 작업흐름에서 전방향은 그림의 왼쪽에서 오른쪽으로 움직이는 방향으로 정의한다―(1) **무이동**(repeat operation). 연속되는 공정이 동일한 기계에서 수행되며 부품은 실제로 이동되지 않는다. (2) **순차이동**(in-sequence move). 부품은 현재 기계에서 다음 기계로 전방향으로 이동된다. (3) **우회이동**(bypassing move). 부품이 현재 기계에서 두세 기계 앞의 다른 기계로 전방향으로 이동된다. (4) **역방향이동**(backtracking move). 부품이 현재 기계에서 역방향의 다른 기계로 이동된다.

적용현장이 모두 순차이동만으로 구성되었으면 직선형 배치가 적당하다. 또한 U자 형 배치도 적당하며, 이때는 셀 내의 작업자 간의 밀접한 협력을 할 수 있다는 장점이 있다. 현장이 반복공정을 포함하고 있다면 다수작업장(기계)이 종종 요구된다. 우회이동을 필요로 하는 셀에 대해서는 U자 형 배치가 적당하며, 역방향이동이 필요하면 타원형 또는 사각형 루프 배치가 셀 내의 부품순

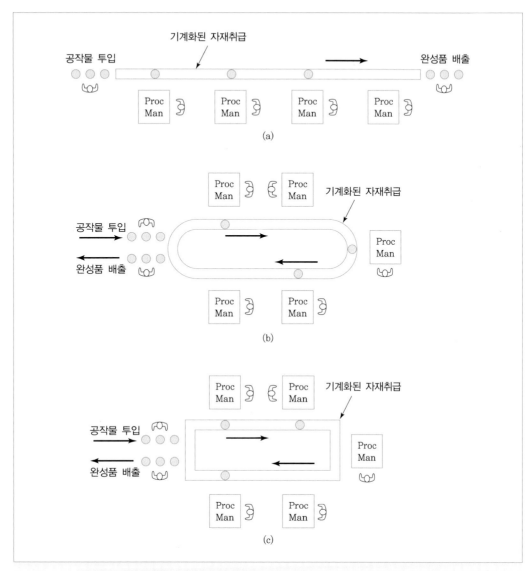

그림 18.10 **준통합 자재취급을 갖는 기계 셀 유형 : (a) 직선형, (b) 타원 루프형, (c) 사각 루프형. 단, Proc =** 제조공정, Man = 수동조작, 화살표는 자재 흐름을 나타낸다.

환을 원활히 하기 위해 적당하다. 셀 설계에 있어 고려해야 하는 부가적인 요인들은 다음과 같다.

- **셀이 수행하는 작업량** : 이는 연간 부품 수 및 각 작업장에서 부품당 가공(혹은 조립)시간을 포함한다. 이러한 요인들은 셀이 수행하여야 하는 작업부하, 필요한 기계 수, 셀의 총운전비용 및 투자비를 결정할 수 있게 해준다.
- **부품 크기, 형상, 무게 및 기타 물리적 속성** : 이러한 요인들은 자재취급 장치의 크기와 형식, 사용되어야 하는 가공장비를 결정할 수 있게 해준다.

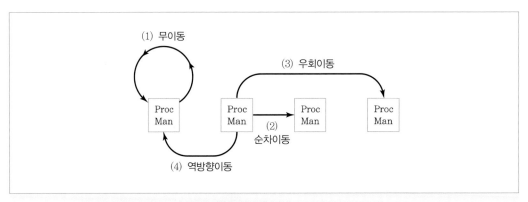

그림 18.11 혼합모델 생산에서의 네 가지 부품이동 형태

주기계 개념 어떤 면에서는 GT 기계 셀은 수동 조립라인(제15장)과 비슷하게 동작되며, 작업부하를 셀 내의 기계들에 가능한 한 균등하게 배분하는 것이 바람직하다. 반면에, 공장 내에서 매우 중요한 공정을 수행하지만, 다른 기계에 비해 월등히 비싼 기계(매우 큰 셀에서는 아마도 한 대 이상일 것임)가 셀 내에 있을 것이다. 이러한 기계를 **주기계**(key machine)라고 부른다. 셀 내의 다른 기계 가동률이 상대적으로 낮을지라도 이러한 주기계의 가동률이 높은 것은 매우 중요하다. 다른 기계를 지원기계라고 부르며 주기계가 활발히 사용될 수 있도록 셀이 구성되어야 한다. 어떤 의미에서는 주기계가 시스템에서 병목구간이 되도록 셀이 설계되어야 한다는 것을 의미한다.

주기계 개념이 종종 GT 기계 셀을 계획하는 데 사용된다. 이러한 접근방법에서는 어떤 부품이 주기계를 통하여 가공되어야 하고, 가공을 완료하기 위해서 어떤 지원기계가 필요한지를 결정하게 된다.

일반적으로 GT 셀에서 관심이 있는 가동률(이용률)은 주기계 가동률 및 전체 셀의 가동률 두 가지가 있다. 주기계 가동률은 통상적인 정의(제3장)에 의하여 측정될 수 있고, 다른 기계의 가동률도 유사하게 산정될 수 있다. 셀 가동률은 셀 내의 모든 기계 가동률의 산술적 평균을 구함으로써 쉽게 구할 수 있다.

18.3 GT의 적용

이 장의 도입부에서 언급한 바와 같이, 그룹테크놀로지는 '생산원리'라고 할 수 있다. GT를 적용하는 것을 지원하기 위해 부품 분류 및 코딩 시스템, 생산흐름분석과 같은 다양한 도구와 기술이 개발되었음에도 GT가 특정한 기술이라고는 할 수 없다. 그룹테크놀로지 원리는 많은 분야에 적용될 수 있으며, 여기서는 제조와 부품설계 분야에 대하여 초점을 맞출 것이다.

제조 분야 적용 GT의 가장 흔한 적용 분야가 제조 분야이며, 제조에서 가장 흔한 적용 분야 중 하나가 셀 구성이다. 모든 기업이 셀을 구성하기 위하여 기계를 재배치하지는 않는다. 그룹테크놀로지 원칙을 제조에 적용하는 방법에는 세 가지가 있다[20].

1. **선택된 기계를 거치는 유사한 부품들에 대한 비정식 일정계획 및 공정계획** : 이러한 접근 방법은 셋업을 공유하는 장점이 있으나 부품군을 정식으로 정의하지는 않고 어떠한 물리적인 기계 재배치도 고려하지 않는다.
2. **가상기계 셀** : 이러한 접근 방법은 부품군을 새로이 생성하고 부품군의 제조에 기계를 지정하지만, 셀을 위하여 물리적인 기계 재배치는 하지 않는다. 가상 셀의 기계들은 공장 내의 원래 위치를 유지한다. 가상 셀을 이용하면 다른 부품군을 제조하는 다른 가상 셀과 기계를 공유하기가 쉽다[22].
3. **정식 기계 셀** : 그룹테크놀로지의 전형적인 방법이며, 하나 혹은 한정 수효의 부품군을 생산하기 위한 셀(18.2.2절)로 기계들의 그룹이 물리적으로 재배치된다. 정식 기계 셀의 기계들은 자재취급, 총처리시간(throughput time), 셋업시간 및 재공재고를 최소화하기 위하여 서로 가까운 거리에 배치된다.

제조에서 다른 GT 적용 분야로는 공정계획, 공구군 형성 및 NC 파트 프로그램이 있다. 새로운 부품의 공정계획은 이 부품이 속한 부품군의 식별을 통하여 쉽게 이루어질 수 있다. 새로운 부품이 기존의 부품군과 관련이 있으면 이 부품의 공정계획은 부품군의 다른 부품의 공정순서에 따라 생성된다. 이는 부품 분류 및 코딩의 사용을 통해 정형화된 방법으로 이루어진다. 이러한 접근 방법은 자동 공정계획(제24장)에서 논의될 것이다.

이상적으로는 동일한 부품군의 모든 요소는 유사한 셋업, 공구 및 고정구를 필요로 하므로, 일반적으로 필요한 공구와 고정구의 양을 줄이는 결과를 얻을 수 있다. 각 부품에 대한 특별 공구 세트를 결정하는 대신에 각 부품군에 대한 공구 세트를 만든다. **모듈 고정구**(modular fixture)의 개념이 종종 사용되는데, 공통 기본 고정구를 설계하고, 부품군 내의 여러 부품을 위해 일부분만 개조한다.

유사한 접근 방식이 NC 파트 프로그램에 적용될 수 있다. **파라메트릭 프로그래밍**(parametric programming)[25]은 모든 부품군에 적용할 수 있는 공통 NC 프로그램을 미리 작성하는 것이다. 그다음 특정한 부품에 대한 치수와 다른 변수들의 값만을 기입함으로써 부품군의 각 요소에 적용할 수 있는 프로그램을 얻는다. 이리하여 프로그래밍과 셋업시간을 줄일 수 있다.

부품설계 적용 부품설계에서 그룹테크놀로지는 회사 내 부품증식 현상을 막아 주는 설계검색 시스템에 주로 사용된다. 한 회사가 새로운 부품설계를 위하여 보통 2,000~12,000달러의 비용이 소요된다고 알려져 있다[32]. 한 기업조사 보고[31]에 따르면, 새로운 부품의 약 20%는 기존의 부품설계가 그대로 이용될 수 있다고 결론지었다. 또한 새로운 부품의 약 40%는 기존 부품설계를 수정하여 사용할 수 있으며, 나머지 부품에만 새로운 설계가 필요하다고 하였다. 1년에 1,000개의 새로운 부품설계를 수행하는 기업의 경우(새로운 부품에 대한 공학해석 및 설계검색에 비용이 소요된다고 가정하면), 기존 부품설계를 사용하였다면 새 부품의 설계비용 절감이 75%, 기존 부품설계를 수정하여 사용하였다면 설계비용 절감이 50%라고 할 때, 1년간 총비용 절감액은 700,000~4,200,000달러에 달하거나 총설계비용의 35%가 절감된다. 단, 이러한 설계비용 절감은 효과적인 설계검색 시스템이 있어야 가능하다. 대부분의 부품 설계 검색절차는 부품 분류 및 코딩 시스템에 기반하고 있다.

설계 분야에서 GT의 다른 적용분야는 공차, 모서리 반지름, 모따기 크기, 구멍크기, 나사 크기 등과 같은 설계변수의 단순화와 표준화이다. 이러한 측정값은 설계절차를 단순화하고 부품 증식을 줄일 수 있다. 또한 설계표준화는 선삭공구 끝 반지름, 드릴 크기, 나사 크기의 종류를 줄임으로써 제조에서의 이익을 창출하고, 기업이 처리하여야 하는 자료와 정보의 양을 줄임으로써 이익이 발생한다. 즉 부품설계, 설계속성, 공구, 나사 등의 감소는 설계문서, 공정계획 및 기타 기록의 감소와 단순화를 의미한다.

18.4 셀형 생산의 분석

그룹테크놀로지 및 셀형 생산의 문제를 해결하기 위하여 많은 정량적 해법이 개발되었다. 이 절에서는 두 가지 문제에 대해 살펴보자—(1) 부품 및 기계의 그룹화, (2) GT 셀로의 기계배치. (1)번 문제는 지금까지 매우 활발히 연구되는 분야이며, 많은 중요한 연구결과들을 참고문헌에 나열하였다[2], [3], [12], [13], [23], [24]. 부품 및 기계 그룹화 문제를 해결하는 방법으로 이 절에서 소개하는 방법은 rank-order clustering[23]이다. 두 번째 문제도 연구 주제가 되어 왔으며 몇 가지 보고서를 참고문헌에 나열하였다[1], [7], [9], [19]. 18.4.2절에서 Hollier[19]가 제안한 두 가지의 경험적 방법을 알아볼 것이다.

18.4.1 Rank-order clustering에 의한 부품 및 기계 그룹화

여기서 언급하는 문제는 기존 공장에 있는 기계를 기계 셀로 그룹화하는 방법을 결정하는 것이며, 셀이 가상인지 아니면 정형화된 것인지에 관계없이 동일하다(18.3절). 기본적으로 부품군을 정의하는 문제이다. 부품군을 정의함으로써 부품군을 생산하기 위하여 필요한 기계를 적절히 선택하고 그룹핑할 수 있다.

King[23]이 처음 제안한 rank-order clustering(ROC) 기법은 생산흐름분석에 적용된다. 기계를 셀로 그룹화하기 위한 효과적이고 사용하기에 용이한 알고리즘이다. 부품가공 공장(혹은 기타 개별생산)의 공정절차 자료를 이용하여 작성된 초기 부품-기계 상관행렬에서 각 요소의 위치는 무작위로 정해졌을 것이다. ROC 기법은 부품군과 관련 기계 그룹을 나타내는 대각블록들로 부품-기계 상관행렬을 재구성하는 것이다. 초기 부품-기계 상관행렬에서 시작하여 다음과 같은 단계로 ROC

알고리즘을 수행한다.

1. 행렬의 각 행에서 왼쪽으로부터 오른쪽까지 2진수로 표시된 1 및 0(공란은 0)을 읽어들인다. 그다음 내림차순으로 행의 순위(rank)를 정하고, 같을 경우에는 현재 행렬에 있는 순서대로 순위를 준다.

2. 위 행에서 아래 행까지의 번호가 이전 단계에서 결정된 순위 순서(rank order)와 같은가? 맞으면 단계 7로 가고, 틀리면 다음 단계로 진행한다.

3. 위 행에서 시작하여 순위번호가 감소하는 순서로 부품-기계 상관행렬의 행을 재배열한다.

4. 행렬의 각 열에서 왼쪽으로부터 오른쪽까지 2진수로 표시된 1 및 0(공란은 0)을 읽어들인다. 내림차순으로 열의 순위를 정하고, 같을 경우에는 현재 행렬에 있는 순서대로 순위를 준다.

5. 왼쪽에서 오른쪽까지의 번호가 이전 단계에서 결정된 순위순서와 같은가? 맞으면 단계 7로 가고, 틀리면 다음 단계로 진행한다.

6. 왼쪽 열에서 시작하여 순위번호가 감소하는 순서로 부품-기계 상관행렬의 행을 재배열한다. 단계 1로 간다.

7. 종료.

단계 1과 4의 2진수를 계산하는 것이 어려운 사용자는 각 2진수를 10진수로 변환하는 것이 편리할 것이다(즉 표 18.3의 행렬에서 첫 번째 행의 값은 100100010이다). 이는 다음과 같이 10진수로 변환된다—$(1 \times 2^8) + (0 \times 2^7) + (0 \times 2^6) + (1 \times 2^5) + (0 \times 2^4) + (0 \times 2^3) + (0 \times 2^2) + (1 \times 2^1) + (0 \times 2^0) = 256 + 32 + 2 = 290$. 실제로 현장의 많은 수의 부품에 대하여 10진수로의 변환은 비현실적이며, 2진수의 비교가 바람직하다.

예제 18.2 Rank-order clustering 기법

Rank-order clustering 기법을 표 18.3의 부품-기계 상관행렬에 적용하라.

▌풀이 단계 1은 각 행의 1과 0을 2진수로 인식하는 것이며 표 18.6(a)에서 각 행의 2진수를 10진수로 변환하였다. 제일 오른쪽에 순위값을 표시하였다. 단계 2에서 행 순서가 초기 행렬과 다름을 알 수 있으므로, 단계 3에서 행에 대하여 재배열한다. 단계 4에서 각 열의 위에서 아래까지 1과 0을 2진수로 인식하며(다시 10진수로 변환한다), 표 18.6(b)에서 보는 바와 같이 열을 내림차순으로 재배열한다. 단계 5에서 열의 순서가 이전 행렬과 달라짐을 알 수 있다. 단계 6에서 다시 단계 1 및 2로 진행하면서 열에 대하여 재배열을 해도 행의 순서가 내림차순이 되면 알고리즘이 종료된다(단계 7). 최종 결과는 표 18.6(c)와 같으며 표 18.4와 자세히 비교하면 동일한 부품-기계 그룹이 됨을 알 수 있다.

| 표 18.6(a) | 예제 18.2에 ROC 기법을 적용했을 때 첫 번째 수행결과(단계 1)

2진값	2^8	2^7	2^6	2^5	2^4	2^3	2^2	2^1	2^0		
					부품						
기계	A	B	C	D	E	F	G	H	I	10진 환산	순위
1	1			1				1		290	1
2					1				1	17	7
3			1		1				1	81	5
4		1				1				136	4
5	1							1		258	2
6			1						1	65	6
7		1				1	1			140	3

| 표 18.6(b) | 예제 18.2에 ROC 기법을 적용했을 때 두 번째 수행결과(단계 3과 4)

					부품					
기계	A	B	C	D	E	F	G	H	I	2진값
1	1			1				1		2^6
5	1							1		2^5
7		1				1	1			2^4
4		1				1				2^3
3			1		1				1	2^2
6			1						1	2^1
2					1				1	2^0
10진 환산	96	24	6	64	5	24	16	96	7	
순위	1	4	8	3	9	5	6	2	7	

| 표 18.6(c) | 예제 18.2의 해

				부품					
기계	A	H	D	B	F	G	I	C	E
1	1	1	1						
5	1	1							
7				1	1	1			
4				1	1				
3							1	1	1
6							1	1	
2							1		1

앞의 예제에서 부품과 기계를 3개의 독립적인 부품-기계 그룹으로 분리하는 것이 가능하였다. 부품군과 연관 기계 셀이 완전히 분리되었기 때문에 이상적인 경우를 보여준다. 그러나 기계 그룹 간의 공정요구사항이 중복되는 것이 흔하게 발생한다. 즉 주어진 부품이 하나 이상의 기계 그룹에서 가공되어야 하는 경우이다. 이러한 경우를 알아보고 ROC 기법이 이를 어떻게 해결하는지를 다음 예제에서 알아보자.

예제 18.3   중복된 기계가 필요한 경우

표 18.7의 부품-기계 상관행렬에 대하여 살펴보자. 부품 B가 기계 1, 4, 7(1은 추가된 기계)에서의 공정이 필요하고, 부품 D는 기계 1, 4(4는 추가된 기계)에서의 공정이 필요하다는 것을 제외하고는 표 18.3의 부품-기계 상관행렬과 동일하다.

| 표 18.7 | 예제 18.3의 부품-기계 상관행렬

기계	A	B	C	D	E	F	G	H	I
1	1	1		1				1	
2					1				1
3			1		1				1
4		1		1		1			
5	1							1	
6			1						1
7		1				1	1		

풀이   ROC 기법은 표 18.8(a)와 18.8(b)에서 보는 바와 같이 두 번의 반복 수행으로 해를 얻었으며, 최종 결과는 표 18.8(c)와 같다. 부품 B와 D는 두 기계 그룹에 들어갈 수 있다. 즉 기계 그룹(4, 7)에 포함되며, 기계 그룹(1, 5)에서도 또한 가공될 수 있다.

| 표 18.8(a) | 예제 18.3에 ROC 기법을 적용했을 때 첫 번째 수행결과

2진값	2^8	2^7	2^6	2^5	2^4	2^3	2^2	2^1	2^0		
기계	A	B	C	D	E	F	G	H	I	10진 환산	순위
1	1	1		1				1		418	1
2					1				1	17	7
3			1		1				1	81	5
4		1		1		1				168	3
5	1							1		258	2
6			1						1	65	6
7		1				1	1			140	4

| 표 18.8(b) | 예제 18.3에 ROC 기법을 적용했을 때 두 번째 수행결과

					부품					
기계	A	B	C	D	E	F	G	H	I	2진값
1	1			1				1		2^6
5	1							1		2^5
4		1		1		1				2^4
7		1				1	1			2^3
3			1		1				1	2^2
6			1						1	2^1
2					1				1	2^0
10진 환산	96	88	6	80	5	24	8	96	7	
순위	1	3	8	4	9	5	6	2	7	

| 표 18.8(c) | 예제 18.3의 해

					부품				
기계	A	H	B	D	F	G	I	C	E
1	1	1	1	1					
5	1	1							
4			1	1	1				
7			1		1	1			
3							1	1	1
6							1	1	
2							1		1

King[24]은 표 18.8(c)에서 행렬 요소 B1 및 D1(기계 1에서 가공되는 부품 B 및 D)을 예외요소라고 하였으며, ROC 기법이 적용될 때는 별표(*)로 바꾸고 0으로 처리할 것을 추천하였다. 이 예제에서 이러한 방법을 사용하면 표 18.8(c)의 최종 결과와 똑같이 기계들을 구성할 수 있다. 이러한 예외를 처리하는 또 다른 방법은 여러 부품군에서 사용될 수 있는 기계를 중복 사용하는 것이다. 이는 예제 18.3에서 2개의 1번 기계가 두 셀에서 사용됨을 의미한다. 이러한 중복사용의 결과는 표 18.9와 같으며, 2대의 기계는 1a 및 1b로 구분한다. 물론 경제적 검토결과에 의해 이러한 기계의 중복사용이 가능하지 않을 수 있다.

그 밖의 중복기계 문제의 또 다른 해결방안은 다음과 같다―(1) 모든 공정이 주요 기계 그룹에서 수행될 수 있도록 공정순서를 수정한다. (2) 주요 기계 그룹에서 할 수 없는 공정 요구사항을 없애기 위하여 부품을 재설계한다. (3) 외부로부터 부품을 구매한다.

표 18.9 | 1번 기계를 2개(1a와 1b) 사용한 예제 18.3의 해

기계	A	H	B	D	F	G	I	C	E
1a	1	1							
5	1	1							
4			1	1	1				
1b			1	1					
7			1		1	1			
3							1	1	1
6							1	1	
2							1		1

(표 상단에 '부품' 표기)

18.4.2 GT 셀에서의 기계배치

Rank-order clustering 또는 기타 다른 방법으로 부품-기계 그룹화가 수행된 후 다음 문제는 가장 합리적으로 기계를 배치하는 것이다. Hollier[19]가 제안한 간단하지만 효과적인 방법에 대하여 알아보자. 이것은 from-to 차트(제10장)에 담긴 데이터를 이용하며, 셀 내의 순차적 이송의 비율이 최대가 되도록 기계를 배치하는 것이다. 즉 셀의 각 기계로부터와 기계로의 총흐름을 합하여 구한 from-to 비율에 기반을 둔 방법으로 다음의 세 단계로 정리할 수 있다.

1. from-to 차트 작성 : Hollier 방법 1과 동일하다.
2. 각 기계의 from-to 비율을 결정 : 각 기계(혹은 공정)에 대하여 모든 'from' 이송 및 'to' 이송을 합한다. 한 기계의 'from' 이송 합은 해당 행의 요소값을, 'to' 이송 합은 해당 열의 요소값을 합하는 것이다. 각 기계에 대하여 'from-to 비율'은 'from' 합을 'to' 합으로 나누어줌으로써 구할 수 있다.
3. from-to 비율을 줄이기 위하여 기계를 배치 : from-to 비율이 높은 기계는 작업을 주는 기계가 많고, 작업을 받는 기계는 적다는 것을 의미한다. 반대로 from-to 비율이 낮은 기계는 주는 작업보다 받는 작업이 많다는 것을 의미한다. 그러므로 from-to 비율이 낮아지는 순서로 기계가 배치된다. 이는 비율이 높은 기계는 작업흐름의 시작에 위치하고, 비율이 낮은 기계는 작업흐름의 끝에 위치함을 의미한다. 만약 같다면, 'from' 값이 높은 기계가 낮은 기계 앞에 위치하여야 한다.

예제 18.4 Hollier 방법을 이용한 GT 기계순서

4대의 기계 1, 2, 3 및 4가 GT 기계 셀에 속해 있다고 가정한다. 이러한 4대의 기계에서 가공되는 50개의 부품에 대한 자료는 표 18.10의 from-to 차트에 요약되어 있다. 부가적인 자료로는 50개 부품이 기계 3에 투입되고, 20개 부품은 기계 1에서, 30개 부품은 기계 4에서 빠져나온다. Hollier

방법을 이용하여 합리적인 기계배치를 결정하라.

| 표 18.10 | 예제 18.4의 from-to 차트

From :	To :	1	2	3	4
	1	0	5	0	25
	2	30	0	0	15
	3	10	40	0	0
	4	10	0	0	0

풀이 표 18.11에 'from' 및 'to' 합을 포함한 from-to 비율을 나타내었다. from-to 비율이 감소하는 순서로 기계를 배치하면 다음과 같다.

$$3 \rightarrow 2 \rightarrow 1 \rightarrow 4$$

| 표 18.11 | 예제 18.4의 from-to 합과 from-to 비율

from :	to :	1	2	3	4	'from' 합	from-to 비율
	1	0	5	0	25	30	0.60
	2	30	0	0	15	45	1.0
	3	10	40	0	0	50	∞
	4	10	0	0	0	10	0.25
'to' 합		50	45	0	40	135	

셀에서 작업흐름을 개념화하기 위하여 네트워크 도표(제10장)와 같은 그래프 기법을 사용하는 것이 유용하다. 예제 18.4의 기계배치에 관한 네트워크 도표를 그림 18.12에 나타내었다. 작업흐름은 대부분 직선형이다. 그런데 셀에서 사용될 수 있는 자재취급 장치 설계에서 고려하여야 하는 역방향 흐름도 있다. 기계 간의 전방향(순차적) 흐름에는 동력 컨베이어가 적당하고, 역방향 흐름에는 수동운반장치가 적당하다.

기계 순서 문제의 결과를 비교하기 위하여 세 가지 성능평가 척도가 정의될 수 있다―(1) 순치이동의 비율, (2) 우회이동의 비율, (3) 역방향이동의 비율. 각 이동의 비율은 그 이동을 나타내는 값을 모두 더하여 총이동 횟수로 나누어줌으로써 계산할 수 있다. 순차이동의 비율은 높고 역방향이동의 비율이 낮은 경우가 바람직하다. Hollier의 방법이 바로 이 목표를 달성하기 위해 고안된 것이다. 우회이동은 순차이동보다는 덜 바람직하지만, 역방향이동보다는 낫다고 할 수 있다.

예제 18.5 **GT 셀에서 기계순서안에 대한 성능평가**

예제 18.4의 결과에 대하여 (a) 순차이동 비율, (b) 역방향이동 비율, (c) 우회이동 비율을 계산하라.

█ 풀이 그림 18.12로부터 순차이동 횟수＝40＋30＋25＝95이고, 역방향이동 횟수＝5＋10＝15이다. 우회이동 횟수＝10＋15＝25이다. 총이동 횟수는 135이다('from' 합 또는 'to' 합의 총합). 그러므로

(a) 순차이동 비율＝95/135＝0.704＝70.4%

(b) 역방향이동 비율＝15/135＝0.111＝11.1%

(c) 우회이동 비율＝25/135＝0.185＝18.5%

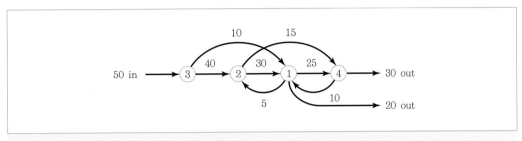

그림 18.12 예제 18.5의 기계 셀에 대한 흐름도

참고문헌

[1] ANEKE, N. A. G., and A. S. CARRIE, "A Design Technique for the Layout of Multi-Product Flowlines," *International Journal of Production Research,* Volume 24, 1986, pp. 471-481.

[2] ASKIN, R. G., H. M. SELIM, and A. J. VAKHARIA, "A Methodology for Designing Flexible Cellular Manufacturing Systems," *IIE Transactions,* Vol. 29, 1997, pp. 599-610.

[3] BEAULIEU, A., A. GHARBI, and AIT-KADI, "An Algorithm for the Cell Formation and The Machine Selection Problems in the Design of a Cellular Manufacturing System," *International Journal of Production Research,* Volume 35, 1997, pp. 1857-1874.

[4] BLACK, J. T., "An Overview of Cellular Manufacturing Systems and Comparison to Conventional Systems," *Industrial Engineering,* November 1983, pp. 36-48.

[5] BLACK, J. T., *The Design of the Factory with a Future,* McGraw-Hill Book Company, NY, 1990.

[6] BLACK, J. T., and S. L. HUNTER, *Lean Manufacturing Systems and Cell Design,* Society of Manufacturing Engineers, Dearborn, MI, 2003.

[7] BURBIDGE, J. L., "Production Flow Analysis," *Production Engineer,* Vol. 41, 1963, p. 742.

[8] BURBIDGE, J. L., *The Introduction of Group Technology,* John Wiley & Sons, New York, 1975.

[9] BURBIDGE, J. L., "A Manual Method of Production Flow Analysis," *Production Engineer,* Vol. 56, 1977, p. 34.

[10] BURBIDGE, J. L., *Group Technology in the Engineering Industry,* Mechanical Engineering Publications Ltd., London, UK, 1979.

[11] BURBIDGE, J. L., "Change to Group Technology: Process Organization is Obsolete," *International*

Journal of Production Research, Volume 30, 1992, pp. 1209-1219.

[12] CANTAMESSA, M., and A. TURRONI, "A Pragmatic Approach to Machine and Part Grouping in Cellular Manufacturing Systems Design," *International Journal of Production Research,* Volume 35, 1997, pp. 1031-1050.

[13] CHANDRASEKHARAN, M. P., and R. RAJAGOPALAN, "ZODIAC: An Algorithm for Concurrent Formation of Part Families and Machine Cells," *International Journal of Production Research,* Volume 25, 1987, pp. 835-850.

[14] ESPINOSA, A., "The New Shape of Manufacturing," *Assembly,* October 2003, pp. 52-54.

[15] GALLAGHER, C. C., and W. A. KNIGHT, *Group Technology,* Butterworth & Co. Ltd., London, UK, 1973.

[16] GROOVER, M. P., *Fundamentals of Modern Manufacturing: Materials, Processes, and Systems,* 3rd ed., John Wiley & Sons, Inc., Hoboken, NJ, 2007.

[17] HAM, I., "Introduction to Group Technology," *Technical Report MMR76-03,* Society of Manufacturing Engineers, Dearborn, Michigan, 1976.

[18] HAM, I., K. HITOMI, and T. YOSHIDA, *Group Technology: Applications to Production Management,* Kluwer-Nijhoff Publishing, Boston, MA, 1985.

[19] HOLLIER, R. H., "The Layout of Multi-Product lines," *International Journal of Production Research,* Vol. 2, 1963, pp.47-57.

[20] HYER, N. L., and U. WEMMERLOV, "Group Technology in the U. S. Manufacturing Industry: A Survey of Current Practices," *International Journal of Production Research,* Vol. 27, 1989, pp. 1287-1304.

[21] HYER, N. L., and U. WEMMERLOV, *Reorganizing the Factory: Competing through Cellular Manufacturing,* Productivity Press, Portland OR, 2002.

[22] IRANI, S. A., T. M. CAVALIER, and P. H. COHEN, "Virtual Manufacturing Cells: Exploiting Layout Design and Intercell Flows for the Machine Sharing Problem," *International Journal of Production Research,* Vol. 31, 1993, pp. 791-810.

[23] KING, J. R., "Machine-Component Grouping in Production Flow Analysis: an Approach Using a Rank-order Clustering Algorithm," *International Journal of Production Research,* Vol. 18, 1980, pp. 213-222.

[24] KUSIAK, A., "EXGT-S: A Knowledge Based System for Group Technology," *International Journal of Production Research,* Vol. 26, 1988, pp.1353-1367.

[25] LYNCH, M., *Computer Numerical Control for Machining,* McGraw-Hill, Inc., NY, 1992.

[26] MONDEN, Y., *Toyota Production System,* Industrial Engineering and Management Press, Institute of Industrial Engineers, Norcross, GA, 1983.

[27] MOODIE, C., R. UZSOY, and Y. YIH, *Manufacturing Cells: A Systems Engineering View,* Taylor & Francis Ltd., London, UK, 1995.

[28] OPITZ, H., *A Classification System to Describe Workpieces,* Pergamon Press, Oxford, UK, 1970.

[29] OPITZ, H., and H. P. WIENDAHL, "Group Technology and Manufacturing Systems for Medium Quantity Production," *International Journal of Production Research,* Vol. 9, No. 1, 1971, pp. 181-203.

[30] SINGH, N., and D. RAJAMANI, *Cellular Manufacturing Systems: Design, Planning, and Control,* Chapman & Hall, London, UK, 1996.

[31] WEMMERLOV, U., and N. L. HYER, "Cellular Manufacturing in U. S. Industry : A Survey of Users," *International Journal of Production Research,* Volume 27, 1989, pp.1511-1530.

[32] WEMMERLOV, U., and N. L. HYER, "Group Technology," *Handbook of Industrial Engineering,* G. Salvendy (Editor), John Wiley & Sons, Inc., NY, 1992, pp. 464-488.

[33] WILD, R., *Mass Production Management,* John Wiley & Sons Ltd., London, UK, 1972.

[34] www.clrh.com

[35] www.strategosinc.com

복습문제

18.1 그룹테크놀로지란 무엇인가?

18.2 셀형 생산이란 무엇인가?

18.3 그룹테크놀로지와 셀형 생산이 적합한 생산환경은 무엇인가?

18.4 그룹테크놀로지를 적용할 때 기업이 수행해야 할 중요한 작업 두 가지는 무엇인가?

18.5 부품군이란 무엇인가?

18.6 부품들을 부품군으로 그룹화할 때 사용되는 방법 세 가지는 무엇인가?

18.7 생산흐름분석이란 무엇인가?

18.8 셀형 생산의 대표적인 목적은 무엇인가?

18.9 **가상조합부품**의 개념은 무엇인가?

18.10 GT 기계 셀의 일반적인 네 가지 셀 유형은 무엇인가?

18.11 셀형 생산에서 주기계의 개념은 무엇인가?

18.12 가상 기계 셀과 정형화된 기계 셀의 차이점은 무엇인가?

18.13 Rank-order clustering의 목적은 무엇인가?

연습문제

부품분류 및 코딩

18.1 그림 P18.1의 부품에 대하여 Opitz 시스템의 형상코드(앞의 5자릿수)를 나타내라.

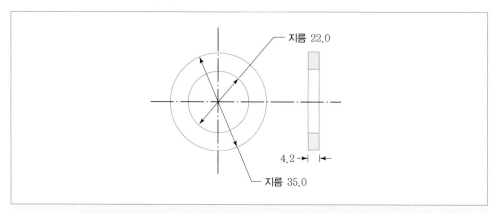

그림 P18.1 문제 18.1의 부품. 치수는 mm

18.2 그림 P18.2의 부품에 대하여 Opitz 시스템의 형상코드(앞의 5자릿수)를 나타내라.

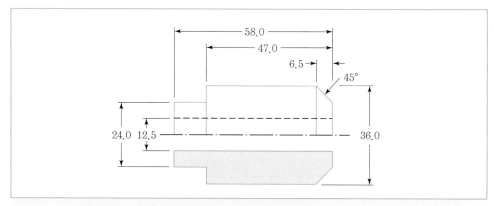

그림 P18.2 문제 18.2의 부품. 치수는 mm

18.3 그림 P18.3의 부품에 대하여 Opitz 시스템의 형상코드(앞의 5자릿수)를 나타내라.

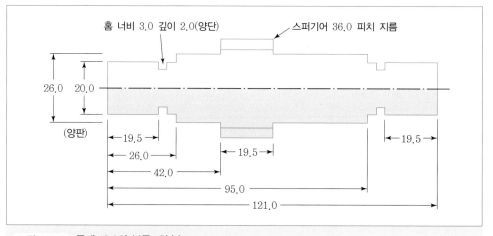

그림 P18.3 문제 18.3의 부품. 치수는 mm

Rank-order clustering

18.4 논리적으로 부품군과 기계 그룹을 정의하기 위하여 아래 표의 부품-기계 상관행렬에 rank-order clustering 기법을 적용하라. 부품들은 문자로, 기계들은 숫자로 표시되었다.

부품

기계	A	B	C	D	E
1	1				
2		1			1
3	1			1	
4		1	1		
5				1	

18.5 논리적으로 부품군과 기계 그룹을 정의하기 위하여 아래 표의 부품-기계 상관행렬에 rank-order clustering 기법을 적용하라. 부품들은 문자로, 기계들은 숫자로 표시되었다.

부품

기계	A	B	C	D	E	F
1	1				1	
2				1		1
3	1	1				
4			1	1		
5		1			1	
6			1	1		1

18.6 논리적으로 부품군과 기계 그룹을 정의하기 위하여 아래 표의 부품-기계 상관행렬에 rank-order clustering 기법을 적용하라. 부품들은 문자로, 기계들은 숫자로 표시되었다.

부품

기계	A	B	C	D	E	F	G	H	I
1	1								1
2		1					1		
3			1		1			1	
4		1				1	1		
5			1					1	
6						1	1		
7	1			1					
8			1		1				

18.7 논리적으로 부품군과 기계 그룹을 정의하기 위하여 다음 표의 부품-기계 상관행렬에 rank-order clustering 기법을 적용하라. 부품들은 문자로, 기계들은 숫자로 표시되었다.

부품

기계	A	B	C	D	E	F	G	H	I
1			1	1	1				
2	1	1					1	1	1
3						1	1	1	
4	1	1		1					
5			1		1				
6		1						1	1
7	1		1	1					
8		1				1		1	1

18.8 아래 표는 기계 공장에서 셀형 생산을 위하여 10개 부품들의 주간 생산수량과 작업경로를 나타낸다. 부품들은 문자로 표시되고, 기계들은 숫자로 표시되었다. 주어진 자료를 토대로 (a) 부품-기계 상관행렬을 나타내고, (b) 논리적으로 부품과 기계들을 정의하기 위하여 아래 표의 부품-기계 상관행렬에 rank-order clustering 방법을 적용하라.

부품	주당 수량	작업경로	부품	주당 수량	작업경로
A	50	$3 \rightarrow 2 \rightarrow 7$	F	60	$5 \rightarrow 1$
B	20	$6 \rightarrow 1$	G	5	$3 \rightarrow 2 \rightarrow 4$
C	75	$6 \rightarrow 5$	H	100	$3 \rightarrow 2 \rightarrow 4 \rightarrow 7$
D	10	$6 \rightarrow 5 \rightarrow 1$	I	40	$2 \rightarrow 4 \rightarrow 7$
E	12	$3 \rightarrow 2 \rightarrow 7 \rightarrow 4$	J	15	$5 \rightarrow 6 \rightarrow 1$

기계 셀 구성 및 설계

18.9 부품군을 생산하는 데 사용되는 4개의 기계가 GT 셀로 배치되어 있다. 기계가 처리하는 부품들에 대한 from-to 데이터가 아래의 표에 나타나 있다. (a) Hollier 방법을 사용해서 가장 논리적인 기계들의 순서를 결정하라. (b) 자료에 대한 네트워크 도표를 구성하여 어디서, 얼마나 많은 부품들이 시스템에 들어가고 나가는지 보여라. (c) 앞에서 얻어진 답으로부터 순차이동, 역방향이동, 우회이동에 대한 비율을 구하라. (d) 셀에 대하여 적합한 기계배치 계획을 전개하라.

From :	To :			
	1	2	3	4
1	0	10	0	40
2	0	0	0	0
3	50	0	0	20
4	0	50	0	0

18.10 문제 18.8에서 rank-order clustering에 의해 2개의 기계 그룹이 정의된다. 각 기계 그룹에 대하여, (a) 주어진 데이터에 대한 가장 논리적인 기계들의 순서를 결정하라. (b) 앞의 데이터에 대한 네트워크 도표를 구성하라. (c) 앞에서 얻어진 답으로부터 순차이동, 역방향이동, 우회이동에 대한 비율을 구하라.

18.11 3대의 기계가 GT 셀을 구성한다. 기계 1은 기계 2에 공급해주는데, 기계 2가 셀에서 가장 핵심 기계이다. 기계 2는 기계 3에 공급한다. 셀은 5개의 제품(A, B, C, D, E)으로 구성된 제품군을 생산하기 위하여 셋업된다. 각 기계에서 각 제품의 공정시간은 아래 표에 주어져 있다. 제품들이 각각 4 : 3 : 2 : 2 : 1의 비율로 생산될 예정이다. (a) 만약 일주일에 35시간 작업을 한다면, 셀에서 얼마나 많은 제품이 각각 생산될지를 결정하라. (b) 셀에서 각 기계의 이용률(가동률)은 얼마인가?

부품	공정시간(분)		
	기계 1	기계 2	기계 3
A	4.0	15.0	10.0
B	15.0	18.0	7.0
C	26.0	20.0	15.0
D	15.0	20.0	10.0
E	8.0	16.0	10.0

유연생산시스템

유연생산시스템(flexible manufacturing system, FMS)은 앞 장에서 그룹테크놀로지를 구현하는 데 사용되는 기계 셀의 하나로 구분되었는데, GT 셀 중에서 자동화 수준이 가장 높고 기술적으로 가장 복잡한 것이다. 일반적인 FMS는 다수의 자동 작업장으로 구성되어 있으며, 작업장 간의 다양한 공정순서를 가능하게 한다. 유연생산시스템의 유연성은 연다양성(2.3절)에 대응할 수 있도록 해준다. FMS는 이전에 논의된 많은 개념과 기술을 하나의 고도로 자동화된 시스템에 집약시킨 시스템으로 다음과 같은 기술이 포함되어 있다—유연자동화(제1장), CNC 기계(제7장), 분산 컴퓨터 제어(제5장), 자동 자재운반 및 보관시스템(제10장, 제11장) 및 그룹테크놀로지(제18장). FMS는 원래 1960년대 초에 영국에서 시작되었다(역사적 고찰 19.1). 미국의 최초 FMS는 1967년경에 설치되었다. 이러한 초기 시스템들은 NC 공작기계를 사용하여 부품군에 대한 절삭공정을 수행하였다.

FMS 기술은 그룹테크놀로지 및 셀형 생산에서 언급한 분야와 유사한 분야에 적용할 수 있으며, 특히 다음과 같은 분야에 적당하다.

유연생산시스템[21], [23], [24]

유연생산시스템은 절삭공정에 대하여 처음으로 개념화되기 시작하였으며, NC 공작기계의 개발이 선행되어야 하였다. 1960년대 중반에 Mollins사의 엔지니어인 David Williamson에 의하여 고안되었으며, 특허 출원되었다(1965년에 특허등록). 시스템을 구성하고 있는 공작기계 그룹이 하루에 24시간 운영될 수 있으며, 24시간 중 16시간은 무인운전될 수 있다고 생각되었기 때문에 'System 24'라고 명명되었다. NC 공작기계의 컴퓨터 제어, 생산되는 다양한 부품 및 여러 절삭공정을 위한 다양한 공구를 보유한 공구 매거진이 시스템 개념에 포함되어 있었다.

미국에 설치된 최초의 FMS 중 하나는 1960년대에 Sundstrand사가 구축한 Ingersoll-Rand사의 가공시스템(버지니아 주, 로어노크 소재)이었다(예제 19.1). 그 후에 Caterpillar Tractor사의 Kearney & Trecker FMS, Cincinnati Milacron사의 'Variable Mission System' 등이 소개되었다. 미국에 구축된 초기 FMS의 대부분은 Ingersoll-Rand, Caterpillar, John Deere, General Electric Co.와 같은 대기업이 구축하였다. 이러한 대기업들은 필요한 대규모 투자를 할 수 있는 재력이 있었으며, FMS 기술을 선도하는 NC 공작기계, 컴퓨터 시스템 및 제조시스템에 대한 앞선 지식을 갖고 있었다.

FMS는 또한 전 세계 여러 나라에 구축되었다. 1969년 서독(현 독일)의 Heidleberger Druckmaschinen사는 슈투트가르트대학교와 함께 제조시스템을 구축하였다. 소련(현 러시아)에서도 1972년 FMS가 모스크바 Stanki 전시회에 출품되었다. 일본의 최초 FMS는 Fuji Xerox사가 비슷한 시기에 구축하였다.

1985년경까지 전 세계의 FMS 수는 약 300개까지 증가하였으며, 이 중 20~25%는 미국에 위치하고 있다. 생산시스템에서 유연성에 대한 중요성이 점점 증가함에 따라 FMS는 더욱 증가할 것으로 예측되고 있다. 최근에는 소형이고 저가인 유연생산 셀에 대한 관심이 커지고 있다.

- 현재 뱃치 단위로 부품을 생산하거나 수동 GT 셀을 사용하지만, 장차 자동화되기를 원하는 공장

- 공장에서 생산되는 부품의 일정 비율이 부품군으로 그룹화될 수 있어야 하며, 부품의 유사성으로 부품군이 FMS의 기계에서 가공될 수 있다. 부품유사성이란 (1) 부품들이 공통 제품에 속하거나, (2) 부품들이 유사한 형상을 갖고 있다는 것을 의미한다. 두 가지 경우 중 어떤 경우에도 부품의 가공 요구사항은 FMS에서 가공할 수 있도록 충분히 비슷하여야 한다.

- 생산되는 부품이나 제품은 중품종, 중량 수준이며, 가장 적합한 생산량은 연 5,000~75,000개이다[14]. 연간 생산량이 이러한 범위보다 적으면 FMS는 비싼 생산 방법이 되고, 생산량이 이러한 범위보다 많으면 전용 생산시스템을 고려하여야 한다.

수동조작 기계 셀 설치와 FMS 설치의 차이는 다음과 같다—(1) 기존 장비를 재배치하는 것이 아니라 새로운 장비를 설치하여야 하기 때문에 FMS는 상당히 많은 투자가 필요하다. (2) FMS는 시스템을 운영할 사람들에게 기술적으로 더 복잡하다. 그러나 기계 이용률의 증가, 공간의 감소, 변화에 대한 빠른 응답성, 재고와 제조 리드타임의 감소, 높은 노동생산성 등의 잠재적인 이점이 상당하다.

FMS의 정의

유연생산시스템은 고도로 자동화된 GT 셀이며, 자동 자재취급 및 보관시스템과 연결되어 있는 작업장 그룹(일반적으로 CNC 공작기계)으로 구성되어 있고, 분산 컴퓨터 시스템으로 제어된다. FMS가 유연하다고 하는 이유는 다양한 작업장에서 동시에 다양한 여러 부품유형을 처리할 수 있으며, 부품유형의 혼합 비율과 생산량이 수요 패턴이 변화함에 따라 조정될 수 있기 때문이다.

　　FMS는 그룹테크놀로지의 원리를 따른다. 어떠한 생산시스템도 완벽하게 유연할 수는 없고, FMS에서 생산될 수 있는 부품과 제품에는 한계가 있다. 따라서 FMS는 미리 정의된 유형, 크기, 공정 내에서의 부품(또는 제품)을 생산하도록 설계된다. 다른 말로는 FMS는 단일 부품군 또는 제한된 범위의 부품군만을 생산할 수 있다.

　　FMS에 대한 좀 더 적합한 표현은 유연 **자동생산시스템**이다. '자동'이라는 단어는 수동 GT 기계 셀과 같이 유연하지만 자동화되지 않은 다른 생산시스템과 구분하기 위하여 사용한다. 반면에, '유연'이라는 단어는 전용 트랜스퍼 라인과 같이 고도로 자동화되어 있지만 유연하지 않은 다른 생산시스템과 구분하기 위하여 사용한다.

19.1.1 유연성

제조시스템의 유연성(flexibility) 문제는 이전의 13.2.4절에서 논의되었으며 제조시스템이 유연하기 위하여 갖추어야 하는 세 가지 능력을 정의하였다—(1) 시스템에서 처리되는 여러 부품 또는 부품유형을 식별하고 구별해내는 능력, (2) 공정지시의 신속한 변환, (3) 물리적인 셋업의 신속한 변환. 유연성은 수동과 자동시스템 모두에 적용되는 속성이며, 수동시스템에서는 작업자가 시스템 유연성을 가능하게 하는 인자이다.

　　자동제조시스템에서 유연성의 개념을 이해하기 위하여 그림 19.1과 같이 산업용 로봇이 부품 캐러셀에서 부품을 장착 및 탈착하는 2대의 CNC 공작기계로 이루어진 기계 셀을 살펴보자. 주기적으로 작업자는 캐러셀에서 완성품을 빼내고, 새로운 공작물을 장착한다. 이는 어떤 정의로도 자동생산 셀이지만 과연 유연생산 셀이 될 수 있을까? 어떤 사람은 유연하다고 주장할 수 있다. 왜냐하면 셀은 CNC 공작기계로 구성되어 있고, CNC 공작기계는 다른 부품을 가공하기 위하여 프로그램될 수 있으므로 유연하다고 할 수 있기 때문이다. 그러나 셀이 뱃치 모드로 운전되고, 동일한 부품유형이 수십 개씩(또는 수백 개씩) 2대의 기계에서 생산된다면 이는 유연생산시스템이라고 할 수 없을 것이다.

　　유연하다고 인정받기 위하여 생산시스템은 여러 조건을 만족하여야 한다. 다음은 자동생산시스템에서 유연성에 대한 네 가지 테스트 방법이다.

1. **부품 다양성 테스트** : 시스템이 뱃치 모드가 아닌 상태로 여러 다른 부품유형을 가공할 수 있는가?

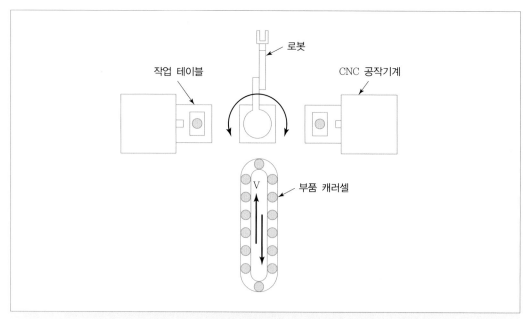

그림 19.1 2대의 공작기계와 하나의 로봇으로 구성된 자동생산 셀

2. **일정계획 변경 테스트** : 시스템이 생산일정계획에서의 변경사항 및 부품 비율이나 생산량 변화를 즉시 받아들일 수 있는가?

3. **에러 복구 테스트** : 시스템이 장비 오작동과 고장을 잘 복구하여 생산이 완전히 멈추게 하지 않을 수 있는가?

4. **신부품 테스트** : 새로운 부품설계를 비교적 쉽게 기존의 부품혼합에 적용할 수 있는가?

이러한 전체 질문에 대하여 주어진 생산시스템이 모두 만족한다면 시스템은 유연하다고 판단할 수 있다. 가장 중요한 기준은 (1)과 (2)이며, 기준 (3)과 (4)는 상대적으로 엄하지 않은 기준이고, 다양한 수준으로 구현될 수 있다. 사실, 새로운 부품설계의 도입은 일부 FMS에는 고려사항이 아니다. 이러한 시스템은 구성부품을 모두 아는 부품군을 생산하도록 설계되었기 때문이다.

그림 19.1의 로봇 작업 셀이 다음과 같다면 FMS 기준을 만족하는 것이다—(1) 뱃치 형태가 아닌 혼류 형태에서 다른 부품들을 가공할 수 있다. (2) 생산일정의 변화를 감당할 수 있다. (3) 하나의 기계가 고장 나도 작업을 계속 진행할 수 있다(즉 고장 난 기계를 수리하는 동안 작업을 일시적으로 다른 기계에 할당한다). (4) 새로운 부품설계가 완성되면 NC 파트 프로그램이 작성되어 기계에 전송될 수 있다. 여기서 네 번째 기준은 새로운 제품이 FMS에서 생산하고자 하는 부품군에 포함되어 있어야 한다는 것을 의미하며, 그래야지 CNC 기계에서 사용하는 공구와 로봇에서 사용하는 그립퍼가 새로운 부품에도 사용될 수 있다.

19.1.2 FMS의 종류

모든 FMS는 특정한 적용대상, 즉 특정한 부품군이나 공정을 위하여 설계된다. 그러므로 각 FMS는 전용화되어 있고 각기 고유하다고 할 수 있다.

유연생산시스템은 수행하는 공정의 종류에 따라 가공공정을 위한 것과 조립공정을 위한 것으로 구분될 수 있다. 일반적으로 FMS는 두 공정 중 하나를 수행하도록 설계되며, 두 가지 모두를 수행하는 경우는 드물다. FMS를 분류하는 두 가지 기준은 다음과 같다―(1) 기계 수, (2) 유연성 수준.

기계 수　유연생산시스템은 시스템 내 기계 수에 따라 구분되며, 다음은 대표적인 범주이다.

- 단일기계 셀
- 유연생산 셀
- 유연생산시스템

단일기계 셀(single machine cell, SMC)은 그림 19.2와 같이 부품저장시스템과 결합된 CNC 머시닝센터로 구성되어 무인가공(제14장)을 수행할 수 있다. 완성품은 주기적으로 부품저장소에서

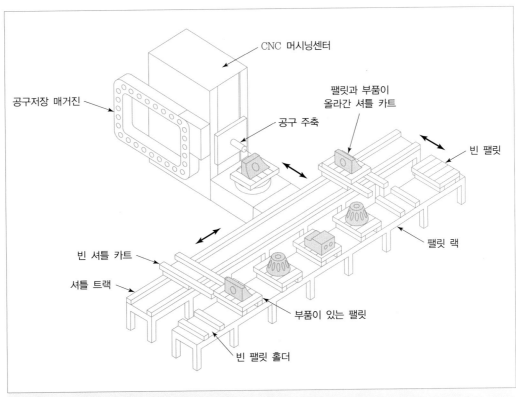

그림 19.2　단일기계 셀의 예(CNC 머시닝센터와 부품저장소로 구성)

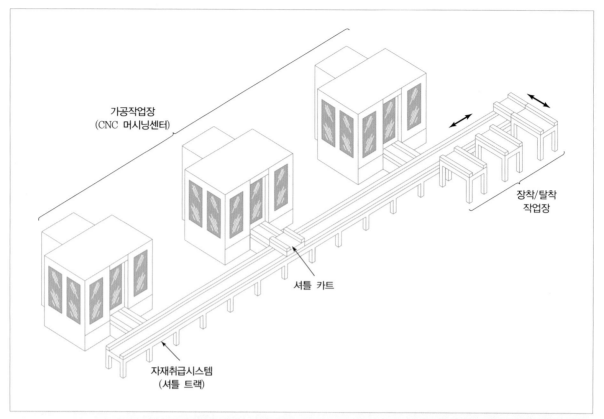

가공작업장
(CNC 머시닝센터)

장착/탈착
작업장

셔틀 카트

자재취급시스템
(셔틀 트랙)

그림 19.3 FMC의 예[3개의 동일한 가공작업장(CNC 머시닝센터), 하나의 장착/탈착 작업장, 하나의 자재취급시스템으로 구성]

빼내고 원소재가 새롭게 공급된다. 셀은 뱃치 모드, 유연 모드 또는 두 모드의 혼합 형태로 운영될 수 있도록 설계될 수 있다. 뱃치 모드로 운영되면 기계는 지정된 로트 크기로 한 종류의 부품을 가공하며, 다음 부품 종류의 뱃치를 가공하기 위하여 변환된다. 유연 모드로 운영되면 시스템은 네 가지 유연성 테스트(19.1.1절) 중에 세 가지를 만족한다—(1) 여러 부품 종류를 가공할 수 있으며, (2) 생산일정계획의 변경에 대응할 수 있으며, (4) 새로운 부품설계를 도입할 수 있다는 세 가지를 만족한다. 하나밖에 없는 기계가 고장 나면 생산이 중지되므로 테스트 (3)의 에러 복구는 만족할 수 없다.

　　유연생산 셀(flexible manufacturing cell, FMC)은 둘 또는 셋의 가공작업장(대표적으로 CNC 머시닝센터 또는 터닝센터) 및 자재취급 장치로 구성되어 있다. 자재취급 장치는 장착/탈착 시스템에 연결되어 있으며 부가적으로 제한된 부품저장 용량을 갖고 있다. FMC 예를 그림 19.3에 나타내었으며, 유연생산 셀은 이전에 논의한 네 가지 유연성 테스트를 만족한다.

　　유연생산시스템(flexible manufacturing system, FMS)은 공통 자재취급시스템과 기계적으로 연결되어 있고, 분산 컴퓨터 시스템과 전기적으로 연결되어 있는 4개 또는 그 이상의 가공작업장으로 구성되어 있다. 그러므로 FMS와 FMC의 가장 중요한 차이점은 기계 수이다. FMC는 2대 혹은 3대

| 표 19.1 | 제조 셀과 시스템에 적용한 네 가지 유연성 테스트

시스템 형태	유연성 영역 (유연성 테스트)			
	1. 부품 다양성	2. 일정 변화	3. 에러 복구	4. 신부품
SMC	Yes(가공은 순차적이고 동시적이 아님)	Yes	1대이기 때문에 제한적 복구	Yes
FMC	Yes(다른 부품들의 동시적 가공 가능)	Yes	FMS보다 적은 대수로 인해 제한적 복구	Yes
FMS	Yes(다른 부품들의 동시적 가공 가능)	Yes	중복기계로 인해 기계고장의 영향이 최소화	Yes

의 기계로 구성되어 있으나, FMS는 4대 이상의 기계로 구성되어 있다. 두 번째 차이점은 FMS는 일반적으로 생산을 지원하지만 직접적으로 생산에 참여하지 않는 작업장을 FMS가 포함한다는 점이다. 이러한 작업장으로는 부품/팰릿 세척기, 3차원 측정기(coordinate measuring machine, CMM) 등을 예로 들 수 있다. 세 번째 차이점은 FMS의 컴퓨터 제어 시스템은 일반적으로 규모가 크고, 진단 및 공구감시 기능과 같이 셀에서는 없는 기능을 훨씬 많이 갖추고 있다. FMS가 더 복잡하기 때문에 FMC보다는 FMS에서 이러한 부가적인 기능이 더 필요하다.

표 19.1은 네 가지 유연성 테스트에 의해 세 시스템을 비교한 것이다.

유연성 수준　FMS의 또 다른 분류기준은 시스템의 유연성 수준이다. 여기에서는 두 가지 범주로 구분된다.

- 전용 FMS
- 임의순서 FMS

전용 FMS(dedicated FMS)는 제한된 범위의 부품종류만을 생산하도록 설계되며, 시스템에서 생산되는 부품의 총범위는 미리 알려져 있다. 부품군은 기하학적인 유사성보다는 부품으로 구성할 제품의 공통성에 기반을 둔다. 제품설계가 안정되어 큰 변화가 없다면 공정을 좀 더 효율적으로 만들기 위하여 어느 정도의 전용공정으로 시스템을 설계할 수 있을 것이다. 범용 기계를 사용하는 대신에 시스템의 생산율을 증가시키기 위하여 제한된 부품군만을 생산할 수 있는 전용기계로 시스템을 구성할 수 있다. 어떤 경우에는 생산하는 모든 부품에 대해 기계순서가 동일하거나 거의 비슷할 수 있으며, 작업장이 서로 다른 부품들을 섞어서 가공할 수 있는 유연성이 있다면 전용 이송라인이 적당할 수 있다. 이러한 경우에 **유연 트랜스퍼 라인**(flexible transfer line)이라는 용어를 사용하기도 한다.

부품군의 규모가 매우 크고, 기본적으로 부품 구성이 다양하고, 시스템에 새로운 부품설계가 자주 도입되고, 부품의 설계변경이 계속 이루어지고, 생산일정계획이 매일매일 바뀌는 경우에는

임의순서 FMS(random-order FMS)가 더 적합하다. 이러한 다양성에 대응하기 위하여 임의순서 FMS는 전용 FMS에 비해 더 유연하여야 한다. 부품의 다양성에 대처하기 위하여 범용 기계로 구성되어야 하며, 다양한 순서(임의순서)로 부품을 가공할 수 있어야 한다. 또한 좀 더 성능이 우수한 컴퓨터 제어 시스템이 요구된다.

이러한 두 시스템은 유연성과 생산성에 차이가 있다. 전용 FMS는 덜 유연하지만 생산율은 더 높다. 임의순서 FMS는 더 유연하지만 생산율이 낮다.

19.2 FMS의 구성요소

정의에서 언급한 바와 같이 FMS에는 몇 가지 기본 구성요소가 있다—(1) 작업장, (2) 자재취급 및 보관시스템, (3) 컴퓨터 제어 시스템. 부가적으로 FMS가 아무리 고도의 자동화 시스템이라도, 시스템을 관리하고 동작시킬 (4) 인력이 필요하다. 이 절에서는 이러한 네 가지 FMS 구성요소에 대해 알아본다.

19.2.1 작업장

FMS에서 사용되는 가공 또는 조립장비는 시스템이 수행하는 작업 종류에 따라 결정된다. 절삭공정을 위해 설계된 시스템에서는 가공작업장의 주된 장비가 CNC 공작기계일 것이다. 그러나 FMS 개념은 그 밖의 다양한 공정에도 적용할 수 있다. 다음은 FMS에서 대표적으로 사용되는 작업장의 종류들이다.

장착/탈착 작업장　장착/탈착 작업장은 FMS와 공장의 나머지 부분과의 물리적인 경계선이다. 원소재는 이 지점에서 시스템으로 들어오고, 완성품은 이 지점에서 시스템 외부로 내보내진다. 장착 및 탈착은 수동 혹은 자동취급시스템으로 수행될 수 있는데, 오늘날 대부분의 FMS에서 수동 장착 및 탈착이 흔한 방법이다. 장착/탈착 작업장은 공작물이 쉽고 안전하게 취급되도록 인간공학적으로 설계되어야 한다. 너무 무거워 작업자가 들 수 없는 부품의 경우에는 작업자를 돕기 위하여 동력 크레인 또는 기타 장치가 설치되어야 한다. 작업장에서는 어느 정도의 청결성이 유지되어야 하며, 오물을 불어내기 위해 공기호스 또는 기타 세척장비가 종종 사용된다.

장착/탈착 작업장은 작업자와 컴퓨터 시스템 간의 통신을 위하여 데이터 입력 및 출력장치를 포함하여야 한다. 생산일정에 따라 다음 팰릿에 장착하여야 하는 부품에 대한 작업지시가 작업자에게 전달되어야 한다. 부품마다 다른 팰릿이 필요한 경우는 적합한 팰릿을 작업장에 공급하여야 한다. 모듈형 팰릿이 사용되는 경우에는 적합한 고정구를 지정하여야 하며 이것의 구성에 필요한 요소와 공구가 작업장에 준비되어 있어야 한다. 부품 장착절차가 완료되면 운반장치가 팰릿을 시스템 내로 이동시키기 시작하여야 한다. 이러한 모든 환경은 장착/탈착 작업장에서 작업자와 컴퓨터 시스템 간의 통신을 필요로 한다.

절삭가공 작업장 FMS의 가장 흔한 적용 분야는 절삭공정이며, 사용되는 장비는 대부분 CNC 공작기계이다. 가장 흔한 것은 CNC 머시닝센터, 그중 수평형 머시닝센터이다. CNC 머시닝센터는 자동 공구교환 및 공구저장, 팰릿 공작물의 사용, CNC 및 분산 수치제어 기능(제7장)과 같이 FMS에 적합한 여러 특성을 지니고 있다. 머시닝센터는 FMS 자재취급 장치와 바로 연계될 수 있는 자동 팰릿 교환장치와 함께 도입되는 경우가 많다. 일반적으로 머시닝센터는 비회전 부품에 사용되며, 회전부품에는 터닝센터가 사용된다(14.2.3절).

조립 작업장 일부 FMS는 조립공정을 수행하도록 설계되었다. 유연 자동 조립시스템은 뱃치로 만들어지는 제품의 조립에서 수작업을 대치하기 위하여 개발되었다. 산업용 로봇은 이러한 유연조립시스템에서 자동화된 작업장으로 자주 사용되며, 시스템에서 조립되는 여러 제품 종류에 대응하기 위하여 작업순서와 운동 형태에서 다양성이 있도록 프로그래밍된다. 유연조립작업장의 다른 예는 전자조립에서 광범위하게 사용되는 프로그램 가능한 부품자동삽입 기계이다.

기타 작업장 및 장비 가공작업장에 검사공정을 포함시키거나 검사를 위하여 특별히 설계된 작업장을 포함시키는 방법으로 검사가 FMS에 포함될 수 있다. 3차원 측정기, 기계 주축에서 사용될 수 있는 특수 탐침, 머신비전 검사장치는 FMS에서 검사를 수행하는 세 가지 방법이다(제22장). 부품이 작업장에서 적절히 조립되었는지를 확인하기 위하여 유연조립시스템에서도 검사가 매우 중요하다. 제21장에서 자동검사에 대해 자세히 알아볼 것이다.

19.2.2 자재운반 및 보관시스템

FMS의 두 번째 중요한 요소는 자재운반 및 보관시스템이다. 이 절에서는 자재취급시스템의 기능, 장비 및 FMS 배치양식에 대하여 설명한다.

자재취급시스템의 기능 FMS에서 자재운반 및 보관시스템은 다음과 같은 기능을 수행한다.

- 작업장 간 공작물의 임의 · 독립적 이송 : 여러 다른 부품에 대한 다양한 공정순서를 제공하거나, 어떤 작업장이 바쁠 때 대체기계를 사용할 수 있도록 부품은 시스템의 한 기계로부터 다른 기계로 운반될 수 있어야 한다.
- 다양한 공작물 형상을 취급 : 각주형 부품의 경우 주로 모듈형 팰릿 고정구를 사용하여 다양한 공작물을 처리한다. 고정구는 팰릿 상면에 위치하며 주어진 부품에 대하여 고정구를 신속히 결합할 수 있도록 공통요소, 신속변환부품 및 기타 기기를 이용하여 다양한 공작물 형상에 대응하도록 설계된다. 팰릿의 바닥면은 자재취급시스템에 맞도록 설계된다. 회전형 부품의 경우 선반에의 장착 및 탈착, 작업장 간 부품운반을 위하여 산업용 로봇이 흔히 사용된다.
- 임시저장 : FMS에서 부품의 수는 어느 순간 실제로 가공되고 있는 부품의 수보다 보통 많을

| 표 19.2 | 네 가지 FMS 레이아웃에 대해 1차 취급시스템으로 사용되는 자재운반장비

레이아웃 형태	전형적인 자재운반장비
직선형	직선형 이송시스템(제16장) 컨베이어 시스템(제10장) 레일유도차량(제10장)
루프형	컨베이어 시스템(제10장) 바닥견인선 컨베이어(제10장)
개방형	AGV(제10장) 바닥견인선 컨베이어(제10장)
로봇 중심 셀	산업용 로봇(제8장)

것이다. 그러므로 각 작업장에는 가공되기 위하여 대기하고 있는 부품 대기장소가 있으며, 이는 기계 가동률을 증가시킬 것이다.

- 부품 장착 및 탈착을 위한 용이한 접근 : 자재취급시스템에는 장착/탈착 작업장을 위한 위치도 포함된다.
- 컴퓨터 제어 시스템과의 호환성 : 여러 가공작업장, 장착/탈착 작업장 및 창고로 자재취급시스템이 명령을 내리기 위하여 컴퓨터 시스템에 의해 직접 제어될 수 있어야 한다.

자재취급장비   FMS에서 작업장 간 부품이송에 사용되는 자재취급시스템은 전통적인 자재운반장비(제10장), 직선형 이송 메커니즘(제16장), 산업용 로봇(제8장)을 포함한다. FMS의 자재취급 기능은 보통 두 가지로 구분된다—(1) 1차 취급시스템, (2) 2차 취급시스템. 1차 취급시스템은 FMS의 기본배치를 이루며 작업장 간 공작물의 운반을 담당한다. 이런 유형의 자재취급장비가 표 19.2에 요약되었다.

2차 취급시스템은 이송기구, 자동 팰릿 교환장치(APC), 또는 작업장에 위치한 이들과 유사한 메커니즘으로 구성된다. 2차 취급시스템은 1차 취급시스템으로부터 가공작업장으로 공작물을 이송시키고, 충분한 정확성과 반복성을 갖고 위치를 잡게 해준다.

FMS 레이아웃   자재취급시스템은 FMS 레이아웃을 결정한다. 현재 가장 흔한 FMS 레이아웃 형태는 다섯 가지 범주로 구분될 수 있다—(1) 직선형, (2) 루프형, (3) 개방형, (4) 로봇 중심 셀.

직선형 레이아웃에서 기계와 자재취급시스템은 일자형으로 배치된다. 가장 간단한 형태로서 그림 19.4(a)에서처럼 부품은 한 작업장에서 다음 작업장으로 미리 잘 정의된 순서대로 한 방향으로만 이동되며, 거꾸로 이동되지는 않는다. 이러한 시스템 공정은 트랜스퍼 라인(제16장)과 유사하지만 시스템에서 가공되는 공작물이 다양하다는 점은 다르다. 직선형 시스템에서 더 큰 유연성을 필요로 한다면 양방향 이송이 가능한 선형이송시스템을 채택할 수 있다. 이러한 시스템의 예를 그림 19.4(b)에 나타내었으며, 2차 취급시스템이 각 작업장에 설치되어 있기 때문에 이를 통해 대

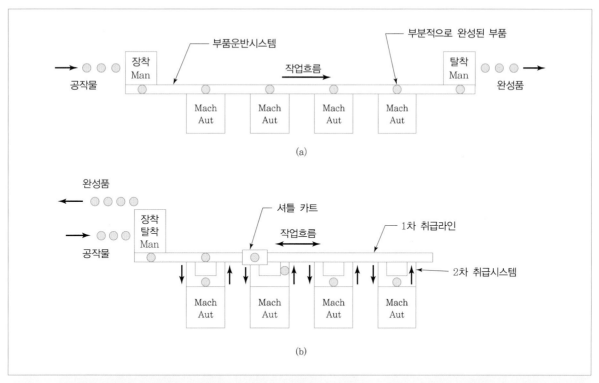

그림 19.4 직선형 FMS 레이아웃 : (a) 단방향 작업흐름, (b) 양방향 작업흐름을 가능하게 해주는 2차 취급시스템이 각 작업장에 있는 경우(Mach = 가공 작업장, Man = 수동 작업장, Aut = 자동 작업장)

부분의 부품을 1차 취급라인에서 가져올 수 있다.

루프형 레이아웃은 그림 19.6(a)에서 보는 바와 같이 작업장이 루프 형태의 자재취급시스템의 지원을 받도록 배치되어 있다. 부품은 주로 루프의 한 방향으로 이동되며, 멈추거나 다른 작업장으로 이송될 수 있다. 2차 취급시스템은 각 작업장에 설치된다. 장착/탈착 작업장은 주로 루프의 한 끝에 위치하며 루프형 레이아웃의 대안은 사각 레이아웃이다. 그림 19.6(b)와 같이 이러한 레이아웃은 팰릿을 곧바로 출발점으로 되돌려 보내는 목적으로 사용될 수 있다.

직선형 FMS는 그림 19.5와 같이 부품보관시스템과 통합된 형태로도 운영될 수 있다. 보관시스템의 용량이 충분하다면, 이러한 구성이 FMS의 철야 작업에도 적합하다. 즉 주간에 작업자가 공작물을 보관시스템에 저장해두면, 심야의 무인운전을 통해 그 공작물에 대해 공정을 수행하는 것이다. 이것과 유사한 것으로서, 단일기계에 부품저장소가 통합된 경우는 그림 14.3에서 찾아볼 수 있다.

개방형 레이아웃은 다수의 루프와 사다리로 구성되어 있으며, 그림 19.7에서 보는 바와 같이 경로의 경우 수가 많이 발생한다. 일반적으로 이러한 레이아웃은 규모가 큰 부품군을 가공하는 데 적합하다. 배치되는 기계의 종류는 한정적이며, 같은 종류의 기계 중 먼저 가용한 작업장에 따라 부품의 공정순서가 결정된다.

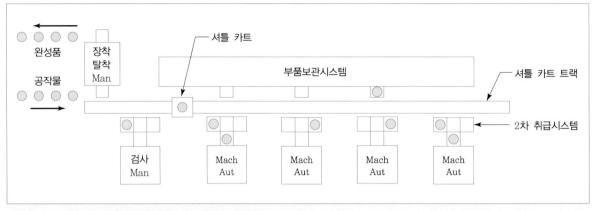

그림 19.5 **부품보관시스템과 통합된 직선형 FMS 레이아웃**

로봇 중심 셀(그림 19.1)은 자재취급시스템으로 1대 이상의 로봇을 사용한다. 로봇 중심 FMS 레이아웃은 주로 원통형 또는 원반형 부품을 처리하기 위하여 사용되기 때문에 산업용 로봇에는 회전형 부품의 취급을 위하여 설계된 그립퍼가 설치되어 있다. 로봇 중심 셀의 대안으로서, 로봇이

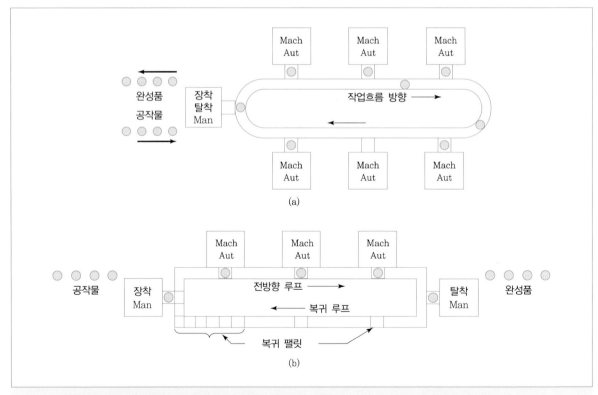

그림 19.6 **루프형 FMS 레이아웃** : (a) 루프상의 흐름을 방해받지 않도록 2차 취급시스템을 각 작업장에 설치, (b) 순서상 첫 작업장으로의 팰릿 복귀를 위한 사각 레이아웃

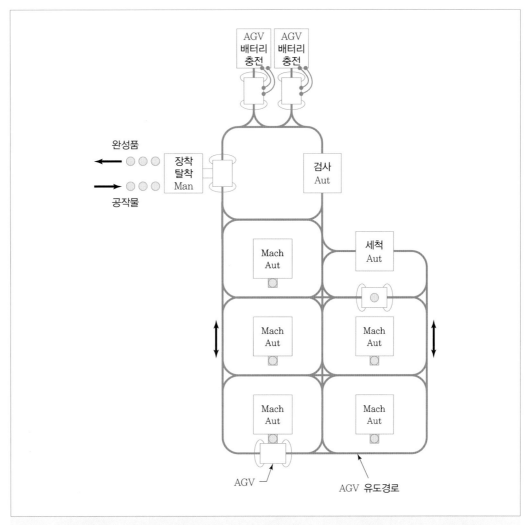

그림 19.7 개방형 FMS 레이아웃

바닥면에 설치된 레일을 따라 움직이는 대차에 부착되거나, 고가 갠트리 크레인에 로봇이 매달려서 직선형 FMS를 구성하는 CNC 터닝센터들을 서비스하는 경우도 있다. 이러한 구성은 그림 19.5에 나타낸 레이아웃과 흡사하다. 즉 로봇이 움직이는 경로인 레일을 중심으로 한쪽에는 부품보관시스템이, 반대쪽에는 CNC 기계들이 위치한다.

19.2.3 컴퓨터 제어 시스템

FMS에는 작업장, 자재취급시스템 및 기타 하드웨어를 연결하는 분산 컴퓨터 시스템(5.3절)이 요구된다. 일반적인 FMS 컴퓨터 시스템은 중앙컴퓨터와 각 기계 및 구성요소를 제어하는 마이크로컴퓨터로 구성된다. 중앙컴퓨터는 시스템의 전 공정이 원활하게 이루어지도록 전체 작업을 총괄한다.

FMS 컴퓨터 제어 시스템이 수행하는 역할은 다음과 같이 구분된다.

1. **작업장 제어** : 완전 자동화된 FMS에서 가공 또는 조립작업장은 일반적으로 컴퓨터 제어로 작동한다. 절삭가공 시스템에서 개별 공작기계의 제어는 CNC가 담당한다.

2. **작업장으로 제어명령을 하달** : 각 작업장의 작업을 총괄하기 위하여 중앙시스템은 어느 정도의 지능이 필요하다. 절삭가공 FMS에서는 기계에 파트 프로그램이 전송되어야 하며, 이러한 목적으로 DNC가 사용된다. DNC 시스템은 프로그램을 저장하고, 새로운 프로그램을 등록하거나 기존 프로그램을 편집하고, 기타 DNC 기능을 수행한다(제7장).

3. **생산 통제** : 시스템에 투입될 여러 가지 부품의 혼합 비율이 관리되어야 한다. 생산통제를 위한 입력자료는 부품당 요구되는 일일 생산율, 가용 원소재 수 및 가용 팰릿 수이다. 생산통제 기능은 가용 팰릿을 장착/탈착 작업장에 보내고 작업자에게 필요한 공작물을 장착하라는 지시를 내리는 것이다.

4. **운반 통제** : 작업장 간 공작물을 운반하는 1차 취급시스템을 제어하는 것이다. 즉 분기점과 합치점에서 스위치를 작동시키고, 공작기계의 이송위치에 부품을 정지시키고, 장착/탈착 작업장에 팰릿을 운반하는 것이다.

5. **셔틀 제어** : 이 기능은 각 작업장에서 2차 취급시스템의 동작과 조종에 관한 것이다. 각 셔틀은 1차 취급시스템과 연동되어야 하며, 공작기계의 공정에 동기화되어야 한다.

6. **공구관리** : 절삭가공 시스템에서는 절삭공구가 필요하며, 공구는 다음의 두 가지 측면에서 관리되어야 한다.
   - **공구위치** : 각 작업장에서 절삭공구의 위치를 추적하며, 필요한 절삭공구를 작업장에 공급하도록 조치한다.
   - **공구수명 모니터링** : 각 공구마다 가공시간이 기록되고 있으며, 누적 가공시간이 공구에 명시된 수명에 도달할 때 작업자에게 공구교체가 필요하다는 것을 알려준다.

7. **성능 감시 및 보고** : 컴퓨터 제어 시스템은 FMS의 공정과 성능에 관한 데이터를 수집하도록 프로그래밍되어 있다. 이러한 데이터는 주기적으로 요약되어 시스템 성능에 관한 관리보고서가 작성된다.

8. **진단** : 오동작이 발생할 경우 문제의 원인을 파악하기 위하여 많은 생산시스템에서 수준의 차이는 있지만, 어느 정도 가지고 있는 기능이다. 시스템에서 예방보수를 계획하고 발생 가능한 문제를 설정하기 위해서도 사용된다. 진단 기능의 목적은 고장횟수와 정지시간을 줄여서 시스템의 가동률을 향상시키는 것이다.

19.2.4 인력

FMS에서 한 가지 추가적인 요소는 인간의 노동력이다. 인력은 FMS의 공정을 관리하기 위하여 필요하며 인적자원이 수행하는 주된 기능은 다음과 같다―(1) 시스템에 원소재를 장착, (2) 시스템으로부터 완성품(또는 조립품)을 탈착, (3) 공구 교환 및 셋팅, (4) 장비 유지 및 보수, (5) NC 파트 프로그래밍, (6) 컴퓨터 시스템 프로그래밍 및 운영, (7) 시스템의 전체 관리.

19.3 | FMS 적용 및 이점

이 절에서는 FMS 적용 사례와 적용에 따른 이점을 알아보자.

19.3.1 FMS의 적용

유연자동화 개념은 다양한 생산공정에 적용할 수 있으며, 이 절에서는 중요한 FMS 적용사례 몇 가지를 알아보자. FMS 기술은 절삭가공공정에 광범위하게 적용되며, 그밖에 박판 프레스 작업과 조립공정에도 적용 가능하다. 몇 가지 사례를 통해 적용대상을 살펴본다.

유연가공시스템 역사적으로 대부분의 유연가공시스템 적용사례는 CNC 머시닝센터를 사용한 밀링과 드릴링 공정(비회전형 부품)이다. 선삭(회전형 부품)을 위한 FMS 적용사례는 현재까지는 드문 편이며, 설치된 시스템도 적은 수의 기계로 구성되어 있다. 예를 들면 항상 유연한 방식은 아니어도 부품저장소, 부품장착 로봇 및 CNC 터닝센터로 구성된 단일 기계 셀은 오늘날 자주 사용되고 있다.

회전형 부품과는 대조적으로, 비회전형 부품은 보통 매우 무거워서 작업자가 쉽고 빠르게 기계에 장착하기 어렵다. 따라서 이러한 부품은 오프라인으로 팰릿에 장착되고 팰릿이 기계의 가공위치에 이송되는 방식으로 팰릿 고정구가 설계된다. 또한 비회전형 부품은 회전형 부품에 비하여 더 비싼 경향이 있고, 제조 리드타임이 통상적으로 더 길다. 이러한 성질들은 FMS와 같은 첨단기술을 사용하여 비회전형 부품을 가능한 한 효율적으로 가공하여야 하는 중요한 이유이다. 이런 이유로 오늘날 밀링과 드릴링에 적용되는 FMS 기술이 선삭용 FMS 기술보다 더 성숙하게 되었다.

예제 19.1 Vought Aerospace FMS

Vought Aerospace FMS는 Cincinnati Milacron사가 설치하였으며, 그림 19.8에 나타내었다. 이 시스템은 대략 600개의 다양한 비행기 부품을 생산할 수 있다. FMS는 8대의 수평형 머시닝센터와 검사 모듈로 구성되어 있다. 물자운반은 8대의 AGV가 수행하며, 시스템의 장착/탈착은 두 작업장에서 이루어진다. 이러한 작업장에는 저장 캐러셀이 있는데, 이것은 AGV가 기계가공 작업장으로 팰릿을 이송하기 전에 일시 저장하게 해준다. 이 시스템은 한 부품씩 연속적으로 모든 필요 부품에 대해 공정을 수행할 수 있으며, 뱃치 모드 없이 한 비행기의 모든 부품을 효과적으로 생산할 수 있다.

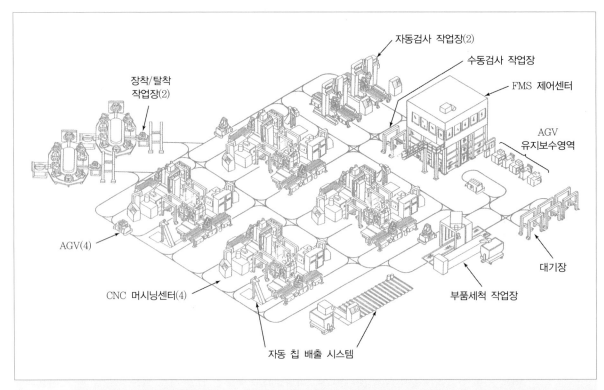

그림 19.8 Vought Aerospace의 FMS

기타 FMS 적용사례 프레스 작업과 조립 작업도 유연성 있는 자동시스템 개발을 위해 많은 노력을 기울인 분야이다. 참고문헌 [38]과 [36]은 이러한 FMS 기술을 설명하였으며, 다음의 예는 프레스 작업에 있어서 개발노력을 보여준다.

예제 19.2 FFS

Flexible Fabricating System(FFS)이라는 용어는 판재 프레스 공정을 수행하는 시스템에 대해 사용 된다. Wiedemann이 제안한 FFS 개념을 그림 19.9에 나타내었다. 컴퓨터 제어를 이용하여 자동창 고(AS/RS)로부터 판재를 꺼내 오고, 레일카트를 이용하여 CNC 펀치 프레스 공정으로 운반하고 완 성품을 다시 자동창고로 운반하도록 시스템이 설계되었다.

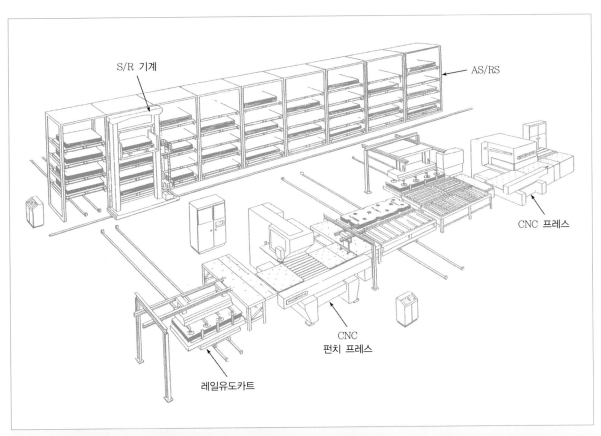

그림 19.9 자동 판재가공을 위한 FFS(Cross & Trecker사)

유연자동화 개념은 조립공정에도 적용될 수 있다. 일부 사례는 로봇이 직접 조립작업을 수행하지만, 다음 예제는 산업용 로봇을 최소로 이용하는 유연조립시스템을 보여준다.

19.3.2 FMS의 이점

FMS 적용이 성공적이라면 많은 이점을 기대할 수 있다. 주요 이점은 다음과 같다.

- **향상된 기계 가동률** : FMS는 기존의 뱃치생산시스템의 기계보다 높은 평균 가동률을 달성할 수 있다. 이유로는 (1) 하루에 24시간 운전, (2) 공작기계에서 자동 공구 교환, (3) 작업장에서 자동 팰릿 교환, (4) 작업장에서 부품 대기장소, (5) 공정의 비정규적인 요인을 고려한 동적 생산일정계획이 있다.
- **필요한 기계 수 감소** : 높은 기계 가동률로 인하여 필요한 기계가 감소한다.
- **필요한 공장면적 감소** : 비슷한 용량의 개별생산(job shop)과 비교하여, 일반적으로 FMS는 더 작은 공장면적이 필요하다.

- **상황 변화에 대한 대응능력 향상** : FMS는 부품설계 변경, 신제품 도입, 생산일정 및 제품혼합 비율 변경, 기계 고장, 절삭공구 파손 등에 대한 대응능력이 높다. 긴급주문과 고객 특별요청에 대해서도 하루에서 이틀까지의 생산일정에 대한 조정이 가능하다.
- **필요한 재고 감소** : 다른 부품이 뱃치로 분리되어 처리되지 않고 함께 동시에 가공되기 때문에, 재공재고가 뱃치생산 모드에서보다 감소한다. 또한 원소재와 완제품 재고가 감소한다.
- **제조 리드타임 감소** : 부품의 공정체류시간은 재공재고 감소와 밀접한 관계가 있다. 이는 고객에게 신속한 납품을 의미한다.
- **직접노동 감소 및 노동생산성 향상** : 높은 생산율과 직접노동에 대한 낮은 의존도는 기존 생산시스템보다 FMS에서 노동시간당 생산성이 높다는 것을 의미한다.
- **무인생산의 가능성** : FMS에서 높은 수준의 자동화는 무인으로 긴 시간 동안 시스템을 운전할 수 있게 해준다. 가장 이상적인 상황을 가정하면 하루의 끝 교대에서 부품과 공구를 시스템에 장착하고, 다음 날 아침에 완성품을 탈착할 수 있도록 FMS가 밤새 운전되는 것이 가능하다.

19.4 FMS의 계획과 운영

FMS의 매우 높은 투자비를 감안하면 시스템 설치 전에 철저한 계획과 설계가 이루어지고, 설치 후 운영 시 모든 자원(기계, 공구, 팰릿, 부품, 사람)을 효율적으로 관리하는 것이 중요하다.

19.4.1 FMS의 계획과 설계

FMS 계획의 출발은 시스템이 생산할 부품을 고려하는 것이다. 이 문제는 셀형 생산에서와 유사한데, 그 내용은 다음과 같다.

- **부품군 고려** : 모든 FMS는 제한된 범위의 부품 또는 제품유형을 가공하도록 설계되어야 한다. 처리할 범위의 경계를 결정하여야 하는데, 이것이 FMS에서 처리되어야 할 부품군을 정의하는 것이다. 부품군의 정의는 제품의 공통성과 부품의 유사성에 기초를 두어야 한다. 제품의 공통성이란 동일 제품에 사용되는 다른 구성품들을 의미하는데, 이것이 주어진 제품을 조립하는 데 필요한 부품들을 모두 완성시킬 수 있게 해준다.
- **필요 공정** : 부품의 유형과 그에 관련된 공정 요구사항이 시스템에 들어갈 가공장비를 결정하게 된다. 절삭가공에서 비회전형 부품은 머시닝센터나 밀링머신에서 가공되며, 회전형 부품은 터닝센터 혹은 선반에서 가공된다.
- **부품의 물리적 특성** : 부품의 크기와 무게가 작업장의 기계 크기와 자재취급장비의 크기를 결정한다.
- **생산량** : 시스템이 생산할 양이 기계의 대수를 결정한다. 또한 수량이 자재취급장비를 선택하

는 데 영향을 미친다.

부품군, 생산량 및 기타 부품에 관련된 사항이 결정이 난 이후에 시스템 설계가 진행된다. FMS 설계 시 결정해야 할 중요한 사항은 다음과 같다.

- **작업장의 종류** : 기계의 유형은 필요 공정에 의해 정해진다. 또한 장착/탈착 작업장도 고려되어야 한다.
- **공정경로의 변동과 FMS 레이아웃** : 만일 공정경로의 변동이 최소일 경우는 직선형 레이아웃이 적절하며, 제품의 변동성이 큰 경우는 루프형이 적합하다. 공정의 변화폭이 심각하게 크다면, 사다리형 또는 개방형 FMS가 가장 적합하다.
- **자재취급시스템** : 자재취급장비의 선정은 레이아웃과 밀접한 관련이 있다. 1차 취급시스템과 2차 취급시스템을 고려해야 한다(19.2.2절).
- **재공재고와 저장공간** : FMS에서 허용되는 재공재고(WIP) 수준이 FMS의 이용률과 효율을 결정하는 중요한 변수가 된다. WIP 수준이 너무 낮으면 작업장에는 공작물이 고갈될 수 있어 이용률의 저하를 초래하며, WIP 수준이 너무 높으면 정체가 나타난다. 재공품이 발생하도록 허용만 할 것이 아니라 WIP 수준이 제대로 계획되어야 하는데, FMS의 저장용량을 조절하는 것이 방법이 된다.
- **공구류** : 각 작업장에서 필요한 공구의 종류와 수량을 결정하고, 다른 작업장과의 중복 보유 수준을 결정하여야 한다. 중복 보유가 많아지면 시스템 내에서 처리될 수 있는 부품의 유연성이 높아진다.
- **팰릿 고정구** : 비회전형 부품의 가공에서는 팰릿 고정구의 수효를 결정하는 것이 필요하다. 이 결정에는 시스템에서 허용되는 WIP 수준과 부품의 모양과 크기 차이가 영향을 미친다. 외형과 크기가 차이가 많은 부품들은 서로 다른 고정구를 필요로 한다.

19.4.2 FMS의 운영

FMS가 설치되고 나면 생산 요구사항을 맞추고 이윤, 품질, 고객만족 등에 관련된 운영목표를 달성하기 위하여 시스템에 속한 자원들이 최적화되어야 한다. 해결해야 할 운영 문제는 다음과 같다.

- **일정계획과 작업분배** : FMS의 일정계획은 총괄생산계획(제25장)에 의해 정해진다. 작업분배란 적절한 시간에 시스템에 부품을 투입하는 것이다.
- **기계 로딩** : 필요한 생산일정을 맞추기 위해 공정지시와 공구류를 기계에 할당하는 문제이다.
- **가공경로** : 기계자원의 이용률을 최대화하는 목표로, 각 부품이 거쳐야 할 경로를 결정하는 것이다.
- **부품군 형성** : 동시적인 생산을 위해서는 작업장의 가용 공구와 기타 자원의 제한하에서 부품 유형이 그룹화되어야 한다.

- 공구관리 : 공구의 관리 문제에는 공구교환시간의 결정과 작업장 간 공구 할당이 포함된다.
- 팰릿과 고정구 할당 : 시스템에서 생산되는 부품마다 상이한 고정구를 필요로 하기 때문에 주어진 부품유형이 시스템에 투입되기 전에 그 부품을 위한 고정구가 준비되어 있어야 한다.

19.5 유연생산의 대안적인 방법

이 절에서는 유연 생산의 배경을 가지면서 발전한 세 가지 생산 개념을 설명한다─(1) 대량맞춤 생산, (2) 가변구조형 생산, (3) 민첩 생산.

19.5.1 대량맞춤 생산

최고 수준으로 유연한 생산은 각 고객의 주문에 맞추어 각기 독특한 제품을 생산하는 능력을 갖추었을 때라고 할 수 있다. 이러한 상황을 **대량맞춤화**(mass customization)라고 부르며, 이는 대량생산에 근접한 큰 효율성을 가지면서도 다양한 종류의 제품을 생산할 수 있는 이상을 실현하는 것이다. 각 제품은 고객 개개인이 원하는 사양을 만족시키도록 맞추어진다. 2.3절의 생산수량과 제품다양성의 정의를 기반으로 한, 대량생산과 대량맞춤 생산의 차이점은 다음과 같다. 극단적인 대량생산은 한 종류의 제품을 매우 많은 수량으로 생산하는 것임에 반해서, 대량맞춤 생산이란 개별 고객에게 맞춘 제품들을 대량으로 생산하는 것이다.

고객에게 수많은 선택사양과 옵션을 제공한다면, 제품증식 현상이 일어나 큰 이익을 얻을 수는 없다. 고객맞춤화를 시도해볼 만한 기업은 소모적인 제품증식 없이도 설계와 제조공정들을 관리할 능력이 있어야 한다. 제품증식의 결과는 다음과 같은 이유로 부정적이라고 할 수 있다─(1) 많은 수량의 원자재재고, 재공재고, 완제품재고, (2) 주문할 부품이 너무 다양하여 높은 구입비의 발생, (3) 너무 빈번한 셋업, (4) 각 제품유형에 요구되는 특수 공구 수 과다, (5) 다양성을 관리하기 위해 필요한 높은 간접비, (6) 많은 마케팅 문서와 설계 데이터, (7) 고객의 혼란. 그렇다면 제품증식의 부정적인 측면을 피하면서도 고객맞춤형 제품에서 요구되는 다양성을 어떻게 이룰 수 있을 것인가?

대량맞춤화가 성공하기 위해서는 제품의 높은 다양성을 달성하면서도 효율적인 생산이 이루어져야 하는데, 이를 위해 다음의 네 가지 접근방법을 생각할 수 있다.

- 맞춤형의 제품설계 : 맞춤을 쉽게 수용할 수 있도록 제품을 설계하고, 제조자에 의해 혹은 고객과 직접 접촉하는 판매자에 의해 맞춤이 최종 완성될 수 있다. 제조자 맞춤이란 미리 부품과 모듈을 재고로 확보해 두고 완성을 지연시키고 있다가 고객의 주문이 들어오는 순간 맞춤형 제품을 완성시키는 경우를 말한다. 예를 들어 고객이 주어진 설계 파라미터들과 옵션들 중에서 선택을 하면, 그 사양에 맞추어 조립을 하는 형식이다. 승용차가 보통 이러한 주문 형식을

따른다. 판매자 맞춤의 한 예로 고객이 원하는 색상의 페인트를 공급하기 위해, 점포에서 베이스페인트와 도료를 혼합해서 판매하는 경우를 들 수 있다. 마지막으로 제품 속에 조정성과 맞춤성이 설계되어 들어가 있으면, 고객 개개인이 직접 제품을 개인화할 수 있다. 운전자가 조정할 수 있는 자동차 시트와 PC 사용자가 각자 세팅하는 소프트웨어가 이러한 제품의 예가 될 수 있다.

- **제품의 연다양성** : 2.3절에서 제품의 다양성에 대해서 경다양성과 연다양성의 두 가지 유형을 설명하였다. 대량맞춤화는 연다양성의 사용에 기초를 두고 있는데, 이것은 제품 모델들 사이에 작은 차이점만 있는 경우를 의미한다. 그 차이점이 고객의 입장에서는 크게 보일 수 있지만, 제조업체에서는 쉽게 관리할 수 있는 수준이다. 고객들이 자신이 구입하는 제품이 독특하고 맞춤의 결과라고 믿도록 유도하지만, 실제로는 제품 모델 간 차이를 최소화하는 것이 여기에 사용되는 전략이다. 어떤 제품들이 겉으로 드러난 색상은 다양하더라도, 내부의 부품들은 모두 동일한 경우가 이러한 예에 해당된다.

- **설계의 모듈화** : 이 방법은 고객 개인별로 원하는 독특한 조합으로 조립될 수 있는 표준 모듈들을 사용하여 제품을 설계하는 것이다. 각 모듈들은 저비용으로 생산할 수 있는 구성블록이라 할 수 있는데, 고객에 맞추어 나중에 이들이 다양한 형태로 결합되는 것이다. 물론 조립이 쉽게 가능하도록 각 모듈들이 설계되어야 한다. 예를 들어, PC의 구매자는 그것에 들어가는 하드웨어 모듈과 소프트웨어 모듈의 다양한 기능과 옵션을 선택하여 구매할 수 있다.

- **지연 전략** : 대량맞춤형 제조업자는 제품의 완성을 위해서, 가능한 가장 늦은 시점까지 기다리게 된다. 이 시점은 고객의 주문이 확정되는 때이다. 고객 주문을 예상하여 모든 가능한 옵션의 조합을 미리 만들어서 완성품 재고를 대량으로 보유하는 것보다는 지연 전략이 훨씬 더 낫다고 할 수 있다.

19.5.2 가변구조형 생산

가변구조형 생산시스템(reconfigurable manufacturing systems, RMS)이란 CNC 공작기계, 부품이송 시스템, 컴퓨터통제시스템이 통합되어 구성되고, 변화하는 수요 패턴에 대응하면서 기능과 용량을 조정할 수 있도록 설계된 시스템을 의미한다. 적용 영역은 FMS와 트랜스퍼 라인의 사이에 위치한다고 할 수 있다. FMS는 하나 이상의 부품군을 위해 설계되고, 생산성보다는 유연성을 강조한다. 트랜스퍼 라인은 유연성을 희생하는 대신 생산성을 강조하는 시스템이어서, 한 가지 제품을 최고의 효율로 생산하도록 설계된다. FMS와 트랜스퍼 라인은 둘 다 고정된 용량과 미리 알려진 부품 종류(트랜스퍼 라인의 경우) 혹은 부품군 종류(FMS의 경우)를 위해 설계된다. 그런데 이 두 시스템은 설치비용이 비싸며, 설계에서부터 설치까지의 시간이 오래 걸리고, 수요의 감소 혹은 수요의 과대 추정에 따른 위험성이 존재한다.

반면에 RMS는 생산용량을 증가 혹은 감소시킬 수 있도록 그리고 제품 유형의 변화에 맞추어 물리적인 구조를 빠르게 변경할 수 있도록 설계된다는 점에 차별성을 가지고 있다. RMS에 적용할 수 있는 제품 유형의 범위에는 제한이 있다. 재구성할 수 있는 RMS에서 생산되는 부품군은 FMS에서 생산 가능한 부품군보다는 범위가 더 좁다. 이와 같이 좁은 범위의 부품 유형을 표현하기 위해 **맞춤형 부품군**(customized part family)이라는 용어를 사용하기도 한다. 부품의 범위가 좁긴 하지만, RMS는 FMS보다 더 높은 생산성으로 맞춤형 부품군을 생산할 능력이 있다. 그리고 현재 수행 중인 부품군의 생산이 완료되면 다음 번 부품군을 위해 RMS가 쉽게 재구성되도록 RMS의 구조가 설계된다. 이러한 유형의 가변구조와 장비의 재배열은 유연 트랜스퍼 라인(16장)에서도 설명되었다.

다음은 가변구조로 분류할 수 있는 생산시스템이 갖는 여섯 가지 특징이다[16].

- **맞춤형 유연성** : 하나의 RMS는 하나의 맞춤형 부품군 생산을 위한 것으로 제한된다.
- **전환성** : 다르지만 비슷한 부품군의 생산을 위해 쉽게 변환되도록 RMS가 설계된다. 시스템의 기능은 쉽게 바뀔 수 있다. 예를 들어 절삭작업의 다양성을 높이기 위해서는 더 많은 수의 구동축을 갖도록 CNC 공작기계를 설계한다.
- **확장성** : 생산자원을 추가하거나 제거함으로써 최소의 노력으로 생산용량을 증가 혹은 감소시킬 수 있도록 RMS가 설계된다. 예를 들어 현재 사용하지 않는 자재취급시스템(예 : 컨베이어)의 일부 연결부위를, 수요가 증가했을 경우 추가되는 생산기계에 할당할 수 있다.
- **모듈성** : RMS의 구성품(하드웨어, 소프트웨어)은 모듈화되어 있다. 생산 요구사항의 변화에 대응하는 새로운 시스템 구성을 위해 쉽게 조립될 수 있도록 설계된다.
- **통합성** : 기계적인 조립을 위한 하드웨어적 표준과 제어구조 내에서의 통신프로토콜을 사용하여 RMS 구성모듈들이 설계되기 때문에, 이들은 쉽고 빠르게 통합될 수 있다.
- **진단성** : RMS는 시스템의 현재 상태, 품질 문제, 기타 운영상 문제점을 감지할 수 있게 해주는 자기진단의 특성을 가지도록 설계된다.

19.5.3 민첩 생산

민첩생산(agile manufacturing)은 (1) 급속히 변화하는 시장에 신제품을 출시하기 위한 기업 수준의 전략 또는 (2) 지속적으로 또는 예측 불가능하게 변하는 경쟁적 환경 속에서 발전할 수 있는 능력을 가진 조직을 의미한다.

민첩성을 지닌 제조업체는 민첩성에 대한 다음의 네 가지 원리 또는 특성을 보유하고 있다[8], [9].

- **변화 대응을 목표로 조직화** : 민첩한 기업에서는, 변화하는 환경과 신시장의 기회에 맞추어 인적자원과 물적자원을 신속하게 재구성할 수 있고, 그 결과로 불확실성 속에서도 기업이 발전할 수 있다.
- **사람과 정보의 영향력을 중시** : 민첩한 기업에서는 정보의 가치를 중요시하며, 혁신에 대한 보상이 주어지고, 권한이 조직 내 적정 수준으로 분산되어 있다. 개인이 필요로 하는 자원들을 경영층에서 마련해준다. 또한 이러한 조직은 기업가 정신을 제대로 실천한다.

- **경쟁력 향상을 위한 협조** : 민첩한 기업의 목표는 어떤 자원과 경쟁력이 요구되는지, 그리고 그 것들이 어디 있든지 간에 상관없이 신제품을 가능한 빠르게 출시하는 것이다. 그러므로 다른 기업, 심지어 경쟁 기업과도 협업이 가능할 수 있고, 이러한 연계를 **가상기업**(virtual enterprises) 이라 부른다.
- **고객의 만족도를 향상** : 고객들은 민첩기업에서 만드는 제품을 어떤 문제에 대한 해결책으로 인식하면서 구매한다. 따라서 제조원가에 기초를 두지 않고, 그 해법이 주는 가치에 기초하여 제품가격을 책정할 수 있다.

민첩생산의 정의와 민첩성에 대한 네 가지 원리에 나타나 있듯이, 민첩생산은 단순하게 생산 이상의 개념이다. 즉 기업의 조직구조, 기업이 사람을 다루는 방식, 다른 기업과의 협조, 고객과의 관계 등을 포함하는 일종의 사업 전략이라고도 할 수 있다.

한 기업을 어떻게 민첩하게 만들 수 있을까? 중요한 두 가지 접근 방법으로서 (1) 기업의 생산 시스템을 보다 민첩해지도록 재조직하거나 (2) 관계성을 관리하고, 조직 내의 정보 교환에 가치를 부여함으로써 가능하다.

민첩성을 위한 생산시스템의 재조직 민첩해지고자 하는 기업은 제조 영역뿐만 아니라 설계와 마케 팅 영역에도 해당하는 다음의 접근전술에 의해 조직을 구성해야 한다.

- **대량맞춤형에 대응** : 만일 민첩기업이 대량맞춤으로 방향을 잡았다면, 쉽게 고객화를 할 수 있 는 제품의 설계, 연다양성 제품들의 확보, 설계의 모듈성, 지연전략 등(19.5.1절)에서 탁월한 역량이 있어야 한다.
- **가변구조형 생산시스템의 활용** : 민첩기업은 19.5.2절에서 설명한 RMS 기능들을 이용하여, 새로 운 시장기회에 대응하도록 생산시스템을 변경할 수 있어야 한다.
- **빈번한 신제품의 출시** : 민첩기업은 계속적으로 빠르게 신제품을 내놓아야 한다. 시장에서 한 번 큰 성공을 거둔 제품이 있더라도, 시장 경쟁력을 위해서는 새 모델을 출시해야 한다.
- **업그레이드와 재구성이 가능한 제품의 설계** : 기본 모델을 구입한 고객이 제품을 업그레이드하기 위하여 추가 옵션을 구입할 수 있는 제품이 되도록 설계해야 한다. 또한 구모델에 대해서 급격 하고도 시간소모적인 재설계가 없이도 신모델이 재구성될 수 있어야 한다.
- **고객이 느끼는 가치에 의한 가격책정** : 제품의 가격은 원가에 의해서라기보다는 고객이 평가하 는 가치에 의해서 결정되어야 한다.
- **틈새시장에서 효과적인 경쟁력 얻기** : 틈새시장 안에서 효과적으로 경쟁하여 성공을 이루어 왔 던 기업들이 많다. 제품의 기본형을 바탕으로, 각기 다른 시장마다 조금씩 재구성된 제품을 출시하여 경쟁력을 확보할 수 있다.

민첩성을 위한 관계성 관리 민첩성에 관련하여 두 가지의 관계성이 부각되어야 한다—(1) 조직 내부의 관계, (2) 타 조직과의 관계.

조직 내부의 관계에는 고용자들 사이의 관계와 고용자와 피고용자 사이의 관계가 포함된다. 민첩성을 증진시키는 쪽으로 기업 내부의 관계를 관리해야 한다. 이때 중요한 목표로는 (1) 작업조직을 적응성이 좋게 개선, (2) 기능교차식 훈련 제공, (3) 파트너십이 신속히 형성되도록 유도, (4) 효과적인 소통 역량을 제공 등을 들 수 있다.

외부 관계성은 자기 기업과 외부의 공급자, 고객, 파트너 등과의 사이에 존재한다. 다음과 같은 이유 때문에 외부관계를 형성하고 배양하는 것이 바람직하다―(1) 고객과의 상호적이면서도 주도적인 관계를 수립하기 위해, (2) 공급업자를 빠르게 파악하고 인증하기 위해, (3) 효과적인 전자상거래 및 소통 역량을 세우기 위해, (4) 서로 상업적인 이득을 얻도록 빠르게 파트너십을 이루기 위함이다.

위의 네 번째 이유는, 일시적인 시장기회를 획득하기 위해 독립적인 자원(인력, 자산 등)을 활용한 일시적인 파트너십으로 정의되는 **가상기업**(virtual enterprise)에 대한 필요성을 불러일으킨다. 파트너십하에서는 파트너들이 일부 자원들을 공유하고, 이익 또한 나누어 갖는다. 시장기회가 지나가고 목표가 달성되었다면 이 조직은 해체된다. 그러한 가상기업은 때때로 경쟁사의 주관으로 조직되기도 한다. 가상기업이 형성되면 다음과 같은 잠재적 이득이 발생한다―(1) 자사 미보유 자원과 기술의 사용이 가능, (2) 새로운 시장과 유통채널에 접근이 가능, (3) 제품개발기간의 단축, (4) 기술이전의 가속화.

참고문헌

[1] ASKIN, R. G., H. M. SELIM, and A. J. VAKHARIA, "A Methodology for Designing Flexible Cellular Manufacturing Systems," *IIE Transactions*, Vol. 29, 1997, pp. 599-610.

[2] BASNET, C., and J. H. Mize, "Scheduling and Control of Flexible Manufacturing Systems: A Critical Review," *International Journal of Computer Integrated Manufacturing*, Vol. 7, 1994, pp. 340-355.

[3] BROWNE, J., D. DUBOIS, K. RATHMILL, S. P. SETHI, and K. E. STECKE, "Classification of Flexible Manufacturing Systems," *FMS Magazine*, Vol. 2, April 1984, pp. 114-117.

[4] BUZACOTT, J. A. "Modeling Automated Manufacturing Systems," *Proceedings*, 1983 Annual Industrial Engineering Conference, Louisville, Kentucky, May 1983, pp. 341-347.

[5] BUZACOTT, J. A. and J. G. SHANTHIKUMAR, *Stochastic Model for Manufacturing Systems*, Prentice Hall, Englewood Cliffs, NJ, 1993.

[6] BUZACOTT, J. A., and D. D. YAO, "Flexible Manufacturing Systems: A Review of Analytical Models," *Management Science*, Vol. 32, 1986, pp. 890-895.

[7] FALKNER, C. H., "Flexibility in Manufacturing Systems," *Proceedings*, Second ORSA/TIMS Conference on Flexible Manufacturing Systems: Operations Research Models and Applications, Edited by K. E. Stecke and R. Suri, Elsevier Science Publishers, New York, 1986, pp. 95-106.

[8] GOLDMAN, S., R. NAGEL, and K. PREISS, *Agile Competitors and Virtual Organizations*, Van Nostrand

Reinhold, New York, 1995.

[9]   GOLDMAN, S. L., "The Agility Revolution," *lecture* presented at Agility Forum, Lehigh University, Bethlehem, PA, October 15, 1996.

[10] GROOVER, M. P., and O. MEJABI, "Trends in Manufacturing System Design," *Proceedings,* IIE Fall Conference, Nashville, TN, November 1987.

[11] JABLONSKI, J., "Reexamining FMSs," Special Report 774, *American Machinist,* March 1985, pp. 125-140.

[12] JOSHI, S. B., and J. S. SMITH, Editors, *Computer Control of Flexible Manufacturing Systems,* Chapman & Hall, London, UK, 1994.

[13] KATTAN, I. A., "Design and Scheduling of Hybrid Multi-Cell Flexible Manufacturing Systems, *International Journal of Production Research,* Vol. 35, 1997, pp. 1239-1257.

[14] KLAHORST, H. T., "How To Plan Your FMS," *Manufacturing Engineering,* September 1983, pp. 52-54.

[15] KOELSCH, J. R., "A New Look to Transfer Lines," *Manufacturing Engineering,* April 1994, pp. 73-78.

[16] KOREN, Y., and M. SHPITALNI, "Design of reconfigurable manufacturing systems," *Journal of Manufacturing Systems* (2011), doi:10.1016/jmsy.2011.01.001.

[17] KOUVELIS, P., "Design and Planning Problems in Flexible Manufacturing Systems: A Critical Review," *Journal of Intelligent Manufacturing,* Vol. 3, 1992, pp. 75-99.

[18] KUSIAK, A., and C.-X. FENG, "Flexible Manufacturing," *The Engineering Handbook,* Richard C. Dorf, (ed.), CRC Press, 1996, pp. 1718-1723.

[19] LENZ, J. E., *Flexible Manufacturing,* Marcel Dekker, Inc., NY, 1989.

[20] LORINCZ, J., "Challenging Process Engineering," *Manufacturing Engineering,* June 2012, pp. 61-67.

[21] LUGGEN, W. W., *Flexible Manufacturing Cells and Systems,* Prentice Hall, Inc., Englewood Cliffs, NJ, 1991.

[22] MAHONEY, R. M., *High-Mix Low-Volume Manufacturing,* Hewlett-Packard Company, Prentice Hall, Upper Saddle River, NJ, 1997.

[23] MALEKI, R. A., *Flexible Manufacturing Systems: The Technology and Management,* Prentice Hall, Inc., Englewood Cliffs, NJ, 1991.

[24] MEJABI, O., "Modeling in Flexible Manufacturing Systems Design," *PhD Dissertation,* Lehigh University, Bethlehem, PA, 1988.

[25] MOHAMED, Z. M., *Flexible Manufacturing Systems—Planning Issues and Solutions,* Garland Publishing, Inc., NY, 1994.

[26] MOODIE, C., R. UZSOY, and Y. YIH, Editors, *Manufacturing Cells: A Systems Engineering View,* Taylor & Francis, London, UK, 1996.

[27] PINE II, B. J. *Mass Customization.* Harvard Business School Press, Cambridge, MA, 1993.

[28] RAHIMIFARD, S., and S. T. NEWMAN, "Simultaneous Scheduling of Workpieces, Fixtures and Cutting Tools within Flexible Machining Cells," *International Journal of Production Systems,* Vol. 15, 1997, pp.

2379-2396.

[29] SOLBERG, J. J., "A Mathematical Model of Computerized Manufacturing Systems," *Proceedings of the 4th International Conference on Production Research,* Tokyo, Japan, 1977.

[30] SOLBERG, J. J., "CAN-Q User's Guide," Report No. 9 (Revised), NSF Grant No. APR74-15256, Purdue University, School of Industrial Engineering, West Lafayette, IN, 1980.

[31] SOLBERG, J. J., "Capacity Planning with a Stochastic Workflow Model," *AIIE Transactions,* Vol. 13, No. 2, 1981, pp. 116-122.

[32] STECKE, K. E., "Formulation and Solution of Nonlinear Integer Production Planning Problems for Flexible Manufacturing Systems," *Management Science,* Vol. 29, 1983, pp. 273-288.

[33] STECKE, K. E., "Design, Planning, Scheduling and Control Problems of FMS," *Proceedings,* First ORSA/TIMS Special Interest Conference on Flexible Manufacturing Systems, Ann Arbor, MI, 1984.

[34] STECKE, K. E., and J. J. SOLBERG, "The Optimality of Unbalancing Both Workloads and Machine Group Sizes in Closed Queueing Networks of Multiserver Queues," *Operational Research,* Vol. 33, 1985, pp. 822-910.

[35] SURI, R., "An Overview of Evaluative Models for Flexible Manufacturing Systems," *Proceedings,* First ORSA/TIMS Special Interest Conference on Flexible Manufacturing Systems, University of Michigan, Ann Arbor, August 1984, pp. 8-15.

[36] WATERBURY, R., "FMS Expands into Assembly," *Assembly Engineering,* October 1985, pp. 34-37.

[37] WAURZYNIAK, P., "Automation Flexibility," *Manufacturing Engineering,* September 2010, pp. 79-87.

[38] WINSHIP, J. T., "Flexible Sheetmetal Fabrication," Special Report 779, *American Machinist,* August 1985, pp. 95-106.

[39] WU, S. D., and R. A. WYSK, "An Application of Discrete-Event Simulation to On-line Control and Scheduling in Flexible Manufacturing," *International Journal of Production Research,* Vol. 27, 1989, pp. 247-262.

[40] www.mag-ias.com

[41] www.mazakusa.com

[42] www.methodsmachine.com

복습문제

19.1 FMS 기술의 적용이 적합한 세 가지 상황은 무엇인가?

19.2 FMS의 정의를 내려라.

19.3 제조시스템이 유연하기 위하여 갖추어야 할 능력 세 가지는 무엇인가?

19.4 유연성 여부를 판단할 수 있는 네 가지 테스트 사항은 무엇인가?

19.5 전용 FMS와 임의순서 FMS의 차이점은 무엇인가?

19.6 FMS의 자재취급시스템의 다섯 가지 기능은 무엇인가?

19.7 FMS의 자재취급에서 1차 취급과 2차 취급의 차이점은 무엇인가?

19.8 FMS 레이아웃의 다섯 유형은 무엇인가?

19.9 FMS에서 인력의 역할은 무엇인가?

19.10 성공적인 FMS가 가져올 이점은 무엇인가?

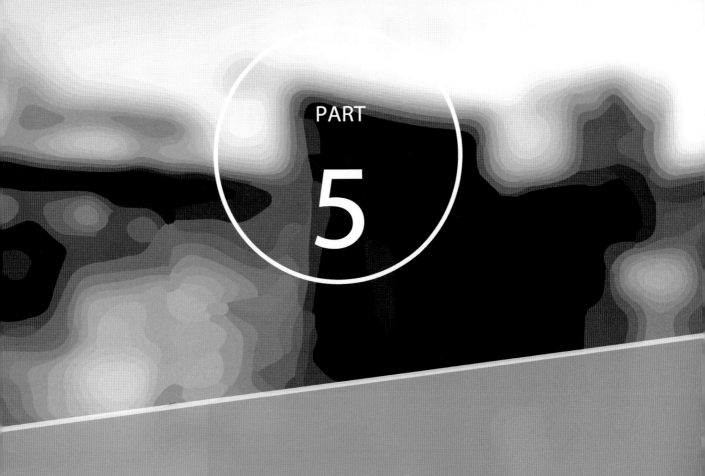

PART

5

품질관리
시스템

Automation, Production Systems, and Computer-Integrated Manufacturing

품질 프로그램

미국의 전통적인 사고방식으로는 품질관리(quality control, QC)란 낮은 품질의 제품을 검출하여 그것들을 제거하는 행위를 하는 것으로 간주되어 왔다. 세부적으로는 제품이나 부품을 검사하여 치수 또는 기타 사양이 설계 사양과 부합하는지를 판단하는 것에 QC의 개념이 국한되었다. 현대의 품질관리는 검사 부서에만 국한된 것이 아닌 회사 전체에서 수행되는 활동으로 보다 넓게 확장되었다. 이 장에서 다룰 현대적인 품질 프로그램들의 공통적인 목적은 고객의 요구를 만족시키거나 또는 더 뛰어넘도록 제품을 보증하는 것이다.

전체 생산시스템에서 품질관리시스템의 위치를 그림 20.1에 나타내었다. 이 그림에서 QC는 제조지원시스템의 영역에 속하지만, 현장에서의 검사절차나 장비들 또한 포함한다. 제20장은 산업체에서 널리 사용되는 몇 가지 품질관련 프로그램들에 대해 서술한다. 제21장에서는 검사의 원리와 응용을 다루고, 제22장은 검사와 측정에 사용되는 기술을 설명한다.

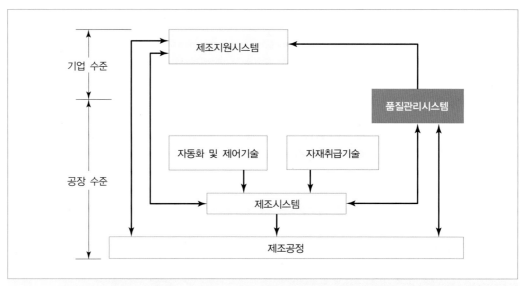

그림 20.1 생산시스템에서의 품질관리시스템

20.1 설계와 제조에서의 품질

제품의 품질은 (1) 제품특성과 (2) 무결함의 두 가지 측면으로 구별된다[9]. 제품특성은 설계의 결과로서 고객을 유혹하여 만족을 제공하는 기능적, 미적 특성이다. 자동차의 경우에는 차의 크기, 계기판의 모양, 차체의 맞춤과 마무리 등을 의미하며 고객의 선택사양도 포함된다. 표 20.1에 일반적인 제품의 중요한 특성들이 나와 있다.

대개 제품특성이 합쳐져서 제품의 등급이 결정되는데 등급은 그 제품이 목표로 하는 시장에서의 수준과 관련이 있다. 자동차는 여러 등급이 있는데 어떤 고객들은 단지 운송 기능만을 원하기 때문에 운송 기능만을 갖춘 자동차가 있고, 어떤 고객은 더 좋은 제품을 소유하기 위해 기꺼이 비용을 지불하므로 이들을 위한 고급 자동차도 있다. 제품특성은 설계에서 결정되며 특성에 따라 제품의 고유한 비용이 어느 정도 결정되고, 뛰어난 특성이 많을수록 가격도 높아진다.

무결함은 제품이 의도된 기능을 수행하고(설계 사양 내에서), 결함이나 공차를 벗어나는 경우가 없다는 뜻이다(표 20.1). 이 측면은 제품의 구성품뿐만 아니라 제품 자체에도 적용된다. 결함이 없다는 것은 설계명세에 부합되게 생산한다는 것으로 제조 부서의 책임이 된다. 제품의 고유한 비용은 설계에 의해 결정되지만, 설계 범위 내에서 제품의 비용을 최소로 낮추려면 제조 과정에서 불량품과 공차를 벗어나는 변동 및 다른 오류를 최소화해야 한다. 이러한 결함으로 발생하는 비용에는 폐기되는 제품, 폐기를 고려해서 증가된 로트 크기, 재작업, 재검사, 분류, 고객불만접수, 환불, 서비스비용, 판매손실, 시장에서의 평판도 상실 등이 포함된다.

요약하면 제품특성은 설계 부서가 책임지는 품질의 성격을 갖고, 제품 가격의 큰 부분을 결정

| 표 20.1 | 품질의 두 가지 측면[9]

제품 특성	무결함
설계구성, 크기, 무게	불량 없음
기능과 성능	사양에 부합
모델의 구별 특징	공차 범위 내의 부품
미적 매력	빠진 부품이 없음
사용의 편의성	초기 고장이 없음
선택사양	
신뢰성과 종속성	
내구성과 긴 수명	
서비스성	
제품과 생산자에 대한 평판	

한다. 반면에 무결함은 제조 부서에 책임이 있는 품질의 성격을 갖는데, 결함을 최소화하는 능력은 제품비용에 상당한 영향을 미친다. 이런 관점은 지나치게 단순화하고 일반화된 것으로 볼 수 있는데, 그 이유는 높은 품질이란 설계와 제조 기능 이상을 요구하기 때문이다.

20.2 　전통적 및 현대적 품질관리

품질관리의 원리와 접근방법은 20세기 들어 발전하였다. 초기의 품질관리는 통계학 분야와 함께 발전하였다. 1980년대 이후 심한 경쟁과 고품질 제품에 대한 수요로 인해 통계적 공정관리, 6시그마, ISO 9000 등의 현대적 관점의 품질 프로그램이 나오게 되었다.

20.2.1 전통적 품질관리

전통적인 품질관리는 검사에 초점을 두고 있다. 과거의 공장에서 품질에 대한 책임이 있는 유일한 부서가 검사 부서였다. 샘플링과 통계적 기법에 많은 관심을 가졌는데 이런 방법들을 **통계적 품질관리**(statistical quality control, SQC)라고 한다. SQC에서는 모집단에서 추출한 샘플을 근거로 생산된 품목(부품, 반조립품, 제품)의 모집단 품질을 추론한다. 모집단에서 무작위로 하나 이상의 샘플을 뽑아서 샘플에 포함된 각 부품에 대해 관심이 있는 품질특성을 검사한다. 제조된 부품의 경우 이 특성은 방금 수행된 공정이나 공정들에 관련이 있다. 예를 들면 원통형의 부품은 선반 작업으로 가공한 후 지름을 검사한다.

SQC 분야에서는 두 가지 샘플링 방법이 주로 사용되는데 (1) 관리도와 (2) 합격판정 샘플링이 그것이다. **관리도**(control chart)는 하나 또는 그 이상의 공정 변수에 대한 통계량을 시간 변화에 따라 그려서 그 공정이 정상인지 아닌지를 결정하는 그래프 기법이다. 이 표에는 공정이 정상일 때의 평균값이 가운데에 선으로 표시되어 있다. 비정상적인 공정 상태는 값이 정상 상태의 평균을 크게 벗어날 때 식별된다. 관리도는 20.4절에서 다루는 통계적 공정관리에서 많이 사용된다.

합격판정 샘플링(acceptance sampling)은 한 뱃치에서 샘플을 뽑아 샘플의 품질에 따라 그 뱃치를 수락할 것인지 아닌지를 결정하는 통계적 기법이다. 합격판정 샘플링은 다양한 목적으로 쓰인다—(1) 공급업체로부터 수령하는 물자의 검사, (2) 뱃치 검사, (3) 제조공정 단계 간 부품검사 등.

관리도와 합격판정 샘플링을 포함한 통계적 샘플링에서는 불량품이 검사를 통과하여 고객에게 인도될 위험이 있다. 낮은 불량률 대신 100%의 좋은 품질에 대한 요구가 증가함에 따라 샘플링 방법은 사용이 줄고 있고 100% 자동검사로 대체되고 있는데, 이에 대해서는 제21장에서 살펴보고 관련된 기술은 제22장에서 다룬다.

전통적인 품질관리의 원칙과 시행방법은 다음과 같다[5].

- 고객은 조직의 외부에 있다. 판매와 영업 부서가 고객 관계를 관리한다.
- 기업은 기능적 부서로 조직되어 있다. 대기업에서는 부서 간 상호 의존이 거의 나타나지 않는다. 각 부서의 관심은 회사보다는 부서에 집중되어 있다.
- 품질은 검사 부서의 책임이다. 조직의 품질 기능은 검사와 사양에 대한 부합을 강조한다. 목표는 단순하다—'불량의 제거'이다.
- 생산 후에 검사한다. 생산의 목표(제품 출하)와 품질관리의 목표(양품만 출하)는 자주 충돌하는 문제다.
- SQC 기법에 대한 지식은 조직 내 QC 전문가만 알고 있다. 작업자의 책임은 받은 지침에 한정되어 있고, 관리자와 기술 스태프만이 모든 계획을 수립한다.

20.2.2 현대적 품질관리

높은 품질은 좋은 경영과 좋은 기술의 결합으로 달성된다. 조직 내에 효과적인 품질시스템을 구축하려면 두 요소를 결합해야 한다. 경영적 요소는 **전사적 품질경영**(total quality management, TQM)이라는 용어로 표현된다. 기술적 요소는 전통적인 통계 기법과 최신 측정 및 검사기술을 포함한다.

전사적 품질경영(TQM) 전사적 품질경영은 다음의 세 가지 주요 목표를 추구하는 관리 방식이다—(1) 고객만족의 달성, (2) 지속적인 개선, (3) 인력 전원의 참여. 이 목표들은 품질관리에 관해서는 전통적인 경영과 상당히 대비된다. 현대의 품질경영을 반영하는 다음 내용들을 20.2.1절의 전통적인 품질관리 원칙과 비교해보자.

- 품질은 고객만족에 초점을 두는 것이고, 이에 맞게 제품을 설계하고 제조한다. 기술적 사양(제품특성)은 고객만족을 이룰 수 있도록 설정되어야 하며, 제품은 결함이 없도록 제조되어야 한다.
- 고객은 외부에만 있는 것이 아니라 내부에도 있다. 외부 고객은 제품을 구매하는 고객들이고, 내부 고객은 우리 부서의 서비스를 받는 회사 내 다른 부서나 개인들이 된다. 최종 조립라인은

부품 제조 부서의 고객이고, 엔지니어는 기술지원 스태프의 고객이 된다.

* 품질에 대한 전체적인 자세를 결정하는 최고경영층이 조직의 품질목표를 주도한다. 품질목표는 제조부문에서 결정하는 것이 아니라 조직의 최상부에서 결정한다. 단순히 고객이 설정한 사양에만 맞출 것인가, 아니면 기술적 사양을 능가하는 제품을 만들 것인가? 가장 싼 값으로 공급하는 업체로 알려질 것인가 아니면 가장 높은 품질을 제공하는 업체로 알려질 것인가? 이런 질문에 대한 답을 통해 회사의 품질목표를 설정하는데, 이는 최고경영층에서 결정해야 한다.
* 품질관리는 단지 검사 부서만의 업무가 아니라 조직 전체에 퍼져 있다. 제품설계가 제품의 품질에 미치는 중대한 영향을 인식하고 있다. 제품설계 부서의 의사결정이 제조 부서에서 달성할 수 있는 품질에 직접 영향을 미친다.
* 제품이 생산된 후에 검사하는 것으로 충분하지 않다. 품질은 제품에 스며들어야 한다. 검사 부서에서 실수를 찾아주는 것에 의지하지 않고 제조 부서의 작업자가 직접 자신의 작업을 검사한다.
* 고품질 추구 개념은 공급업체까지 확대되기도 한다. 현대적 품질관리의 추세는 공급업체와 긴밀한 관계를 형성하는 것이다.
* 높은 제품품질은 지속적인 개선 과정이다. 더 나은 제품을 설계하고 제품을 더 잘 만드는 일은 끝없이 이어진다.

품질관리 기술　높은 품질을 달성하는 데는 좋은 기술의 역할도 중요하다. 현대의 품질관리 기술은 (1) 품질공학, (2) 품질기능전개(QFD) 등이 있다. 품질공학은 20.6절에서 다룬다. QFD는 제품설계와 관련이 있는데, 23.3절에서 살펴본다. 다른 기술로는 (3) 100% 자동검사, (4) 온라인 검사, (5) 치수측정을 위한 3차원 측정기, (6) 머신비전 같은 비접촉 센서 등이 있는데, 다음 장들에서 이들을 다루고 있다.

20.3　공정변동성과 공정능력

다양한 품질관리 기법들에 대하여 설명하기에 앞서 이들 기법이 필요한 원인인 공정의 변동성에 대해 우선 알아보는 것이 필요하다. 모든 제조공정의 산출물에는 변동이 있기 마련인데, 예를 들어 치수정확도가 높은 공정 중 하나인 절삭공정을 거친 부품들은 겉으로는 동일해 보여도 정밀한 측정을 하면 치수에 차이가 있음이 나타난다.

20.3.1 공정변동

공정변동(process variation)은 랜덤변동과 이상변동의 두 가지 유형으로 나눌 수 있다. 랜덤변동

(random variation)은 공정이 아무리 적절히 설계되고 통제될지라도 공정 고유의 변동성 결과로 나타나는 현상이다. 랜덤변동은 작업자 고유의 변동성, 자재의 미소한 변화, 기계의 진동 등과 같은 요인이 원인이 되는 것으로서 피할 수 없는 것이며 일반적으로 정규분포를 따르는 경향이 있다. 즉 공정의 결과값이 평균 근처에 모이는 경향이 있는데, 이 평균값이 부품 길이나 지름 같은 제품의 품질특성치가 된다. 결과의 대부분이 평균값에 집중되고, 일부만 평균에서 떨어져 있다. 이런 유형만으로 공정변동이 존재할 때 공정은 **통계적 관리**(statistical control) **상태**에 있다고 말한다. 이런 유형의 변동은 공정이 정상적으로 수행되는 한 지속되지만, 정상 조건에서 벗어나는 경우에는 또 다른 유형의 변동이 일어난다.

이상변동(assignable variation)은 정상 조건에서 벗어난 랜덤변동으로 설명되지 않는 어떤 상황이 발생한 경우를 말하며 조작자의 실수, 불량자재, 공구파손, 장비고장 등이 원인이 될 수 있다. 이상변동은 정규분포에서 벗어나는 결과물이 나타날 때 확인되고, 이때를 **통계적 관리상태 밖**에 있다고 말한다.

그림 20.2는 4개의 샘플링 시점 t_0, t_1, t_2, t_3에서의 부품 특성치 변동을 보여주고 있다. t_0에서 부품 특성치 변동은 평균 μ_0, 표준편차 σ_0인 정규분포를 따르고 있다. 이것이 정상 조건하에서의 공정 고유의 변동성을 나타내는 것이고, 공정은 통계적 관리상태에 있다고 할 수 있다. t_1에서는 이상변동 요인이 공정에 들어왔는데, 이는 공정평균이 μ_1으로 증가하였음을 보면 알 수 있다 ($\mu_1 > \mu_0$). 표준편차는 변화가 없었다($\sigma_1 = \sigma_0$). t_2에서는 공정평균이 정상치와 같지만($\mu_2 = \mu_0$) 표준편차는 증가하였다($\sigma_2 > \sigma_0$). t_3에서는 평균과 표준편차 모두 증가하였다($\mu_3 > \mu_0$, $\sigma_3 > \sigma_0$).

주기적으로 부품의 특성치를 측정·수집하여 그것에 대해 통계적 관리 상태 밖으로 공정이 나갔을 때를 감지할 수 있는 방법이 20.4.1절에서 설명할 관리도이다.

20.3.2 공정능력과 공차

공정능력(process capability)은 공정이 통계적 관리 상태에 있을 때 산출물의 고유한 변동에 관계되는 것으로 결과치의 평균으로부터 표준편차의 ±3배의 범위(6배 범위)로 정의된다. 즉 공정능력 *PC*는

$$PC = \mu \pm 3\sigma \qquad\qquad (20.1)$$

여기서 μ는 공정의 평균치인데 제품 특성치의 명목값(nominal value) 혹은 목표값으로 설정된 것이고, σ는 공정의 표준편차이다. 여기에 들어간 가정은 (1) 공정결과는 정규분포를 따르며, (2) 정상상태의 운전이 수행되었고 공정이 통계적 관리 상태에 있다는 것이다. 이러한 가정하에서 평균으로부터 ±3.0σ 안에 들어가는 부품은 99.73%만큼이 존재한다.

주어진 제조공정의 공정능력을 정확히 알 수는 없기에, 많은 경우 표본을 추출하여 관심 있는 특성치를 평가하게 된다. 따라서 식 (20.1)의 μ와 σ는 각각 표본평균 $\bar{x}$와 표본표준편차 s로 추정된다.

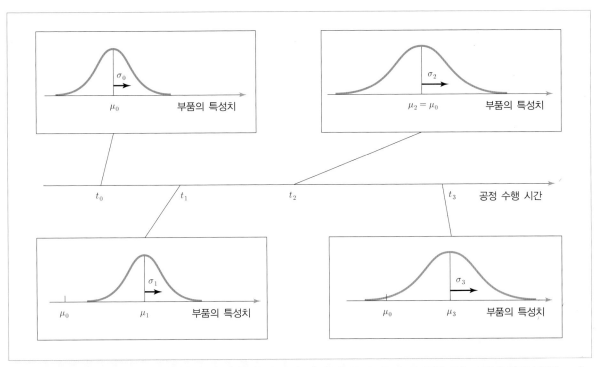

그림 20.2 제공정 수행 중 네 시점에 대한 부품 특성치 분포 : t_0에서 공정은 통계적 관리상태에 있음, t_1에서 평균이 증가, t_2에서 표준편차 증가, t_3에서 평균, 표준편차 모두 증가

$$\overline{x} = \frac{\sum_{i=1}^{n} x_i}{n} \qquad (20.2)$$

$$s = \sqrt{\frac{\sum_{i=1}^{n} (x_i - \overline{x})^2}{n-1}} \qquad (20.3)$$

여기서 x_i는 관심 있는 특성치의 i번째 측정값, n은 표본 수이고, $i = 1, 2, \cdots, n$이다. 위의 두 식에서 구한 값이 식 (20.1)의 μ와 σ를 대체하여 식 (20.4)와 같이 공정능력을 추정하는 데 이용된다.

$$PC = \overline{x} \pm 3s \qquad (20.4)$$

공차(tolerance)는 공정능력과 밀접한 관계가 있다. 설계자는 부품크기의 변동이 기능과 성능에 얼마나 영향을 주는가 하는 판단하에 부품과 조립품의 치수공차를 부여한다. 좁은 공차와 넓은 공차의 장단점이 표 20.2에 요약되어 있다.

설계자는 주어진 치수(혹은 다른 특성치)에 대한 공차와 그 치수를 만들어내는 공정능력 간의 관계를 고려해야 한다. 이상적으로 공차는 공정능력보다 커야만 한다. 만일 이것이 공정에서 실현

| 표 20.2 | 큰 공차와 작은 공차가 선호되는 요인

큰 공차가 선호되는 요인	작은 공차가 선호되는 요인
• 생산 수율이 증가한다. 불량품이 줄어든다. • 특수 공구(금형, 지그, 몰드 등)의 제작이 쉬워진다. 따라서 공구비용이 절감된다. • 셋업과 공구 조정이 쉬워진다. • 필요한 공정 수가 적어진다. • 덜 숙련되고 임금이 싼 노동력을 이용할 수 있다. • 기계의 유지보수가 줄어든다. • 검사가 줄어든다. • 전체 제조비용이 줄어든다.	• 조립에서 부품 호환성이 증가한다. • 조립된 제품의 맞춤과 마무리가 좋아지고, 미적 매력이 좋아진다. • 제품의 기능성과 성능이 개선될 수 있다. • 내구성과 신뢰성이 증가할 수 있다. • 부품 호환성의 증가로 서비스성이 향상될 수 있다. • 제품의 사용이 안전해질 수 있다.

불가능하다면, 공차 범위 안의 부품과 밖의 부품을 분리해내는 분류공정이 추가되어야 할 것이다. 이 분류공정은 부품원가를 증가시킨다.

설계공차가 공정능력과 동일하게 설정된 경우 이 범위의 상하한선을 **자연공차한계**로 부른다. 공정능력에 대한 규정된 공차 범위의 비율을 **공정능력지수**(process capability index, PCI)로 정의하고, 이를 식으로 표현하면 다음과 같다.

$$PCI = \frac{UTL - LTL}{6\sigma} \tag{20.5}$$

여기서 UTL은 공차 범위의 상한선, LTL은 공차 범위의 하한선, 6σ는 자연공차한계의 범위이다.

표 20.3은 불량률(공차 밖의 부품 비율)이 공정능력지수에 따라 어떻게 변하는지를 보여준다. 공차 범위가 증가함에 따라 결함부품의 비율이 주는 것을 알 수 있다. 최근 들어 매우 낮은 불량률을 의미하는 '6시그마'라는 용어가 많이 사용되는데, 이는 6시그마 한계를 달성하는 것이 제조부품의 불량을 제거하는 것과 다름없는 것을 의미한다(표 20.3의 마지막 행 참조). 20.5절에서 6시그마 품질 기법에 대해 설명한다.

| 표 20.3 | 공성능력시수 변화에 따른 불량률(공정이 통계적 관리 상태인 경우)

공정능력 지수(PCI)	공차 (표준편차의 배수)	불량률 (%)	100만 개당 불량품 수	비고
0.333	±1.0	31.74	317,400	불량 분류가 필요함
0.667	±2.0	4.56	45,600	불량 분류가 필요함
1.000	±3.0	0.27	2,700	공차=공정능력
1.333	±4.0	0.0063	63	불량이 급격히 줌
1.667	±5.0	0.000057	0.57	불량이 드물게 발생
2.000	±6.0	0.0000002	0.002	불량이 거의 발생 안 함

20.4 통계적 공정관리

통계적 공정관리(statistical process control, SPC)에는 공정을 측정하고 분석하는 다양한 방법이 포함된다. SPC의 목적은 (1) 공정 산출물의 품질을 향상시키고, (2) 공정의 변동성은 줄이고 안정성은 높이며, (3) 공정 중 발생 문제를 해결하는 데 있다. SPC에 사용되는 주요 방법 혹은 도구는 다음과 같이 여섯 가지다―(1) 관리도, (2) 히스토그램, (3) 파레토도, (4) 체크시트, (5) 산점도, (6) 특성요인도.

20.4.1 관리도

관리도는 SPC에서 가장 널리 사용되는 방법으로서, 앞서 기술한 랜덤변동과 이상변동의 원리에 기초하여 공정이 통계적 관리 밖으로 나갔을 때를 확인하여 교정을 위한 신호를 내보내는 것이 목적이다. **관리도**(control chart)란 어떤 공정 특성의 측정값으로부터 계산된 통계치를 시간에 따라 그래프에 표시하여 공정이 통계적 관리 상태에 있는지 여부를 판단하는 기법이다. 관리도의 일반적인 형태는 그림 20.3과 같고, 시간 경과에 따라 일정한 3개의 수평선(중심선, 관리상한선, 관리하한선)으로 구성되어 있다. 중심선은 일반적으로 목표치(명목치, 공칭치수)로 잡고, 관리상한선(upper control limit, UCL)과 관리하한선(lower control limit, LCL)은 표본표준편차의 ± 3배로 보통 설정한다.

공정이 통계적 관리 상태에 있을 때는 공정에서 추출한 표본이 UCL과 LCL 밖으로 거의 나가지 않을 것이다. 그러므로 만일 어떤 표본값이 이 한계 밖으로 나갈 때는 공정이 관리 상태 밖으로

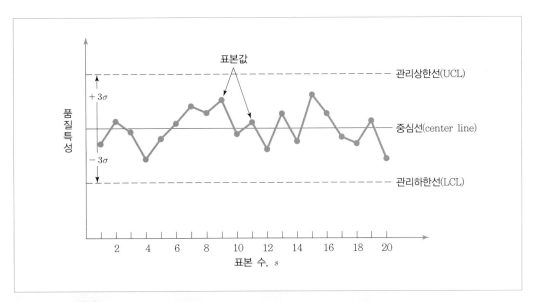

그림 20.3 관리도

나간 것으로 해석된다. 이런 경우 원인을 찾아 이 상태를 벗어나기 위한 조치를 취해야 한다.

관리도에는 두 가지 기본 유형이 있는데, 변량관리도와 속성관리도가 그것이다. 변량관리도는 측정이 가능한 품질특성치를 대상으로 하고 속성관리도는 단순히 부품의 불량 여부와 표본 내의 불량수 등을 대상으로 한다.

변량관리도   통계적 관리 상태 밖에 있는 공정은 (1) 공정의 평균값, 혹은 (2) 공정의 변동성에 어떤 변화가 있었음을 알 수 있다. 이 두 가능성에 대해 (1) $\bar{x}$ 관리도와 (2) R 관리도의 두 가지 변량관리도가 사용된다. $\bar{x}$ 관리도는 제조공정에서 주기적으로 취해진 표본들에 대해 어떤 품질특성 측정값의 평균을 나타내는 것이다. R 관리도는 각 표본의 범위를 그려서 공정의 변동성을 모니터링하고 그것이 시간에 따라 변화하는지 여부를 확인하게 해 준다.

변량관리도를 작성하기 위해서 작은 크기(표본당 $n=5$개 정도)의 주기적인 표본(적어도 $m=20$회 이상이 적당)이 수집되어, 표본 내 각 부품에 대해 관심특성치를 측정한다. 다음의 절차가 각 관리도의 중심선, 관리상한선(UCL), 관리하한선(LCL)을 구성하는 데 이용된다.

1. m개의 각 표본에 대해 평균 $\bar{x}$와 범위 R을 계산한다.
2. 각 $\bar{x}$의 평균인 전체평균 $\bar{\bar{x}}$를 계산하면, 이것이 $\bar{x}$ 관리도의 중심선이 된다.
3. 각 R의 평균인 $\bar{R}$를 계산하면, 이것이 R 관리도의 중심선이 된다.
4. $\bar{x}$ 관리도와 R 관리도 각각에 대해 UCL과 LCL을 결정한다. 이 한계선들을 계산하기 위한 표준편차값은 표본 데이터로부터 식 (20.3)을 이용하여 추정된다. 그러나 더 쉬운 방법은 이들 관리도를 위해 추출된 통계적 상수(표 20.4)를 이용하여 계산하는 것이다.

$\bar{x}$ 관리도에 대하여

$$LCL = \bar{\bar{x}} - A_2 \bar{R} \tag{20.6a}$$

$$UCL = \bar{\bar{x}} + A_2 \bar{R} \tag{20.6b}$$

| 표 20.4 | $\bar{x}$ 관리도와 R 관리도를 위한 상수

표본크기 n	$\bar{x}$ 관리도 A_2	R 관리도	
		D_3	D_4
3	1.023	0	2.574
4	0.729	0	2.282
5	0.577	0	2.114
6	0.483	0	2.004
7	0.419	0.076	1.924
8	0.373	0.136	1.864
9	0.337	0.184	1.816
10	0.308	0.223	1.777

R 관리도에 대하여

$$LCL = D_3\overline{R} \tag{20.7a}$$

$$UCL = D_4\overline{R} \tag{20.7b}$$

예제 20.1 $\overline{x}$ 관리도와 R 관리도

통계적 관리 상태에 있는 공정으로부터 제조된 부품의 치수(cm)를 측정하고 있다. 20개 이상의 표본크기가 권장되지만, 예시의 목적으로 이보다 적은 표본크기 5인 표본($n = 5$)을 8번 추출($m = 8$)한다고 가정하자. $\overline{x}$ 관리도와 R 관리도를 작성하기 위한 중심선, 관리상한선, 관리하한선 값을 구하라. 각 표본에 대하여 계산된 $\overline{x}$와 R값은 다음 표와 같다.

s	1	2	3	4	5	6	7	8
$\overline{x}$	2.008	1.998	1.993	2.002	2.001	1.995	2.004	1.999
R	0.027	0.011	0.017	0.009	0.014	0.020	0.024	0.018

■ 풀이　단계 2와 같이 표본평균의 전체평균을 구하면

$$\overline{\overline{x}} = \frac{2.008 + 1.998 + 1.993 + 2.002 + 2.001 + 1.995 + 2.004 + 1.999}{8}$$

$$= 2.000\text{cm}$$

단계 3과 같이 R의 평균값을 구하면

$$\overline{R} = \frac{0.027 + 0.011 + 0.017 + 0.009 + 0.014 + 0.020 + 0.024 + 0.018}{8}$$

$$= 0.0175\text{cm}$$

표 20.4의 상수와 식 (20.6)을 사용하여 $\overline{x}$ 관리도의 LCL과 UCL을 계산하면

$$LCL = 2.000 - 0.577(0.0175) = 1.9899\text{cm}$$

$$UCL = 2.000 + 0.577(0.0175) = 2.0101\text{cm}$$

표 20.4의 상수와 식 (20.7)을 사용하여 R 관리도의 LCL과 UCL을 계산하면

$$LCL = 0(0.0175) = 0\text{cm}$$

$$UCL = 2.114(0.0175) = 0.0370\text{cm}$$

위 자료를 이용하여 두 관리도를 작성한 결과가 그림 20.4에 나타나 있다.

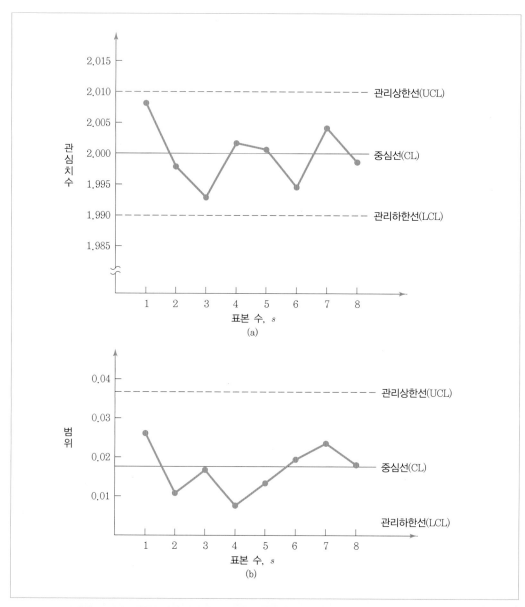

그림 20.4   예제 20.1의 관리도 : (a) $\bar{x}$ 관리도, (b) R 관리도

속성관리도   속성관리도는 표본 속의 불량 수나 불량률을 감시하기 위해 적용된다. 이런 종류의 속성의 예로는 자동차당 결함의 수, 추출된 샘플 내에서 이상 부품 비율, 플라스틱 사출성형 부품에서 돌출 플래시의 유무, 금속박판롤에서의 결함 수 등이다. 부품의 합격/불합격 여부만을 판별하는 통과/정지(go/no-go) 게이지를 사용하는 검사 작업이 이 범주에 속한다.

속성관리도의 두 유형은 (1) 연속적인 표본에 대해 불량률을 표시하는 p 관리도와 (2) 표본당 불량 수를 표시하는 c 관리도이다.

p 관리도에서는 관심 있는 품질특성이 불량품의 비율(p)이 된다. 각 표본의 불량률 p_i는 표본수 n에 대한 불량품 수 d_i의 비율이다.

$$p_i = \frac{d_i}{n} \tag{20.8}$$

여기서 i는 각 표본번호이고, 표본크기는 동일하다고 가정한다. p 관리도의 중심선은 개개의 표본에 대한 $\bar{p}$값으로 계산된다. 즉

$$\bar{p} = \frac{\displaystyle\sum_{i=1}^{m} p_i}{m} \tag{20.9}$$

관리한계선은 중심선의 양방향으로부터 3σ로 계산된다. 즉

$$LCL = \bar{p} - 3\sqrt{\frac{\bar{p}(1-\bar{p})}{n}} \tag{20.10a}$$

$$UCL = \bar{p} + 3\sqrt{\frac{\bar{p}(1-\bar{p})}{n}} \tag{20.10b}$$

여기서 이항분포를 따르는 $\bar{p}$의 표준편차는 다음 식과 같은 조건을 이용하였다.

$$\sigma_p = \sqrt{\frac{\bar{p}(1-\bar{p})}{n}} \tag{20.11}$$

만일 $\bar{p}$가 비교적 작고 표본크기 n이 적다면, LCL은 음수가 나올 수 있다. 이런 경우 LCL을 0으로 간주한다.

예제 20.2 p 관리도

표본 수가 20개($n=20$)인 총 10회의 표본($m=10$)이 수집되었다. 하나의 표본에는 불량이 없었고, 3개의 표본에 하나의 불량이, 5개의 표본에 2개의 불량이, 하나의 표본에 3개의 불량이 있었다. p 관리도의 중심선, LCL, UCL을 결정하라.

▌풀이 중심선은 모든 표본에서 발견된 총불량품 수를 총부품 수로 나누어 알 수 있다. 즉

$$\bar{p} = \frac{1(0) + 3(1) + 5(2) + 1(3)}{10(20)} = \frac{16}{200} = 0.08 = 8\%$$

식 (20.10)을 통해 LCL과 UCL을 계산하면

$$LCL = 0.08 - 3\sqrt{\frac{0.08(1-0.08)}{20}} = 0.08 - 3(0.06066) = 0.08 - 0.182 \rightarrow 0\%$$

$$UCL = 0.08 + 3\frac{\sqrt{0.08(1-0.08)}}{20} = 0.08 + 3(0.06066) = 0.08 + 0.182 = 0.262 = 26.2\%$$

c 관리도에서는 표본의 불량품 수가 시간 경과에 따라 기입된다. c 관리도는 포아송 분포에 기초를 두고 있는데, 여기서 c값은 정해진 표본공간 내에 발생하는 사건의 빈도 파라미터(예 : 자동차 1대당 결함 수, 카펫 100m당 결함 수)이다. c값으로 가장 좋은 추정치는 공정이 통계적 관리 상태에 있는 동안 추출된 많은 표본의 평균값이다. 즉

$$\bar{c} = \frac{\sum\limits_{i=1}^{m} c_i}{m} \tag{20.12}$$

$\bar{c}$는 관리도의 중심선으로 사용된다. 포아송 분포에서 표준편차는 파라미터 c의 제곱근이 된다. 즉 관리한계선은 다음과 같다.

$$LCL = \bar{c} - 3\sqrt{\bar{c}} \tag{20.13a}$$
$$UCL = \bar{c} + 3\sqrt{\bar{c}} \tag{20.13b}$$

예제 20.3 c 관리도

어떤 연속압출공정이 통계적 관리 상태에서 수행되고 있을 때, 이 공정을 감시하기 위한 c 관리도를 작성하고자 한다. 800m의 압출품을 검사하여 총 14개의 표면결함을 발견하였다. 관심이 있는 품질특성이 100m당 결함 수라 할 때 이 공정에 대한 c 관리도를 전개하라.

▌풀이   파라미터 c의 평균값은 식 (20.12)를 이용하여 결정된다.

$$\bar{c} = \frac{14}{8} = 1.75$$

이것이 관리도의 중심선으로 사용된다. 식 (20.13)을 이용하여 LCL과 UCL을 구하면

$$LCL = 1.75 - 3\sqrt{1.75} = 1.75 - 3(1.323) = 1.75 - 3.969 \rightarrow 0개 \ 결함$$
$$UCL = 1.75 + 3\sqrt{1.75} = 1.75 + 3(1.323) = 1.75 + 3.969 = 5.719개 \ 결함$$

관리도의 해석   제품품질을 감시하기 위해 관리도를 사용할 때, 우선 표본 n개가 공정으로부터 추출된다. $\bar{x}$ 관리도와 R 관리도를 위해서 측정된 특성의 $\bar{x}$와 R값이 관리도에 표시된다. 편의상 점들은 연결되어 표시된다. 데이터를 해석하기 위해서 공정이 통계적 관리하에 있지 않음을 보여주는 부분이 있는지를 찾는다. 가장 확실하게 발견될 수 있는 부분은 $\bar{x}$ 혹은 R이(혹은 둘 다)

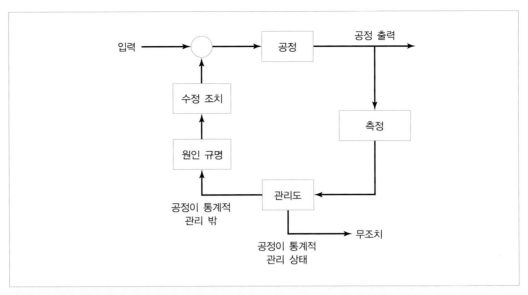

그림 20.5 SPC에서 피드백 역할을 수행하는 관리도

LCL 혹은 UCL 밖에 있을 때다. 이때는 불량 원자재, 미숙한 조작자, 잘못된 기계 설정, 파단된 공구 등과 같은 원인이 있음을 알려준다. 한계를 벗어나는 R이 있을 때는 공정의 변동성이 변했을 지 모른다는 것을 암시한다. R이 증가하면 보통 변동성이 커지는 경우이다.

표본점들이 $\pm 3\sigma$ 안에 있을지라도 다음과 같이 상대적으로 덜 뚜렷한 조건들이 나타날 수 있다―(1) 데이터에 경향과 주기적인 유형이 보인다. 이런 예로는 시간에 따라 발생하는 마모를 들 수 있다. (2) 데이터 평균값에 갑작스러운 변화가 있다. (3) 상한 혹은 하한 근처에 일관되게 위치하는 점들이 있다. 이와 같은 $\bar{x}$ 관리도와 R 관리도의 해석 방법이 p 관리도와 c 관리도에도 동일하게 적용될 수 있다.

Montgomery[12]는 공정이 통계적 관리 밖으로 나가서 교정이 필요한 경우의 징후로 다음의 다섯 가지를 제시하였다―(1) UCL과 LCL 밖에 위치한 한 점, (2) 연속된 세 점 중 $\pm 2\sigma$를 넘어서 관리도의 중심선을 기준으로 한쪽 면에 놓여 있는 두 점, (3) 연속된 다섯 점 중 $\pm 1\sigma$를 넘어서 관리도의 중심선을 기준으로 한쪽 면에 놓여 있는 네 점, (4) 관리도의 중심선을 기준으로 한쪽 면에 놓여 있는 연속된 여덟 점, (5) 각 점이 직전 점보다 항상 값이 높은 연속된 여섯 점, 혹은 항상 값이 낮은 여섯 점.

관리도는 그림 20.5와 같이 SPC에서 피드백 루프의 역할을 수행한다. 만일 관리도를 통해 공정이 통계적 관리 상태에 있다면 아무런 조치를 취할 필요가 없다. 하지만 공정이 통계적 관리 밖으로 나간 것으로 판명된다면, 그 문제의 원인을 규명하여 수정 조치를 취해야 할 것이다.

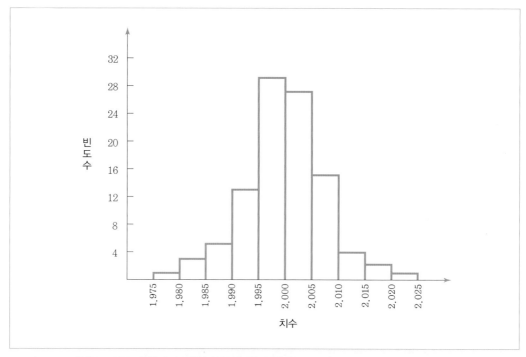

그림 20.6 예제 20.1의 공정에서 수집한 데이터의 히스토그램

20.4.2 기타 SPC 도구

히스토그램　히스토그램(histogram)은 어떤 값이나 그 값의 범위를 막대그래프 형태로 보여주는 것인데, 각 막대의 길이는 값이나 범위의 빈도수에 비례한다. 즉 그림 20.6과 같이 수치 데이터의 빈도분포를 그래프화한 것이다. 히스토그램의 강점은 분석자에게 전체 데이터의 특징을 한눈에 알아볼 수 있게 해준다는 점이다. 여기서 데이터 특징이란 분포의 형태, 분포에 나타난 중심 경향, 평균의 추정치, 데이터의 산포 정도 등이다. 그림 20.6에서 분포가 정규분포에 가깝고, 평균은 2.00 근처임을 추정할 수 있다. 대부분의 분포(99.73%)가 평균값으로부터 ±3σ 안에 들어가는 사실로부터 표준편차는 (2.025~1.975) 범위를 6으로 나눈 값으로 추정할 수 있다. 따라서 표준편차는 약 0.008이다.

파레토도　파레토도(Pareto chart)는 히스토그램을 변형한 것으로서 데이터를 비용 혹은 원인 등과 같은 어떤 기준항목에 따라 배열한 것이다(그림 20.7). 이것은 소수 부분이 다수 부분보다 더 가치 있을 수 있다는 경향을 잘 보여준다. 이러한 경향을 **파레토 법칙**이라 부르며, 원래 '필수적인 소수, 보잘것없는 다수'라고 선언된 법칙이다. 이 법칙은 종종 80-20 규칙이라고도 불리는데, 예를 들어 한 국가의 부의 80%는 국민의 20%의 손에 달려 있으며, 80%의 재고가치는 재고의 20% 정도만 차지하는 품목에 의해 결정되고, 품질에 의한 절감의 80%는 20%를 차지하는 품질 문제에 상관하며, 생산수량의 80%는 제품모델의 단지 20%에 의해 좌우된다(그림 20.7) 등으로 적용될 수 있다.

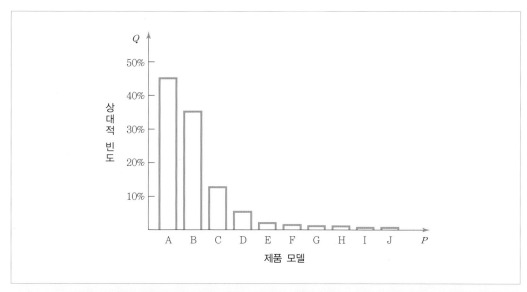

그림 20.7 생산수량에 대한 일반적인 파레토 분포. 10개의 모델이 있지만 A, B 두 모델이 전 수량의 80%를 차지한다. 이러한 도표를 $P-Q$ 도표라고 부르기도 한다. (P = 제품, Q = 수량)

어떤 연구나 프로젝트에 있어서 가장 주의를 기울이고 노력을 해야 할 대상도 가장 중요하게 보이는 일부분에 집중시켜야 할 것이다.

체크시트 체크시트(check sheet)는 품질 문제 연구의 초기 단계에서 주로 사용되며 점수, 불량수 등의 계수치 데이터를 원인별, 항목별, 발생부위별 등으로 쉽게 체크할 수 있도록 만들어진 데이터 수집도구이다. 공정의 조작자(기계 운전자)가 체크시트상에 데이터를 기록하는데, 주로 간단한 체크마크를 사용한다. 체크시트는 문제 상황과 기록자의 취향에 따라 다른 형태를 취할 수 있는데 그 형태는 원자료로부터 결과를 직접적으로 이해할 수 있도록 설계되어야만 한다.

산점도 제조공정 문제에서 2개의 공정 변수 사이에 존재 가능한 관계를 규명하는 것이 바람직한 경우가 많다. 산점도(scatter diagram)는 그림 20.8처럼 두 변수들을 $x-y$평면상의 점으로 표시한 그래프이다. 점들의 집합 상태가 두 변수 간의 관계 혹은 패턴을 보여준다. 예를 들어 그림 20.8에서 카바이드 절삭공구의 코발트 함유량과 내마모성과는 음의 상관관계가 있음을 알 수 있다. 즉 코발트 양이 증가하면 내마모성은 감소한다.

특성요인도 특성요인도(cause and effect diagram)는 주어진 문제에 대한 가능성 있는 원인들을 목록화하여 분석하기 위해 활용되는 그래프와 표가 결합된 도표이다. 그림 20.9에서 보듯이 결과(문제)로 이끌어 가는 중앙 가지가 있고, 이 문제를 초래할 수 있는 다양한 원인들이 작은 가지 형태로 뻗어 나와 있다. 이러한 외형 때문에 생선뼈 도표(fishbone diagram)로 불리기도 한다. 특성요인도는 실제로 통계적인 도구는 아니지만 품질관리팀에서 작성이 되어 가장 중요한 원인을 찾아

그것을 고쳐 줄 행위를 결정하게 된다.

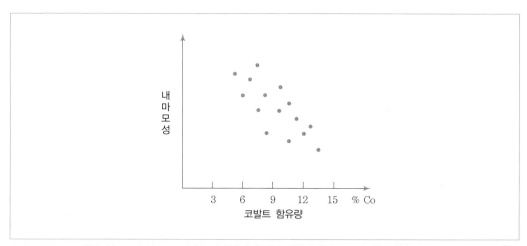

그림 20.8 카바이드 공구에서의 코발트 결합제 함유량이 내마모성에 미치는 영향을 보여주는 산점도

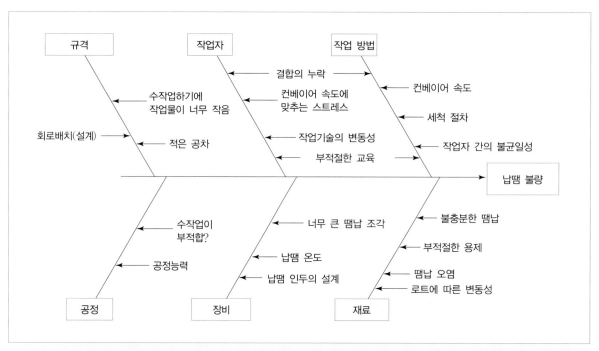

그림 20.9 수작업 납땜공정에 대한 특성요인도. 화살표 오른쪽 끝에 결과(불량결합 문제)가 나와 있고, 가능한 원인들이 결과를 향해 가는 가지로 나타나 있다.

20.5 6시그마

6시그마(Six Sigma)란 조직의 운영성능을 향상시키려는 프로젝트를 완수하기 위해 작업자팀을 활용하는 품질 중심의 프로그램이다. 최초의 6시그마 프로그램은 1980년경 모토롤라사에서 시작되었는데, 그 후 미국의 많은 회사에서 이것을 수용하였다. 정규분포하에서는 6시그마란 완벽에 가까운 공정을 의미하는데, 이것이 바로 6시그마의 목표이다. 6시그마 수준을 유지하기 위해서는 공정의 결과로 100만 개당 3.4개 미만의 불량품이 나와야 한다. 6시그마 방법은 제조업, 서비스업, 또는 고객만족에 영향을 주는 모든 비즈니스 프로세스에 적용할 수 있다. 6시그마에서는 고객만족을 가장 강조하고 있다.

6시그마의 일반적인 목표는 (1) 고객만족의 향상, (2) 고품질의 제품과 서비스, (3) 결함의 감소, (4) 공정변동성의 감소에 따른 공정능력의 향상, (5) 지속적인 개선, (6) 더욱 효율적이고 효과적인 공정에 의한 원가의 감소 등이다.

6시그마 프로젝트에 참여한 작업자팀은 조직 운영에 대한 정의, 측정, 분석, 개선을 위하여 프로젝트 관리기술뿐만 아니라 통계학적 도구와 문제해결 도구를 사용할 수 있게 훈련받는다.

6시그마의 중심 개념은 주어진 공정의 결함을 측정하여 정량화할 수 있다는 것이다. 일단 정량화가 되면 결함의 원인이 확인될 수 있고, 이 원인을 고치고 결함을 제거할 행위를 수행할 수 있다. 개선노력의 결과는 사전-사후 비교의 동일한 측정절차를 거쳐 나타내며 이 비교는 대개 시그마(표준편차)의 수준으로 표현된다. 예를 들어 어떤 공정이 원래 3시그마 수준으로 운영되다가 현재 5시그마 수준으로 운영된다고 하자. 이런 경우 원래 100만 개당 66,807개의 불량이 발생하였는데, 현재는 단지 233개의 불량만이 발생한다는 것이다. 다양한 시그마 수준에 따른 100만 개당 불량수(defects per million, DPM)와 기타 척도가 표 20.5에 나타나 있다.

전통적으로 우수한 공정품질 수준은 ±3σ(3시그마 수준)였다. 20.3절에서 설명하였듯이 공정이 안정되어 있고 어떤 출력 변수가 통계적 관리하에 있으며 정규분포를 가진다면, 공정 산출물의 99.73%가 ±3σ에 의해 정의된 범위에 들어간다. 이것은 산출물의 0.27%(좌우 각각 0.135%) 또는 100만 개의 생산품 중 2,700개가 한계를 벗어났다는 것을 의미한다. 이 상황을 그림 20.10에 나타내었다.

위와 동일한 가정하에서 ±6σ 범위 내로 들어가는 산출물의 비율은 99.9999998%이다. 이것은 100만 개당 불량 수가 0.002에 불과한 것이다. 이 상황은 그림 20.11에 나타나 있다. 여기서 불량비율이 표 20.5에서 6시그마에 대한 불량률(3.4dpm)과 다르다는 것을 알 수 있을 것이다. 이런 차이의 이유는 무엇이며, 어느 것이 맞는 것인가? 표준정규분포표를 구하여 살펴보면 ±6σ에 들어가는 비율은 99.99966%가 아니라 99.9999998%가 맞는 값이다. 이 두 수율의 차이는 큰 것처럼 보이지 않지만, 100만 개당 0.002개의 불량과 3.4개의 불량은 상당한 차이가 있는 것이다.

초기에 모토롤라사의 엔지니어들이 6시그마 표준을 만들 때, 공정이 오랜 기간 진행되면 최초 공정 평균에서부터 조금 벗어난다는 것에 주목하였다. 평균과 표준편차를 결정하기 위해 공정으로

| 표 20.5 | 6시그마 프로그램에서 시그마 수준에 따른 100만 개당 불량 수, 불량률, 수율

시그마 수준	100만 개당 불량 수	불량률 q	수율 Y
6.0	3.4	0.0000034	99.99966%
5.8	8.5	0.0000085	99.99915%
5.6	21	0.000021	99.9979%
5.4	48	0.000048	99.9952%
5.2	108	0.000108	99.9892%
5.0	233	0.000233	99.9770%
4.8	483	0.000483	99.9517%
4.6	968	0.000968	99.9032%
4.4	1,866	0.001866	99.813%
4.2	3,467	0.003467	99.653%
4.0	6,210	0.006210	99.379%
3.8	10,724	0.01072	98.93%
3.6	17,864	0.01768	98.23%
3.4	28,716	0.02872	97.13%
3.2	44,565	0.04457	95.54%
3.0	66,807	0.06681	93.32%
2.8	96,801	0.09680	90.32%
2.6	135,666	0.13567	86.43%
2.4	184,060	0.18406	81.59%
2.2	241,964	0.2420	75.80%
2.0	308,538	0.3085	69.15%
1.8	382,089	0.3821	61.79%
1.6	460,172	0.4602	53.98%
1.4	539,828	0.5398	46.02%
1.2	617,911	0.6179	38.21%
1.0	691,462	0.6915	30.85%

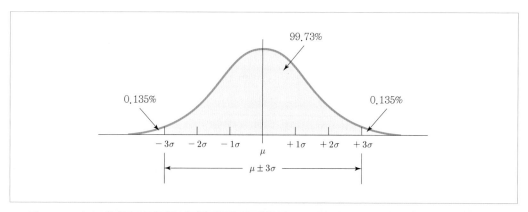

그림 20.10 $\pm 3\sigma$ 한계를 보여주는 공정출력변수의 정규분포

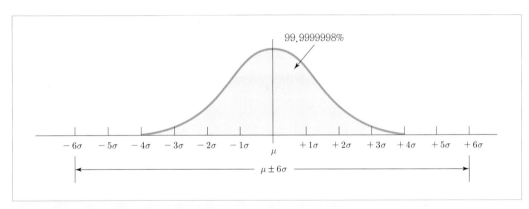

그림 20.11 ±6σ 한계를 보여주는 공정출력변수의 정규분포

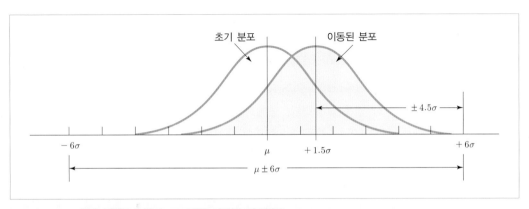

그림 20.12 최초 평균으로부터 1.5σ만큼 이동된 정규분포

부터 데이터를 수집하는 것은 상대적으로 짧은 기간(몇 주 또는 몇 달) 동안 수행되지만, 실제 공정은 몇 년간 수행될 것이고 그러한 동안 평균이 왼쪽 혹은 오른쪽으로 이동되어 갈 수 있다. 이러한 이동을 보상하기 위해 모토롤라는 원래의 ±6σ 한계를 둔 상태로, 1.5σ를 이동량으로 선택하여 사용했다. 이 효과를 그림 20.12에 나타내었다. 결과적으로 6시그마에서 사용되는 6σ는 실제로 정규분포표상에서는 4.5σ를 의미한다.

6시그마팀이 문제해결을 위해 사용하는 접근법을 DMAIC이라고 부른다. DMAIC는 시그마 수준이 낮고 개선이 필요한 프로세스의 개선을 위해 사용하는 데이터에 기초한 체계적인 방법이라고 할 수 있다. 이것은 다음의 5단계로 구성된다.

1. **정의** : 프로젝트 목표와 고객 요구를 정의
2. **측정** : 프로세스의 현재 성능을 평가하기 위해 공정을 측정
3. **분석** : 변동과 결함의 근본원인을 결정하기 위해 프로세스 분석
4. **개선** : 변동과 결함을 줄이기 위해 프로세스를 개선
5. **통제** : 개선을 공식화하여 프로세스의 미래 성능을 통제

20.6 품질공학과 다구치 방법

품질공학(quality engineering)이라는 용어는 제품의 품질특성을 목표치에 맞도록 보장해주는 공학적 활동과 운영 활동을 포함하는 광범위한 영역을 의미한다. 품질공학 영역 중 많은 기법이 다구치(Genichi Taguchi)에 의해 개발되었는데, 특히 설계부문(제품설계 및 공정설계)에 미친 영향이 크다. 이 절에서는 두 가지 다구치 방법인 (1) 강건설계, (2) 손실함수에 대해 살펴본다.

20.6.1 강건설계

다구치의 중요한 원리는 변동이 생겼을 때 고장이나 성능저하를 방지할 수 있는 설계가 되도록 제품 파라미터와 공정 파라미터를 설정하는 것이다. 다구치는 변동을 노이즈 요소(noise factor)라고 했는데 이는 통제가 불가능하거나 어려운, 그리고 제품의 기능적 특성에 영향을 미치는 변동의 근원을 의미한다. 노이즈 요소에는 다음과 같은 세 가지가 있다.

1. 개체 간(unit-to-unit) 노이즈 요소 : 원자재, 기계, 사람의 가변성으로 인해 생기는 제품과 공정의 고유한 변동을 말한다. 통계적으로 관리되는 제조공정과 관련이 있다.
2. 내부 노이즈 요소 : 제품이나 공정에 내재된 변동의 근원을 말한다. (1) 기계부품의 마모, 원자재의 손상, 금속 부품의 피로 등 시간에 관련된 요소와 (2) 제품이나 기계를 잘못 설정하는 것처럼 운영상의 실수가 있다.
3. 외부 노이즈 요소 : 외부기온, 습도, 원자재공급, 입력전압 등과 같이 제품과 공정에 대한 외적인 변동요인을 말한다. 내부 노이즈와 외부 노이즈는 이상변동(20.3.1절)의 원인이 된다. 다구치가 외부 노이즈와 내부 노이즈로 구분한 이유는 일반적으로 외부 노이즈가 통제가 더 어렵기 때문이다.

강건설계(robust design)는 제품이나 공정의 기능과 성능이 이러한 노이즈 요소에 덜 민감하도록 하는 설계이다. 제품설계에서 강건함(robustness)이란 제품이 작동환경에서 발생하는 통제하기 어려운 변동이 발생했을 때 최소한의 영향만 받아서 일관된 성능을 유지할 수 있다는 것을 의미한다. 공정설계에서 강건함이란 통제하기 어려운 변동이 발생했을 때 공정이 최소한의 영향을 받고 지속적으로 좋은 제품을 생산할 수 있다는 것을 의미한다. 강건설계에 대한 예가 표 20.6에 나와 있다.

20.6.2 다구치 손실함수

다구치 손실함수(loss function)는 공차설계에 유용한 개념이다. 다구치는 품질을 '제품이 출하되는 순간부터 사회에 미치는 손실'로 정의한다[18]. 손실은 운영비용, 고장, 유지보수와 수리비용, 고객불만, 잘못된 설계로 인한 부상 등을 포함한다. 일부 손실은 돈으로 환산하기 어렵지만 실재하는

| 표 20.6 | 제품과 공정의 강건설계 예

제품설계
- 폭풍 속에서도 맑은 날처럼 비행하는 비행기
- 겨울철 혹한지역과 여름철 혹서지역에서도 시동이 걸리는 자동차
- 가장자리 근처에 맞은 공도 중심에 맞은 공처럼 넘길 수 있는 테니스 라켓
- 정전이 되어도 조명과 생명 보조 시스템이 작동하는 병원 수술실

공정설계
- 절삭속도에 관계없이 표면 다듬질이 우수한 제품을 생산하는 선반 작업
- 공장의 온도와 습도가 변해도 양품을 만들어내는 플라스틱 사출성형 공정
- 소재의 초기온도에 관계없이 일정한 제품으로 설형하는 단조 공정

기타
- 심각한 기후 변화에도 불구하고 수백만 년을 변함없이 생존하는 생물의 종

것들이다. 출하되기 전에 발견되어 수리되거나 폐기된 제품은 손실에 포함되지 않는다. 재작업이나 폐기하는 비용은 제조비용에 포함되지만 품질 손실은 아니다.

제품의 기능적 특성이 계획된 값이나 목표값과 다를 때 손실이 발생한다. 기능적 특성이 직접 제품의 치수와 관련되는 것은 아니지만 손실 관계는 치수로 파악할 때 가장 쉽게 이해할 수 있다. 제품의 치수가 계획된 값을 벗어날 때 어느 정도 기능의 손실이 발생하는데, 다구치에 의하면 치수의 오차가 커지면 손실의 증가는 가속도가 붙는다. 관심 있는 품질특성을 x라 하고 N을 계획된 값(혹은 명목치)이라고 하면 손실함수는 그림 20.13과 같은 U자 형 곡선이 된다. 다구치는 이 곡선을 다음과 같이 2차식으로 표시하였다.

$$L(x) = k(x-N)^2 \tag{20.14}$$

여기서 $L(x)$는 손실함수, k는 비례상수를 나타낸다. 오차가 $(x_2-N) = -(x_1-N)$보다 크면 손실

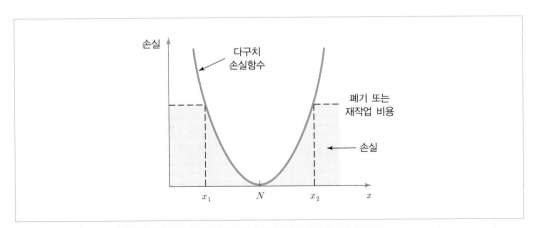

그림 20.13 2차원 손실함수

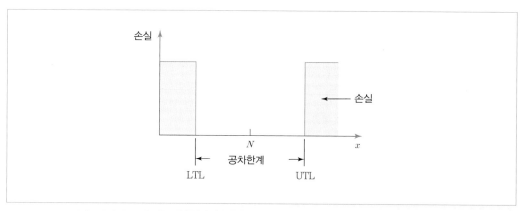

그림 20.14 **전통적인 공차규격에 함축된 손실함수**

이 너무 커서 제품을 폐기하거나 재작업을 해야 한다. 이 수준은 치수에 대한 공차를 설정하는 한 가지 기준이 된다. 그러나 이 한계값 내에 들더라도 그림에 색칠한 부분처럼 손실이 발생한다.

　품질관리에 대한 전통적인 접근방법은 공차한계를 정의하고 이 범위 내에 드는 모든 제품은 양품으로 간주한다. 품질특성(예 : 치수)이 계획된 값에 가까운 제품과 한계값에 가까운 제품 모두 양품이 된다. 이러한 접근방법을 앞서 살펴본 손실함수의 경우와 유사하게 가시화하면 그림 20.14 와 같은 절단된 손실함수를 얻는다. 실제로는 계획된 값에 더 가까운 제품이 품질이 좋고 잘 작동 하며, 외관도 좋고, 수명이 길며, 더 잘 맞는 구성품을 갖고 있다. 즉 계획된 값에 가깝게 만들어진 제품이 더 높은 고객만족을 제공한다. 품질과 고객만족을 향상시키기 위해서는 제품이나 공정을 가능한 한 계획된 값에 가깝게 만들어 손실을 줄이려고 노력해야 한다.

　식 (20.14)와 같은 1차원 손실함수를 가정한다면 다구치 손실함수에 기초한 계산을 할 수 있 다. 아래 예제에서 다음과 같은 내용을 계산한다—(1) 알려진 비용 데이터를 이용하여 식 (20.14) 의 상수 k를 추정한다. (2) 다구치 손실함수를 이용하여 공차 대안의 비용을 계산한다. (3) 공정분 포가 다른 공정 대안의 기대 손실과 비교한다.

─────

예제 20.4 다구치 손실함수의 상수 k 추정

어떤 부품의 치수가 100.0±0.20mm로 지정되었다고 하자. 이 공차가 제품의 성능에 미치는 영향을 알아보기 위해 수리기록을 살펴보았더니 ±0.20mm 공차를 넘어서면 수리를 위해 되돌아올 확률이 60%였다. 이때 발생하는 비용은 100달러인데, 보증기간 중에는 회사가 지불하고 그 이후에는 고객 이 지불한다. 다구치 손실함수의 상수 k를 추정하라.

▌풀이　식 (20.14)에서 $(x-N)$의 값은 공차값 0.20이다. 손실은 기대 수리비용이므로 다음과 같이 계산 된다.

$$E\{L(x)\} = 0.60(\$100) + 0.40(0) = \$60$$

식 (20.14)에 이 값을 대입하면

$$60 = k(0.20)^2 = k(0.04)$$
$$k = 60/0.04 = \$1,500$$

그러므로 이 경우에 다구치 손실함수는 다음과 같다.

$$L(x) = 1500(x - N)^2 \tag{20.15}$$

다구치 손실함수는 다음 예제처럼 대체 공차의 상대적인 비용을 추정할 때 사용할 수 있다.

예제 20.5 **다구치 손실함수를 이용한 공차 대안의 비용 추정**
예제 20.4의 부품에 대해 식 (20.15)에 주어진 식을 사용하여 몇 개의 공차 대안에 대한 비용을 추정해보자. 공차가 (a) ±0.10mm와 (b) ±0.05mm일 때 비용을 추정하라.

▌풀이 (a) 손실함수의 값은

$$L(x) = 1,500(0.10)^2 = \$15.00$$

(b) 손실함수의 값은

$$L(x) = 1,500(0.05)^2 = \$3.75$$

다음과 같은 공정의 특성들을 알면 손실함수를 이용하여 제품의 단위비용을 계산할 수 있다― (1) 적용 가능한 다구치 손실함수, (2) 개당 제조비용, (3) 공정의 관심 파라미터에 대한 확률분포, (4) 공차를 벗어난 부품의 분류, 재작업, 폐기비용. 이들을 모두 더하면 제품 1개당 총비용은 다음과 같이 표시할 수 있다.

$$C_{pc} = C_p + C_s + qC_r + L(x) \tag{20.16}$$

여기서 C_{pc}는 개당 총비용(원/개), C_p는 개당 제조비용(원/개), C_s는 개당 검사와 분류비용(원/개), q는 공차를 벗어나서 재작업이 필요한 제품의 비율, C_r은 개당 재작업비용(원/개), $L(x)$는 개당 다구치 손실함수비용(원/개)을 나타낸다. 제조공정과 관련된 확률분포가 포함되기 때문에 분석에는 기대비용을 사용한다. 정규분포의 경우 $(x - N)^2$의 기댓값은 σ^2의 분산을 갖는다.

$$E\{L(x)\} = k\sigma^2 \tag{20.17}$$

σ^2은 공정의 분산이고, 이의 제곱근이 표준편차가 된다.

예제 20.6 제조공정 대안 간의 기대비용 비교

예제 20.4와 20.5의 부품을 두 가지 다른 방법으로도 제조 가능하다고 가정하자. 두 공정 모두 생산된 부품의 평균값이 계획된 값인 100mm가 되게 제조할 수 있다. 각 공정의 출력 분포는 정규 분포를 따르지만 표준편차는 다르다. 두 공정에 대한 자료는 다음 표와 같다.

	공정 A	공정 B
다구치 손실함수	식 (20.15)	식 (20.15)
개당 제조비용	$5.00/개	$10.00/개
공정의 표준편차(mm)	0.08	0.04
분류비용	$1.00/개	$1.00/개
재작업비용(공차 범위 초과 시)	$20.00/개	$20.00/개

두 공정의 개당 평균비용을 구하라.

풀이 개당 총비용은 손실함수 비용 외에도 개당 제조비용, 검사와 분류 비용, 재작업비용 등을 포함한다. 공정 A의 제조비용은 $5.00/개, 분류비용은 $1.00/개, 재작업비용은 $20.00/개이다. 그러나 재작업 비용은 규정된 허용한계 ± 0.20mm를 벗어나는 부품에만 적용되는 비용이다. 여기에 해당하는 부품의 비율은 표준 정규 z통계량과 관련된 확률을 구하여 계산할 수 있다. z값은 $0.20/0.08 = 2.5$이고 확률은 (표준정규분포표에서) 0.0124이다. 다구치 손실함수는 식 (20.15)로 주어졌지만, 표준편차에는 다음의 값을 대입한다— $E\{L(x)\} = 1,500(0.08)^2 = \$9.60$. 개당 총비용은

$$C_{pc} = 5.00 + 1.00 + 0.0124(20.00) + 9.60 = \$15.85/개$$

공정 B의 경우에는 개당 제조비용은 공정 A보다 높지만 공차를 벗어나는 부품이 거의 없다(통계적 샘플링에 의해 입증된 통계적 관리에 있다면). 이 점을 이용하여 분류 단계를 생략할 수 있으며 재작업도 없다고 볼 수 있다. 다구치 손실함수는 $E\{L(x)\} = 1,500(0.04)^2 = \$2.40$. 따라서 공정 B의 개당 총비용은

$$C_{pc} = 10.00 + 0 + 0 + 2.40 = \$12.40/개$$

가 된다. 다구치 손실함수의 비용이 더 적기 때문에 공정 B가 비용이 더 적게 드는 방법이다.

식 (20.17)은 일반적인 상황의 특수한 경우를 나타낸다. 즉 x_i들의 평균인 공정평균 μ가 계획된 값 N과 겹치는 경우이다. 보다 일반적인 경우에는 공정평균 μ가 계획된 값과 같지 않을 수도 있다. 이 경우에는 다구치 손실함수 값의 계산은 다음 식을 이용한다.

$$E\{L(x)\} = k[(\mu - N)^2 + \sigma^2] \tag{20.18}$$

만약 공정평균이 계획된 값과 같으면, 즉 $\mu = N$이면 식 (20.18)은 식 (20.17)이 된다.

20.7 ISO 9000

품질관리에 관한 중요 표준을 이 절에서 언급하고자 한다. ISO 9000은 스위스 제네바에 본부를 두고 있고 대부분의 산업화된 국가를 대표하는 ISO(International Organization for Standardization)에서 개발한 품질관리에 관한 국제표준이다. 미국의 ISO 대표부는 American National Standards Institute(ANSI)이며, American Society for Quality Control(ASQC)는 품질표준을 관장하는 ANSI의 회원조직이다. ASQC는 ISO의 미국판인 ANSI/ASQ Q9000을 발행하고 배포한다.

ISO 9000은 제품과 서비스의 품질에 영향을 미치는 시스템과 절차에 대한 표준을 설정한다. 즉 제품과 서비스 자체에 대한 표준은 아니다. ISO 9000은 하나의 표준이 아니고 여러 가지 표준의 집합이다. 이에는 품질관련 용어, 각종 표준을 선택하고 사용하는 데 필요한 지침, 품질시스템 모델, 품질시스템 평가에 대한 지침 등이 포함된다.

ISO 표준은 특정 산업에 맞춘 것이 아니고 일반적인 것이다. 시장에 상관없이 어떤 제품을 생산하는, 혹은 어떤 서비스를 제공하는 어떤 설비에도 적용 가능하다. 앞서 말했듯이 표준의 초점은 제품이나 서비스가 아니라 설비의 품질시스템이다. ISO 표준에서는 품질시스템(quality system)을 '품질관리를 실행하는 데 필요한 조직구조, 책임, 절차, 과정 및 자원'으로 정의하고 있다. ISO 9000은 설비의 출력이 고객만족을 보장할 수 있도록 설비가 수행하는 활동과 관련성을 갖고 있다. 고객만족을 달성하기 위한 방법이나 절차를 설명하지 않고, 개념과 목적만을 명세화하고 있다.

ISO 9000은 두 가지 방법으로 설비에 적용할 수 있다. 하나의 방법은 단순히 기업의 품질시스템을 개선하기 위해 표준 또는 표준의 일부를 실행하는 것이다. 높은 품질의 제품이나 서비스를 제공하기 위해 절차나 시스템을 개선하는 것은 공식적인 보상이 없더라도 가치 있는 일이다. ISO 9000을 시행하면 품질에 영향을 미치는 모든 활동을 무한히 반복되는 다음의 3단계 주기로 수행하게 된다.

1. 품질에 영향을 주는 활동과 절차의 계획
2. 고객의 사양을 만족시키고 사양을 벗어난 경우에는 수정 활동을 수행하도록 품질에 영향을 주는 활동을 통제
3. 품질에 영향을 주는 활동과 절차를 문서화하여 종업원들이 품질목표를 이해하고, 계획에 피드백이 반영되고, 품질시스템의 수행도에 대한 증빙자료를 관리자와 고객에게, 혹은 인증 목적으로 제시할 수 있도록 한다.

ISO 9000을 적용하는 두 번째 방법은 인증을 받는 것이다. ISO 9000에 등록시키려면 설비의 품질시스템이 개선되어야 할 뿐만 아니라 설비가 표준 요구 사항을 전부 만족시킨다는 공식적인

인증을 받아야 한다. 이는 여러모로 기업에 이익이 되는데 두 가지 중요한 이익은 다음과 같다—
(1) 고객이 수행하는 품질평가 횟수의 감소, (2) ISO 9000 인증을 요구하는 기업들과 사업파트너로
협조할 수 있는 자격 획득. 두 번째 사항은 유럽시장(EC)에서 사업을 하는 기업에는 특히 중요한데
유럽시장에서 일부 품목은 규제항목으로 분류되어 이들 품목을 생산하는 기업과 공급업체들에게
는 ISO 9000 인증을 요구한다.

등록은 공인된 제3의 대행업체로부터 인증절차를 거쳐서 하게 된다. 인증 과정은 현장조사와
기업의 문서와 업무절차를 조사하는 것으로 구성되며, 대행업체가 기업이 ISO 9000 표준에 부합한
다고 판단되면 인증을 해준다. 만약 일부 부문에서는 표준에 부합하지 않는다고 판단되면 어느
부분의 개선이 필요한지를 통보하고 다시 방문일정을 정한다. 일단 등록이 된 후에는 계속 표준에
부합하는지 여부를 평가하기 위해 외부 대행업체에서 정기적으로 평가를 하게 되며 이를 통과해야
ISO 9000 인증을 유지할 수 있다.

참고문헌

[1] ARNOLD, K. L., *The Manager's Guide to ISO 9000,* The Free Press, NY, 1994.

[2] BESTERFIELD, D. H., C. BESTERFIELD-MICHNA, G. H., Besterfield and M. BESTERFIELD-SACRE., *Total Quality Management,* 3rd ed., Prentice Hall, Upper Saddle River, New Jersey, 2003.

[3] CROSBY, P. B., *Quality is Free,* McGraw-Hill Book Company, NY, 1979.

[4] ECKES, G., *Six Sigma for Everyone,* John Wiley & Sons, Inc., Hoboken, NJ, 2003.

[5] EVANS, J. R., and W. M. LINDSAY, *The Management and Control of Quality,* 6th ed., West Publishing Company, St. Paul, MN, 2004.

[6] GOETSCH, D. L., and S. B. DAVIS, *Quality Management,* 7th ed., Prentice Hall, Upper Saddle River, NJ, 2012.

[7] GROOVER, M. P., *Work Systems and the Methods, Measurement, and Management of Work,* Pearson Prentice Hall, Upper Saddle River, NJ, 2007.

[8] JING G. G., and L. NING, "Claiming Six Sigma," *Industrial Engineer,* February 2004, pp. 37-39.

[9] JURAN, J. M., and F. M. GRYNA, *Quality Planning and Analysis,* 3rd ed., McGraw-Hill, Inc, NY, 1993.

[10] KANTNER, R., *The ISO 9000 Answer Book,* Oliver Wight Publications, Inc., Essex Junction, VT, 1994.

[11] LOCHNER, R. H., and J. E. MATAR *Designing for Quality,* ASQC Quality Press, Milwaukee, WI, 1990.

[12] MONTGOMERY, D., *Introduction to Statistical Quality Control,* 6th ed., John Wiley & Sons, Inc., NY 2008.

[13] OKES, D., "Improve Your Root Cause Analysis," *Manufacturing Engineering,* March 2005, pp. 171-178.

[14] PEACE, G. S., *Taguchi Methods,* Addison-Wesley Publishing Company, Inc., Reading, MA, 1993.

[15] PYZDEK, T., and R. W. BERGER, *Quality Engineering Handbook,* 2nd ed., Marcel Dekker, Inc., NY,

and ASQC Quality Press, Milwaukee, WI, 2003.

[16] STAMATIS, D. H., *Six Sigma Fundamentals—A Complete Guide to the System, Methods, and Tools,* Productivity Press, NY, 2004.

[17] SUMMERS, D. C. S., *Quality,* 5th ed., Prentice Hall, Upper Saddle River, NJ, 2009.

[18] TAGUCHI, G., E. A. ELSAYED, and T. C. HSIANG, *Quality Engineering in Production Systems,* McGraw-Hill Book Company, NY, 1989.

[19] TITUS, R., "Total Quality Six Sigma Overview," Slide presentation, Lehigh University, Bethlehem, PA, May 2003.

[20] *www.isixsigma.com*

[21] *www.ge.com/sixsigma*

[22] *www.motorola.com/sixsigma*

복습문제

20.1 제품에서 품질의 두 가지 측면은 무엇인가? 각 측면에 속하는 제품의 특성 예를 들라.

20.2 품질에 대한 전통적인 인식과 현대적인 인식의 차이점은 무엇인가?

20.3 전사적 품질경영의 세 가지 목표는 무엇인가?

20.4 외부 고객과 내부 고객의 의미는 무엇인가?

20.5 공정변동성의 두 유형인 랜덤변동과 이상변동의 차이점은 무엇인가?

20.6 공정능력이란 무엇인가?

20.7 관리도란 무엇인가?

20.8 관리도의 두 유형은 무엇인가?

20.9 히스토그램이란 무엇인가?

20.10 파레토도란 무엇인가?

20.11 산점도란 무엇인가?

20.12 6시그마란 무엇인가?

20.13 6시그마의 일반적인 목표는 무엇인가?

20.14 6시그마에서 6σ가 실제로는 4.5σ인 이유는 무엇인가?

20.15 DMAIC란 무엇을 나타내는 것인가?

20.16 강건설계란 무엇인가?

20.17 ISO 9000이란 무엇인가?

연습문제

공정능력

20.1 어떤 선삭 작업이 통계적 관리 안에 있고, 가공 결과가 평균지름 45.025mm, 표준편차 0.035mm인 정규분포를 갖는다고 할 때, 공정능력(PC)을 결정하라.

20.2 문제 20.1에서 제품의 설계규격이 지름 45.000±0.150mm라고 할 때, (a) 공차한계를 벗어나는 부품의 비율은 얼마인가? (b) 만약 평균지름이 45.000mm, 표준편차는 동일하게 공정을 조정했다면, 이때 공차한계를 벗어나는 부품의 비율은 얼마인가? (통계관련 서적의 표준정규 분포표 활용)

20.3 자동화된 관 굽힘 공정에서 각도 91.2°의 제품을 생산한다. 이 공정이 통계적 관리 안에 있고, 각도값이 표준편차 0.55°인 정규분포를 따른다고 한다. 설계공차는 90.0°±2.0°일 때 (a) 공정능력(PC)을 계산하라. (b) 만약 평균이 90°가 되도록 공정을 조정한다면 얻을 공정능력 지수(PCI)를 구하라.

관리도

20.4 통계적 관리 안에 있는 압출 공정에서 나온 제품 중에서 5개짜리 샘플을 7개 준비하여 지름을 측정하였다. (a) $\bar{x}$ 관리도와 R 관리도를 작성하기 위한 중심선, 관리상한선, 관리하한선의 값을 결정하라. 각 샘플에 대해 계산된 $\bar{x}$와 R값은 아래 표와 같다. (b) 관리도를 완성하고 관리도상에 샘플 데이터값을 표시하라.

s	1	2	3	4	5	6	7
$\bar{x}$	1.002	0.999	0.995	1.004	0.996	0.998	1.006
R	0.010	0.011	0.014	0.020	0.008	0.013	0.017

20.5 크기 $n=8$인 12개의 샘플에 대해서 샘플 평균은 $\bar{\bar{x}}=5.501$, 샘플 범위의 평균은 $\bar{R}=0.024$일 때 다음을 계산하라―(a) $\bar{x}$ 관리도의 LCL과 UCL, (b) R 관리도의 LCL과 UCL, (c) 이 공정의 표준편차의 추정치.

20.6 동일한 크기의 12개의 표본이 p 관리도를 구성하기 위해 준비되었다. 12개 표본에 포함된 총부품 수는 600이고, 불량품의 수는 96이었다. p 관리도의 중심선, LCL, UCL을 구하라.

20.7 어떤 p 관리도의 UCL과 LCL은 각각 0.30과 0.10이다. 이 관리도에 사용된 샘플 크기 n을 구하라.

20.8 자동차 공장에서 12대의 자동차가 최종 조립 후에 검사를 받는다. 검사결과 자동차 1대당 87~139개 사이의 불량이 발견되었고, 평균치는 116이었다. 이런 상황에서 사용될 수 있는 c 관리도에 대한 UCL과 LCL을 구하라.

20.9 그림 P20.9의 관리도에 대해 각각의 공정이 관리 밖으로 나간 증거가 있는지 여부를 판단하라.

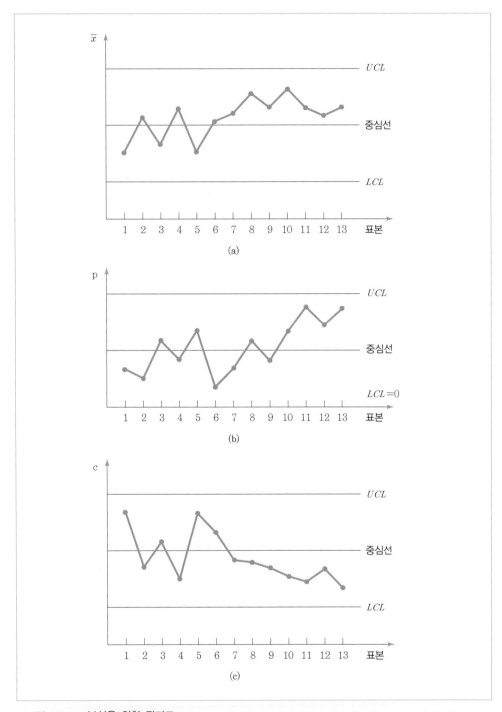

그림 P20.9 **분석을 위한 관리도**

다구치 손실함수

20.10 전동 원예공구의 부품 치수가 25.50 ± 0.30mm이다. 회사의 수리 기록에 의하면 ±0.30mm 공차를 넘어서면 교체를 위해 반품될 확률이 75%이다. 교환비용은 부품비용과 서류작업과 교체에 수반되는 작업비용을 포함하여 300달러로 추정된다. 다구치 손실함수의 상수 k를 구하라.

20.11 전자부품의 저항값에 대한 명세가 $0.50\pm0.02\Omega$이다. 부품을 폐기하면 20달러의 손실이 발생한다. (a) 다구치 손실함수의 k값을 구하라. (b) 저항의 평균값이 0.50Ω이고 표준편차가 0.005Ω이면 단위당 기대손실은 얼마인가?

20.12 토사 운반장비에 들어가는 어떤 부품의 다구치 손실함수가 $L(x)=3500(x-N)^2$이다. 명목치 $N=150.0$mm이고 공차가 (a) ±0.20mm, (b) ±0.10mm일 때 손실함수의 값을 구하라.

20.13 어떤 부품의 다구치 손실함수가 $L(x)=8000(x-N)^2$이다. 관리층에서는 최대로 받아들일 수 있는 손실을 10.00달러로 결정하였다. (a) 계획된 값이 30.00mm라면 공차는 얼마여야 하는가? (b) 계획된 값이 공차에 영향을 미치는가?

20.14 어떤 부품을 생산하기 위한 2개의 공정 A와 B가 있다. 두 공정 모두 부품의 평균값이 계획된 값과 같게 부품을 생산할 수 있다. 치수 공차는 ±0.15mm이고 각 공정의 출력은 정규분포를 따른다. 공정 A의 표준편차가 0.12mm이고 공정 B의 표준편차가 0.07mm이다. 생산 단가는 공정 A가 7.00달러, 공정 B가 12.00달러이다. 검사와 분류가 필요하면 그 비용은 $0.50/개이다. 부품이 불량이면 폐기되는데 폐기비용은 생산단가와 같다. 이 부품의 다구치 손실함수가 $L(x)=2500(x-N)^2$일 때 두 공정의 단위당 생산비용을 구하라.

20.15 문제 20.14에서 공차가 ±0.15mm가 아니고 ±0.30mm라 가정하고 풀라.

20.16 문제 20.14에서 공정 A의 평균 치수는 계획된 값과 같고 공정 B의 평균 치수는 계획된 값보다 0.10mm 크다고 가정하고 풀라.

20.17 어떤 부품을 생산하기 위한 2개의 공정 A와 B가 있다. 부품의 규격은 100.00 ± 0.20mm이다. 공정 A의 출력은 평균이 100.00mm이고 표준편차가 0.10mm인 정규분포를 따르고, 공정 B의 출력은 $f(x)=2.0$, $99.75\le x\le100.25$mm인 균일분포를 따른다. 공정 A와 B의 제조비용은 각각 5.00달러이다. 검사와 분류비용은 $0.50/개이다. 부품이 불량이면 제조비용의 2배의 비용으로 폐기된다. 이 부품의 다구치 손실함수는 $L(x)=2,500(x-N)^2$이다. 두 공정의 단위당 평균비용을 구하라.

검사의 개요

● ● ●

品질관리에서 검사는 나쁜 품질을 검출하고 좋은 품질을 보장하는 수단이 된다. 검사는 전통적으로 시간과 비용이 많이 소요되는 노동 집약적인 방법을 통해 수행되었다. 그런 결과로 검사를 통해 어떤 가치가 더해지는 것도 없이 총제조시간과 제조비용만이 증가하였다. 더욱이 수작업 검사는 공정 후에 꽤 많은 시간이 경과한 후 실시된다. 따라서 불량품이 한 번 만들어지면 일반 공정 중에 그 결함을 바로잡기에는 이미 늦은 것이다. 규정된 품질 표준에 맞지 않게 제조된 부품들은 폐기되거나 추가비용을 들여 재작업을 해야 한다.

다음과 같은 새로운 품질관리 방법들이 개발되어 이러한 문제점들을 해결했고, 검사가 수행되는 방식을 급격하게 바꾸어 주었다.

- 수작업을 통한 표본검사가 아닌 100% 자동검사
- 공정 후의 오프라인 검사가 아닌 공정 중 혹은 공정 직후의 온라인 검사
- 제품 자체를 감시하는 것이 아닌 제품품질을 결정짓는 공정변수를 감시하는 제조공정의 피드백 제어
- 통계적 공정관리를 위해 시간에 따른 센서 측정치를 추적하고 분석해주는 소프트웨어 도구
- 자동화된 컴퓨터 시스템과 결합된 첨단 검사 및 센서 기술

21.1 검사의 기초

검사(inspection)는 제품, 부품, 반조립품, 재료가 설계자가 정의한 설계규격에 맞는지를 확인하기 위해 점검하는 행위를 말한다.

21.1.1 검사의 유형

검사 과정에서 얻는 정보량 수준에 따라 검사를 다음의 두 가지 유형으로 분류할 수 있다.

1. 변량검사 : 적절한 검사 기기와 센서를 통해 하나 혹은 그 이상의 품질특성을 측정한다.
2. 속성검사 : 부품이나 제품이 품질 표준에 맞는지 여부를 결정한다. 이런 결정은 검사자의 판단이나 게이지를 통해 이루어진다. 제품 내의 결함 수를 세는 것 또한 속성검사에 속한다. 표 21.1은 두 검사 유형에 속하는 예들을 보여준다.

변량검사의 장점은 설계규격에 부합하는지 알아보는 검사 절차를 통해 더 많은 정보량, 즉 정량적인 값들을 얻을 수 있다는 것이다. 제조공정의 경향을 파악하기 위해 시간 경과에 따라 데이터를 수집하여 기록할 수 있고, 이 데이터를 활용하여 앞으로 제조할 부품이 설계규격에 더 가까워지도록 공정을 조정할 수 있다. 한편 단순한 게이지를 이용하여 치수를 체크하는 식의 속성검사를 통해서는 부품이 합격 수준인지 여부와 너무 크거나 작은지 여부를 판별한다. 이런 속성검사의 장점은 적은 비용으로 신속히 수행할 수 있다는 것이다.

21.1.2 검사의 절차

일반적인 검사 절차는 다음의 단계에 따라 수행된다[2].

1. 준비 : 검사 대상을 검사 장소로 가져오는 것 같은 검사 수행 준비 작업을 한다.
2. 검사(좁은 의미) : 대상물의 특징적인 부분을 검사한다. 변량검사에 대해서는 치수와 같은 특징

| 표 21.1 | 변량검사와 속성검사의 예

변량검사의 예	속성검사의 예
원통형 부품의 지름 측정	원통형 부품의 지름이 공차 범위에 들어가는지 여부를 게이징
토스터 오븐의 온도가 설계규격에 들어가는지 여부를 확인하기 위한 온도의 측정	생산품 샘플을 통한 불량률의 계산
전자부품의 전기저항 측정	자동차가 최종 조립공정을 끝낼 때 1대당 결함 수의 카운트
화공약품의 비중 측정	카펫 제품의 생산 중 결함 수 카운트

요소를 측정하고, 속성검사에 대해서는 하나 혹은 그 이상의 치수를 게이징하거나 결함을 가진 대상물을 찾는다.

3. **결정** : 위의 검사 결과에 따라 대상물이 미리 규정된 품질 표준을 만족시키는지 여부를 결정한다. 가장 간단한 경우는 대상물의 합격/불합격 여부 같은 두 가지 결과만을 얻는 것이며, 이보다 더 복잡한 결정은 2개 이상의 등급으로 나눌 때 필요하게 된다.

4. **조치** : 위의 결정에 따라 부품의 통과/탈락 혹은 등급에 따른 분류 등과 같은 조치를 취하게 된다. 또한 동일한 불량의 발생을 최소화하도록 제조공정을 수정하는 조치도 바람직할 수 있다.

검사 절차는 전통적으로 사람에 의해 행해졌지만(수작업검사), 센서와 컴퓨터 기술이 발전됨에 따라 자동 검사시스템이 점점 증가하고 있다. 단지 한 품목만이 생산되는 상황에서는 검사절차가 단지 한 품목에만 적용되지만, 뱃치생산이나 대량생산에서는 검사가 모든 생산품에 대해 실시되거나(전수검사), 일부 샘플에 대해 실시된다(샘플링검사). 수작업 검사는 한 품목만을 검사하거나, 큰 뱃치 중에서 일부 샘플만을 검사할 때 적용되는 반면에, 자동검사는 대량생산 환경에서의 전수검사에 적용되는 것이 일반적이다.

이상적인 검사과정에서는 부품의 모든 치수와 속성이 검사되어야 한다. 하지만 이는 시간과 경비를 많이 필요로 하기 때문에 비현실적인 일이 될 수 있을 것이다. 실제로 제품의 조립성이나 기능성을 확인하기 위해서는 어떤 특정 치수와 규격이 더 중요할 수 있다. 이러한 중요한 규격을 핵심 특성(key characteristics)이라고 하는데, 이는 설계와 엔지니어링, 제조, 품질관리 등의 과정에서 주의를 기울여야 할 것으로 명시되어야 한다. 핵심 특성의 예로는 조립부품 간의 결합부 치수, 베어링 표면의 거칠기 수준, 고속회전축의 진직도와 동심도, 가전제품의 외부 표면 등이다. 검사 절차는 이러한 핵심 특성에 집중되도록 설계되어야 한다. 일반적으로 핵심 특성을 책임지는 공정이 통계적 관리상태(20.3.1절)에 있으면, 그 부품의 다른 특성값들 또한 관리상태에 있는 것으로 간주된다. 그리고 핵심 특성보다 덜 중요한 부품 특징이 그들의 정상값으로부터 벗어나더라도, 핵심 특성이 벗어날 때보다는 덜 심각한 결과를 초래할 것이다.

21.1.3 검사와 시험

설계규격에 대하여 제품품질을 평가하는 것이 검사라면 시험은 제품의 기능성을 평가하는 것이다. 예를 들어 제품이 계획된 대로 제대로 동작하는가? 적절한 기간 동안 동작이 계속될 것인가? 극단적인 온도와 습도에서도 동작될 것인가? 등을 알아보는 것이다. 즉 품질관리 시험이란 실제 동작 조건과 동작 중 발생할 수 있는 조건하에서 제품, 반조립품, 부품, 자재 등에 대해 테스트를 하는 절차이다. 예를 들어 어떤 제품을 일정한 기간 동안 동작시켜 목적한 기능이 적절히 발휘되는지 여부를 판단할 수 있다. 성공적으로 시험과정을 통과한다면 제품이 고객에게 배송되도록 바로 준비될 수 있다. 다른 예로는 부품이나 원자재에 대해서 정상적인 사용 시 예상되는 부하 혹은 그 이상의 부하를 가하여 시험하는 것을 들 수 있다.

간혹 시험절차가 품목에 피해를 주거나 파괴시키기도 한다. 대다수 품목이 만족할 만한 품질을 갖추고 있음을 보증하기 위해서 한정된 수의 품목이 희생된다. 하지만 파괴적인 시험의 경비가 너무 큰 경우 파괴과정 없이 안전하게 시험할 수 있는 방법을 개발하기 위해 많은 노력을 가하고 있는데, 이런 방법을 **비파괴시험**(non-destructive testing, NDT)이라 한다.

어떤 경우는 시험절차를 거친 후에 제품에 대해서 조정 혹은 **보정**(calibration)이 요구되는 경우도 있다. 시험과정 중에 제품에 대한 하나 혹은 그 이상의 조작변수를 측정하여, 그 조작변수에 영향을 주는 일부 입력값을 조정할 수 있다. 이런 예로서 가열기가 있는 가전제품의 온도가 일정한 허용치 안에서 조작되도록 제어회로를 보정해주는 작업을 들 수 있다.

21.2 샘플링검사와 전수검사

21.2.1 샘플링검사

전통적인 검사법은 수작업으로 수행되는 단조로운 일인 데 반해, 여기에서 요구되는 정밀도와 정확도 수준은 높다고 할 수 있다. 따라서 많은 시간과 경비를 필요로 하기 때문에 모든 부품을 검사하기보다는 샘플을 추출하여 검사하는 방법이 자주 활용된다. 통계적인 샘플링 절차를 **합격판정 샘플링** 혹은 **로트 샘플링**이라고 부른다.

합격판정 샘플링은 부품 속성 혹은 변수를 검사하는지에 따라 각각 계수형 샘플링과 계량형 샘플링의 두 가지 기본 유형으로 분류된다. **계량형 샘플링**(variables sampling)에서는 무작위 샘플을 추출하여 부품치수와 같은 품질특성을 측정, 측정치의 평균값을 산출하여 이를 허용값과 비교하게 된다. 이 비교결과에 따라 전체 로트의 합격 및 불합격 여부를 결정한다. **계수형 샘플링**(attributes sampling)에서는 무작위 샘플을 추출하여 부품들을 미리 설정된 품질 영역에 따라 합격품과 불합격품으로 분리한다. 만일 불합격품 수가 **합격판정개수**(acceptance number)를 초과하지 않으면 로트를 합격시키고 초과할 경우 로트는 불합격 처리된다.

전체 품질은 합격 가능한데 샘플을 통해 로트가 불합격될 확률과, 반대로 전체 품질은 불합격 수준인데 샘플을 통해 로트가 합격이 될 확률이 존재한다. 이런 통계적인 오차가 샘플링 과정에서 흔히 일어날 수 있다. 이런 통계적 오차 원인과 완벽한 무결함이 불가능하다는 이유로부터, 소비자와 공급자 간에 허용 가능한 품질 수준을 불량비율로 결정하게 되는데 이를 **합격품질수준**(acceptable quality level, AQL)이라고 부른다.

21.2.2 전수검사

샘플링검사에서 샘플 크기는 전체 로트에 비해 적고, 심지어 1% 미만이 될 수도 있다. 따라서 통계적인 샘플링 과정에서 일부 불량품이 검사과정을 거치지 않고 빠져나갈 위험이 상존한다. 샘플 추출주기, 샘플 크기, AQL의 세 가지가 위험 수준에 영향을 미치는 주요 요소이다. 제조되는 모든 제품을 검사하는 **전수검사**(100% inspection)를 적용하는 것이 100%의 합격품질을 달성할 수 있는 유일한 방법이다.

이론적으로 전수검사에서는 좋은 품질을 가지는 제품만을 통과시킨다. 그러나 전수검사가 수작업으로 수행될 때는 두 가지 발생 가능한 문제가 있는데, 첫째로는 검사비용 문제이다. 샘플링 검사와는 달리 모든 제품에 대해 검사시간이 소요되기 때문에, 심지어 검사비용이 제조비용을 초과하는 일이 벌어지기도 한다. 두 번째로는 전수검사가 사람에 의해 실시될 경우 필연적으로 검사의 정확성 문제가 발생할 수 있다는 것이다. 따라서 수작업 전수검사는 100% 좋은 품질을 반드시 보장하지는 않는다.

21.3 자동검사

자동검사(automated inspection)란 검사 절차에 포함된 하나 혹은 그 이상의 단계를 자동화하는 것이다. 검사 절차를 자동화하면 검사시간을 줄여줄 수 있는 이점이 있고, 검사인력이 가질 수 있는 피로나 정신적인 오류를 제거할 수 있다. 자동검사시스템의 경제성 평가는 인건비의 절감과 정확도의 향상 정도를 시스템의 개발 투자비와 비교함으로써 수행된다.

자동검사 혹은 반자동검사는 다음의 몇 가지 방법으로 달성된다.

1. 자동 자재취급시스템을 통해 부품의 도착을 자동화하고, 사람이 검사와 판단을 수행한다.
2. 검사와 판단을 자동검사기가 수행하고, 검사기에 부품장착은 사람이 수행한다.
3. 자동검사기가 검사, 판단, 장착의 모든 과정을 자동적으로 수행한다.

수작업검사와 마찬가지로 자동검사는 통계적 샘플링이나 100% 전수검사 형태가 가능하며, 어느 경우든지 사람이 저지를 수 있는 오류가 자동검사 시에도 발생할 수 있다. 게이징이나 부품의 한 치수 측정 등과 같은 단순한 검사 작업에서 자동검사는 높은 수준의 정확성을 제공할 수 있다. 검사공정이 복잡하고 어려워질수록 오차 정도는 점점 커지는 경향이 있다. 머신비전 응용에서(제22장) IC 칩이나 PCB를 검사하는 부분이 이런 영역에 속한다. 하지만 이러한 검사 작업은 사람이 하기에는 너무 복잡하고 어렵기 때문에 자동검사장치를 개발하는 노력을 기울이는 것이다.

자동검사의 효과가 십분 발휘될 때는 제조공정과 통합되었을 경우, 전수검사의 경우, 그리고 검사 수행 결과 어떤 긍정적인 행위를 이끌어낼 수 있을 경우 등이다. 여기서 긍정적인 행위란 그림 21.1에 나타낸 2개의 가능한 형태 중 하나 혹은 둘 다를 취하는 것을 말한다.

(a) **피드백 공정제어** : 검사공정 중에 평가되거나 게이징된 품질특성을 좌우하는 이전 제조공정으로 데이터가 피드백된다. 피드백의 목적은 공정변동성을 줄이고 품질을 향상시키기 위해 조정

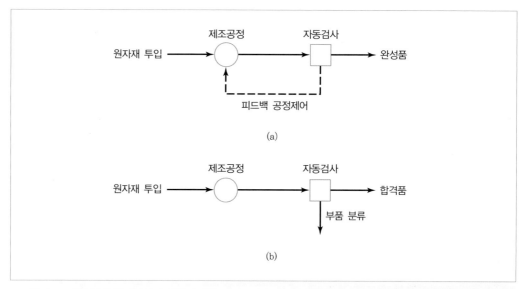

그림 21.1 자동검사 결과로부터 취할 수 있는 조치 : (a) 피드백 공정제어, (b) 2개 혹은 그 이상의 품질 수준으로 부품을 분류

작업을 하는 것이다. 만일 자동검사의 측정 결과가 공정출력이 부품공차의 한쪽 방향으로 치우치기 시작함(예 : 공구의 마모가 진행됨에 따라 공작물 치수가 커지는 경우)을 알려주면, 입력 파라미터를 조정하여 출력이 공차의 명목치수로 되돌려지도록 해준다.

(b) **부품분류** : 부품이 양품이냐 불량품이냐 하는 품질 수준에 따라 분류된다. 공정에 따라서 2개 이상의 수준으로도 분류할 수 있다(예 : 재작업과 폐기 등). 검사와 분류는 동일한 작업장에서 수행될 수도 있고, 혹은 라인을 따라 여러 검사 작업장을 위치시키고 라인의 끝에 분류 작업장을 설치할 수도 있다.

21.4 검사의 시점과 장소

검사는 (1) 원자재와 부품이 공급자로부터 입고될 때, (2) 제조공정 내의 여러 단계에서, (3) 고객에게 출고되기 직전 등 생산과정 중 여러 곳에서 수행될 수 있다. 이 절에서는 주로 위 (2)의 내용, 즉 제조공정 중 어디서, 그리고 언제 검사를 수행하는가 하는 문제를 다루고자 한다.

21.4.1 오프라인 검사와 온라인 검사

제조공정과 관련된 검사의 시점은 품질관리에 있어서 중요한 고려사항이 된다. 그림 21.2에 나타내었듯이 3개의 가능한 상황이 있는데, (a) 오프라인 검사, (b) 온라인/공정중 검사, (c) 온라인/공정후 검사가 그것이다.

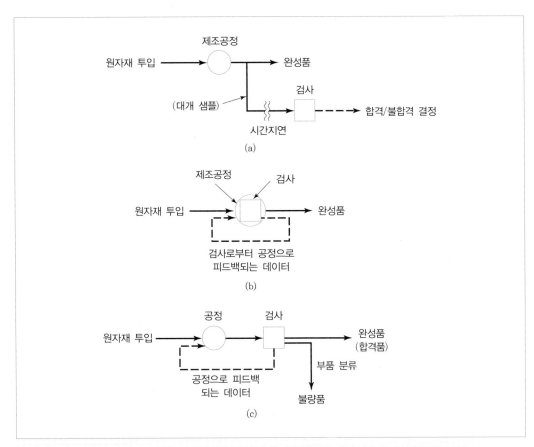

그림 21.2 3개의 검사 방안 : (a) 오프라인 검사, (b) 온라인/공정중 검사, (c) 온라인/공정후 검사

오프라인 검사 오프라인 검사(off-line inspection)는 제조공정과 떨어져서 수행되기 때문에 공정과 검사 사이에는 보통 시간지연이 발생한다. 주로 통계적인 샘플링 방법과 수동검사가 이용된다. 오프라인 검사가 적합한 경우는 (1) 공정변동성이 설계공차 범위 안에 잘 들어와 있을 때, (2) 공정상태가 안정되어 있고 편차발생 위험도가 적을 때, (3) 일부 불량품 비용에 비해 검사비용이 클 때 등이다. 오프라인 검사의 단점은 나쁜 품질이 검출될 때까지 이미 부품이 만들어져 있다는 것이다. 샘플링이 사용되는 경우는 불량품이 표본에서 빠져나갈 수 있다는 단점도 발생한다.

온라인 검사 온라인 검사(on-line inspection)는 부품이 제조될 때 검사가 수행되는데, 가공 혹은 조립공정과 통합되어 수행될 수 있고, 혹은 공정 바로 직후에 수행될 수도 있다. 온라인 검사는 세분화하여 온라인/공정중 검사와 온라인/공정후 검사로 나눌 수 있다.

온라인/공정중 검사(on-line/in-process inspection)는 제조공정 도중에 측정이나 게이징이 동시 수행되는 것이다. 공정중 검사의 장점은 현재의 부품을 제조하고 있는 공정에 영향력을 행사할 수 있어, 부품이 완성되기 전에 품질 문제를 해결할 수 있다는 것이다. 온라인/공정중 검사를 수작업으로 한다는 것은 작업자가 제조공정과 검사 절차를 같이 수행한다는 것을 의미한다. 자동검사에서는 온라인 검사가 자동 센서를 이용하여 전수검사 형태로 처리된다. 자동 온라인/공정중 검사는 기술적으로 어렵고, 구축하는 데 비용이 많이 든다. 따라서 대안으로 온라인/공정후 검사가 많이 사용된다.

온라인/공정후 검사(on-line/post-process inspection)에서는 측정 혹은 게이징이 제조공정 직후에 수행된다. 공정후에 실시되더라도 작업장 내에서 통합되어 있고, 검사 결과가 공정에 바로 영향을 미칠 수 있기 때문에 온라인 방법으로 볼 수 있다. 이 방법의 한계점으로는 제품이 이미 만들어져 있기 때문에 제품에 대한 어떤 수정 작업도 불가능하다는 것이다. 할 수 있는 최선의 조치는 다음 제품의 제조에 영향을 주는 것이다.

온라인/공정후 검사는 수작업 혹은 자동으로 수행될 수 있는데, 수작업의 경우 샘플링과 전수검사 모두 적용 가능하다. 제조설비에서 통과/정지 게이지를 통해 부품 치수를 게이징하는 것이 이런 것의 대표적인 예라고 할 수 있다. 자동화된 온라인/공정후 검사는 주로 100% 전수검사 형태로 진행된다.

온라인 검사의 두 방법 모두 피드백 공정제어 혹은 부품분류 같은 행위를 이끌어 가는 데서 의의를 찾을 수 있다. 만일 온라인 방법의 결과가 다음의 어떤 행위에도 적용이 되지 못한다면, 오프라인 방법을 사용하는 것이 더 유용할 수 있다.

21.4.2 제품검사와 공정 모니터링

검사에 관련되어 앞에서 설명된 내용은 측정되고 게이징될 대상이 제품 자체라는 가정을 가지고 있다. 다른 접근방법은 제품을 측정하는 대신에 제품의 품질을 결정할 공정의 주요 인자들을 측정 혹은 감시하는 것이다. 이 방법의 장점은 온라인/공정 중 측정시스템의 경우 뚜렷이 나타나는데, 이 경우 제품변수보다는 공정변수에 대하여 훨씬 실제적으로 적용하기 유리하다는 것이다. 제품이 제조되고 있는 도중에 수정 작업을 수행하여 불량 제품의 제조를 방지해주는 온라인 피드백 제어 시스템에 공정 모니터링 절차가 내장되어 있을 수 있다. 이러한 체제가 신뢰성이 높다면 제품에 대한 오프라인 검사 과정을 제거하거나, 혹은 적어도 줄여줄 수 있을 것이다.

제품검사에 대한 대안으로서 공정 모니터링을 사용하기 위해서는 확정적 제조시스템이라는 가정이 뒷받침되어야 한다. 이것은 상당히 정확한 원인-결과 관계가 측정 가능한 공정변수와 품질특성 사이에 존재한다는 것을 의미한다. 결국, 공정변수를 조절함에 따라 품질의 간접적인 관리를 달성할 수 있다. 확정적 제조의 가정은 다음의 조건들이 만족될 때 적용될 수 있다―(1) 공정거동이 안정적이어서 공정이 통계적 관리하에 있고, 정상 상태에서 벗어나는 일이 드물어야 한다. (2) 공정능력이 우수하여 정상운전 상태에서 각 공정변수들의 표준편차가 작아야 한다. (3) 공정변수와 품질특성 간의 원인-결과 관계에 대해 연구되었고, 이 관계를 표현하는 수학적 모델이 유도되어 있어야 한다.

공정 모니터링을 통해 제품품질을 관리하는 방법은 단위제품을 생산하는 환경에서는 그리 많이 사용되지 않고, 오히려 화학산업이나 정유산업과 같은 연속공정산업에서는 흔히 찾을 수 있다. 연속공정에서는 주기적인 샘플링 방법을 제외하고는 제품품질을 직접 측정하기가 쉽지 않다. 제품 품질에 대해 끊임없는 관리가 이루어지기 위해서는 관련된 공정변수들을 계속적으로 모니터링하고 조절해주는 일이 필요하다. 연속공정산업에서의 전형적인 공정변수들은 온도, 압력, 유량과 같이 비교적 쉽게 측정할 수 있는 것들이며, 이들과 제품특성 간의 수학적 관계식도 쉽게 이끌어 낼 수 있다. 그런데 기계적인 단위제품을 제조하는 산업에서의 변수들은 이들보다 측정하기 어렵고 수학적 모델도 유도하기가 어려운 경우가 많다. 기계적인 부품을 생산하는 현장에서 공정변수의 예로는 공구마모, 기계부품의 변형, 공작물의 변형, 기계진동 주기 및 진폭, 장비와 공작물의 온도분포 등을 들 수 있다[1].

21.4.3 분산검사와 최종검사

검사장들이 공장 내의 작업라인을 따라 위치하여 있으면 이것을 **분산검사**(distributed inspection)라고 부른다. 가장 극단적인 형태는 검사와 분류공정이 각 제조공정 다음에 위치해 있는 것이다. 그러나 이보다 더 일반적이고 비용 면에서 효과적인 방법은 각 검사장을 제조공정 순서상의 중요한 지점에 전략적으로 위치시켜 검사장 사이마다 몇 개의 제조공정이 들어가 있는 형태로 만드는 것이다. 분산검사시스템의 주요 기능은 불량 제품 혹은 부품을 그들이 만들어진 공정 근처에서 발견하여 그다음 공정에 들어가기 전에 빼내는 일이다. 이러한 검사 전략의 목표는 불량품에 추가될 불필요한 비용 발생을 막는 것이고, 많은 부품들이 모여서 분해되기 어려운 하나의 제품으로 결합되는 조립공정에 가장 적절하다고 할 수 있다. 전자제품 조립공정인 PCB(printed circuit board) 조립이 좋은 예인데, 하나의 PCB에는 보통 100개 이상의 부품들이 납땜되고, 여기서 하나의 부품이라도 결함이 있으면 전체 기판이 쓸모없는 것이 된다. 이런 경우 제조라인상에서 더 이상의 공정 혹은 조립이 진행되기 전에 결함을 발견하여 제거하는 것이 중요하다.

분산검사에 대응되는 방법으로 간주되는 **최종검사**(final inspection)는 제품이 고객에게 출하되기 직전에 제품을 면밀히 검사하는 것이다. 이 방법에 깔려 있는 기본 사고는 검사 절차를 공장 전체에 분산시켜 놓는 것보다는 모든 검사 절차를 한 과정으로 끝내 버리는 것이 검사 자체 관점에서는 더 효율적이라는 것이다. 효과적으로 수행만 된다면 최종검사가 실제로 고객에게는 더 매력적일 수 있다.

그러나 중간검사과정 없이 최종검사 방법만을 사용할 경우 다음의 두 가지 이유 때문에 비용이 매우 커질 가능성이 있다―(1) 이전 공정에서 불량으로 제조된 부품이 다음의 공정에서 계속 처리됨에 따라 소모되는 비용, (2) 최종검사 자체 비용. 전수검사 형태의 최종검사의 경우, 발생 가능한 모든 불량을 검출해내도록 설계된 검사 절차를 모든 제품에 대해 적용해야 하기 때문에 비용이 많이 들 수밖에 없다. 이런 검사에서는 기능 시험까지 포함시키는 경우가 많다.

품질 위주의 제조업체에서는 분산검사와 최종검사의 두 가지 전략을 병행하여 사용한다. 즉 분산검사는 공장 내에서 불량률이 높은 공정들에 대해 실시하여, 불량품이 후속 공정으로 넘어가는 것을 방지하고 양품만이 조립되도록 해준다. 또한 최종검사를 최종 제품에 대해 실시하여 높은 품질을 갖는 제품만이 고객에게 가도록 한다.

참고문헌

[1] BARKMAN, W. E., *In-Process Quality Control for Manufacturing*, Marcel Dekker, Inc., NY, 1989.

[2] DRURY, C. G., "Inspection Performance," *Handbook of Industrial Engineering*, Second Edition, G. Salvendy, Editor, John Wiley & Sons, Inc., New York, 1992, pp. 2282-2314.

[3] JURAN, J. M., and GRYNA, F. M., *Quality Planning and Analysis*, Third Edition, McGraw-Hill, Inc., New York, 1993.

[4] MONTGOMERY, D. C., *Introduction to Statistical Quality Control, 6th ed*., John Wiley & Sons, Inc., NY, 2008.

[5] MURPHY, S. D., *In-Process Measurement and Control*, Marcel Dekker, Inc., NY, 1990.

[6] STOUT, *Quality Control in Automation*, Prentice Hall, Inc., Englewood Cliffs, NJ, 1985.

[7] TANNOCK, J. D. T., *Automating Quality Systems*, Chapman & Hall, London, UK, 1992.

[8] WICK, C., and R. F., VEILLEUX, *Tool and Manufacturing Engineers Handbook* (Fourth edition), Volume IV, *Quality Control and Assembly*, Society of Manufacturing Engineers, Dearborn, Michigan, 1987, Section 1.

[9] WINCHELL, W., *Inspection and Measurement*, Society of Manufacturing Engineers, Dearborn, MI, 1996.

[10] YURKO, J. "The Optimal Placement of Inspections Along Production Lines," *Masters Thesis*, Industrial Engineering Department, Lehigh University, 1986.

복습문제

21.1 검사의 두 유형을 정의하라.

21.2 일반적인 검사의 4단계는 무엇인가?

21.3 검사와 시험의 차이점은 무엇인가?

21.4 수동 전수검사의 두 가지 문제점은 무엇인가?

21.5 검사를 자동화할 수 있는 세 가지 방법은 무엇인가?

21.6 오프라인 검사와 온라인 검사의 차이점은 무엇인가?

21.7 공정 모니터링이 제품검사의 대안이 될 수 있는 환경에 대해 설명하라.

21.8 분산검사와 최종검사의 차이점은 무엇인가?

검사기술

● ● ●

앞 장에서 설명된 검사과정은 여러 가지 센서, 기기, 게이지를 사용하여 수행된다. 이들 검사기술 중 일부는 마이크로미터, 캘리퍼스, 각도기, 통과/정지(go/no-go) 게이지 등과 같은 한 세기 이상 사용되어 왔던 수작업 기기와 관련된다. 이외의 기술들은 3차원 측정기나 머신비전과 같은 현대식 기술을 기반으로 한다. 이들 신기술은 작동을 제어하고 수집된 데이터를 분석하는 데 컴퓨터 시스템을 필요로 한다. 컴퓨터 기반 기술들이 검사 절차가 자동화되는 것을 가능하게 해주는데, 어떤 경우에는 100% 전수검사도 경제적으로 수행될 수 있게 해준다.

이 장에서는 이런 현대식 기술에 대하여 언급할 것이다. 먼저, 검사기술의 사전지식인 측정학에 대하여 알아보자.

22.1 검사 측정학

측정(measurement)은 일반적으로 인정되는 일관성 있는 단위시스템을 이용하여, 크기를 모르는 양을 크기를 알고 있는 표준에 비교하는 과정이다. 측정은 물체의 길이를 재기 위한 간단한 직선자가 필요할 수도 있고, 인장실험에서와 같이 힘과 변형을 측정해야 할 경우도 있다. 측정은 관심 있는 양의 수치값을 정밀도와 정확도의 어떤 한계 내에서 제공한다. 측정은 변량검사(inspection for variables)를 수행하는 방법이다(21.1.1절).

    측정학(metrology)은 길이, 질량, 시간, 전류, 온도, 광도, 물질량의 일곱 가지 기초 양을 재는 과학이다. 이들 기초 양으로부터 면적, 체적, 속도, 가속도, 힘, 전압, 에너지 등의 다른 물리량들이 유도된다. 생산에 사용되는 측정의 주 관심사는 주로 제품이나 부품에 여러 형태로 존재해 있는 길이 양을 측정하는 것에 연관된다. 이런 길이 양에는 길이, 폭, 깊이, 지름, 직진도, 평면도, 진원도 등이 포함된다. 표면 거칠기(22.4절)도 길이 양으로 정의된다.

22.1.1 측정장치의 특성

모든 측정장치들은 그것들이 사용되는 특별한 응용 분야에서 유용한 어떤 특성을 가지고 있다. 이런 특성들 중 가장 중요한 것은 정확도와 정밀도지만, 다른 특징으로는 응답속도, 작동 범위, 비용 등이 있다. 이 절에서 논의될 그러한 속성들이 측정장치를 선택하는 판단기준으로 사용될 수 있지만 어떤 측정장치도 모든 판단기준에 대해 만점을 받을 수는 없다. 따라서 주어진 응용 분야에 쓰일 장치를 선택할 때 가장 중요한 판단기준을 강조하고 나머지는 절충할 필요가 있다.

정확도와 정밀도   측정 **정확도**(accuracy)는 측정된 결과값이 측정하려는 양의 참값과 일치하는 정도이다. 시스템 오차(systematic error)가 없을 때 측정 과정은 정확하다고 할 수 있다. 시스템 오차는 여러 번의 측정을 통해 일관되게 얻어지는 참값으로부터의 양 또는 음의 편차이다.

    정밀도(precision)는 측정 과정에서 반복성의 수준이다. 좋은 정밀도는 측정 과정의 랜덤 오차가 최소화된 것을 의미한다. 랜덤 오차는 종종 측정 과정에 사람이 개입하기 때문에 발생한다. 예를 들면 셋업의 변화, 부정확한 눈금 읽기, 반올림 근사 등이 포함된다. 랜덤 오차 발생에 영향을 주는 사람 외적인 요인에는 온도, 점진적 마모, 장치 작동요소의 잘못된 정렬, 그리고 그 외의 변화 등이 포함된다. 랜덤 오차(random error)는 평균이 0이고 측정에 존재하는 산포도를 나타내는 표준편차가 σ인 정규확률분포를 따르는 것으로 가정된다. 정규분포를 따르는 모집단의 99.73%는 $\pm 3\sigma$ 안에 포함된다. 측정장비의 정밀도는 종종 $\pm 3\sigma$로 정의된다.

    정확도와 정밀도의 구분이 그림 22.1에서 설명된다. (a)에서 측정의 랜덤 오차가 큰데, 이는 낮은 정밀도를 나타낸다. 반면에 측정의 평균값은 참값과 일치하는데, 이는 높은 정확도를 나타낸다. (b)에서 측정오차는 작으나(좋은 정밀도) 측정값은 참값으로부터 상당히 떨어져 있다(낮은 정확도). 그리고 (c)에서는 정확도와 정밀도 둘 다 높다.

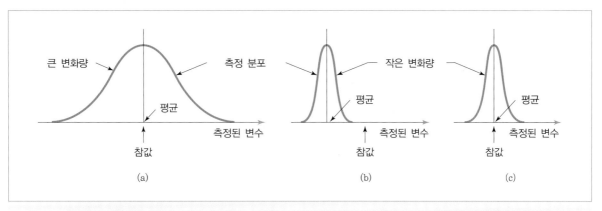

그림 22.1 측정의 정확도와 정밀도 : (a) 고정확도, 저정밀도, (b) 저정확도, 고정밀도, (c) 고정확도, 고정밀도

어떠한 측정장치도 완벽한 정확도(시스템 오차 없음)와 완벽한 정밀도(랜덤 오차 없음)를 갖도록 만들어질 수는 없다. 다른 경우에서처럼 측정에서도 완벽함은 불가능하다. 측정의 정확도는 적절하고 규칙적인 보정을 통하여 유지될 수 있고, 정밀도는 적절한 계측장비기술(instrument technology)을 선택하여 얻을 수 있다. 올바른 정밀도 수준을 정하기 위해 종종 적용되는 지침은 **10의 법칙**(rule of 10)이다. 이는 측정장치는 정해진 허용공차보다 10배 더 정밀해야 한다는 것을 의미한다. 그러므로 측정될 허용차가 ±0.25mm(±0.010in)이면 측정장치는 ±0.025mm(±0.001in)의 정밀도를 가져야만 한다.

측정장치의 기타 특성 측정장치의 또 다른 특성은 측정량의 아주 작은 차이를 구분해내는 능력이다. 이 특징을 나타내는 지표는 장치에 의해 감지될 수 있는 가장 작은 변화량이다. **분해능**(resolution)과 **민감도**(sensitivity)라는 용어가 측정장치의 이런 속성을 나타내는 데 일반적으로 사용된다. 측정장치의 다른 바람직한 특징들에는 안정도, 응답속도, 넓은 작동 범위, 높은 신뢰도, 저비용 등이 포함된다.

측정은, 특히 어떤 제조환경하에서는 반드시 신속히 이루어져야 한다. 최소의 시간지연으로 양을 표시하는 측정장비의 능력을 **응답속도**(speed of response)라고 한다. 이상적으로 시간지연은 0이 되어야만 하지만 그것은 실현 불가능한 이상이다. 자동측정장치에서는 측정 대상의 물리량이 변화를 시작했을 때부터 그 장치가 참값의 어떤 작은 비율 이내로 그 변화를 표시할 때까지 걸린 시간을 응답시간으로 사용한다.

측정장치는 넓은 작동 범위를 가져야 한다. 이것은 사용자에게 실제적으로 관심이 있는 범위까지의 물리량을 측정할 수 있는 능력이다. 높은 신뢰성은 잦은 오작동과 고장이 없는 것으로 정의될 수 있으며 이 높은 신뢰성과 낮은 비용은 모든 산업용 기기의 바람직한 속성이다.

아날로그와 디지털 장치 아날로그 측정장치는 아날로그 출력을 제공한다. 즉 장치의 출력신호가 측정되는 변수에 의해 계속적으로 변화한다. 출력이 연속적으로 변하기 때문에 출력은 작동 범위 내의 무한히 많은 가능한 값 중에 어떤 것이나 될 수 있다. 물론 출력이 인간의 눈으로 읽힐 때 구분될 수 있는 분해능에는 한계가 있다. 아날로그 측정장치들이 공정제어에 사용될 때, 흔한 출력 신호는 전압이다. 대부분의 현대식 공정제어기는 디지털 컴퓨터를 기반으로 하기 때문에 전압신호는 아날로그-디지털 변환기(ADC, 6.3절)를 이용하여 디지털 형식으로 변환되어야만 한다.

디지털 측정장비는 디지털 출력을 제공하는데 이때 가능한 출력값의 수는 유한하다. 디지털 신호는 저장 레지스터의 병렬 비트 세트나 셀 수 있는 일련의 펄스로 구성될 수 있다. 병렬 비트가 사용될 때 가능한 출력값의 수는 비트 수에 의해 다음과 같이 결정된다.

$$n_o = 2^B \tag{22.1}$$

여기서 n_o =디지털 측정장비의 가능한 출력값의 수, B =저장 레지스터의 비트 수이다. 측정장비의 분해능은 다음과 같이 주어진다.

$$MR = \frac{L}{n_o - 1} = \frac{L}{2^B - 1} \tag{22.2}$$

여기서 MR =측정 분해능, 장치에 의해 구분될 수 있는 최소 증분, L =측정 범위, B =읽은 값을 저장하기 위하여 장치가 사용하는 비트 수이다. 비록 디지털 측정장비는 가능한 출력값의 유한수만을 제공할 수 있지만 실제로는 이것이 제약조건이 되지는 않는다. 왜냐하면 저장 레지스터는 대부분 응용의 요구되는 분해능을 얻기 위한 충분한 수의 비트 수를 가지도록 설계될 수 있기 때문이다.

디지털 측정장비는 두 가지 이유로 산업체에서 점차 이용이 증가하고 있다—(1) 독립 장치로 사용될 때 디지털 측정장비는 읽기 쉽다. (2) 대부분의 디지털 장비는 디지털 컴퓨터와 바로 인터페이스되는 기능을 가지고 있어서 아날로그-디지털 변환이 필요없다.

보정   측정장비는 주기적으로 보정되어야만 한다. 보정(calibration)은 측정장비를 공인받은 표준에 대하여 비교 점검하는 절차이다. 예를 들면 온도계 보정은 100℃로 알려져 있는 표준 기압하에서의 끓는 (순수한) 물의 온도를 측정하는 것이 될 수 있다. 보정 과정은 전체 작동 범위에 걸쳐서 장치를 점검해야 한다. 공인된 표준기구는 보정목적으로만 사용되어야 하고 하나의 측정장치로 작업장에서 사용되는 것은 금해야 한다.

보정 과정은 가능한 빨라야 하고 복잡하지 않아야 한다. 한 번 보정이 되면 장치는 보정 상태를 유지할 수 있어야만 한다. 즉 오랜 기간 동안 표준에서 편차 없이 물리량을 측정할 수 있어야 하며, 보정 상태를 유지하는 이런 능력을 안정성(stability)이라 한다. 그리고 표준과 비교하여 상대적인 정밀도를 점차 잃어 가는 장치의 경향을 드리프트(drift)라고 한다. 드리프트의 원인은 (1) 기계적 마모, (2) 때와 먼지, (3) 환경 내의 연기와 화학물질, (4) 장치를 만든 재료의 노화작용 등을 포함할 수 있다. 측정보정에 관한 상세한 내용은 Morris[14]에서 제공된다.

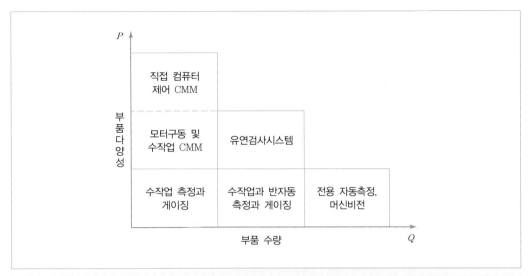

그림 22.2 **부품의 다양성과 수량에 따라 가장 적절한 측정장비를 표시하고 있는 PQ 도표[2]**

22.1.2 접촉식 및 비접촉식 검사기술

검사기술은 크게 (1) 접촉식 검사와 (2) 비접촉식 검사 2개의 영역으로 나뉜다. 접촉식 검사에서 물리적 접촉은 피측물과 측정기구나 게이지 사이에서 일어난다. 반면, 비접촉식 검사에서는 물리적 접촉이 일어나지 않는다.

접촉식 검사기술 접촉식 검사는 검사될 물체와 접촉하는 기계적 탐침이나 다른 기기를 사용한다. 성질상 접촉검사는 물체의 물리적 크기와 관계된다. 따라서 이런 기술들은 제조산업, 특히 금속부품의 생산(절삭가공, 스탬핑 프레스, 기타 금속가공공정)에 널리 사용된다. 또한 전기회로 시험에도 사용된다. 중요한 접촉식 검사기술은

- 전통적인 측정과 게이징 장치
- 3차원 측정기(CMM)와 그와 연관된 기술
- 스타일러스형 표면 측정 기계
- 반도체와 PCB를 시험하는 전기접촉 탐침

전통적인 기술과 CMM이 부품크기의 측정과 검사에서 서로 경쟁하고 있다. 다른 종류의 검사와 측정장비들의 일반적인 적용 범위는 그림 22.2의 *PQ* 도표에 표시되어 있다.

이런 접촉식 검사방법이 기술적으로나 상업적으로 중요한 이유는 다음과 같다.

- 오늘날 가장 널리 사용되는 검사기술이다.
- 정확하고 신뢰할 만하다.
- 많은 경우에 검사를 수행할 수 있는 유일하게 가능한 방법이다.

| 표 22.1 | 검사기술의 분해능과 상대속도의 비교

검사기술	일반적인 분해능	상대적 속도
전통적인 도구 　강철자 　버니어 캘리퍼 　마이크로미터	 0.25mm(0.01 in) 0.025mm(0.001 in) 0.0025mm(0.0001 in)	 중간 속도(중간 사이클 시간) 느린 속도(긴 사이클 시간) 느린 속도(긴 사이클 시간)
3차원 좌표측정기	0.0005mm(0.00002 in)*	단일 측정에는 느린 속도 동일한 물체의 반복 측정에는 빠른 속도
머신비전	0.25mm(0.01 in)**	빠른 속도(매우 짧은 사이클 시간)

* 3차원 좌표측정기의 다른 파라미터를 보려면 표 22.5를 참조하라.
** 머신비전의 정밀도는 사용되는 카메라 렌즈 시스템과 배율에 좌우된다.

비접촉식 검사기술　비접촉식 검사는 원하는 특징을 측정하거나 게이징하기 위하여 물체로부터 얼마간 떨어진 곳에 위치한 센서를 이용한다. 비접촉식 검사기술은 (1) 광학과 (2) 비광학의 두 영역으로 나눌 수 있다. 광학 검사기술은 측정이나 게이징 사이클을 수행하기 위해 빛을 사용한다. 가장 중요한 광학 기술은 머신비전이다. 비광학 검사기술은 검사를 수행하기 위해 빛 외의 다른 형태의 에너지를 사용한다. 이들 에너지에는 전기장, (빛 외의) 방사선, 초음파 등이 포함된다.

　비접촉식 검사는 접촉식 검사기술에 비해 다음과 같은 장점을 제공한다.

- 접촉식 검사에 의해서 발생할 수 있는 표면의 훼손을 방지한다.
- 고유의 성질상 검사 사이클 시간이 빠르다. 그 이유는 접촉식 검사 과정은 부품에 대해 접촉 탐침이 위치되어야 할 것을 요구하기 때문인데 이것에 많은 시간이 걸린다. 대부분의 비접촉 방법들은 각 부품마다 재위치될 필요가 없는 고정식 탐침을 사용한다.
- 접촉식 검사는 부품의 특별한 취급과 위치 잡기가 보통 요구되는 반면에, 비접촉식 방법은 추가의 부품취급 없이 생산라인에서 바로 수행될 수 있다.
- 부품의 자동 전수검사 가능성이 향상된다. 비접촉식 방법을 쓰면 사이클 시간이 더 빨라지고, 특별한 취급 방법의 필요성이 감소하여 모든 부품의 검사가 보다 현실화된다.

접촉식과 비접촉식 검사기술들의 몇 가지 비교가 표 22.1에 제시되어 있다.

22.2　전통적인 측정 및 게이징 기술

전통적인 측정과 게이징 기술은 길이, 깊이, 지름, 각도와 같은 선형 치수 측정을 위한 수작업 기기를 사용한다. 측정기기는 측정하고자 하는 부품 특징에 대한 정량적인 값을 제공하는 반면 게이지(gage)는 부품 특성(주로 치수)이 어떤 수용 가능한 값의 범위 안에 떨어지는지를 알아낸다. 측정은 게이징보다 시간이 더 걸리지만 부품 특징에 대한 더 많은 정보를 제공한다. 반면에 게이징은 더 빨리 작업을 끝낼 수 있지만 많은 정보를 제공해주지는 않는다. 두 기술 모두 생산에서 부품의 가공 후 검사에 널리 사용된다.

측정기기는 샘플링검사 방식에 사용되는 경향이 있다. 이와 다른 기기는 생산공정에서 떨어진 곳에서의 벤치 셋업(bench setup)을 필요로 하는데, 이것은 **정반**(surface plate)이라고 불리는 기준 평면 위에 측정기기를 정확히 셋업시키는 것이다. 게이지는 샘플링검사나 전수검사에 모두 사용된다. 게이지는 이동이 더 용이하고 생산공정에 적용하기에 알맞다. 일부 측정기술과 게이징 기술은 피드백 제어 시스템을 만들기 위해서나 통계적 공정관리의 목적으로 사용하기 위하여 자동검사 시스템에 통합될 수 있다.

측정기기와 게이지의 사용 편리성과 정밀도는 최근 몇 년간에 전자공학에 의해 크게 향상되어 왔다. **전자 게이지**는 직선 변위를 그에 비례하는 전기신호로 변환시킬 수 있는 트랜스듀서에 기초한 측정과 게이징 장치의 총칭이다. 전기신호는 디지털 표시값과 같은 적절한 데이터 형식으로 증폭되고 변환된다. 예를 들면 최신 마이크로미터와 캘리퍼스는 측정값의 디지털 표시장치를 갖추고 있다. 이런 도구들은 읽기 쉽고, 전통적인 눈금이 매겨진 장치를 읽는 데 발생할 인간 오류의 많은 부분을 제거해준다. 전자 게이지에 사용되는 트랜스듀서에는 선형차동변환기(LVDT), 스트레인 게이지, 인덕턴스 브리지, 가변 커패시터, 압전 크리스털 등이 포함된다. 이런 트랜스듀서는 설계된 게이지 끝에 장착된다.

전자 게이지의 응용은 마이크로프로세서 기술에 의해서 최근 몇 년간 급격히 늘어나면서 많은 전통적인 측정과 게이징 장치들을 대체하고 있다. 전자 게이지의 장점은 다음과 같다—(1) 좋은 민감도, 정확도, 정밀도, 반복도, 응답속도, (2) 0.025 마이크론까지의 매우 작은 치수를 감지하는 능력, (3) 작동 편의성, (4) 인간 오류의 감소, (5) 전기신호를 표시하는 여러 포맷, (6) 데이터 처리를 위한 컴퓨터와의 인터페이스가 가능.

참고로 일반적인 전통적 측정기기와 게이지를 간단한 설명과 함께 표 22.2에 기술하였다.

22.3 3차원 좌표측정기

좌표측정학이란 물체의 실제 형상과 치수를 측정하고, 이들을 부품 도면에 표시되어 있는 원하는 형상과 치수에 비교하는 일인데, 물체나 부품의 위치, 자세, 치수, 형상 등을 평가하는 것으로 구성된다. **3차원 좌표측정기**(coordinate measuring machine, CMM)는 좌표측정을 수행하기 위해 설계된 메카트로닉스 시스템이다. CMM에는 물체 표면의 3차원 공간상 위치로 이동시킬 수 있는 접촉 프로브(probe, 탐침)로 구성된다. 프로브의 x, y, z좌표는 물체의 형상에 관한 치수 데이터를 얻기 위하여 정확하고 정밀하게 기록된다(그림 22.3).

3차원 공간상에서 측정을 하기 위한 기본적인 CMM은 다음의 구성품을 갖는다.

| 표 22.2 | 전통적 측정기기와 게이지[9] (일부는 자동검사 시스템에 적용될 수 있음)

기기와 설명

강철자 – 직선 치수를 재는 데 사용되는 눈금이 새겨진 측정 자. 여러 가지 길이가 있는데 전형적인 길이는 150~1,000mm까지이고 1 또는 0.5mm의 눈금이 새겨져 있다.

캘리퍼스 – 힌지로 결합된 두 다리를 갖는 눈금이 새겨지거나 눈금이 새겨지지 않은 측정장치의 집합이다. 비교측정을 하기 위하여 다리 끝이 물체의 표면에 닿는다. 내부(예 : 안지름)나 외부(예 : 바깥지름) 측정을 위하여 사용될 수 있다.

슬라이드 캘리퍼 – 2개의 턱이 하나는 고정되고 하나는 움직일 수 있도록 만들어진 강철자이다. 턱들은 측정될 물체 표면에 힘을 주어 접촉된다. 그리고 움직이는 턱의 위치는 측정하려는 치수를 나타낸다. 내부나 외부 측정을 위하여 사용될 수 있다.

버니어 캘리퍼 – 더 정밀한 측정(0.001in가 쉽게 가능함)을 위하여 사용된 슬라이드 캘리퍼의 개선이다.

마이크로미터 – 스핀들과 C형 모루(anvil)로 구성된(C 클램프와 유사한) 흔한 장치이다. 측정하고자 하는 물체 표면과 접촉하기 위하여 스핀들은 나사를 이용하여 고정된 모루에 가까워진다. 버니어 자가 SI 단위계에서 0.01mm(U.S.C.S.에서 0.0001in)의 정밀도를 얻는 데 사용된다. 외부 측정용, 내부 측정용, 깊이 측정용 마이크로미터들이 있다. 또한 전자 게이지도 있어서 측정 치수의 디지털 표시가 가능하다.

다이얼 인디케이터 – 접촉점의 선형운동을 다이얼 바늘의 회전으로 변환하고 확대하는 기계적 게이지이다. 다이얼은 SI 단위계에서 0.01mm(U.S.C.S.에서 0.001in)의 단위로 눈금이 매겨졌다. 직진도, 평면도, 직각도, 진원도 등을 측정할 수 있다.

게이지 – 물체 치수가 제품 도면에 명시된 공차에 의해 제한되는 허용한계 안에 존재하는지를 체크하는 게이지의 집합으로 보통 go/no-go 형식이다. (1) 두께와 같은 외부 치수에는 스냅 게이지, (2) 실린더 지름에는 링 게이지, (3) 구멍 지름에는 플러그 게이지, (4) 나사산 게이지 등이 있다.

프로트랙터 – 각도를 측정하는 장치이다. 단순 프로트랙터는 직선 칼날과 각도 단위(°) 눈금이 새겨진 반원 머리로 구성된다. 베벨 프로트랙터는 서로 피봇된 2개의 직선 칼날로 구성된다. 피봇 기구는 두 칼날 사이의 각도를 재기 위한 프로트랙터 눈금을 가지고 있다.

- 물체 표면에 접촉하기 위한 프로브 헤드와 프로브
- 직교좌표계에서 프로브의 움직임을 제공하기 위한 기계 구조물과 각 축의 좌표값을 측정하기 위한 변위 센서

또한 많은 CMM은 추가로 다음과 같은 구성품을 가지고 있다.

- 3축의 각 축을 운동시키기 위한 구동 시스템과 제어부
- 응용 소프트웨어를 갖춘 디지털 컴퓨터 시스템

이 절에서 (1) CMM의 구조 특징, (2) 기계의 작동과 프로그래밍, (3) CMM 소프트웨어, (4) 적용과 장점, (5) 기타 좌표측정기술 등에 관하여 설명한다.

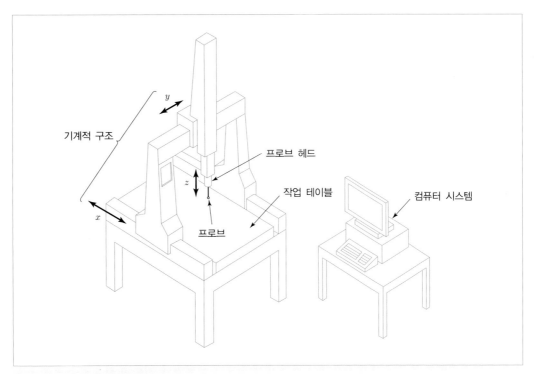

그림 22.3 **3차원 좌표측정기**

22.3.1 CMM의 구조

CMM의 기계적 구조가 프로브와 피측물 사이의 상대적 움직임을 가능하게 해준다. 피측물은 주로 구조물에 연결된 작업 테이블에 놓여진다. CMM의 두 기본 구성인 (1) 프로브, (2) 기계적 구조를 살펴본다.

프로브 접촉 프로브는 CMM의 핵심 부품으로서, 측정하는 동안 피측물의 표면과의 접촉을 알려준다. 프로브의 팁은 주로 구형의 루비로 만든다. 루비는 강옥의 일종으로 경도가 높아서 마모 저항이 크고, 밀도가 낮아서 관성을 최소화할 수 있기 때문에 프로브로 사용되기에 바람직한 성질을 가지고 있다. 프로브는 그림 22.4(a)와 같은 단일 팁과 그림 22.4(b)와 같은 복수 팁이 있다.

오늘날 대부분의 프로브는 피측물 표면과 접촉이 일어날 때 작동하는 접촉-트리거 프로브이다. 제품으로 나와 있는 접촉-트리거 프로브는 다음과 같은 여러 가지 트리거 방식을 사용하고 있다.

- 프로브의 팁이 중립위치에서 벗어났을 때 신호를 보내는 고감도 전기접촉 스위치를 기초로 한 트리거
- 프로브와 (금속)피측물 표면 사이에 전기적 접촉이 형성되었을 때 작동하는 트리거
- 프로브에 가해지는 인장이나 압축 하중에 따라 신호를 생성하는 압전 센서를 사용한 트리거

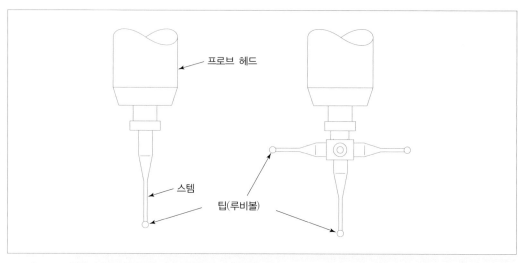

그림 22.4 **접촉 프로브의 형상** : (a) 단일 팁, (b) 복수 팁

프로브와 물체의 표면 사이에 접촉이 일어난 즉시, 프로브의 좌표값은 세 직선축 각각에서 변위 센서에 의해 정확히 측정되고 CMM 제어기에 의해 기록된다. 예제 22.1에서 언급된 것과 같은 프로브 팁의 반지름에 대한 보정이 이루어지고, 탄력에 의한 초과 이동이 제한 범위 내에 있으면 이는 무시된다. 프로브가 접촉면에서 떨어져 나간 후에 프로브는 중립위치로 돌아온다.

예제 22.1 **프로브 팁 보정이 필요한 치수 측정**

그림 22.5의 부품 치수 L이 측정되어야 한다. 치수는 x축과 정렬되어 있기 때문에 치수는 x좌표의 위치만으로 측정될 수 있다. 프로브가 왼쪽에서 물체 쪽으로 움직일 때, $x = 68.93$mm에서 접촉이 일어나고 이 치수가 기록되었다. 프로브가 오른쪽으로부터 물체의 반대쪽으로 움직일 때, $x = $

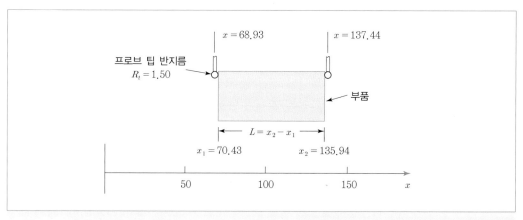

그림 22.5 **예제 22.1의 CMM 측정**

137.44에서 접촉이 일어나고 이 치수가 기록되었다. 프로브 팁 지름이 3.0mm일 때 치수 L은 얼마인가?

풀이 프로브 팁 지름이 D_t =3.00mm로 주어지면 반지름 R_t =1.50mm이다. 각 기록된 x값은 이 반지름만큼 보정되어야 한다.

$$x_1 = 68.93 + 1.50 = 70.43mm$$
$$x_2 = 137.44 - 1.50 = 135.94mm$$
$$L = x_2 - x_1 = 135.94 - 70.43 = 65.51mm$$

기계적 구조 프로브의 운동을 만들어주는 여러 가지 물리적 구조가 있는데, 그 각각은 상대적인 장점과 단점이 있다. 거의 모든 CMM은 그림 22.6에서 묘사된 여섯 가지 종류 중 하나에 해당하는 기계적 구조를 가지고 있다.

이런 구조들이 높은 정밀도와 정확도를 갖도록 제작되기 위하여 특별한 설계 특성이 사용된다. 이런 특성에는 정밀 구름접촉 베어링과 공기 베어링, CMM을 고립시키고 바닥으로부터 전달되는 공장의 진동을 줄이기 위한 설치대, 그리고 외팔보 구조에서는 돌출해 있는 팔의 평형을 유지하기 위한 여러 가지 방법 등이 포함된다.

22.3.2 CMM의 작동과 프로그래밍

프로브를 피측물에 대한 상대적인 위치로 이동시키는 것은 수작업 조작에서부터 직접 컴퓨터 제어(direct computer control, DCC)까지의 여러 가지 방법으로 수행될 수 있다. 컴퓨터 제어 CMM은 CNC 공작기계와 매우 비슷하게 작동하고 이런 기계들은 반드시 프로그래밍되어야 한다. 이 절에서 (1) CMM 제어의 종류, (2) 컴퓨터 제어 CMM의 프로그래밍을 다룬다.

CMM 제어 CMM을 조작하고 제어하는 방법은 4개의 범주로 나눌 수 있다―(1) 수동구동, (2) 컴퓨터 지원 데이터 처리를 사용하는 수동구동, (3) 컴퓨터 지원 데이터 처리를 사용하는 전동구동, (4) 컴퓨터 지원 데이터 처리를 사용하는 DCC.

수동구동 CMM에서 조작자는 프로브가 물체와 접촉이 일어나게 하기 위하여 기계의 축을 따라서 프로브를 직접 움직인다. 프로브가 x, y, z방향으로 자유로이 부양하기(floating) 위하여 3개의 직교 슬라이드가 거의 마찰이 없도록 설계된다. 측정값은 디지털 표시장치를 통해 얻어지는데, 조작자는 수작업이나 프린터 출력을 사용하여 기록한다. 모든 데이터의 계산(즉 구멍의 중심이나 지름의 계산)은 조작자가 수행해야만 한다.

컴퓨터 지원 데이터 처리를 사용하는 수동구동 CMM은 주어진 물체 특징을 평가하는 데 필요한 약간의 데이터 처리와 계산능력을 제공한다. 처리와 계산에는 US 단위와 미터 단위 사이의 변환과 같은 간단한 것으로부터 두 평면 사이의 각도계산과 같은 더 복잡한 형상계산까지 있다. 부품의

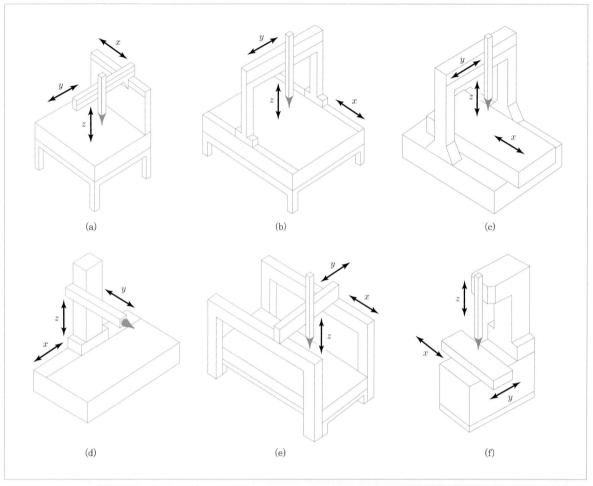

그림 22.6 CMM 구조의 여섯 가지 형식 : (a) 캔틸레버(외팔보)형, (b) 이동 브리지형, (c) 고정 브리지형, (d) 수평팔(이동램)형, (e) 갠트리형, (f) 칼럼형

표면과 프로브를 조작자의 힘으로 접촉시킬 수 있도록 프로브는 자유 부양 상태를 유지한다.

컴퓨터 지원 데이터 처리를 사용하는 전동구동 CMM은 조작자의 통제하에 기계 축을 따라서 프로브를 구동시키는 데 전기모터를 사용한다. 조이스틱이나 다른 유사한 장치가 동작을 제어하기 위한 수단으로 사용된다. 저출력 스테핑 모터나 마찰 클러치와 같은 요소들이 탐침과 물체 사이의 충돌효과를 줄이는 데 사용된다. 전동구동 CMM은 특징 형상 평가에 필요한 계산을 하기 위하여 데이터 처리 능력을 갖추고 있다.

직접 컴퓨터 제어(direct computer control, DCC) 방식의 CMM은 CNC 공작기계처럼 작동한다. 이것은 전동으로 구동되며, 좌표축의 동작은 프로그램 제어하에서 전용 컴퓨터에 의해서 수행된다. 컴퓨터는 또한 여러 가지 데이터 처리를 수행하고 함수를 계산하며, 검사 중에 얻은 측정자료를 편집한다. CNC 기계와 같이 DCC CMM은 파트 프로그래밍이 필요하다.

DCC 프로그래밍   DCC 측정기 프로그래밍에는 (1) 수동 교시와 (2) 오프라인 프로그래밍의 두 가지 방법이 있다. 수동 교시 방식에서 조작자는 CMM 프로브를 인도하여 검사순서에 필요한 여러 가지 동작을 하게 하면서 측정될 점과 면을 지시하고 이들을 제어 메모리에 기록한다. 이것은 같은 이름의 로봇 프로그래밍 기술과 비슷하다(8장). 정상 작동에 들어가면 CMM 제어기는 검사 절차를 수행하기 위하여 프로그램을 수행한다.

오프라인 프로그래밍은 컴퓨터 지원 NC 파트 프로그래밍과 같은 방식으로 얻어진다. 프로그램은 부품 도면을 기준으로 오프라인에서 준비되고 실행을 위해서 CMM 제어기에 다운로드된다. 컴퓨터 제어 CMM을 위한 프로그래밍 명령문들은 동작명령, 측정명령, 보고형식명령 등을 포함한다. 동작명령은 프로브를 원하는 검사위치로 인도하는 데 사용되며, 이는 NC 가공공정에서 절삭공구가 인도되는 것과 같은 방식이다. 측정명령문은 기계의 측정과 검사 기능을 제어하는 데 사용되는데, 여러 가지 데이터 처리와 계산과정을 사용한다. 마지막으로 형식명령문은 출력 보고서의 포맷을 정해서 검사에 관한 기록을 할 수 있게 한다.

대부분의 오프라인 프로그래밍은 부품 도면을 보고 수행되는 것이 아니라, 부품의 CAD 형상 데이터를 기반으로 하여 수행된다[24].

22.3.3 CMM 소프트웨어

CMM 소프트웨어는 CMM과 그와 관련된 장비를 작동하는 데 필요한 프로그램과 절차를 말한다. CMM의 전체 성능을 얻기 위해서는 앞에서 논의된 DCC 기계를 프로그래밍하는 데 사용되는 파트 프로그래밍 소프트웨어 외에도 다른 소프트웨어가 더 필요하다. CMM을 유용한 검사장비로 만드는 것은 소프트웨어라 할 수 있다. 소프트웨어는 다음의 범주로 나뉠 수 있다[2]―(1) DCC 프로그래밍 외의 코어 소프트웨어, (2) 검사 후 소프트웨어, (3) 역공학과 전용 소프트웨어.

DCC 프로그래밍 외의 코어 소프트웨어   이 코어 소프트웨어는 CMM이 작동하는 데 필요한 최소의 기초 프로그램으로 구성되는데, 보통 검사 절차 전이나 도중에 사용된다. 코어 소프트웨어는 보통 다음을 포함한다.

- 프로브 보정 : 이 기능은 팁 반지름, 복수 팁 프로브에서 팁 위치, 탐침의 탄성 굽힘 계수 등과 같은 프로브의 파라미터를 정의하는 데 사용되는데, 그 목적은 팁이 물체 표면에 접촉했을 때 좌표 측정값에서 프로브 치수에 대한 보상을 자동적으로 하는 데 있다. 따라서 예제 22.1과 같은 프로브 팁 계산을 수행할 필요가 없다.
- 부품 좌표계 정의 : 이 소프트웨어는 CMM 작업 테이블에서의 시간 낭비적인 부품정렬 절차가 없이도 부품 측정을 할 수 있도록 해준다. CMM 축에 대해 부품을 실제적으로 정렬시키는 대신에 측정 축이 부품에 대해 수학적으로 정렬된다.
- 기하학적 특징 형상 구성 : 이 소프트웨어는 평가가 이루어지기 위해서 한 점 이상의 측정을 필요로 하는 특징 형상에 관련된 문제를 다룬다. 이들 특징은 평면도, 직각도, 구멍의 중심이나

실린더의 축을 결정하는 것 등을 포함한다. 이 소프트웨어는 주어진 특징 형상을 평가하기 위해서 여러 개의 측정값을 통합한다.

- **공차해석** : 이 소프트웨어는 부품에 대한 측정이 도면에 표시된 치수와 공차에 비교될 수 있도록 해준다.

검사 후 소프트웨어   검사 후 소프트웨어는 검사 과정이 끝난 후에 적용되는 일련의 소프트웨어들로 이루어져 있다. 이런 소프트웨어는 검사 기능에 상당한 유용성과 가치를 더해준다. 다음은 이 그룹에 속하는 프로그램의 예들이다.

- **통계분석** : 이 소프트웨어는 CMM에 의해 수집된 데이터에 관한 여러 가지 통계분석을 수행하는 데 사용된다. 예를 들면 부품 치수 데이터는 연관된 생산공정의 공정능력(20.3절) 평가를 하기 위해서나 통계적 공정관리(20.4절)를 위해서 사용된다.
- **그래픽 데이터 표현** : 이 소프트웨어의 목적은 CMM 측정 중에 수집된 데이터를 그래픽이나 그림으로 표시하여 오차나 다른 데이터의 시각화를 쉽게 해준다.

역공학과 전용 소프트웨어   역공학(reverse engineering) 소프트웨어는 이미 존재하는 실제 부품에 표면에서 추출한 많은 측정점들을 기초로 하여 부품 형상의 컴퓨터 모델을 만들어준다. 가장 단순한 접근법은 CMM을 수동구동 모드로 사용하는 것이다. 이 방식에서는 디지털화한 3차원(3-D) 곡면 모델을 만들기 위해서 작업자가 프로브를 손으로 움직여서 직접 부품을 스캔한다. 수작업 디지털화는 복잡한 부품 형상에 대해서는 시간이 매우 많이 소비된다. 더 자동화된 방식이 개발되었는데 이 방식에서는 3D 모델을 구성하기 위한 인간의 간섭이 완전히 없거나 또는 거의 없는 상태에서 CMM이 부품 표면을 탐사한다. 여기서 해결해야 할 과제 중 하나는 복잡한 곡면 윤곽의 상세한 부분을 포착함과 동시에 탐침의 손상을 가져올 수도 있는 충돌을 피하여 CMM의 탐사시간을 최소화하는 것이다. 역공학에서 레이저와 같은 비접촉 탐침을 사용하면, 데이터를 빠르게 캡처할 수 있고, 프로브의 충돌 문제도 최소화할 수 있다.

전용 소프트웨어란 어떤 형식의 부품이나 또는 제품을 위해 만들어진 프로그램을 말한다. 몇 가지 중요한 예가 [2], [3]에 있다.

- **기어검사** : 이들 프로그램은 이 윤곽(profile), 이 두께, 피치, 헬릭스 각과 같은 기어의 형상특징을 측정하기 위해 CMM에 사용된다.
- **나사산 검사** : 이들은 원통형이나 원뿔형 나사산의 검사에 사용된다.
- **캠 검사** : 설계 사양에 대하여 실제 캠의 정확도를 평가하기 위해 사용되는 소프트웨어이다.
- **자동차 차체 검사** : 이 소프트웨어는 자동차산업에서 차체 패널, 반조립품, 완성 차체를 측정하기 위해 사용되는 CMM을 위해 설계되었다.

또한 특정 응용 소프트웨어의 범주에 드는 것은 CMM과 관계되는 부속장치를 작동하는 프로그램이다. 그 자신의 응용 소프트웨어를 요구하는 부속장치의 예는 탐침 교환기, CMM에 사용되는 회전 작업 테이블, 자동 부품 장착/탈착 장치 등이 있다.

22.3.4 CMM의 적용과 효과

앞에서의 CMM 소프트웨어에 대한 설명에서 많은 CMM 적용 분야가 제안되었다. 가장 흔한 적용은 오프라인 검사와 온라인/공정후 검사(21.4.1절)이다. 가공된 부품은 CMM을 이용하여 검사가 빈번히 이루어지는데, NC 공작기계에서 가공된 최초의 부품을 검사하는 일이 흔하다. 만일 최초 부품이 검사에 통과하면 뱃치 내의 나머지 부품들도 최초의 것과 동일하다고 추정된다.

　CMM에서의 부품과 조립품의 검사는 일반적으로 샘플링 기술을 이용하여 수행한다. 그 이유는 측정에 걸리는 시간 때문인데, 보통 한 부품을 생산하는 시간보다 검사하는 시간이 더 걸린다. 그런데 만일 검사사이클이 생산사이클과 연동될 수 있고, CMM이 특정 공정에 지정된다면, CMM을 100% 전수검사를 위해서 사용하기도 한다. 샘플링검사용이든 전수검사용이든 간에 CMM은 통계적 공정관리의 흔한 수단이다.

　다른 CMM 적용은 게이지와 고정구의 보정과 심사검사를 포함한다. 심사검사는 공급업자의 품질관리시스템이 믿을 만한지를 확인하기 위하여 공급업자로부터 수입되는 부품을 검사하는 것을 말하며, 보통 샘플링검사로 수행된다. 실제로 이것은 공정후 검사와 같다. 게이지와 고정구의 보정은 여러 가지 게이지와 고정구의 계속적인 사용 여부를 결정하기 위한 일이다.

　CMM을 유용한 것으로 만드는 여러 요인 중 하나는 정확도와 반복 성능이다. 이동 브리지형 CMM에 대한 이들 수치가 표 22.3에 주어져 있다. 기계의 크기가 증가할수록 측정 성능은 더 나빠지는 것을 볼 수 있다.

　CMM은 다음의 특성을 가지는 응용 분야에 적절하다.

| 표 22.3 | 두 가지 크기의 CMM에 대한 측정 정확도와 반복 정밀도. 데이터는 이동 브리지형 CMM을 이용하여 얻었음.

CMM 특징		소형 CMM	대형 CMM
측정 영역	x	650mm	900mm
	y	600mm	1,200mm
	z	500mm	850mm
정확도	x	0.004mm	0.006mm
	y	0.004mm	0.007mm
	z	0.0035mm	0.0065mm
반복 정밀도		0.0035mm	0.004mm
분해능		0.0005mm	0.0005mm

출처 : [2].

1. 반복적인 수작업 검사 작업을 수행하는 많은 검사인력 : 만약 검사 기능이 공장에 상당한 인건비 부담을 초래한다면, 검사 절차를 자동화함으로써 인건비를 줄이고 작업처리량을 증가시킬 것이다.

2. 공정 후 검사 : CMM은 제조공정 후에 수행되는 검사 작업에서만 유용하다.

3. 복수의 접촉점을 요구하는 특징 형상의 측정 : 점들 사이의 길이, 선들 사이의 각도, 원의 지름, 평면 등의 특징 형상들을 유용한 CMM 소프트웨어가 평가해준다.

4. 복잡한 부품 형상 : 만약 복잡한 물체에 대하여 많은 측정이 수행되어야 하고 많은 접촉 위치가 요구된다면, DCC CMM의 사이클 시간이 수작업 절차에 걸리는 시간보다 훨씬 적게 걸릴 것이다.

5. 검사될 부품의 다양성 : DCC CMM은 부품들의 큰 다양성을 처리할 수 있도록 프로그램이 가능하다.

6. 반복 명령 : DCC CMM을 사용하여 파트 프로그램이 처음 부품에 대하여 준비되고 나면, 다음의 부품들은 같은 프로그램을 사용하여 반복적으로 검사될 수 있다.

부품 수량과 부품 종류의 적절한 범위 내에서 적용될 때 수작업 검사방법과 비교한 CMM의 장점은 다음과 같다[16].

- 검사사이클 시간의 단축 : CMM 작동에 포함된 자동화된 기술들 때문에 검사 절차는 빨라지고 노동생산성은 향상된다. DCC CMM은 많은 측정 작업을 수작업 기술과 비교할 때 10분의 1의 시간 내로 완수할 수 있다. 줄어든 검사사이클 시간은 높은 작업처리량을 의미한다.

- 유연성 : CMM은 최소의 전환시간으로 다양하게 서로 다른 부품 구조를 검사하는 데 사용되는 범용 기계이다. 프로그램 작성이 오프라인에서 수행되는 DCC 기계의 경우에 CMM의 전환시간은 단지 물리적인 셋업변경에만 소요된다.

- 줄어든 조작자의 실수 : 자동화된 검사 절차는 측정과 셋업에서의 인간의 실수를 줄이는 데 확실한 효과가 있다.

- 높은 정확도와 정밀도 : CMM은 전통적인 검사에 사용되는 수작업 정반 방법보다 더욱 정확하고 정밀하다.

- 복수 셋업의 회피 : 전통적 검사기술들은 여러 부품 특징과 치수를 측정하기 위하여 종종 복수의 셋업을 요구한다. 일반적으로 CMM에서는 한 번의 셋업으로 모든 측정을 수행할 수 있다. 그러므로 작업처리량과 측정 정확도가 증가한다.

CMM 기술은 다른 접촉식 검사기술들을 낳았다. 다음 장에서 이들 향상된 기술 중 유연검사시스템과 검사 탐침의 두 가지를 알아본다.

22.4 표면 측정

22.2절과 22.3절에서 설명한 측정과 검사기술들은 부품이나 제품의 치수 혹은 이와 관계된 특성을 평가하는 것에 관련되어 있다. 부품이나 제품의 측정 가능한 다른 중요한 속성은 표면이다. 표면의 측정은 보통 접촉 스타일러스를 사용하는 기기에 의해 수행된다. 그러므로 표면 측정은 접촉식 검사기술의 영역으로 분류될 수 있다.

22.4.1 스타일러스 기기

스타일러스(stylus) 형식의 기기가 일반적인 표면 거칠기 측정장치이다. 이러한 형식의 전자 장치에서, 끝의 반지름이 0.005mm이고 끝 각도가 90°인 원뿔 모양의 다이아몬드 스타일러스는 균일하고 느린 속도로 검사 표면을 가로질러 움직인다. 그림 22.7에 그 작업이 묘사되어 있다. 스타일러스 헤드가 수평으로 움직일 때, 헤드는 표면의 굴곡을 따라서 수직으로 움직인다. 수직동작은 스타일러스가 가는 경로를 따라 존재하는 표면의 지형을 나타내는 전기 신호로 전환된다. 이것은 (1) 표면의 윤곽이나 (2) 평균 거칠기값으로 표시될 수 있다.

윤곽을 나타내고자 할 때, 높은 편차를 상대적으로 재기 위한 명목기준으로서 어떤 한 평면을 사용한다. 출력은 스타일러스가 지나간 선을 따라서 나오는 표면 윤곽의 그림이다. 이런 형식의 시스템으로 거칠기와 파형 등을 알아낼 수 있다. 스타일러스가 작은 간격을 가지는 서로 평행한 선들을 연속적으로 가로질러 감으로써 '지형학적 지도'를 만들어낼 수 있다.

평균계산을 통해 수직 변위들을 단 하나의 표면 거칠기값으로 줄일 수 있다. 그림 22.8에 묘사된 것 같이 **표면 거칠기**(surface roughness)는 지정된 표면 길이에 대하여 명목 표면으로부터의 수직 변위의 평균으로 정의된다. 변위의 절댓값을 기초로 한 산술평균(AA)이 일반적으로 사용되는데, 이를 수식으로 나타내면 다음과 같다.

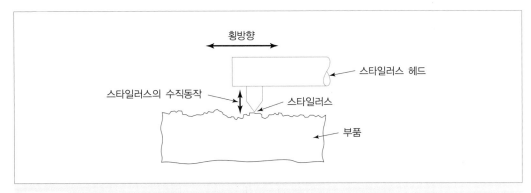

그림 22.7 스타일러스 기기의 작동. 스타일러스 헤드는 표면을 따라 수평 횡방향으로 움직인다. 스타일러스의 수직 방향 움직임은 (1) 표면 윤곽이나 (2) 거칠기의 평균값으로 변환된다[9].

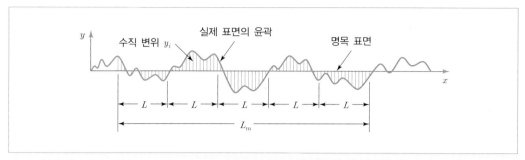

그림 22.8 표면 거칠기의 정의에 사용된 명목 표면으로부터의 편차[9]

$$R_a = \int_0^L \frac{|y|}{L} dx \tag{22.3}$$

여기서 R_a는 표면 거칠기의 산술 평균값(μm), y는 명목 표면으로부터의 수직 변위(μm), L은 컷오프 길이라고 불리는 샘플링 거리인데 이 길이 내에서 표면 변위들의 평균이 얻어진다. 그림 22.8의 거리 L_m은 스타일러스에 의해 그어진 전체 측정거리이다. 스타일러스 형식의 장치는 식 (22.3)의 계산을 내부에서 수행한다.

　표면 거칠기 측정의 어려움 중 하나는 파형이 R_a의 측정에 포함될 수 있다는 것이다. 이런 문제를 풀기 위해서 컷오프 길이가 파형을 거칠기 편차에서 분리하는 필터로 사용된다. 앞에서 정의된 바와 같이 컷오프 길이는 표면을 따라간 샘플링 거리이다. 이것은 측정장치에 어떤 여러 값으로도 정해질 수 있다. 보통은 0.08mm와 2.5mm 사이의 값을 갖는다. 파형 폭보다 짧은 컷오프 길이는 파형에 관련된 수직 편차를 제거하고 거칠기와 연관된 것들만 포함시킨다. 실제로 사용되는 가장 일반적인 컷오프 길이는 0.8mm이다. 컷오프 길이는 적어도 연속된 거칠기 피크 사이 거리의 2.5배의 값으로 정해져야 한다. 측정 길이 L_m은 보통 컷오프 길이의 5배로 정해진다.

　식 (22.3)의 근사식은 다음과 같이 주어진다.

$$R_a = \frac{\sum_{i=1}^{n} |y_i|}{n} \tag{22.4}$$

여기서 R_a는 앞과 같은 의미이고, y_i는 아래첨자 i로 구분되는 수직 변위인데 절댓값으로 변환된다. n은 L 안에 포함되는 변위 측정점의 개수이다.

22.4.2 기타 표면 측정기술

표면 거칠기와 이에 관련된 특성을 측정하는 데 사용되는 두 가지 기술이 더 있는데, 하나는 접촉식이고 다른 하나는 비접촉식 방법이다.

　첫 번째 방법은 특정한 거칠기값을 갖도록 다듬질된 표준 블록과 주관적으로 비교하는 것이다. 미국에서는 2, 4, 8, 16, 32, 64, 128마이크로인치의 거칠기를 갖는 표준 블록을 사용한다. 주어진 시편의 거칠기를 추정하기 위해서 육안과 손톱시험을 통해 표준 블록의 표면과 비교를 한다. 즉 시편과 표준 블록의 표면을 손톱으로 가볍게 긁어본 후, 시편에 가장 가까운 표준 표면을 결정하는 것이다. 표준 블록의 표면은 가공작업자와 제품설계자에게도 편리한 수단이 된다. 그러나 이 방법의 단점은 주관적이라는 것이다.

나머지 표면 측정방법의 대부분은 광학기술을 응용하는 것들이다. 이 기술은 빛의 반사, 산란, 분산 및 레이저 등에 기초를 두고 있는데, 이들 방법은 스타일러스의 표면 접촉이 바람직하지 않은 경우 유용하다고 할 수 있다. 일부 기술은 매우 빠른 속도로 측정이 가능하여, 100% 전수검사의 가능성을 열어 두고 있다. Aronson[1]에 의해 개발된 시스템은 300×300mm의 표면을 레이저로 1분 만에 스캔이 가능하고, 표면의 3차원 컬러 홀로그램을 출력한다. 이 이미지는 400만 개 이상의 데이터 포인트로 구성되어 있어 표면의 변동을 충분히 보여주며 측정값을 얻을 수 있다. 광학기술의 한 단점은 측정값이 스타일러스 기기에 의해 얻어진 거칠기값과 항상 일치하지는 않는다는 것이다.

22.5 머신비전

머신비전(machine vision)은 컴퓨터가 이미지 데이터를 수집, 처리, 해석하는 것으로 정의된다. 머신비전은 발전하고 있는 기술인데 그 주요 응용 분야는 자동검사와 로봇유도이다. 이 절에서 머신비전이 어떻게 작동하는지와 QC 검사와 다른 분야에서의 응용들을 살펴본다.

비전시스템은 2D와 3D로 분류된다. 2차원 시스템은 장면(scene)을 2D 이미지로 나타낸다. 산업 현장에서의 많은 상황이 2D 장면을 포함하기 때문에 대부분의 경우 2차원 시스템이 적당하다. 예로서는 치수 측정과 게이징, 부품 유무의 판단, 평면의 특징 검사 등이 포함된다. 어떤 경우에서는 장면의 3D 분석을 요구하는 경우도 있다. 2D에 사용된 많은 기술이 3D 비전 작업에도 사용될 수 있지만, 이 절에서는 더 간단한 2D 시스템을 언급한다.

머신비전시스템은 다음의 세 가지 기능으로 구분된다—(1) 이미지 획득과 디지털화, (2) 이미지 처리와 분석, (3) 해석. 이런 기능과 그들 관계가 그림 22.9에 묘사되어 있다.

22.5.1 이미지 획득과 디지털화

이미지 획득과 디지털화는 다음 단계의 분석을 위한 이미지 데이터를 저장하기 위하여 비디오카메라와 디지타이징 시스템을 사용하여 수행된다. 카메라는 측정하고자 하는 물체에 초점을 맞춘다. 이미지는 시각 영역(viewing area)을 이산적인 화소(픽셀이라 부름)의 행렬로 나눔으로써 얻어지는데, 이때 각 화소는 장면 각 부분의 빛의 세기에 비례하는 값을 갖는다. 각 화소의 빛의 세기는 아날로그-디지털 변환기(ADC, 6.3절)에 의해서 해당되는 디지털값으로 바뀐다. 배경과의 명암대조가 크고 형상이 간단한 물체로 이루어진 장면을 화소의 행렬로 나누는 작업이 그림 22.10에 묘사

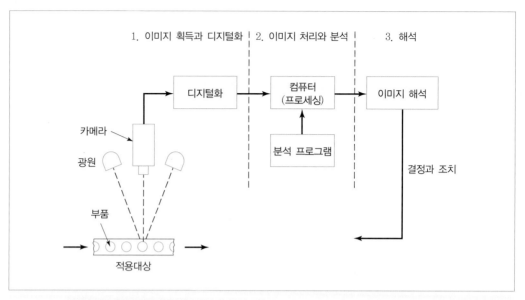

그림 22.9 머신비전시스템의 기본 기능

되어 있다.

그림 22.10은 2진 비전시스템이라고 불리는 가장 간단한 형식의 비전시스템으로부터 얻어질 수 있는 이미지를 보여준다. 2진 비전(binary vision)에서는 각 화소의 빛의 세기가 주어진 임계값(threshold)을 넘었는지 여부에 따라서 흰색과 검은색의 두 가지 극단값으로 수렴된다. 더욱 정교한 비전시스템은 회색의 서로 다른 농도를 구분하고 저장할 수 있다. 이것을 그레이-스케일(gray-scale) 시스템이라 부른다. 이 형식의 시스템은 물체의 윤곽과 면적 특징뿐만 아니라 질감이나 색깔과 같은 표면 특성도 알아낼 수 있다. 그레이-스케일 비전시스템은 전형적으로 4, 6, 또는 8비트 메모리를 사용한다. 8비트는 $2^8 = 256$ 농도 레벨에 해당하는데, 이는 일반적인 비디오카메라가 실제 구별할 수 있는 레벨보다 많고, 사람 눈이 구별할 수 있는 것보다는 확실히 많다. 장면의 색상은 컬러필터(빨강, 노랑, 파랑)를 사용하여 구분할 수 있는데, 색의 밝기 결정을 위해 각 픽셀에 대해 그레이스케일 시스템과 결합하여 사용한다.

디지털화된 화소값의 각 세트는 프레임이라 부르며 각 프레임은 프레임 버퍼라고 부르는 컴퓨터 메모리에 저장된다. 프레임에 있는 모든 화소값을 읽는 작업은 1초에 30회의 빈도로 수행된다. 고해상도 카메라의 경우 더 낮은 빈도(예 : 1초에 15회)로 작동하기도 한다.

카메라 디지털카메라의 원리는 광학렌즈를 사용하여 이미지를 매우 미세한 감광소자들의 2차원적 배열 상으로 집중시키는 것이다. 감광소자들은 반도체 이미지센서 표면 위의 픽셀 매트릭스를 형성하는데, 이것은 카메라 렌즈 뒤에 위치한다. 감광소자에 가해지는 빛의 세기에 따라 전하가 발생한다. 이미지센서가 어떤 이미지에 의해 활성화될 때, 그림 22.10에 묘사된 절차처럼 각 픽셀들은 각기 다른 값들을 지니게 된다. 감광소자들과 일대일 대응하는 저장소자들의 배열로 구성되

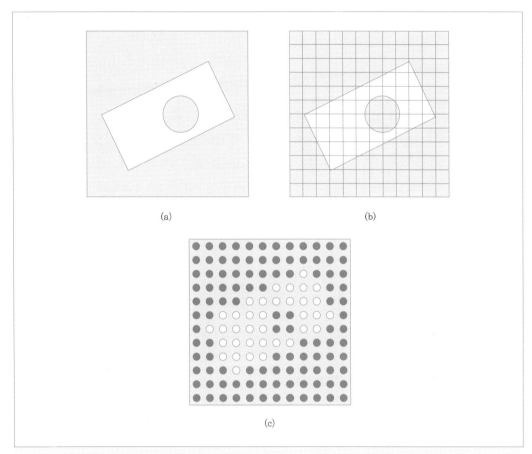

그림 22.10 이미지를 화소의 행렬로 나눈다. 이때 각 화소는 이미지의 그 부분에 해당하는 빛의 세기값을 갖는다. (a) 장면, (b) 장면에 덧그려진 12×12 매트릭스, (c) 흰색과 검은색으로 표시된 이 장면에 대한 화소의 세기

는 저장기기 내에 전하량이 축적된다. 머신비전의 데이터 처리 및 분석 기능에서 이 전하값들을 불러온다.

머신비전 카메라에 사용되는 이미지센서는 두 가지 종류가 있다—(1) CCD(charge-coupled device), (2) CMOS(complementary metal-oxide semiconductor). 최근까지의 많은 디지털카메라는 주로 CCD 이미지센서를 사용해 왔는데, CMOS 기술도 CCD와 경쟁할 수준으로 발전해 왔다. CMOS가 CCD보다 나은 장점은 고속동작, 저비용(대량생산의 경우), 저전력소모 등이다[24]. CCD 이미지센서의 속도가 더 느린 한 가지 이유는, 아날로그 상태의 픽셀값을 한 번에 하나씩 차례대로 디지털로 변환해야 한다는 점이다. 반면에 CMOS에서의 변환은 동시적으로 일어난다.

이미지센서의 전형적인 화소 배열은 640(수평)×480(수직), 1024×768, 1600×1200 화소이다. 비전시스템의 **해상도**(resolution)는 이미지의 미세한 부분과 특징들을 감지해내는 능력을 의미하는데, 이는 사용된 화소(픽셀)의 개수에 의존한다. 즉 이미지센서의 설계된 화소가 많을수록 해상도는 높아지고, 화소의 수가 늘어날수록 카메라의 가격은 높아진다. 더욱 중요한 점은 화소의 수가

늘어날수록 화소를 순차적으로 읽고 데이터를 처리하는 데 걸리는 시간이 증가한다는 것이다. 다음 예제는 그 문제를 설명해준다.

예제 22.2 머신비전

CCD 센서를 갖는 머신비전 카메라가 640×480 화소의 행렬을 가지고 있다. 각 화소는 ADC를 이용하여 아날로그 신호에서 디지털 신호로 변환되어야 한다. 이 아날로그-디지털 변환 과정은 화소 사이를 움직이는 시간을 포함해서 $0.1\mu s(0.1\times10^{-6}s)$가 걸린다. 한 프레임에서 이미지 데이터를 얻는 데 얼마의 시간이 걸릴 것인가? 그리고 이 시간은 1초에 30프레임의 속도로 처리하는 데 적합한가?

┃ 풀이 스캔되어 변환할 화소가 640×480=307,200개 있다. 아날로그-디지털 변환을 완수하는 데 걸리는 전체 시간은

$$(307,200 \text{ 화소}) \ (0.1\times10^{-6}\text{초}) = 0.0307\text{초}$$

1초에 30프레임의 처리 속도에서 각 프레임의 처리시간은 0.0333초이다. 이것은 307,200번의 아날로그-디지털 변환을 수행하는 데 걸리는 0.0307초보다 긴 시간이다. 따라서 ADC 변환시간이 30프레임/초의 속도에 적합하다.

22.5.2 이미지 처리와 분석

머신비전시스템 작업의 두 번째 기능은 이미지 처리와 분석이다. 예제 22.2에서 지적되었듯이 처리되어야 할 데이터의 양이 매우 많다. 각 프레임의 데이터는 1 스캔을 완수하는 시간(1/30초) 내에 분석되어야만 한다. 머신비전시스템의 이미지 데이터를 분석하기 위하여 많은 기술이 개발되었다. 이미지 처리와 분석기술의 한 분류는 분할(segmentation)이다. 분할기술은 이미지 안에 있는 관심영역을 정의하고 분리해낸다. 두 가지 일반적인 분할기술은 스레숄딩(thresholding)과 **모서리 검출**(edge detection)이다. 스레숄딩은 각 화소의 농도를 흑이나 백을 나타내는 2진 레벨로 변환시키는 것인데, 농도값을 정의된 스레숄드값(임계값)에 비교함으로써 수행된다. 만약 화소값이 스레숄드보다 크면 흰색을 나타내는 2진 비트값인 1을 할당하고, 스레숄드보다 작으면 검은색을 나타내는 2진 비트값인 0을 할당한다. 스레숄드를 이용하여 이미지를 2진 형태로 줄이면, 이 이미지에서 물체를 정의하고 인식하는 후속 문제가 쉬워진다. 모서리 검출은 이미지에서 물체와 배경 사이 경계의 위치를 찾는 일이다. 이것은 물체의 경계에 있는 화소 사이에 존재하는 빛 세기의 대조를 찾는 것이다. 많은 소프트웨어 알고리즘들이 물체 주변의 경계를 찾아내기 위하여 개발되었다.

이미지 처리와 분석에서 분할 이후에 적용되는 다른 기술로서 **특징형상추출**(feature extraction)이 있다. 대부분의 머신비전시스템은 물체의 특징형상을 이용하여 이미지 안의 객체를 규정한다. 물체의 특징 형상으로는 물체의 면적, 길이, 폭, 지름, 둘레, 무게중심, 종횡비(aspect ratio) 등이

있다. 특징형상추출 방법은 스레숄딩, 모서리 추출, 그리고 다른 분할기술들을 이용하여 얻어진 객체의 영역과 경계를 기초로 하여 이들 특징형상을 결정하도록 설계된다. 예를 들면 물체의 면적은 물체를 구성하고 있는 흰(또는 검은) 화소의 개수를 계산함으로써 얻어질 수 있고, 물체의 길이는 물체 모서리의 양끝까지의 거리를 (화소 단위로) 측정함으로써 얻어질 수 있다.

22.5.3 해석

이미지는 추출된 특징형상을 기초로 해석되어야 한다. 해석 기능은 보통 객체를 인식하는 것과 관련되는데, 객체인식 또는 **패턴인식**(pattern recognition)이라는 용어로 불리는 작업이다. 이 작업의 목적은 미리 정의된 모델이나 표준값과 이미지 안의 객체를 비교하여 그 객체를 인식하는 것이다. 흔히 사용되는 두 가지 해석기술은 템플릿 매칭과 특징 가중이다.

템플릿 매칭(template matching)은 이미지의 하나 이상의 특징을 컴퓨터 메모리에 저장된 모델이나 템플릿의 해당 특징과 비교하는 여러 가지 방법에 붙여진 이름이다. 가장 기초적인 템플릿 매칭 기술은 이미지의 각 화소가 해당 컴퓨터 모델의 화소와 비교되는 것이다. 어떤 통계적인 공차 내에서 컴퓨터는 이미지가 템플릿과 매치되는지 여부를 결정한다. 이 방법에서 기술적 어려움 중 하나는 복잡한 이미지 처리 없이 비교가 쉽게 이루어지게 하기 위해서 카메라의 앞에 물체를 같은 위치, 같은 방향으로 정렬하는 것이다.

특징 가중법(feature weighting)은 물체를 인식하는 데 상대적인 중요도에 따라 각 특징(예 : 면적, 길이, 둘레와 같은)에 가중치를 할당함으로써 여러 특징을 하나로 결합하는 방법이다. 적절한 인식을 위해 이미지 안의 객체 점수와 컴퓨터 메모리에 저장되어 있는 이상적인 객체의 점수와 비교한다.

22.5.4 머신비전의 적용

이미지를 해석하는 이유는 어떤 실제적인 목적을 달성하기 위해서다. 생산에서의 머신비전 적용은 (1) 검사, (2) 식별, (3) 시각유도 및 제어 3개의 범주로 나눌 수 있다.

검사　현재까지는 품질관리를 위한 검사가 머신비전의 가장 큰 적용 영역일 것으로 추정된다. 산업에서의 머신비전 장치는 여러 가지 자동화된 검사 작업을 수행하는데, 대부분이 온라인/공정 중 또는 온라인/공정후 검사이다. 이런 응용들은 거의 항상 대량생산에서 찾아볼 수 있는데, 전형적인 검사 작업에는 다음이 포함된다.

- 치수 측정 : 컨베이어 위에 놓여 비교적 높은 속도로 움직이는 부품이나 제품의 어떤 치수 특징의 값을 알아내고자 할 때, 머신비전시스템은 특징(치수)을 컴퓨터에 저장된 모델의 해당 특징과 비교하고 크기값을 알아내야 한다.
- 치수 게이징 : 이것은 앞의 치수 측정과 비슷하지만, 측정이 아니라 게이징 기능이 수행되는 것이 다르다.

- 조립품에서의 부품 유무의 확인 : PCB 조립과 같은 유연한 자동 조립시스템에서 중요한 기능이다.
- 구멍의 위치와 개수 확인 : 작업내용 면에서 이 작업은 치수 측정, 부품 확인 작업과 비슷하다.
- 표면의 흠과 결함의 검출 : 부품이나 재료 표면의 흠이나 결함은 반사광의 변화로 검출이 된다. 비전시스템은 이상적인 표면 모델로부터의 편차를 찾아낼 수 있다.
- 인쇄된 레이블의 결함 검출 : 결함은 위치가 잘못된 레이블, 잘못 인쇄된 글자, 숫자, 상표 그림 등의 형태일 수 있다.

위에 설명한 모든 적용 분야는 2D 비전시스템으로 달성할 수 있다. 어떤 경우에서는 표면 윤곽의 스캐닝, 파손과 마모를 점검하기 위한 절삭공구 검사, 표면실장 PCB의 납땜 상태 점검 등을 위해 3D 비전을 요구한다. 3차원 시스템은 자동차산업에서 차체와 대쉬보드와 같은 부품의 표면 윤곽을 검사하기 위해서 사용되고 있다. 비전 검사는 CMM을 사용한 부품검사 방법보다 더 빠른 속도로 작업이 수행된다.

기타 머신비전 응용 부품 식별은 어떤 행위를 수행하기 앞서서 부품이나 물체를 인식하고 구별하는데 이용되는 시스템이다. 여기에는 부품 분류, 컨베이어를 따라 흘러가는 부품에 대한 종류별 부품수의 집계, 재고상태 감시 등이 포함된다. 부품식별은 주로 2D 비전시스템에 의해서 수행된다. 2D 바코드의 읽기, 문자인식(제12장)은 2D 비전시스템에 의해 수행되는 또 다른 식별 영역이다.

시각유도(visual guidance)와 제어는 기계의 동작을 제어하기 위해 비전시스템이 로봇 또는 유사한 기계와 팀을 이루는 응용이다. VGR(vision-guided robotic) 시스템이라는 용어가 이 기술에 사용된다. VGR의 예는 연속 아크용접에서의 이음새 추적, 부품배치 및 재정렬, 이동 컨베이어로부터 부품의 피킹, 충돌회피, 절삭가공 작업, 조립 작업 등을 포함한다. 이들 응용은 비전시스템과 로봇의 연동을 위한 소프트웨어의 발전에 따라 가능해진 것이다.

22.6 기타 광학 검사기술

머신비전은 잘 알려진 기술인데, 그 이유는 아마 가장 중요한 인간의 감각 중 하나와 유사하기 때문일 것이다. 산업에 있어서 머신비전은 큰 잠재력을 가지고 있다. 그러나 이외에도 검사에 사용되는 다른 광학 감지기술들이 있는데, 사실 머신비전과 이 기술들 사이의 경계는 모호하다. 머신비전은 눈뿐만 아니라 두뇌의 복잡한 해석력까지도 포함하는 인간의 시각시스템 능력을 흉내 내는 경향이 있다는 점이 다르다. 이 절에서 소개되는 기술들은 머신비전보다는 훨씬 더 간단한 작동 형식을 가지고 있다.

재래식 광학 기기 여기에는 광학비교측정기(optical comparator)와 현미경이 포함된다. 광학비교측정기는 조작자 앞의 스크린에 물체(부품)의 그림자를 투영해준다. 물체는 $x-y$ 방향으로 움직일 수 있고, 조작자는 스크린의 격자선을 통해 치수 데이터를 얻을 수 있다. 최신의 비교측정기는 모서리 감지 기능과 치수를 더 정확하고 빠르게 측정할 수 있는 소프트웨어를 갖추고 있다. 윤곽 프로젝터(contour projector)와 섀도우그래프(shadowgraph) 등으로도 알려져 있는 이와 같은 기기는 CMM보다 사용하기가 더 간편해서, 단지 2차원 측정만 필요한 분야에서는 보다 좋은 대안이 될 수 있다. 광학비교측정기의 가격은 일반 CMM의 절반 수준이다.

광학비교측정기의 또 다른 대안은 재래식 현미경이다. 현미경은 테이블 위에 올라갈 수 있어서 바닥에 설치되는 비교측정기보다 공간을 덜 차지한다. 요즈음의 현미경은 대안렌즈 대신에 광학투영시스템을 갖추고 있어서 인간공학적인 이점이 있다. 현미경이 비교측정기보다 나은 점은 물체의 그림자가 아닌 실제 표면을 보여준다는 점이다. 사용자는 윤곽뿐만 아니라 색상, 질감 및 기타 특성들을 알아볼 수 있다.

레이저 시스템 레이저의 독특한 특징은 확산이 최소한으로 발생하는 집중광선을 사용한다는 것이다. 이런 특징 때문에 레이저는 산업에서의 가공과 측정의 목적으로 많이 사용되어 왔다. 고에너지 레이저 광선은 재료의 용접과 절단에 사용되고, 저에너지 레이저는 여러 가지 측정과 게이징에 사용된다.

스캐닝 레이저 장치는 후자의 경우에 해당된다. 그림 22.11에서 보는 바와 같이 스캐닝 레이저는 물체를 지나가는 광선을 만드는 회전거울에 의해서 굴절되는 레이저 광선을 사용한다. 물체의 오른쪽에 있는 광검출기는 물체가 광선을 가릴 때만 제외하고는 항상 광선을 감지한다. 이 시간 주기는 매우 정확하게 측정될 수 있고 레이저 광선의 경로상에 있는 물체의 크기와 연관될 수 있다. 스캐닝 레이저 광선장치는 매우 짧은 시간 안에 측정을 마칠 수 있다. 그러므로 이 방법은 많은 생산량에 대한 온라인/공정후 검사 또는 게이징에 적용될 수 있다. 마이크로프로세서가 스캐

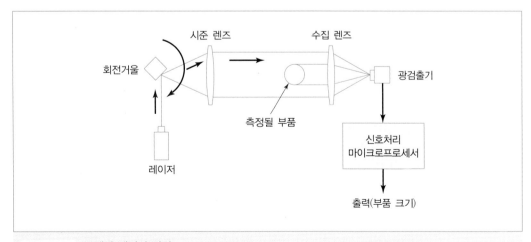

그림 22.11 스캐닝 레이저 장치

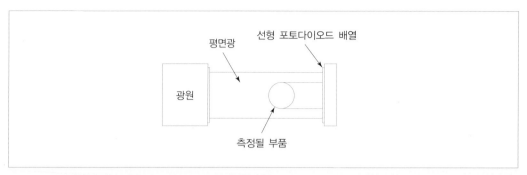

평면광

선형 포토다이오드 배열

광원

측정될 부품

그림 22.12 선형배열 측정장치의 예

닝 레이저 광선이 물체를 지나갈 때 광선의 중단시간을 측정하고, 그 시간을 선형 치수로 변환하고, 다른 장비가 생산공정을 수정하거나 생산라인의 분류장치를 작동시키도록 신호를 보낸다. 스캐닝 레이저 기술은 압연공정, 와이어 압출공정, 절삭가공, 연삭공정 등에 응용된다.

레이저 응용검사의 더 복잡한 예는 자동차산업에서 차체의 윤곽 측정과 박판 부품의 결합성을 평가하는 데서 찾을 수 있다. 이런 경우 복잡한 기하학적 윤곽을 얻기 위해 매우 많은 측정점을 필요로 한다. Tolinski[18]는 이러한 측정을 위한 세 가지 구성품에 대하여 설명하였다—(1) 1초당 15,000개 이상의 기하학적 데이터 포인트를 얻을 수 있는 레이저 스캐너, (2) 레이저 장치가 부착되는 이동형 좌표측정기(CMM이 3차원 스캐닝 포인트로 정확히 유도), (3) 수집된 데이터 포인트와 원하는 형상의 모델을 비교하도록 프로그래밍된 컴퓨터 시스템.

선형배열 장치　자동검사를 위한 선형배열의 작동은 화소가 2차원 배열이 아니라 1차원 배열이라는 점을 제외하고는 머신비전과 어느 정도 비슷하다. 그림 22.12에서 선형배열 장치의 한 예를 보여준다. 장치는 물체로 향하는 평면 박판 형태의 빛을 내는 광원으로 구성된다. 물체의 반대편에는 촘촘히 배치된 포토다이오드의 선형배열이 있다. 빛은 물체에 의해서 가려지고, 이 가려진 빛은 물체의 크기를 계산하기 위하여 포토다이오드에 의해서 측정된다.

선형배열 측정 방식은 간편성, 정확성, 속도 면에서 장점을 가진다. 이것은 움직이는 부품이 없고, 머신비전이나 스캐닝 레이저 광선기술보다 훨씬 더 짧은 사이클 시간 안에 측정을 완수할 수 있다.

광학 삼각측량 기술　직각삼각형의 삼각함수 관계에 기반을 둔 삼각측량 기술은 거리측정에 사용된다. 즉 알고 있는 두 점으로부터 물체의 거리를 알아내는 것이다. 광학 삼각측량시스템의 원리를 그림 22.13에서 설명한다. 광원(주로 레이저)은 물체에 빛의 점이 맺히도록 하는 데 사용된다. 포토다이오드 또는 위치에 민감한 광검출기의 선형배열이 빛의 점위치를 알아내는 데 사용된다. 물체로 향한 광선의 각도 A는 고정된 값으로 알려져 있고 광원과 광검출기 사이의 거리 L도 마찬가지다. 따라서 광원과 광검출기에 의해서 정의되는 기준선에서부터 물체까지의 거리 R은 다음과 같은

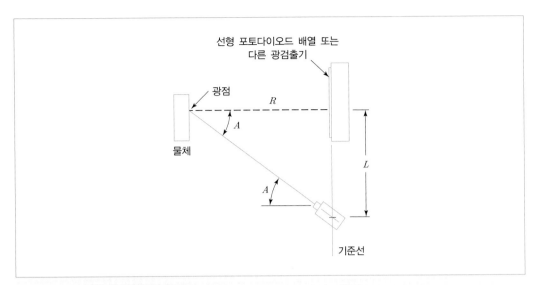

선형 포토다이오드 배열 또는
다른 광검출기

광점

R

A

물체

L

A

기준선

그림 22.13 **광학 삼각측량의 원리**

삼각함수 관계로부터 각도의 함수로 결정될 수 있다.

$$R = L \cot A \tag{22.5}$$

22.7 **비접촉식 비광학 검사기술**

비접촉식 광학기술에 추가하여 다양한 형태의 비광학기술이 검사 작업에 활용되고 있다. 전기장, 방사선, 초음파 등에 기초한 센서 기술들이 여기에 포함되는데, 이들은 비파괴검사 방법으로도 중요한 위치를 차지한다.

전기장 기술 일정한 조건하에서 전기적으로 동작하는 탐침은 전기장을 생성시킬 수 있다. 전기장의 예로는 자기저항, 정전용량, 유도용량 등을 들 수 있고, 이러한 전기장은 탐침 근처 물체의 영향을 받을 수 있다. 실제로 사용될 때는 탐침과의 거리에 대한 상대적인 전기장값이 설정되어 있어서 전기장이 영향을 받는 수준에 따라 간접적인 거리 측정을 하거나, 대상물(부품)의 치수, 박판의 두께, 결함(크랙과 공극 등) 등의 부품 특징을 검사할 수도 있다.

방사선 기술 금속부품이나 용접부품에 대해 비접촉 검사를 수행하기 위해 X선이 사용될 수 있다. 금속물체에 흡수된 방사선의 양이 금속부품 또는 용접부위의 결함 유무와 결함두께를 알려준다. 실제로 압연기에서 만들어지는 박판의 두께를 측정하는 데 X선이 사용된다. 이런 검사는 온라인으로 공정 후에 실시되며, 검사 결과는 압연기 롤 사이의 간격을 조정하는 데 사용된다.

초음파 기술 매우 높은 주파수(20,000Hz 이상)의 음파를 사용하여 다양한 검사를 수동 또는 자동으로 실시할 수 있다. 자동검사 방법 중 하나는 탐침으로부터 초음파를 발사하여 검사 대상 물체로부터 반사시키는 것이다. 우선, 이상적인 시편 표면에 반사시켜 표준 음파 패턴을 얻은 후, 주어진 생산품들의 음파 패턴과 비교하여 부품의 적합성 여부를 판단한다. 여기서 한 가지 기술적인 문제점은 탐침과 부품 간의 상대적인 위치인데, 반사 패턴의 외부적인 변화를 제거하기 위해서는 부품이 항상 일정한 위치와 방향으로 놓여야 한다는 점이다.

참고문헌

[1] ARONSON, R. B., "Finding the Flaws," *Manufacturing Engineering,* November, 2006, pp. 81-88.

[2] BOSCH, A., Editor, *Coordinate Measuring Machines and Systems,* Marcel Dekker, Inc., NY, 1995.

[3] BROWN & SHARPE, *Handbook of Metrology,* North Kingston, RI, 1992.

[4] DESTAFANI, J., "On-Machine Probing," *Manufacturing Engineering,* November, 2004, pp. 51-57.

[5] DOEBLIN, E. O., *Measurement Systems: Applications and Design,* 5th ed., McGraw-Hill, Inc., NY, 2003.

[6] FARAGO, F. T., *Handbook of Dimensional Measurement,* Second Edition, Industrial Press Inc., NY, 1982.

[7] GALBIATI, L. J., Jr., *Machine Vision and Digital Image Processing Fundamentals,* Prentice Hall, Englewood Cliffs, NJ, 1990.

[8] GROOVER, M. P., M. WEISS, R. N. NAGEL, and N. G. ODREY, *Industrial Robotics: Technology, Programming, and Applications,* McGraw-Hill Book Co., NY, 1986, Chapter 7.

[9] GROOVER, M. P., *Fundamentals of Modern Manufacturing—Materials, Processes, and Systems,* 5th ed., John Wiley & Sons, Inc., Hoboken, NJ, 2007, Chapter 5.

[10] HOGARTH, S., "Machines with Visison," *Manufacturing Engineering,* April, 1999, pp. 100-107.

[11] LIN, S.-S., P. VARGHESE, C. ZHANG, and H-P. B. WANG, "A Comparative Analysis of CMM Form-Fitting Algorithms," *Manufacturing Review,* Vol. 8, No. 1, March 1995, pp. 47-58.

[12] MOREY, B., "Machine Tool Metrology Made Simple," *Manufacturing Engineering,* January 2012, pp. 57-63.

[13] MOREY, B., "Measure It on the Machine," *Manufacturing Engineering,* January 2013, pp. 55-62.

[14] MORRIS, A. S., *Measurement and Calibration for Quality Assurance,* Prentice Hall, Englewood Cliffs, NJ, 1991.

[15] MUMMERY, L., *Surface Texture Analysis—The Handbook,* Hommelwerke Gmbh, Germany, 1990.

[16] SCHAFFER, G. H., "Taking the Measure of CMMs," Special Report 749, *American Machinist,* October 1982, pp. 145-160.

[17] SHARKE, P., "On-Machine Inspecting," *Mechanical Engineering,* April 2005, pp. 30-33.

[18] TOLINSKI, M., "Hands-Off Inspection," *Manufacturing Engineering,* September 2005, pp. 117-130.

[19] WAURZYNIAK, P., "Programming CMMs," *Manufacturing Engineering,* May 2004, pp. 117-126.

[20] WAURZYNIAK, P., "Optical Inspection," *Manufacturing Engineering,* July 2004, pp. 107-114.

[21] WICK, C., and R. F., VEILLEUX, Editors, *Tool and Manufacturing Engineers Handbook* (Fourth edition), Volume IV, *Quality Control and Assemly,* Society of Manufacturing Engineers, Dearborn, Michigan, 1987.

[22] www.Faro.com

[23] www.wikipedia.org/wiki/Computer_vision

[24] www.wikipedia.org/wiki/Image_sensor

[25] Zens, Jr., R. G., "Guided by Vision," *Assembly,* September 2005, pp. 52-58.

복습문제

22.1 측정의 정의를 내려라.

22.2 측정학에서 주로 다루는 일곱 가지 물리량은 무엇인가?

22.3 정확도와 정밀도의 차이점은 무엇인가?

22.4 측정기기의 보정이란 무엇인가?

22.5 비접촉식 검사의 장점은 무엇인가?

22.6 CMM을 제어하는 네 가지 방식은 무엇인가?

22.7 역공학이란 무엇인가?

22.8 CMM 사용이 적합한 일곱 가지 응용 분야는 무엇인가?

22.9 부품 표면을 측정하는 가장 일반적인 방법은 무엇인가?

22.10 머신비전이란 무엇인가?

22.11 머신비전시스템의 세 가지 세부 기능은 무엇인가?

22.12 머신비전이 산업에서 가장 흔하게 적용되는 분야는 무엇인가?

22.13 광학비교측정기란 무엇인가?

연습문제

검사 측정학

22.1 어떤 부품에 대한 2개의 치수를 측정하도록 설계 중인 측정장비가 있다. 이 두 치수와 공차는 각각 205.5±0.25mm, 57.0±0.20mm이다. 이들 치수의 측정을 위해서는 어느 수준의 정밀도를 가지도록 이 장비를 설계해야 하는가?

22.2 어떤 디지털 측정기기의 전측정 범위는 250mm이고, 저장 레지스터는 각 측정값당 12비트값을 갖는다. 이 기기의 측정 분해능은 얼마인가?

22.3 한 디지털저울은 30kg까지 측정 가능하고, 저장 레지스터의 용량은 10비트이다. 이 저울은 순수무게가 20±0.40kg인 제품의 포장라인에서 사용된다. (a) 이 저울의 측정 분해능은 얼마 인가? (b) 10의 법칙에 따르자면, 이 저울을 사용하기에 분해능이 충분한가?

광학 검사기술

22.4 어떤 디지털카메라가 1600×1200 픽셀의 CCD 이미지 센서를 가지고 있다. ADC가 각 픽셀마다 아날로그 전하 신호를 해당되는 디지털 신호로 바꾸는 데 $0.015\mu s(0.015\times10^{-6}s)$ 걸린다. 만약 픽셀 간에 전환하는 데 시간 손실이 없다면 (a) 한 프레임의 이미지 데이터를 얻는 데 필요한 시간이 얼마인가? (b) (a)에서 구해진 시간이 1초당 30프레임의 처리속도에 적합한가?

22.5 어떤 CCD 카메라 시스템은 512×512 픽셀을 가진다. 모든 픽셀들은 ADC에 의해 순차적으로 변환되고 프로세싱을 위해 프레임 버퍼로 읽혀진다. 머신비전시스템은 1초에 30프레임의 속도로 작동된다. 그러나 프레임 버퍼의 내용물의 데이터 처리를 위한 시간을 주기 위해서 ADC에 의한 모든 픽셀의 아날로그-디지털 변환이 1/80초 내에 완료되어야 한다. $10ns(10\times10^{-9}s)$가 한 픽셀에서 다음 픽셀로 전환될 때 손실된다고 가정할 때, 픽셀당 걸리는 아날로그-디지털 변환 처리시간을 ns 단위로 구하라.

22.6 그림 22.13과 같은 삼각측량 방법이 컨베이어상에서 움직이는 부품과의 간격을 측정하기 위해 사용된다. 빔과 부품 표면과의 각도는 30°이고, 포토다이오드 배열과 광원 사이의 거리는 7.50inch이다. 컨베이어에는 1개의 부품만 지나간다고 가정한다. 기준선으로부터 부품의 거리는 얼마인가?

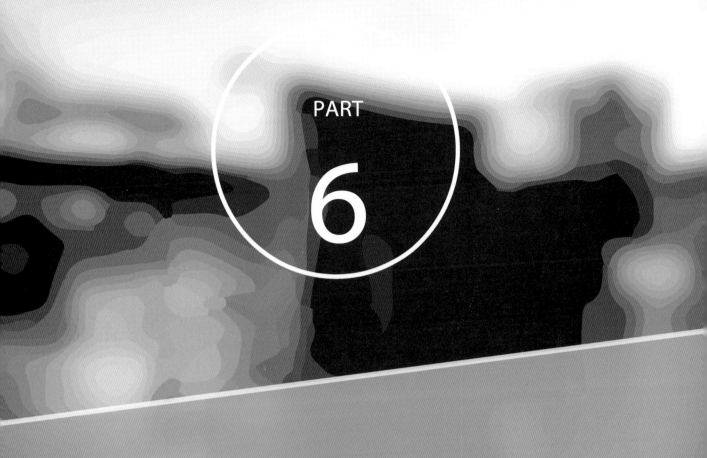

PART

6

제조지원
시스템

Automation, Production Systems, and Computer-Integrated Manufacturing

CHAPTER 23

제품설계와 CAD/CAM

• • •

이 책의 마지막 부분(제6부)는 그림 23.1에서 표시된 것 같은 기업 수준에서 운영되는 제조지원 시스템에 관한 것이다. **제조지원시스템**(manufacturing support system)은 생산을 관리하기 위하여, 그리고 제품설계, 공정계획, 자재구매, 공장에서 이동하면서 작업 중인 재공품의 관리, 고객에게로의 납품 등에 연관되는 기술적인 문제와 물류 문제들을 해결하기 위하여 회사에서 사용하는 절차와 시스템이다. 이들 기능의 많은 부분은 컴퓨터 시스템을 이용하여 자동화될 수 있다. 이에 따라 **컴퓨터 이용설계(CAD)**나 **컴퓨터 통합생산(CIM)**과 같은 명칭이 생겨났다. 이전의 자동화 수준에서는 공장에서의 실제적인 제품의 흐름을 강조한 반면, 기업 수준에서는 공장과 회사 전체에서의 정보의 흐름에 더 관심을 가진다. 제6부에서 언급된 주제의 대부분은 컴퓨터화된 시스템을 다루고 있지만, 수작업이 집중된 시스템과 절차들 또한 설명된다. 컴퓨터로 자동화된 시스템에서도 사람이 포함된다. 사람은 생산시스템을 작동하게 만든다.

이 장은 제품설계와 설계 기능을 증폭하고 자동화하는 데 사용되는 여러 가지 기술에 관련된다. CAD/CAM(Computer-Aided Design/Computer-Aided Manufacturing)은 이런 기술 중 하나다. CAD/CAM은 제품설계와 제조의 어떤 기능을 성취하기 위하여 디지털 컴퓨터를 사용하는 것이다. CAD는 설계 활동을 지원하기 위해 컴퓨터를 사용하는 것이고, CAM은 제조 활동을 지원하기 위해 컴퓨터를 사용하는 것이다. CAD/CAM으로 표시되는 CAD와 CAM의 결합은 회사의 설계와 제조 기능을 통합하여 연속적인 활동으로 만들려는 노력의 상징이다. **컴퓨터 통합생산**(computer-integrated

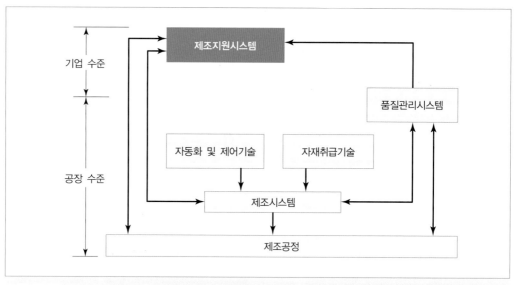

그림 23.1 생산시스템에서 제조지원시스템의 위치

manufacturing, CIM)은 CAD/CAM의 모든 내용을 포함할 뿐만 아니라 제조업체의 비즈니스 기능을 포함한다. CIM은 컴퓨터 기술을 생산에 관련된 모든 운영처리와 정보처리 활동들에 적용시킨다. 이 장의 마지막 절에서 **품질기능전개**(quality function deployment, QFD)라고 불리는 제품설계 프로젝트를 위한 체계적인 방법을 설명한다.

23.1 제품설계와 CAD

제품설계는 생산시스템의 중요한 기능이다. 제품설계의 품질은 제품의 상업적 성공과 사회적 가치를 결정하는 가장 중요한 요소일 것이다. 제품설계가 훌륭하지 않으면 제품이 얼마나 잘 만들어지는지에 관계없이 그 업체의 이익과 발전에 별로 공헌하지 못하게 된다. 만약 제품설계가 훌륭하더라도 회사의 이윤과 성공에 공헌하기 위해서 제품이 충분히 낮은 비용으로 생산될 수 있는지 의문이 여전히 남는다. 제품설계에 관한 현실 중 하나는 제품 원가의 상당한 부분이 설계에 의해 결정된다는 사실이다. 생산시스템에서 설계와 제조는 분리될 수 없고, 설계와 제조는 기능 및 기술과 경제적인 면에서 서로 결합되어 있다.

23.1.1 설계 프로세스

설계의 일반적인 과정은 Shigley[13]에 의해서 6개의 단계를 갖는 반복적인 과정으로 설명되었다. 6개의 단계는 (1) 니즈의 인식, (2) 문제 정의, (3) 종합, (4) 분석과 최적화, (5) 평가, (6) 표현이다. 이들 여섯 단계와 그것들이 수행되는 절차의 반복적인 성질이 그림 23.2(a)에 표현되어 있다.

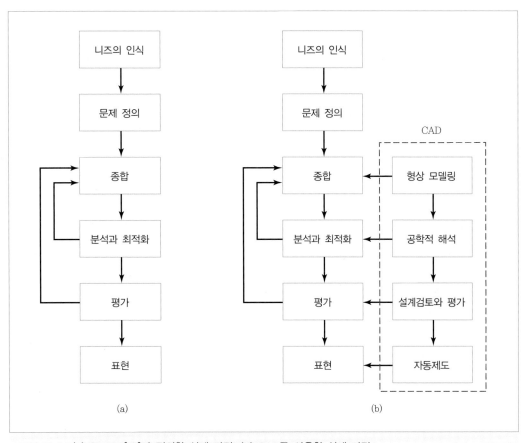

그림 23.2 (a) Shigley[15]가 정의한 설계 과정, (b) CAD를 사용한 설계 과정

니즈(needs)의 인식(1)은 해결해야 할 어떤 설계 문제가 있음을 사람들이 인식하는 것이다. 인식은 엔지니어에 의해서 현재 설계의 비효율성을 찾아내거나 또는 판매원에 의해서 신제품 아이디어를 생각해내는 것을 의미할 수 있다. 문제 정의(2)는 설계될 항목을 철저히 규정하는 것과 관련된다. 이런 규정사양은 물리적인 특성, 기능, 비용, 품질, 작업성능 등을 포함한다.

종합(3)과 분석(4)은 설계 과정에서 밀접하게 연관되어 있고 상호작용이 많다. 제품의 각 하부 시스템은 설계자에 의해서 개념화되고, 분석되고, 이 분석 과정을 통해 개선되고, 재설계되고, 다시 분석되는 등의 과정을 거치게 된다. 이런 과정은 설계가 설계자에게 주어진 제한 조건 내에서 최적화될 때까지 반복된다. 각각의 구성요소들은 비슷한 방식으로 종합화되고 분석되어 최종 제품으로 나타난다.

평가(5)는 문제 정의 단계에서 설정된 사양에 대하여 설계를 판단하는 것이다. 이 평가는 작동성능, 품질, 신뢰도, 그리고 다른 판단 조건을 평가하기 위하여 시제품 모델의 제작과 시험을 필요로 한다. 표현(6)은 도면, 자재명세, 조립목록 등의 수단으로 설계를 문서화하는 것에 관련된다. 본질적으로 문서화는 설계 데이터베이스가 구축되는 것을 의미한다.

23.1.2 CAD

컴퓨터 이용설계(CAD)는 설계의 생성, 변경, 분석, 또는 문서화에 컴퓨터를 효과적으로 사용하는 모든 설계 활동으로 정의된다. CAD는 일반적으로 CAD 시스템으로 언급되는 대화식 컴퓨터 그래픽 시스템을 사용하는 것이다. 이것이 설계뿐만 아니라 제조도 지원한다면 CAD/CAM 시스템이라는 용어가 또한 쓰인다.

CAD 시스템은 그림 23.2(b)에 나타낸 것과 같이 설계단계 중 네 곳에서 사용될 수 있다.

형상 모델링　형상 모델링(geometric modeling)은 물체 형상의 수학적 표현을 개발하기 위하여 CAD 시스템을 사용하는 것이다. 형상 모델이라 불리는 수학적 표현은 컴퓨터 메모리에 저장된다. 이것은 CAD 시스템 사용자가 모델의 이미지를 그래픽 터미널에 표시할 수 있게 하고, 모델에 어떤 작업을 할 수 있게 한다. 이런 작업 중에는 시스템에서 사용 가능한 기본 형상을 이용하여 새로운 형상 모델을 만들어내고, 스크린상에서 이미지를 옮기고, 이미지의 어떤 특징을 확대해보는 것들이 포함된다. 이런 기능은 설계자가 새로운 제품 모델을 만들거나 기존의 모델을 수정할 수 있도록 해준다.

CAD에 사용되는 형상 모델에는 여러 가지 종류가 있다. 어떤 분류법은 이들을 2차원(2D)과 3차원(3D) 모델로 구분한다. 2차원 모델은 납작한 물체나 건물의 배치도와 같은 2차원 설계 문제에 가장 잘 사용된다. 1970년대 초에 개발된 첫 CAD 시스템에서 2차원 시스템은 주로 자동제도 시스템 형태로 사용되었다. 그 CAD 시스템들이 3차원 물체에도 종종 사용되었는데 설계자나 제도자가 물체의 여러 가지 시각을 적절히 만들어야만 했다. 3차원 CAD 시스템은 3차원으로 물체를 모델링할 수 있다. 물체에 대한 작업과 변환은 사용자의 지시에 따라 시스템에 의해 3차원으로 행해진다. 3D 모델은 여러 가지 시각과 서로 다른 관점으로 표시될 수 있기 때문에 물체를 개념화하는 데 도움을 준다.

CAD에서 형상 모델은 또한 와이어 프레임 모델과 솔리드 모델로 분류될 수 있다. 와이어 프레임(wire-frame) 모델은 그림 23.3(a)에서 표시된 것처럼 물체를 표현하기 위해서 연결선(직선 선분)을 사용한다. 복잡한 형상의 와이어 프레임 모델은 혼동을 주는 경우가 있는데, 그 이유는 물체의 반대쪽을 표현하는 선까지도 모두 표시되기 때문이다. 이런 숨은 선들을 제거하기 위한 기술들

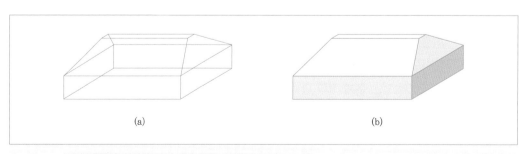

(a)　　　　　　　　　　　　　　　(b)

그림 23.3　(a) 와이어 프레임 모델, (b) 같은 물체의 솔리드 모델

이 이미 개발되어 있다. 그러나 이런 개선에도 불구하고 와이어 프레임 표현법은 여전히 혼동을 주는 경우가 종종 있다. 솔리드(solid) 모델링에서는 그림 23.3(b)처럼 물체는 확실한 3차원으로 모델링되어 사용자에게 물건을 실제 생활에서 보는 것같이 만들어준다. 공학적 목적으로 중요한 점은 형상 모델이 3차원 솔리드 모델로서 CAD 시스템에 저장되기 때문에 물체를 더 정확하게 표현할 수 있다는 것이다. 이것은 질량특성 계산, 조립에서의 조립부품 사이의 간섭체크, 그리고 여러 공학적 계산에 유익하다.

　　　CAD 모델에 추가될 수 있는 두 가지 특성은 색상과 애니메이션이다. 색상이 더해지면 사용자의 물체 시각화 능력을 증가시켜 준다. 예를 들어 조립품의 여러 구성품들을 다른 색상으로 표현하면 구별이 용이해진다. 애니메이션 기능을 통해 메커니즘의 동작이나 이동 물체를 모니터상에 보여줄 수 있다.

공학적 해석　　특별한 설계 방안이 개발되고 난 다음에 공학적 해석(engineering analysis)이 설계 과정의 일부분으로서 자주 수행된다. 이 해석에는 응력-변위 계산, 열전달 분석, 동적 시뮬레이션 등이 포함된다. 이런 계산은 대개 복잡하고 시간이 많이 걸려서, 디지털 컴퓨터의 발전 이전에는 이런 해석들이 매우 단순화되거나 설계 절차에서 아예 생략되기도 했다. 공학해석을 위한 소프트웨어가 CAD 시스템에서 이용 가능해짐에 따라 제안된 설계의 철저한 분석을 수행할 수 있는 능력이 늘어났다. 컴퓨터 이용 엔지니어링(computer-aided engineering, CAE)이라는 용어는 컴퓨터에 의해 수행되는 공학적 분석에 사용된다. CAD 시스템에 일반적으로 사용되는 공학해석 소프트웨어의 예는 다음과 같은 것들이 있다.

- **질량특성 분석** : 이것은 체적, 표면적, 무게, 무게중심과 같은 고체 물체의 특징들을 계산하는 것과 관련되는데, 특히 기계설계에 많이 적용된다. CAD가 상용화되기 전에는 이런 특성을 알아내려고 설계자가 몹시 힘들고 시간이 소모되는 계산을 해야 했다.
- **간섭체크** : 이 CAD 소프트웨어는 부품 사이에 간섭을 찾아내기 위하여 다수 부품의 3D 형상 모델들을 검사한다. 이것은 기계조립, 화학공장의 배관 시스템, 다부품 설계들을 분석하는 데 유용하다.
- **공차해석** : 제품 요소의 명시된 공차를 분석하는 소프트웨어는 (1) 공차가 제품의 기능과 성능에 어떻게 영향을 미치는지를 평가하기 위하여, (2) 공차가 제품조립의 용이성에 어떻게 영향을 미치는지를 결정하기 위하여, (3) 부품 치수의 변화가 조립품의 전체 크기에 어떻게 영향을 미치는지를 평가하기 위하여 사용된다.
- **유한요소해석** : 유한요소해석(finite element analysis, FEA) 또는 유한요소 모델링(finite element modeling, FEM) 소프트웨어가 응력-변형, 열전달, 유체흐름 및 기타 다른 공학적 계산을 돕기 위해서 사용될 수 있다. 유한요소해석은 풀기가 어렵거나 불가능한 미분방정식으로 표현된 실제 문제들에 근사해를 찾아주는 수치 분석 기술이다. FEA에서 실제 물체는 불연속적인 서로 연결된 절점(유한요소)의 집합으로 모델링된다. 그리고 각 절점에서의 관심변수(응력, 변위,

온도)는 비교적 간단한 수학식으로 표현될 수 있다. 각 절점마다 이 식의 해를 구함으로써 물체 전체에 걸친 변수값의 분포가 얻어진다.

- **기구학 분석과 동역학 분석** : 기구학 분석은 기계 링크의 움직임을 분석하기 위해 링크의 작동을 연구하는 것이다. 전형적인 기구학 분석은 대상 링크에서 하나 또는 그 이상의 구동요소의 움직임을 지정하고, 분석 패키지에 의해서 다른 링크의 움직임을 계산하는 것으로 구성된다. 동역학 분석은 기구학 분석을 확장하여 각 링크의 질량의 효과와 외부에서 가해지는 힘과 가속도 힘까지를 포함한다.

- **이산사건 시뮬레이션** : 이 형식의 시뮬레이션은 제조 셀이나 자재취급시스템 등의 복잡한 작업 시스템에서 이산적인 시간에 일어나는 사건이 시스템의 상태와 성능에 영향을 미치는 것을 모델링하기 위해 사용된다. 예를 들면 제조 셀 작업의 이산적 사건은 가공을 위한 부품 도착, 또는 셀에서의 기계고장 등을 포함한다. 상태와 성능의 측정은 주어진 기계가 쉬고 있는지 작업 중인지 여부와 셀의 전체적인 생산율을 포함한다. 현재의 이산사건 시뮬레이션 소프트웨어는 주로 시스템 작업의 시각화를 향상시키는 그래픽 애니메이션 능력을 포함한다.

설계 평가와 검토　설계 평가와 검토 과정은 CAD에 의해서 증대될 수 있다. 제안된 설계를 평가하고 검토하는 데 도움이 되는 CAD 특징은 다음과 같다.

- **자동 치수 측정** : 이 과정은 사용자에 의해 선택된 형상 모델의 면 사이의 정확한 거리를 측정한다.

- **오류 점검** : 이것은 치수와 공차의 정확도와 일관성을 검토하고 적절한 설계 문서형식을 따랐는지를 평가하는 데 사용되는 CAD 알고리즘을 말한다.

- **이산사건 시뮬레이션 해법의 애니메이션** : 이산사건 시뮬레이션은 공학적 해석의 관점에서 앞에서 설명되었다. 그래픽 애니메이션으로 시뮬레이션의 결과를 표시하는 것은 해법을 보여주고 평가하는 데 유용한 수단이다. 입력 파라미터, 확률분포, 그리고 기타 인자들을 변화시키면서, 모델링된 시스템의 성능에 미치는 그들의 영향을 평가할 수 있다.

- **공장배치 설계점수** : 많은 소프트웨어 패키지가 작업장 배치설계, 시설 내에 있는 장비의 실제 배열과 같은 시설계획에 사용될 수 있다. 이런 패키지의 대부분은 각 공장 배치설계에 대하여 하나 또는 그 이상의 수치 점수를 제공한다. 이것은 사용자가 자재흐름, 근접도 등의 관점에서 다른 대안들의 장점을 평가할 수 있도록 해준다.

신제품설계의 전통적인 과정은 생산을 위한 제품의 승인과 발표를 하기 전에 시제품(prototype)을 만드는 것을 포함한다. 시제품은 설계자와 다른 사람들이 제품을 보고, 느끼고, 작동하고, 테스트하도록 해줌으로써 설계에 대한 시금석 역할을 한다. 시제품을 만드는 데 있어서 문제는 시간이 매우 오래 걸리는 작업이라는 것이다. 어떤 경우에는 모든 부품을 만들고 조립하는 데 수개월이 걸리기도 한다. 시제품 제작시간을 줄여야 한다는 요구에 부응하여 CAD 데이터 파일에 있는 제품의 형상 모델을 이용하는 몇 개의 접근법이 개발되었다. 접근법 중 (1) 급속 조형기술, (2) 가상 조형기술의 두 가지를 여기서 언급한다.

급속조형기술(rapid prototyping, RP)은 시제품을 최단 시간에 만들어내는 제조기술을 말한다. RP 과정의 일반적 특징은 부품을 CAD 형상 모델로부터 바로 만든다는 것이다. 이것은 주로 고체 물체를 얇은 두께의 여러 층으로 나누고, 각 층의 면 모양을 정의함으로써 얻어진다. 예를 들면 수직 원추는 여러 개의 원형 층으로 나눌 수 있고, 각 원형은 원추의 꼭대기로 가면서 점점 더 작아진다. 급속 시작품 제작 과정은 고체 형상을 근사시키기 위하여 밑바닥부터 시작하여 각 층을 이전 층 위에 올림으로써 물체를 만든다. 근사의 정밀도는 각 층의 두께에 달려 있고 층의 두께가 얇아질수록 정밀도는 높아진다. 급속 시작품 제작에서 사용되는 적층 방법에는 여러 가지가 있다. 스테레오리소그라피(stereolithography)라는 가장 보편적인 방법에서는 강한 빛을 쏘이면 경화되는 감광 액체 고분자를 사용한다. CAD 모델에 의해 제어되면서 각 층의 경로를 따라 움직이는 레이저 광선이 고분자를 경화시킨다. 각 층을 이전 층 위에 경화시킴으로써 부품의 고체 고분자 시제품이 만들어진다. 다른 RP기술로서 선택적 레이저소결법(selective laser sintering)은 움직이는 레이저에 의해 분말 형태의 재료를 용융시켜 층층이 쌓아 가는 방식이다. 대상재료로서 고분자, 금속, 세라믹 등 다양하게 사용 가능하다. 시제품이 아닌 제품의 제조를 위해 이러한 RP기술들이 사용될 때에는 첨가형 제조(additive manufacturing)이라는 용어를 사용하고 있다. 또한 이러한 RP기술들은 최근의 3D프린터에 채택되어 시제품 제작뿐만 아니라 미래의 제품 제조의 중요한 수단으로 발전 중에 있다. RP와 첨가형 제조에 대한 자세한 설명은 참고문헌 [6]에, 요약된 설명은 참고문헌 [8]에 기술되어 있다.

가상조형기술(virtual prototyping)은 가상현실 기술에 기초한 것으로서 제품의 디지털 모형을 만드는 데 CAD 형상 모델을 사용하는 것이다. 이것은 설계자와 다른 사람들이 실제 시제품을 만들지 않은 상태에서 실제 제품의 감각을 느낄 수 있도록 한다. 가상조형 제작은 자동차산업에서 신차 스타일 설계를 평가하는 데 사용되어 왔다. 가상조형을 보는 사람은 비록 실제 모델을 보지는 않지만 새로운 설계의 모양을 평가할 수 있다. 가상조형의 다른 응용으로서 조립 작업의 가능성 검토를 들 수 있는데, 여기에는 부품결합, 조립 과정에서의 부품의 접근과 제거, 그리고 조립순서 설정 등이 포함된다.

자동제도 CAD가 유용한 네 번째 영역(설계 과정의 6단계)은 표현과 문서화이다. CAD 시스템은 매우 정밀한 도면을 빨리 만들 수 있는 자동제도기계로서 사용될 수 있다. CAD 시스템은 제도 기능 면에서 생산성을 수작업 제도에 비해 약 5배 향상시키는 것으로 평가된다.

설계 워크스테이션 워크스테이션은 CAD 시스템에서 컴퓨터와 사용자 간의 인터페이스가 이루어지는 곳이다. 그 기능은 (1) CPU와의 통신, (2) 연속적인 그래픽 이미지 생성, (3) 이미지의 디지털 표현 제공, (4) 사용자 명령을 작업 기능으로 해석, (5) 사용자와 시스템 사이의 상호작용 등이다.

CAD 워크스테이션과 이것의 기능들이 편리성과 생산성, 그리고 사용자가 내는 결과물의 질에

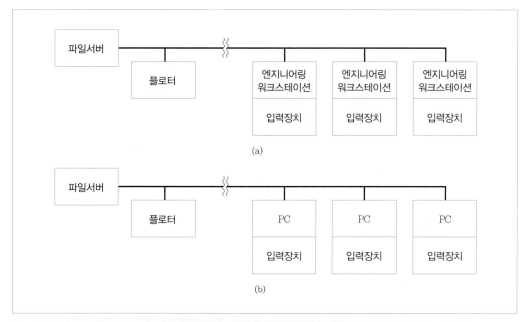

그림 23.4 두 가지 CAD 시스템의 구성 : (a) 엔지니어링 워크스테이션, (b) PC 기반 CAD 시스템

중요한 영향을 미친다. 워크스테이션은 그래픽 디스플레이 터미널과 하나 이상의 입력장치를 포함한다.

두 가지의 CAD 시스템을 그림 23.4에 나타내었다—(1) 엔지니어링 워크스테이션, (2) PC 기반 CAD 시스템. 그런데 이 두 유형의 차이는 점점 더 모호해지고 있다.

엔지니어링 워크스테이션은 그래픽 소프트웨어나 고속연산능력을 요구하는 다른 프로그램을 실행할 능력을 갖춘, 단일 사용자 전용의 독립적 컴퓨터 시스템이다. 그래픽 화면은 넓은 스크린을 가진 고해상도 모니터이다. 그림에서 나타난 것처럼 엔지니어링 워크스테이션은 사용자 사이에 데이터 파일과 프로그램의 교환을 허용하고 플로터와 데이터 저장장치를 공유하도록 해 주는 네트워크에 연결된다.

PC 기반 CAD 시스템은 고성능 CPU와 고해상도 그래픽 화면 스크린을 갖춘 PC이다. 컴퓨터는 큰 RAM, 수치연산 보조처리장치, CAD에 사용되는 큰 응용 소프트웨어 패키지의 저장을 위한 대용량의 하드 디스크 등을 갖추고 있다. PC 기반 CAD 시스템은 파일과 출력장치를 공유하거나 그 외에 다른 목적으로 네트워크에 연결될 수 있다. 1996년경부터 CAD 소프트웨어 개발자들은 PC의 훌륭한 그래픽 환경을 이용하는 제품을 출시하기 시작하면서, 현재는 PC 기반 CAD가 보편화되었다.

제품설계의 관리　저장되어 관리되어야 할 매우 많은 양의 데이터가 설계 과정의 산출물로 발생한다. 최근의 CAD 시스템은 제품 데이터 관리 모듈이 있어 이러한 관리 기능을 수행한다. **제품 데이**

터 관리(product data management, PDM)시스템은 사용자(설계자)와 중앙 데이터베이스와의 연결역할을 해 주는 소프트웨어이다. 데이터베이스에는 형상 모델, 제품구조(BOM), 관련문서들과 같은 설계 데이터가 저장된다. PDM은 사용자 확인, 설계변경 기록 및 기타 문서화 기능 등의 데이터 관리 역할을 수행한다.

일반적으로 PDM시스템은 기업 내의 더 큰 프로세스인 **제품수명주기관리**(product lifecycle management, PLM)의 한 구성요소로 간주된다. PLM은 제품의 전체 수명주기 과정을 일관적으로 관리하는 일종의 비즈니스 프로세스라고 할 수 있다. 이 수명주기는 제품의 최초 개념 생성으로부터 시작하여 개발과 설계, 시제품 시험, 생산계획, 생산통제, 고객서비스, 폐기처분까지의 과정을 포함한다. PLM을 시행하기 위해서는 제품데이터와 생산데이터, 통합, 비즈니스 절차, 그리고 사람이 서로 통합되어야 한다.

CAD와 설계관리 시스템을 사용하면 수작업 설계와 제도 방법과 비교하여 다음과 같은 이점을 얻을 수 있다[10], [15].

- **설계 생산성 향상** : 설계자가 제품과 그 부품을 개념화하는 것을 도와준다. 또한 설계자가 설계를 종합, 분석, 문서화하기 위하여 요구되는 시간을 줄여준다.

- **가용 형상을 충분히 제공** : 수작업 제도로는 창출하기 어려운 여러 가지 형상 중에서 작업자가 쉽게 고를 수 있게 해준다.

- **설계 품질의 향상** : 적절한 하드웨어와 소프트웨어를 갖춘 CAD 시스템을 사용하면 설계자가 더욱 완전한 공학적 분석을 할 수 있고 많은 수와 종류의 설계 대안들을 고려할 수 있다. 따라서 결과적인 설계의 품질이 개선된다.

- **설계 문서화 기능 향상** : CAD 시스템의 그래픽 출력은 손으로 그린 도면보다 더 나은 설계 문서화를 가능하게 한다. 이런 도면은 표준화 수준이 높고, 제도 오류가 더 적으며, 이해하기 쉽다. 추가로, 대부분의 CAD 패키지는 설계변경 이력(변경자, 변경일, 변경 이유 등)을 자동으로 문서화하는 기능을 가지고 있다.

- **제조 데이터베이스 생성** : 제품설계를 위한 문서(제품의 형상명세, 부품의 치수, 자재명세, BOM)를 작성하는 과정에서 제품 제조에 요구되는 데이터베이스의 많은 부분이 생성된다.

- **설계 표준화** : CAD 소프트웨어에는 어떤 특징 형상에 대해 회사에서 지정한 특정 모델을 사용하게 해주는 설계규칙을 포함시킬 수 있다. 예를 들어 설계 시 사용되는 구멍의 크기를 표준으로 제한해두면, 설계자의 구멍 지정절차가 단순해지고 제조 시 준비해두어야 할 드릴 공구의 종류도 줄일 수 있다.

23.2   CAM, CAD/CAM, CIM

앞서 CAM, CAD/CAM, CIM이라는 용어의 간단한 정의를 알아보았다. 이들 용어의 차이를 이 절에서 더 자세하게 설명한다. CIM은 간혹 CAM이나 CAD/CAM과 서로 혼재되어 사용되고 서로 밀접하게 연관되어 있지만, CIM은 CAM이나 CAD/CAM보다 더 넓은 의미를 가지고 있다.

23.2.1 CAM

컴퓨터 이용제조(CAM)는 생산계획과 통제에 컴퓨터 기술을 효과적으로 사용하는 것이라고 정의된다. CAM은 공정계획과 NC 파트 프로그래밍과 같은 제조 엔지니어링의 기능과 가장 밀접하게 연관된다. CAM 적용 분야는 (1) 생산계획과 (2) 생산통제의 두 가지로 나뉠 수 있다. 제24장과 제25장에서 이 두 범주를 다루지만 CAM의 정의를 위해서 여기서 그것들을 간단하게 설명하고자 한다.

생산계획   생산계획을 위한 CAM은 생산 기능을 지원하기 위하여 컴퓨터가 간접적으로 사용되는 것을 말한다. 그러나 컴퓨터와 공정 사이에 직접적인 연계는 없다. 컴퓨터는 생산활동의 효과적인 계획과 관리를 위한 정보를 제공해주기 위해서 오프라인 상태로 사용된다. 다음의 목록은 이 범주의 중요한 CAM 응용이다.

- 컴퓨터 이용 공정계획(CAPP) : 공정계획이란 제품 및 그 부품을 제조하는 데 필요한 공정과 작업장의 순서를 보여주는 공정절차서(route sheet)를 준비하는 것이다. 최근에는 컴퓨터를 이용하여 공정절차서를 작성할 수 있다.
- CAD/CAM NC 파트 프로그래밍 : NC 파트 프로그래밍은 제7장에서 설명되었다. 복잡한 부품 형상에 대해서는 CAD/CAM 파트 프로그래밍이 수작업 파트 프로그래밍보다 더 효과적인 방법이 된다.
- 가공 조건 데이터 시스템 : 공작기계의 작동에 발생하는 문제 중 하나는 주어진 공작물을 적절히 가공하기 위해 필요한 절삭속도와 이송속도를 정하는 것이다. 재료와 공정에 따른 적합한 절삭 조건을 추천해주는 컴퓨터 프로그램이 만들어져 있다. 공장에 축적된 데이터나 공구수명에 대한 실험에서 얻어진 데이터에 기초하여 가공조건의 추천이 이루어진다.
- 작업표준 개발 : 시간연구 부서는 공장에서 수행되는 직접노동 작업에 표준시간을 설정하는 책임을 지고 있다. 시간연구에 의해 표준을 설정하는 것은 시간을 소비하는 일이기에, 작업표준을 설정해주는 컴퓨터 패키지가 이미 상용화되어 있다. 이런 컴퓨터 프로그램은 수작업을 구성하는 기초 작업요소에 대하여 개발되어 있는 표준시간 데이터를 사용한다. 새로운 작업을 수행하기 위해 필요한 개별 요소들에 소요되는 시간을 합함으로써 그 작업에 걸리는 표준시간을 계산한다[9].
- 비용산정 : 새로운 제품의 비용을 산정하는 작업은 산정에 필요한 중요한 몇 개의 단계를 전산

화함으로써 간단해졌다. 컴퓨터는 새 제품의 부품을 위한 일련의 계획된 작업에 적절한 노동비용과 간접비용을 적용하도록 프로그램되었다. 프로그램은 전체 제품비용을 계산하기 위해 BOM상의 개별 부품비용을 합한다.

- **생산과 재고계획** : 컴퓨터는 생산과 재고계획 영역의 많은 기능에서 폭넓게 사용된다. 이런 기능은 재고기록 관리, 재고 소진 시 그 물품의 자동 재구매, 생산일정계획, 우선순위관리, 자재소요계획, 능력계획 등을 포함한다. 이런 활동은 제25장에서 설명한다.
- **라인 밸런싱** : 조립라인의 작업장 사이에 작업요소의 최적 할당안을 찾아내는 것은 라인의 크기가 커지면 매우 어려운 문제이다. 컴퓨터 프로그램이 이 문제의 해결을 돕기 위해 사용된다 (제15장).

생산통제 CAM 응용의 두 번째 범주는 생산통제 기능을 실행하는 컴퓨터 시스템이다. 생산통제는 공장에서의 물리적인 공정을 관리하고 조종하는 것이다. 이런 영역에는 다음이 포함된다.

- **공정 모니터링과 제어** : 공정 모니터링과 제어는 공장에서 생산장비와 제조공정을 감시하고 조절하는 것이다. 산업용 공정제어는 제5장에서 설명되었다. 컴퓨터 공정제어는 오늘날 자동생산시스템에 널리 사용되고 있다. 여기에는 트랜스퍼 라인, 조립시스템, CNC, NC, 로봇, 자재취급, 유연생산시스템 등이 포함된다.
- **품질관리** : 품질관리는 생산된 제품이 가능한 최고의 품질을 가질 수 있도록 해주는 여러 방법을 포함한다. 품질관리시스템은 제5부의 여러 장에서 다루어졌다.
- **제조현장통제** : 공장 작업으로부터 데이터를 수집하고 그 데이터를 공장의 생산관리와 재고관리를 돕는 데 사용하는 생산관리기술을 말한다. 제조현장통제와 컴퓨터화된 공장 데이터 수집 시스템은 제25장에서 다룬다.
- **재고관리** : 재고관리는 재고유지에 대한 투자비용과 저장비용의 최소화와 고객들에 대한 서비스 수준의 최대화라는 두 가지 상반된 목적을 고려하여 가장 적절한 재고 수준을 유지하는 것에 관련된다. 재고관리는 제25장에서 논의된다.
- **Just-in-time 생산시스템** : Just-in-time이라는 용어는 제조순서상의 다음 작업장에 정확하게 알맞은 수량의 각 부품을 그 부품들이 필요한 정확한 시점에 제공되도록 조직된 생산시스템을 말한다. 이 용어는 생산단계뿐만 아니라 공급자의 배송단계에도 역시 사용된다. Just-in-time 시스템은 제26장에서 설명된다.

23.2.2 CAD/CAM

CAD/CAM은 컴퓨터 시스템에 의한 설계 활동과 제조 활동의 통합을 뜻한다. 제품을 제조하는 방법은 그 제품의 설계에 직접적으로 의존한다. 산업에서 오랜 세월 동안 행해지고 있는 전통적인 절차에서는, 설계 제도사가 도면을 작성하면, 나중에 공정계획을 수립하기 위하여 제조 엔지니어가 그 도면을 활용한다. 즉 제품을 설계하는 데 관련되는 활동은 공정계획에 관련된 활동으로부터 분리되어 있었다. 두 단계 과정으로 분리되어 수행되는 것은 시간 소모적이고 설계와 제조 작업자들에 의한 중복 노력을 수반하게 된다. CAD/CAM 기술을 사용함으로써 제품설계와 제조 사이에 직접적인 결합을 맺어주는 것이 가능해졌다. CAD/CAM의 목적에는 어떤 단계의 설계와 어떤 단계의 제조를 자동화하는 것뿐만 아니라 설계에서 제조로의 전이를 자동화하는 것도 포함된다. 이상적인 CAD/CAM 시스템에서는 CAD 데이터베이스에 저장되어 있는 제품의 설계명세를 가지고 제품을 만드는 데 필요한 공정계획으로 바꾸는 것이 가능하며, 또한 이런 변환이 CAD/CAM 시스템에 의해서 자동으로 수행되는 것이 가능하다. 일반적으로 공정의 많은 부분은 NC 공작기계에 의해 수행될 수 있다. 공정설계의 일부분으로서 NC 파트 프로그램이 CAD/CAM에 의해서 자동으로 생성된 후, 공작기계에 바로 다운로드된다. 그러므로 이런 구성에서는 제품설계, NC 프로그래밍, 그리고 실제 제조가 컴퓨터에 의해서 모두 수행된다.

23.2.3 CIM

CIM은 CAD/CAM의 모든 엔지니어링 기능을 포함할 뿐만 아니라 생산에 관련된 회사의 비즈니스 기능까지도 포함한다. 이상적인 CIM 시스템은 주문접수에서부터 설계와 생산, 제품 출하에 이르기까지 모든 생산의 운영 기능과 정보처리 기능에 컴퓨터와 통신기술을 적용시킨다. CAD/CAM의 제한적인 범위와 비교가 되는 CIM의 범위가 그림 23.5에 나타나 있다.

　　CIM 개념은 생산에 관련된 회사의 모든 운영절차를 지원하고 자동화하는 하나의 통합된 컴퓨터 시스템으로 업무를 결합하는 것이다. 컴퓨터 시스템은 생산을 지원하는 모든 활동에 관여하면서 회사 전체에 보급된다. 이 통합된 컴퓨터 시스템에서는 판매주문에서 시작하여 제품의 출하로

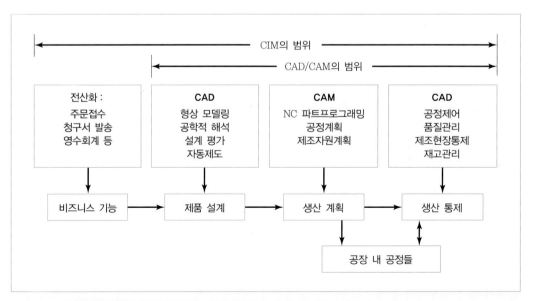

그림 23.5　CAD/CAM과 CIM의 범위 및 CIM 시스템의 전산화된 요소

끝나는 연쇄적인 업무 동안 한 활동의 출력이 다음 활동의 입력이 된다. 고객주문은 최초에 회사의 판매부에 의해서, 또는 직접 고객들에 의해서 주문입력 시스템에 입력된다. 주문은 제품을 기술하는 명세를 포함하며, 그 명세는 제품설계 부서에 입력으로 들어온다. 새로운 제품은 CAD 시스템으로 설계된다. 제품을 구성하는 부품들이 설계되고, 자재 명세서가 만들어지고, 조립도면이 준비된다. 설계 부서의 출력은 제조 엔지니어링의 입력이 되는데 여기서 생산을 준비하기 위해 공정계획, 공구계획, 그리고 이와 유사한 활동들이 수행된다. 이런 제조 엔지니어링 활동의 많은 것들이 CIM에 의해 지원을 받는다. 공정계획은 CAPP를 이용하여 수행된다. 공구와 치공구 설계는 제품설계 과정에서 생성된 제품 모델을 이용하여 CAD 시스템에서 완성된다. 제조 엔지니어링의 출력은 자재 소요계획과 일정계획이 컴퓨터에 의해서 수행되는 생산계획과 통제기능에 입력으로 제공된다. CIM이 완전하게 구현되면 회사조직의 모든 면을 통하는 정보흐름의 자동화가 이루어진다. 25.7절에서 설명되는 전사적 자원관리(ERP)는 중앙 데이터베이스를 통해 회사의 데이터와 업무를 통합해주는 소프트웨어를 말한다. 실제로 ERP는 CIM을 포함하며, 추가로 회계, 재무, 인사 등 제조와 직접 관련이 없는 비즈니스 기능 또한 포함한다.

23.3 품질기능전개

제품설계 기능을 돕기 위하여 여러 개념과 기술들이 개발되어 왔다. 예를 들면 '강건설계'와 '손실함수'와 같은 '다구치 방법'(제20장)이 제품설계에 적용될 수 있고, 동시공학과 제조감안설계(24.3절) 등의 주제도 설계와 밀접한 관련이 있다. 이번 절에서는 주어진 어떤 문제를 조직하고 경영하는 체계적인 방법으로서 제품설계 분야에서 인정을 받은 한 기술을 소개한다.

　　품질기능전개(quality function deployment, QFD)는 품질이라는 단어 때문에 품질 관련 기술인 것처럼 보인다. 사실 QFD의 범위는 분명히 품질을 포함하기도 한다. 그러나 QFD의 중요한 초점은 제품설계에 있다. QFD의 목적은 고객의 요구를 만족시키거나 능가하는 제품을 설계하는 것이다. 물론 모든 제품설계 기법이 이 목적을 가지고 있다. 그러나 대부분의 접근방법이 정형화되어 있지 않거나 비체계적이다. 1960년대 중반 일본에서 개발된 QFD는 형식적이고 구조적인 접근방법을 사용한다. 품질기능전개는 고객의 욕구와 요구사항을 정의하고 그들을 제품특성과 공정특성의 관점에서 해석하는 체계적인 과정이다. 그림 23.6에 QFD의 개요가 나타나 있다. QFD 분석에서는 일련의 서로 연결된 행렬이 고객 요구사항과 제안된 새 제품의 기술적 특징 사이의 관계를 설정하기 위하여 작성된다. 행렬들은 QFD 분석 단계의 진행을 나타낸다. 즉 고객요구 조건은 처음 제품특성으로 전환되고, 그다음 생산공정 요구조건으로, 마지막으로 생산작업관리를 위한 품질절차로 전환된다.

　　QFD는 제품의 설계와 제조뿐만 아니라 서비스를 분석하는 데도 적용될 수 있다는 것을 주목해야 한다. 새로 제안된 제품뿐만 아니라 기존의 제품이나 서비스를 분석하는 데도 사용될 수 있

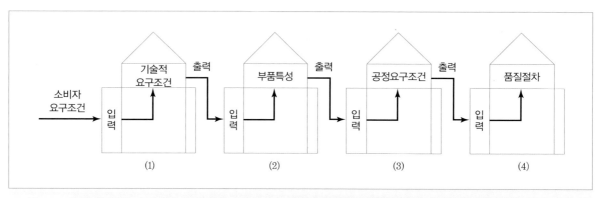

그림 23.6 **품질기능전개.** 소비자의 요구사항을 기술적 요구사항에 연관시키는 행렬의 연속으로 표현되었다.

다. 분석할 제품이나 서비스에 따라서 행렬의 의미가 달라질 수 있다. 그리고 분석에 사용되는 행렬의 수는 적게는 1개(비록 단일 행렬으로 QFD의 능력을 충분히 이용하지 못하지만)에서 많게는 30개까지 변할 수 있다[3].

　　QFD의 각 행렬은 형식이 비슷한데, 그림 23.7에 보이는 것같이 6개 구역으로 구성되어 있다. 왼쪽에 제1구역이 있는데 이것은 QFD 분석의 현재 행렬을 조종하는 운전자 역할을 하는 입력 요구조건 목록으로 구성된다. 첫 번째 행렬에서 이들 입력은 고객의 필요와 욕구이다. 입력 요구조건은 행렬의 제2구역에 열거된 출력 기술적 요구조건으로 변환된다. 이 기술적 요구조건은 새로운

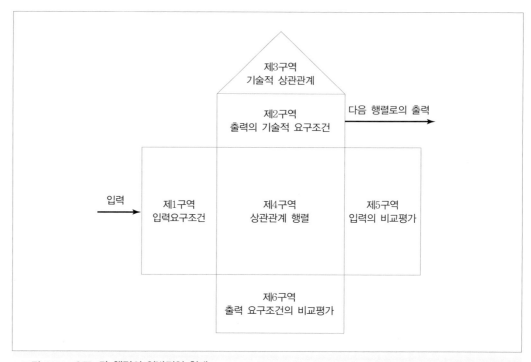

그림 23.7 **QFD 각 행렬의 일반적인 형태**

제품이나 서비스에서 입력 요구조건들이 어떻게 만족되어야 하는지를 표시한다. 현재 행렬에서 출력 요구조건은 다음 행렬의 입력 요구조건이 되는데 이런 과정이 QFD 분석의 마지막 행렬까지 계속된다.

행렬의 맨 꼭대기에 출력 기술 요구조건 사이의 **기술적 상관관계**를 묘사하는 제3구역이 있다. 행렬의 이 구역은 각 출력 요구조건들이 다른 모든 요구조건들과 비교될 수 있도록 해주는 대각선 격자판을 사용한다. 그 격자판의 모양이 집의 지붕과 유사하기 때문에, 이런 이유로 **품질의 집** (house of quality)이라는 용어가 전체 행렬을 표현하는 데 종종 사용된다. 제4구역은 입력과 출력 사이의 상관관계를 나타내기 때문에 **상관관계 행렬**이라고 불린다. 여러 가지 기호들[1], [3], [11]이 제3, 4구역 인자들의 쌍 사이의 상관관계를 정의하는 데 사용되어 왔다. 이런 기호들은 그다음 수치값으로 간략하게 바뀐다.

행렬의 오른쪽에 입력의 비교평가에 사용되는 제5구역이 있다. 예를 들면 초기 행렬에서 이것은 제안된 새 제품을 시장에 나와 있는 경쟁 제품과 비교하는 데 사용될 수 있다. 마지막으로 행렬의 바닥에 출력 요구조건의 비교평가에 사용되는 제6구역이 있다. 제6구역은 QFD의 다른 행렬들과 다른 제품이나 서비스에 대하여 조금 다른 해석을 가질 수 있다. 그러나 이 책에서의 설명이 일반적인 것으로 볼 수 있다.

품질의 집 분석의 시작은 고객의 요구조건과 니즈를 제품 기술적 요구조건으로 변환하는 것이다. QFD 절차는 다음 단계들로 구성되어 있다.

1. **고객 요구조건의 확인** : 종종 '고객의 소리'라고 언급되는데, 이것은 QFD의 가장 중요한 입력이다(그림 23.7의 제1구역). 고객의 니즈, 욕구, 요구사항 등을 수집하는 것이 이 분석에서 가장 중요하다. 이것에 여러 가지 가능한 방법이 사용될 수 있는데, 그중 몇 개는 표 23.1에 나열되어 있다. 가장 적절한 데이터 수집 방법을 선택하는 것은 제품이나 서비스 상황에 의해 결정된다. 많은 경우 하나 이상의 방법이 전 범위의 고객 요구조건을 인식하는 데 필요하다.

| 표 23.1 | 고객 요구조건을 얻을 수 있는 방법

인터뷰 : 직접 만나거나 전화상으로 하는 일대일 면담

코멘트 카드 : 이것은 고객들이 제품이나 서비스의 만족도를 평가할 수 있고, 그들이 만족하거나 만족하지 못하는 제품의 특징에 대한 코멘트를 할 수 있다. 코멘트 카드는 종종 고객들에게 제품이나 서비스를 받을 때 함께 제공된다. 이것들은 제품 보증 등록과정의 일부로 행해지기도 한다.

정식 설문조사 : 주로 대량 우편발송에 의해 수행되며, 응답률은 대개 낮다.

초점 그룹(focus group) : 소수 고객이나 잠재적 고객이 패널로 활동한다. 그룹이 일대일 상담에서 빠뜨릴 수 있는 견해나 관찰을 유도해낼 수 있다.

불만 연구 : 이것은 고객 불만에 관한 데이터의 통계학적 검토를 할 수 있게 한다.

고객 반품 : 고객이 제품을 반품했을 때 반품 이유를 물어서 정보를 수집한다.

인터넷 : 고객의 견해를 모으는 비교적 새로운 방식이다.

현장정보 : 직접 고객을 상대하는 직원으로부터의 2차 정보를 수집하는 것이다.

| 표 23.2 | QFD 행렬의 제 3, 4, 5, 6구역의 상관관계와 평가를 위해 사용되는 수치점수

수치 점수	제3, 4구역의 상관관계 세기	제5구역의 상대적 중요성	제5, 6구역의 경쟁 제품의 장점
0	관계 없음	중요성 없음	없음
1	약한 관계	약간 중요성 있음	낮은 점수
3	중과 강 사이의 관계	중간 정도의 중요성	중간 점수
5	매우 강한 관계	매우 중요함	높은 점수

2. **고객의 요구조건을 만족시키는 제품 특성의 확인** : 이들은 고객에 의해 표현된 요구조건과 욕구에 대응하는 제품의 기술 요구조건(그림 23.7의 제2구역)이다. 실제적으로 이들 제품특성은 고객의 소리가 만족되는 수단이다. 고객 요구조건을 제품특성으로 맵핑시키는 것은 종종 창의력이 필요하고, 때때로 경쟁 제품이 갖고 있지 않은 새로운 특성을 만들어내는 것을 요구하기도 한다.

3. **제품특성 사이의 기술적 상관관계의 결정** : 이것은 그림 23.7의 제3구역이다. 여러 가지 제품특성은 서로 연관성이 있을 수 있다. 이 도표의 목적은 제품특성 쌍들 사이의 각 상관관계의 강도를 설정하는 것이다. 전에 언급된 것처럼 기호를 사용하는 것 대신에 표 23.2에 나타난 것 같은 수치점수를 사용하는 것이 가시화에 유리하다. 이들 수치점수는 각 요구조건 쌍 사이에 얼마나 중요한(얼마나 강한) 상관관계가 있는지를 나타낸다.

4. **고객 요구조건과 제품특성 사이의 상관관계 행렬 작성** : QFD 분석에서 상관관계 행렬의 기능은 제품특성들 전체가 얼마나 개별적인 고객 요구조건을 잘 충족시키는지를 보여주는 것이다. 그림 23.7의 제4구역에 있는 행렬은 두 목록의 개별적인 요인들 사이의 상관관계를 나타낸다. 표 23.2의 수치점수는 상관관계 강도를 표현하기 위하여 사용된다.

5. **입력 고객 요구조건의 비교평가** : 품질의 집의 제5구역에서는 두 가지 비교가 행해진다. 첫째, 각 고객 요구조건의 상대적 중요성이 수치채점 방식을 사용하여 평가된다. 높은 값은 고객 요구조건이 중요하다는 것을 나타낸다. 낮은 값은 낮은 우선순위를 나타낸다. 이 평가는 제안된 새 제품의 설계를 유도하는 데 사용될 수도 있다. 둘째, 기존의 경쟁력 있는 제품들이 고객 요구조건과 관련하여 평가된다. 이것은 있을 수 있는 단점을 찾아내거나 새 설계에 강조되어야 할 경쟁 제품의 강점을 찾아내는 데 도움이 된다. 수치채점 방식은 전과 같이(표 23.2 참조) 사용될 수 있다.

6. **출력 기술 요구조건의 비교평가** : 이것은 그림 23.7의 제6구역이다. 분석의 이 부분에서 각 경쟁 제품은 출력 기술적 요구조건에 관련되어 채점된다. 마지막으로 제안된 새 제품에 대한 각 기술적 요구조건에 대해 목표값들이 설정된다.

예제 23.1 **품질기능전개 : 품질의 집**

어린이 장난감을 설계하는 신제품설계 프로젝트를 맡게 되었다. 이 장난감은 3~9세 어린이를 위한 것으로 욕조 안에서나 방바닥에서 놀 수 있는 것이다. 이런 장난감을 위한 품질의 집(QFD의 처음 행렬)을 표 23.1에 나열된 한두 가지 방법을 사용하여 얻어진 고객 요구조건을 나열하는 것으로부터 시작하여 만들고자 한다. 그것들에 대응하는 제품의 기술적 특징을 식별하고 여러 가지 상관관계를 밝히려고 한다.

풀이 QFD 분석(품질의 집)의 첫 단계가 그림 23.8에 완성되었다. 우리는 과정의 단계를 따라서 그림의 제1단계 영역에 고객 요구조건 목록을 기입하였다. 제2단계에서는 이들 고객 입력으로부터 유도될

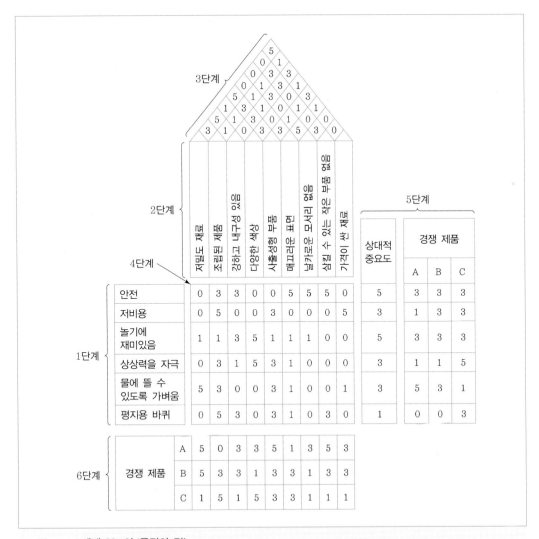

그림 23.8 예제 23.1의 '품질의 집'

수 있는, 제품의 해당 기술 특징을 나열하였다. 제3단계에서는 제품특성 사이의 상관관계를 나타내었다. 그리고 제4단계에서는 고객 요구조건과 제품특성 사이의 상관관계 행렬을 채운다. 제5단계에서 고객 요구조건의 가능한 비교평가를 나타낸다. 그리고 제6단계에서는 기술적 요구조건에 대한 경쟁 제품과의 가상평가를 제공한다.

참고문헌

[1] AKAO, Y., Author and editor-in-chief, *Quality Function Deployment: Integrating Customer Requirements into Product Design,* English translation by G. H. Mazur, Productivity Press, Cambridge, Massachusetts, 1990.

[2] BAKERJIAN, R., and P., MITCHELL, *Tool and Manufacturing Engineers Handbook* (Fourth edition), Volume VI, *Design for Manufacturability,* Society of Manufacturing Engineers, Dearborn, MI, 1992.

[3] COHEN, L., *Quality Function Deployment,* Addison-Wesley Publishing Company, Reading, MA, 1995.

[4] EVANS, J. R., and LINDSAY, W. M., *The Management and Control of Quality,* 8th ed., West Publishing Company, St. Paul, MN, 2010.

[5] FINCH, B. J., "A New Way to Listen to the Customer," *Quality Progress,* May 1997, pp. 73-76.

[6] Gibson, I., D. W. Rosen, and B. Stucker, *Additive Manufacturing Technologies,* Springer, New York, 2010.

[7] GOETSCH, D. L., and S. B. DAVIS, *Quality Management for Organization Excellence: Introduction to Total Quality,* 7th ed., Pearson, Upper Saddle River, NJ, 2012.

[8] GROOVER, M. P., *Fundamentals of Modern Manufacturing: Materials, Processes, and Systems,* 3d ed., John Wiley & Sons, Inc., Hoboken, NJ, 2007.

[9] GROOVER, M. P., *Works Systems and the Methods, Measurement, and Management of Work,* Pearson/ Prentice Hall, Upper Saddle River, NJ, 2007.

[10] GROOVER, M. P., and E. W. ZIMMERS, Jr., *CAD/CAM: Computer Aided Design and Manufacturing,* Prentice Hall, Inc., Englewood Cliffs, NJ, 1984.

[11] JURAN, J. M., and GRYNA, F. M., *Quality Planning and Analysis,* Third Edition, McGraw-Hill, Inc., NY, 1993.

[12] LEE, K., *Principles of CAD/CAM: CAE Systems,* Addison Wesley, Reading MA, 1999.

[13] SHIGLEY, J. E., and L. D. MITCHELL, *Mechanical Engineering Design,* 4th ed., McGraw-Hill Book Company, NY, 1983.

[14] THILMANY, J., "Design with Depth," *Mechanical Engineering,* December 2005, pp. 32-34.

[15] THILMANY, J., "Pros and Cons of CAD," *Mechanical Engineering,* September 2006, pp. 38-40.

[16] USHER, J. M., U. ROY, and H. R. PARSAEI, Editors, *Integrated Product and Process Development,* John Wiley & Sons, Inc., NY, 1998.

[17] www.Autodesk.com

[18] www.wikipedia.org/wiki/AutoCAD

[19] www.wikipedia.org/wiki/Computer_aided_design

[20] www.wikipedia.org/wiki/Product_data_management

[21] www.wikipedia.org/wiki/Product_lifecycle_management

복습문제

23.1 일반적인 설계 과정의 6단계는 무엇인가?

23.2 CAD를 사용하여 얻을 수 있는 여섯 가지 이점은 무엇인가?

23.3 CAD 시스템에 사용되는 공학해석 소프트웨어의 예를 들라.

23.4 급속조형기술이란 무엇인가?

23.5 가상조형기술이란 무엇인가?

23.6 PDM이란 무엇인가?

23.7 CAD/CAM과 CIM의 차이점은 무엇인가?

23.8 품질기능전개(QFD)란 무엇인가?

공정계획과 동시공학

제품설계란 제품, 부품, 반조립품에 대한 계획을 세우는 것이다. 제품설계 결과를 실체의 대상으로 전환하기 위해서는 제조를 위한 계획이 필요하게 되는데 이 행위를 **공정계획**이라고 부른다. 즉 공정계획은 제품의 제조를 위해 필요한 가공공정순서와 조립의 단계를 결정하는 것이고, 제품설계와 제조를 연결하는 역할을 한다. 이 장에서는 공정계획과 이에 관련된 몇 가지 주제를 다루고자 한다.

우선 공정계획과 다음 장에서 다룰 생산계획에 대한 구별을 명확히 해야 한다. 공정계획이란 제품과 부품을 어떻게 만들 것인지에 대한 공학적 · 기술적인 문제이다. 생산계획은 공정계획이 실시된 이후에 수요를 충분히 맞추기 위한 수량을 생산하는 데 필요한 자재를 주문하고 자원을 확보하는 것에 대한 문제이다.

24.1 공정계획

공정계획(process planning)이란 제품설계정보를 기초로 그 제품 혹은 필요 부품을 제조하기 위해 가장 적합한 가공 및 조립공정들과 그들의 순서를 결정하는 것이다. 여기서 결정될 수 있는 공정의 범위는 일반적으로 회사의 장비나 기술적인 능력에 의해 제한을 받게 되고, 만일 사내에서 제작할 수 없는 부품은 외부의 공급자로부터 구매를 하게 된다. 공정의 선택을 제한하는 다른 요인으로는 제품설계의 세부사항이 있는데, 이 점에 대해서는 24.3.1절에서 설명할 것이다.

공정계획은 보통 제조 담당자(혹은 제조 엔지니어, 공정 엔지니어)가 수행하게 되는데, 이들은 우선 설계도면을 해석할 능력이 있고, 현장에 있는 특정 제조공정들에 익숙한 사람이어야 한다. 공정의 각 단계는 이들의 지식, 기술, 경험에 기초하여 가장 논리적인 순서로 결정된다. 다음은 공정계획에 포함되어야 할 세부 결정사항들이다[8], [10].

- **설계도면의 해석** : 공정계획의 가장 초기 단계에서 설계도면을 통해 부품의 재질, 치수, 공차, 표면 거칠기 수준 등을 파악한다.
- **공정과 순서의 결정** : 어떤 공정들이 필요하고 그 순서는 어떻게 되는지를 결정한다. 아울러 각 공정의 간단한 설명이 준비된다.
- **장비의 선택** : 일반적으로 현장에 있는 장비를 기준으로 계획을 세우게 되나, 그것이 불가능한 경우는 부품을 구매해 오거나, 새 장비를 위한 투자가 따라야 한다.
- **공구, 금형, 주형, 고정구, 게이지 등의 선정** : 각 공정을 수행하는 데 필요한 공구류를 결정한다.
- **방법분석** : 작업장의 레이아웃, 무거운 부품을 들기 위한 방법 등과 수작업의 경우 손과 몸의 동작까지 정해준다.
- **표준작업시간의 산정** : 작업측정 방법을 이용하여 각 공정에 대해 표준시간을 설정한다.
- **가공조건의 결정** : 표준 핸드북의 추천 데이터를 참조하여 가공조건을 결정한다. 절삭가공 외의 공정에 대해서도, 공정과 장비세팅에 관한 결정이 이루어져야 한다.

24.1.1 부품가공의 공정계획

개별 부품에 대하여 결정된 공정순서는 **작업계획서**(operation sheet)라고 불리는 양식에 기입이 된다. 작업계획서는 부품이 흘러가는 공정순서를 보여주기 때문에 **공정절차서**(route sheet)라고 부르기도 한다. 그림 24.1은 일반적인 작업계획서의 예를 보여주는데, 여기에는 (1) 수행순서에 따른 공정명, (2) 도면의 치수와 공차에 기초한 간단한 공정설명, (3) 공정을 수행할 가공장비명, (4) 금형, 주형, 절삭공구, 치공구, 게이지 등과 같은 툴링 등의 정보가 기입된다. 셋업시간과 표준공정 시간 등의 데이터가 포함될 수도 있다.

주어진 부품을 완성하는 데 필요한 공정을 결정하는 데 있어서 가장 큰 영향요인은 주로 설계 자가 결정하는 부품 소재의 크기와 형태이다. 일단 소재가 결정되면, 적용 가능한 가공공정의 범위가 상당히 줄어들게 된다. 설계자가 소재를 결정할 때 우선 그 부품의 기능적 요구조건 만족 여부를 따지게 되고, 부수적으로 경제성과 제조의 용이성이 고려된다.

개별 부품을 제작하는 데 있어서 일반적인 순서는 그림 24.2와 같이 (1) 기초공정, (2) 이차공 정, (3) 성질향상공정, (4) 표면처리공정을 따른다. **기초공정**(basic process)을 거치면 부품의 초기 형상이 형성되는데, 주조, 압연, 사출성형 등이 기초공정의 예이다. **이차공정**(secondary process)은

작업계획서				가나다 중공업(주)				
부품번호 **081099**		부품명 **축(발전기용)**		공정계획자 홍길동	확인자 홍길서		날짜 09/1/30	쪽수 1/1
재질 1050 H18 A1		소재 크기 지름 60mm, 길이 206mm		비고				
No.	작업 내용			작업반	기계	공구	작업준비 시간(시)	표준가공 시간(분)
10	정면절삭(약 3mm). 지름 52.00mm로 선삭(황삭). 지름 50.00mm로 선삭(정삭). 지름 42.00mm, 길이 15.00mm 숄더 절삭.			선반	L45	G0810	1.0	5.2
20	정면위치교환. 길이 200.00mm가 되도록 정면절삭. 지름 52.00mm로 선삭(황삭). 지름 50.00mm로 선삭(정삭).			선반	L45	G0810	0.7	3.0
30	지름 7.50mm 구멍 4개 가공.			드릴	D09	J555	0.5	3.2
40	깊이 6.5mm, 폭 5.00mm 홈 가공.			밀링	M32	F662	0.7	6.2
50	폭 10.00mm 평면 가공. 반대편 동일.			밀링	M13	F630	1.5	4.8

그림 24.1 작업계획서의 예

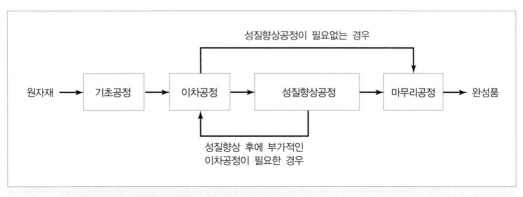

그림 24.2 부품 제조에 필요한 일반적인 공정순서

기초공정에서 나온 초기 형상을 최종 형상(net shape) 혹은 그것에 근접한 형상으로 변형시키는 공정인데, 일반적으로 기초공정에 종속적이다. 예를 들어 주조가 기초공정이라면 절삭가공이 이차공정으로 적용되고, 압연을 거쳐 금속판재가 만들어지면 여기에 펀치나 굽힘 등과 같은 판금공정이 적용된다. 플라스틱 사출성형의 경우는 기초공정을 통해 최종 형상을 만들 수 있기 때문에 대개 이차공정이 필요없다.

원하는 형상이 만들어지면 그다음으로 기계적 혹은 물리적 성질을 향상시키기 위한 **성질향상공정**(property-enhancing operation)이 적용되기도 한다. 금속의 열처리가 이런 공정의 대표적인 예

| 표 24.1 | 전형적인 공정순서의 예

기초공정 (원자재 형태)	이차공정 (최종 형상)	성질향상공정	마무리공정
사형 주조(주물)	절삭(절삭 부품)	선택사항	페인팅
다이캐스팅(다이캐스팅 주물)	없음−최종형상도달(다이캐스팅 주물)	선택사항	페인팅
사출성형(플라스틱 성형품)	없음−최종형상도달(플라스틱 성형품)	열처리	없음
유리 주조(유리 괴)	프레싱, 블로우몰딩(유리제품)	없음	없음
압연(금속 박판)	블랭킹, 펀칭, 굽힘, 전단(스탬핑)	없음	도금
압연(금속 박판)	딥드로잉(스탬핑)	없음	도금
단조(단조품)	절삭(절삭 부품)	없음	페인팅
인발(바)	절삭, 연삭(절삭 부품)	열처리	도금
금속 압출(압출품)	절단(압출 부품)	없음	어노다이징
금속 분쇄(금속 분말)	압축(분말야금 부품)	소결	페인팅
세라믹 분쇄(세라믹 분말)	프레스(세라믹 용기)	소결	광택
잉곳 인상(실리콘 부울)	절단, 연마(실리콘 웨이퍼)	없음	세척
절단과 연마(실리콘 웨이퍼)	산화, CVD, PVD, 에칭(집적회로, IC)	없음	코팅

인데, 그림 24.2에 나타나 있듯이 모든 경우에 필요한 것은 아니다.

마무리공정(finishing operation)으로 부품 혹은 조립품 표면을 코팅하는 것이 대표적인데, 전기도금, 박막증착기술, 페인트 도장 등이 여기에 해당된다. 코팅의 목적은 외관을 미려하게 만들고 색상을 바꾸거나 부식과 마모 등으로부터 표면을 보호하는 데 있다. 플라스틱 사출성형처럼 코팅을 하지 않는 예와 같이 이 공정도 역시 항상 필요한 것은 아니다.

표 24.1은 제조업체에서 사용되는 일반적인 공업용 자재에 대한 전형적인 공정들을 보여준다. 제조 현장에 도착하는 부품과 원자재는 기초공정을 끝내고 오는 경우가 대부분이어서, 공정계획은 기초공정 다음부터 실시하는 것이 보통이다. 예를 들어 외부에서 구매해 온 주조·단조·압연 자재를 대상으로 절삭가공을 해야 하는 부품의 경우, 공정계획은 현장의 절삭가공 작업부터 시작하게 된다. 박판프레스가공은 제강업체로부터 구매해 온 박판 코일이나 스트립을 원자재로 준비하여 시작된다. 이와 같이 원자재는 외부로부터 공급받는 경우가 대부분이기 때문에 이차공정, 성질향상공정, 마무리공정이 자사 공장에서 수행된다고 할 수 있다.

현장에서 각 공정을 담당하는 생산 부서에서는 맡은 공정에 대한 자세한 설명서를 마련해 두어야 한다. 예를 들어 절삭가공을 수행하는 부서에는 절삭조건, 절삭공구에 대한 안내 등을 포함하여 공작기계를 다루는 작업자에게 유용한 각종 지침들이 수록된 공정 설명서가 비치되어야 한다. 기계셋업에 관한 그림이 이런 설명서에 들어가기도 한다. 도요타생산시스템이라고도 불리는 린생산에서는 소통에 도움을 주는 그림의 중요성을 강조하고 있다(26.4.2절).

24.1.2 조립의 공정계획

조립 방법의 유형을 좌우하는 요인을 살펴보면 (1) 예상생산수량, (2) 조립품의 복잡도(부품 수 등), (3) 조립공정의 형태(나사조립, 용접 등)가 있다. 비교적 적은 수량의 조립은 대개 1명 혹은 한 팀의 작업자가 모든 조립 작업을 수행하는 개별 작업장에서 수행된다. 중간 수량 혹은 대량이면 서 복잡한 조립은 수동 조립라인에서 수행된다(제15장). 대량이면서 단순한(부품 수 10여 개 정도) 조립은 자동 조립시스템이 적합하다. 어떤 경우든 조립 작업 수행순서에 있어서 선행 조건이라는 것이 있다(표 15.4). 선행 조건은 그림 15.5와 같은 선행관계도의 형태로 도식화하여 표현하기도 한다.

조립의 공정계획은 표 15.4에 나타나 있는 요소 작업의 목록과 유사하지만, 이보다는 좀 더 자세한 조립지침을 전개하는 것이다. 소량생산에서는 전체 조립이 단일작업장에서 수행되어 별 문제가 없지만, 조립라인을 통한 대량생산에서는 각 요소 작업을 라인상의 개별 작업장에 할당하는 업무, 즉 라인 밸런싱(제15장)이 공정계획에 포함된다. 개별 부품가공의 공정계획과 마찬가지로, 조립 작업에 필요한 공구나 고정구 그리고 작업장의 배치가 결정되어야 한다.

24.2 컴퓨터 이용 공정계획

제조 현장에서 공정에 익숙한 엔지니어들이 점점 줄어들고 있어 향후 공정계획을 수행할 인물이 마땅치 않은 회사에서는 공정계획 기능을 컴퓨터를 통해 자동으로 수행할 수 있는 컴퓨터 이용 공정계획(computer-aided process planning, CAPP) 시스템을 사용할 수 있다. CAPP를 CAM의 일 부분으로 보기도 하지만, CAD/CAM 시스템에서 설계와 제조를 연결해 주는 다리 역할로 보는 시각 이 보편적이다. CAPP 시스템을 통해 기대되는 이점은 다음과 같다.

- **공정의 합리화 및 표준화** : 자동화된 공정계획은 수동으로 작성되었을 때보다 더 논리적이고 일 관성 있는 결과를 얻을 수 있고, 표준적인 공정계획을 활용함으로써 적은 비용과 높은 품질을 기대할 수 있다.
- **공정계획의 생산성 향상** : 데이터 파일로 저장되어 있는 표준공정계획이 확보되어 있고 체계적 인 접근 방법을 활용할 수 있어 공정계획자들이 보다 더 많은 업무를 수행할 수 있다.
- **이해가 용이** : 컴퓨터에 의해 출력된 공정절차서는 수기로 작성된 것보다 읽기 편하다.
- **공정계획 소요시간의 축소** : 수작업 계획보다 빠르게 공정계획서를 작성할 수 있다.
- **다른 프로그램과의 연결** : 비용 산정 혹은 작업표준 프로그램과 같은 다른 프로그램과의 인터페 이스가 가능하다.

CAPP 시스템을 구현하는 데 있어서 두 가지 접근 방법이 있는데, (1) 변성형 CAPP 시스템과 (2) 창성형 CAPP 시스템이 그것이고, 이들을 결합한 준창성형 CAPP 시스템도 있다[10].

24.2.1 변성형 CAPP 시스템

변성형 CAPP(variant 혹은 retrieval CAPP) 시스템은 제18장에서 설명된 그룹테크놀로지(GT)와 부품분류 및 코딩 기법에 기초를 두고 있다. 즉 각 부품 코드에 대해 표준공정계획(공정절차서)이 파일 형태로 저장된다. 여기서 표준공정계획은 현장에서 현재 제조되고 있는 부품에 대한 작업절차이거나, 각 부품군을 위해 준비된 이상적인 공정계획일 수 있다.

그림 24.3은 변성형 CAPP 시스템의 수행 과정을 보여주고 있다. 공정계획 기능을 수행하기 앞선 준비 단계로서, 상당한 양의 정보가 CAPP 데이터 파일에 저장되어야 한다[3], [4]. 준비 단계의 구체적인 절차는 다음과 같다.

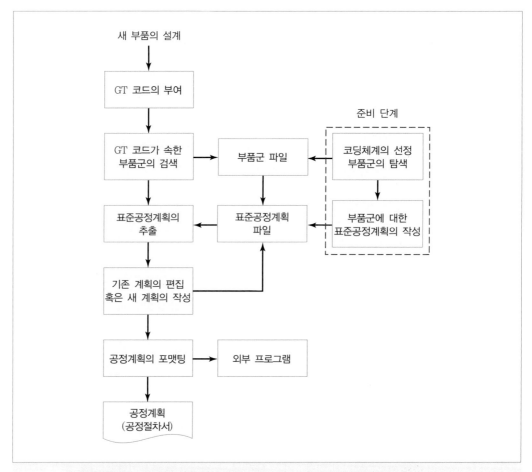

그림 24.3 변성형 CAPP 시스템의 일반적인 수행 과정

(1) 회사에 적합한 분류 및 코딩 체계를 선정
(2) 회사에서 제조하는 부품들에 대한 부품군(part families)의 형성
(3) 각 부품군을 위한 표준공정계획의 작성

여기서 단계 (2), (3)은 새로운 부품이 설계되어 설계 데이터베이스에 추가될 때 반복 수행되어야 한다.

준비 단계가 완료되면 CAPP 시스템의 활용이 가능해진다. 우선 공정계획을 세워야 할 새로운 부품에 대해 GT 코드를 부여한다. 그다음 이 코드에 대한 표준공정계획이 존재하는지 여부를 결정하기 위해 부품군 파일을 검색한다. 이 부품에 대한 표준공정계획이 존재한다면 이것이 추출되어 (retrieval) 사용자로 하여금 수정이 필요한지를 검토하게 한다. 동일한 코드를 가지고 있더라도 제조하는 데 있어서는 약간의 차이가 있을 수 있기 때문에 사용자가 기존 공정계획을 편집하여 변화시키는 기능이 필요하다.

주어진 코드에 대한 표준공정계획이 존재하지 않을 경우는, 사용자가 파일을 검색하여 표준공정계획이 존재하는 유사하거나 관련 있는 코드를 찾게 된다. 기존 공정계획을 편집하거나 무에서부터 출발하여 새 부품에 대한 공정절차서를 작성하게 되고, 이것이 새 코드번호에 대한 표준공정계획이 된다.

공정계획은 최종적으로 적절한 서식에 맞추어 포맷팅되어 공정절차서의 형태로 출력이 된다. 이때 가공조건, 표준시간, 비용산정 등을 위한 외부 프로그램을 호출할 수도 있다.

24.2.2 창성형 CAPP 시스템

창성형 CAPP(generative CAPP) 시스템은 인간이 계획을 수립하는 것과 유사한 논리적인 절차에 따라 공정절차를 생성시키는 자동화된 공정계획 방법이다. 완벽한 창성형에서는 인간의 개입과 미리 설정된 표준공정계획이 없이 공정 순서가 결정된다.

이러한 CAPP 시스템을 설계하는 문제는 인공지능의 한 분야인 전문가 시스템(expert system) 분야와 관련성이 크다. 전문가 시스템이란 많은 지식과 경험이 있는 사람을 필요로 하는 복잡한 문제를 해결할 수 있는 컴퓨터 프로그램을 의미하는데, 공정계획이 이런 목적에 부합되는 면이 많이 있다.

창성형 CAPP 시스템에는 몇 가지 핵심 요소가 있는데, 첫째로 숙달된 공정계획자가 사용하는 기술적·논리적 지식을 추출하여 **지식기반**(knowledge base) 형태로 프로그램화해야 한다. 창성형 CAPP 시스템은 공정계획 문제를 풀 때 이 지식기반을 활용한다.

둘째로는 공정계획에 필요한 대상 부품 데이터가 컴퓨터가 받아들일 수 있는 적절한 형태로 표현되어야 한다. 부품 표현을 위한 가능한 방법으로 (1) CAD 시스템에서 만들어지는 형상 모델, (2) 가공특징형상(feature)을 상세히 정의해주는 GT 코드 등이 있다.

셋째 요소는 지식기반에 담겨 있는 지식과 논리를 주어진 부품 표현에 적용할 수 있는 능력이

다. 창성형 CAPP는 새 부품에 대한 공정계획이라는 특정 문제를 해결하기 위해 지식기반을 활용하는 것이라고 할 수 있는데, 이 문제해결 절차를 전문가 시스템의 용어로 **추론엔진**(inference engine)이라고 한다. 지식기반과 추론엔진을 사용하여 CAPP 시스템이 새로운 공정계획을 무의 상태로부터 창조해내는 것이다.

24.3   동시공학과 제조감안 설계

동시공학(concurrent engineering)이란 신제품을 출시하는 데 소요되는 시간을 줄이기 위해 설계, 제조 및 기타 엔지니어링 기능이 통합된 제품개발 과정에 사용되는 접근 방법이다. 전통적인 방식에서는 그림 24.4(a)처럼 설계와 제조의 두 기능이 분리되어 순차적으로 수행된다. 제품개발 부서에서는 회사의 제조 능력에 대해 심각히 고려하지 않고 새로운 설계안을 만들어내는 일이 종종

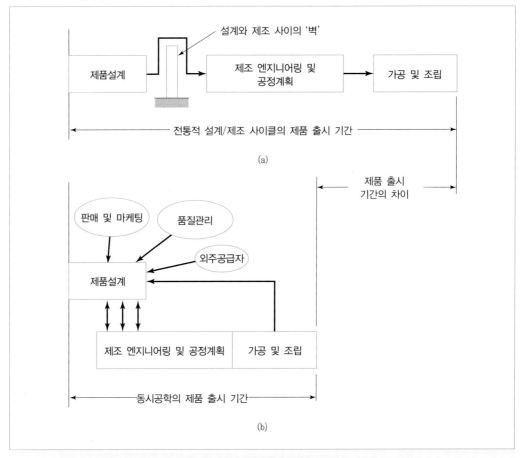

그림 24.4   제품개발 과정의 비교 : (a) 전통적인 제품개발 사이클, (b) 동시공학

이루어지고 있으며, 제조 기술자들이 설계를 바꾸도록 제안할 기회가 거의 주어지지 않아 설계와 제조 사이에 큰 벽이 놓여 있다고 할 수 있다.

이와는 반대로 동시공학을 실천하는 회사에서는 제조 부서도 일찌감치 제품개발 단계에 참여하여, 제품과 부품이 어떻게 설계되어야 가공과 조립에 유리한지를 조언해준다. 이러한 방식이 그림 24.4(b)에 나타나 있다. 제조 엔지니어뿐만 아니라 품질관리자, 서비스팀, 외주공급업체, 고객 등도 개발 단계에 참여할 수 있다. 이러한 다양한 참여자들이 신제품의 기능과 성능뿐만 아니라 제조 용이성, 검사 및 시험의 용이성, 서비스 및 유지보수 용이성 등도 향상시킬 수 있다. 설계를 변경하기에 너무 늦은 시점에서 최종 제품설계를 접하여 검토하는 것이 아니라, 일찍 참여함으로써 제품개발 사이클을 실질적으로 줄일 수 있다.

동시공학은 몇 가지 요소들을 포함하는데, (1) 제조 및 조립감안 설계, (2) 품질감안 설계, (3) 원가감안 설계, (4) 생명주기감안 설계 등이 그것이다. 여기에 추가로 급속조형, 가상조형 등의 기술과 회사조직 개선이 동시공학을 활성화하기 위해 필요하다.

24.3.1 제조/조립감안 설계

한 제품의 생명주기 동안 발생하는 비용의 70% 정도는 제품설계 단계에서 결정되는 사항에 의해 좌우된다고 한다[12]. 설계 시 결정할 내용은 부품의 재질, 부품 형상, 공차, 표면 거칠기, 조립구조, 조립방법 등을 포함한다. 일단 이러한 결정이 이루어지면 제품의 제조비용을 크게 줄일 수 있는 가능성은 희박해진다. 예를 들어 설계자가 나사 구멍이 있는 어떤 부품의 재료로 알루미늄을 결정했다면, 제조 엔지니어는 알루미늄 주조와 절삭가공을 순차적으로 수행하는 것 외에는 대안이 거의 없다. 만일 이 예에서 재질로 플라스틱을 택했다면, 사출성형의 단일 공정으로 제조할 수 있는 것과 같은 더 나은 결정을 얻어낼 수 있을 것이다.

제조 엔지니어가 설계 엔지니어에게 조언을 해줄 수 있다는 점은 매우 중요한데, 그 이유는 제품의 제조성에 바람직한 방향으로 영향을 줄 수 있기 때문이다. 이러한 시도에 사용되는 용어가 **제조감안 설계**(design for manufacturing, DFM)와 **조립감안 설계**(design for assembly, DFA)이다. DFM과 DFA는 밀접하게 연관이 되어 있기 때문에, 제조/조립감안 설계(DFM/A)라는 용어를 사용하기도 한다. DFM/A는 신제품설계에 있어서 제조성과 조립성을 체계적으로 고려하는 것인데, 여기에는 (1) 조직의 변화, (2) 설계원칙이 포함된다.

DFM/A를 위한 조직의 변화   DFM/A를 효과적으로 구현하기 위해서는 회사 조직구조를 공식적 혹은 비공식적으로 변화시켜서, 설계와 제조 담당자 간의 보다 밀접한 관계와 활발한 의사소통을 이루게 해야 한다. 이러한 목적을 달성하게 해주는 방법은 다음과 같다―(1) 설계자, 제조 엔지니어, 기타 엔지니어(품질관리자, 재료 엔지니어 등)로 구성되는 프로젝트팀을 구성, (2) 설계자를 일정 기간 제조 현장에서 경험을 쌓게 하여 제품설계에 따라 제조성과 조립성이 어떤 영향을 받는지를 인식, (3) 제조 엔지니어를 설계 부서에 배치하여 자문 역할 수행.

설계원칙   DFM/A는 주어진 제품을 설계하는 데 있어서 제조성능과 조립성능을 높일 수 있는 설계원칙을 이용한다. 이들 중 일부는 거의 모든 제품의 설계 상황에 적용될 수 있는 일반적인 설계지침인데 이것이 표 24.2에 나타나 있다. 이 밖에 특정한 공정에만 적용되는 설계원칙이 있는데, 예를 들어 주조부품의 경우 주형으로부터의 분리를 쉽게 하기 위해 부품 형상에 기울기와 경사를 두어야 하는 사항이 그런 것이다.

설계원칙은 다른 원칙과 상충되는 경우가 발생되기도 한다. 예를 들어 표 24.2에서 '부품 형상의 단순화, 불필요한 특징 형상 제거'라는 원칙은 오류방지 조립을 위한 제품을 설계하기 위해서 '특별한 특징 형상을 부품에 추가'라는 원칙과 모순된다. 제품구성 부품 수를 줄이기 위해 몇 개의 조립부품 특징 형상을 하나의 부품으로 결합하는 것이 바람직할 경우가 있다. 이런 경우 제조를 감안한 설계가 조립을 감안한 설계와 상충되므로, 이런 양면성에서 적당한 타협선을 찾아야 할 것이다.

24.3.2 기타 제품설계 방법론

품질감안 설계   DFM/A가 동시공학의 가장 중요한 요소라고 주장할 수 있는데, 그 이유는 제품원가와 개발시간에 가장 큰 영향을 줄 잠재력이 있기 때문이다. 그러나 국제적인 경쟁에서 품질의 중요성도 과소평가할 수 없다. 품질이라는 것은 저절로 생겨나는 것이 아니라, 제품설계와 생산과정을 대상으로 계획되어야 하는 것이다. 품질감안 설계(design for quality, DFQ)는 가능한 가장 높은 품질이 나올 설계를 보장할 원리와 절차를 의미한다. DFQ의 일반적인 목표는 (1) 고객의 요구조건에 맞거나 초과하도록 설계, (2) 다구치 방법(제20장)에서 언급된 강건설계, 즉 제품의 기능과 성능이 제조나 그다음의 업무 변화에 대해 상대적으로 덜 민감하도록 하는 설계, (3) 성능, 기능, 신뢰성, 안전성 및 기타 품질관련 요소의 지속적인 개선 등이다.

원가감안 설계   제품 원가는 상업적인 성공을 결정짓는 주요한 요인이다. 원가는 제품에 부여되는 가격과 회사가 얻을 이익에 영향을 준다. 원가감안 설계(design for product cost, DFC)란 설계과정에서의 결정사항이 제품비용에 주는 영향을 규명하여 설계 시 원가를 줄일 수 있는 방법을 개발하려는 노력이라고 할 수 있다. 향상된 제조성능이 비용의 절감을 보통 가져오기 때문에, DFC와 DFM/A의 목표가 약간 겹치는 부분이 있기도 하지만, 원가감안 설계의 영역은 제조감안 설계보다 더 넓은 범위를 갖는다. 즉 검사, 구매, 분배, 재고관리, 간접비 등을 포함한다.

생명주기감안 설계   제품의 전체 생명주기를 고려해볼 때, 제품에 지불하는 가격이 고객에게는 전체 비용에 비해 작은 부분에 불과할 것이다. 생명주기감안 설계(design for life cycle)는 제품이 생산된 이후에 관련된 것으로서 제품 배송부터 폐기까지 모든 요소들을 포함한다. 관공서와 같은 일부 고객들은 구매 결정에 있어서 이러한 비용들을 고려할 수 있다. 통제 불가능한 유지보수비용에 대해 고객 책임으로 전가되지 않도록 하는 서비스 계약을 생산자들에게 요구할 경우가 있다. 이런 경우 정확하게 산정된 생명주기 비용이 총생산원가에 포함되어야만 한다.

| 표 24.2 | DFM/A를 위한 일반적인 설계원칙

원칙	장점 및 상세 설명
부품 수를 줄여라	조립비용의 감소 최종 제품의 신뢰성 증가 유지보수 및 서비스를 위한 해체의 용이 자동화의 용이 재공재고 관리 문제의 감소 구매품의 감소, 주문비용의 감소
상용화된 표준 부품을 사용하라	설계 수고의 감소 부품 수의 감소 효과적인 재고관리 고객전용 부품설계의 회피 대량구매에 따른 할인이 가능
여러 제품에 걸쳐 사용 가능한 공용 부품을 사용하라	GT 기법(제18장) 적용 가능 대량구매에 따른 할인이 가능 제조 셀의 개발 가능
부품 제작이 용이하도록 설계하라	가능한 한 한 번에 최종 형상이 가능한 공정을 사용 부품 형상의 단순화, 불필요한 특징 형상 제거 필요 이상으로 매끄러운 표면 거칠기 수준의 회피
공정능력 범위 안의 공차를 갖도록 설계하라	공정능력보다도 작은 공차 수준의 회피(제20장) 상하 공차의 규정
조립 시 오류방지가 되도록 제품을 설계하라	모호하지 않은 조립설계 한 방향으로만 조립되도록 부품을 설계 특별한 특징 형상을 부품에 추가
유연한 부품을 최소화하라	고무, 벨트, 개스킷, 전선 등 유연한 부품은 일반적으로 취급 곤란
조립이 용이하도록 설계하라	끼워 맞출 부품에 모따기와 경사면과 같은 형상 포함 다른 부품들을 붙여 나갈 기초부품의 사용 한 방향(보통 수직)으로 부품이 조립되도록 설계 (고정자동화를 통한 대량생산의 경우, 여러 방향 조립이 가능하도록 설계하므로 이 법칙은 무시될 수 있음) 자동조립의 경우 가능한 한 나사류 고정부품의 회피 (snap fit과 접착제와 같은 신속한 조립 방법 사용)
모듈 설계를 이용하라	각 중간 조립품은 5~15개의 부품으로 구성 유지보수 및 서비스의 용이 자동(및 수동) 조립이 용이 요구 재고량의 감소 최종 조립시간의 감소
포장이 용이하도록 부품과 제품의 형상을 만들라	자동포장 설비와의 호환 가능 고객 배송 용이 표준 포장상자를 이용 가능
조정을 감소 혹은 제거하라	많은 조립품이 조정과 교정을 요구 조립 중에 많은 시간을 소비하게 하는 조정과 교정의 필요성을 설계 단계에서 최소화

출처 : Groover[8]

참고문헌

[1] BAKERJIAN, R., and MITCHELL, P., *Tool and Manufacturing Engineers Handbook* (Fourth edition), Volume VI, *Design for Manufacturability,* Society of Manufacturing Engineers, Dearborn, Michigan, 1992.

[2] BOOTHROYD, G., P. DEWHURST, and W. KNIGHT, *Product Design for Manufacture and Assembly,* 3rd ed., CRC Press, Boca Raton, FL, 2010.

[3] CHANG, T. C. and R. A. WYSK, *An Introduction to Automated Process Planning Systems,* Prentice Hall, Inc., Englewood Cliffs, NJ, 1985.

[4] CHANG, T. C., R. A. WYSK, and H. P. WANG, *Computer-Aided Manufacturing,* 3rd ed., Pearson/Prentice Hall, Upper Saddle River, NJ, 2006.

[5] EARY, D. F., and G. E., JOHNSON, *Process Engineering for Manufacturing,* Prentice Hall, Inc., Englewood Cliffs, NJ, 1962.

[6] FELCH, R. I., "Make-or-Buy Decisions," *Maynard's Industrial Engineering Handbook,* Fourth Edition, William K. Hodson, (ed.), McGraw-Hill. Inc., NY, 1992, pp. 9.121-9.127.

[7] GROOVER, M. P., "Computer-Aided Process Planning—An Introduction," *Proceedings,* Conference on Computer-Aided Process Planning, Provo, UT, October 1984.

[8] GROOVER, M. P., *Fundamentals of Modern Manufacturing: Materials, Processes, and Systems,* 5th ed., John Wiley & Sons, Inc., Hoboken, NJ, 2013.

[9] GROOVER, M. P., and E. W. ZIMMERS, Jr., *CAD/CAM: Computer-Aided Design and Manufacturing,* Prentice Hall, Englewood Cliffs, NJ, 1984.

[10] KAMRANI, A. K., P. SFERRO, and J. HANDLEMAN, "Critical Issues in Design and Evaluation of Computer-Aided Process Planning," *Computers & Industrial Engineering,* Vol. 29, No. 1-4, 1995. pp. 619-623.

[11] KUSIAK, A., Editor, *Concurrent Engineering,* John Wiley & Sons, Inc., NY, 1993.

[12] NEVINS, J. L., and D. E., WHITNEY, Editors, *Concurrent Design of Products and Processes,* McGraw-Hill Publishing Company, NY, 1989.

[13] PARSAEI, H. R., and W. G. SULLIVAN, Editors, *Concurrent Engineering,* Chapman & Hall, London, UK, 1993.

[14] TANNER, J. P., *Manufacturing Engineering,* Marcel Dekker, Inc., NY, 1985.

[15] TOMPKINS, J. A., J. A. WHITE, Y. A. BOZER, and J. M. A. TANCHOCO, *Facilities Planning,* 4th ed., John Wiley & Sons, Inc., Hoboken, NJ, 2010.

[16] WANG, H. P., and J. K. LI, *Computer-Aided Process Planning,* Elsevier, Amsterdam, The Netherlands, 1991.

[17] www.npd-solutions.com/capp

[18] www.wikipedia.org/wiki/Computer_aided_process_planning

복습문제

24.1 공정계획이란 무엇인가?

24.2 공정계획 영역에 포함되는 일곱 가지 결정사항은 무엇인가?

24.3 CAPP 시스템의 이점은 무엇인가?

24.4 CAPP 시스템의 두 가지 방식은 무엇인가?

24.5 동시공학이란 무엇인가?

24.6 DFM/A의 11가지 설계원칙은 무엇인가?

생산계획 및 통제

● ● ●

생산계획 및 통제(production planning and control, PPC)란 어떤 제품을 언제, 얼마만큼의 수량을 생산할 것인가 하는 세부사항을 관리하고, 필요한 원자재, 부품, 자원 등을 준비하는 것에 관련된 기능이다. PPC는 이러한 문제를 풀기 위해 정보를 적절히 관리해야 하는데, 제품과 생산자원들을 정의하고 생산일정에 맞추어 이들의 조화를 이루게 하는 데 포함되는 상당량의 데이터를 처리하기 위해서는 컴퓨터의 활용이 필수적이다. 실제로 PPC는 컴퓨터 통합생산(CIM)에서의 통합 역할을 수행한다.

계획과 통제는 서로 통합되어야 하는 기능이다. 계획을 달성하는 데 필요한 공장의 자원을 통제할 수 없는 상황에서 생산계획을 세운다는 것은 불합리한 일이다. 현장의 진척 결과에 대해 비교할 계획이 없는 생산통제 또한 비효율적이다. 따라서 통제와 계획 기능은 같이 수행되어야 하고, 공정계획과 동시공학 같은 다른 기능과도 유기적으로 협조하여야 한다.

생산계획(production planning)은 (1) 어떤 제품을 얼마만큼, 언제까지 생산할 것인지를 결정하고, (2) 부품의 조달 혹은 제조, 그리고 제품의 배송 일정을 잡고, (3) 필요한 인력과 설비 자원의 계획을 세우는 일이다. 생산계획 영역에 속하는 활동은 다음과 같다.

- **총괄생산계획** : 회사에서 생산되는 주요 제품군에 대한 장기적 생산고 수준을 계획 세우는 것이다. 이 계획은 제품설계, 제조, 마케팅, 판매 등의 다양한 기능과 협조하여야 한다.
- **기준생산계획** : 총괄생산계획은 기준생산계획으로 변환되는데, 이것은 각 제품군 안의 개별 모델별 생산 수량에 대한 구체적 계획을 말한다.
- **자재소요계획** : 최종 제품의 기준 생산계획으로부터 여기에 필요한 원자재와 부품에 대한 상세한 일정계획을 수립하는 것으로서, 보통 컴퓨터가 활용된다.
- **생산능력계획** : 생산계획을 수행하는 데 필요한 인력과 설비 자원을 결정하는 일이다.

총괄생산계획과 기준생산계획은 보통 6개월 혹은 그 이상의 미래를 위한 계획이며, 자재소요계획과 생산능력계획의 상세계획은 몇 주 혹은 한 달 정도 기간을 대비한 계획이다.

생산통제(production control)는 생산계획을 실천하기 위해 필요한 자원의 충족 여부를 결정하고, 만일 불충분하다면 부족분을 채우기 위한 조정 작업을 하는 것이다. 생산통제와 관련하여 이 장에서 다루는 주요 주제는 다음과 같다.

- **제조현장통제** : 현장에서의 생산 진척도와 현황을 생산계획과 비교하여 조정한다.
- **제조실행시스템** : 자동 데이터 수집기술을 활용하여 제조현장통제를 수행하는 컴퓨터 시스템을 말한다.
- **재고관리** : 수요에 신속히 경제적으로 적응할 수 있도록 재고를 최적 상태로 관리한다.
- **제조자원계획** : MRP II라고도 부르는데, MRP, CRP, 제조현장통제와 PPC의 다른 기능들이 결합된 포괄적인 정보시스템이다.
- **전사적 자원관리** : 줄여서 ERP로 흔히 부르는데, 제조에 직접 관련이 없는 조직체의 모든 업무 기능을 포함한다.

그림 25.1은 생산계획 및 통제의 세부 활동과 그들의 관계를 보여준다. 이 그림에 나타나 있듯이 생산계획 및 통제는 회사의 공급자 베이스와 고객 베이스로 확장되는데, 이러한 확장 영역을 **공급사슬관리**(suppy chain management, SCM)라고 부른다.

25.1 총괄생산계획과 기준생산계획

총괄생산계획(aggregate production planning)이란 회사의 주요 제품군의 생산 수준에 대한 장기적 계획을 의미하는데, 이를 위해서 판매 부서와 마케팅 부서의 계획과도 긴밀한 협조를 이루어야 한다. 총괄계획은 현재 생산 중인 제품을 포함하기 때문에 그런 제품과 부품의 현재와 미래의 재고 수준까지 고려되어야 한다. 또한 현재 개발 중인 신제품도 총괄계획에 포함되기 때문에 회사의 총가용자원에 대해서 현 제품과 신제품의 마케팅 및 판촉계획이 조정되어 고려되어야 한다.

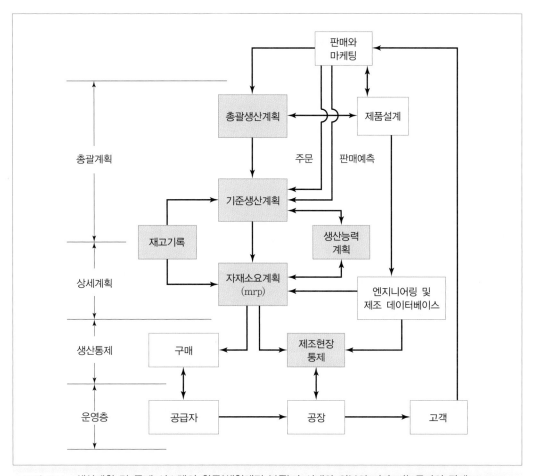

그림 25.1 생산계획 및 통제 시스템의 활동(색칠해진 블록)과 사내와 외부의 기타 기능들과의 관계

총괄생산계획에 명시되는 주요 제품군의 생산수량은 개별 제품의 구체화된 일정계획으로 변환되어야 하는데, 이를 **기준생산계획**(master production schedule, MPS)이라고 부른다. 이것은 제조될 제품명과 완료와 납기시점, 그리고 그 수량의 목록으로 구성된다. 그림 25.2(a)는 가상의 총괄생산계획이고, 여기서 나온 기준생산계획이 그림 25.2(b)에 나타나 있다. MPS는 수요에 대한 정확한 예측과 회사의 생산능력에 대한 실제적인 평가에 기초하여 작성되어야 한다.

MPS에 포함되는 제품은 다음의 세 가지 영역으로 나눌 수 있다—(1) 확정주문, (2) 예상주문, (3) 여유부품. 조립품을 생산하는 회사는 일반적으로 이 세 유형을 모두 다루어야 한다. 특정 제품에 대한 고객의 주문이 들어오면, 회사로서는 판매 부서가 고객과 약속한 특정일까지 납품을 해야할 의무가 있다. 두 번째 영역에서의 생산수량은 이전의 수요 정도, 판매 부서의 예상치 등에 적용되는 통계적 예측기술에 기초하여 얻어진다. 많은 회사들에서 수요예측이 MPS의 가장 큰 부분을 차지한다. 세 번째 영역은 회사의 서비스 부서에 입고될 혹은 고객에게 직접 제공될 수리용 부품들로 구성된다. 어떤 회사에서는 이 세 번째 영역을 MPS에서 제외하기도 하는데, 그 이유는 이들이

제품 라인	주									
	1	2	3	4	5	6	7	8	9	10
M모델 라인	200	200	200	150	150	120	120	100	100	100
N모델 라인	80	60	50	40	30	20	10			
P모델 라인							70	130	25	100

(a) 총괄생산계획

제품 모델	주									
	1	2	3	4	5	6	7	8	9	10
M3 모델	120	120	120	100	100	80	80	70	70	70
M4 모델	80	80	80	50	50	40	40	30	30	30
N8 모델	80	60	50	40	30	20	10			
P1 모델									50	100
P2 모델							70	80	25	

(b) 기준생산계획

그림 25.2   가상생산라인에 대한 (a) 총괄생산계획, (b) 기준생산계획

최종 제품이 아니기 때문이다.

MPS는 원자재와 부품을 주문하거나 사내에서 부품을 가공하고 최종 제품으로 조립하는 데 필요한 기간을 고려해야 하기 때문에 일반적으로 중기적 계획으로 보는 경우가 많다. 제품에 따라서 이 기간은 몇 주로부터 수개월까지, 경우에 따라 1년 이상 정도로 범위가 다양할 수 있다. 짧은 기간이 남은 MPS는 보통 바로 확정이 되는데, 이는 약 6주보다 적게 남은 짧은 기간 내의 일정을 조정하기 어렵기 때문이다. 그러나 6주 이상 남은 계획은 수요 형태의 변화나 신제품의 도입 등에 따라 변경되는 것이 가능하다. 결국 총괄생산계획만이 기준생산계획의 유일한 입력정보가 되는 것이 아니고, 새로운 주문이나 판매예측변화에 따라 MPS가 변할 수 있다는 것이다.

25.2   자재소요계획(MRP)

자재소요계획(material requirement planning, MRP)은 최종 제품의 기준생산계획(MPS)에 따라 제품에 소요되는 원자재와 구성부품에 대한 상세 계획을 세우는 계산 기법이다. 상세 계획에 포함되는 사항은 제품의 MPS에 맞추기 위한 각 원자재와 부품의 수량과 주문시점, 납기시점이다. MRP는 불필요한 재고 투자비용을 줄여줄 수 있는 재고관리 기법으로 인식이 되고 있고, 또한 생산일정계획 수립과 자재의 구매에 있어서도 유용한 수단이 된다.

MRP에 있어서 독립수요와 종속수요의 구분이 중요하다. 어떤 제품에 대한 수요가 다른 어떤 대상의 수요와도 관련이 없다면 이런 수요를 **독립수요**(independent demand)라 한다. 최종 제품과 여유부품이 독립수요의 대표적인 예이고, 이런 유형의 수요는 보통 예측에 따라 결정된다. **종속수요**(dependent demand)란 어떤 다른 대상의 수요, 보통 최종 제품 수요에 직접적으로 연관이 있는 수요를 의미한다. 여기서 종속성은 어떤 품목이 다른 제품의 구성품이 될 때 나타나며, 부품뿐만 아니라 원자재와 중간조립품도 종속수요가 되는 품목의 예이다.

회사의 최종 제품 수요는 예측 대상인 것에 반하여, 원자재와 구성부품 수요는 예측될 성질의 것이 아니다. 즉 최종 제품에 대한 납기일정이 확정되면, 원자재와 부품 요구량은 바로 계산될 수 있다. 자동차 생산을 예로 들면, 자동차 월 수요량은 예측을 통해 얻을 수밖에 없지만, 일단 그 수량이 산출되고 일정이 수립되면, 대당 5개의 타이어가 필요하게 된다. MRP는 종속수요 대상의 수량을 결정하는 데 있어서 유용한 수단이 된다. 이런 대상은 원자재, 재공품(work-in-process, WIP), 부품, 중간조립품 등이 해당되는데 이들이 재고의 구성요소가 된다. 따라서 MRP가 생산 재고의 계획과 조절의 강력한 수단이 되는 이유가 여기 있다. 독립수요 대상에 대한 재고관리는 25.5절에 서술한 주문점(order point) 재고시스템을 사용하여 달성된다.

MRP의 개념 자체는 평이하지만 처리할 데이터양에 따라 구현에서의 복잡성이 증가된다. 생산 계획된 각 제품은 수백 개의 개별 부품으로 구성될 수 있고, 또한 부품은 원자재로부터 제조가 되고, 일부 원자재는 몇 가지 부품에 공통적으로 적용될 수 있을 것이다. 부품은 단순 형태의 반조립품으로 조립이 되고, 이들은 더 복잡한 형태의 반조립품으로 합체될 수 있다. 이런 몇 단계를 거쳐 최종조립 제품으로 생산이 되고, 이상의 각 단계에서 해당되는 제조 및 조립 시간이 소비된다. 이런 모든 요인이 MRP 계산에 포함되어야 한다. 각 계산이 복잡해 보이지는 않지만, 필요한 데이터양이 너무 방대하여 컴퓨터로 처리하지 않고서는 실제적인 MRP 적용이 불가능하다.

25.2.1 MRP의 입력

MRP 프로그램은 몇 개 파일에 담긴 데이터에 의해 구동되는데, 이 파일들이 MRP 시스템의 입력 역할을 한다. 이들은 (1) 기준생산계획(MPS), (2) 자재명세서(BOM) 파일과 기타 설계 및 제조 데이터, (3) 재고기록 파일이 된다. 그림 25.3은 MRP 시스템의 데이터 흐름을 보여주고 있다. 제대로 구현된 MRP 시스템은 MRP 결과가 공장의 생산 능력을 초과하지 않도록 능력소요계획 또한 입력으로 작용한다.

MPS는 그림 25.2(b)처럼 어떤 제품이 얼마만큼 생산되어 언제까지 납품되어야 하는지를 목록화한 것이다. 제조업체는 일반적으로 월별 납기계획에 따라 작업을 하는 것이 보통이지만, 그림은 주 단위의 계획을 보여준다. 이러한 계획 구간을 **시간 버킷**(time bucket)이라고 부르는데, MRP에서는 시간을 연속적인 변수가 아닌 시간 버킷에 맞추어 자재와 부품의 소요량을 계산한다.

자재명세서(bill of material, BOM)는 MPS상의 최종 제품을 위한 원자재와 부품의 소요량을 계산하기 위해 사용된다. BOM은 각 제품을 구성하는 부품과 반조립품을 목록화함으로써 제품의

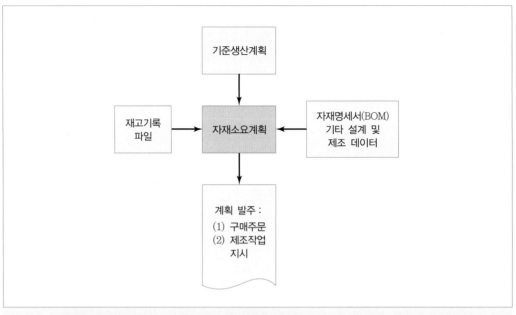

그림 25.3 MRP 시스템의 구조

구조에 관한 정보를 제공한다. 조립제품의 구조는 그림 25.4와 같이 나타낼 수 있다. 제품 P1은 2개의 반조립품 S1과 S2로 구성되며, 이들은 각각 부품 C1, C2, C3와 C4, C5, C6로 구성된다. 맨 아래층은 각 부품에 들어가는 원자재이다. 각 층의 상위 층을 **모품목**(parents)이라 부른다. 예를 들어S1은 C1, C2, C3의 모품목이 된다. 제품구조에서 또한 각 모품목에 들어가는 중간조립품, 부품, 원자재의 각 수량들이 명기되어야 한다. 그림 25.4의 괄호 안 숫자가 이 수량을 의미한다.

재고기록(inventory record) 파일에 포함되는 데이터는 다음과 같이 세 부분으로 나뉜다.

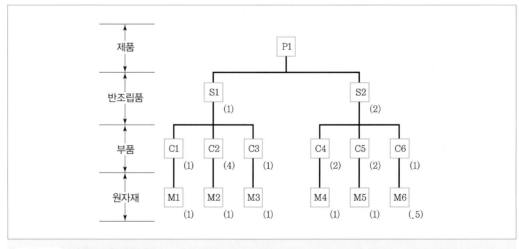

그림 25.4 제품 P1의 제품 구조

1. **품목 마스터 데이터** : 품목 ID 또는 품목번호와 이들의 주문단위와 리드타임 등이 포함된다.
2. **재고현황** : 이것은 시간에 따른 재고의 변동 상황을 알려준다. MRP에서는 재고의 현재 수준뿐만 아니라 미래에 변동될 재고 수준도 알아야 한다. 그러므로 재고현황은 그림 25.5에서처럼 품목에 대한 총소요량, 예정입고량, 보유재고량, 계획발주량이 목록화된다.
3. **보조 데이터** : 구매주문, 잔여폐기물, 불합격품, 설계변화 등의 보조자료가 포함된다.

25.2.2 MRP의 전개 과정

MRP 시스템은 MPS, BOM, 재고기록에 담긴 입력 데이터에 기초하여, 최종 제품으로부터 제품구조상의 순차적 하위 레벨로 전개해 가면서 각 부품과 원자재의 소요량을 각 기간별로 계산한다.

예제 25.1 **MRP 총량 계산**

그림 25.2의 기준생산계획을 보면 제품 P1의 50단위가 8주 차에 완성되어야 한다. 이 제품요구로부터 필요한 반조립품과 부품의 수량을 전개하라.

풀이 그림 25.4의 제품구조를 보면 50단위의 P1은 50단위의 S1과 100단위의 S2로 전개된다. 마찬가지로 이들 반조립품의 요구량은 50단위의 C1, 200단위의 C2, 50단위의 C3, 200단위의 C4, 200단위의 C5, 100단위의 C6로 전개된다. 원자재에 대한 소요량도 동일한 방식으로 결정된다.

MRP 계산 과정에서 몇 가지 복잡한 요인이 고려되어야 한다. 첫째로, 예제 25.1의 풀이에서 얻은 부품과 반조립품의 수량은 이미 재고로 보유하고 있는, 혹은 입고 예정인 수량을 전혀 고려하지 않았다. 따라서 계산 결과는 보유 혹은 주문한 모든 재고분에 따라 조정이 되어야 한다. 즉 각 시간 버킷에 대해 순소요량은 총소요량에서 보유재고와 예정입고 수량을 감하여 계산하게 된다.

둘째로, 한 제품 이상에 공통적으로 사용되는 품목은 부품전개 과정에서 각 부품과 반조립품의 총량으로 합쳐져야 한다. **공용부품**(common-use items)이란 하나 이상의 제품에 사용되는 원자재와 부품을 의미한다. MRP는 상이한 제품으로부터 이러한 품목들을 모아서 주문 혹은 제조할 수 있어서 경제적인 효과를 줄 수 있다.

셋째로, 각 품목에 대한 리드타임이 고려되어야 한다. 작업의 **리드타임**(lead time)이란 그 작업의 착수부터 완수까지 걸리는 시간을 말한다. MRP에서는 두 가지 유형의 리드타임이 있는데 주문 리드타임과 제조 리드타임이 그것이다. **주문 리드타임**(ordering lead time)은 어떤 품목에 대한 구매 요청 시점으로부터 공급자로부터의 입고까지 걸리는 시간이다. 만약 그 품목이 공급자가 보유한 원자재라면 주문 리드타임은 수일 혹은 수 주 정도로 비교적 짧을 수 있고, 제작해야 할 품목이라면 리드타임은 몇 개월까지도 길어질 수 있다. **제조 리드타임**(manufacturing lead time) 혹은 총제조 시간은 사내의 현장에서 그 품목을 제조하는 데 필요한 시간으로, 원자재가 확보되어 있는 경우 작업지시로부터 완성까지의 소요시간이다. 최종 제품의 납품일정을 부품과 원자재의 기간별 소요량으로 변환할 때, 이 두 가지 리드타임을 감안하여야 한다.

예제 25.2 MRP 기간별 소요량

제품 P1에 사용되는 부품 C4에 대해 MRP 과정을 생각해보자. 그림 25.2의 MPS에 의하면 C4는 또한 제품 P2에도 사용된다. P2의 제품구조는 그림 25.6에 나타나 있다. 한 단위의 C4는 원자재 M4의 한 단위를 가지고 제조되며, M4의 재고상황은 그림 25.5에 나타나 있다. 계획 시작점에서 50단위를 보유하고 있다가 3주차에 40단위가 입고됨으로써 보유재고가 90이 된다. MRP 계산에 필요한 다른 품목들의 리드타임과 재고현황은 아래 표와 같다. 그림 25.2의 MPS에 주어진 P1과 P2의 수량에 대한 S2, S3, C4의 기간별 소요량을 결정하여 MRP 계산을 수행하라. 단, P1, P2, S2, S3, C4의 보유재고량과 입고예정량은 그림 25.5의 값을 제외하고는 다음과 같이 모든 미래 기간에 대해 0이다.

기간		1	2	3	4	5	6	7
품목 : 원자재 M4								
총소요량								
예정입고량				40				
보유재고량	50	50	50	90				
순소요량								
계획발주량								

그림 25.5 예제 25.2의 M4 자재의 초기 재고현황

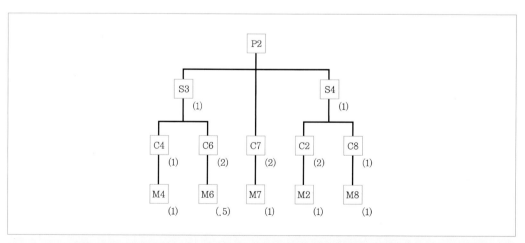

그림 25.6 **제품 P2의 제품구조**

품목	리드타임	재고
P1	조립 1주	0
P2	조립 1주	0
S2	조립 1주	0
S3	조립 1주	0
C4	가공 2주	0
M4	주문 3주	그림 25.5 참조

풀이   MRP 계산 결과가 그림 25.7에 나타나 있다. P1과 P2의 계획발주량이 적힌 시점이 납기시점으로부터 1주만큼 당겨졌는데, 이것은 1주의 조립 리드타임을 감안한 것이다. 그다음 이 계획발주량이 반조립품 S2(P1 구성품)와 S3(P2 구성품)에 대한 소요량으로 전개된다. 이 소요량의 시점도 조립 리드타임을 감안하여 1주만큼 당겨지고, S2와 S3에 공통적으로 필요한 부품 C4의 총소요량이 6주 차에서 합쳐진다(S2의 경우 2단위 C4로 구성됨에 유의). 보유재고량과 입고예정량이 없기 때문에 P1, P2, S2, S3, C4의 순소요량은 총소요량과 동일하다. 하지만 그림 25.5를 보면 원자재 M4에 대해서는 기간별 재고상황에서는 보유재고량과 입고예정량의 효과를 찾아볼 수 있다. 즉 50단위의 M4 보유재고량과 40단위의 M4 입고예정량이 3주차의 M4 총소요량 70단위를 채우기 위해 사용될 수 있다. 따라서 3주차의 M4 순소요량은 −20의 값을 가져서 20단위만큼 남는다고 인식할 수 있다. 4주 차의 M4 순소요량은 260단위가 되고, 주문 리드타임 3주를 감안하면 260단위의 계획발주량은 1주 차에 설정이 되어야 한다. 마찬가지로 5주 차와 6주 차의 순소요량은 주문 리드타임을 감안하여 각각 2주 차와 3주 차에 발주가 나가야 함을 알 수 있다.

25.2.3 MRP의 출력과 이점

MRP 시스템은 공장운영의 계획과 관리 기능에 사용할 수 있는 다양한 형태의 출력물을 만들 수 있다. 이들 출력물 중 가장 중요한 것은 계획발주서(planned order release)인데, 이것이 전체 생산 시스템을 이끌어 가기 때문이다. 계획발주서는 구매주문과 작업지시의 두 가지 유형으로 나뉜다. 구매주문은 자재를 외부 공급자로부터 구매해 올 수 있는 권한을 주는 것으로, 수량과 납기일이 명시되어 있다. 작업지시는 회사 내 공장에서 부품을 제조하거나 반제품 및 제품을 조립할 권한을 주는 것으로서, 역시 수량과 완수일이 명시된다.

    적절히 설계된 MRP 시스템으로부터 많은 이점을 얻을 수 있는데, 이들을 열거해보면 다음과 같다.

- 재고의 감소
- 수요 변화에 빠른 대응
- 셋업비용과 제품교체비용의 감소
- 장비가동률의 증가

기간		1	2	3	4	5	6	7	8	9	10
품목 : **제품** P1											
총소요량									50		100
예정입고량											
보유재고량	0										
순소요량									50		100
계획발주량								50		100	
품목 : **제품** P2											
총소요량								70	80	25	
예정입고량											
보유재고량	0										
순소요량								70	80	25	
계획발주량							70	80	25		
품목 : **반조립품** S2											
총소요량								100		200	
예정입고량											
보유재고량	0										
순소요량								100		200	
계획발주량							100		200		
품목 : **반조립품** S3											
총소요량							70	80	25		
예정입고량											
보유재고량	0										
순소요량							70	80	25		
계획발주량						70	80	25			
품목 : **부품** C4											
총소요량						70	280	25	400		
예정입고량											
보유재고량	0										
순소요량						70	280	25	400		
계획발주량				70	280	25	400				
품목 : **원자재** M4											
총소요량				70	280	25	400				
예정입고량				40							
보유재고량	50	50	50	90	20						
순소요량				−20	260	25	400				
계획발주량		260	25	400							

그림 25.7 예제 25.2 MRP 계산 결과. P1과 P2에 대한 시간에 따른 소요량은 그림 25.2에서 왔음. S2, S3, C4, M4에 대한 소요량을 계산함.

- 기준생산계획의 변화에 대처할 수 있는 능력의 향상
- 기준생산계획 수립 시 지원 역할

25.3 생산능력계획

생산계획이 현실성을 갖기 위해서는 그 제품을 생산할 공장의 생산능력에 맞아야 한다. 따라서 제조업체는 자신의 생산능력을 알고 있어야 하고, MPS에 나타난 생산요구량의 변화에 따른 능력의 변화에 따라 계획할 수 있어야 한다. 제3장에서는 생산능력의 정의와 제조현장의 능력을 결정하기 위한 방법을 설명하고 있다. **생산능력계획**(capacity planning)이란 회사의 장기적 생산계획뿐만 아니라 현재의 MPS를 달성하기 위해 필요한 인적 자원과 설비를 결정하는 것이다. 또한 생산능력계획은 비현실적인 생산계획이 수립되지 않도록 가용 생산자원의 한계를 구분해주는 역할도 해준다.

생산능력계획은 그림 25.8에 나타나 있듯이 세 단계에 걸쳐서 수행된다. 첫 단계는 총괄생산계획 중일 때고, 두 번째 단계는 MPS가 수립되는 시점이고, 세 번째 단계는 MRP 계산이 종료되는 시점이다. 총괄생산계획을 준비할 때, 이 총괄계획이 실현 가능한지 확인하는 평가 과정인 **자원소요계획**(resource requirements planning, RRP)이 수행된다. 만일 계획이 너무 의욕적이라면, 좀 줄이는 조정이 필요할 것이다. 또한 의욕적인 계획에 맞추기 위하여 혹은 미래에 예측되는 수요 증가에 대비하기 위하여 능력의 증가를 원할 때도 RRP를 수행한다. 따라서 RRP는 총괄생산계획을 점검하기 위해서뿐만 아니라 능력의 확장(혹은 축소)를 위해서도 활용되는 것이다.

다음의 MPS 단계에서는 기준생산계획의 가능성을 점검하기 위해 약식 생산능력계획 계산이 실시되어, MPS가 생산능력을 심각하게 초과하는 일이 없는지를 점검한다. 하지만 여기서의 계산 결과로 능력 초과가 나타나지 않더라도, 이것이 생산계획이 달성될 것으로 보장하는 것은 아니다. 이 보장 여부는 현장의 어떤 특정 작업 셀에 작업지시가 할당되는지에 달려 있다. 생산능력계획의 세 번째 단계는 **능력소요계획**(capacity requirements planning, CRP)이라고도 불리는데, MRP에 의

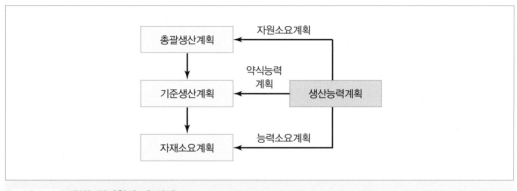

그림 25.8 생산능력계획의 세 단계

해 계획된 특정 부품과 조립품을 완성할 각각의 작업장에 충분한 생산능력이 있는지를 계산해보는 과정이다. 만일 계획과 능력이 맞지 않는다면, 현장의 능력과 기준생산계획의 둘 중 하나에 반드시 조정 작업이 가해져야 한다.

단기적으로 실시할 수 있는 능력조정 방법에는 인력고용 수준의 증감, 임시직의 활용, 교대 작업(shift)의 증감, 근로시간의 증감, 부품재고 및 제품재고의 비축, 외주 활용 등이 있다. 장기적인 능력조정 방법에는 신규설비투자, 공장의 증축, 다른 공장의 구입, 기존 회사의 인수합병, 공장폐쇄 등이 있다.

25.4 제조현장통제

제조현장통제(shop floor control, SFC)는 제조지시를 현장에 내리고, 각 작업장에서 이 지시가 수행 되는 것을 감독 · 통제하며, 현재의 작업상태 정보를 수집하는 일이다. 전형적인 제조현장통제시스 템은 (1) 작업지시발부, (2) 작업일정계획, (3) 작업 수행의 세 단계로 구성된다. 이 세 단계와 생산 관리시스템의 다른 기능들과의 연결관계가 그림 25.9에 나타나 있다. 근래에 와서 컴퓨터와 사람이 결합되어 이들 단계들이 수행되도록 현장통제시스템이 구현되고 있는데, 컴퓨터를 이용한 자동화 방법이 점차 증가하고 있는 추세이다. 제조실행시스템(manufacturing execution system, MES)이라 는 용어가 SFC를 지원해주는 컴퓨터 소프트웨어를 부르기 위해 사용된다. 이 시스템은 위의 세 단계의 상태에 따라 온라인 처리를 수행한다. MES의 다른 기능으로서는 공정지침의 생성, 실시간 재고관리, 기계와 공구 상태 감시, 인력추적 등이 있다. 또한 MES는 품질관리, 유지보수, 제품설계 데이터 등의 회사 정보시스템의 다른 모듈과의 연동을 제공한다.

25.4.1 작업지시발부

제조현장통제의 작업지시발부(order release) 단계에서는 생산현장 전체에 걸쳐 제조지시를 처리하 는 데 필요한 문서를 발부하는데, 이 현장문서에는 다음과 같은 것이 포함된다.

(1) **공정절차서** : 품목을 제조하는 데 필요한 공정계획(24.1.1절)
(2) **자재요청서** : 재고로부터 적절한 자재를 불출
(3) **작업카드** : 직접노동시간과 작업의 진행 상황을 보고
(4) **운반티켓** : 자재취급 담당자에게 작업장 사이의 부품 운반지시
(5) **부품표** : 조립 작업이 필요한 경우 사용

수작업이 많았던 과거의 공장에서는 이러한 것들이 서류의 형태로 공장 내에서 옮겨 다녔으나, 현대의 공장에서는 자동인식 및 데이터 획득기술(제12장)이 생산 현황을 모니터링하기 위해 사용 되어 전달되는 종이 문서가 최소화되었다. 현장데이터 수집에 대해서는 25.4.4절에서 설명한다.

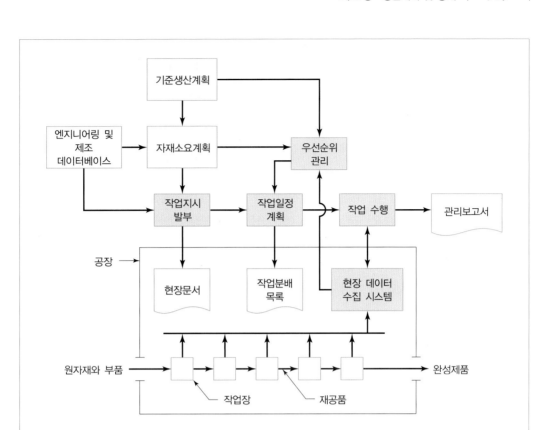

그림 25.9 제조현장통제시스템의 구조

작업지시발부 모듈은 그림 25.9에서와 같이 두 가지의 입력을 받는다. 첫째는 제조 착수 권한인데, 이는 기준생산계획으로부터 나와 MRP를 거쳐 일정 정보를 어느 정도 포함하고 있다. 두 번째 입력은 엔지니어링 데이터베이스와 제조 데이터베이스인데, 이것들은 제품의 구조와 공정계획정보를 가지고 있다.

25.4.2 작업일정계획

작업일정계획(order scheduling) 모듈은 작업지시발부 모듈의 바로 다음 단계인데, 공장 내의 여러 작업장으로 제조지시를 할당하는 작업분배(dispatching) 일을 한다. 또한 각 작업의 상대적인 우선순위를 제공한다. 실제로 작업일정계획 모듈은 생산통제에서 (1) 기계 로딩, (2) 작업순서계획의 두 가지 문제를 해결하는 것이 목적이다. 기계 로딩(machine loading)이란 공장 내의 여러 작업장으로 주어진 작업지시들을 할당하는 것을 말한다. 작업지시의 숫자는 일반적으로 작업장의 수보다 많기 때문에 각 작업장은 처리를 기다리는 대기장소가 마련되어야 한다. 그다음의 의문사항은 어떤 순서로 할당된 작업들을 수행해야 할 것인지 하는 것이다.

이런 문제를 풀어 주는 것이 **작업순서계획**(job sequencing)인데, 여기에서 작업장 혹은 단일기계에서 작업이 수행되어야 할 순서를 결정하게 된다. 이 순서를 결정하기 위해 대기 작업 간의 상대적 우선순위가 수립되어야 한다. 그림 25.9에서 보듯이 우선순위관리가 작업일정계획 모듈의 중요한 입력 중 하나이다. 제조지시의 우선순위를 수립하는 데 사용되는 몇 가지 작업분배규칙(dispatching rules)은 다음과 같다.

- 선착순 규칙 : 기계에 도착한 순서대로 작업 수행
- 납기우선 규칙 : 납기가 촉박한 작업순으로 우선순위 부여
- 최소처리시간 규칙 : 해당 작업장에서 처리시간이 짧은 작업순으로 우선권 부여
- 최소여유시간 규칙 : 여유시간이 적은 작업순으로 우선권 부여. 여유시간이란 납기까지 잔여시간과 처리 잔여시간 간의 차이다.
- 긴급비율 규칙 : 긴급비율이 낮은 작업순으로 우선권 부여. 긴급비율이란 납기까지의 잔여시간을 작업처리 잔여시간으로 나눈 값이다.

여러 작업 중의 상대적 우선순위는 시간이 경과함에 따라 변할 수 있다. 그 이유는 제품 수요의 변동, 기계고장에 따른 지연, 고객으로 인한 작업의 취소, 자재결함에 따른 지연 등을 들 수 있다. 이런 경우 우선순위관리 기능이 상대적 우선순위를 검토하여 그에 따라 작업분배 목록을 조정하게 된다.

25.4.3 작업 수행

제조현장통제에서 작업 수행(order progress) 모듈은 각 작업의 상태, 재공품(WIP) 및 생산 수행도를 나타내줄 수 있는 기타 특성들을 모니터링해주는 일을 한다. 즉 현장에서 수집된 데이터에 기초하여 공장을 운영하는 데 유용한 정보를 제공하게 된다. 이 정보는 다음과 같은 리포트의 형태로 요약되어 활용되기도 한다.

- 작업상태보고서 : 각 작업의 현 상태를 보여주는데, 여기에는 각 작업이 현재 위치하고 있는 작업장, 각 작업을 완료하기 위해 남은 공정시간, 작업의 지연 여부, 우선순위 수준 등이 포함된다.
- 성과보고서 : 일정한 기간(주 혹은 월) 동안의 현장 성과를 보여주는데, 여기에는 완료작업의 수, 미완료 작업 수 등을 포함한다.
- 이상사항보고서 : 납기지연 작업 등과 같이 생산계획에서 벗어난 이상 사항의 정보를 보여준다.

25.4.4 현장 데이터 수집 시스템

생산현장에서 데이터를 수집하는 데 사용되는 기술은 작업자가 손으로 종이에 기록하는 방법으로부터 완전 자동화된 방법까지 매우 다양하다. 현장 데이터 수집(factory data collection, FDC) 시스템은 다양한 서류 양식, 단말기, 데이터 수집용 자동화 기기로 구성되고, 여기에 데이터를 편집·처

리하는 수단이 추가된다. 수집대상 데이터의 예로는 특정 작업장에서 완료된 공작물의 수, 각 작업에 소요된 직접노동시간, 폐기부품의 수, 재작업이 요구되는 부품 수, 기계고장시간 등을 들 수 있다. FDC는 그림 25.9에서처럼 작업 수행 모듈의 입력 역할과 우선순위관리의 입력 역할을 한다.

현장 데이터 수집의 궁극적인 목적은 (1) 현 상태와 수행도 데이터를 현장통제시스템에 제공, (2) 현장책임자, 생산관리자, 공장운영자에게 현재 정보를 제공하는 것이라고 할 수 있다. 이런 목적을 달성하기 위해 FDC 시스템은 데이터를 공장의 컴퓨터 시스템에 입력시켜 줄 수 있어야 한다. 현대의 CIM 기술에서는 이것이 온라인 형태로 실행되어, 데이터가 공장 컴퓨터 시스템에 바로 입력되어 작업 수행 모듈에서 즉시 활용 가능하게 된다. 온라인 데이터 수집의 장점은 현장 상황을 나타내는 데이터 파일이 항상 현재 상태를 보여줄 수 있다는 것이다.

현대의 FDC 시스템은 대부분 컴퓨터화되었지만, 아직도 수기문서작업이 상당 부분 사용되기도 한다. 하지만 수작업으로 수집된 데이터에는 기입 오차가 들어갈 수 있고, 최종 편집과 집계에 시간이 많이 소요되어 데이터를 활용하는 시점에서는 이미 과거의 데이터가 될 가능성이 있다. 이런 문제점을 극복하기 위해 현장에 설치하는 데이터 수집 단말기 기술이 개발되어 활용되고 있는데, 이는 작업자들이 키패드나 키보드를 이용하여 데이터를 입력하는 방식이다. 더 나아가 PC를 현장에 설치하여 데이터를 수집할 수도 있고, 작업자에게 설계 데이터와 제조 데이터를 제공할 수도 있다.

보다 자동화된 데이터 입력 방법으로는 바코드 인식기나 RFID 등이 있는데, 작업지시번호, 제품 ID, 공정번호 등이 이들 기기를 통해 자동으로 입력될 수 있다(제12장). 최근의 산업계를 보면 현장 데이터 수집 시스템의 자동화 수준을 점점 높이는 추세이다.

25.5 재고관리

재고관리(inventory control)란 수요에 신속히 경제적으로 적응할 수 있도록 재고를 최적 상태로 관리하는 절차이다. 즉 (1) 재고보유비용의 최소화, (2) 고객만족의 최대화라는 두 가지 상반되는 목표 사이에서 적절한 타협점을 찾는 것이다. 재고비용을 최소화하기 위해서는 재고를 최소 혹은 없도록 유지해야 한다. 반대로, 고객만족을 최대화하기 위해서는 고객이 언제든지 선택하여 즉각 가져갈 수 있도록 다량의 재고를 보유하고 있어야 한다. 재고관리의 주 관심 대상인 재고유형은 원자재, 구매부품, 재공품, 최종 제품이다. 재고 보유에 따라 발생하는 주요 비용은 투자비용, 저장비용, 망실비용 등이 있다.

MRP 부분(25.2절)에서 독립수요와 종속수요의 두 가지 유형의 수요를 언급하였다. 어떤 유형의 수요인지에 따라 적용되는 재고관리절차가 다른데, 종속수요 품목에 대해서는 MRP가, 독립수요 품목에 대해서는 주문점 재고시스템이 보편적으로 사용된다.

주문점 재고시스템(order point inventory systems)은 독립수요 재고를 관리하는 데 있어서 (1)

얼마만큼을 주문해야 하는가, (2) 언제 주문이 나가야 하는가 하는 두 문제를 풀기 위한 방법이다. 첫 번째 문제는 경제적 주문량 공식에 의해, 두 번째 문제는 재주문점 방법에 의해 해결할 수 있다.

경제적 주문량 공식 제품 수요가 시간 경과에 따라 일정하며, 제품생산속도가 수요율에 비해 상당히 클 때는, 주문하기에 혹은 생산하기에 가장 적정한 양을 결정하는 문제가 발생한다. 이것이 전형적인 **계획생산**(make-to-stock) 상황이다. 최종제품의 일정한 생산속도로 인하여 그 제품에 들어가는 종속수요 부품의 소진도 시간에 따라 일정한 경우에도 위와 동일한 문제가 발생한다. 이러한 경우, 셋업(생산부품의 전환)의 횟수를 줄여서 여기에 들어가는 비용 또한 감소시킴으로써 재고를 유지하는 데 들어가는 비용을 감수하는 것이 나을 수 있다. 수요가 일정하게 유지되는 상황에서는 시간에 따라 재고가 점차 감소하다가 주문이 발생하면 주문량만큼 재고가 급격히 증가하게 될 것이다. 이러한 재고의 급격한 증가와 점진적인 감소 형태는 그림 25.10과 같은 톱니 형태의 그래프로 표현된다.

그림 25.10의 재고 모델에서 총재고비용은 유지비용과 셋업(혹은 주문)비용의 합으로 유도할 수 있다. 재고량이 톱니 형태를 보이기 때문에 평균재고량은 최대재고량 Q의 반이 된다. 따라서 연간 총재고비용은

$$TIC = \frac{C_h Q}{2} + \frac{C_{su} D_a}{Q} \tag{25.1}$$

단, TIC는 연간 총재고비용(유지비용+셋업비용, 원/년), Q는 주문량(개/주문), C_h는 재고유지비용(원/개/년), C_{su}는 셋업(혹은 주문)비용(원/셋업 혹은 원/주문), D_a는 연간 수요(원/년)이다. 이 식에서 D_a/Q는 연간 주문횟수 혹은 연간 생산뱃치 수가 된다.

재고유지비용 C_h는 투자비용과 저장비용으로 구성되는데, 이 두 가지 모두 재고가 창고 속에서 보내는 시간에 관계된다. 투자비용은 재고를 고객에게 팔기 전에 회사가 부담해야 할 투자액을 의미하고, 실제로는 이자율 i에 재고의 가치(비용)를 곱한 값으로 계산된다.

저장비용은 돈을 지불하는 공간을 점유하고 있음으로써 발생되는데, 일반적으로 품목의 크기

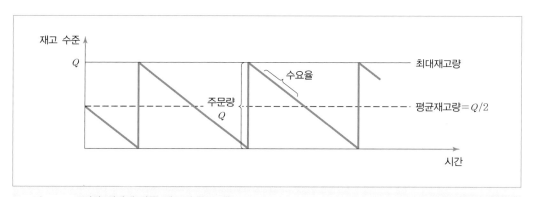

그림 25.10 시간 경과에 따른 재고 수준 모델

와 얼마만큼의 공간을 차지하는가 하는 정도에 관계되는 값이다. 근사적으로는 저장된 품목의 가치에 관계되기도 하는데, 이것이 저장비용을 평가하는 가장 현실적인 방법이기도 하다. 즉 재고저장비용은 재고 가치(비용)에 저장률 s를 곱한 값이 된다. 저장률이란 재고품목의 전체 가치 중에서 저장비용이 차지하는 비율이다.

이자율과 저장률을 하나의 계수로 합성하면 $h = i + s$가 되고, 여기서 h를 유지비용률이라고 부른다. 따라서 재고유지비용을 다음과 같이 표현할 수 있다.

$$C_h = h C_p \tag{25.2}$$

단, C_p =품목의 단위비용(원/개), h =유지비용률(비율/년)이다.

셋업비용에는 각 장비에서 처리할 주문 뱃치가 변경될 때 발생하는 장비의 유휴시간에 따른 비용과 셋업 변경을 수행하는 작업자의 노동비가 포함된다. 즉

$$C_{su} = T_{su} C_{dt} \tag{25.3}$$

단, T_{su} =뱃치 간 준비 혹은 셋업 변경시간(시간/셋업 혹은 시간/작업), C_{dt} =시간당 셋업 변경비용(원/시간)이다.

식 (25.1)에서 부품제조에 필요한 실제 연간비용이 빠져 있는데, 이것을 고려한 연간 총생산비용은 다음과 같다.

$$TC = D_a C_p + \frac{C_h Q}{2} + \frac{C_{su} D_a}{Q} \tag{25.4}$$

단, TC =연간 총생산비용(원/개)이다.

경제적 주문량(economic order quantity, EOQ)은 총재고비용 혹은 총비용을 최소화하는 가장 경제적인 1회 주문량을 의미한다. 이것은 식 (25.1) 혹은 식 (25.4)를 미분한 식을 0으로 만드는 Q값을 구하여 다음과 같이 얻을 수 있다.

$$Q = EOQ = \sqrt{\frac{2 D_a C_{su}}{C_h}} \tag{25.5}$$

여기서 EOQ는 개/주문 혹은 개/뱃치의 의미를 갖는다.

예제 25.3 **경제적 주문량 공식**

어떤 품목의 연간수요량이 15,000개이고, 그 품목의 단위비용이 20.00달러, 유지비용률이 18%, 준비시간이 셋업당 5시간, 시간당 셋업비용이 150달러인 경우, 경제적 주문량, 총재고비용, 총생산비용을 계산하라.

▌풀이 준비비용 C_{su} =5×\$150=\$750/셋업, 재고유지비용 C_h =0.18×\$20.00=\$3.60/개

$$EOQ = \sqrt{\frac{2(15,000)(750)}{3.60}} = 2,500 \text{개}$$

$$TIC = 0.5(3.60)(2,500) + 750(15,000/2,500) = \$9,000$$

$$TC = 15,000(20) + 9,000 = \$309,000$$

재주문점 재고시스템   그림 25.10에서 재고 수준의 그래프를 매우 일정한 톱니 형상으로 그려 놓았지만, 실제 상황에서는 그림 25.11처럼 수요율의 변화가 재고주문사이클 내에서 발생한다. 따라서 수요율이 일정한 값일 경우와는 달리 재주문을 할 시점을 정확히 예측하는 것은 곤란하다. 재주문점시스템(reorder point system)에서는 재고 수준이 재주문점으로 설정된 일정한 수준에 도달하면 그 품목을 채우기 위한 주문이 나가는 방식을 취한다. 재주문점은 재주문점이 도달할 때와 새로운 주문이 입고될 시점 사이에서 재고가 소진이 될 가능성을 최소화하는 충분한 수량에서 결정이 된다. 실제로 컴퓨터화된 재고관리시스템에서는 재고 수준을 연속적으로 모니터링하여 수준이 재주문점 이하로 떨어질 때 새로운 주문을 자동으로 생성시켜 준다.

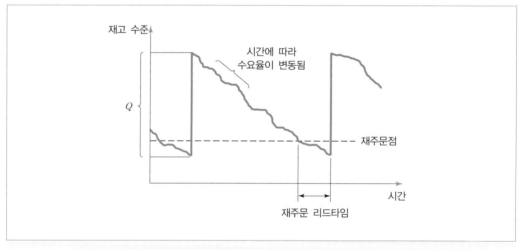

그림 25.11   재주문점시스템의 거동

25.6   제조자원계획(MRP Ⅱ)

1970년대 초반의 초창기 MRP 시스템의 기능은 구매주문과 작업지시를 계획하는 데 국한되었고, 능력계획이나 현장으로부터의 피드백 데이터 같은 것은 고려되지 않았다. 즉 MRP는 MPS에 기초하여 계산되는 자재와 부품에 대한 계획 도구에 불과하였다. 하지만, 보다 통합 정도가 높은 생산관리시스템을 만들기 위해서는 MRP가 다른 소프트웨어들과 연결되어야 했다. 생산관리 소프트웨어가 MRP로부터 여러 세대를 거쳐 진화하며 변이되어 MRP II와 ERP로 발전하였다.

　　제조자원계획(manufacturing resource planning, MRP II)은 기준생산계획을 달성하기 위해 자재, 자원, 지원활동 등을 계획하고 일정을 세우고 통제해주는 컴퓨터 기반 시스템을 의미한다. MRP II는 적절한 제품을 적절한 시간에 생산할 수 있게 주요 비즈니스 기능들을 통합운영하는 폐루프 시스템이라고 할 수 있다. 폐루프란 운영상의 다양한 측면에서 발생하는 데이터를 피드백 형태로 취하여, 조정행위를 적시에 수행할 수 있게 함을 의미한다. 즉 MRP II는 제조현장 통제시스템을 포함한다고 할 수 있다. MRP II 시스템은 3개의 주요 모듈로 구성되는데 (1) MRP(25.2절), (2) CRP(25.3절), (3) SFC(25.4절)가 그것들이다.

　　제조자원계획은 MRP의 개선과 확장의 결과물이지만 다루는 범위는 회사의 생산 기능으로만 제한되었다. MRP II가 더 확장되어 생산뿐만 아니라 기업의 전 업무와 기능을 포함하게 되었고, 이것이 1990년대부터 나오기 시작한 ERP이다.

25.7　전사적 자원관리(ERP)

　　전사적 자원관리(enterprise resource planning, ERP)란 조직체의 모든 데이터와 비즈니스 기능을 하나의 중앙 데이터베이스를 통해 조직하고 통합하는 소프트웨어를 말한다. 이 비즈니스 기능은 판매, 마케팅, 구매, 운영, 물류, 분배, 재고관리, 회계, 재정, 인사 등을 포함한다. ERP 소프트웨어는 모듈로 구성되는데, 각 모듈은 하나의 비즈니스 기능 또는 몇 가지 기능을 담당한다. ERP 프레임워크를 통해 모듈들이 통합되어 과업을 처리한다. 그림 25.12는 제조업체를 위한 소프트웨어 모듈들로 구성된 ERP시스템을 보여준다. 각 모듈에 포함될 수 있는 비즈니스 기능들을 표 25.1에 나타내었다.

　　단일 데이터베이스를 사용하기 때문에 데이터 중복과 불일치(상이 데이터베이스에 의한), 데이터 입력 지연, 통신 문제(상이 데이터베이스 간 또는 모듈 간) 등의 문제를 없애거나 최소화할

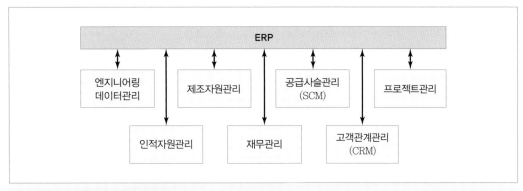

그림 25.12　**전사적 자원관리(ERP)**

| 표 25.1 | 그림 25.12의 소프트웨어 모듈들에 포함될 수 있는 비즈니스 기능

ERP 모듈	포함되는 비즈니스 기능
엔지니어링 데이터관리	제품 연구와 개발, 제품 설계, CAD, BOM, PDM, PLM
제조자원관리	MPS, MRP, 능력계획, 제조현장통제, 공정계획, 재고통제, 제품비용산정, 품질관리
공급사슬관리	공급망 계획, 공급자관계관리, 조달계획, 구매, 재고관리
프로젝트관리	프로젝트 계획, 프로젝트비용 관리, 일정계획, 프로젝트 통제
인적자원관리	임금, 복지, 훈련, 채용, 직무분석, 인사고과, 개인정보관리, 출퇴근관리, 사직 및 퇴직 처리
재무관리	예산수립, 자산평가, 투자관리, 원가회계, 원가관리, 영수회계, 외상매입, 현금관리
고객관계관리	판매, 마케팅, 고객접촉, 고객서비스, 주문접수 및 처리, 가격책정, 배송, 출하, 청구, 반품, 불만처리

수 있다. ERP 이전 시대에는 회사 내 다수의 데이터베이스를 운영하는 일이 많았다. 예를 들어 인사 부서의 데이터베이스에서 직원의 개인정보를 관리하고, 총무 부서에서도 다른 데이터베이스에 임금을 위한 개인정보를 관리하는 경우가 있었다. 만일 직원이 사직하거나 신입직원이 들어오면 이 두 데이터베이스를 모두 업데이트해야만 했다.

일반적으로 ERP는 클라이언트–서버 방식으로 설치되어 사용자가 자신의 업무 위치에서 PC를 통해 시스템에 접근할 수 있다. ERP에서는 조직 내의 모든 구성원이 동일한 데이터에 접근할 수 있다(개인의 업무 권한에 따라). 고객이 주문을 하게 되면, 이 주문이 ERP 시스템에 들어오고, 주문의 영향을 받는 모든 비즈니스 기능(예 : 재고기록, 구매, 생산계획, 선적, 청구 등)이 중앙 데이터베이스에서 업데이트된다. 데이터베이스에 접근할 필요가 있는 사람(고객이나 외부 공급업자가 될 수도 있음)은 가장 최신 정보를 얻게 된다.

최근의 ERP시스템들은 개방형 구조를 가지며, 하나의 시스템으로 결합될 수 있는 소프트웨어 모듈들로 구성된다. 따라서 사용하는 기업에서 자신의 비즈니스를 위한 최적의 조합을 얻기 위해, 어떤 모듈은 한 ERP업체에서 구입하고, 다른 모듈은 다른 ERP업체의 것을 도입하는 것이 가능하다. 예를 들어 현재 사용 중인 ERP시스템을 제작한 회사가 아닌 다른 회사의 회계모듈과 또 다른 회사의 MRP모듈 모두를 현재의 시스템에 결합하여 사용하는 데 문제가 없다는 것이다. ERP의 모듈성으로 인하여, 각 회사는 자신들이 필요로 하거나 자동화하기를 원하는 비즈니스 기능만을 도입할 수 있다. 일부 ERP시스템은 서비스업을 위해 설계되어서, 제조업에 필요한 MRP와 같은 모듈은 들어가 있지 않다.

ERP의 성공 여부는 데이터베이스의 정확성과 현실성에 달려 있다. 이는 데이터베이스에 영향을 주는 모든 업무처리가 그것이 발생함에 따라 바로 입력되어야 한다는 것이다. 주문이 들어오면 즉각 입력되어 주문처리, 구매, 재고기록, 작업지시, 생산계획 등의 다른 기능들을 활성화시켜야 한다. 만일 어떤 긴급품이 입고되어 바로 제조현장에 투입이 되었는데, 입고사실이 입력되지 않았다면, ERP 데이터베이스는 이 업무처리를 놓쳐서 부정확한 데이터가 계속적으로 다른 기능에 영향을 줄 것이다. 이러한 데이터의 부정확성 침식이 늘어나면 ERP에 대한 불신이 커질 것이고 ERP의 활용도가 점점 떨어질 것이다. 요약하면, ERP가 강력한 도구가 되기 위해서는 이벤트가 발생할 때 즉각 입력하고, 기록의 정확성을 확인하는 원칙을 전 조직원이 지켜야 한다.

참고문헌

[1] BAUER, A., R. BOWDEN, J. BROWNE, J. DUGGAN, and G. LYONS, *Shop Floor Control Systems*, Chapman & Hall, London, UK, 1994.

[2] BROWN, A. S., "Lies Your ERP System Tells You," *Mechanical Engineering*, March 2006, pp. 36-39.

[3] CHASE, R. B., and N. J. AQUILANO, *Production and Operations Management: A Life Cycle Approach*, Fifth Edition, Richard D. Irwin, Inc., Homewood, IL, 1989.

[4] REID, R. D., and N. R. SANDERS, *Operations Management*, 5th ed., John Wiely & Sons, Inc., Hoboken, NJ, 2012.

[5] RUSSELL, R. S., and B. W. TAYLOR III, *Operations Management*, 7th ed., Pearson Education, Upper Saddle River, NJ, 2010.

[6] SILVER, E. A., D. F. PYKE, and R. PETERSON, *Inventory Management and Production Planning and Control*, John Wiley & Sons, Inc., Hoboken, NJ, 1998.

[7] SIPPER, D., and R. L. BUFFIN, *Production: Planning, Control, and Integration*, McGraw-Hill, NY, 1997.

[8] SULE, D. R., *Industrial Scheduling*, PWS Publishing Company, Boston, MA, 1997.

[9] VEILLEUX, R. F., and L. W., PETRO, *Tool and Manufacturing Engineers Handbook*, 4th ed., Volume V, *Manufacturing Management*, Society of Manufacturing Engineers, Dearborn, MI, 1988.

[10] VOLLMAN, T. E., W. L., BERRY, and D. C., WHYBARK, *Manufacturing Planning and Control Systems*, 4th ed., McGraw-Hill, New York, 1997.

[11] WAURZYNIAK, P., "Communicating with the Shop Floor," *Manufacturing Engineering*, August 2012, pp. 19-30.

[12] Waurzyniak, P., "Shop-Floor Monitoring Critical to Improving Factory Processes," *Manufacturing Engineering*, July 2013, pp. 63-69.

[13] www.investopedia.com/terms/c/Capacity-requirements-planning

[14] www.wikipedia.org/wiki/Enterprise_resource_planning

[15] www.wikipedia.org/wiki/MTConnect

복습문제

25.1 생산계획이란 무엇인가?

25.2 생산계획에 속하는 네 가지 주요 활동은 무엇인가?

25.3 생산통제란 무엇인가?

25.4 총괄생산계획과 기준생산계획의 차이점은 무엇인가?

25.5 MRP란 무엇인가?

25.6 독립수요와 종속수요의 차이점은 무엇인가?

25.7 MRP 전개를 위한 세 가지 입력은 무엇인가?

25.8 MRP의 이점은 무엇인가?

25.9 생산능력계획이란 무엇인가?

25.10 생산능력을 조정하는 단기적 방법과 장기적 방법을 각각 설명하라.

25.11 제조현장통제란 무엇인가?

25.12 재고관리에서 재주문점시스템이란 무엇인가?

25.13 MRP와 MRP II의 차이점은 무엇인가?

25.14 ERP란 무엇인가?

연습문제

25.1 뱃치생산 형태로 제조되는 어떤 부품에 대한 연간 수요량이 1,800개다. 이 부품의 연간 유지비용이 개당 $3.00이고, 제조장비를 이 부품에 맞추어 준비시키는 데 1.5시간이 소요되고, 장비정지로 인한 비용이 시간당 $200일 때 다음을 결정하라—(a) 이 부품에 대한 가장 경제적인 뱃치량, (b) 연간 총재고비용, (c) 연간 생산뱃치 수.

25.2 어떤 제품의 수요가 50,000개/년, 단위원가 $8.00, 유지비용률이 18%/년, 제품변환 시 준비교체시간이 2시간, 준비교체 시 정지로 인한 비용이 시간당 $180일 때 다음을 계산하라—(a) 경제적 주문량, (b) 연간 총재고비용, (c) 연간 생산뱃치 수.

25.3 현재 뱃치 크기 2,500개로 제조되는 부품이 있다. 이것의 연간 수요량이 45,000개이고 단위비용이 $6.50이다. 한 뱃치의 셋업시간은 1.5시간이고, 기계정지로 인한 비용은 시간당 $220이고, 연간 유지비용률이 30%일 때, 이 부품을 경제적 주문량에 맞추어 제조했을 때 절감되는 연간 총재고비용은 얼마인가?

25.4 위의 문제 25.3에서 (a) 만일 현재의 뱃치 크기(2,500개)를 경제적 주문량으로 만들기 위해서 셋업시간을 얼마만큼 줄여야 하는가? (b) 위와 같이 경제적 주문량이 2,500이 되었다면, 이때의 총재고비용이 문제 25.3의 결과와 비교하여 얼마만큼 감소될 것인가?

25.5 2개의 저장소가 재고관리를 위해 이용되는 현장이 있다. 각 저장소는 300개의 품목을 저장할 수 있고, 만일 한 저장소가 비워지면 그 저장소를 채우기 위해 300개 단위의 주문이 내려진다. 주문에서 입고까지의 주문 리드타임은 한 저장소의 재고가 소진될 때까지의 소요시간보다 약간 작다. 품목의 연간 수요량이 4,000개이고, 주문비용은 $30이다. (a) 주어진 데이터로 얻을 수 있는 재고유지비용은 얼마인가? (b) 만일 재고유지비용이 개당 $0.05라면, 주문단위가 얼마가 되어야 하는가? (c) 현재의 두 저장소 방법의 연간 총재고비용을 (b)의 경제적 주문량과 비교해보면 얼마만큼의 이득 혹은 손실이 있는가?

25.6 80,000원짜리 어떤 제품의 총제조시간은 12주이다. 순수하게 제조공정에서 소요되는 시간은 30시간이고, 이때의 비용은 시간당 35,000원이다. 제조공정 외의 총비용은 70,000원이다. 재공품의 유지비용률은 26%이고, 이 공장은 연간 52주 가동되며, 주당 40시간을 작업한다. 이 제품이 주당 200개씩 생산된다고 할 때 다음을 계산하라―(a) 총제조시간 동안의 제품당 유지비용, (b) 총연간 유지비용, (c) 만일 총제조시간이 8주로 줄어든다면, 연간 유지비용은 얼마가 될 것인가?

25.7 그림 25.2(b)의 기준생산계획과 그림 25.4와 25.5의 제품구조를 이용하여 부품 C6와 원자재 M6에 대한 자재소요계획을 그림 25.7과 같은 양식의 도표로 작성하라. 부품 C6의 원자재는 M6이다. 각 리드타임은 다음과 같다―P1 조립시간=1주, P2 조립시간=1주, S2 조립시간=1주, S3 조립시간=1주, C6 제조시간=2주, M6 주문조달시간=2주. 위 품목의 현 재고 수준과 입고예정량은 모두 0으로 가정한다.

25.8 문제 25.7에서 S3, C6, M6에 대한 보유재고량과 입고예정량이 다음과 같다―S3 보유량=2개, S3 입고예정량=0개, C6 보유량=5개, C6 입고예정량=10개(2주 차에 입고), M6 보유량=10개, M6 입고예정량=50개(2주 차에 입고). 이 경우의 자재소요계획을 문제 25.7과 같이 작성하라.

25.9 어떤 제조업체의 오늘이 10일째 생산일자이다. 특정한 공작기계에서 3개의 주문(A, B, C)이 가공되고 있고, A, B, C순으로 주문이 들어왔다. 다음의 표는 각 주문에 대한 잔여공정시간과 납기일을 보여주고 있다.

주문	잔여공정시간	납기일
A	4일	20일째
B	16일	30일째
C	6일	18일째

다음의 작업분배규칙에 따라 각각 작업순서를 결정하라―(a) 선착순, (b) 납기우선, (c) 최소처리시간, (d) 최소여유시간, (e) 긴급비율.

25.10 문제 25.9의 (a)부터 (e)까지의 각 경우에 대하여 납기에 맞출 주문과 지연될 주문을 구분하라.

JIT와 린생산

● ● ●

M RP, 생산능력관리, 재고관리 등의 제25장 주제들은 전통적인 생산계획 및 통제 방법이다. JIT(just-in-time) 생산시스템은 1950년대에 일본 도요타 자동차사에서 개발되어 계속 개선되고 있는 비교적 최신의 생산 및 재고관리 방법론이다. JIT란 생산절차상 후공정에서 자재 또는 부품이 필요한 시점 바로 직전에 그것들이 공급되도록 하는 개념이다. 이렇게 하면 재공재고가 줄어들고, 공급되는 자재의 품질을 더 높일 수 있다. 이 장에서는 JIT와 현재 린생산이라고 부르는 도요타 생산시스템에 대해서 알아본다.

26.1 린생산과 생산의 낭비요소

린생산(lean production)의 의미는 더 적은 자원을 활용하여 더 많은 일을 수행한다는 것이다. 대량생산이 변형되어 짧은 시간에 작은 공간에서 적은 작업자를 통해 높은 품질을 얻도록 작업을 수행하는 것이 린생산이다. 린생산은 또한 고객들이 원하는 것을 제공하고, 그들의 기대 수준 혹은 그 이상을 만족시킨다는 의미를 내포한다. 원래 이 용어는 미국과 유럽 자동차회사의 대량생산

| 표 26.1 | 대량생산과 린생산의 비교

대량생산	린생산
재고의 임시저장소(버퍼) 사용	낭비요소 최소화
적기 납기	적기 납기
필요시 재고 확보	최소 재고유지
합격품질수준(AQL) 활용	초기부터 완벽한 품질 추구
테일러주의(작업자에게 일일이 지시)	작업자 자율팀
최대 효율	작업자 참여
비유연 생산시스템	유연생산시스템
부서지지 않는 이상 고치지 말 것	지속적인 개선

방식과는 확연히 다른 생산시스템을 개척한 도요타 자동차의 효율증진 사례에 대해 연구하던 MIT 학자들에 의해 만들어졌다. 대량생산과 린생산을 비교하여 요약한 것이 표 26.1에 나타나 있다.

도요타 생산시스템은 일본의 전후 경제 상황하에서 1950년대부터 발전하기 시작하였다. 이 경제 상황은 (1) 미국과 유럽보다 매우 작은 자동차 시장, (2) 신규 공장과 설비에 대한 극히 적은 투자예산, (3) 일본 수입품에 대해 철저한 방어를 하는 외국 자동차회사로 요약될 수 있다[3]. 이런 상황을 극복하기 위하여 도요타는 더 적은 품질 문제, 적은 재고 수준, 소량의 부품 로트 크기, 짧은 생산시간을 가지며 다양한 차종을 생산할 수 있는 생산시스템을 개발하기 시작했다. 도요타 생산시스템은 부사장이었던 Taiichi Ohno에 의해 개발되었는데, 그의 개발동기는 생산공정에서 다양한 형태의 낭비를 줄이고자 하는 것이었다.

린생산의 구성요소가 그림 26.1에 나타나 있다. 이 구조의 맨 아래에 도요타 시스템의 기초가 있는데, 그것이 바로 낭비요소의 제거이다. 기초 위에 JIT 생산과 자율자동화(autonomation)의 2개의 기둥이 있다. 두 기둥은 고객 중심이라는 지붕을 지탱한다. 린생산의 목표는 바로 고객만족이다. 두 기둥 사이에 내재되어 있는 것은 작업자의 참여인데, 작업자는 동기를 가지고, 유연하며, 개선을 위해 지속적으로 노력하는 사람이다. 표 26.2는 JIT 생산, 작업자 참여, 자율자동화를 구성하는 요소들을 보여준다.

도요타 생산시스템에서 말하는 낭비요소는 제조현장에서 많이 찾아볼 수 있고, 제조 활동은 그림 26.2와 같이 세 요소로 나누어볼 수 있다.

- 실제 작업 : 제품에 가치를 부여하는 활동으로서, 제품을 만들기 위해 수행되는 가공과 조립공정 등이 포함된다.
- 보조 작업 : 가치 부가 행위를 지원하는 활동으로서, 공정 단계 수행을 위해 기계에 부품을 장착하고 탈착하는 일이 한 예가 된다.
- 낭비 : 실제 작업도 아니고 보조 작업도 아닌 활동으로서, 수행되지 않아도 제품에는 어떠한 반대 효과가 일어나지 않는다.

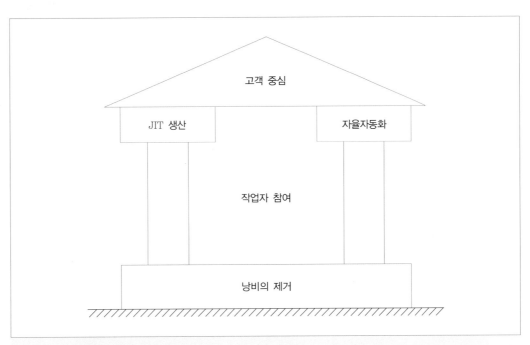

그림 26.1 린생산 시스템의 구성

| 표 26.2 | 린생산 구조 속의 JIT, 작업자 참여, 자율자동화의 요소

JIT 생산	작업자 참여	자율자동화
풀 시스템	지속적 개선	이상 상황 발생(불량 발생) 시 공정 중단
간판을 이용한 통제	품질분임조	과생산 방지
셋업시간의 감소	눈으로 보는 관리	오류 및 실수 방지
생산평준화	5S 시스템	신뢰성 높은 장비에 대한 총체적 유지관리
적시공급	작업절차의 표준화	
무결점	총체적 유지관리에 작업자 참여	
유연 작업자(다능공)		

그림 26.2 제조 활동의 세 구성요소

Ohno는 제거해야 할 일곱 가지 형태의 낭비요소를 다음과 같이 설정하였다.

1. 불량 부품의 생산
2. 필요한 양보다 많은 생산(과생산)
3. 과다한 재고
4. 불필요한 공정 단계
5. 작업자의 불필요한 이동
6. 자재의 불필요한 운반이나 취급
7. 작업자의 대기

불량품의 제거(낭비 유형 1)는 완벽한 초기 품질을 달성할 수 있는 품질관리시스템을 필요로 한다. 품질관리 영역에서 도요타 생산시스템은 대량생산에서 사용되는 전통적인 QC 방법과 극명한 대비가 된다. 대량생산에서 QC는 합격품질수준(AQL)으로 정의되는데, 이는 어느 정도 수준의 불량은 허용한다는 의미를 내포한다. 반대로 린생산에서는 완벽한 품질을 요구한다. 린생산에서 활용되는 JIT 공급 원리(26.2절)는 부품 품질에서 무결점을 필요로 하는데, 그 이유는 후공정으로 이동될 부품이 불량이라면 생산이 중지되어야 하기 때문이다. 린생산에서는 버퍼의 역할을 할 재고가 거의 없거나 아주 없다. 하지만 대량생산에서는 불량 문제의 발생을 대비하여 재고 버퍼가 있어서, 불량 작업물은 라인에서 빼내서 버퍼 내의 양품으로 대체된다. 그러나 이런 전략은 저품질의 원인을 계속 유지시켜 주므로 불량품이 계속 발생할 수밖에 없다. 린생산에서는 단 하나의 결함에도 주의를 기울여 교정 작업을 실시하고 영구적인 해법을 찾는다. 작업자가 자신의 공정을 검사하고 후작업장으로 불량이 전달될 가능성을 최소화한다.

과생산(낭비 유형 2)과 과재고(낭비 유형 3)는 서로 연관성이 깊다. 필요 이상으로 많이 생산한다는 것은 보관해 둘 잉여 제품이 많다는 것이다. Ohno는 여러 낭비요소 중 가장 큰 낭비는 과다한 재고라고 보았다[10]. 과생산과 과재고는 다음과 같은 영역에서 비용의 상승을 초래한다.

- 창고비용(건물, 조명, 냉난방, 관리)
- 보관장비비용(팰릿, 랙, 지게차)
- 과재고를 유지하고 관리할 추가 작업자의 인건비
- 과생산품을 제조하는 추가 작업자의 인건비
- 과생산품에 들어가는 제조비(원자재, 기계, 동력, 유지보수)
- 위의 비용에 들어가는 이자비용

JIT 생산의 간판(Kanban)시스템(26.2.1절)은 다음 작업장으로 가야 할 최소 수량의 부품만 이전 작업장에서 제조하도록 통제하는 메커니즘이다. 그렇게 하면 공정 간 축적되는 재고량을 제한할 수가 있다.

불필요한 공정 단계(낭비 유형 4)란 제품에 가치를 부여하지 않는 작업을 위해 인력 또는 기계의 에너지를 소모하는 것을 의미한다. 예를 들어 고객에게 아무 효용이 없는 제품 기능을 위해 특정 부분이 설계되었다면, 그 부분의 제조를 위해 시간과 돈이 소비될 것이다. 불필요한 공정이 들어가는 다른 이유는 주어진 작업을 위한 공정 방법이 제대로 설계되지 않기 때문이다. 결과적으로 작업에 사용되는 방법이 낭비적인 손과 몸 동작, 불필요한 요소 작업, 부적절한 수공구, 비효율적인 기계, 인간공학적 고려가 없는 작업장, 안전저해요소 등을 포함할 것이다.

사람과 자재의 움직임은 생산에 있어서는 꼭 필요한 활동이다. 몸동작과 보행은 작업사이클의 자연스러운 요소이고, 자재는 공정과 공정 사이에서 반드시 운반되어야 한다. 작업자와 자재의 불필요한 이동 또는 가치가 부가되지 않는 이동이 발생할 경우 낭비가 초래된다(낭비 유형 5와 6). 작업자와 자재가 불필요하게 움직이는 이유는 다음과 같다.

- **비효율적 작업공간 배치** : 공구와 부품이 작업공간 내에서 무작위로 배열되어, 작업자가 필요로 하는 것을 계속 찾아야 하는 비효율적인 동작이 발생한다.
- **비효율적 공장 배치** : 작업장들이 공정순서 흐름에 맞추어 배열되어 있지 않다.
- **부적절한 자재취급 방법** : 예를 들어 기계화 또는 자동화 장비가 아닌 수동으로 자재취급이 일어나는 경우이다.
- **너무 먼 기계 사이 간격** : 먼 간격으로 인해 기계 간 이동시간이 길어진다.
- **너무 큰 장비** : 큰 장비는 넓은 접근 공간과 긴 장비 간 간격을 필요로 한다.
- **전통적인 뱃치생산** : 뱃치의 전환을 위한 시간은 비생산적인 정지시간이다.

작업자가 대기해야 할 경우(낭비요소 7)는 아무런 작업도 수행되지 않음을 의미한다. 작업자가 기다려야만 하는 이유의 예들은 다음과 같다.

- 작업장에 자재가 공급되기를 기다림
- 조립라인이 정지하였기 때문에 기다림
- 고장 난 기계가 수리되기까지 기다림
- 셋업 담당자에 의해 기계가 셋업되기까지 기다림
- 기계가 자동공정 사이클을 수행하는 동안 기다림

26.2 Just-in-time 생산시스템

Just-in-time(JIT) 생산시스템은 재고, 특히 재공품(WIP)을 최소화하려는 목적으로 일본에서 개발되었다. 도요타 생산시스템에서 재공품과 그 밖의 재고들은 최소화하거나 제거해야 할 낭비로 인식된다. 이상적인 JIT 시스템에서는 각 부품의 정확히 필요한 양만큼을 생산하여, 그 부품을 필요로 하는 바로 그 시점에 공정순서상의 장소에 공급이 된다. 이런 부품공급 원리가 재공품에 들어가는 돈과 공간뿐만 아니라 재공품 자체와 총제조시간을 최소화하는 효과를 가져온다. 도요타에서는 JIT 원리가 공급업체의 조달에도 적용된다.

JIT 생산시스템은 자동차산업과 같은 반복되는 대량생산공정에서 큰 효과를 보여 왔다[9]. 대량의 제품이 만들어지고, 각 제품당 대량의 부품이 소비되는 이런 생산 유형에서 재공품 축적의 가능성이 크다고 할 수 있다.

JIT의 주목적은 재고의 감소라고 할 수 있지만, 재고의 감소가 자연스럽게 이루어지는 것은 아니고, (1) 풀 시스템의 생산 방식, (2) 뱃치 크기의 소량화 및 셋업시간의 단축, (3) 생산공정의 안정화와 신뢰성 증진의 필요 조건이 갖추어져야 JIT 시스템이 성공할 수 있다.

26.2.1 풀 시스템

풀 시스템(pull system)이란 어떤 부품을 사용할 공정으로부터 그 부품의 제조와 배송지시가 나와 앞 공정으로 전해지는 생산 방식인데, JIT 시스템이 이것에 기초를 두고 있다. 후공정 작업장에 공급된 부품이 소진되려 하면, 전공정 작업장으로 하여금 부족분을 채울 것을 지시한다. 이 지시를 받았을 때만 전공정은 필요한 품목을 제조한다. 이런 절차가 공장 내의 모든 작업장에서 반복된다면 전체적으로 보아 품목을 당기는 효과가 나타난다. 반대로 **푸시 시스템**(push system)이란 후공정 작업장에서 부품의 필요성에 상관없이 각 작업장에서 부품이 제조되어 전체적으로 보아 품목을 밀어내는 효과가 나타나는 생산 방식을 말한다. 자재소요계획(MRP, 25.2절)이 푸시 시스템에 해당된다. 여기서 위험한 사항은 계획이 잘못되었을 경우 각 기계가 도착하는 작업을 제대로 수행하지 못하여, 기계 앞에서 대기하는 부품이 증가하고 공장 전체적으로 과도한 재공품이 발생할 수 있다는 것이다.

풀 시스템의 구현을 위해 흔히 사용되는 것이 간판이다. 간판(kanban)이란 일본어로 '신호 카드'의 의미를 갖는데, 도요타 자동차 공장에서 처음 개발 사용되었다. 간판에는 (1) 생산지시간판, (2) 운반지시간판의 두 가지 유형이 있다. 생산지시간판(production kanban, P간판)은 전공정으로 하여금 부품의 한 뱃치를 생산할 수 있는 권한을 준다. 전공정에서 생산되는 부품은 용기에 담기고, 이 용기가 다 채워지면 하나의 뱃치가 완성되는 것이다. 운반지시간판(transport kanban, T간판)은 부품용기가 후공정으로 운반될 수 있는 권한을 준다. 최근의 간판시스템은 바코드 또는 기타 데이터 수집기술을 활용하여 시간을 줄이고 정확성을 향상시키고 있다.

그림 26.3을 통해 간판시스템의 운영절차를 살펴보겠다. 공정순서상의 여러 작업장 중 부품이 전작업장(station i)에서 후작업장(station $i+1$)으로 흘러가는 경우를 생각한다. 간판을 활용한 풀 시스템의 동작순서는 다음과 같다.

(1) station $i+1$이 다음 순서 P간판을 간판분배함으로부터 꺼낸다. 이 P간판이 작업장으로 하여금 b부품이 차 있는 한 용기를 가공처리할 권한을 부여한다. 운반작업자가 도착한 용기로부터 T간판을 떼어서 station i로 되돌려 준다.

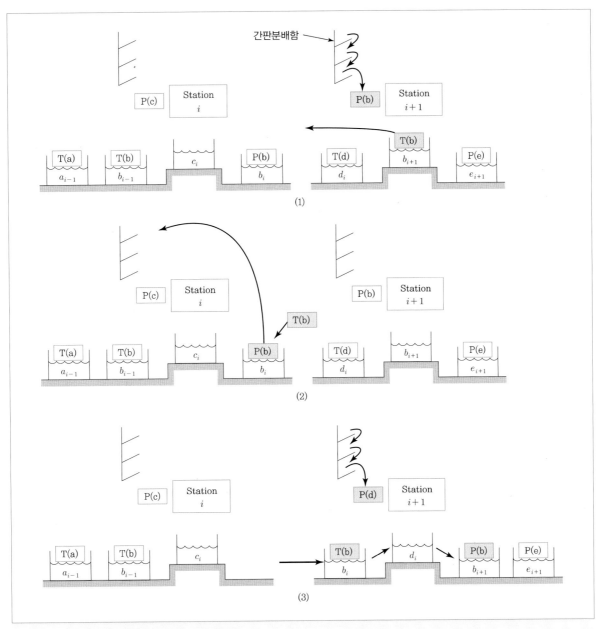

그림 26.3 작업장 사이에서 간판시스템의 동작

(2) station i에서 작업자가 b부품 용기를 찾아 P간판을 떼어 내고 그 자리에 T간판을 부착한다.

(3) station i에 있는 b부품의 P간판이 station i로 하여금 새로운 용기에 b부품을 채울 권한을 부여한다. 하지만, 간판분배함에 이미 대기하고 있는 다른 P간판들의 수행이 끝날 때까지 순서를 기다려야 한다. 붙여진 T간판의 권한에 따라 station i에 있던 b부품 용기가 station $i+1$로 운반된다. 그러는 동안 station $i+1$에서 b부품 처리공정이 끝나면, 다음 순서 P간판을 간판분

배함에서 꺼내어 거기에 적혀 있는 부품(그림에서는 d부품)의 가공을 시작한다.

위 예에서는 인접한 두 작업장을 보였지만, 실제의 연속적인 작업장에서도 동일한 방식으로 운영된다. 이런 방식에서는 매 사이클마다 생산지시와 운반지시를 작성하는 번거로운 문서 작업 대신에 간판 카드를 여러 번 반복하여 사용할 수 있다. 카드와 용기의 운반에 인력이 개입되기는 하지만, 이것이 작업자 간의 협조와 단결을 가져올 수도 있다.

최근 자동차 회사에서는 카드가 아닌 데이터 통신기술에 의해 간판시스템이 운영된다. 이러한 전자간판시스템은 생산작업자와 부품공급자를 연결시켜 준다. 예를 들어 포드사에서는 각 작업장에 무선버튼을 설치하여 부품공급량이 일정 수준 이하로 떨어지면 버튼을 눌러 추가 뱃치를 요청하는 신호를 보낸다. 이 신호는 컴퓨터 시스템에 의해 품목, 공급장소, 공급시간을 포함하는 지시로 만들어져 자재취급 담당자에게 보내게 된다.

26.2.2 뱃치 크기의 소량화와 셋업시간의 단축

재공재고를 최소화하기 위해서는 뱃치 크기와 셋업시간도 최소화하여야 한다. 뱃치 크기와 셋업시간과의 관계는 식 (25.5)의 EOQ 공식으로 주어진다. 총재고비용의 수학적 모델인 식 (25.1)에서 평균재고 수준은 뱃치 크기의 반과 같았다. 평균재고 수준을 줄이기 위해서는 뱃치 크기를 줄여야 하고, 뱃치 크기를 줄이려면 또한 셋업비용도 줄여야 한다. 이것이 결국 셋업시간을 줄이는 것을 의미한다. 셋업시간이 줄어들면 뱃치 크기와 재공품 수준도 줄어든다.

셋업시간의 단축을 논하기에 앞서서, 기계를 셋업하는 작업은 다음의 두 가지 구별되는 유형이 있음을 이해해야 한다―(1) 생산기계가 정지되었을 때에 수행되는 내부적 셋업, (2) 생산기계가 정지될 필요가 없는 외부적 셋업. 이 두 요소의 예들을 표 26.3에 열거하였다. 기계에서 현재 생산이 진행되는 도중에도 외부적 셋업은 수행될 수 있다. 작업의 변경 과정에서 필요한 셋업시간의 단축을 위해서는, 외부적 셋업이 가급적 최대한 가능하도록 셋업공구(금형, 몰드, 고정구 등)를 설계하고 변경절차를 계획해야 한다.

내부와 외부적인 셋업 두 가지 모두에 필요한 시간을 줄이는 것이 바람직하지만, 기계에서

| 표 26.3 | 내부적 셋업 작업과 외부적 셋업 작업의 예

내부적 셋업 작업	외부적 셋업 작업
직전 생산작업에서 사용된 공구(예 : 금형, 몰드, 고정구 등)를 생산기계로부터 제거	다음 생산작업을 위한 공구를 공구보관실에서 반출
다음 생산작업에 필요한 공구를 생산기계에 장착	생산기계 옆에서 다음 번 공구를 조립(여러 개의 부품으로 구성되는 공구의 경우)
공구의 최종 조정과 정렬	새로운 셋업에 대한 설계도면의 해석
사전 시험생산을 통해 셋업을 점검	다음 생산작업을 위해 생산기계를 재프로그래밍 (예 : 다음 공작물을 위한 파트 프로그램 다운로드)

| 표 26.4 | 일본과 미국 기업의 셋업시간 단축 사례[19]

기업(제품)	장비 유형	셋업시간 (절감 이전)	셋업시간 (절감 이후)	절감률 (%)
일본(자동차)	1,000톤 프레스	4시간	3분	98.7
일본(엔진)	전용 이송라인	9.3시간	9분	98.4
일본(자동차)	공작기계	6시간	10분	97.2
미국(전동공구)	펀치 프레스	2시간	3분	97.5
미국(가전제품)	45톤 프레스	50분	2분	96.0

출처 : Suzaki[19]

생산이 중단되는 시간을 고려한다면 내부적 셋업이 우선 처리해야 할 대상이다. 다음은 내부적 셋업시간을 단축하기 위해 사용되는 방법들이다[1], [2], [17], [20].

- 셋업시간 최소화를 위해 시간 연구, 동작 연구, 방법 개선을 실시
- 2명의 작업자가 병렬로 셋업 작업을 실시. 이 방법은 셋업시간이 1명의 작업자일 때보다 반 정도로 줄 수 있는 경우에만 적용
- 셋업 조정을 제거하거나 최소화. 조정에는 시간 소요가 큼
- 가능하다면, 볼트나 너트를 대체할 신속체결 부품을 사용
- 볼트와 너트를 사용해야만 한다면, O자 형 와셔보다는 U자 형 와셔를 사용. O자 형 와셔를 삽입하기 위해서는 볼트로부터 너트를 완전히 제거해야 하지만, U자 형 와셔를 사용하면 너트를 약간 풀어서 삽입 가능
- 기본 베이스와 삽입부품들(부품 유형에 맞추어 빠르게 전환 가능)로 구성되는 모듈형 고정구를 설계. 기본 베이스는 생산기계에 항상 부착된 상태로 있고, 삽입부품들만 교체됨

생산에서의 셋업시간을 줄여줄 수 있는 더 일반적인 방법은 다음과 같다.

- 셋업에서 지연을 발생시키는 문제에 대한 해법을 개발
- 셋업에 필요한 전환의 정도를 최소화할 수 있는 순서대로 유사한 공작물 유형의 뱃치를 계획
- 그룹 테크놀로지와 셀형 생산(제18장)을 사용하여 유사한 공작물들끼리 동일한 기계에서 생산되도록 계획. 이렇게 함으로써 전환 과정에서 수행해야 할 작업량이 감소됨

셋업시간을 단축하는 방법은 일본에서 시작되었지만 미국 기업들도 이러한 방법들을 채택하여 큰 성과를 거두었다. 표 26.4는 일본과 미국 산업체 사례에서 셋업시간 단축 방법의 적용 결과를 보여준다.

26.2.3 생산공정의 안정화와 신뢰성 증진

성공적인 JIT 시스템을 실현하기 위한 다른 요구조건들에는 (1) 생산 평준화, (2) 적시납기, (3)

결함 없는 부품과 자재, (4) 신뢰성 있는 장비, (5) 적극적·협조적이고 훈련이 잘된 작업자, (6) 긴밀한 공급자 연계 등이 있다.

생산흐름은 가능한 한 고정된 일정계획으로부터의 변경이 최소화되도록 부드럽게 이루어져야 한다. 최종 조립공정과 같은 말단공정에서의 10% 일정변화가 전체 생산공정의 50% 일정변화를 가져올 수도 있다. 시간에 따라 균일한 기준생산계획(MPS)을 유지함으로써 부드러운 작업흐름이 얻어지고, 방해요소의 영향이 최소화된다.

최종 제품에 대한 수요가 일정하지 않을 경우 **생산 평준화**(production leveling)라는 방법으로 대처할 수 있는데, 이는 제품 모델과 양의 변화를 시간에 따라 가능한 균등하게 분배하는 것을 의미한다. 구체적으로 다음과 같은 방법이 수행될 수 있다[3].

- 바쁜 기간에는 초과 근무 실시
- 수요의 일일 변화를 흡수하도록 최종 제품 재고 활용
- 생산공정의 사이클 시간 조정
- 셋업시간 단축 기술에 의해 소량 뱃치생산의 실현

JIT는 납기, 품질, 장비에 있어서 거의 완벽함을 필요로 한다. JIT에서는 뱃치 크기를 작게 쓰기 때문에 후공정 작업장에서 부품이 소진되기 전에 공급이 안 되면, 그 작업장은 부품이 고갈되어 전체 생산이 멈추게 된다.

JIT에서 결함이 있는 불량 부품이 제조되어 후공정 작업장으로 전달이 된다면, 적절한 작업이 이루어지지 못하여 전체 생산을 중단하는 결과를 초래할 것이다. 따라서 결함이 없을 정도의 매우 높은 품질 수준을 추구하는 정신이 필요하게 되고, 작업자가 자신의 결과물에 대해 확신할 때만 다음 공정으로 보내도록 교육훈련이 되어 있어야 한다. 이것이 사후에 검사자로 하여금 결함을 발견하도록 하는 것이 아니라, 공정 중에 품질을 관리하도록 하는 것을 의미한다.

JIT는 또한 고신뢰성의 생산장비를 필요로 한다. 적은 재공품은 기계고장을 거의 허용할 수가 없다. 장비들은 신뢰성을 감안한 설계절차에 따라 개발된 것을 사용하여야 하고, 전사적 생산보전(TPM) 프로그램에 따라 철저히 관리되어야 한다(26.3.3절).

소량의 뱃치 크기를 다루는 JIT의 작업자는 자신의 작업장에서 다양한 작업을 수행하고 다양한 제품을 생산할 수 있는 의지와 능력이 있어야 한다. 또한 자신의 작업장에서 품질을 검사할 수 있어야 하고, 장비에서 발생하는 작은 문제는 스스로 수리할 수 있는 능력을 갖고 있어야 한다.

원자재와 부품의 공급자는 적시납기, 무결함 등 주문 회사가 가지고 있는 JIT 요구조건과 동일한 표준에 맞출 수 있어야 한다. 공급 성과에 따라 크게 좌우되는 것이 JIT이기 때문에, 그들과 긴밀하게 일하는 것이 매우 중요하다.

자동차산업에서는 협력업체로부터의 부품배송이 하루에도 여러 번 이루어진다. 심지어 어떤 경우에는 부품이 사용될 작업장으로 바로 배송이 이루어지기도 한다. JIT를 위해서는 협력업체에 관련된 다음과 같은 정책이 필요하다.

- 공급업체의 수를 줄여, 남은 공급업체들에게 더 많은 사업기회를 제공
- 공급업체들과의 장기간 파트너십을 보장하여, 매번 주문계약을 걱정하지 않도록 해줌
- 품질과 배송 표준을 설정해두고, 이 표준에 맞는 역량을 갖춘 공급업체를 선정
- 회사의 인력을 협력업체의 공장에 파견하여, 그들 자체의 JIT시스템을 개발하도록 협조
- 운송물류 문제를 줄이기 위해, 최종조립공장 근처에 위치한 부품 공급업체를 선정

26.3 자율자동화

'자율자동화'란 용어는 도요타사에서 만들었는데, 영어로는 Autonomation(Autonomy와 Automation 의 합성어), 한자로는 自働化로 표기되어 일반적인 Automation(自動化)과 구별된다. Ohno는 자율 자동화를 '인간이 접촉하는 자동화'로 설명했다. 이러한 개념하의 기계는 정상 작동하고 있는 한 자율적으로 운전되다가, 불량품을 만들어내는 것과 같이 오작동을 할 경우 즉각 정지하도록 설계된 다. 자율자동화의 다른 측면은 기계와 공정이 오류를 방지하도록 설계된다는 것이다. 또한 도요타 생산시스템의 기계들은 충분히 신뢰성이 높아야만 하는데, 이를 위해서는 효율적인 보전 프로그램 이 필요하다. 이 절에서는 (1) 공정 이상 시 자동정지, (2) 오류 방지, (3) 전사적 생산보전의 세 가지 자율자동화의 주제를 설명한다.

26.3.1 공정의 자동정지

자율자동화의 많은 부분은 일본어 Jidoka에 함축되어 있다. Jidoka란 이상이 발생할 경우(예 : 불량 품 제조) 기계가 자동으로 정지하도록 설계한다는 의미를 가진다. 도요타 공장의 기계들에는 불량 품이 만들어지면 동작하는 자동정지장치가 장착되어 있다. 기계가 정지하면, 그 문제에 주의가 집 중되고, 재발생 방지를 위해 수정절차가 실시된다. 이리하여 후속 불량을 제거하거나 줄여줄 수 있고 최종 제품의 전체 품질을 향상시킬 수 있다.

품질관리 기능에 추가하여 자율자동화는 요구되는 수량(뱃치 크기)이 완수되면 공정을 자동 정지시켜 과생산(낭비유형 7)을 막아 주는 기능을 발휘한다. 자율자동화는 주로 자동기계에 적용되 지만 수동기계에도 사용될 수 있다. 어느 유형의 기계든지 다음과 같은 장치가 필요하다―(1) 품질 불량을 일으키는 비정상 상태를 감지할 수 있는 센서, (2) 생산된 부품 수를 세는 카운터, (3) 비정상 공정이 감지되었거나 필요한 뱃치 수량이 달성될 경우 기계나 생산라인을 정지시킬 수 있는 수단.

자동정지장치가 마련되지 않은 경우, 불량이나 과생산의 혼란을 막기 위해서 작업자가 기계 마다 배치되어 공정을 계속적으로 감시해야 한다. 자율자동화 기계의 경우 정상적으로 작동할 때 는 작업자가 계속 지켜볼 필요가 없고, 기계가 정지할 경우만 작업자가 가보면 된다. 이렇다면 1명의 작업자가 다수의 기계를 관장할 수 있어서 결국 작업자의 생산성은 높아진다.

작업자가 서로 다른 유형의 여러 기계를 다루어야 하기 때문에 매우 다양한 기술을 확보하고

있어야 한다. 능력이 다양한 작업자를 보유하면 제품 변화에 따라 작업자를 기계나 공정에 적절히 돌릴 수 있어서 공장 전체가 더 유연해질 수 있다.

도요타사에서는 Jidoka 개념이 최종 조립라인에도 적용되고 있다. 품질 문제가 발견되면 라인을 따라 배치된 줄을 잡아당겨서 조립라인을 정지시킬 수 있는 권한이 작업자들에게 부여된다. 자동차 공장 최종 조립라인의 정지는 큰 손실을 초래하기 때문에, 문제의 원인을 확실히 제거하여 정지가 발생하지 않도록 해야 할 것이다. 따라서 조립 이전의 각 부품 가공 부서와 공급업자에게 압력을 가해, 불량 부품이나 불량 반조립품이 조립공장에 오지 않도록 만든다.

26.3.2 오류 방지

자율자동화의 두 번째 주제는 오류 방지인데, 이것은 저가의 장치를 사용하여 오류를 감지하고 방지하는 것을 의미한다. 오류 방지장치를 사용하면 불량을 일으키는 오류를 감시하기 위해 작업자가 공정을 지켜볼 필요가 없다.

제조에 있어서 실수는 흔히 발생하는데, 이는 대개 불량품의 생산을 야기한다. 실수의 예로는 공정 단계의 생략, 작업 테이블상의 잘못된 위치에 부품을 고정, 조립 과정 중 부품 삽입 망각 등을 들 수 있다.

오류 방지장치의 기능은 다음과 같이 분류될 수 있다.

- **작업물 편차의 감지** : 작업물의 무게, 치수, 형상 등에 발생한 비정상 상태를 감지하는 기능으로서, 이러한 감지는 초기 자재 또는 최종 제품에 대해 수행될 수 있다.
- **공정 또는 방법 편차의 감지** : 가공 혹은 조립공정 중 발생하는 실수를 감지하기 위한 기능이다. 이러한 실수는 주로 수작업과 관련이 깊은데, 예를 들어 작업자가 공작물을 정확한 곳에 위치시키지 않은 경우가 이에 해당된다.
- **카운팅 및 타이밍 기능** : 뱃치생산에서는 일정한 수의 부품이 만들어진 후 기계를 정지시키기 위해 카운팅 기능이 사용된다. 절삭가공 공정에서는 절삭공구를 일정 기간 사용하면 교체가 필요하기 때문에 타이밍 기능이 필요하다. 점용접기계는 용접사이클 동안 정확한 개수의 용접점에 대해 용접을 수행해야 하는데, 이러한 경우는 타이밍과 카운팅 장치가 모두 필요하다.
- **확인 기능** : 작업사이클 중 원하는 상태 또는 조건의 확인을 의미한다. 예를 들어 고정장치에 부품이 걸려 있는지 여부를 판단하는 것이 해당된다.

오류 방지장치가 오류 혹은 다른 예외 상황의 발생을 발견하게 되면 다음 방법을 사용하여 대응하게 된다.

- **공정의 정지** : 문제가 감지되면 오류 방지장치가 생산기계의 기계화 또는 자동화된 사이클을 정지시킨다. 예를 들어 공작물 고정구에 부착된 리밋 스위치가 공작물이 제 위치에 고정되지 않았음을 감지하여 공작기계에 인터록을 걸어 가공이 시작되는 것을 막는다.

- **경보의 발생** : 오류가 생겼음을 알리는 음향 혹은 시각적 경고신호를 발생시키는 조치 방법이다. 이 경보가 기계 조작자, 다른 작업자, 감독자 등에게 전달된다.

26.3.3 전사적 생산보전(TPM)

도요타 생산시스템 내의 생산장비들은 신뢰성이 매우 높아야 한다. 작업장 사이에 버퍼가 없고 중간 작업장이 정지하더라도 전후 작업장이 정상 가동해야 하기 때문에, JIT 공급시스템에서는 기계 고장이 허용되지 않는다. 따라서 린생산에서는 기계고장을 최소화시켜 줄 장비보전 프로그램이 필요하다. **전사적 생산보전**(total productive maintenance, TPM)은 장비고장, 오작동, 낮은 장비이용률 등으로 인한 생산손실 최소화를 위한 활동들의 조율을 의미한다. 보전 문제를 해결하기 위해 작업자팀이 구성된다(26.4절). 장비를 조작하는 작업자에게는 검사, 세척, 윤활 등의 일상적인 작업이 할당되어 있고, 유지보수 작업자는 긴급보전, 예방보전, 예측보전(표 26.5) 등 기술적인 부분이 더 필요한 작업을 수행해야 한다. TPM의 목표는 고장률 0이다.

기계 신뢰성을 평가하는 전통적인 척도는 가용률이다. 3.1절에서 정의된 바 있는 가용률은 전체 운전 희망시간에 대한 실제 운전시간의 비율이다(식 3.9). 새 장비도 시간 경과에 따라 점점 노후되어 가용률이 떨어지는 경향이 있다. 이 결과는 그림 26.4와 같은 U자 형 곡선의 가용률로 나타나게 된다.

생산장비가 가능한 능력 이하로 운전되는 이유에는 고장 외에도 다른 것이 있다. 다른 이유로는 (1) 낮은 가동률, (2) 불량품의 생산, (3) 설계된 속도보다 낮은 속도로 운전 등이다.

가동률(utilization)은 주어진 기간 동안의 생산능력 대비 실제 생산량의 비율을 의미한다(식 3.9). 가동률은 또한 기계가 사용 가능한 총시간에 대한 가동된 시간의 비율로도 표시된다. 낮은 가동률의 원인은 부적절한 일정계획, 상위공정으로부터 부품공급의 차질, 뱃치 사이의 셋업시간 및 작업전환시간, 작업자 결근, 그 기계가 담당하는 공정수요의 부족 등을 들 수 있다.

불량품 생산의 원인은 부정확한 기계 셋팅, 정확도가 떨어지는 셋업 조정, 부적절한 공구선정 등이 되는데, 이들 원인 모두가 장비 문제와 연관되어 있다. 장비와 관련이 없는 불량품 생산의 원인은 불량 초기자재 투입과 인간의 실수 등이다.

| 표 26.5 | 보전방법의 정의

보전 방법	정의
긴급보전	고장장비를 수리하여 운전 조건으로 복귀시킴. 오작동을 즉각 수정하도록 즉각 활동이 수행되어야 함
예방보전	고장을 막기 위하여 일상적인 보수 작업(예 : 키의 교체)을 수행
예측보전	전산화된 기계 모니터링 자료에 근거하여 오작동 발생 이전에 예측. 기계조작자가 운전상태, 기계이력 등에 주의를 기울이고 있어야 함
전사적 생산보전(TPM)	긴급 보전을 피하기 위해 예방보전과 예측보전을 통합

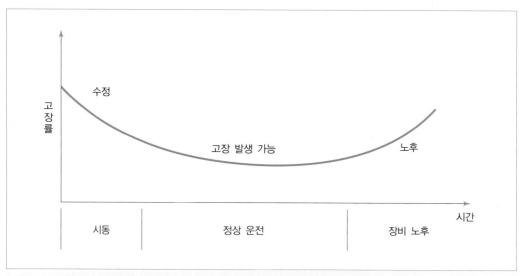

그림 26.4 장비의 생명주기 동안의 일반적인 U자 형 가용률 곡선

26.4 작업자의 참여

그림 26.1의 두 기둥 사이에는 동기를 가지고, 유연하고, 지속적인 개선을 위해 노력하는 작업자가 있다. 린생산에서 작업자 참여에 관한 중요한 주제로는 (1) 지속적 개선, (2) 눈으로 보는 관리를 들 수 있다. TPM에서도 작업자의 참여를 필요로 한다.

26.4.1 지속적 개선

린생산의 용어 중에서 일본어 Kaizen은 생산공정의 지속적인 개선을 의미한다. 흔히 품질분임조라고 불리는 작업자팀에 의해 Kaizen이 수행된다. 품질분임조는 작업장 내에서 확인된 특정 문제에 대처하기 위해 조직된다. 팀은 품질 문제뿐만 아니라 생산성, 원가, 안전, 보전 등 업체 내 여러 관심 분야에 관련된 문제들을 다룬다.

지속적 개선은 감독자와 관리자뿐만 아니라 모든 작업자의 참여를 유도하는 프로세스이다. 주목적이 생산 활동 중 발생하는 문제의 해결이지만, 작업자의 책임감을 불러일으켜서 동료들 간에 인정을 받고, 기술을 증진시키는 등의 중요한 목적도 가지고 있다[9].

지속적 개선은 문제별로 실시된다. 위에서 설명한 대로 문제들은 기업 내 다양한 영역(예 : 품질, 생산성, 보전)에 관련이 있을 수 있다. 문제 영역의 지식과 전문성에 따라 팀원이 선정되고, 각기 다른 부서에서 차출될 수 있다. 팀원들은 각자의 부서에서 정상 임무를 수행하다가, 프로젝트 팀에서 파트타임 업무를 수행하게 된다. 일반적으로 팀 미팅은 월별 2~4회 정도이고, 각 미팅은 1시간 정도를 사용한다.

지속적 개선 프로젝트의 수행 단계는 문제별로 다양하게 나타날 수 있는데, 6시그마의 DMAIC 절차와 유사하게 진행된다. 실제로 많은 기업에서 린생산과 6시그마의 문제해결 절차가 서로 겹치는 것을 볼 수 있고, 6시그마 프로젝트를 구현하기 위해 린 방법론을 사용하는 경우가 많다.

26.4.2 눈으로 보는 관리와 5S

눈으로 보는 관리에 숨어 있는 원리는 직접 눈으로 작업 상태를 봐야지만 확실히 알 수 있다는 것이다. 무언가 잘못되면 작업자가 그 조건을 뚜렷이 확인해야 하며, 이에 따라 수정 조치가 즉각 취해질 수 있다. 공장 안을 들여다보는 데 방해되는 것은 없어야 하고, 모든 내부공간을 볼 수 있어야 한다. 재공품의 적재가 어떤 특정한 높이(예 : 150cm) 이하로 제한되어야지, 공장에 대한 가시능력이 유지되고 지속적인 개선도 가능하다.

눈으로 보는 관리의 또 다른 중요한 수단은 **안돈 판**(andon board)이다. 안돈이란 작업장이나 생산라인 위에 부착되어 운전 상태를 나타내주는 전등판이다. 이와 결합하여 사용되는 것이 생산라인을 따라 위치한 당김줄인데, 작업자가 이를 당겨서 라인을 정지시킬 수 있다. 만일 라인정지와 같은 문제가 발생하면 안돈 판이 문제 발생 지역과 문제의 유형을 알려준다. 공정 상태를 구별해주기 위해 다른 색상의 전등이 사용된다. 예를 들어 녹색등은 정상 상태, 황색등은 문제가 있어 도움이 필요한 상태, 적색등은 라인의 정지 상태 등으로 사용될 수 있다. 자재의 부족이나 기계 셋업의 요청 등을 위한 다른 색상도 가능하다.

눈으로 보는 관리의 원리는 작업자 교육에도 또한 적용할 수 있다. 작업지침이 담긴 문서가 글자로만 구성된 것이 아니라 사진, 도면, 도표 등을 포함할 경우 이해도가 훨씬 증가할 수 있다. 많은 경우 작업물에 대한 실제 사례가 원하는 메시지를 잘 전달할 수 있다. 예를 들어 품질관리를 위해 작업자나 검사자에게 양품과 불량품의 실물 예를 보여주는 것이다.

눈으로 보는 관리에 작업자를 참여시키는 방법 중 하나는 5S 운동이다. 5S 운동이란 공장 내 작업영역을 준비하는 데 사용되는 절차이다. 5개의 S는 (1) 정리(sort), (2) 정돈(set in order), (3) 청결(shine), (4) 표준화(standardize), (5) 습관화(self-discipline)를 의미한다. 5S 운동은 작업자 간에 사기를 진작시키고 지속적인 개선을 격려해주는 작업환경으로 바꾸어주는 눈으로 보는 관리의 추가적인 수단이다. 작업자팀에게는 이 다섯 단계를 완수해야 할 책임이 부여되며, 5S 운동은 성취도를 유지하기 위해 지속적으로 수행해야 하는 과정이다. 5S의 다섯 단계는 다음과 같다[3], [12].

1. **정리** : 작업장 내 물품을 분류하는 일로 시작된다. 사용하지 않는 물품을 확인하여 치워 버린다. 이런 것 중에는 수년간 쌓여서 혼잡스럽게 만드는 것들이 있을 것이다.
2. **정돈** : 정리 후에 작업장에 남은 물품들을 사용 빈도에 따라 배열하는데, 가장 자주 필요한 물품을 가장 근접한 곳에 배치한다.
3. **청결** : 작업장을 깨끗이 청소하고 모든 것이 제 위치에 있는지 검사하는 것이다.
4. **표준화** : 물품의 표준위치를 기록해 두는 것이다. 예를 들어 수공구의 그림자 판을 만들어, 그

판에 각 공구들의 아웃라인을 그려 놓으면, 작업자가 공구가 있는지 여부와 어디에 보관해야 하는지를 한눈에 알 수 있다.

5. 습관화 : 위의 네 단계에서 얻어진 이점이 지속되도록 계획을 세워서 각 작업장의 구성원으로 하여금 청결하고 정리된 환경을 유지할 책임을 인식시키는 것이다. 작업자는 자신이 조작하는 기계를 돌볼 의무가 있는데, 청소와 작은 수리 정도는 수행해야 한다.

참고문헌

[1] CHASE, R. B., and N. J. AQUILANO, *Production and Operations Management: A Life Cycle Approach*, 5th ed., Richard D. Irwin, Inc., Homewood, IL, 1989.

[2] CLAUNCH, J. W., *Setup Time Reduction*, Richard D. Irwin, Inc., Chicago, IL, 1996.

[3] DENNIS, P., *Lean Production Simplified*, Productivity Press, NY, 2002.

[4] "Ford's Electronic Kanban Makes Replenishment Easy," *Lean Manufacturing Advisor*, Productivity Press, Volume 5, No. 5, October 2003, pp. 6-7.

[5] GROOVER, M. P., *Work Systems and the Methods, Measurement, and Management of Work*, Pearson/ Prentice Hall, Upper Saddle River, NJ, 2007.

[6] GROSS, J., "Implementing Successful Kanbans," *Industrial Engineer*, April 2005, pp. 37-39.

[7] HARRIS, C., "Lean Manufacturing: Are We Really Getting It?" *Assembly*, March 2006, pp. 36-42.

[8] JURAN, J. M., and F. M. GRYA, *Quality Planning and Analysis*, 3rd ed., McGraw-Hill, Inc., NY, 1993.

[9] MONDEN, Y., *Toyota Production System*, Industrial Engineering and Management Press, Norcross, GA, 1983.

[10] OHNO, T., *Toyota Production System, Beyond Large-Scale Production*, Original Japanese edition published by Diamond, Inc., Tokyo, Japan, 1978, English translation published by Productivity Press, NY, 1988.

[11] ORTIZ, C., "All-Out Kaizen," *Industrial Engineer*, April 2006, pp. 30-34.

[12] PETRSON, J., and R. SMITH, *The 5S Pocket Guide*, Productivity Press, Protland, Oregon, 1998.

[13] PYZDEK, T., and R. W. BERGER, *Quality Engineering Handbook*, Marcel Dekker, Inc., NY, and ASQC Quality Press, Milwaukee, WI, 1992.

[14] ROBISON, J., "Integrate Quality Cost Concepts into Team's Problem-Solving Efforts," *Quality Progress*, March 1997, pp. 25-30.

[15] RUSSELL, R. S., and B. W. TAYLOR III, *Operations Management*, 7th ed., Pearson Education, Upper Saddle River, NJ, 2010.

[16] SCHONBERGER, R., *Japanese Manufacturing Techniques, Nine Hidden Lessons in Simplicity*, The Free Press, Division of Macmillan Publishing Co., Inc., NY, 1982.

[17] SEKINE, K., and K. ARAI, *Kaizen for Quick Changeover*, Productivity Press, Cambridge, MA, 1987.

[18] SHINGO, S., *Study of Toyota Production System from Industrial Engineering Viewpoint—Development*

of Non-Stock Production, Nikkan Kogyo Shinbun Sha, Tokyo, Japan, 1980.

[19] SUZAKI, K., The New Manufacturing Challenge: Techniques for Continuous Improvement, Free Press, NY, 1987.

[20] VEILLEUX, R. F., and L. W. PETRO, Tool and Manufacturing Engineers Handbook, 4th ed., Volume V. Manufacturing Management, Society of Manufacturing Engineers, Dearborn, MI, 1988.

[21] WOMACK, K., D. JONES, and D. ROOS, The Machine that Changed the World, MIT Press, Cambridge, MA, 1990.

[22] www.wikipedia.org/wiki/Andon_(manufacturing)

[23] www.wikipedia.org/wiki/Autonomation

[24] www.wikipedia.org/wiki/Lean_manufacturing

복습문제

26.1 린생산이란 무엇인가?

26.2 도요타 생산시스템 구조의 두 기둥은 무엇인가?

26.3 Ohno가 분류한 생산의 일곱 가지 낭비요소는 무엇인가?

26.4 생산공정에서 사람이나 자재가 불필요하게 움직이는 세 가지 이유는 무엇인가?

26.5 JIT 생산시스템이란 무엇인가?

26.6 생산통제에서 푸시 시스템과 풀 시스템의 차이는 무엇인가?

26.7 생산평준화란 무엇인가?

26.8 자율자동화의 의미는 무엇인가?

26.9 전사적 생산보전이란 무엇인가?

26.10 품질분임조란 무엇인가?

26.11 눈으로 보는 관리란 무엇인가?

26.12 안돈(andon)이란 무엇인가?

26.13 5S 운동이란 무엇인가?

찾아보기

● ● ●

| 저자 소개 |

Mikell P. Groover

미국 Lehigh 대학교 기계공학 학사, 산업공학 석사 · 박사
교육연구 분야 : 제조공정, 생산시스템, 자동화, 자재취급, 설비계획, 작업관리
수상 : Albert G. Holzman Outstanding Educator Award(미국산업공학회, 1995),
  SME Education Award(미국생산공학회, 2001)
현재 Lehigh 대학교 산업시스템공학과 명예 교수

| 역자 소개 |

한영근
서울대학교 기계설계학과 학사, 석사
펜실베이니아 주립대학교 산업공학과 박사
현재 명지대학교 산업경영공학과 교수

김기범
서울대학교 기계설계학과 학사
한국과학기술원 기계공학과 석사
서울대학교 기계설계학과 박사
현재 서울과학기술대학교 기계시스템디자인공학과 교수

김종화
서울대학교 산업공학과 학사, 석사
미시간대학교 산업공학과 박사
현재 건국대학교 산업공학과 교수

박강
서울대학교 기계설계학과 학사, 석사
펜실베이니아 주립대학교 산업공학과 박사
현재 명지대학교 기계공학과 교수

서윤호

고려대학교 산업공학과 학사

펜실베이니아 주립대학교 산업공학과 석사, 박사

현재 고려대학교 산업경영공학부 교수

신동목

서울대학교 기계설계학과 학사

한국과학기술원 기계공학과 석사

펜실베이니아 주립대학교 산업공학과 박사

현재 울산대학교 조선해양공학부 교수

정봉주

서울대학교 산업공학과 학사, 석사

펜실베이니아 주립대학교 산업공학과 박사

현재 연세대학교 정보산업공학과 교수